DICTIONNAIRE

DES

SCIENCES NATURELLES.

TOME XXXV.

NIL — OJO.

DICTIONNAIRE

DES

SCIENCES NATURELLES,

DANS LEQUEL

ON TRAITE MÉTHODIQUEMENT DES DIFFÉRENS ÊTRES DE LA NATURE, CONSIDÉRÉS SOIT EN EUX-MÊMES, D'APRÈS L'ÉTAT ACTUEL DE NOS CONNOISSANCES, SOIT RELATIVEMENT A L'UTILITÉ QU'EN PEUVENT RETIRER LA MÉDECINE, L'AGRICULTURE, LE COMMERCE ET LES ARTS.

SUIVI D'UNE BIOGRAPHIE DES PLUS CÉLÈBRES NATURALISTES.

Ouvrage destiné aux médecins, aux agriculteurs, aux commerçans, aux artistes, aux manufacturiers, et à tous ceux qui ont intérêt à connoître les productions de la nature, leurs caractères génériques et spécifiques, leur lieu natal, leurs propriétés et leurs usages.

PAR

Plusieurs Professeurs du Jardin du Roi, et des principales Écoles de Paris.

TOME TRENTE-CINQUIÈME.

F. G. LEVRAULT, Editeur, à STRASBOURG, et rue de la Harpe, n.° 81, à PARIS.

LE NORMANT, rue de Seine, N.° 8, à PARIS.

1825.

Liste des Auteurs par ordre de Matières.

Physique générale.

M. LACROIX, membre de l'Académie des Sciences et professeur au Collége de France. (L.)

Chimie.

M. CHEVREUL, professeur au Collége royal de Charlemagne. (Ch.)

Minéralogie et Géologie.

M. BRONGNIART, membre de l'Académie des Sciences, professeur à la Faculté des Sciences. (B.)

M. BROCHANT DE VILLIERS, membre de l'Académie des Sciences. (B. de V.)

M. DEFRANCE, membre de plusieurs Sociétés savantes. (D. F.)

Botanique.

M. DESFONTAINES, membre de l'Académie des Sciences. (Desf.).

M. DE JUSSIEU, membre de l'Académie des Sciences, professeur au Jardin du Roi. (J.)

M. MIRBEL, membre de l'Académie des Sciences, professeur à la Faculté des Sciences. (B. M.)

M. HENRI CASSINI, membre de la Société philomatique de Paris. (H. Cass.)

M. LEMAN, membre de la Société philomatique de Paris. (Lem.)

M. LOISELEUR DESLONGCHAMPS, Docteur en médecine, membre de plusieurs Sociétés savantes. (L. D.)

M. MASSEY. (Mass.)

M. POIRET, membre de plusieurs Sociétés savantes et littéraires, continuateur de l'Encyclopédie botanique. (Poir.)

M. DE TUSSAC, membre de plusieurs Sociétés savantes, auteur de la Flore des Antilles. (De T.)

Zoologie générale, Anatomie et Physiologie.

M. G. CUVIER, membre et secrétaire perpétuel de l'Académie des Sciences, prof. au Jardin du Roi, etc. (G. C. ou CV. ou C.)

M. FLOURENS. (F.)

Mammifères.

M. GEOFFROY SAINT-HILAIRE, membre de l'Académie des Sciences, prof. au Jardin du Roi. (G.)

Oiseaux.

M. DUMONT DE S.te CROIX, membre de plusieurs Sociétés savantes. (Ch. D.)

Reptiles et Poissons.

M. DE LACÉPÈDE, membre de l'Académie des Sciences, prof. au Jardin du Roi. (L. L.)

M. DUMERIL, membre de l'Académie des Sciences, prof. à l'École de médecine. (C. D.)

M. CLOQUET, Docteur en médecine. (H. C.)

Insectes.

M. DUMERIL, membre de l'Académie des Sciences, professeur à l'École de médecine. (C. D.)

Crustacés.

M. W. E. LEACH, membre de la Société roy. de Londres, Correspond. du Muséum d'histoire naturelle de France. (W. E. L.)

M. A. G. DESMAREST, membre titulaire de l'Académie royale de médecine, professeur à l'école royale vétérinaire d'Alfort, etc.

Mollusques, Vers et Zoophytes.

M. DE BLAINVILLE, professeur à la Faculté des Sciences. (De B.)

M. TURPIN, naturaliste, est chargé de l'exécution des dessins et de la direction de la gravure.

MM. DE HUMBOLDT et RAMOND donneront quelques articles sur les objets nouveaux qu'ils ont observés dans leurs voyages, ou sur les sujets dont ils se sont plus particulièrement occupés. M. DE CANDOLLE nous a fait la même promesse.

M. PRÉVOT a donné l'article *Océan*, et M. VALENCIENNES plusieurs articles d'Ornithologie.

M. F. CUVIER est chargé de la direction générale de l'ouvrage, et il coopérera aux articles généraux de zoologie et à l'histoire des mammifères. (F. C.)

DICTIONNAIRE

DES

SCIENCES NATURELLES.

NIL

NIL. (*Bot.*) La plante ainsi nommée par les Arabes, est un liseron, *convolvulus nil;* un autre nil, ou anil, cité par le voyageur Linscot et par Rhéede dans l'*Hort. mal.*, est l'indigotier, *indigofera*. (J.)

NIL. (*Ichthyol.*) On a donné parfois ce nom au *bolty*, poisson du genre Chromys. Voyez ce mot. (H. C.)

NILA-BARUDENA. (*Bot.*) Nom malabare de la melongène, cité par Rhéede. (J.)

NILA-CANDI. (*Min.*) C'est, dans l'Inde, le nom du corindon télésie, jaunâtre, avec l'aspect vitreux, ou de la pierre nommée vulgairement topaze orientale. (B.)

NILA-HUMMATA. (*Bot.*) Voyez Mudela-nila-hummata. (J.)

NILA-NAGEL. (*Bot.*) Le *thymus indicus* de Burmann est ainsi nommé sur la côte de Coromandel. (J.)

NILE (*Min.*), chez les Cingulais, et NILEM chez les Malabares, est le nom du saphir. (Reuss, *Vocab.*) (B.)

NIL-GAUT, NIL-GAUX ou NYL-GHAUT, *Antilope picta.* (*Mamm.*) Nom indien, qui signifie bœuf bleu, d'une espèce de ruminant d'assez grande taille, placée dans le genre des Antilopes. Voyez tom. II, pag. 248. (Desm.)

NILI-CAMARAM. (*Bot.*) Voyez Nelli. (J.)

NILICA D'INFERNO. (*Bot.*) Voyez Bengiri et Caremoti. (J.)

NILIKAI. (*Bot.*) Nom malais du phyllanthe emblic. (Lem.)

NILION, *Nilio*. (*Entom.*) Nom donné par M. Latreille à un genre d'insectes coléoptères hétéromérés, voisins des hélops par les parties de la bouche, et des coccinelles par la forme hémisphérique de leur corps. Ce genre ne comprend que quelques espèces de l'Amérique méridionale, du Brésil et de Cayenne. Fabricius les avoit placées avec les coccinelles et les ægithes. (C. **D.**)

NILIOS. (*Min.*) Pierre verdâtre d'un éclat foible et louche, ayant la couleur d'une topase enfumée, ou d'un jaune tirant sur la couleur du miel. On la trouve dans le lit des fleuves, dans le Syvenus en Attique et dans le Nil en Éthiopie.

Il est fait mention de tant de pierres vertes ou verdâtres dans les anciens, que celle-ci se confond dans la foule de celles qui sont trop peu caractérisées pour qu'on puisse espérer de jamais les connoitre. (B.)

NILOFAR, NINOFAR. (*Bot.*) Noms arabes, cités par Daléchamps, desquels paroît dériver celui de *nénuphar*, donné au *nymphœa*. (J.)

NILOTIQUE. (*Ichthyol.*) On a donné ce nom à plusieurs espèces de poissons d'Égypte, en particulier au *Bolty* (voyez Chromis) et au *Kéchr* (voyez Centropome). Voyez aussi Raï et Labéon. (H. C.)

NILPFERD. (*Mamm.*) Nom allemand qui signifie cheval du Nil et qui a été employé par Haller pour désigner l'hippopotame. (Desm.)

NIMBO, NIMBOU. (*Bot.*) Nom de l'azédarach de l'Inde, *melia azadirachta*, sur la côte malabare. (J.)

NIMELLA-OUELLE. (*Ornith.*) Nom générique des corbeaux chez les Koriaques. (Ch. D.)

NIMMERSATT. (*Ornith.*) Nom allemand des ibis dans Meyer. (Ch. D.)

NIMSE. (*Mamm.*) Erxleben donne ce nom comme étant celui du furet en Barbarie. Nous lui trouvons assez de ressemblance avec celui de *nems*, dont les Égyptiens modernes font usage en désignant la mangouste, pour présumer qu'ils ont la même origine et que tous deux sont destinés à signaler un animal carnassier voisin des Martes. (Desm.)

NIN-ANGANI. (*Bot.*) Nom malabare du *gomphrena hispida* de Linnæus. (J.)

NINCOMBAR. (*Ornith.*) On trouve, dans quelques ouvrages, ce terme employé pour désigner l'espèce de pigeon des îles de Nicobar dont Linnæus et Latham ont fait leur *columba nicobarica*, et M. Temminck son colombi-galline à camail. (Ch. D.)

NINDAS. (*Ornith.*) Il est probable que ce nom, qui se trouve au tome 23 du Nouveau Dictionnaire d'histoire naturelle, se rapporte au Nenday de d'Azara. Voyez ce mot. (Ch.D.)

NINGI. (*Bot.*) Les Nègres de Sierra-Léone nomment ainsi la racine d'une plante qui nous est inconnue et dont ils préparent une bière forte. (Lem.)

NINGUAS ou NIGAUS. (*Entom.*) On appelle ainsi, aux Indes occidentales, des insectes parasites, qui pénètrent sous la peau des hommes et des animaux : on croit que c'est la chique ou la Puce pénétrante, dont nous avons donné la figure planche 53 de l'Atlas de ce Dictionnaire, n.ᵒˢ 4 — 5 A B C. Voyez Puce. (C. D.)

NINIPATTU. (*Bot.*) Nom du carambolier, *averrhoa carambola*, dans l'île d'Amboine, suivant Rumph. (J.)

NINNIKU. (*Bot.*) Espèce d'ail du Japon, citée par M. Thunberg. (J.)

NINOTTE. (*Ornith.*) Salerne dit, pag. 281, qu'on appeloit ainsi, dans la Guyenne, la linotte commune, *fringilla linota*, Linn. (Ch. D.)

NINSI, NINDSIN, NISJI. (*Bot.*) Plante ombellifère du Japon, citée par Kæmpfer comme un excellent cordial, un remède presque universel. Naturelle dans la Gorée et le Nord de la Chine, elle y est vendue, ainsi qu'au Japon, à un prix excessif. On la rapporte au genre de la Berle sous le nom de *Sium ninsi*. C'est sa racine tubéreuse que l'on emploie particulièrement, et qui jouit à peu près des mêmes vertus que le ginseng originaire du Canada; mais son usage est concentré dans ces contrées de l'Asie, et on n'en apporte en Europe que des échantillons. (J.)

NINTIPOLONGA. (*Erpét.*) Séba, *Thes.* 11, tab. 37, fig. 1, a figuré sous ce nom un serpent des Indes orientales, qui paroît être un Boa. Voyez ce mot. (H. C.)

NIN-TOO, SIN-TOO. (*Bot.*) Noms japonois du *lonicera japonica* de Thunberg. (J.)

NIOPO. (*Bot.*) La plante de ce nom, rapportée de l'Amérique méridionale par MM. de Humboldt et Bonpland, est l'*inga niopo* de Willdenow. (J.)

NIOTA-NIODEM-VALLI. (*Bot.*) Linnæus cite, d'après Rhéede, ce nom malabare pour son *ceropegia candelabrum*, genre de la famille des apocinées. Adanson reproduit le même sous le simple nom de *niota*. Il est fort différent du *niota* de M. de Lamarck, ou *samadera* de Gærtner, *karin-niota* de Rhéede, genre de la famille des simarubées. (J.)

NIOTE. (*Bot.*) *Niota*, Lamk.; *Biporeia*, Petit-Thouars, *Gen. Madag.*, 14. Genre de plantes dicotylédones, à fleurs complètes, polypétalées, de la famille des *simarubées*, de l'*octandrie monogynie* de Linnæus, offrant pour caractère essentiel : Un calice à quatre lobes; quatre ou cinq pétales; huit étamines; un ovaire supérieur; un style; une capsule à une loge monosperme.

Le *biporeia* de M. du Petit-Thouars, que cet auteur rapporte au *niota*, quoiqu'il en ait changé le nom, mais qu'il avoue, à la fin de sa description, ne pouvoir être conservé, présente quelques caractères différens de ceux énoncés ci-dessus. Il offre les deux divisions extérieures du calice glanduleuses; les filamens des étamines pourvus d'une écaille à leur base; l'ovaire un peu pédicellé, à quatre lobes profonds; quatre capsules comprimées, en forme de gousses.

Niote a quatre pétales; *Niota tetrapetala*, Lamk., *Ill. gen.*, tab. 299. Arbre des Indes, dont les rameaux sont garnis de feuilles alternes, ovales, aiguës, très-entières, glabres, longues de deux pouces et demi, pétiolées; les fleurs disposées presque en ombelle à l'extrémité d'un long pédoncule pendant, axillaire. Le calice fort petit, à quatre divisions profondes, obtuses; quatre pétales ovales, elliptiques; huit étamines un peu inégales, de la longueur de la corolle; un ovaire supérieur, turbiné, qui se convertit en un fruit ligneux, de la grosseur et de la forme d'une noix, contenant une seule semence ovale, de la grosseur d'une amande.

Niote a cinq pétales : *Niota pentapetala*, Poir., *Encycl.*, vol. 4, pag. 490; *Karin-niota joti*, Rhéed., *Hort. Malab.*, 6, pag. 31, tab. 18. Quoique les fleurs de cette espèce diffèrent de la précédente par le nombre de leurs parties, cependant elle se rapporte tellement à ce genre par le caractère de ses fruits, qu'elle ne me paroit pas devoir en être séparée. C'est, d'après Rhéede, un arbre très-fort, haut de trente pieds; ayant le tronc de l'épaisseur d'un homme ordinaire ; l'écorce des rameaux noire ; le bois blanc, d'une saveur amère. Les feuilles sont glabres, épaisses, ovales , alternes, pétiolées, très-entières ; et les fleurs axillaires, pendantes à l'extrémité d'un très-long pédoncule, presque en ombelle ; elles ont le calice petit, à cinq segmens obtus, arrondis; cinq pétales oblongs, d'un blanc mêlé de jaune d'un côté, d'un rouge de sang de l'autre ; cinq étamines ; le fruit semblable à celui de l'espèce précédente. Cette plante croît au Malabar , où elle fleurit en Janvier , et donne des fruits mûrs en Mars et Avril : il conserve son feuillage toute l'année. Ses feuilles et son fruit sont très-amers. On les emploie contre la fièvre, et l'on retire de l'huile de ses fruits. (Poir.)

NIOTOUT. (*Bot.*) Adanson nous apprend qu'au Sénégal ce nom est celui de l'arbre qui fournit le Bdelium. Voyez ce mot. (Lem.)

NIOU ou NOU. (*Mamm.*) Les Hottentots donnent ce nom au ruminant qui est inscrit dans nos ouvrages méthodiques sous le nom d'antilope gnou. (Desm.)

NIPA. (*Bot.*) Dans le Chili on donne ce nom au *stereoxylum rubrum* de la Flore du Pérou, espèce dont le genre est reporté près de l'airelle dans la famille des éricinées. Le même nom est donné dans l'Inde à un arbre décrit ci-après, qui a le port d'un palmier et se rapproche du *pandanus* par ses caractères. (J.)

NIPA. (*Bot.*) Genre de plantes monocotylédones, à fleurs monoïques, de la famille des *Pandanées*, de la *monoécie monadelphie*, dont le caractère essentiel consiste : Dans les fleurs mâles ; un calice à six folioles ; point de corolle ; un filament portant trois anthères réunies en un seul corps terminé par trois pointes : les fleurs femelles dépourvues de calice ; un ovaire supérieur, surmonté d'un stigmate sessile à trois divisions, quelquefois complétement soudées. Le fruit est un drupe à trois ou cinq angles, renfermant une amande (quelquefois deux) sillonnée d'un côté, portant l'embryon à sa partie inférieure.

Thunberg a , le premier , fait connoître le *nipa* , déjà figuré dans Rumph. M. Houton - Labillardière , dans un Mémoire lu à l'Académie des sciences , a donné à ce genre plus de développement , particulièrement sur la fructification , imparfaitement observée par Thunberg.

Nipa arbrisseau : *Nipa fruticans* , Thunb. , *Act. Holm.* , 1782 , pag. 231 , et *Nov. gen. plant.* , pag. 91 ; Lamk. , *Ill. gen.* , tab. 897 ; Labill. , Mém. du Mus. d'histoire natur. , vol. 5 , p. 393 ; *Nipa* , Rumph. , *Herb. Amb.* , 1 , pag. 72 , tab. 16. Le nipa est un arbrisseau de huit à neuf pieds , en y comprenant les feuilles et le régime. Son tronc s'élève à trois ou quatre pieds ; quelquefois il surpasse à peine un pied : il supporte à son sommet des feuilles ailées , longues de quatre à six pieds ; dont le pétiole , élargi à sa base , embrasse la tige. Les folioles sont lancéolées , linéaires , longues de trois pieds environ , munies , à la partie supérieure de leurs bords , de dentelures acérées , entièrement dépourvues d'épines.

Les fleurs , tant mâles que femelles , sont situées sur le même régime , sortant d'une large spathe. Ce régime est long de cinq pieds , divisé en quatre ou cinq rameaux principaux ; d'autres spathes sont situées à la base de chaque rameau. Les fleurs mâles sont disposées en chatons cylindriques ; les fleurs femelles réunies en tête sur un pédoncule commun. Les fruits forment un drupe de couleur marron , long de trois à quatre pouces , marqué de trois à cinq angles principaux , renfermant une amande ovoïde , dans une enveloppe fibreuse , dont les interstices sont remplis d'une substance fongueuse de peu de consistance. Cette plante croît à Java et autres contrées des Indes orientales , sur le bord des eaux douces ou saumâtres et dans les lieux marécageux.

Les jeunes fruits du nipa se mangent crus ou confits au sucre : ils deviennent si durs par la maturité , qu'il est impossible alors d'en tirer aucun parti. Le régime fournit , par sa section , lors du premier développement de la fructification , une liqueur douceâtre , dont on retire , par la fermentation , une liqueur spiritueuse. L'arbre étant peu élevé , on se contente souvent de mettre sur le sol des vases qui reçoivent la liqueur sucrée ; mais , lorsqu'il croît dans les marécages saumâtres , cette même liqueur en prend tellement les mauvaises qualités, qu'on ne peut plus s'en servir. Les feuilles sont employées à divers usages; on en fait des chapeaux, des nattes, des sacs et divers autres objets d'économie domestique. Cet arbre, croissant habituellement sur le bord des eaux, se détache souvent par les inondations provenues de l'intérieur des terres, en groupes flottans à la surface des eaux : ils sont transportés sur les bords des îles voisines, s'arrêtent souvent sur des bancs de sable et donnent lieu à une nouvelle végétation, en couvrant ces ilots stériles; d'une autre part, les pieds qui croissent sur les bords de la mer, laissent tomber dans les eaux les fruits qui se sont détachés, et qui, transportés à de grandes distances le long des côtes, propagent ainsi la plante dans des lieux fort éloignés de son origine. (Poir.)

NIPHON. (*Ichthyol.*) Nom spécifique d'un Spare. Voyez ce mot. (H. C.)

NIPPON-KIRI. (*Bot.*) Un des noms japonois du *bignonia tomentosa* de Thunberg. Son *weigela japonica* est le *nippon utsugi* du même pays. (J.)

NIQUI. (*Ichthyol.*) Rai et Ruysch désignent sous ce nom un poisson du Brésil qui paroit avoir quelque rapport avec les Chironectes ou les Malthées. Voyez ces mots. (H. C.)

NIRCACA. (*Ornith.*) Le P. Paulin de Saint-Barthélémi, Voyage aux Indes orientales, tom. 1.er, pag. 426, comprend, dans l'énumération des oiseaux du Malabar, le nircaca ou corbeau marin, sans entrer dans aucun détail à son sujet. Voy. Corbeau marin, t. X, p. 594, de ce Dictionnaire. (Ch. D.)

NIR-CARAMBU. (*Bot.*) Le *jussiæa repens* est ainsi nommé dans le Malabar. (J.)

NIR-COTTAM-PALA. (*Bot.*) Espèce de tithimale de la côte malabare. (J.)

NIRGETA. (*Bot.*) Nom du glauciet, *glaucium*, dans le Portugal et le Brésil, selon Vandelli. (J.)

NIRI KATSCHAN. (*Mamm.*) Nom donné par les Tungouses au Campagnol gregari, *mus gregarius*, Pallas. (Desm.)

NIRMIDÉS, *Nirmidea.* (*Entom.*) M. Leach a proposé ce nom pour désigner une famille d'insectes aptères parasites, qu'il compose du genre Riccin. Voyez Ornythomyzes. (Desm.)

NIRMUS. (*Entom.*) Hermann fils a employé ce nom pour

remplacer celui de *Ricinus*, que Degéer a donné aux poux des oiseaux. M. Leach l'a adopté. Voyez Ricin. (Desm.)

NIR-NOTSJIL. (*Bot.*) Nom malabare du *volkameria inermis.* Il est nommé *serouni laut* dans l'Inde, suivant Burmann. (J.)

NIR-PONGELION. (*Bot.*) Sur la côte malabare on donne ce nom au *bignonia spathacea* de Linnæus, reporté maintenant au genre *Spathodea* dans la même famille ; c'est le *caju-cuda* des Malais, le *lignum equinum* de Rumph. (J.)

NIR-PULLARI. (*Bot.*) Une espèce d'indigotier, *indigofera glabra*, est ainsi nommée sur la côte malabare, suivant Rhéede. (J.)

NIR-PULLI. (*Bot.*) Nom malabare du *tradescantia axillaris* de Linnæus, dont Necker a fait un genre distinct sous celui de *tonningia*, auquel il attribue un calice extérieur à trois divisions profondes et un intérieur tubulé à six petites divisions. (J.)

NIR-SCHULLI. (*Bot.*) Plante herbacée du Malabar, qui paroît appartenir à la famille des acanthacées, et probablement au genre *Ruellia*. (J.)

NIRURI. (*Bot.*) Arbrisseau du Malabar, qui est une espèce de Phyllanthus. Voyez ce mot. (J.)

NISA. (*Bot.*) Genre de plantes dicotylédones, à fleurs complètes, polypétalées, de la famille des *rhamnées*, de la *pentandrie digynie* de Linnæus, offrant pour caractère essentiel : Un calice turbiné, à cinq ou six divisions ; une corolle composée de cinq à six pétales redressés, attachés sur le calice ; des glandes alternes avec les pétales ; cinq à six étamines opposées aux pétales ; un ovaire à demi inférieur ; deux ou trois styles. Le fruit n'a point été observé.

M. du Petit-Thouars, auteur de ce genre (*Nov. gen. Madag.*, pag. 24, n.° 81.), dit en avoir découvert deux espèces à l'île de Madagascar, qu'il n'a point encore fait connoître. Ce sont des arbrisseaux à feuilles alternes, sinuées et dentées ; les fleurs disposées en épis nus ou renfermées dans de grands involucres colorés et comprimés. (Poir.)

NISA, NISEN ou NISER. (*Mamm.*) C'est le nom norwégien du marsouin, espèce du genre Dauphin décrite à l'article Cachalot. (Desm.)

NISCAG. (*Ornith.*) Nom de l'outarde, *otis tarda*, Linn.,

chez les Knisteneaux, selon Mackenzie, tom. 1.er, pag. 264, de ses Voyages dans l'Amérique septentrionale. (Ch. D.)

NISI-KINGI. (*Bot.*) Nom japonois du *celastrus alatus*, cité par Thunberg. (J.)

NISJI. (*Bot.*) Un des noms japonois de la carotte, mentionnés par M. Thunberg. Il est aussi donné au *sium ninsi*. (J.)

NISOT. (*Conchyl.*) Adanson (Sénég., p. 150, pl. 10) figure et décrit sous ce nom une très-petite espèce de son genre Buccin, mais que je crois appartenir au genre Triton de M. de Lamarck. Voyez ce mot. (De B.)

NISPERO. (*Bot.*) Le sapotillier est ainsi nommé aux environs de Cumana, suivant M. de Humboldt. (J.)

NISR. (*Ornith.*) Ce nom et celui de *nisra* paroissent employés par les Hébreux, les Chaldéens et les Arabes pour désigner l'aigle, et particulièrement le grand aigle, *aquila chrysaëtos*, Linn.; mais Forskal dit de cet oiseau, *Descrip. animal.*, pag. 12, n.° 6, qu'il vit de chair et de cadavres, *carne et cadaveribus victitat;* et l'on a vu au mot *nesr* que l'on regarde, en effet, ce nom comme plus spécialement applicable aux grands vautours. D'une autre part, le nom de *nisser*, selon Bruce, Voyage aux sources du Nil, trad. franç., tom. 5, pag. 182, pl. 31, doit s'appliquer au gypaëte ou vautour barbu, *gypaëtos alpinus*, Daud., et non à un aigle, quoique l'auteur anglois présente l'aigle d'or comme synonyme. Au reste, l'établissement du genre Gypaëte est assez récent, et ces oiseaux de proie n'étoient pas anciennement distingués comme ils le sont à présent. (Ch. D.)

NISSA. (*Bot.*) Palmier des Célèbes dont les habitans mangent les feuilles. (Lem.)

NISSKAMM. (*Conchyl.*) M. Desmarest (Nouv. Dict. d'hist. nat.), dit que c'est un nom de la bécasse épineuse, *murex tribulus*, Linn. (De B.)

NISSOLA. (*Ichthyol.*) Voyez Missola. (H. C.)

NISSOLE, *Nissolia*. (*Bot.*) Genre de plantes dicotylédones, à fleurs complètes, papillonacées, de la famille des légumineuses, de la *diadelphie décandrie* de Linnæus, offrant pour caractère essentiel : Un calice à cinq dents; une corolle papillonacée; dix étamines réunies en un seul paquet; un ovaire supérieur, oblong, comprimé; un style ascendant;

le stigmate en tête. Le fruit est une gousse articulée, sur-montée d'une aile membraneuse; une semence dans chaque article.

Ce genre avoit, dans Linné, pour principal caractère une gousse terminée par une aile membraneuse; mais, comme ces gousses sont monospermes, indéhiscentes et non articu-lées dans quelques espèces, dans d'autres articulées et po-lyspermes, on en a exclu les premières, pour lesquelles on a établi le genre *Machœrium*. (Voyez Machærie.)

Nissole en arbre : *Nissolia arborea*, Linn.; Jacq., *Amer.*, 199, tab. 174, fig. 48. Arbre de l'Amérique méridionale, haut d'environ douze pieds, dont les rameaux sont flexibles, pendans, garnis de feuilles alternes, ailées avec une im-paire, composées de trois ou cinq folioles à peine pédicel-lées, ovales, luisantes, entières, l'impaire plus grande; les fleurs axillaires, disposées en un épi terminal très-serré, longs d'environ quatre pouces. Ces fleurs sont petites, ses-siles, sans odeur : elles se montrent avant la naissance des feuilles. Le fruit est une gousse articulée, pédicellée, ailée, membraneuse, un peu arquée. Cette espèce croît dans les environs de Carthagène, où elle fleurit aux mois de Juillet et d'Août.

Nissole arbrisseau : *Nissolia fruticosa*, Linn.; Jacq., *Amer.*, 198, tab. 179, fig. 44, et *Hort. Vind.*, tab. 167; Lamk., *Ill. gen.*, tab. 600, fig. 3; Gærtn., *De fruct.*, tab. 145. Ar-brisseau divisé en longs rameaux flexibles, nombreux, qui s'accrochent aux arbres voisins et s'élèvent à la hauteur de quinze pieds. Les feuilles sont petites, alternes, ailées, com-posées de cinq folioles ovales, entières, presque glabres; les pétales courts, un peu velus. Les fleurs forment une belle panicule, souvent longue d'un pied; la corolle est jaune, petite, sans odeur. Le fruit est articulé, terminé par une aile large, membraneuse, arrondie. Cette plante croît au milieu des forêts, dans les environs de Carthagène. (Poir.)

NISSOLIA. (*Bot.*) Tournefort et Adanson ont fait sous ce nom un genre particulier du *lathyrus Nissolia*, espèce de gesse : il n'a pas été adopté. Le *nissolia* de Jacquin est différent. Voyez Nissole. (Lem.)

NISSOOU. (*Bot.*) En Languedoc on donne ce nom à la terre-noix, *bunium bulbocastanum*, Linn. (L. D.)

NISSOULOUS et SOUILLOUS. (*Bot.*) Noms que, dans certaines parties de la France, on donne à des espèces de champignons. Ils dérivent du latin *suillus*, mot par lequel les anciens désignoient aussi une sorte de champignons. Voyez Cèpes, Polyporus et Suillus. (Lem.)

NISUS. (*Ornith.*) Nom latin de l'épervier, *falco nisus*, Linn. (Ch. D.)

NITÈLE, *Nitela*. (*Entom.*) C'est sous ce nom que M. Latreille a désigné un genre d'insectes hyménoptères, que M. Jurine nomme *Dimorphe*, et Fabricius *Astate*. M. Jurine croit que ce sont des mâles de tiphies. (C. D.)

NITÉLION, *Nitelium*. (*Bot.*) Ce nouveau genre de plantes, que nous proposons, appartient à l'ordre des Synanthérées, et à notre tribu naturelle des Carlinées, dans laquelle nous le plaçons entre les deux genres *Stobæa* et *Dicoma*. Voici ses caractères :

Calathide incouronnée, équaliflore, submultiflore, régulariflore, androgyniflore. Péricline supérieur aux fleurs, formé de squames régulièrement imbriquées, ovales-lancéolées, très-entières, ayant leur partie inférieure appliquée, coriace, et la supérieure appendiciforme, étalée, subulée, roide, spiniforme; les squames intérieures subunisériées, plus longues, probablement radiantes, oblongues-lancéolées, très-aiguës, presque spinescentes au sommet, coriaces inférieurement, scarieuses et colorées supérieurement. Clinanthe probablement alvéolé. Ovaires courts, obconiques, tout hérissés de poils très-nombreux, dressés, longs, roides, biapiculés ou terminés par deux petites pointes; aigrette composée de squamellules subtrisériées, libres, inégales, paléiformes, roides, scarieuses, blanches : les intermédiaires presque aussi longues que la corolle, oblongues-lancéolées, un peu étrécies à la base, subulées au sommet, lisses sur la face interne, hérissées sur la face externe et sur les bords de barbellules spinuliformes; les extérieures semblables aux intermédiaires, mais moins grandes; les intérieures courtes, larges, ovales, denticulées sur les bords, lisses sur les deux faces. Corolles droites, glabriuscules, à tube court, cylindrique, à limbe très-long, divisé presque jusqu'à sa base en cinq lanières linéaires. Étamines insérées au sommet du tube de la corolle; filets glabres, ayant l'article anthérifère court; anthères très-longues, entregreffées; loges longues; appendices apicilaires longs, linéaires-lancéolés, entregreffés inférieurement, libres supérieurement; appendices basilaires très-longs, subulés, barbus à rebours, c'est-à-dire à barbes redressées. Style ayant sa partie supérieure épaissie, fendue au sommet en deux languettes libres, à peine divergentes, hérissées extérieurement de collecteurs piliformes. Nectaire élevé, subcylindracé, excavé au sommet.

Nous ne connoissons qu'une seule espèce de ce genre.

Nitélion rougeatre; *Nitelium rubescens*, H. Cass. Tige ligneuse; rameaux cylindriques, tomenteux, garnis de feuilles alternes, oblongues-lancéolées, étrécies à la base en forme de pétiole, aiguës au sommet, très-entières sur les bords, tomenteuses sur les deux faces; calathides solitaires, à l'extrémité des rameaux, dont le sommet est garni de quelques bractées squamiformes, rapprochées, étalées, lancéolées, glabres, coriaces, subulées et spinescentes au sommet, analogues aux squames extérieures du péricline; chaque calathide haute d'environ six lignes, et composée d'environ douze fleurs; péricline très-glabre, ayant les squames intérieures colorées en rose sur leur partie supérieure; corolles probablement jaunes.

Nous avons décrit cette plante sur un très-petit échantillon sec, fort incomplet et en mauvais état, recueilli au cap de Bonne-Espérance, et conservé dans le grand herbier général de la galerie de botanique du Muséum d'histoire naturelle. La calathide que M. Desfontaines a bien voulu nous permettre d'analyser, avoit le clinanthe et les squames intérieures du péricline rongés et détruits presque entièrement par les insectes. Cet échantillon n'étoit point nommé, et nous crumes d'abord qu'il appartenoit au *Xeranthemum spinosum* de Linné, décrit et figuré par Burmann; mais un examen plus attentif nous a persuadé que les deux plantes dont il s'agit ne sont pas de la même espèce, ni probablement du même genre.

Quoi qu'il en soit, le *Nitelium* est certainement un genre

nouveau, appartenant à notre tribu naturelle des Carlinées, dans laquelle il faut le placer entre le *Stobæa* de Thunberg et notre *Dicoma* : il diffère du *Stobæa* par son péricline, dont les squames sont très-entières, et non découpées sur les bords en dents épineuses; il diffère du *Dicoma* par l'aigrette, dont toutes les squamellules sont paléiformes.

Notre tribu naturelle des Carlinées se compose maintenant de vingt-deux genres, dont voici la liste alphabétique : *Acarna*, Willd.; *Atractylis*, Willd.; *Bacazia*, Ruiz et Pav.; *Barnadesia*, Lin. fil.; *Cardopatium*, Juss.; *Carlina; Carlowizia*, Mœnch ; *Chardinia*, Desf. ; *Chuquiraga*, Juss. ; *Dasyphyllum*, Kunth ; *Diacantha*, Lag. ; *Dicoma*, H. Cass. ; *Gochnatia*, Kunth ; *Lachnospermum*, Willd. ; *Mitina*, Adans. ; *Nitelium*, H. Cass.; *Saussurea*, Decand. ; *Stæhelina*, Decand.; *Stobæa*, Thunb.; *Theodorea*, H. Cass.; *Turpinia*, Bonpl.; *Xeranthemum*, Gærtn.

Le nom de *Nitelium* est dérivé de *niteo*, parce que le péricline, l'aigrette et les poils qui couvrent l'ovaire, offrent à l'œil une surface luisante. (H. Cass.)

NITIDULE, *Nitidula*. (*Entom.*) Genre d'insectes coléoptères de la famille des clavicornes ou hélocères, c'est-à-dire à cinq articles à tous les tarses, à élytres durs; à antennes terminées par une petite boule ou masse alongée; à articles comme perforés ou perfoliés.

Ce genre comprend de très-petites espèces, qui se nourrissent, sous leurs deux états, c'est-à-dire, de larves et d'insectes parfaits, de débris de corps organisés. Nous le caractérisons comme il suit : *Corps aplati, à élytres couvrant le ventre et le rebordant; antennes en masse de deux ou trois articles.*

Nous avons fait figurer une espèce de ce genre à la planche 6, fig. 3, de l'atlas de ce Dictionnaire. Quoique peu d'espèces soient ornées de couleurs brillantes, comme leurs élytres sont en général nets et polis, on présume qu'elles ont reçu de là leur nom de *nitidule*, qui dériveroit du mot latin *nitidus*; mais cette étymologie est incertaine.

Quoi qu'il en soit, ce genre réunit des espèces qui ont entre elles la plus grande analogie et qui diffèrent de celles que l'on rapporte aux autres genres de la même famille : ainsi, par exemple, par leur corps aplati, elles s'éloignent des sphéridies, qui l'ont hémisphérique ; des scaphidies et des birrhes, dont le corps est ovale; des hydrophiles, des parnes et des dermestes, qui ont le corps bombé et ovale : les nitidules diffèrent ensuite des boucliers et des nécrophores, dont les élytres sont plus courts que leur abdomen ; des élophores, dont les élytres n'ont pas les bords relevés ; et enfin, des silphes, dont la masse des antennes est globuleuse et non alongée.

Geoffroy avoit rangé la plupart des nitidules parmi les dermestes, et Degéer avec les boucliers. Laicharting avoit changé le nom du genre en celui d'*Ostoma;* M. Latreille, en conservant le nom de nitidules à quelques espèces, a réuni les autres sous des noms de genres, tels que les bytures, les cerques, les micropèples, les colobiques, les thymales, les dacnes, etc.

Les larves des nitidules sont en petit semblables à celles des boucliers et des silphes : les anneaux, au nombre de douze, qui forment leur corps, présentent sur leurs bords des lames courtes, tranchantes; elles s'enfoncent dans la terre pour s'y métamorphoser.

Les principales espèces de ce genre sont les suivantes.

1. Nitidule a deux pustules, *Nitidula bipustulata.*

Dermeste à deux points rouges, de Geoffroy, t. 1, p. 100, n.° 5; figuré par Olivier, Coléopt., t. 1, n.° 12, 1, fig. 2.

Car. Noire; un point rouge au milieu de chaque étui.

On trouve cette espèce sous les charognes abandonnées dans les terres sèches.

2. Nitidule colon, *N. colon.*

C'est le dermeste panaché de Geoffroy, n.° 13; figuré par Olivier sur la planche ci-dessus indiquée, n.° 1.

Car. Noire, élytres tachetés de rouille, corselet échancré.

On la trouve dans la séve qui fermente, et surtout dans les liquides qui suintent des ulcères des troncs d'arbres.

3. Nitidule ferrugineuse, *N. ferruginea.*

C'est l'espèce que nous avons fait figurer à la planche 6 de l'atlas de ce Dictionnaire, sous le n.° 3.

Car. D'une teinte brune; élytres à duvet court, striés sur leur longueur, noirs au centre, bordés et tachetés de rouille.

C'est un ostome de Laicharting, un strongyle de Herbst.

4. Nitidule a disque, *N. discoidea.*

Car. *Noire, avec le centre des deux élytres formant une tache commune, brunâtre ou sale.*

5. Nitidule cuivreuse, *N. ænea.*

Geoffroy l'a décrite sous le nom de petit scarabé des fleurs, tom. 1, pag. 86, n.° 3o; c'est un des plus petits coléoptères qu'il ait observé. On la rencontre communément dans les fleurs de rosacées, surtout dans celle de l'aubépine.

Car. *Noire, à élytres bronzés, à reflet métallique cuivreux.*

Une autre espèce, qui est voisine de celle-ci et qui n'est peut-être qu'une variété, a été décrite sous le nom de *ver-dâtre, N. viridescens,* elle a les pattes rousses, au lieu de les avoir noires, ainsi que les antennes. (C. D.)

NITI-PANNA. (*Bot.*) Nom malabare d'une variété du *Codda-panna,* espèce de palmier, *corypha* des botanistes. (J.)

NITI-TODDA-VALLI. (*Bot.*) Rhéede, dans son *Hort. Mal.,* vol. 9, t. 20, cite sous ce nom malabare une plante que Linnæus nommoit *mimosa virgata,* et qui est le *desmanthus vir-gatus* de Willdenow. On ne la confondra point avec le *todda-vaddi,* t. 19, qui est l'*oxalis sensitiva,* ni avec le *malam-todda-vaddi,* t. 21, qui est l'*œschynomene pumila.* (J.)

NITRAIRE, *Nitraria.* (*Bot.*) Genre de plantes dicotylé-dones, à fleurs complètes, polypétalées, de la famille des *ficoïdes,* de la *dodécandrie monogynie* de Linnæus, offrant pour caractère essentiel : Un calice persistant, à cinq dents; une corolle à cinq pétales; environ quinze étamines; un ovaire supérieur; un style; un stigmate simple. Le fruit est une baie monosperme, renfermant un noyau oblong, uniloculaire.

Nitraire de Sibérie : *Nitraria sibirica,* Lamk., *Ill. gen.,* tab. 4o3, fig. 1; *Nitraria Schoberi,* Linn., *Act. Petrop.,* 7, tab. 10; Pallas, *Fl. ross.,* 1, pag. 79, tab. 5o; *Osyris,* etc. Gmel., *Sibir.,* 2, tab. 98. Arbrisseau peu élevé, très-ra-meux, dont les rameaux sont étalés sur la terre. Les feuilles sont linéaires, obtuses, oblongues, épaisses, sessiles, très-caduques. Les fleurs sont terminales, disposées en corymbe sur des pétioles rameux, presque dichotomes; elles ont le calice fort petit; la corolle blanche; les pétales oblongs, concaves; les étamines de la longueur de la corolle; les anthères oblongues; l'ovaire conique, terminé par un stigmate trifide. Le fruit est une baie ovale, cylindrique, d'un rouge obscur : il renferme un noyau percé vers sa base d'une douzaine de petits trous, s'ouvrant, au sommet, en six parties; il ne contient qu'une seule semence par l'avortement de plusieurs autres. Cette plante croît dans la Sibérie et la Russie, le long de la mer Caspienne.

NITRAIRE DU SÉNÉGAL; *Nitraria senegalensis*, Lamk., *Ill. gen.*, tab. 403, fig. 2. Cet arbrisseau, à peine distingué du suivant, diffère du précédent par ses feuilles ovales, presque en cœur renversé, rétrécies en pointe à leur base. Ses tiges sont droites; ses rameaux étalés; les fleurs disposées en petits corymbes étalés, presque sessiles sur un pédoncule un peu rameux; elles ont le calice légèrement velu, ainsi que les pédoncules; ses divisions épaisses, arrondies, obtuses; la corolle petite, blanchâtre; l'ovaire velu; le stigmate en tête. Le fruit est pyramidal, triangulaire, long d'environ trois lignes, d'une consistance sèche, contenant un noyau à une seule loge. Cette plante croît au Sénégal.

NITRAIRE TRIDENTÉE; *Nitraria tridentata*, Desf., *Fl. atl.*, 1, pag. 372. Arbrisseau très-rameux, de trois à quatre pieds, divisé en rameaux épineux et recourbés, garnis de feuilles glauques, alternes, entières, charnues, en forme de coin, tronquées et souvent tridentées au sommet; les fleurs petites, presque en corymbe, ayant le calice petit, persistant, à cinq dents; les pétales linéaires, concaves, obtus; environ quinze étamines plus longues que les pétales; les anthères petites; le style court; l'ovaire alongé. Le fruit est une baie molle, rouge, ovale, pendante, contenant un noyau triangulaire, cannelé, réticulé, monosperme. Cette plante croît en Barbarie, dans les campagnes sablonneuses. (POIR.)

NITRATES. (*Chim.*) Combinaisons salines de l'acide nitrique avec les bases salifiables.

Toutes les généralités suivantes ne sont applicables qu'aux nitrates à base d'oxides.

Composition.

Il y a des nitrates neutres et des nitrates avec excès de base.

Dans les nitrates neutres l'acide contient cinq fois autant d'oxigène que la base. Par conséquent, si l'on regarde 100 p. d'acide nitrique comme contenant 73,83 d'oxigène , ces 100 p. neutraliseront une quantité d'oxide contenant 14,766 d'oxigène.

On connoît des sous-nitrates dans lesquels l'oxigène de l'acide est à celui de la base comme 5 : 2 , comme 5 : 3 , comme 5 : 6.

Action de la chaleur.

Tous les nitrates sont décomposables par la chaleur avec des phénomènes plus ou moins différens, suivant, 1.° que l'affinité de la base pour l'acide est plus ou moins forte; 2.° que la base est susceptible de s'oxider ou de se désoxigéner, ou bien de n'éprouver aucun changement à la température où le nitrate se décompose; 3.° que le nitrate est anhydre ou hydraté.

Action de l'eau.

Tous les nitrates neutres sont solubles dans l'eau.

Action des acides.

Les acides sulfurique , phosphorique, arsenique , et en général les acides très-solubles dans l'eau , qui ont plus de fixité que l'acide nitrique, décomposent les nitrates à froid ou à une température de 100 à 100 et quelques degrés; mais, à froid , aucun de ces acides ne produit d'effervescence avec les nitrates, seulement si l'acide est très-énergique, comme l'est l'acide sulfurique concentré , il se dégage une vapeur blanche, qui est de l'acide nitrique hydraté; il ne se produit pas d'effervescence , parce que l'acide nitrique n'est pas susceptible de se réduire en un fluide élastique permanent, et, d'un autre côté, que la température développée par le contact des corps ne suffit pas pour porter l'acide nitrique au degré de son ébullition.

Si l'acide hydrochlorique, quoique moins fixe que l'acide nitrique, peut décomposer les nitrates quand il est employé en quantité suffisante et à chaud, cela tient à ce que l'acide nitrique est converti en acide nitreux par l'ydrogène d'une portion d'acide hydrochlorique; il doit donc se dégager du chlore et de l'acide nitreux. (Voyez tome XXII p. 124.)

Action des bases salifiables.

Les bases salifiables qui ont le plus d'affinité pour l'acide nitrique à la température ordinaire et quand elles sont dissoutes ou délayées dans l'eau, sont la potasse, la soude, la baryte, la strontiane, la chaux, la magnésie, l'ammoniaque, etc.

Toutes les bases salifiables formant des sels neutres solubles avec l'acide nitrique, il n'est pas possible de précipiter cet acide d'une dissolution de nitrate par aucun réactif de même qu'on précipite l'acide sulfurique par la baryte.

Action des corps combustibles.

Les nitrates contenant beaucoup d'oxigène, et ces sels étant tous décomposables par la chaleur, il en résulte qu'ils tendent à oxigéner les corps combustibles que l'on chauffe avec eux. Ceux qui possèdent cette propriété à un degré remarquable quand on les chauffe avec du charbon, sont les nitrates de potasse, de soude, d'argent et de plomb.

NITRATE D'ALUMINE.

On le prépare en saturant de l'acide nitrique à 36^d par de l'alumine en gelée. En faisant concentrer convenablement la liqueur, on obtient le nitrate cristallisé sous la forme d'octaèdres aigus.

Il a une saveur acide douce et astringente.

Il est déliquescent et soluble dans l'alcool.

Il se décompose à une température peu élevée. Quand il est suffisamment humide, on peut n'obtenir que de l'acide nitrique et de l'alumine pure.

L'ammoniaque le décompose complétement.

NITRATE D'AMMONIAQUE. (Synonymie : *Nitre demi-volatil, nitre inflammable.*)

Composition.

La composition de ce sel est telle que l'acide contient autant d'azote que l'alcali, d'où il résulte que l'oxigène de l'acide est dans le rapport convenable pour convertir tout l'azote en protoxide et tout l'hydrogène en eau.

En effet, que l'on prenne pour unité le volume d'azote de l'acide, le volume de l'oxigène sera $2\frac{1}{2}$, et le volume de l'ammoniaque, qui neutralisera cet acide, sera 2 volumes, ou 1 volume d'azote et 3 volumes d'hydrogène. Or, les 2 volumes d'azote demandent 1 volume d'oxigène pour former 2 volumes de protoxide d'azote, et les 3 volumes d'hydrogène 1½ volume d'oxigène pour former 3 volumes de vapeur d'eau.

	Fourcroy.	Kirw.	Wenzel.	Davy.		
				en prismes	en fibres	masse comp.
Acide	46	57	64,5	69,5	72,5	74,5
Ammoniaque	40	23	32,1	18,4	19,3	19,8
Eau	14	20	3,4	12,1	8,2	5,7

Préparation.

On le prépare en neutralisant du sous-carbonate d'ammoniaque par l'acide nitrique étendu, et en faisant évaporer la liqueur avec les précautions nécessaires pour en obtenir des cristaux.

Propriétés.

Le nitrate d'ammoniaque cristallisé, mis dans la bouche, produit une sensation de fraîcheur, exhale de l'ammoniaque, quand la salive est alcaline: il a une saveur légèrement âcre et amère.

Suivant Fourcroy, l'eau froide en dissout la moitié de son poids, et l'eau bouillante le double du sien. M. Davy dit que, si la solution du nitrate d'ammoniaque est concentrée de 21^d à 37^d,77, puis refroidie lentement, elle donne des prismes hexaèdres terminés par des pyramides à six faces; tandis que, si elle est concentrée à 100^d, elle donne des cristaux formés de fibres plus ou moins longues et légèrement élastiques. Il ajoute que, si le sel est exposé à une chaleur de 128^d,77, il prend la forme d'une masse blanche compacte. D'après les analyses que nous avons rapportées, il résulteroit que le nitrate en prismes hexaèdres contiendroit plus d'eau que celui qui est en fibres, et que celui-ci en contiendroit plus que celui qui est en masse compacte.

Suivant M. Davy, voici les phénomènes que le nitrate d'ammoniaque présente quand il est exposé à la chaleur;

Le nitrate d'ammoniaque en prismes ou en fibres se liquéfie au-dessous de 148^d,88; de 182,22 à 204^d,44, il bout sans se décomposer. A 252^d il se décompose lentement.

Le nitrate compacte se sublime lentement de 135 à 148^d,88 sans se décomposer et sans se fondre. A 160^d il se fond, une partie se sublime et l'autre se décompose.

Le nitrate d'ammoniaque, exposé subitement à une température supérieure à 315^d, se décompose avec explosion et dégagement de lumière. Il se forme de l'eau et de l'acide nitreux, de l'azote est mis à nu.

Le nitrate d'ammoniaque sert dans les laboratoires de chimie pour préparer le protoxide d'azote.

NITRATE AMMONIACO-DE-COBALT.

On peut obtenir ce sel en mettant de l'ammoniaque en excès dans du nitrate de cobalt; évaporant à siccité, traitant le résidu par l'eau et filtrant; la liqueur filtrée, évaporée lentement, donne des cristaux cubiques rouges, que M. Thenard a décrits le premier.

NITRATE AMMONIACO-DE-CUIVRE.

Ce sel a été peu étudié. On sait qu'il cristallise en gros polyèdres efflorescens bleus. On peut l'obtenir en réunissant des solutions de nitrate de cuivre et de nitrate d'ammoniaque.

NITRATE AMMONIACO-DE-NICKEL.

Ce sel a été obtenu par M. Thenard en versant un excès d'ammoniaque dans du nitrate de nickel. La dissolution est susceptible de cristalliser.

NITRATE AMMONIACO-MAGNÉSIEN.

Pour préparer ce sel, dont nous devons la découverte à Fourcroy, on peut verser de l'ammoniaque dans du nitrate de magnésie, filtrer et faire évaporer lentement la liqueur, ou bien encore réunir deux dissolutions de nitrate d'ammoniaque et de nitrate de magnésie. D'après Fourcroy, il faudroit environ 1 partie du premier contre 4 du second, ou plus exactement, 0,22 contre 0,78.

Il cristallise en prismes fins ou en aiguilles.

Il exige 11 parties d'eau froide pour se dissoudre. Il n'est que légèrement déliquescent.

NITRATE DE PROTOXIDE D'ANTIMOINE.

L'acide nitrique à 5^d, mis sur de l'antimoine dans un flacon bouché, donne, suivant M. Proust, un nitrate de protoxide, qui, étant exposé à la chaleur, se réduit en azote, en acide nitreux et en acide antimonique, qui se précipite.

NITRATE D'ARGENT. (Synonymie : *Nitre lunaire, Pierre infernale.*)

Composition.

	Proust.	Berzelius.
Acide nitrique . .	30,5 . .	31,81.
Oxide d'argent . .	69,5 . .	68,19.

Préparation.

On fait dissoudre 1 partie d'argent en grenailles dans 2 parties d'acide nitrique à 32^d. Les vapeurs qui se dégagent lorsqu'on fait boullir la liqueur, entraînent avec elles une quantité sensible de nitrate d'argent. La dissolution cristallise très-bien quand elle a été suffisamment concentrée.

Si l'argent employé contenoit du cuivre, celui-ci resteroit dans les eaux-mères ; et en faisant cristalliser plusieurs fois le nitrate d'argent, on l'obtiendroit à l'état de pureté. On peut encore séparer le cuivre du nitrate d'argent, en faisant évaporer la dissolution nitrique à siccité, en reprenant le résidu par l'eau. Par l'évaporation on décompose le nitrate de cuivre sans altérer celui d'argent, et au moyen de l'eau on dissout le nitrate d'argent, à l'exclusion de l'oxide de cuivre, qui a perdu son acide.

Propriétés.

Le nitrate d'argent cristallise en lames rhomboïdales ou hexagonales.

Il a une saveur salée, et astringente. Quant à la sensation *nauséabonde* qu'on éprouve lorsqu'on le met dans la bouche, j'ai reconnu qu'elle est due à l'action que le nitrate exerce sur l'organe de l'odorat, et non sur celui du goût, comme on l'a cru. Cela prouve que le nitrate d'argent est volatil ; et d'après ce qu'on sait de l'odeur de l'étain, du fer, etc., qui est beaucoup plus forte dans les sels solubles de ces métaux que dans les métaux purs, je pense que l'argent est odorant, s'il est vrai que l'odeur de l'étain et du fer soit due à la vapeur de ces métaux et non à leurs oxides.

J'ajouterai que plusieurs fois j'ai trouvé au nitrate d'argent une odeur nauséabonde en le mettant simplement sous le nez. J'ai observé aussi que le nitrate d'argent, mis dans la bouche, abandonne souvent un peu de son acide, qui devient sensible à l'odorat.

Le nitrate d'argent peut être fondu sans qu'il s'altère. Il ne perd pas 0,01 de son poids. Dans cet état, il est d'un gris léger, c'est la pierre infernale. On le coule ordinairement dans une lingotière. Si le nitrate d'argent employé contenoit du cuivre, la pierre infernale seroit noire et, en supposant que tout le nitrate de cuivre n'eût pas été décomposé, elle seroit déliquescente. Pour reconnoître le cuivre dans une pierre infernale, il suffit de dissoudre celle-ci dans l'ammoniaque. S'il y a du cuivre, la dissolution est bleue.

Le nitrate d'argent est soluble dans l'eau. Suivant Wenzel, 1 partie d'eau en dissout 1 de sel. Cette solution est incolore. L'acide nitrique en précipite du nitrate d'argent en petits cristaux.

Suivant Hahnemann, une très-petite quantité de nitrate d'argent dissoute dans l'eau, fournit une liqueur remarquable par sa propriété antiseptique. En effet, il suffit d'y faire digérer pendant quatorze jours de la viande, pour que celle-ci se sèche ensuite sans répandre aucune mauvaise odeur. Elle se durcit à la longue, et n'est plus susceptible d'être attaquée par les insectes.

Le nitrate d'argent n'est pas déliquescent. Il ne peut être efflorescent, parce qu'il ne contient pas d'eau.

Il est soluble dans l'alcool.

Cas où le nitrate d'argent est altéré.

L'acide sulfurique précipite à l'état de sulfate l'oxide d'argent du nitrate.

L'acide phosphorique ne le précipite pas.

La potasse, la soude, la baryte, la strontiane, la chaux, précipitent l'oxide d'argent du nitrate, en s'emparant de son acide. Le précipité est brun.

L'ammoniaque ne le précipite pas.

L'hydrogène phosphuré précipite le nitrate d'argent en noir. Le précipité est du phosphure d'argent.

L'acide hydrosulfurique le précipite en un sulfure divisé qui est noir.

L'acide hydrochlorique le précipite en un chlorure, qui est en gros flocons blancs pesans.

Le nitrate d'argent, mêlé avec du phosphore, détone par la percussion. Même phénomène avec le soufre; mais il faut que le marteau qui sert à frapper ce mélange, soit échauffé, autrement il n'y auroit qu'une simple inflammation.

Un bâton de phosphore, plongé dans le nitrate d'argent, se recouvre d'argent et le phosphore s'acidifie.

Le nitrate d'argent, mis sur un charbon ardent, se décompose, le sel se fond; une portion de charbon brûle avec activité et l'autre se recouvre d'une pellicule d'argent.

Suivant M.^{de} Fulhame, une étoffe de soie imprégnée d'une solution de nitrate d'argent, étant plongée dans le gaz hydrogène, se recouvre d'une couche d'argent, qui adhère assez fortement à l'étoffe.

Le zinc, le cuivre, le fer, etc., plongés dans une solution de nitrate d'argent, en précipitent ce métal. Quand le nitrate est acide il y a toujours un peu d'oxide qui n'est pas réduit. Des métaux que nous venons de nommer, le fer est le moins propre à cette précipitation, à cause de la facilité avec laquelle il se sépare de l'acide nitrique à l'état de sous-nitrate au maximum.

Le sulfate de protoxide de fer, versé dans le nitrate d'argent à froid, en précipite l'argent à l'état métallique, et se convertit en sulfate et en nitrate de peroxide de fer. Si l'on fait bouillir ces matières, l'argent se redissout dans l'acide nitrique, parce qu'à une température élevée, il réduit le sulfate de peroxide de fer en sulfate de protoxide, suivant l'observation de M. Proust.

Le nitrate d'argent, exposé à la lumière, noircit. Une portion d'acide se sépare, et une portion d'oxide est réduite en métal.

Au feu, le nitrate d'argent se fond, bouillonne. Il se dégage de l'oxigène, de l'acide nitreux, de l'azote, et il reste de l'argent métallique.

Usages.

Le nitrate d'argent sert dans les laboratoires pour reconnoître la présence du chlore ou celle de l'acide hydrochlorique dans des dissolutions aqueuses, soit acides, soit salines. En médecine il est employé comme caustique et antiseptique. Parcequ'il a la propriété de noircir les matières organiques, il est employé pour noircir le bois, la corne, les cheveux, etc. Les parfumeurs le vendent en dissolution dans l'eau, sous le nom *d'eau de Chine*, pour ce dernier usage.

Nitrate d'argent au minimum de Proust.

Quoique je sois très-disposé à regarder ce sel comme un hyponitrite, d'après les observations que j'ai faites sur les hyponitrites de plomb, cependant je conserverai à ce sel la dénomination sous laquelle M. Proust, qui l'a découvert, l'a fait connoître. En cela je n'agis pas comme M. Thomson, qui l'a décrit sous le nom de *nitrite d'argent*.

Préparation.

On fait bouillir une solution de nitrate d'argent sur un excès d'argent en poudre. Il se dégage du gaz nitreux : on continue de faire bouillir pendant une heure, à partir de l'instant où le dégagement du gaz nitreux a cessé, puis on transvase le tout dans un flacon à l'émeri, qui doit être presque entièrement rempli de liquide. Quand la poudre d'argent qui n'a pas été dissoute, est déposée, on décante la liqueur avec un siphon à boule et on la renferme de manière à la préserver du contact de l'air.

Suivant M. Proust, l'argent qui se dissout, prend une portion d'oxigène, à l'oxide d'argent, et conséquemment l'acide nitrique est uni à un oxide d'argent moins oxidé que l'oxide du nitrate ordinaire. Si, comme je le pense, le métal s'oxide aux dépens de l'acide nitrique, ainsi que cela arrive au plomb qu'on fait bouillir avec une solution de nitrate de plomb, le sel de M. Proust doit être un hyponitrite, ayant pour base le même oxide que celui du nitrate.

Propriétés du sel de Proust.

La solution de ce sel, obtenue par le procédé précédent, est d'un jaune clair. Elle cristallise très-difficilement, parce que, le sel étant très-soluble, il arrive presque toujours, lors-

qu'on fait concentrer sa solution ponr obtenir des cristaux,
que la liqueur se congèle en une seule masse. Si la liqueur
concentrée à un certain point est préservée de toute agitation, elle peut conserver sa liquidité pendant plusieurs jours ;
mais, si on vient à l'agiter, elle se prend en masse, et il
se dégage beaucoup de chaleur.

Action de l'eau.

L'eau froide, mise en contact avec le *sel de Proust congelé*, en dissout une portion et laisse l'autre à l'état de *sous-
sel jaune*; par conséquent la portion dissoute contient pro-
portionnellement plus d'acide que le *sel congelé*.

Si on laisse tomber quelques gouttes de solution concentrée
du sel de Proust dans un verre d'eau bouillante, trois couleurs se succèdent rapidement, le jaune, le rouge et le noir.
Le jaune et le rouge sont dus à la séparation d'une portion
de sous-sel, et le noir à de l'argent métallique. Quelques
gouttes d'acide, jetées dans la liqueur jaune ou rouge, font
disparoître le précipité, tandis qu'elles sont sans action lorsque la liqueur est devenue noire.

Si le sel de Proust est un hyponitrite, on conçoit très-bien
comment la base du sous-hyponitrite, qui s'est d'abord formé,
en cédant son oxigène à l'acide hyponitreux, repasse à l'état
métallique.

Action de la lumière et de la chaleur.

Le sel de Proust, exposé à la lumière, noircit, parce
qu'une portion d'oxide est ramenée à l'état métallique.

Le sel de Proust, concentré dans une cornue, s'épaissit,
laisse dégager du gaz nitreux, se fond et exhale une vapeur
qui se condense en une poudre jaune. La matière fondue,
délayée dans l'eau, se réduit, 1.° en nitrate d'argent, qui se
dissout; 2.° en sous-sel jaune de Proust, qui ne se dissout
pas; 3.° en argent métallique qui est mêlé au précédent. C'est
l'oxigène de l'argent réduit qui a converti une portion du
sel jaune en nitrate. Suivant Proust, c'est le protoxide d'argent
qui absorbe cet oxigène; suivant moi, c'est l'acide hyponitreux.

Action de l'air.

L'air convertit par son oxigène le sel de Proust dissous dans l'eau en nitrate. Il faut plusieurs jours pour que la solution jaune soit décolorée. Si elle est suffisamment concentrée, le nitrate cristallise en belles lames.

En faisant concentrer le sel de Proust avec le contact de l'air, il se volatilise du nitrate, et l'on ne peut plus trouver de sel jaune dans le résidu, parce que la totalité a été convertie en nitrate.

Action de l'acide nitrique, de l'acide hydrochlorique.

Quelques gouttes d'acide nitrique, ajoutées au sel de Proust dissous dans l'eau, donnent lieu à un précipité cristallin de nitrate, si la liqueur est suffisamment concentrée. Il se dégage de l'acide nitreux.

L'acide hydrochlorique en précipite du chlorure blanc.

Action de la potasse, de l'ammoniaque.

La potasse en précipite un oxide brun, qui, quoiqu'en dise M. Proust, me paroît être l'oxide ordinaire, et non un oxide moins oxidé que celui du nitrate.

L'ammoniaque, versée dans le sel de Proust, en précipite de l'argent métallique. Il reste dans la liqueur une portion d'oxide d'argent.

Action du tournesol, de la cochenille.

La solution du sel de Proust précipite le principe colorant du tournesol en laque bleue. Le nitrate d'argent ne produit point cet effet.

La solution du sel de Proust précipite l'infusion de cochenille en laque violette foncée. Le nitrate d'argent fait passer ce principe colorant à la couleur écarlate.

La solution du sel de Proust décolore le sulfate d'indigo, et l'argent est réduit, tandis que le nitrate d'argent ne produit aucun effet sur le même corps.

La solution du sel de Proust, mise avec une infusion alcoolique de fécule de ciguë, dont la nuance est feuille-morte, la fait repasser au vert. Le nitrate d'argent ne produit pas cet effet.

Composition.

	Kirwan.	Vauquelin.	Berzelius.
Acide	32	38	41,44
Baryte	57	5o	58,56
Eau	11	12.	

Préparation.

On le prépare, 1.° en neutralisant de l'acide nitrique étendu par du sous-carbonate de baryte; 2.° en réduisant le sulfate de baryte en sulfure au moyen du charbon; neutralisant la baryte du sulfure par l'acide nitrique foible; faisant chauffer; filtrant, et faisant évaporer spontanément la liqueur suffisamment concentrée. Si le nitrate de baryte, obtenu par l'un ou l'autre de ces procédés, étoit mêlé de nitrate de fer, il seroit facile de convertir celui-ci en nitrate de baryte, en ajoutant à la liqueur de l'eau de baryte ou du sulfure hydrogéné de baryte. On pourroit encore précipiter le fer en faisant évaporer le nitrate de baryte à siccité, le chauffant et le traitant ensuite par l'eau, qui ne dissoudroit que le nitrate de baryte.

Propriétés.

Il cristallise en octaèdres.

Il a la saveur âcre et légèrement amère et astringente des sels de baryte solubles.

Il n'est pas déliquescent.

Il exige 12 p. d'eau à 16^d et 3 à 4 p. d'eau bouillante pour se dissoudre.

Il n'est que très-peu soluble dans l'alcool.

La potasse et la soude en séparent la baryte à l'état d'hydrate. Pour faire l'expérience, il faut opérer avec des liquides chauds et suffisamment concentrés et avec des alcalis privés d'acide carbonique. Par le refroidissement l'hydrate de baryte cristallise.

Au feu, il décrépite, puis se décompose, en dégageant de l'oxigène, de l'azote et de l'acide nitreux.

Il ne fait détoner le charbon ou le soufre que foiblement, en comparaison du nitrate de potasse.

Usages.

Le nitrate de baryte sert dans les laboratoires de réactif pour reconnoître l'acide sulfurique et à préparer la baryte anhydre.

NITRATE DE BISMUTH.

Composition.

	Lagerhielm et Berzelius.	
Acide . . .	33,84 . . .	40,70
Base	49,31 . . .	59,30
Eau	16,85.	

Préparation.

On fait dissoudre le bismuth dans de l'acide nitrique à 30^d. La dissolution, abandonnée à elle-même, donne des prismes à quatre pans, terminés par des pyramides à quatre faces, ou des cristaux aplatis.

Propriétés.

Il a une saveur acide, très-astringente et âcre.

Lorsqu'on met le nitrate cristallisé avec de l'eau, le sel se décompose. La plus grande partie reste sous la forme d'une poudre blanche pesante, qui est un sous-nitrate, et l'autre partie se dissout dans l'eau acidulée, probablement à l'état de sous-nitrate. Si l'on verse le sous-nitrate de bismuth liquide dans un peu d'eau, on obtient le même résultat. C'est à cette poudre blanche qu'on donnoit autrefois le nom de *magistère de bismuth :* elle étoit employée comme cosmétique pour blanchir la peau ; mais elle avoit le grand inconvénient de noircir par les émanations sulfureuses. Si, au lieu de mêler la solution de nitrate de bismuth à une petite quantité d'eau, on la mêle à une grande masse de ce liquide légèrement acidulé, on obtiendra le sous-nitrate de bismuth sous la forme de belles écailles nacrées.

Les alcalis précipitent l'oxide de bismuth de l'acide nitrique à l'état d'hydrate blanc.

L'hydrogène sulfuré le précipite en sulfure noir ; le cuivre précipite le bismuth à l'état métallique.

Le nitrate de bismuth fait détoner foiblement le charbon.

Trituré avec le phosphore, il produit une détonation, suivant Brugnatelli.

Le nitrate de bismuth, exposé au feu, donne de l'eau, de l'acide nitrique, de l'oxigène, de l'acide nitreux et de l'oxide de bismuth jaune.

SOUS-NITRATE DE BISMUTH.

On n'a guère, sur les propriétés de ce sel, que les notions que nous avons exposées dans l'article précédent.

Suivant M. P. Grouvelle, le sous-nitrate de bismuth, qui a été exposé au vide sec, est formé de

$$
\begin{array}{ll}
\text{Acide} & 13,97 \\
\text{Oxide} & 81,37 \\
\text{Eau} & 4,66.
\end{array}
$$

NITRATE DE CHAUX. (Synonymie : *Nitre calcaire, Salpètre terreux, Phosphore de Baudouin.*)

Composition.

	Bergman.	Kirwan.	Wenzel.	Berzelius.
Acide	43	57,44	66,2	65,54
Chaux	32	32,00	33,8	34,46
Eau	25	10,56		

Préparation.

On peut le préparer en neutralisant de l'acide nitrique étendu par du sous-carbonate de chaux. Si celui-ci contient des oxides de manganèse et de fer, de la magnésie et de l'alumine, on ajoute à la liqueur un léger excès d'eau de chaux ; on filtre et on fait concentrer, après avoir neutralisé l'excès de la chaux par l'acide nitrique. Pour l'obtenir en cristaux, il faut concentrer la liqueur assez fortement, la verser chaude dans un flacon à l'émeri, et quand les cristaux sont formés, décanter l'eau-mère, puis fermer le flacon quand les cristaux ont été bien égouttés.

Propriétés.

Il cristallise en prismes à six pans, terminés par des pyramides à six faces, ou bien en prismes fins, alongés et brillans.

Il a une saveur àcre et amère.

C'est un des sels les plus déliquescens qu'on connoisse. Les cristaux de nitrate de chaux à $15^d,55$, n'exigent que le quart de leur poids d'eau pour se dissoudre. D'après cela il n'est pas étonnant que l'eau bouillante les dissolve en toute proportion.

Il est très-soluble dans l'alcool ; cependant il l'est moins que dans l'eau. La solution alcoolique de nitrate de chaux cristallise plus facilement que la solution aqueuse ; c'est pourquoi Pelletier a proposé l'alcool pour dissoudre le nitrate de chaux qu'on veut faire cristalliser.

Il a peu d'action sur les corps combustibles.

Lorsqu'on le chauffe, il se fond dans son eau de cristallisation puis il perd ce liquide avec de l'acide nitrique. Le nitrate de chaux desséché est phosphorescent dans l'obscurité. Si on continue de le chauffer, il se dégage de l'oxigène, de l'acide nitreux et de l'azote : la chaux reste à l'état de pureté.

État.

On trouve le nitrate de chaux dans les terrains de carbonate de chaux où l'acide nitrique peut se produire. Presque toujours il est mêlé au nitrate de potasse dans les murs des rues basses, dans le sol des écuries, des étables, etc.

Usages.

Il a été employé en médecine comme fondant diurétique et purgatif. Sa grande affinité pour l'eau pourroit le faire employer au desséchement du gaz. Dans les arts on le décompose pour transporter son acide sur la potasse.

NITRATE DE PROTOXIDE DE CÉRIUM.

Composition.

	Berzelius.
Acide	50,09
Oxide de cérium . . .	49,91.

Préparation.

On neutralise l'acide nitrique foible avec du sous-carbonate de cérium. Il est difficile d'obtenir la combinaison cristallisée.

Propriétés.

Il est incolore ; sa saveur est astringente et sucrée.

Il est déliquescent et soluble dans l'alcool.

Exposé au feu, il donne de l'eau, de l'acide nitrique, de l'acide nitreux et du protoxide de cérium.

Nitrate d'oxide de chrome.

Composition.

Berzelius.

Acide 66,94
Oxide de chrome . . . 33,06.

Ce sel a été à peine examiné. On sait que l'acide nitrique dissout l'oxide de chrome préparé par la voie humide ; que la solution est verte, et qu'en la faisant évaporer à siccité et chauffant le résidu , l'oxide se sépare assez facilement de l'acide nitrique.

Nitrate de protoxide de cobalt.

Composition.

Berzelius

Acide nitrique 59,03
Protoxide de cobalt . . . 40,97.

Préparation.

On l'obtient en neutralisant l'acide nitrique avec du sous-carbonate de cobalt.

Propriétés.

Il est rose et susceptible de cristalliser en petits prismes d'une couleur rouge de groseille.

Il est déliquescent.

Il se décompose à une température peu élevée le résidu est du protoxide de cobalt.

Nitrate de deutoxide de cuivre.

Composition.

Acide nitrique 57,74
Deutoxide de cuivre . . . . 42,26.

Préparation.

On le prépare en dissolvant le cuivre dans l'acide nitrique ; filtrant, faisant évaporer avec précaution, pour ne pas chasser une portion de l'acide qui est nécessaire a la neutralisation de la base. La dissolution , suffisamment concentrée , cristallise assez facilement.

Propriétés.

Ses cristaux sont des parallélipipèdes alongés.

Il a une saveur très-astringente et une odeur métallique nauséabonde des plus désagréables.

Il est très-soluble dans l'eau. Sa solution est bleue.

Il est aussi très-soluble dans l'alcool. Cette solution dépose à la longue du sous-nitrate de cuivre.

Le nitrate de cuivre est susceptible de former avec le nitrate d'ammoniaque un sel double, d'un bleu foncé, cristallisable et non déliquescent.

Le nitrate de cuivre, distillé, donne de l'eau, de l'acide nitrique, de l'acide nitreux, de l'oxigène et du deutoxide de cuivre noir. C'est un bon moyen d'obtenir cet oxide à l'état de pureté.

Usages.

Il sert pour préparer le deutoxide de cuivre et les cendres bleues.

SOUS-NITRATE DE DEUTOXIDE DE CUIVRE.

Composition.

	Berzelius.
Acide nitrique.	29,75
Deutoxide de cuivre . . .	65,31
Eau.	4,94.

Il contient trois fois plus de base que le sel neutre.

Préparation.

On peut le préparer en ne mettant dans une solution de nitrate de cuivre qu'une quantité d'alcali insuffisante pour neutraliser l'acide et en agitant de temps en temps le précipité vert qu'on obtient. Il ne faut filtrer qu'après plusieurs heures. En faisant évaporer le nitrate de cuivre très-étendu, il est possible d'obtenir du sous-nitrate de cuivre, qu'on sépare du nitrate neutre au moyen de l'eau qui dissout le premier. Il faut laver le sous-nitrate à froid.

Propriétés.

Il est sous la forme d'une poudre d'une assez belle couleur verte.

Il est insoluble dans l'eau.

Il est soluble dans l'acide nitrique, l'acide hydrochlorique et l'acide sulfurique.

Nitrate de protoxide d'étain.

Composition.

Berzelius.

Acide nitrique 44,78
Protoxide d'étain . . . . 55,22.

Préparation.

On le prépare en mettant de l'étain en grenaille avec de l'acide nitrique à 3^d dans un flacon à l'émeri, qui doit être rempli en totalité et fermé. La dissolution contient un peu de nitrate d'ammoniaque. Si on vouloit l'obtenir à l'état de pureté, il faudroit employer le protoxide d'étain au lieu du métal.

Propriétés.

On ne le connoît qu'en dissolution. Il est légérement jaune.

Il absorbe facilement l'oxigéne de l'air : dans ce cas il se précipite du peroxide d'étain.

Le nitrate de protoxide d'étain, exposé au feu, se trouble, dégage du gaz nitreux et laisse précipiter du peroxide d'étain.

Enfin, lorsqu'on garde pendant quelque temps le nitrate de protoxide d'étain dans un vase fermé, il laisse déposer un sous-nitrate de protoxide blanc, gélatineux, qu'il est très-facile de distinguer du peroxide d'étain au moyen de l'hématine : en effet, celle-ci produit avec le peroxide un composé d'un rouge cramoisi, tandis qu'il en produit un de couleur bleue avec la base du nitrate ou du sous-nitrate de protoxide.

Usage. Le nitrate de protoxide d'étain m'a servi à préparer de beau pourpre de Cassius.

Nitrate de protoxide de fer.

Composition.

Berzelius.

Acide nitrique. 60,66
Protoxide de fer 59,34

Préparation.

On le prépare en dissolvant le fer dans l'acide nitrique foible ; les matières ne doivent pas être en contact avec l'air, il se produit du nitrate d'ammoniaque en même temps que du nitrate de fer ; la dissolution est verte : quand elle est suffi-samment concentrée, elle cristallise ; mais, pour cela, il ne faut pas qu'elle ait été concentrée par la chaleur.

Propriétés.

Il est vert ; sa saveur est fraîche, astringente et douceâtre : il a une odeur métallique très-forte.

Il est assez soluble dans l'eau : la solution absorbe assez ra-pidement l'oxigène atmosphérique ; la couleur passe au rouge orange, et il se produit un dépôt jaune, qui est un sous-ni-trate de peroxide.

En faisant bouillir la dissolution, il se dégage du gaz ni-treux et il se dépose du sous-nitrate de peroxide.

NITRATE DE PEROXIDE DE FER.

Composition.

Acide nitrique. 67,50
Peroxide de fer 32,50

Préparation.

On le prépare en faisant bouillir le nitrate de protoxide de fer avec un excès d'acide nitrique ; ou encore, en expo-sant à l'air du fer et de l'acide nitrique.

Propriétés.

Il paroît susceptible de cristalliser, au moins M. Vauque-lin dit avoir obtenu, en laissant pendant plusieurs mois de l'acide nitrique concentré sur de l'oxide noir de fer, des cristaux blancs, ayant la forme de prismes quadrangulaires terminés par des biseaux, déliquescens, et donnant avec l'eau une solution rouge.

La solution de nitrate de peroxide de fer se décompose en sous-nitrate avec la plus grande facilité, soit qu'on l'étende de beaucoup d'eau et qu'on l'abandonne ensuite à elle-même, soit qu'on l'expose à l'action de la chaleur.

Ce nitrate donne de l'acide nitrique à la distillation.

Usage. On a employé le nitrate de peroxide de fer pour donner au coton la couleur du nankin.

Sous-nitrate de peroxide de fer.

	Ph. Grouvelle.
Acide	14,06
Oxide	81,26
Eau	4,68

Préparation.

On l'obtient : 1.° en exposant à l'air du nitrate de protoxide de fer jusqu'à ce qu'il se soit déposé une quantité notable de précipité jaune : alors on filtre et on lave le précipité; 2.° en faisant évaporer à siccité du nitrate de peroxide, et en reprenant le résidu par l'eau.

Propriétés.

Il est jaune, insoluble dans l'eau; facile à décomposer par l'action de la chaleur.

Nitrate de glucine.
Composition.

Acide nitrique	67,85
Glucine	32,15

Préparation.

On neutralise l'acide nitrique avec le sous-carbonate de glucine : on ne l'a point encore obtenu en cristaux.

Propriétés.

Il est incolore.

Il a une saveur astringente et sucrée.

Il est déliquescent.

Il perd son acide à une température peu élevée.

Nitrate de magnésie.
Composition.

	Bergman.	Kirwan.	Richter.	Wenzel.	Berzelius.
Acide nitrique	43	46	69,6	72	72,59
Magnésie	27	22	30,4	28	27,61
Eau	30	32 ?			

Préparation.

On neutralise l'acide nitrique foible par la magnésie ou le sous-carbonate de cette base; on fait concentrer suffisamment ; on verse la liqueur dans un flacon à l'émeri, et quand les cristaux sont formés, on décante l'eau-mère et on ferme le flacon.

Propriétés.

Il cristallise en prismes rhomboïdaux ou en aiguilles, même en faisceaux.

Sa saveur est très-piquante et très-amère.

Il est très-déliquescent.

Une partie d'eau froide dissout plus d'une partie de nitrate de magnésie : il est encore plus soluble dans l'eau chaude.

Il est soluble dans l'alcool, mais moins que dans l'eau. La solution alcoolique cristallise plus aisément que la solution aqueuse.

Il est réduit par une petite quantité d'ammoniaque en magnésie, qui se précipite en nitrate ammoniaco-magnésien, qui reste en dissolution.

Il n'a que très-peu d'action sur les combustibles.

Au feu il donne de l'eau, de l'acide nitrique, de l'oxigène, de l'acide nitreux et de la magnésie.

État.

Il existe dans la nature ; ordinairement il accompagne les nitrates de chaux et de potasse.

Usages.

Dans les arts on décompose le nitrate de magnésie natif pour unir son acide à la potasse.

NITRATE DE PROTOXIDE DE MANGANÈSE.

Composition.

Berzelius

Acide nitrique. 59,77
Protoxide de manganèse. 40,23

Préparation.

On dissout du sous-carbonate de manganèse dans l'acide nitrique : il est très-difficile d'obtenir ce sel en cristaux.

Propriétés.

Ce nitrate a les propriétés génériques des sels solubles de protoxide de manganèse.

Il est très-soluble dans l'eau : sa solution concentrée par la chaleur se décompose facilement; il se dépose de l'oxide noir de manganèse hydraté.

Cette solution, abandonnée à elle-même au contact de l'air, présente le même phénomène.

Le nitrate de protoxide de manganèse est soluble dans l'alcool. Distillé, il donne de l'eau, de l'acide nitrique, de l'acide nitreux et du peroxide de manganèse.

NITRATE DE PROTOXIDE DE MERCURE. (Synonymie : *Nitrate de mercure au minimum; Eau mercurielle.*)

Composition.

	Berzelius.
Acide nitrique	20,47
Protoxide de mercure	79,53

Préparation.

On met dans un matras ou dans un flacon 1 p. de mercure avec 4 p. d'acide nitrique à 30^d ; on abandonne les matières à elles-mêmes à la température de 15 à 20^d : il se dégage du gaz nitreux.

Il peut arriver, en mettant de l'acide nitrique avec du mercure, que la liqueur se colore en vert : cet effet est dû à ce qu'il se produit de l'acide nitreux par la réaction du gaz nitreux et d'une portion d'acide nitrique, qui reste en dissolution dans la liqueur; mais, pour que ce phénomène ait lieu, il faut que l'acide nitrique, qui n'a point encore réagi sur le métal, ait une densité suffisante.

Propriétés.

Le nitrate de mercure est susceptible de cristalliser en beaux polyèdres; on en obtient qui ont jusqu'à quatorze facettes. Les plus beaux cristaux sont ceux qui se forment lentement dans une dissolution de nitrate de mercure.

Le nitrate de mercure a une saveur acide, astringente et caustique; il a une odeur métallique très-prononcée.

Il est moyennement soluble dans l'eau; ce liquide ne lui fait éprouver aucune altération. Cette dissolution précipite en noir par la potasse et la soude; le précipité est un mélange de deutoxide et de mercure : elle précipite en gris-blanc par l'ammoniaque ; le précipité est un sel double.

Il jaunit à l'air, parce qu'il absorbe de l'oxigène, qui convertit une portion de sel en sous-nitrate de peroxide.

L'acide sulfurique le précipite en sulfate de protoxide.

L'acide hydrochlorique et les chlorures solubles non désoxigénans le précipitent en protochlorure de mercure.

L'acide hydrosulfurique y fait un précipité noir de sulfure : les hydrosulfates produisent le même effet. Le précipité est du sulfure rouge de mercure mêlé de mercure métallique.

Le phosphore et les phosphites le précipitent à l'état métallique.

Le nitrate de mercure mêlé au phosphore détone par la percussion.

Le nitrate de mercure fait fuser le charbon.

Le cuivre précipite le mercure à l'état métallique ; il peut se former un amalgame quand le cuivre est en excès.

Le protochlorure d'étain réduit la base du nitrate de mercure à l'état métallique.

Le nitrate de mercure distillé donne de l'eau, de l'acide nitreux, du gaz azote et un résidu de deutoxide, si la température n'est pas trop élevée.

NITRATE DE DEUTOXIDE DE MERCURE.

Composition.

Acide nitrique 33,15
Deutoxide de mercure 66,85

Préparation.

On le prépare en dissolvant le deutoxide de mercure dans l'acide nitrique suffisamment concentré, ou en faisant bouillir le nitrate de protoxide de mercure avec de l'acide nitrique, ou, ce qui revient au même, en dissolvant le mercure à chaud dans un excès d'acide nitrique.

Propriétés.

Il cristallise en prismes fins, alongés, d'un aspect soyeux, quand la cristallisation a été rapide.

Sa saveur est plus forte que celle du nitrate de protoxide.

L'eau le convertit en sous-nitrate jaune, qui se précipite,

et en une liqueur qui me paroît être du sous-nitrate dissous dans de l'acide nitrique foible : cette dissolution précipite un hydrate jaune de peroxide par la potasse et par la soude, la baryte, la strontiane et la chaux. Cette solution est précipitée par le sulfate de soude en sulfate de peroxide. L'acide hydrochlorique la réduit en perchlorure, sans la précipiter : lorsqu'on y verse un peu de protochlorure d'étain, on obtient un précipité de protochlorure de mercure, et, en ajoutant un excès de précipitant, on obtient du mercure coulant. L'acide hydrosulfurique y fait un précipité jaune, que quelques chimistes considèrent comme un composé de nitrate de protoxide de mercure et de soufre : ils admettent que dans l'opération il se produit de l'eau.

La chaleur le réduit en oxigène, en acide nitreux et en deutoxide de mercure, ou en mercure, si elle est très-élevée.

Usages des nitrates de mercure.

On emploie dans les arts des dissolutions de mercure qui contiennent presque toujours les deux nitrates : 1.° pour préparer le deutoxide de mercure; 2.° pour noircir les cheveux, le bois, etc.; 3.° pour faciliter le feutrage des poils de lièvre et de lapin, qui servent à la fabrication des chapeaux; 4.° pour faire la pommade citrine.

SOUS-NITRATE DE DEUTOXIDE DE MERCURE : *Turbith nitreux.*

P. Grouvelle.

Acide. 11,03
Oxide. 88,97

Il est d'un jaune verdâtre; on peut l'obtenir cristallisé. Quand on le fait bouillir pendant un temps suffisant dans l'eau, il se réduit à du deutoxide pur.

NITRATE DE PROTOXIDE DE PLOMB. (Synonymie : *Nitrate de plomb, Nitrate de plomb au minimum.*)

	Thompson.	Chevreul.	Berzelius.
Acide nitrique.	. . 34	33	52,69
Oxide jaune	. . . 66	67	67,51

Préparation.

On prend 10 p. de plomb réduit en lames minces; on

les dissout à chaud dans 16 p. d'acide nitrique à 52^d, étendues dans 40 p. d'eau : au lieu de plomb on peut employer la litharge, le massicot ou le sous-carbonate de plomb. La liqueur abandonnée à elle-même, à l'air libre, donne des cristaux.

Propriétés.

Le nitrate de plomb cristallise en octaèdres incolores; mais il est rare qu'on obtienne des octaèdres complets. Il est rare que les cristaux soient transparens; presque toujours ils sont plus ou moins opaques.

Il a une saveur astringente et douce; 100 p. d'eau en dissolvent 14 de nitrate de plomb.

Les alcalis solubles ne décomposent qu'imparfaitement le nitrate de plomb, quand on n'en met que la quantité nécessaire pour obtenir un précipité. Si on ajoute un excès d'alcali (potasse ou soude), le précipité est redissous; c'est pour cette raison que, quand on veut précipiter l'oxide de plomb, qui est à l'état de nitrate, il faut employer les sous-carbonates de potasse ou de soude de préférence aux alcalis caustiques.

Le nitrate de plomb trituré avec le soufre détone foiblement.

Des morceaux de bois blanc minces trempés dans une solution de nitrate de plomb s'imprègnent de ce sel, et quand ils sont desséchés, ils peuvent servir de baguettes d'artillerie, pour mettre le feu aux canons. En effet, dès que le bout d'une de ces baguettes est embrasé, la combustion continue jusqu'à ce que tout le bois soit consumé.

Le cuivre ne précipite pas le plomb de sa dissolution; le zinc, au contraire, le précipite bien.

Le nitrate de plomb, exposé au feu, décrépite, se fond en dégageant de l'oxigène et de l'acide nitreux, qu'on peut recueillir à l'état liquide, lorsqu'on emploie une cornue et un récipient qui ne contiennent que très-peu d'air.

BI-SOUS-NITRATE DE PROTOXIDE DE PLOMB : *Bi-sousnitrate de plomb.*

Composition.

	Chevreul.		Berzelius.
Acide nitrique . .	19,86 — 100	. . .	19,54
Oxide jaune . . .	80,14 — 403	. . .	80,46

Il contient donc deux fois autant de base que le nitrate.

Préparation.

Je l'ai obtenu en faisant bouillir du massicot avec une solution de nitrate de plomb ; par le refroidissement la liqueur a donné des cristaux en aiguilles blanches. M. Berzelius l'a obtenu, de son côté, en précipitant le nitrate de plomb par une quantité d'ammoniaque insuffisante pour neutraliser tout l'acide.

Propriétés.

Il a une saveur sucrée ; il est moins soluble que le nitrate : il ne rougit pas le tournesol : il verdit la teinture de violette.

Nitrate de potasse. (Synonymie : *Nitre, Salpêtre, Salpêtre de houssage,* quand il est effleuri à la surface des murs ; *Cristal minéral et Sel de prunelle,* quand il a été fondu au feu.)

Composition.

	Bergman.	Kirwan.	Richter.	Wenzel.	Laugier.	Berard.	Berzelius.
Acide	33	44	46,7	52	38	51,36	53,45
Potasse	49	51,8	53,3	48	62	48,64	46,55
Eau	18	4,2					

Préparation.

On peut le faire en unissant l'acide nitrique au sous-carbonate de potasse ; mais, ce sel existant dans la nature, on ne le prépare jamais en grand par ce moyen : nous décrirons le procédé qui est suivi en France, après que nous aurons examiné les propriétés du nitrate de potasse et les circonstances où ce sel, ainsi que les nitrates de chaux et de magnésie se forment dans la nature.

Propriétés.

Le nitrate de potasse cristallise en prismes hexaèdres, terminés par des pyramides à six faces ou par dix-huit facettes. Haüy assigne à ces cristaux, pour forme primitive, l'octaèdre rectangulaire.

Presque toujours les prismes de nitrate de potasse sont réunis en faisceaux.

Sa densité est de 2,09.

Il peut être fondu à 550^d sans éprouver aucune altération ; s'il perd quelque chose, ce n'est que de l'eau interposée, car il ne contient point d'eau de cristallisation.

Il a une saveur fraîche, piquante, légèrement amère.

Il n'éprouve aucune altération de la part de l'air, si ce n'est qu'il est déliquescent dans une atmosphère saturée d'eau.

Il est très-soluble dans l'eau, ainsi qu'on peut le voir dans la table suivante, qui a été dressée par M. Gay-Lussac.

Température.	Quantité de nitre dissous dans 100 p. d'eau.	Température.	Quantité de nitre dissous dans 100 p. d'eau.
0,0	13,32	55,0	97,70
5,0	16,60	60,0	110,70
10,0	20,55	65,0	124,51
15,0	25,49	70,0	137,60
20,0	31,75	75,0	154,10
25,0	39,85	80,0	170,80
30,0	45,90	85,0	187,90
35,0	54,35	90,0	205,05
40,0	63,80	95,0	225,60
45,0	75,95	100,0	246,15
50,0	85,00		

L'alcool absolu n'en dissout qu'une trace ; l'alcool d'une densité de 0,878 en dissout 0,01.

L'acide sulfurique versé sur le nitre ne fait point effervescence. Il se dégage des vapeurs blanches acides : si l'on distille dans une cornue 16 p. de nitre avec 9 p. d'acide sulfurique concentré, on obtient de l'Acide nitrique hydraté (voyez ce mot) dans le récipient, et il reste du bisulfate de potasse dans la cornue.

L'acide phosphorique agit d'une manière analogue au précédent.

L'acide borique, la silice et même l'alumine, sont susceptibles de séparer à chaud l'acide nitrique de la potasse : quand les matières sont sèches, presque tout le produit volatil est de l'acide nitreux et de l'oxigène ; au contraire, quand elles sont humides, on obtient plus d'acide nitrique que d'acide nitreux et d'oxigène. Le nitre, chauffé fortement avec la silice, donne un beau verre blanc.

L'acide hydrochlorique décompose le nitrate de potasse, ainsi que nous l'avons expliqué dans les généralités.

J'ai observé qu'en faisant bouillir pendant long-temps du plomb très-divisé avec une solution de nitrate de potasse, il y a une petite portion de sel qui se convertit en hyponitrite de potasse. Pour découvrir ce sel, il faut d'abord faire cristalliser la plus grande partie de la liqueur par refroidissement, ensuite verser dans l'eau-mère de l'acide sulfurique : il se dégage des vapeurs nitreuses. Il n'y a pas ou presque pas de plomb de dissous dans cette opération.

Le nitrate de potasse, chauffé doucement, donne de l'oxigène et un résidu d'hyponitrite de potasse ; à une température élevée et suffisamment prolongée, il se réduit en azote, en oxigène, en acide nitreux et en potasse. Quand on opère dans un vaisseau de verre, la silice du vaisseau facilite l'expulsion de l'acide par la combinaison qu'elle contracte avec la base du nitre.

Action du nitrate de potasse sur les matières combustibles.

Le nitrate de potasse exerce une action énergique à une température plus ou moins élevée sur la plupart des substances combustibles : premièrement, parce qu'il contient beaucoup d'oxigène, que la chaleur tend à séparer ; en second lieu, parce que le produit de la combustion peut avoir une affinité plus ou moins forte pour l'alcali du nitre. Nous ne parlerons pas de l'action de toutes les matières combustibles sur le nitrate de potasse ; nous nous bornerons à traiter de l'action de celles qui forment avec le nitre des mélanges dont la société retire quelque avantage.

Nitrate de potasse et soufre.

Lorsqu'on projette peu à peu, dans un creuset rouge de feu, un mélange de 2 à 3 p. de nitrate de potasse et de 1 p. de soufre, il se produit une flamme vive et une détonation qui n'est pas très-forte. Les gaz qui se dégagent sont de l'azote, de l'acide sulfureux et du gaz nitreux ou de l'acide nitreux ; le résidu est du sulfate de potasse, qui portoit jadis le nom de *sel polychreste de Glaser.* Il est présumable que dans cette opération, faite avec le contact de l'air, c'est l'oxigène atmosphérique qui, en se combinant à du soufre que l'évaporation a soustrait à l'action de l'oxigène du nitre, forme tout ou presque tout le gaz acide sulfureux.

Nitrate de potasse et acide arsenieux.

En chauffant graduellement et très-doucement jusqu'au rouge, un mélange de parties égales d'acide arsenieux et de nitrate de potasse, dans une cornue de verre qui communique à une alonge et à un ballon tubulé, on obtient de l'acide nitreux, un sublimé d'acide arsenieux et un résidu blanc fondu, qui est du surarseniate de potasse (*sel arsenical de Macquer*), un peu de nitre ou de l'hyponitrite, et enfin, de l'acide arsenieux.

Lorsque, au lieu d'opérer de la manière précédente, on projette peu à peu l'acide arsenieux sur du nitrate de potasse porté au rouge dans un creuset, on obtient un résidu très-alcalin. (Voyez Nitre fixé par l'arsenic.)

Nitrate de potasse et phosphore.

On dit qu'en percutant fortement sur une enclume un mélange de nitrate de potasse et de phosphore, il se produit une forte détonation : le phosphore, converti par l'oxigène en acide phosphorique, s'unit à la potasse.

Nitrate de potasse et charbon.

Lorsqu'on projette peu à peu sur du nitrate de potasse chauffé au rouge dans un creuset, de la poussière de charbon, il se produit une détonation et un dégagement de lumière ; en répétant la projection du charbon jusqu'à ce qu'il n'y ait plus de détonation, on obtient du sous-carbonate de potasse ou le *nitre fixé par le charbon* des anciens. Cette matière contient du nitrate ou de l'hyponitrite de potasse en quantité notable si, après l'addition de la dernière dose de charbon, on n'a pas eu la précaution de tenir les matières exposées, pendant une heure ou deux heures, au rouge blanc.

Lorsque, au lieu de faire l'opération comme nous venons de l'indiquer, on projette, pincée par pincée, un mélange de 5 p. de nitre et de 1 p. de charbon dans une cornue de gres tubulée, dont le fond est rouge de feu et qui communique à deux ou trois grands ballons à deux becs, le nitre se décompose comme dans l'opération précédente ; mais on obtient en outre dans les ballons un liquide aqueux, insipide, ou très-légèrement acide, que les anciens appeloient *clyssus du nitre*. L'eau provient des matières et d'une portion d'hydrogène du charbon qui est brûlé.

Lorsqu'on met le feu à un mélange de nitre et de charbon en excès, qui est exposé à l'air libre, une portion de l'excès de charbon, projeté dans l'air par la force de l'explosion échauffée suffisamment pour s'unir à l'oxigène atmosphérique, produit une belle gerbe d'étincelles.

M. Proust s'étant beaucoup occupé de la détonation des mélanges de nitre et de charbon, relativement à la fabrication de la poudre à canon, nous allons présenter un précis de ses observations.

A. *Les charbons provenant de diverses matières organiques, peuvent présenter des différences plus ou moins grandes, relativement au temps que dure la combustion de chacun d'eux, quand ils sont brûlés par une même proportion de nitrate de potasse.*

Pour opérer la combustion des mélanges nitro-charbonneux, M. Proust en introduit 72 grains dans un tube de laiton de deux lignes et demi de diamètre intérieur, d'une demi-ligne d'épaisseur et de deux pouces et demi à trois pouces de longueur. Le tube est plongé dans un verre d'eau, et il y flotte au moyen d'une plaque de liége qu'il traverse.

Tableau des charbons dont le mélange avec le nitre peut brûler dans le tube.

60 grains de nitre avec	Durée en secondes.	Grains de matière restés dans le tube après la détonation.
12 grains de charbon de sucre.	70	48
— — de coack.	50	45
— — de grains de maïs . .	55	43
— — d'alcool (p. l'ac. sulf.)	36	44
— — de noyer	29	33
— — de châtaignier . . .	26	36
— — de canne de maïs. .	25	38

60 grains de nitre avec		Durée en secondes.	Grains de matière restés dans le tube après la détonation.
12 grains de charbon	de tige de piment.	25	36
—	— de coudrier	23	30
—	— de fusain	21	27
—	— de bourdaine	20	24
—	— de pin	17	30
—	— de tiges de pois chich.	13	21
—	— de sarment	11	20
—	— de chanvre	10	12
—	— d'asphodèle	10	12

Les mélanges des charbons d'amidon, de blé, de riz, de noix de galle, de gayac, de bruyère, d'indigo, de glutine, de colle forte, de blanc d'œuf, de sang humain, de cœur de bœuf, ne peuvent brûler dans le tube.

M. Proust, après avoir reconnu que les différences que les charbons présentent relativement à leur combustion par le nitre, ne peuvent tenir : 1.º *à l'azote que quelques-uns contiennent; 2.º à la chaleur à laquelle ils ont été exposés pendant leur préparation*, les attribue à leur densité variable : il pense que, si les proportions différentes d'hydrogène exercent quelque influence, cela ne peut être que mécaniquement, en facilitant la dilatation du carbone auquel cet hydrogène est uni; car M. Proust admet que dans l'intérieur du tube l'hydrogène ne peut être brûlé, puisqu'il y a un excès de carbone et que celui-ci, à une température rouge, décompose la vapeur d'eau. D'après cela, si l'hydrogène brûle, c'est hors du tube, en absorbant l'oxigène de l'air.

M. Proust considère le charbon de chenevotte comme le plus propre à fabriquer la poudre ; il se fonde sur les raisons suivantes : 1.º aucun charbon ne brûle plus rapidement que lui ; si celui d'asphodèle est aussi combustible, il est plus volumineux, la plante d'où il provient est moins abondante que le chanvre ; 2.º il ne faut point écorcer la chenevotte comme on écorce la bourdaine et le saule ; 3.º il est assez divisé pour qu'il ne soit pas nécessaire de le pulvériser avant de le mettre dans le mortier où l'on bat le mélange qui constitue la poudre.

B. *Les proportions suivant lesquelles un même charbon est mêlé au nitrate de potasse, ont une grande influence sur la durée de la combustion, lors même que le volume du gaz produit est le même.*

NITRE, 60 grains intimément mêlés avec	DURÉE en secondes.	MATIÈRE restée dans le tube, poids en grains.	PRODUIT en pouces cubes + 20 pouces cubes d'air.	GAZ RÉDUITS par l'eau de chaux en	
				GAZ insolubles.	GAZ solubles.
gr.				Pouces cub.	Pouces cub.
Charbon de chanvre $8\frac{1}{8}$	30	40	48 + 20	34	34
$10\frac{1}{7}$	25	32	62 + 20	44	38
$12\frac{1}{6}$	10	12	62 + 20	48	34
$15\frac{1}{5}$	9	10	62 + 20	52	30
$20\frac{1}{4}$	7	10	70 + 20	60	30
$30\frac{1}{3}$	7	10	74 + 20	64	44

Le mélange étoit contenu dans le tube de laiton; celui-ci flottoit au moyen de sa plaque de liége sur l'eau d'une cuve pneumatique. Le mélange étoit embrasé au moyen d'une languette d'amadou, puis on recouvroit le tube d'une cloche munie d'un robinet qui étoit ouvert : on enfonçoit la cloche perpendiculairement, jusqu'à ce qu'il restât 20 pouces cubes d'air, puis on relevoit la cloche pour la placer sur la tablette de la cuve.

Le baromètre étoit à 26 pouces 4 lignes, et le thermomètre à 15 degrés.

Les produits de ces détonations sont, suivant M. Proust :

1." *De l'acide carbonique.* Une portion provient de la combustion du carbone; une autre est séparée du charbon par la chaleur à laquelle celui-ci est exposé; enfin, une troisième provient de l'eau du mélange, qui est décomposée par du charbon.

2.° *Du gaz oxide de carbone.* Une portion provient de l'action immédiate de l'oxigène du nitre sur le carbone; une seconde portion est séparée du charbon par l'élévation de la température.

3.° *Du gaz hydrogène carburé.* Une portion provient de la décomposition de l'eau, opérée par le carbone[1]; une seconde est séparée du charbon par l'élévation de la température.

---

[1] J'ai tout lieu de penser que dans la décomposition de l'eau par le carbone rouge, l'hydrogène est séparé à l'état de pureté et non à l'état d'hydrogène carburé.

4.° *Du gaz azote.* Il provient de l'acide nitrique.

5.° *Du gaz nitreux.* Il provient de l'acide nitrique.

6.° *Du sous-carbonate d'ammoniaque.*

7.° *De l'hyponitrite de potasse;* quelquefois du *nitrate.*

8.° *Du sous-carbonate de potasse.*

9.° *Du cyanure de potassium.*

Il y a une observation à faire ; c'est qu'en opérant dans l'air, au-dessus de l'eau, comme M. Proust l'a fait, une portion de gaz nitreux passe à l'état d'acide nitreux, et est absorbée par l'eau ; il en est de même d'une portion d'acide carbonique ; enfin, une portion de charbon, d'oxide, de carbone, d'hydrogène carburé, est brûlée par l'oxigène de l'air.

On voit que les mélanges à $\frac{1}{7}$, $\frac{1}{6}$, $\frac{1}{5}$ de charbon ont produit le même volume de gaz, quoique la combustion ait duré 25, 10 et 9 secondes.

M. Proust a observé que la trituration a une grande influence sur la durée de la combustion ; car les mélanges à $\frac{1}{8}$, $\frac{1}{7}$, $\frac{1}{6}$, $\frac{1}{5}$, mal triturés, ont mis à brûler 58, 30, 19 secondes.

Suivant M. Proust, quoiqu'il y ait un excès de charbon, on retrouve toujours une portion d'acide à l'état de nitrate ou d'hyponitrite dans les résidus ; et dans le mélange à $\frac{1}{7}$ de charbon, il y a une portion de combustible qui n'est pas brûlée par l'oxigène du nitre.

Il résulte encore des expériences du même savant, que, quand l'excès de charbon est considérable, comme il l'est dans les mélanges à $\frac{1}{4}$ et à $\frac{1}{3}$, la combustion s'opère plus rapidement et il se produit plus de gaz insoluble, notamment d'oxide de carbone.

M. Proust pense que, dans une ville assiégée, où le soufre manqueroit, on pourroit faire usage d'une poudre sans soufre, formée de 1 p. de charbon contre 3 ou 4 p. de nitrate de potasse ; mais cette poudre devroit être grenée et employée sur-le-champ, à cause de l'inconvénient qu'elle a d'attirer l'humidité de l'atmosphère.

Mélanges de nitre, de soufre et de charbon.

La poudre à canon est un simple mélange de nitre, de soufre et de charbon ; mais, avant de l'étudier d'une manière spéciale , il ne sera point inutile de considérer l'influence que le soufre exerce sur la combustibilité des mélanges de nitre et de charbon, auxquels on l'ajoute en différentes proportions. Nous allons citer les principaux résultats que M. Proust a obtenus en brûlant les mélanges dans des tubes par le procédé décrit plus haut.

1.ᵉʳ TABLEAU.

Mélanges à ⅕ de charbon de chanvre.

	Grains.	Durée en secondes.	Po. cub. de gaz.	Po. cub. d'atmosph.
Salpêtre	60			
Charbon	15	9	62 + 20	
— avec soufre	4	7	76 + 20	
— avec soufre	6	6 ½	76 + 20	
— avec soufre	8	6	76 + 20	
— avec soufre	10	6	80 + 20	
— avec soufre	12	7	84 + 20	
— avec soufre	14	7	84 + 20	
— avec soufre	16	8	82 + 20	

Il résulte de ces faits :

1.° Que l'addition du soufre, au mélange de 4 p. de nitre et de 1 p. de charbon, peut accélérer sa combustion de 9 secondes à 6 secondes, mais que cette accélération ne peut être augmentée ;

2.° Que le soufre, ajouté au mélange de nitre et de charbon, augmente le volume du gaz produit par la combustion du charbon. M. Proust dit qu'il faut ajouter au moins 8 pouces cubes au volume des gaz indiqués dans le tableau, par la raison que les 20 pouces d'air, contenus dans la cloche où la combustion a été faite, contenoient 4 pouces cubes d'oxigène, qui ont dû convertir 8 pouces cubes de gaz nitreux en acide soluble dans l'eau ;

3.° Que le soufre en excès, à une certaine proportion, ralentit la combustion du mélange, parce que vraisemblablement il abaisse trop la température en se vaporisant.

M. Proust pense que le soufre, quelle que soit sa quantité, n'enlève jamais l'oxigène au nitre dans la combustion de la poudre ; tout l'oxigène que le nitre perd, se porte sur le

carbone. D'après cela il établit que, lorsqu'on brûle un mélange de nitre, de charbon et de soufre dans le vide ou dans
une atmosphère dépourvue d'oxigène, le soufre ne contribue
point à la production de la lumière de la poudre enflam-
mée, comme cela arrive lorsque la combustion s'opère au
milieu de l'air : dans ce cas l'oxigène atmosphérique, en
se portant sur une portion du soufre, de l'hydrogène carburé et de l'oxide de carbone, dont la température est
élevée, produit une véritable flamme.

2.ᵉ Tableau.

Mélanges à ⅙ de charbon avec soufre.

	Grains.	Durée en secondes.	Po. cub. de gaz.	Po. cubes d'atmosph.
Salpêtre	6o			
Charbon	12	. . 10	. . 62	—+— 20
— avec soufre	4	. . 7	. . 66	—+— 20
— avec soufre	6	. . 6½	. . 72	—+— 20
— avec soufre	8	. . 6	. . 76	—+— 20
— avec soufre	10	. . 6	. . 80	—+— 20
— avec soufre	12	. . 6½	. . 82	—+— 20
— avec soufre	14	. . 7	. . 82	—+— 20
— avec soufre	16	. . 7	. . 82	—+— 20
— avec soufre	18	. . 8	. . 80	—+— 20

3.ᵉ Tableau.

Mélanges à ⅐ de charbon avec soufre.

	Grains.	Durée en secondes.	Po. cub. de gaz.	Po. cubes d'atmosph.
Salpêtre	6o			
Charbon	1o	. . 25	. . 62	—+— 20
— avec soufre	2	. . 11		
— avec soufre	4	. . 8	. . 68	—+— 20
— avec soufre	6	. . 6½	. . 70	—+— 20
— avec soufre	8	. . 6	. . 76	—+— 20
— avec soufre	10	. . 6	. . 76	—+— 20
— avec soufre	12	. . 6½	. . 80	—+— 20
— avec soufre	14	. . 7	. . 82	—+— 20
— avec soufre	16	. . 8	. . 82	—+— 20
— avec soufre	18	. . 8	. . 82	—+— 20

Conséquences.

Dans les mélanges à $\frac{1}{5}$ et à $\frac{1}{6}$, il y a un excès de charbon, puisque le mélange à $\frac{1}{7}$ brûle avec la même vitesse que les premiers. A la vérité, ceux-ci donnent plus de gaz, mais l'excès est trop petit pour qu'on puisse, dans la fabrication de la poudre à canon, le préférer au mélange à $\frac{1}{7}$ par la raison qu'un excès de charbon a l'inconvénient de rendre les mélanges où il entre plus hygrométriques et plus difficiles à être réduits en grains, que le mélange où ce combustible est en moindre quantité, et, pour sentir l'avantage qu'il y a à réduire un mélange en grains, il suffit de comparer la force d'une poudre à canon pulvérisée avec la force de la même poudre grenée. C'est encore d'après ces raisons qu'il est préférable de faire la poudre à canon avec le nitre, le soufre et le charbon, plutôt que de se borner à la préparer avec du nitre et du charbon ; car dans ce dernier cas, comme nous l'avons vu plus haut, il faudroit nécessairement faire usage d'un mélange de nitre à $\frac{1}{4}$ ou $\frac{1}{5}$ de charbon pour avoir une poudre suffisamment forte.

On observe que la poudre qui est faite avec du charbon et du soufre, produit un bruit beaucoup plus fort que celle qui est faite avec du nitre et du charbon seulement.

Nous allons traiter maintenant de la poudre à canon.

Fabrication de la poudre à canon par le procédé ordinaire.

1.re Opération, composition.

Le nitrate de potasse, le soufre, le charbon, qui entrent dans la composition de la poudre, doivent avoir été préalablement pulvérisés avant qu'on ne les mêle ensemble.

Le nitre sort des ateliers où on l'a purifié, suffisamment divisé pour qu'il ne soit pas nécessaire de le soumettre à une nouvelle opération de pulvérisation.

Le soufre est broyé au bocard ou sous des meules, puis il est tamisé au blutoir et renfermé dans des tonneaux.

Quant au charbon, on ne le pulvérise qu'au moment même où on veut le mêler avec le nitre et le soufre ; par la raison qu'on a observé deux fois à la poudrerie d'Essone, que du charbon pulvérisé s'étoit embrasé spontanément dans le blutoir où on venoit de le tamiser.

Le charbon qu'on emploie en France provient du *rhamnus frangula* (bourdaine). Il doit conserver beaucoup d'hydrogène, si l'on veut avoir une poudre forte.

Pour faire la poudre, on commence par peser $7^k,5o$ de nitre; on les verse dans un *boisseau*; on pèse ensuite $1^k,25$ de soufre et on le verse dans le boisseau qui contient déjà le nitre; on pèse $1^k,25$ de charbon, et on le verse dans un second boisseau.

Les proportions que nous venons de donner, sont celles de la poudre de guerre; mais elles seroient différentes, si l'on vouloit faire de la poudre de chasse, de la poudre de mine, de la poudre de traite. Voici les proportions de ces diverses poudres.

	P. de guerrre.	P. de mine.	P. de traite.	P. de chasse.
Nitre . . .	75,0 . .	65 . . .	62 . .	78
Soufre . . .	12,5 . .	20 . . .	20 . .	10
Charbon . .	12,5 . .	15 . . .	18 . .	12

2.ᵉ *Opération, battage.*

On porte les ingrédiens pesés au moulin à pilon, où ils sont intimement mêlés par le *battage*.

Le battage s'opère par des pilons qui frappent les ingrédiens dans des mortiers de bois. Les pilons sont formés d'un manche de bois de hêtre et d'une boîte de cuivre allié d'étain, qui a la forme d'une poire, et les mortiers ne sont autre chose que des cavités qu'on a creusées dans une poutre de chêne dont une partie est enterrée dans le sol de l'atelier. Il y en a ordinairement 10 dans une poutre. La charge de chacun d'eux est de 10 kil. de matière. Un moulin à pilons se compose de vingt mortiers et de vingt pilons, ou de deux batteries. Les pilons sont mis en mouvement par une machine à roue hydraulique.

Pour charger les deux batteries, on porte au moulin quarante boisseaux, dont vingt contiennent le nitre et le soufre, et vingt le charbon.

On commence par verser chaque boisseau de charbon dans chacun des mortiers des batteries; on y ajoute 1 kil. d'eau; on bat le mélange de vingt minutes à une demi-heure : on cesse de battre ; on verse chaque boisseau qui contient le nitre et le soufre, sur le charbon pulvérisé : on a soin de mélanger la matière à la main ; enfin, on arrose encore la matière de chaque mortier, qui se compose de 10 kil. de matière solide et de 1 kil. d'eau, avec ½ kil. de ce liquide. On bat le mélange pendant une demi-heure : cette fois les pilons battent de cinquante-cinq à soixante coups par minute, tandis que, dans le battage du charbon, le pilon ne battoit que quarante coups dans le même temps.

Quand le battage est fini, on retire la matière du premier mortier avec une curette appelée main ; on la met dans une caisse alongée, qu'on appelle une *layette*; puis on enlève toute la matière du second mortier pour la placer dans le premier : on continue cette opération jusqu'à ce qu'on ait vidé le dernier mortier; alors on remet dans celui-ci la matière du premier mortier. Cette opération, nommée *rechange*, a pour objet de faciliter le mélange des matières. En effet, par l'action prolongée du pilon il se forme au fond de chaque mortier une masse plus ou moins compacte, qu'on appelle *faux cul* ou *culot*. Or, outre l'obstacle qu'apporte la formation du culot à l'intimité du mélange, il y auroit encore à craindre, si la dureté du culot étoit portée à un certain point, qu'il ne détonàt par le choc.

Les matières *rechangées* sont battues pendant une heure ; après quoi on les soumet à un nouveau rechange, et ainsi de suite, jusqu'à ce qu'on en ait fait douze. La durée du dernier battage est de deux heures, et la durée du battage complet est de quatorze heures.

Quand les matières ont été battues pendant huit à onze heures, on a l'habitude, après le rechange, d'ajouter à chaque mortier vingt-cinq décagrammes d'eau au plus.

5.ᵉ *Opération, grenage.*

Le mélange, après le battage, est pâteux et trop humide pour être grené ; c'est pourquoi, pour qu'il sèche suffisamment, on l'abandonne pendant un jour ou deux au milieu du grenoir (c'est le nom de l'atelier où l'on réduit la poudre en grains); au bout de ce temps on met la poudre dans des caisses appelées *mayes*.

Un ouvrier, placé devant une maye, y prend le mélange par portion et le met ainsi dans un tamis de peau appelé *guillaume*, qui est percé de trous ronds. Ce tamis repose sur une barre horizontale qui traverse la maye. Quand il y a suffisamment de mélange dans le tamis, l'ouvrier place dessus un tourteau, c'est-à-dire un morceau de bois de gayac ou de cormier de forme lenticulaire; puis il donne un mouvement tel au guillaume, que celui-ci glisse sur la barre, et qu'en même temps le tourteau se meut circulairement sur toute la surface du mélange. Par ce moyen les parties de ce mélange qui seroient trop grossières pour être tamisées, éprouvant une pression de la part du tourteau, se divisent suffisamment pour passer au travers des trous du guillaume.

Lorsque tout le mélange a passé au guillaume, l'ouvrier le reprend dans un second tamis, appelé *grenoir*, dont les trous ont le diamètre du grain qu'on veut obtenir. Le *tourteau* est employé dans cette opération comme dans la précédente. Le grain qui a passé dans le grenoir, est ensuite mis dans un troisième tamis, qu'on appelle *égalisoir*. Les trous de l'égalisoir étant plus petits que ceux du grenoir, il arrive que le *poussier* et le *fin grain* passent au travers de ces trous, tandis que le grain ou la poudre grenée reste dans le tamis. La poudre grenée, étant souvent mêlée de grains trop gros, est mise dans un quatrième tamis, dont les trous sont tels qu'ils laissent passer la poudre grenée et qu'ils retiennent les parties grossières. On reporte le poussier et le fin grain au moulin à pilons.

4.ᵉ Opération, *séchage*.

Une fois la poudre grenée, on la sèche. Cette opération peut se faire en exposant sur des toiles la poudre au soleil, ou, ce qui est préférable, en l'exposant à des courans d'air d'une température de 50 à 60ᵈ : pour cela on l'étend sur des toiles qui sont tendues dans une chambre. Ce procédé, qui est de M. Champy fils, est bien préférable au premier, puisqu'il peut être pratiqué dans toutes les saisons.

5.ᵉ Opération, *époussetage*.

La poudre qui a été séchée, est recouverte d'un peu de poussier, qu'on en sépare au moyen d'un tamis très-fin ou au moyen d'un blutoir. C'est la dernière opération que l'on fait subir à la poudre de guerre.

Observations sur le dosage, sur la nature du charbon et sur la durée du battage.

En 1794 une commission, ayant préparé de la poudre à différens dosages, reconnut que la poudre la plus forte est celle qui est composée de

Nitre 76
Soufre 9
Charbon . . . . 15.

Ce dosage fut adopté pendant plusieurs années, mais on finit par revenir à l'ancien, que nous avons donné; par la raison qu'on reconnut que, la poudre qu'il donne ne contenant pour 100 que 12,5 de charbon, elle est plus facile à conserver, parce qu'elle est moins disposée à attirer l'humidité.

M. Proust a proposé en France l'usage du charbon de chenevottes qui est employé en Espagne; ce savant croit qu'au lieu de battre la poudre pendant quatorze heures, il suffit de la battre pendant deux heures.

Observations sur la fabrication de la poudre de chasse.

La poudre de chasse se fabrique comme la poudre de guerre, avec cette différence cependant,

1.º Que le grain en est plus fin;

2.º Que la poudre, une fois grenée, n'est soumise qu'à un léger desséchement. En effet, il suffit de l'exposer en hiver sur une toile pendant une heure au soleil, et en été entre deux toiles pendant le même temps; après cela on la soumet à l'époussetage;

5.º Qu'on la soumet à l'opération du *lissage*, qui a pour objet de donner du luisant au grain.

Pour lisser la poudre de chasse, on l'introduit dans des tonnes qui tournent sur leur petit axe au moyen d'une machine à eau. Chaque tonne reçoit cent cinquante kilogrammes de poudre, et est munie intérieurement de quatre barres de bois carrées qui vont d'un fond à l'autre, et qui ont pour objet de multiplier les surfaces et par là d'augmenter le frottement qui est nécessaire pour lisser la poudre. Le lissage dure de huit à douze heures. Le mouvement doit être assez lent. M. Cagnard-Latour a remarqué qu'en opérant le *lissage* à la température de l'eau bouillante, un frottement d'une demi-heure est suffisant.

La poudre lissée est passée à l'*égalisoir*, au *séchoir*, et, enfin, elle est soumise à l'*époussetage*.

Observations sur la poudre de mine.

La poudre de mine, qui ne contient que 65 de nitre, est plus foible que la poudre précédente, parce que sa combustion est plus lente. Au reste, cette infériorité de force, loin d'être un inconvénient, est un avantage; car la poudre de mine est destinée à ébranler des masses de rochers ou des pierres liées ensemble par un ciment : dès-lors un effort prolongé est bien plus propre à produire un grand effet pour l'objet qu'on se propose, qu'un effort instantané. Pour concevoir aisément ce que nous disons, il suffit de se rappeler qu'une balle lancée d'un pistolet par l'explosion de la poudre, ne fait qu'un trou égal à son diamètre dans un carreau de verre, tandis qu'elle le réduit en fragmens plus ou moins longs, si elle est simplement jetée avec la main.

Le grain de la poudre de mine est plus gros que celui de la poudre de guerre.

Observation sur la poudre de traite.

Avant la révolution le dosage de la poudre de traite étoit le même que celui de la poudre de mine : on l'obtenoit en passant la poudre de traite grenée au *grenoir* de la poudre de guerre. Le grain fin qui passoit, étoit vendu aux armateurs sous le nom de *poudre de traite*, toutefois après avoir été lissé.

Après la paix d'Amiens, les armateurs ayant refusé de payer la poudre de traite au prix de la poudre de mine, la proportion du salpêtre fut réduite à la proportion de 60 pour 100, que nous avons indiquée plus haut.

La poudre doit être conservée dans des lieux secs. M. Champy fils a proposé de tapisser les murs des magasins de feuilles de plomb et d'en disposer l'entrée de manière que l'air, qui tend à y pénétrer lorsque son élasticité est supérieure à celle de l'air de l'intérieur, passe sur de la chaux caustique, pour s'y dépouiller de son eau hygrométrique.

De la poudre considérée sous ses rapports chimiques.

Analyse de la poudre à canon.

1.ᵉʳ Procédé.

(a) On fait sécher la poudre.

(b) On en lessive une quantité, exactement pesée, avec de l'eau. On fait évaporer à siccité. Le poids du résidu fondu donne le poids du nitrate de potasse. On l'essaie pour savoir s'il est pur.

(c) On prend le résidu lavé à l'eau; on le fait chauffer dans l'eau de potasse. Le soufre est dissous à l'exception du charbon. On filtre, on lave le charbon jusqu'à ce que le lavage ne noircisse plus la solution d'acétate de plomb, et on le fait sécher au degré où la poudre l'a été.

(d) On étend le sulfure hydrogéné d'eau ; on y fait passer un excès de chlore, et ensuite on précipite l'acide sulfurique qui s'est produit par le chlorure de barium. Le sulfate de baryte fait connoître le poids du soufre. On peut, jusqu'à un certain point, se dispenser de faire cette dernière opération : dans ce cas on conclut le poids du soufre en soustrayant les poids du nitre et du charbon du poids de la poudre analysée.

2.ᵉ Procédé.

(a) On dessèche la poudre.

On la lessive ensuite pour avoir le nitre. On fait évaporer et fondre le résidu.

(c) On prend 5 grammes de poudre, 5 grammes de sous-carbonate de potasse exempt d'acide sulfurique; on pulvérise les matières dans un mortier, et on ajoute ensuite 5 grammes de nitre et 20 grammes de chlorure de sodium.

Le sous-carbonate qu'on ajoute au mélange, est destiné à fixer le soufre, qui, sans cela, se volatiliseroit à une température où il ne pourroit être brûlé par le nitre. Le chlorure de sodium est employé pour modérer la combustion. Malgré ces précautions, il y a toujours une petite portion de soufre qui se sublime.

On chauffe au rouge le mélange dans une capsule de platine. Le soufre se combine d'abord à une portion de l'alcali du sous-carbonate, puis à l'oxigène du nitre : il passe donc à l'état de sulfate de potasse. Quand la matière est refroidie, on la dissout dans l'eau ; on ajoute de l'acide nitrique à la liqueur ; puis on précipite par le chlorure de barium.

M. Gay-Lussac, à qui l'on doit ce procédé, propose de déterminer le soufre, non pas en pesant le sulfate de baryte, mais en prenant une dissolution de chlorure de barium, faite suivant une proportion connue, et voyant la quantité qui est nécessaire pour précipiter exactement la dissolution qui contient le sulfate de potasse. La proportion suivante donne la quantité de soufre, 152,44 de chlorure de barium cristallisé : 20,116 poids d'une proportion de soufre :: le poids du chlorure de barium cristallisé employé : x.

Circonstances où la poudre s'enflamme.

La poudre s'enflamme dans le vide, soit par le choc, soit par une élévation de température suffisante.

Elle s'enflamme à l'air par le choc, par l'étincelle électrique, par une élévation de température.

M. Gay-Lussac a constaté que la chaleur qui se développe dans l'extinction de la chaux par l'eau, suffit pour l'enflammer.

Produits de la combustion de la poudre.

Les produits de la combustion de la poudre varient un peu, suivant que la combustion est successive ou rapide, suivant aussi que les produits de cette détonation ont le contact de l'air, surtout lorsque leur température est élevée.

Produits de la combustion lente et de la combustion rapide.

Les produits de la combustion de la poudre qui brûle successivement dans un tube, sont, suivant M. Proust, de l'acide nitreux rutilant, de l'hydrogène sulfuré, de l'hydrogène carburé, de l'oxide de carbone, du gaz nitreux, de l'azote et de l'acide carbonique, du sulfure de potasse ou sulfate de potasse et sulfure de potassium, du sous-carbonate de potasse, du charbon, du cyanure de potassium, du nitrate ou de l'hyponitrite de potasse.

Une expérience que je fis dans une de mes leçons, me donna les résultats suivans : la poudre fut brûlée dans un petit tube de cuivre, sous une cloche pleine de mercure, d'après la méthode de Lavoisier.

100 volumes du gaz recueilli étoient formés :

Acide carbonique.	45,41
Gaz azote	57,55
Gaz nitreux.	8,10
Gaz hydrogène sulfuré	0,59 ?
Gaz inflammable formé d'oxigène, de carbone et d'hydrogène	8,37.
	100,00.

Au moment où les gaz arrivèrent dans la cloche, ils étoient nébuleux et rutilans. Le nuage étoit occasioné par un peu d'eau, et, peut-être, par quelque sel ammoniacal, et la couleur par de l'acide nitreux.

Le gaz acide hydrosulfurique fut déterminé au moyen de l'acétate de plomb, acide sur lequel l'acide carbonique n'exerçoit aucune action. Cependant, vu la petite quantité de gaz qui fut absorbée, je n'oserois affirmer l'existence de l'acide hydrosulfurique, la couleur noire que prit l'acétate de plomb pouvant avoir été développée par du sulfure de potassium. J'observerai en outre que je n'ai pas déterminé rigoureusement les proportions des élémens du gaz inflammable formés d'oxigène, de carbone et d'hydrogène, parce que je n'ai pas eu assez de gaz pour les peser; cependant je ne crois pas m'éloigner beaucoup de la vérité, en admettant qu'il pouvoit être représenté par 4,87 d'oxide de carbone et par 5,50 d'hydrogène carburé pour 100 volumes du gaz que j'ai recueilli; mais, je le répète, cette détermination est un peu hypothétique.

MM. Colin et Taillefer, ayant fait détoner la poudre rapidement, n'ont point trouvé d'acide nitreux, de gaz nitreux et de cyanure de potassium dans les produits qu'ils ont obtenus. Ils ont observé la production d'une petite quantité de sous-carbonate d'ammoniaque.

Puisque l'on trouve du gaz inflammable et du sulfure de potassium dans les produits de la détonation de la poudre;

que ces produits, se dégageant d'une arme à feu dans l'atmosphère, y parviennent avec une température suffisamment élevée pour pouvoir se combiner au gaz oxigène, il s'en suit nécessairement qu'il doit y avoir une seconde combustion dont les produits sont, de l'eau, de l'acide carbonique et du sulfate de potasse, ainsi que M. Proust l'a observé. C'est surtout cette seconde combustion, produite hors de l'arme, qui donne lieu à la flamme. On conçoit, d'après cela, comment la poudre est employée par les artificiers pour projeter dans l'air des substances combustibles, telles que du soufre, des substances métalliques, etc., qui, incapables de brûler tant qu'elles n'ont que le contact du nitre, s'enflamment dans l'atmosphère, lorsqu'elles y sont projetées plus ou moins chaudes, par l'explosion de la poudre à canon avec laquelle on les a mêlées.

Quant à l'explication de la détonation de la poudre, nous n'avons rien à en dire ici, parce qu'elle rentre dans les considérations que nous avons données au mot *détonation*, où nous avons traité de ce phénomène en général.

Nous ajouterons seulement quelques considérations théoriques sur le dosage de la poudre et sur la nature des produits de sa combustion opérée en vases clos.

Nous avons vu comment M. Proust a été conduit à penser que le carbone seul enlève l'oxigène au nitre ; mais, à l'époque où ce savant fit son travail, on manquoit de notions précises sur la nature du *sulfure de potasse* : c'est pourquoi M. Proust ne put expliquer comment le soufre, sans brûler, a cependant tant d'influence sur la force de la poudre. Aujourd'hui, que les expériences de M. Vauquelin et de M. Berzelius ont appris que le soufre réduit à chaud la potasse en sulfure de potassium et en sulfate de potasse, et que nous savons en outre, par les expériences de M. Berthier, que le sulfate de potasse, est réduit par le carbone en sulfure de potassium à une température suffisante, il est probable que dans la combustion de la poudre, pendant que l'oxigène du nitre se porte sur le carbone le soufre concourt à la détonation en se fixant au potassium. Mais dans cette hypothèse deux choses sont possibles ; ou tout l'oxigène de l'acide nitrique et celui de la potasse, se porte sur le carbone, tandis que le potassium passe à l'état de sulfure ; ou l'oxigène de l'acide nitrique seulement se porte sur du carbone, tandis que le soufre, en réagissant sur la potasse, produit du sulfure de potassium et du sulfate de potasse : dans ce dernier cas on conçoit facilement que, s'il y a un excès de charbon, celui-ci pourra réduire le sulfate de potasse en sulfure de potassium.

Calculons maintenant les proportions qu'il faudra de nitrate de potasse, de soufre et de charbon, pour n'obtenir que du sulfure de potassium, de l'acide carbonique et de l'azote, et adoptons pour ce calcul les poids des atomes de M. Berzelius.

	Poids.			At.
		2 At. ac. nit.	Ox.	10
			Az.	2
1 Atome de nitrate de pot.	2534,85 ou	1 At. de pot.	Ox.	2
			Pot.	1
2 Atomes de soufre . . .	402,32			
6 Atomes de carbone. . .	451,98			
	3389,15			

Ce qui donne pour le dosage de la poudre :

Nitrate de potasse. 74,80
Soufre. 11,87
Carbone. 13,33
                                      ————
                                      100,00

Après la détonation on doit avoir

6 Atomes d'acide carbonique. .	Oxigène . .	12
	Carbone . .	6
1 Atome de sulfure de potassium	Soufre . . .	2
	Potassium. .	1

2 Atomes d'azote.

D'après l'estimation du capitaine Brianchon, 1 litre de poudre pesant 900 grammes, produit 1.°, 216 litres de gaz carbonique et 72 litres de gaz azote c'est-à-dire, 288 litres [1] de gaz permanens, mesurés à zéro et sous la pression baro-

---

métrique de o^m,760 ; 2.° de la vapeur de sulfure de potassium, dont le volume, calculé hypothétiquement comme celui d'un gaz, peut être porté à 112 litres à zéro.

Maintenant le capitaine Brianchon, évaluant la température développée par la combustion de la poudre à 2400^d, il s'en suit, d'après la loi de M. Gay-Lussac, que 400 litres de fluides élastiques, occupent à cette température 4000 litres, conséquemment, le volume de la poudre est à celui des fluides élastiques, qu'elle développe, :: 1 : 4000 sous la pression de o^m,760.

Robins estimant que la température développée par la combustion de la poudre est celle du fer chauffé au blanc, et que cette température quadruple le volume d'une masse d'air prise à la température ordinaire, il pense que les 288 litres de gaz permanens, pris à la température ordinaire, provenant de 1 litre de poudre, occupent environ 1000 litres au moment où la poudre détone.

Si nous calculons le dosage de la poudre dans l'hypothèse où tout l'oxigène du nitre passeroit à l'état d'oxide de carbone, nous aurons

1 Atome de nitrate de potasse .	2534,85	
2 Atomes de soufre.	402,32 ;	
12 Atomes de carbone.	903,96	
	3841,13.	

Ce qui donne le dosage de

Nitre.	65,992
Soufre	10,474
Carbone	23,534

Mélange de nitre, de soufre et de potasse (Poudre fulminante).

On prépare cette poudre en mêlant dans un mortier 3 p. de nitre, 2 p. de potasse caustique et 1 p. de soufre. On renferme le mélange dans un flacon.

Lorsqu'on met la poudre fulminante sur le feu dans une cuiller de fer, le soufre s'unit à la potasse ; la matière se fond, et il se produit ensuite une explosion très-forte. Il ne reste rien dans la cuiller.

Ce qui prouve bien qu'il se produit un sulfure, c'est qu'on peut préparer, ainsi que je l'ai fait, la poudre fulminante, en prenant du sulfure de potasse et du nitre.

La principale cause pourquoi la détonation du nitre mêlé au sulfure de potasse est plus forte que celle d'un simple mélange de nitre et de soufre, c'est que la fixité du soufre dans le sulfure permet à celui-ci de s'échauffer à une température telle que tout le soufre est brûlé en un seul instant; tandis que dans l'autre cas la combustion du soufre est toujours plus lente.

Mélange de nitre, de soufre et de sciure de bois (Poudre de fusion).

Cette poudre est un mélange de 5 p. de nitre, de 1 p. de soufre et de 1 p. de sciure de bois. Quand on veut en faire usage, on la met dans un petit creuset; on place au milieu un ou plusieurs morceaux de métal ou d'alliage, que l'on essaie de fondre; puis on embrase le mélange avec une allumette. La combustion est lente, accompagnée de flamme, et le métal ou l'alliage se fond, si sa nature le permet.

Mélange de nitrate de potasse et de tartrate acidule de potasse.

Lorsqu'on projette par portions un mélange de 2 p. de crème de tartre et de 1 p. de nitre dans un creuset rouge de feu, il se produit une détonation : lorsque tout le mélange a detoné, si on élève la température du résidu jusqu'à le faire fondre, on obtiendra un mélange de sous-carbonate de potasse et de cyanure de potasse, ainsi que M. Guibourt l'a observé.

Mais si, au lieu d'opérer de la manière précédente, on projette le mélange dans une chaudière de fonte dont le fond est chauffé au rouge obscur, ainsi que le prescrit M. Thenard pour préparer le sous-carbonate de potasse, et si on lessive immédiatement la matière après qu'elle est refroidie, on aura une liqueur alcaline qui ne contiendra ni cyanure ni hyponitrite.

Il est très-probable que la différence qu'on observe dans la nature des produits, tient à la différence des températures où les élémens sont exposés dans les deux opérations.

État du nitrate de potasse dans la nature.

La nature nous présente d'assez grandes quantités de nitrate de potasse. Ainsi, dans plusieurs contrées de l'Espagne, de l'Inde, de l'Amérique méridionale, etc., il se montre en petits cristaux blancs à la surface du sol, surtout pendant les chaleurs qui succèdent aux pluies. Nous le trouvons dans le sol de nos bergeries, de nos étables, de nos caves, dans les parties des murs calcaires de nos maisons, de nos clôtures, etc., qui sont constamment imprégnées d'eau; souvent nous le voyons apparoître en efflorescences blanches à la surface de ces murs; et parce que, dans cet état, on le recueille dans quelques pays avec des houssoirs, on l'a appelé *nitre de houssage.*

Il est facile de s'expliquer l'origine des efflorescences de nitre à la surface du sol et à la surface des murs dans les temps chauds et secs qui succèdent aux pluies ou aux temps humides. En effet, qu'un sol, qu'un mur, plus ou moins perméable à l'eau, contiennent des petites portions de nitre, disséminées dans toute leur masse où elles sont dissoutes dans l'eau, soient exposés à une atmosphère assez sèche pour qu'ils puissent perdre de l'eau, il arrivera nécessairement que le sel, qui a perdu l'eau qui le tenoit en dissolution, se déposera à la surface du sol, du mur, où l'évaporation s'est faite, et que, d'après la tendance qu'ont les liquides à se distribuer également dans toutes les parties d'une masse qui leur est perméable et qu'ils sont susceptibles de mouiller, de nouveau liquide plus ou moins chargé de nitre se portera du centre à la surface, qui tend continuellement à la sécheresse : dès-lors, tant qu'il viendra du liquide à cette surface, il se déposera du nitre, et comme l'évaporation se fait lentement, les molécules du sel se disposeront de manière à former des cristaux.

De la formation du nitrate de potasse dans la nature.

Le nitrate de potasse se rencontre, 1.° dans des lieux presque toujours incultes où il paroît, au moins au premier aspect, ne pas y avoir de matières organiques; 2.° dans des lieux où il y a certainement des matières organiques.

S'il nous est impossible aujourd'hui d'expliquer d'une manière précise l'origine du salpêtre dans les premiers lieux, nous pouvons affirmer que dans les seconds lieux le salpêtre s'y produit tous les jours. Mais si les circonstances de ce phénomène, qu'on nomme *nitrification*, ont été assez bien déterminées pour que nous soyons en état d'accélérer la formation du nitre et d'augmenter jusqu'à un certain point la quantité du produit, il faut convenir que la théorie de la nitrification n'est point encore complète : c'est ce qui sera évident, d'après ce que nous allons dire de la formation du nitre dans les endroits où se trouvent des matières organiques.

Les conditions absolument nécessaires à la production de l'acide nitrique, dans les lieux dont nous venons de parler, sont, 1.° la présence d'une matière organique azotée, qui peut être d'origine animale ou végétale ; 2.° la présence d'une base alcaline, telle que la potasse, la chaux, la magnésie, qui doit être à l'état de sous-carbonate, et si ce sous-carbonate, comme celui de chaux, est à l'état de pierre à bâtir, il faut que cette pierre soit poreuse ; car, si elle étoit compacte comme le marbre, elle seroit impropre à la nitrification. Il en est de même, suivant Thouvenel, de la potasse et de la chaux à l'état caustique : les pierres calcaires, siliceuses, tendres, les craies argileuses, les marnes, etc., sont très-disposées à se salpêtrer ; 3.° le contact de l'oxigène atmosphérique ; 4.° une température de 15^d à 25^d ; 5.° la présence d'une proportion d'eau suffisante pour humecter les matières et pour donner aux élémens de la matière organique la facilité de se prêter aux mouvemens qu'ils doivent éprouver nécessairement pour se transformer en de nouveaux produits. Une trop grande quantité de liquide affoibliroit trop l'influence de bases alcalines en même temps qu'elle faciliteroit trop l'altération de la matière organique, surtout si la température dépassoit 25^d.

D'après ce que nous venons de dire, on conçoit :

1.° Pourquoi la nitrification est impossible aux températures où l'eau est solide.

2.° Pourquoi, dans un sol, la nitrification n'a plus lieu à 1 ou 2 mètres de profondeur, c'est-à-dire, à une profondeur où l'oxigène atmosphérique ne pénètre qu'avec difficulté.

35.

5

3.º Pourquoi, dans les murs, elle s'arrête à 3 ou 4 mètres au-dessus du sol; hauteur où les murs sont généralement secs.

4.º Pourquoi, dans tous les lieux exposés à un courant d'air où l'évaporation est rapide, la nitrification ne se produit pas.

5.º Pourquoi, dans les villes, les rues basses, étroites et tortueuses, sont les lieux les plus favorables à la production du salpêtre.

Aujourd'hui on pense assez généralement que l'azote de l'acide nitrique provient des matières organiques, tandis que son oxigène vient de l'air atmosphérique, et que leur union a lieu sous l'influence alcaline du sous-carbonate de potasse ou de chaux, lorsque l'azote, à l'état naissant, rencontre l'oxigène humide.

On pense encore que les matières organiques éprouvent des altérations qui nous sont inconnues avant que leur azote forme de l'acide nitrique.

Des nitrières artificielles.

On appelle *nitrières artificielles*, des mélanges de matières propres à produire du nitre, quand elles seront placées dans des circonstances convenables.

Suivant M. Gay-Lussac, il faut, pour produire 100 kilogrammes de salpêtre, 75 kilogrammes de matières animales sèches, ou au moins 300 kilogrammes de ces matières dans leur état naturel, en supposant que tout leur azote soit converti en acide nitrique, et en outre une quantité d'alcali représentée par environ 88 kilogrammes de potasse du commerce, de qualité moyenne.

D'un autre côté, comme les matériaux salpêtrés fournissent au plus 0,05 de salpêtre, et terme moyen 0,02, il faudroit mêler par 100 p. de matières terreuses susceptibles de se salpêtrer, et humides comme l'est une bonne terre de jardin, 6 p. environ de matières animales fraîches : le mélange devroit être fait successivement par parties.

Enfin, pour avoir 100 kilogrammes de salpêtre par an, il faut, suivant Thouvenel, lessiver 800 pieds cubes de matières salpêtrées, ce qui suppose une masse de 24000 pieds cubes, par la raison qu'une première nitrification, durant ordinairement trois ans, il faut dans une exploitation réglée lessiver chaque année un tiers des matières salpêtrées.

On construit des nitrières couvertes et des nitrières exposées à l'air libre.

Nous allons successivement parler de la manière de les établir; mais aujourd'hui tous les savans qui ont réfléchi aux avantages dont elles peuvent être pour le propriétaire, s'accordent à regarder ces avantages comme étant trop foibles pour qu'on exécute des nitrières sur une grande échelle : de petites nitrières, formées avec des matières qui n'ont pas ou que très-peu de valeur, sont susceptibles d'être exploitées avec quelque profit par des fermiers ou par de petits propriétaires de biens ruraux qui ne veulent négliger aucun bénéfice; telles sont les nitrières en Suède.

1. *Des nitrières couvertes.*

En général, on dispose les matières qu'on veut nitrifier en couches de 3 pieds d'épaisseur, en murs ou en pyramides.

En Suède il n'est pas un cultivateur qui n'ait une nitrière couverte, dont nous devons la description à M. Berzelius.

« Dans une petite cabane en bois, dit cet illustre savant, et dont le plancher est aussi en bois, et quelquefois en argile bien comprimée et bien compacte, on met un mélange de terre ordinaire, de sable calcaire ou de marne et de cendres lessivées, et on arrose ce mélange avec de l'urine de bœufs ou de vaches. Pendant l'été on remue cette masse une fois par semaine, et pendant l'hiver une fois chaque deux ou trois semaines : cela se fait en ménageant un petit espace le long d'un côté de la cabane et en rejetant la terre une fois vers le côté gauche, l'autre fois vers le côté droit, en prenant soin de ne pas comprimer la terre dans le nouveau monceau que l'on forme. Le monceau a ordinairement deux et demi à trois pieds de hauteur sur toute l'étendue que la cabane comporte. La cabane est pourvue de volets, que l'on ferme pour empêcher le soleil d'y pénétrer. »

Nous allons faire connoître maintenant le procédé de nitrification qui a été proposé par le comité consultatif des poudres et salpêtres de France.

1.° On choisit une terre légère où le sous-carbonate de chaux domine. Si les localités ne permettent pas de s'en procurer, on mêlera à une terre meuble des cendres de toutes espèces, des plâtres, des mortiers de démolitions, etc.

2.° (a) Si l'on peut se procurer à peu de frais des fumiers, on les mêlera avec la terre par lits successifs de 5 à 6 pouces d'épaisseur; on les arrosera de temps en temps avec de l'eau de fumier. Quand la matière sera convertie en terreau, on la mettra en couches de 2 pieds et demi à 3 pieds d'épaisseur sur un sol couvert, où on pourra la remuer aisément. On l'arrosera ensuite avec des eaux de fumier, des urines, de manière à lui donner le degré d'humidité de la terre d'un jardin bien cultivé. Tous les quinze jours on retournera la couche, et on tiendra le hangar fermé pour que l'évaporation ne se fasse pas trop rapidement.

Après dix-huit mois on arrosera, non plus avec de l'eau de fumier, mais seulement avec de l'eau pure, afin que pendant les six derniers mois les matières animales aient le temps de se détruire.

(b) Si l'on n'emploie pas le fumier on mettra la terre dans une étable, on la recouvrira d'une litière abondante; au bout de quatre mois on enlèvera le fumier, on retournera la terre, on la recouvrira de 8 à 9 pouces de nouvelle terre, puis de litière : au bout de quatre mois on enlèvera le fumier, on remuera la terre et on la recouvrira encore de 8 à 9 pouces de nouvelle terre; enfin, après quatre mois, on enlèvera le fumier, et la terre préparée sera transportée sous un hangar pour qu'elle s'y nitrifie.

Quand on a des matières animales, il est avantageux de les diviser et de les mêler intimement aux terres que l'on destine à la nitrification.

2. *Des nitrières à l'air libre.*

Elles consistent en un mélange de terre et de fumier, de plantes herbacées, de menues branches, dont on fait des murs de 2 à 3 pieds d'épaisseur sur 6 à 7 de hauteur. Ces murs sont garnis d'un toit de paille.

Le comité consultatif conseille, 1.° d'orienter les murs dans la direction du vent dominant de la pluie; 2.° de les arroser souvent, surtout avec des eaux peu riches en matières propres à la nitrification ; 3.º de faire entrer dans la composition des murs de menus branchages de plantes ligneuses : par ce moyen les murs acquièrent de la solidité et en même temps ils deviennent moins compactes ; 4.º de préparer les terres qu'on mêle au fumier, de la même manière que celles qui servent aux nitrières couvertes ; 5.º de faire les murs de manière qu'une face soit unie, tandis que la face opposée soit en gradins et en forme de gouttières : les arrosages se faisant sur cette face seulement, l'eau pénètre toute la masse du mur, et le nitre produit vient s'effleurir sur l'autre face, où il est facile de l'enlever.

Extraction du nitrate de potasse ; matériaux salpêtrés.

1. *Nature des matériaux salpêtrés.*

Ils se composent de matières insolubles dans l'eau et de matières qui s'y dissolvent ; ces dernières sont :

Du nitrate de potasse,
—   de chaux,
—   de magnésie ;
De l'hydrochlorate de chaux,
—   —   de magnésie :
Du chlorure de potassium,
—   de sodium ;
Du sulfate de chaux,
Et des matières organiques.

Le nitrate de potasse est d'autant plus abondant, que les sels de potasse étoient plus abondans dans la nitrification, en supposant toujours que la proportion de ces sels n'excédoit pas celle où la nitrification est possible : en général, le nitrate de potasse domine sur le nitrate de chaux dans les terres des étables et des bergeries.

Le nitrate de chaux. Presque toujours ce sel domine dans les pierres calcaires salpêtrées. D'après Thouvenel, il se produit avant celui de potasse ; mais ensuite il est décomposé par le sous-carbonate de potasse ou quelque autre sel de cette base : 100 parties de nitrate de chaux, décomposées par 57,08 p.

de potasse pure ou 108 p. environ de potasse du **commerce**, donnent 122,6 p. de nitrate de potasse.

Nitrate de magnésie. Il n'existe communément qu'en très-petite quantité dans les matériaux salpêtrés : à Paris, les matériaux salpêtrés contiennent 33 de nitrate de chaux, 5 de nitrate de magnésie et 25 de nitrate de potasse; 100 p. de ce sel, décomposées par la potasse, donnent 135,4 de nitrate de potasse.

Hydrochlorate de chaux. Il se rencontre ordinairement dans les matériaux où il y a du chlorure de sodium et de la craie, et cela ne doit pas étonner, puisque M. Berthollet a fait voir que ces matières, en réagissant ensemble, donnent lieu à du sous-carbonate de soude qui s'effleurit, et à de l'hydro-chlorate de chaux : 100 p. de sel, décomposées par 84,4 de potasse, donnent 133,5 de chlorure de potassium.

Hydrochlorate de magnésie. Il est toujours en foible pro-portion dans les matériaux salpêtrés : 100 p., décomposées par 98,2 p. de potasse, donnent 155,2 p. de chlorure de potassium.

Chlorure de sodium. Il accompagne toujours le nitrate de potasse.

Chlorure de potassium. Suivant M. Gay-Lussac il existe rare-ment avant la nitrification dans les matériaux salpêtrés; il ne se forme qu'à l'époque où il y a du nitrate de potasse formé : alors celui-ci, en réagissant sur de l'hydrochlorate de chaux, produit une certaine quantité de chlorure de potassium.

2. *Choix des matériaux salpêtrés.*

Les salpêtriers sont dans l'usage de juger de la richesse des matériaux salpêtrés, d'après leur saveur amère et piquante plus ou moins grande; mais, comme cette épreuve exige de l'habitude et qu'elle n'est pas toujours sûre, il est préférable de lessiver un poids donné de matériaux salpêtrés réduits en poudre, et de juger, par le poids du résidu du lavage éva-poré, la proportion réelle du salpêtre qu'ils contiennent.

3. *Lessivage des matériaux salpêtrés.*

On écrase les matériaux salpêtrés, soit avec des battes, soit avec des moulins; on les passe à la claie, puis on les lessive dans des tonneaux dont l'un des fonds a été enlevé; ils sont garnis, tout près du fond qui reste, d'une chantepleure en bois. On a ordinairement 36 tonneaux disposés en nombre égal sur trois rangs, qu'on appelle *bandes* : on commence par mettre un lit de paille au fond des tonneaux, puis on les remplit de matériaux salpêtrés de manière qu'ils dépassent de quelques pouces l'ouverture du tonneau; on y verse ensuite une quantité d'eau suffisante pour pénétrer également toute la masse des matériaux salpêtrés contenue dans les tonneaux de la première bande A; après dix ou douze heures on ouvre la chantepleure, la liqueur de lavage s'écoule dans un réservoir n.° 1.

On verse sur les tonneaux de la bande A une quantité d'eau pure égale à celle de l'eau salpêtrée qu'elle a fournie; après trois ou quatre heures, on ouvre la chantepleure, et cette eau s'écoule dans le réservoir n.° 1, où elle se mêle avec le premier lavage.

Un troisième et un quatrième lavages se font comme le second; mais leurs eaux sont réunies dans un réservoir n.° 2.

Quatre lavages suffisent généralement pour épuiser une bande : on enlève les matières lavées et on les remplace par des matières neuves.

Dans les ateliers on distingue les eaux de lavages par les dénominations,

1.° *D'eaux de cuite*, quand elles sont bonnes à évaporer : elles doivent marquer de 10^d à 14^d à l'aréomètre;

2.° *D'eaux fortes*, quand elles doivent passer encore une fois sur des terres neuves, pour être transformées en eaux de cuite : pour qu'une eau soit réputée eau forte, il faut qu'elle marque au moins 4^d;

3.° *De petites eaux*, quand elles marquent seulement de 1 à 2^d.

La bande A des tonneaux étant épuisée, on passe successivement sur la bande B :

1.° *Les eaux fortes* du premier et du second lavage : par ce moyen elles deviennent eaux de cuite;

2.° La moitié des *petites eaux*;

3.° L'autre moitié des *petites eaux*.

Par ce moyen les *petites eaux* deviennent des *eaux fortes*.

4.° De l'eau pure ;

5.° De l'eau pure.

Ces deux derniers lavages donnent de *petites eaux.*

Quant à la bande C, on commencera par y passer les *petites eaux* de la bande A, qui ont été transformées en eaux fortes par leur passage sur la bande B, afin qu'elles deviennent eaux de cuite ; après quoi on procédera à l'épuisement des matériaux de la bande C, comme on a procédé à celui de la bande B.

Nous renvoyons, pour de plus grands détails, à l'instruction sur la fabrication du nitre, qui a été publiée, en 1820, par le Comité consultatif des poudres et salpêtres de France.

4. *Saturation des eaux salpétrées.*

On verse dans les eaux de cuite assez de sous-carbonate de potasse en dissolution dans l'eau, pour précipiter toute la chaux et la magnésie qui étoient unies aux acides nitrique et hydrochlorique. Par ce moyen les eaux de cuite ne contiennent plus que du nitrate de potasse et des chlorures de sodium et de potassium ; plus, une petite quantité de sous-carbonate de chaux et de magnésie, et des matières organiques.

Au lieu de sous-carbonate de potasse, on peut employer, pour saturer les eaux salpêtrées, le sulfate de potasse, ou, ce qui revient au même, un mélange de chlorure de potassium et de sulfate de soude ; mais, avant d'employer ces substances, il faut préalablement décomposer les sels magnésiens par l'eau de chaux.

(a) *Emploi du sulfate de potasse.*

On verse la dissolution aqueuse dans les eaux salpêtrées ; le sulfate de chaux qui se produit alors, n'est point aussi facile à séparer que le sous-carbonate de chaux qu'on obtient lorsqu'on fait usage de sous-carbonate de potasse. Lorsqu'on emploie 79,5 de sous-carbonate de potasse, il faut 100 p. de sulfate de potasse.

Le *sursulfate de potasse* ne doit être employé que quand on en a neutralisé l'excès d'acide par la craie ou par une lessive de potasse.

(b) *Emploi du chlorure de potassium, mêlé au sulfate de soude.*

Ces sels doivent être mêlés dans le rapport de 93 à 89, et employés en dissolution dans l'eau.

5. *Évaporation ou cuite des eaux salpêtrées.*

L'évaporation s'opère dans deux vaisseaux de cuivre : le premier est une chaudière placée sur un fourneau ; le second est un bassin tellement disposé, qu'il est chauffé par la chaleur qui se dégage du foyer où la chaudière est placée, et de plus qu'il porte un robinet, au moyen duquel on peut faire couler le liquide qu'il contient dans le premier vaisseau. La capacité du bassin est la moitié de celle de la chaudière.

Quand les deux vaisseaux sont chargés d'eau de cuite, on chauffe le fourneau : on a soin de faire arriver autant de liquide du bassin dans la chaudière qu'il s'en évapore dans celle-ci. Dès que l'ébullition commence, il se forme des *écumes*, qu'on enlève avec une écumoire et qu'on verse dans un baquet placé au-dessus de la chaudière sur deux traverses de bois : le baquet est garni d'une chantepleure, par laquelle s'écoule le liquide contenu dans les écumes ; quand celles-ci sont égouttées, on les réunit aux matières qu'on veut préparer à la nitrification. En même temps que les écumes se forment, il se dépose des *sous-carbonates de chaux et de magnésie*, qu'on reçoit dans un chaudron placé au fond de la chaudière : ce chaudron est pendu à une chaîne, et la chaîne est attachée à une corde qui passe sur une poulie fixée au-dessus de la chaudière. On retire le chaudron chaque fois qu'on le suppose rempli de dépôt ; on cesse de le remettre dans la chaudière, lorsqu'on aperçoit que le dépôt est couvert de *chlorure de sodium cristallisé.*

A mesure que le *chlorure de sodium* se dépose, on l'enlève avec des écumoires et on le met dans un panier placé au-dessus de la chaudière, pour qu'il s'égoutte. Le chlorure de sodium est constamment mêlé de chlorure de potassium.

L'eau est concentrée au degré convenable, lorsqu'elle marque 80^d à l'aréomètre, ou, ce qui revient au même, lorsque, en en laissant refroidir cinq mesures, il reste, après la cristallisation, une mesure d'eau-mère.

Avant de décanter la *cuite*, on la laisse reposer pendant quelques heures, puis, en évitant d'entraîner des chlorures qui se sont précipités au fond, on la transvase dans des bassins de fer, de cuivre, ou dans des cuves de bois, qui sont placées dans un lieu frais : par le refroidissement le nitrate de potasse cristallise; on décante l'eau-mère, on fait égoutter les cristaux, on les détache du fond des cristallisoirs, on y jette quelques arrosoirs d'eau froide.

Pour les laver davantage il suffiroit de les mettre dans une caisse avec ⅕ ou ¼ de leur poids d'eau. Après vingt-quatre heures on décanteroit le liquide et on laisseroit égoutter le salpêtre, qui alors ne perdroit que 3 à 4 pour 100.

Les eaux-mères du salpêtre peuvent être réunies aux eaux de cuite, tant qu'elles ne contiendront pas assez de matières organiques pour s'opposer à la cristallisation du nitre : dans ce cas il faut les jeter sur les terres des nitrières.

Comme les chlorures de sodium et de potassium peuvent retenir de 0,05 à 0,20 de nitre, il faut les mettre dans une chaudière avec ⅕ ou ¼ de leur poids d'eau, élever la température de 40 à 50^d, puis faire égoutter le résidu. L'eau contiendra presque tout le nitre avec environ ⅖ de son poids de chlorure : on la réunira aux eaux de cuite; les chlorures une fois lavés, pour en séparer un peu de sel cuivreux, peuvent être employés pour la nourriture des animaux.

On voit que la séparation du nitrate de potasse est principalement fondée : 1.º sur ce que le chlorure de potassium est à peu près aussi soluble à chaud qu'à froid, tandis que le nitrate de potasse l'est beaucoup plus à chaud; 2.º sur ce que le nitrate de potasse est beaucoup plus soluble à chaud que ne l'est le chlorure de potassium.

Les salpêtriers ne suivant point encore les procédés que nous venons de décrire, d'après l'instruction publiée par le Gouvernement, nous allons dire quelques mots de l'essai du salpêtre livré à l'État par les salpêtriers, et des moyens employés pour le purifier en grand.

Essai du salpêtre.

Nous devons à M. Riffault un procédé très-simple pour déterminer exactement la proportion du nitrate de potasse pur qu'il contient. Ce procédé consiste essentiellement à traiter un poids donné de salpêtre par une solution de nitrate de potasse pur ; celle-ci dissout tous les sels du salpêtre, excepté le nitrate de potasse.

1.° *Préparation de la liqueur d'essai.* On commence par purifier le salpêtre, en le lavant avec de l'eau de pluie. Pour 1 kilogr. de salpêtre pesé avant le lavage, on mettra $1^k,5$ d'eau, dont on élèvera la température de 25 à 30^d, avec une suffisante quantité d'eau bouillante ; on agitera les matières et on les laissera refroidir : par ce moyen on aura une liqueur saturée à une certaine température. Cette température devra être constante pendant tout le temps que durera le contact de cette liqueur avec le salpêtre qu'on essaie.

2.° On met dans un bocal 400 gr. de salpêtre ; on verse dessus ½ litre d'eau saturée de nitre ; on agite pendant un quart d'heure ; on laisse reposer. Quand le sel est déposé, on décante la liqueur sur un filtre de papier placé dans un entonnoir de verre.

3.° On verse sur le salpêtre 2 ½ décilitres d'eau saturée ; on agite pendant un quart d'heure, puis on verse le tout sur le filtre.

Si l'on avoit quelque raison de croire que l'échantillon cédât à l'eau plus de 240 gr. de sel, il faudroit faire un troisième lavage avec ½ litre d'eau saturée.

4.° Le salpêtre resté sur le filtre étant bien égoutté, on ôte le filtre de l'entonnoir, on l'étend sur un papier gris, en ayant soin que le nitre soit également répandu sur sa surface ; on place le papier gris sur un boisseau qui contient des corps absorbans, tels que de la craie sèche, des cendres, recouverts de rognures de filtre.

5.° Après vingt-quatre heures on enlève le salpêtre de dessus le filtre, on le met dans le bocal où il a été pesé, on le fait sécher doucement au bain de sable jusqu'à ce qu'il n'adhère plus au verre : puis on le pèse pour savoir combien il a perdu. A cette perte il faut ajouter 8 gr. (ou 2 pour 100), qui représentent : 1.° le nitre provenant de l'eau saturée, qui s'est évaporée ; et 2.° quelques matières insolubles.

Purification du salpêtre.

Dissolution.

On met 600 kilogr. d'eau dans une chaudière, et 1200 kilogr. de salpêtre qui a été livré par les salpêtriers : on ·chauffe doucement pendant douze heures, puis on augmente le feu et on ajoute, à plusieurs reprises, 2400 kilogr. de salpêtre ; on agite les matières ; on écume le liquide bouillant ; on enlève tous les chlorures qui n'ont pas été dissous. On ajoute de l'eau froide, puis 1 kilogr. de colle de Flandre dissoute dans l'eau chaude ; on agite, on écume : on ajoute, à diverses reprises, jusqu'à 400 kilogr. d'eau.

Cristallisation.

Lorsqu'il ne se forme plus d'écumes et que la liqueur est bien claire, on retire le feu, et quand la température est descendue à 88^d, on transvase la liqueur avec des puisoirs et des bassines à main dans le cristallisoir, dont le fond est formé de deux plans inclinés égaux, dont la partie inférieure se trouve au milieu du cristallisoir ; puis on agite la liqueur avec des rabots, pour troubler la cristallisation et obtenir du nitre en petits cristaux, que l'on ramène avec des râteaux sur les bords du cristallisoir, où on en fait des tas pour que le nitre puisse s'égoutter ; on enlève ensuite le sel égoutté avec des pelles percées en écumoire, et on le verse dans des caisses où il doit être lavé. La cristallisation dure de six à sept heures. Nous reviendrons sur les *eaux-mères* du nitre.

Lavage.

Les caisses où l'on a porté le nitre cristallisé, sont percées de trous à leur fond, et ces trous sont fermés par des broches. On arrose le sel qu'on veut laver : 1.° avec de l'eau saturée de nitre ; 2.° avec de l'eau pure : ces liquides restent deux ou trois heures avec le sel, après ce temps on ôte les broches. On cesse de laver lorsque l'eau écoulée en dernier lieu a la densité de l'eau saturée de nitre à la température de cette même eau.

En général, le premier lavage et le premier tiers du second sont réunis aux *eaux-mères* du nitre, pour être évaporés ensemble ; le reste des lavages sert à laver de nouveau salpêtre.

Dessiccation.

Le nitre lavé est séché dans un bassin sous lequel passe la cheminée du fourneau où la chaudière est placée. On a soin de l'y remuer avec des pelles de bois, pour qu'il se sèche également et qu'il ne se prenne point en masse; après la dessiccation on passe le nitre dans un tamis de laiton.

3000 kilogr. de salpêtre donnent de 1750 à 1800 kil. de salpêtre propre à la préparation de la poudre. On le renferme dans des futailles.

Traitement des eaux-mères du nitre réunies aux premières portions des lavages.

On les concentre de la même manière que les lavages des matériaux salpêtrés : on les écume; on enlève les chlorures à mesure qu'ils se déposent par la concentration; puis on clarifie avec la colle, on écume, on enlève les chlorures. Quand la liqueur est clarifiée, on ajoute de l'eau froide, on enlève les chlorures qui se sont déposés; on ajoute du sous-carbonate de potasse; on laisse déposer le précipité, et quand la liqueur est à 85^d, on la décante dans le cristallisoir, où l'on en trouble la cristallisation. Quant aux eaux-mères des cristaux, elles sont encore l'objet d'un nouveau traitement.

Lorsque les *eaux-mères* du nitre, dont nous venons de parler, contiennent une grande quantité d'hydrochlorate de chaux, M. Longchamp a proposé, avant de les faire évaporer, d'en précipiter la chaux par le sulfate de soude.

Usages.

Le nitrate de potasse est employé pour préparer la poudre à canon, la poudre de mine, pour faire le départ de certains métaux précieux; il entre dans la composition de quelques verres. On le mêle avec le soufre, lorsqu'on brûle celui-ci dans une chambre de plomb, pour préparer l'acide sulfurique.

L'acide nitrique du commerce provient du nitrate de potasse, décomposé, soit par l'acide sulfurique, soit par une argile plus ou moins siliceuse : le nitrate de potasse est prescrit en médecine comme excitant la sécrétion de l'urine, etc.

Nitrate de soude. (Synonymie, *Nitre cubique*.)

Composition.

	Kirwan.	Richter.	Wenzel.	Berzelius.	Gay-Lussac.
Acide . .	53,21 .	57,55 .	62,1 .	62,5 .	54,97 .	53,45
Potasse .	40,58 .	42,45 .	37,9 .	37,5 .	45,03 .	46,55
Eau . . .	6,21

Préparation.

On neutralise l'acide nitrique étendu par le sous-carbonate de soude ; on fait évaporer la liqueur presque à pellicule, et on l'abandonne ensuite à elle-même, pour obtenir des cristaux.

On peut encore le préparer en décomposant le nitrate de chaux par le sulfate ou le sous-carbonate de soude.

Propriétés.

Le nitrate de soude cristallise en rhomboïdes, qui, au premier aspect, ont l'air de cubes : ils ont ordinairement une belle transparence.

Sa saveur est fraîche, piquante et sensiblement plus amère que celle du nitrate de potasse.

Il est légèrement déliquescent.

A $15^d,55$ il demande trois fois son poids d'eau pour se dissoudre ; l'eau bouillante en dissout plus que son poids.

Il se comporte avec les acides de la même manière que le nitrate de potasse.

Il est décomposé par la potasse.

Son action sur les combustibles a la plus grande analogie avec celle du nitrate de potasse sur les mêmes corps ; cependant elle passe pour être moins forte. La flamme qu'il donne en faisant détoner le charbon, est d'un beau jaune : c'est pourquoi M. Proust a proposé l'usage de ce sel dans la composition des feux d'artifice.

Exposé à l'action de la chaleur, il laisse dégager de l'eau, de l'oxigène, de l'azote, de l'acide nitreux : la base reste à l'état de pureté.

Histoire.

Les premiers chimistes qui ont parlé du nitrate de soude, l'avoient préparé en distillant l'acide nitrique sur le chlorure de sodium, reprenant le résidu par l'eau et le faisant ensuite cristalliser. Margraff en a découvert la nature.

Nitrate de strontiane.

Composition.

	Kirwan.	Vauquelin.	Richter.	Berzelius.
Acide nitrique .	31,07 . .	48,4 . .	51,4 . .	51,15
Strontiane . . .	36,21 . .	47,6 . .	48,6 . .	48,87
Eau	32,72 . .	4,0		

Préparation.

On neutralise l'acide nitrique foible par le sous-carbonate de strontiane, ou, ce qui est plus économique, par le sulfure hydrogéné de strontiane. Dans ce dernier cas il se dégage de l'acide hydrosulfurique et il se dépose du soufre : on fait chauffer et concentrer légèrement, puis on filtre. On pourroit encore neutraliser l'acide nitrique foible par le sulfure de strontiane, qu'on obtient en décomposant le sulfate de baryte par ¼ de son poids de charbon. Dans ce cas il faudroit, après avoir filtré la liqueur saturée, y verser du sulfure hydrogéné de strontiane, ou de l'eau de strontiane, pour précipiter de l'oxide de fer, de la magnésie, de l'alumine, etc., qui auroient pu se dissoudre dans l'acide nitrique avec la strontiane. Dans tous les cas, lorsqu'on a obtenu une solution de nitrate de strontiane suffisamment concentrée, on l'abandonne à elle-même pour obtenir des cristaux.

Propriétés.

Les cristaux de nitrate de strontiane sont des octaèdres plus volumineux, plus transparens, en général, que les octaèdres de nitrate de baryte.

Le nitrate de strontiane a une saveur fraîche, piquante et le goût propre aux sels solubles de strontiane.

Il s'effleurit à l'air.

Il exige environ cinq fois son poids d'eau à $15^d,55$ pour se dissoudre.

Il se comporte avec les acides, les bases et les combustibles, à la manière du nitrate de baryte.

Il se décompose par la chaleur en oxigène, en acide nitreux, en azote et en strontiane pure.

Usages et histoire.

Il sert à préparer la strontiane caustique et sèche; Hope l'a préparé le premier : Klaproth, Richter et Vauquelin en ont ensuite reconnu les principales propriétés.

NITRATE DE TELLURE.

On l'obtient en dissolvant le tellure métallique dans l'acide nitrique. La liqueur est incolore es susceptible de cristalliser en prismes alongés.

NITRATE DE TITANE.

Le peroxide de titane ou l'acide titanique, obtenu du titanate de potasse décomposé par l'eau, est dissous par l'acide nitrique. C'est cette dissolution qu'on a appelée nitrate de titane. (Voyez TITANE.)

NITRATE DE PEROXIDE D'URANE.

Composition.

Acide nitrique.   57,09
Peroxide d'urane. . . .   62,91.

Préparation.

On dissout le peroxide d'urane dans l'acide nitrique ; on fait concentrer, puis on abandonne la liqueur à elle-même : elle cristallise.

Propriétés.

Le nitrate de peroxide d'urane cristallise en tables hexagonales ou en prismes quadrangulaires à bases rectangles.

A 32 degrés il est efflorescent ; à une température inférieure et dans une atmosphère humide, il est déliquescent.

93 p. d'eau froide dissolvent 200 p. de nitrate d'urane.

1 p. d'alcool en dissout 3 p. de ce sel. La dissolution, exposée pendant un temps suffisant à la température de 45^d, donne du sous-nitrate de peroxide d'urane.

L'éther dissout le nitrate de peroxide d'urane. La solution, exposée à la lumière, passe au vert, parce que le degré d'oxidation de l'oxide est abaissé : il se dépose ensuite de l'oxide noir d'urane.

Au feu, le nitrate de peroxide d'urane se fond dans son eau de cristallisation ; celle-ci se dégage avec de l'acide ni-

trique. A une température plus élevée, l'acide nitrique restant se volatilise a l'état d'oxigéne et d'acide nitreux. Si la
température est très-élevée, le peroxide d'urane se réduit en
protoxide.

Sous-nitrate de peroxide d'urane.

On peut obtenir ce sel en faisant chauffer doucement le
nitrate neutre et reprenant le résidu par l'eau : ce qui n'est
pas dissous, est un sous-nitrate jaune.

Nitrate de protoxide d'urane.

Ce sel est vert. Il a été à peine étudié.

Nitrate d'yttria.

Composition.

                        Berzelius.
Acide nitrique. . . . 57,40
Yttria. . . . . 42,60.

Préparation.

On dissout l'yttria en gelée dans l'acide nitrique. Il est
difficile d'obtenir ce sel en cristaux.

Propriétés.

Il a la saveur astringente et sucrée des sels solubles d'yttria.
Il est déliquescent ; par conséquent très-soluble dans l'eau.
L'acide sulfurique en précipite la base à l'état de sulfate.
Quand on le chauffe, il se ramollit, et si alors on le laisse
refroidir, on obtient une masse dure et cassante. A une chaleur
suffisante il se réduit en acide nitrique et en yttria.
Ce sel a été découvert par Eckberg.

Nitrate de zinc.

Composition.

Acide nitrique . . . 57,37
Oxide de zinc . . . . 42,63.

Préparation.

On dissout le zinc dans l'acide nitrique foible ; on fait évaporer la solution à siccité et on reprend le résidu par l'eau.
S'il y avoit du fer dans le nitrate de zinc, il resteroit à l'état
de sous-nitrate de peroxide de fer insoluble.

35.   6

Propriétés.

Il est incolore. Il cristallise en prismes à quatre pans comprimés, striés et terminés par des pyramides à quatre faces.

Il est très-soluble dans l'eau.

Il est soluble dans l'alcool.

Chauffé avec le charbon, il détone.

La chaleur le réduit en acide nitrique, en oxigène, en acide nitreux et en oxide.

Sous-nitrate de zinc.

On l'obtient en faisant évaporer à sec une solution de nitrate de zinc et en lavant le précipité avec un peu d'eau froide.

Suivant P. Grouvelle il est formé de

        Acide. 13,75
        Oxide. 81,69
        Eau . . . . . . 4,56.

Nitrate de zircone.

Préparation.

On fait dissoudre la zircone en gelée dans l'acide nitrique à 32^d.

Propriétés.

Il a la saveur astringente des sels solubles de zircone.

On ne l'a pas obtenu cristallisé.

La solution aqueuse de ce sel est très-disposée à laisser précipiter des flocons gélatineux, qui sont ou de la zircone hydratée, ou un sous-nitrate.

L'acide sulfurique et l'acide phosphorique précipitent cette solution.

Il a été découvert par Klaproth.

M. Vauquelin l'a ensuite examiné. (Ch.)

NITRE (*Min.*) : Nitrate de potassium des chimistes ; Potasse nitratée, Haüy ; vulgairement Salpêtre ou Sel de nitre (*natürlicher Salpeter*, Wern.).

Ce sel a une saveur fraîche qui devient amère ; il n'est ni efflorescent, ni déliquescent, et sa forme primitive est l'octaèdre ; mais le caractère qui le distingue nettement de tous les autres sels, surtout quand il n'est qu'à l'état d'aïguilles déliées, c'est qu'il fuse sur les charbons ardens au moment même où on l'y projette, c'est-à-dire que, si l'on vient à jeter quelques parcelles de nitre sur le feu, il anime les parties combustibles sur lesquelles il tombe, augmente leur incandescence et fait entendre un bouillement qui dure pendant tout le temps de cette combustion accélérée. Le nitre jouit de cette propriété, qui en forme, pour ainsi dire, le signalement, bien avant d'avoir atteint son dernier degré de pureté, et les terres qui en sont simplement imprégnées partagent déjà cette propriété d'une manière très-sensible.

Variétés.

Le nitre ne se trouve point naturellement en cristaux réguliers et volumineux; il n'existe dans la nature que sous la forme d'aiguilles aciculaires, de filamens capillaires et soyeux droits ou contournés, ou bien en espèce de croûtes, dont l'intérieur est composé de fibres parallèles qui leur donnent une contexture soyeuse. On n'obtient les cristaux réguliers du nitre qu'en faisant dissoudre les variétés précédentes et en les faisant cristalliser par refroidissement, et l'on se procure alors les variétés suivantes, qui acquièrent parfois un assez gros volume.

1. NITRE PRIMITIF. $M\,P$. Un octaèdre rectangulaire.

2. NITRE DODÉCAÈDRE. $\overset{3}{I}\underset{\underset{s\ t}{\scriptstyle 1}}{A}$. Deux pyramides à six faces triangulaires opposées base à base.

3. NITRE BASÉ. $\underset{M\ P\ h}{M\ P\ 'I'}$. Cristaux plats carrés et entourés d'un biseau.

4. NITRE TRIHEXAÈDRE. $\underset{M\ h\ s\ t}{M\,'I'\overset{3}{I}\underset{1}{A}}$. Un prisme à six pans, terminé à chaque extrémité par une pyramide à six faces: c'est la même forme que celle du quarz, cristal de roche, mais dont les pyramides sont plus surbaissées. Haüy décrit trois autres variétés plus compliquées que celle-ci, et dont on se formeroit difficilement l'idée sans figure.

Le nitre, en raison de sa pureté plus ou moins avancée,

est tout-à-fait incolore, blanchâtre ou jaunâtre, et dans ces
divers états il est translucide, demi-transparent ou tout-à-
fait limpide, surtout dans les cristaux d'un foible diamètre.

Gisemens, localités et usages du nitre.

Le nitre est très-abondamment répandu dans la nature;
mais il se présente toujours à la surface de la terre ou dans
l'intérieur des cavernes où l'air peut circuler, ou au moins
facilement pénétrer. Il n'y a peut-être pas d'exemple de nitre
trouvé dans l'intérieur des bancs d'une roche quelconque;
cela s'est vu tout au plus dans quelques fissures, qui avoient
probablement communication avec l'air extérieur. Dolomieu
a remarqué que les édifices de Malte, qui sont construits en
calcaires crayeux tombent en efflorescence dès qu'ils ont été
touchés par l'eau de mer.

Le nitre est un des sels muraux par excellence, mais il
se trouve aussi dans les lieux inhabités. La nitrière naturelle
la plus importante est celle qui fut découverte, en 1783,
par l'abbé Fortis à Molfetta, dans la Pouille au nord-ouest
de Bari, sur l'Adriatique. Cette nitrière s'est formée dans
un enfoncement conique, produit au milieu de bancs calcaires coquilliers, par suite d'un affaissement ou de tout
autre accident. Ce gîte, nommé *Poulo*, pouvoit fournir, suivant l'estimation qui en a été faite lors de sa découverte, environ quarante mille quintaux de ce sel, et l'on
avoit lieu d'espérer qu'une seconde récolte en produiroit
davantage encore, ainsi que toutes celles qui se succéde-
roient. Dolomieu parle d'un grand nombre de cavités, dont
chacune renferme environ cinquante mille quintaux de nitre,
et qui sont situés près *Latera*, dans le royaume de Naples.
On en cite aussi de plus ou moins abondantes à *Gravina*, à
Athermusa, *Minervino*, *Massafra*, *Montrone*, *Natra*, etc. Le
fameux souterrain de Syracuse, bâti par Denis le tyran,
s'est changé en une grande nitrière, que l'on exploite.

Le nitre est extrêmement commun en Asie; il s'effleurit avec
profusion à la surface de la terre au Bengale, en Perse, en
Arabie et dans plusieurs cantons de l'Inde et de la Chine,
particulièrement à la surface des plaines qui entourent Pékin:
on en transporte jusqu'en Europe, où il est fort estimé.

L'Égypte, les environs du cap de Bonne-Espérance, et plusieurs déserts de l'intérieur de l'Afrique, le produisent journellement. L'Amérique, et particulièrement les environs de Lima, le Tucuman et la province de Kentucky, produisent aussi une grande quantité de nitre en efflorescence, et c'est même de cette dernière localité que l'on extrait celui qui sert à la fabrication de la poudre à canon des États-Unis.

Le nitre qui se trouve dans la haute Hongrie a cela de particulier, qu'il se présente en dissolution dans les eaux de plusieurs sources, ce qui est assez rare ; et l'on assure qu'il y est si abondant, qu'on pourroit en retirer une fois plus que l'Inde n'en fournit à toute l'Europe. Ces sources nitreuses se chargent probablement de ce sel en traversant le plateau qui règne le long de la rivière de Samos, dans une étendue de soixante-douze lieues, et elles le déposent ensuite dans le sable, d'où on l'extrait, par lessivation et évaporation, dans un grand nombre d'ateliers destinés à cette fabrication. L'Espagne, la France, et enfin presque toutes les contrées du monde, quelles que soient leur latitude et leur température, sont plus ou moins bien pourvues de ce sel, soit dans les parties arides et désertes, soit dans l'intérieur des bâtimens des villes ou des campagnes.

Le nitre est un excellent fondant : l'on s'en sert dans la purification des métaux, dans les essais en petit et dans plusieurs opérations docimastiques. (Brard.)

NITRE. (*Chim.*) Un des anciens noms du nitrate de potasse. (Ch.)

NITRE ALCALISÉ. (*Chim.*) Les anciens donnoient ce nom à la matière alcaline, qu'on obtient en exposant à l'action de la chaleur le nitrate de potasse pur ou un mélange de nitrate de potasse, et d'une matière combustible qui agissoit généralement sur l'oxigène du nitre par le charbon et l'hydrogène qu'elle contenoit.

Plusieurs auteurs ont employé l'expression de *nitre alcalisé* comme synonyme de Nitre fixé. Voyez ce mot. (Ch.)

NITRE AMMONIACAL. (*Chim.*) Ancien nom du *nitrate d'ammoniaque.* Voyez ce dernier mot, article Nitrates. (Ch.)

NITRE CALCAIRE. (*Chim.*) Ancien nom du *nitrate de chaux.* Voyez ce dernier mot, article Nitrates. (Ch.)

NITRE CUBIQUE. (*Chim.*) Ancien nom du *nitrate de soude.* Voyez ce dernier mot, article NITRATES. (CH.)

NITRE FIXÉ. (*Chim.*) Les anciens donnoient ce nom au résidu fixe qu'on obtient en faisant détoner le nitre avec une matière combustible quelconque. (CH.)

NITRE FIXÉ PAR L'ARSENIC. (*Chim.*) Les anciens préparoient ce produit en projetant peu à peu, par cuillerée, de l'acide arsenieux sur du nitrate de potasse chauffé au rouge dans un creuset. Macquer observe qu'en opérant ainsi, le résidu est toujours alcalin, qu'il ne contient que très-peu d'acide arsenique et qu'il peut aussi retenir un peu d'acide nitrique, tandis qu'en opérant dans des vaisseaux clos, on obtient un alcali complétement saturé d'acide arsenique. (CH.)

NITRE FIXÉ PAR LE CHARBON. (*Chim.*) Nom que les anciens donnoient au sous-carbonate de potasse, qu'on obtient en projetant du charbon par petites portions sur du nitrate de potasse chauffé au rouge dans un creuset. Presque toujours le sous-carbonate est mêlé d'une petite quantité d'hyponitrite ou de nitrate. (CH.)

NITRE FIXÉ PAR LUI-MÊME. (*Chim.*) Les anciens ont donné ce nom au résidu alcalin qu'on obtient en chauffant le nitrate de potasse pur assez fortement pour en décomposer l'acide. (CH.)

NITRE FIXÉ PAR LES MÉTAUX. (*Chim.*) Les anciens avoient bien observé que les métaux, particulièrement le zinc, le fer, décomposent le nitre à la manière du charbon, du tartre. etc. Ils donnoient aux résidus de ces détonations le nom de *nitre fixé par tel ou tel métal.* (CH.)

NITRE FIXÉ PAR LE SOUFRE. (*Chim.*) Les anciens donnoient ce nom au sulfate de potasse, qu'on obtient en projetant du soufre dans du nitrate de potasse chauffé au rouge. (CH.)

NITRE FIXÉ PAR LE TARTRE. (*Chim.*) Les anciens donnoient ce nom au résidu de la détonation d'un mélange de nitre et de tartre. (CH.)

NITRE INFLAMMABLE. (*Chim.*) Ancien nom du *nitrate d'ammoniaque.* Voyez ce mot, article NITRATES. (CH.)

NITREUX [ACIDE]. (*Chim.*) Synonymie. *Gaz acide nitreux, vapeur acide nitreuse, vapeur nitreuse.*

Composition.

	en Poids		en Volume.
Oxigène	227,748 . . .	2 ou	oxigène. . . 1
Azote	100 . . .	1	gaz nitreux 2

Propriétés.

L'acide nitreux est liquide jusqu'à 28^d, suivant M. Dulong, qui l'a obtenu le premier à cet état, et jusqu'à 26^d, suivant M. Gay-Lussac, la pression atmosphérique étant de $0^m,760$.

A 19^d sa densité est de 1,451.

A 28^d ou 26^d il a une couleur orangée, presque rouge ; à 15^d il est jaune orangé ; à o il est jaune fauve ; à — 10^d il n'a presque plus de couleur ; enfin, à — 20^d il est incolore.

L'acide nitreux bouillant à 28 ou 26^d, on voit qu'aux températures ordinaires sa tension est très-forte ; c'est pourquoi, jusqu'à M. Dulong, on a regardé la vapeur nitreuse comme un gaz permanent ; et cela tenoit surtout à ce qu'on prenoit pour de la vapeur nitreuse pure un mélange de cette vapeur avec un gaz permanent.

Cas où l'acide nitreux n'est pas décomposé.

Jusqu'ici nous n'avons point la preuve expérimentale de la décomposition de l'acide nitreux par la chaleur ; cependant il est probable qu'elle auroit lieu à une haute température.

L'iode peut être sublimé dans la vapeur d'acide nitreux sans que celui-ci se décompose.

L'acide nitreux ne se combine qu'à un très-petit nombre de corps sans éprouver de décomposition. Une de ses combinaisons les plus remarquables, est sans doute celle qu'on obtient en versant de l'acide sulfurique concentré dans de l'acide nitreux. Cette combinaison est susceptible de prendre la forme de prismes quadrilatères alongés, que M. Gay-Lussac, qui les a obtenus le premier, regarde comme étant identiques avec ceux que MM. Clément et Desormes ont produits en faisant arriver dans un ballon du gaz nitreux, du gaz oxigène, du gaz sulfureux et de la vapeur d'eau.

Nous reviendrons bientôt sur la réaction de ces gaz, dont l'étude a fait découvrir le rôle du nitre dans la combustion du mélange qui est employé pour produire l'acide sulfurique.

L'acide nitreux paroît susceptible de se combiner avec le gaz nitreux, ou, comme le soupçonne M. Dulong, avec l'acide hyponitreux. Ce composé, qu'on obtient en faisant passer dans un tube refroidi à 20^d un peu plus de 4 volumes de gaz nitreux contre 1 volume d'oxigène, est d'un vert très-foncé. Sa volatilité est beaucoup plus grande que celle de l'acide nitreux : quand on l'expose à la chaleur avec les précautions convenables, la couleur verte s'évanouit, et il reste de l'acide nitreux pur.

M. Dulong a obtenu des acides verts, qui contenoient :

$$\text{Oxigène} \ldots 216 \ldots 207$$
$$\text{Azote} \ldots 100 \ldots 100.$$

Il est vraisemblable qu'on auroit un liquide bleu, si on augmentoit la proportion de l'azote dans les liquides verts.

Cas où l'acide nitreux est décomposé.

Action de l'eau.

Quand on agite l'acide nitreux avec beaucoup d'eau, il se dégage du gaz nitreux en proportion variable, et il se produit de l'acide nitrique.

Lorsqu'on verse de l'acide nitreux goutte à goutte dans de l'eau, il ne se dégage pas de gaz; l'acide se précipite au fond de l'eau, coloré en vert très-foncé. M. Dulong pense qu'une portion d'acide nitreux est réduite en acide nitrique, qui se dissout dans l'eau, et en gaz nitreux ou acide hyponitreux, que forme le liquide vert en s'unissant avec la portion d'acide nitreux qui n'a pas été décomposée.

Si à une quantité d'eau déterminée l'on ajoute un certain poids d'acide nitreux divisé en portions égales, les premières portions dégageront du gaz nitreux, mais en proportions décroissantes; enfin, les dernières n'en dégageront plus; elles seront absorbées sans altération. En même temps que ces phénomènes sont produits, l'eau se colore successivement en bleu verdâtre, en vert de plus en plus foncé, et, enfin, en jaune orangé. Il faut considérer le liquide qu'on obtient en dernier lieu, comme une dissolution d'eau, d'acide nitrique, d'acide nitreux + de gaz nitreux ou d'acide hyponitreux et d'acide nitreux. M. Dulong regarde les liqueurs différemment colorées comme identiques avec celles qu'on obtient en faisant passer des proportions diverses de gaz nitreux dans des acides nitrique à divers degrés de densité. (Voyez NITRIQUE ACIDE). Il pense que l'acide nitrique n'a pas d'influence sur la couleur de ces liquides.

ACIDE NITREUX ET BARYTE.

La vapeur d'acide nitreux qu'on fait arriver sur de la baryte caustique anhydre à la température ordinaire, est absorbée lentement; à 200^d environ l'absorption est rapide et la baryte devient rouge de feu; il ne se dégage point de gaz, mais l'acide nitreux est réduit en acides nitrique et hyponitreux. M. Dulong, à qui nous devons cette expérience, remarque que la température, développée par l'action mutuelle des corps, est très-supérieure à celle qui est nécessaire pour décomposer le nitrate et l'hyponitrite de baryte.

ACIDE NITREUX ET EAU DE POTASSE.

L'acide nitreux est réduit par l'eau de potasse en acide nitrique, en acide hyponitreux, qui se combinent à l'alcali, et en gaz nitreux, qui se dégage; mais la proportion de ce gaz est moindre que celle qu'on auroit obtenue avec l'eau pure.

ACIDE NITREUX ET AMMONIAQUE LIQUIDE.

L'acide nitreux et l'ammoniaque liquide agissent fortement. Il se dégage du gaz nitreux et du gaz azote. M. Dulong pense que ce dernier provient d'une portion d'ammoniaque décomposée.

ACIDE NITREUX ET COMBUSTIBLES.

A une température élevée, l'hydrogène décompose l'acide nitreux, au moins en partie.

L'acide hydrosulfurique, dissous dans l'eau, est décomposé par l'acide nitreux. Il se produit de l'eau, de l'acide sulfurique, un dépôt de soufre et un dégagement d'azote.

Le charbon, à une température rouge, décompose très-bien l'acide nitreux.

Le soufre et le phosphore ne s'enflamment dans l'acide nitreux qu'à une température plus élevée que celle qu'ils exigent pour s'enflammer dans le gaz oxigène.

A une température rouge la vapeur nitreuse est radicalement décomposée par le fer, le cuivre, etc. C'est en employant ces deux métaux, que M. Dulong a fait l'analyse de l'acide nitreux liquide obtenu de la distillation du nitrate de plomb.

Gᴀᴢ ɴɪᴛʀᴇᴜx, ɢᴀᴢ ᴏxɪɢèɴᴇ, ᴀᴄɪᴅᴇ sᴜʟꜰᴜʀᴇᴜx et ᴇᴀᴜ.

Théorie de la formation de l'acide sulfurique dans les chambres de plomb.

Lorsqu'on met en contact dans un ballon de verre le gaz nitreux, le gaz oxigène et le gaz acide sulfureux, secs et en proportions convenables, il se produit seulement de la vapeur nitreuse ; mais si l'on ajoute une petite quantité d'eau, sur-le-champ les parois du ballon se tapissent de cristaux blancs qui se réunissent en étoiles. Ces cristaux, mis avec l'eau, font entendre un léger sifflement et s'y dissolvent, sauf un fluide aériforme qui se dégage. La liqueur est une dissolution d'acide sulfurique mêlée d'une très-petite quantité d'acide nitrique.

MM. Clément et Desormes, qui ont fait les premiers l'expérience que nous venons de rapporter, l'ont expliquée de la manière suivante. L'acide nitreux cède la moitié de son oxigène à l'acide sulfureux, et en même temps qu'il se forme du gaz nitreux, de l'acide sulfurique, ces corps se combinent avec de la vapeur d'eau pour former des cristaux, qui sont pour MM. Clément et Desormes un *sulfate de gaz nitreux hydraté*. Ces cristaux ont-ils le contact d'une suffisante quantité d'eau, l'acide sulfurique est dissous et le gaz nitreux est mis en liberté.

D'après cette hypothèse, pour une quantité de vapeur nitreuse formée de 2 volumes d'oxigène et de 1 volume d'azote, il faudroit 2 volumes d'acide sulfureux et une certaine quantité d'eau pour produire les cristaux : ceux-ci contiendroient, 1.° une quantité d'acide sulfurique représentée par 3 volumes d'oxigène ; 2.° 2 volumes de gaz nitreux, c'est-à-dire 1 volume d'oxigène et 1 volume d'azote.

M. H. Davy pense que les cristaux sont composés *d'acide nitreux, d'acide sulfureux* et *d'eau*, ou, ce qui revient au même, un *nitrite d'acide sulfureux hydraté*, et que ce n'est qu'au moment où ils sont dissous par une suffisante quantité de ce dernier liquide que l'acide sulfureux devient acide sulfurique, aux dépens de la moitié de l'oxigène de l'acide nitreux, qui par là se trouve réduit en gaz nitreux qui se dégage.

M. Gay-Lussac, ayant observé que les cristaux produits dans l'expérience de MM. Clément et Desormes dégagent, quand on les dissout dans une atmosphère de gaz acide carbonique, ou plus généralement dans une atmosphère qui ne contient pas de gaz oxigène, non du gaz nitreux, comme le disent MM. Clément et Desormes et M. H. Davy, mais de la vapeur nitreuse, et ayant de plus observé que l'on produit des cristaux semblables en versant l'acide sulfurique concentré dans l'acide nitreux, a conclu que ces cristaux sont formés d'acide nitreux, d'acide sulfurique et d'eau, ou, ce qui revient au même, sont un *nitrite d'acide sulfurique hydraté.* Suivant cette manière de voir, lorsqu'ils se dissolvent dans l'eau, l'acide sulfurique est dissous, une portion d'acide nitreux se sépare sans altération, tandis qu'une autre portion est réduite en acide nitrique et en gaz nitreux.

En admettant la manière de voir de M. Gay-Lussac, il s'ensuit que, pour une quantité d'acide nitreux représentée par 2 volumes d'oxigène et 1 volume d'azote qui se trouve dans les cristaux, il faut non-seulement 2 volumes d'acide sulfureux, mais encore 1 volume d'oxigène.

Au reste, quelle que soit la manière dont on envisage la nature de ces cristaux, MM. Clément et Desormes n'en auront pas moins le mérite d'avoir les premiers fait connoître que c'est sous l'influence de l'acide nitreux humide que l'acide sulfureux se convertit dans les chambres de plomb en acide sulfurique. Voyez SULFURIQUE [Acide].

L'acide nitreux est un poison des plus corrosifs ; il désorganise la peau et la colore en jaune. D'après cela il n'est pas surprenant que sa vapeur soit si délétère quand elle est respirée, même mélangée avec de l'air.

État.

On n'a pas encore découvert l'acide nitreux dans la nature.

Préparation.

Pour obtenir l'acide nitreux, il suffit de distiller dans une petite cornue de verre du nitrate de plomb bien sec, et de recevoir le produit dans un petit ballon réfroidi par un mélange de glace et de chlorure de sodium.

On peut encore, en faisant arriver 2 volumes de gaz nitreux et 1 volume d'oxigène bien secs dans un tube de verre courbé, rempli de fragmens de porcelaine et refroidi à — 20^d, obtenir cet acide.

Histoire.

Avant M. Dulong on connoissoit la composition de l'acide nitreux et la disposition qu'il a à céder son oxigène aux combustibles, mais on ignoroit que le produit de la distillation du nitrate de plomb est l'acide nitreux; et l'on ignoroit encore le moyen d'obtenir à l'état liquide le produit de la combinaison de 2 volumes de gaz nitreux et de 1 volume d'oxigène. (Cʜ.)

NITREUX [Aᴄɪᴅᴇ ʜʏᴘᴏ-]. (*Chim.*) Synonymie : *Acide pernitreux.*

C'est l'acide qui existe dans les sels qu'on a appelés *nitrites.* On ignore complétement les propriétés qu'il manifesteroit à l'état libre; car jusqu'ici il a été impossible de le dégager de ses combinaisons salines sans le dénaturer.

Composition.

	En poids.	Volume.
Oxigène ...	62,894 ...	1 ½
Azote.....	37,106 ...	1.

M. Gay-Lussac a déterminé cette composition d'après l'observation qu'il a faite; que 1 volume d'oxigène et 4 volumes de gaz nitreux, absorbés par une solution concentrée de potasse dans l'eau, donnent naissance à une combinaison qui a toutes les propriétés qu'on avoit attribuées aux nitrites. J'ajouterai que cette conclusion s'accorde parfaitement avec une expérience qui se trouve décrite dans mes Recherches sur les combinaisons de l'oxide de plomb jaune avec les acides nitrique et nitreux; et cet accord est d'autant plus remarquable, que mon expérience date de 1812, tandis que M. Gay-Lussac n'a établi la composition de l'acide hyponitreux qu'en 1816. J'ai vu que 303 p. de nitrate de plomb sec, formées

suivant moi, de $\left\{\begin{array}{l}\text{acide } 100, \\ \text{oxide } 203,\end{array}\right.$ ont dissous 407,5 de plomb ;
l'oxigène ayant été pris à l'acide nitrique, le plomb a dû enlever à cet acide 31,38 d'oxigène, conséquemment l'acide qui s'est uni au plomb, est formé de 100 acide nitrique — 31,38 d'oxigène

ou $\left\{\begin{array}{l}\text{oxigène} \\ \text{azote}\end{array}\right.$

oxigène	42,476	61,90
azote	26,144	38,10
	68,620	100,00.

Ce qui est bien rapproché du résultat de M. Gay-Lussac, lorsqu'on fait attention aux détails de mon expérience, et que l'on prend en considération le dégagement d'une petite quantité de gaz nitreux qui a lieu dans l'opération.

Je terminerai cet article par exposer les résultats des principales recherches qui ont eu pour objet de fixer les proportions suivant lesquelles le gaz nitreux s'unit à l'oxigène pour constituer des acides.

L'action du gaz nitreux sur l'oxigène est si vive, et le produit de l'union de ces gaz est si rapidement absorbé par l'eau, que l'on a cherché, à différentes époques, à déterminer la proportion de l'oxigène dans un mélange gazeux au moyen du gaz nitreux et de l'eau.

Priestley, Fontana, Ingenhouz, ont plutôt cherché à estimer, au moyen du gaz nitreux, le degré respectif de salubrité de mélanges gazeux contenant de l'oxigène, qu'ils n'ont cherché à déterminer le rapport où le gaz nitreux et le gaz oxigène s'absorbent ; ils se sont presque toujours bornés à introduire dans un tube une mesure déterminée du mélange gazeux contenant de l'oxigène, puis des quantités successives de gaz nitreux jusqu'à ce que la diminution du mélange cessât ; car ils jugeoient le mélange gazeux d'autant plus salubre, ou, ce qui revient au même, d'autant plus riche en gaz oxigène, qu'il avoit éprouvé une plus grande diminution de volume. Cependant on peut conclure des expériences de Priestley et de Ingenhouz, que, pour absorber 1 volume d'oxigène, Priestley estimoit qu'il en falloit 1,97 de gaz nitreux, et Ingenhouz 4. Lavoisier a évalué le volume de gaz nitreux, nécessaire pour produire cet effet, de 1,72 à 1,83, et M. de Humboldt de 3,9 à 4,2. Plus tard Dalton a pensé que 1

volume d'oxigène pouvoit absorber 1,71 de gaz nitreux, e
3,42.

En 1809 M. Gay-Lussac avança que 1 volume de gaz oxigène peut s'unir à 3 volumes ou à 2 volumes de gaz nitreux pour produire de l'acide nitreux ou de l'acide nitrique
que, lorsqu'on veut produire le premier, il faut mêler su
l'eau 1 volume d'oxigène et 4 volumes de gaz nitreux; qu'alor
il reste 1 volume de ce dernier après que l'acide est absorbé
tandis que, pour produire le second, il faut mêler 2 volume
d'oxigène à 2 volumes de gaz nitreux : le résidu est dans ce
cas 1 volume d'oxigène. D'après ces résultats, M. Gay-Lussac
proposa le gaz nitreux comme moyen eudiométrique, en
observant toutefois de l'employer en excès. Par exemple,
il fit passer dans un vase à large ouverture 100 volumes
d'air et 100 volumes de gaz nitreux. Quand la vapeur rouge
fut absorbée, il transvasa le résidu dans une cloche graduée,
et il vit qu'il étoit égal à 116 volumes; conséquemment 84
volumes avoient été absorbés : or, en divisant 84 par 4, il
avoit 21 pour le volume de l'oxigène contenu dans 100
volumes d'air.

M. H. Davy prétend que si, en opérant sur l'eau, comme
l'a fait M. Gay-Lussac, on obtient une absorption de 1 volume
d'oxigène et de 3 volumes de gaz nitreux, c'est qu'il y a 1
volume de gaz nitreux qui disparoît en se dissolvant dans l'eau
ou en agissant sur l'oxigène de l'air contenu dans cette eau.
M. H. Davy dit, qu'en mêlant dans un récipient vide à robinet
de cristal 1 volume d'oxigène et 2 volumes de gaz nitreux, on
obtient $1\frac{1}{2}$ de gaz acide nitreux, et il assure que, si dans le
même appareil on mêle $1\frac{1}{2}$ volume d'oxigène et 2 volumes
de gaz nitreux, qui sont les proportions de l'acide nitrique,
on n'obtient que $1\frac{1}{2}$ volume d'acide nitreux et $\frac{1}{2}$ volume
d'oxigène. Pour qu'il y ait formation d'acide nitrique, la
présence de l'eau ou d'une base salifiable est nécessaire.

M. Gay-Lussac, ayant repris ce même travail en 1816, reconnut :

1.° Que, toutes les fois que l'oxigène et le gaz nitreux sont
mêlés sur l'eau, l'absorption varie suivant le diamètre du tube
et la rapidité du mélange, suivant que l'un des gaz est introduit avant ou après l'autre; que pour 1 volume d'oxigène

il peut y avoir de 1,34 à 3,65 volumes de gaz nitreux absorbés ; qu'en conséquence on ne peut déterminer la formation d'aucune combinaison définie en opérant sur l'eau.

2.° Que, si 1 volume d'oxigène et 5 volumes de gaz nitreux sont mêlés sur le mercure, sous l'influence d'une forte solution de potasse, il reste 1 volume de gaz nitreux, et qu'il se produit de l'acide hyponitreux, représenté par 1 volume d'oxigène et 4 volumes de gaz nitreux.

3.° Que, si l'on mêle à l'état sec 1 volume d'oxigène et 2 volumes de gaz nitreux, on obtient l'acide nitreux. M. Gay-Lussac dit que, dans ce dernier cas, la condensation est égale à 2 volumes. (Ch.)

NITRIQUE [Acide]. (*Chim.*) Synonymie : *Eau forte, Esprit de nitre, Acide de nitre,* quand il est uni à de l'eau : jusqu'ici il n'a été séparé des nitrates qu'à l'état d'hydrate.

Composition.

	Davy.	
	Poids.	Volume.
Oxigène.	73,856	2,5
Azote.	26,144	1,0

Composition de l'hydrate d'une densité de 1,510 à 18 degrés.

Acide	80
Eau	20

Propriétés.

L'acide nitrique hydraté d'une densité de 1,510 à 18 degrés est liquide d'une part jusqu'à — 50 degrés, où il se congèle en une masse butireuse, et d'une autre part jusqu'à 86 degrés environ, où il bout sous la pression de $0^m,760$.

Il est incolore ; mais il se colore facilement en jaune citrin, probablement parce qu'une portion se réduit en acide nitreux.

Il fume à l'air, parce que la vapeur qu'il exhale, en s'unissant avec la vapeur d'eau atmosphérique, forme un liquide dont la tension est moindre que celle de l'acide hydraté d'une densité de 1,51.

L'acide nitrique hydraté dégage de la chaleur en s'unissant avec l'eau.

L'acide suffisamment étendu, uni avec une quantité convenable de glace pilée, produit un froid plus ou moins grand, suivant les circonstances du mélange; quand elles sont favorables, on peut obtenir un abaissement de température de 25 à 30 degrés.

Table du docteur Ure, représentant la quantité d'acide nitrique d'une densité de 1,50, et la quantité d'acide nitrique anhydre contenue dans des acides nitriques de diverses densités.

Poids spécifique.	Acide d'une densité de 1,50.	Acide sec.	Poids spécifique	Acide d'une densité de 1,50.	Acide sec.
1,5000	100	79,700	1,3833	67	53,399
1,4980	99	78,903	1,3783	66	52,602
1,4960	98	78,106	1,3732	65	51,805
1,4940	97	77,309	1,3681	64	51,068
1,4910	96	76,512	1,3630	63	50,211
1,4880	95	75,715	1,3579	62	49,414
1,4850	94	74,918	1,3529	61	48,617
1,4820	93	74,121	1,3477	60	47,820
1,4790	92	73,324	1,3427	59	47,023
1,4760	91	72,527	1,3376	58	46,226
1,4730	90	71,730	1,3323	57	45,429
1,4700	89	70,933	1,3270	56	44,632
1,4670	88	70,136	1,3216	55	43,835
1,4640	87	69,339	1,3163	54	43,038
1,4600	86	68,542	1,3110	53	42,241
1,4570	85	67,745	1,3056	52	41,444
1,4530	84	66,948	1,3001	51	40,647
1,4500	83	66,155	1,2947	50	39,850
1,4460	82	65,354	1,2887	49	39,053
1,4424	81	64,557	1,2826	48	38,256
1,4385	80	63,760	1,2765	47	37,459
1,4346	79	62,963	1,2705	46	36,662
1,4306	78	62,166	1,2644	45	35,865
1,4269	77	61,369	1,2583	44	35,068
1,4228	76	60,572	1,2523	43	34,271
1,4189	75	59,775	1,2462	42	33,474
1,4147	74	58,978	1,2402	41	32,677
1,4107	73	58,181	1,2341	40	31,880
1,4065	72	57,384	1,2277	39	31,083
1,4023	71	56,587	1,2212	38	30,286
1,3978	70	55,790	1,2148	37	29,489
1,3945	69	54,993	1,2084	36	28,692
1,3882	68	54,196	1,2019	35	27,985

Poids spécifique.	Acide d'une densité de 1,50.	Acide sec.	Poids spécifique.	Acide d'une densité de 1,50.	Acide sec.
1,1958	34	27,098	1,0935	17	13,549
1,1895	33	26,301	1,0878	16	12,752
1,1833	32	25,504	1,0821	15	11,955
1,1770	31	24,707	1,0764	14	11,158
1,1709	30	23,900	1,0708	13	10,361
1,1648	29	23,113	1,0651	12	9,564
1,1587	28	22,316	1,0595	11	8,767
1,1526	27	21,519	1,0540	10	7,970
1,1465	26	20,722	1,0485	9	7,173
1,1403	25	19,925	1,0430	8	6,376
1,1345	24	19,128	1,0375	7	5,579
1,1286	23	18,331	1,0320	6	4,782
1,1227	22	17,534	1,0267	5	3,985
1,1168	21	16,737	1,0212	4	3,188
1,1109	20	15,940	1,0159	3	2,391
1,1051	19	15,143	1,0106	2	1,594
1,0993	18	14,346	1,0053	1	0,797

Suivant M. Dalton, sous la pression de $0^{m},760$ de mercure, l'acide nitrique d'une densité de

1,50	bout à	99
1,45	—	115,5
1,42	—	120
1,40	—	119
1,35	—	117
1,30	—	113
1,20	—	108
1,15	—	104

M. Dalton a constaté des résultats avancés déjà par Cornette, Lassone et M. Proust, c'est que l'acide nitrique d'une densité de 1,42 passe à la distillation sans éprouver aucune variation dans sa densité. Il en est autrement d'un acide plus ou moins dense que le précédent : s'il est plus dense, le premier produit a plus de densité que le dernier ; s'il est moins dense, le premier produit a moins de densité que le dernier.

L'acide nitrique est sans action sur l'or.

Baumé et M. Proust ont remarqué que l'acide nitrique d'une densité de 1,48 est sans action sur l'étain ; Woodhouse, en confirmant ce résultat, l'a observé avec l'argent et le cuivre.

35.

Cas où l'acide nitrique est altéré.

Action d'une température élevée.

Lorsqu'on fait passer de l'acide nitrique hydraté dans un tube de porcelaine rouge de feu, à une des extrémités duquel on a adapté un flacon vide et refroidi, qui communique à une cloche pleine d'eau, l'acide se décompose en vapeur d'eau, en acide nitreux et en oxigène; lorsque ces produits arrivent dans le flacon, la vapeur d'eau et l'acide nitreux s'y condensent, et une petite quantité d'oxigène, se portant sur de l'acide nitreux et de l'eau, reproduit de l'acide nitrique; en dernière analyse les produits qu'on obtient sont du gaz oxigène, de l'acide nitreux et de l'acide nitrique hydraté.

On recueilleroit plus d'oxigène, si, au lieu de recevoir immédiatement les produits de la décomposition de l'acide nitrique dans un flacon vide, on les faisoit passer dans un flacon rempli d'acide nitrique concentré, qui dissoudroit l'acide nitreux.

Lorsque l'acide nitrique est fortement retenu par une base alcaline, telle que la potasse, il peut se réduire, au moins pour la plus grande partie, en gaz oxigène et en gaz azote.

Action de la lumière.

L'acide nitrique concentré, exposé à la lumière, jaunit rapidement, parce qu'une portion de l'acide est réduite en acide nitreux, qui reste dans la portion indécomposée, et en gaz oxigène qui se dégage; mais la décomposition de l'acide nitrique est limitée, parce que la portion qui s'est décomposée ayant cédé son eau à l'autre portion, celle-ci devient plus stable.

ACIDE NITRIQUE ET ACIDE HYDROCHLORIQUE.

Ces deux acides se réduisent en partie, par leur action mutuelle, en acide nitreux, en eau et en chlore. (Voyez EAU RÉGALE, tome XIV, page 72.)

ACIDE NITRIQUE ET ACIDE HYDRIODIQUE.

Ces deux acides se décomposent; il se produit de l'eau et un dépôt d'iode.

ACIDE NITRIQUE ET OXIDE D'AZOTE.

Si l'azote, le protoxide d'azote, sont sans action sur l'acide nitrique, il en est autrement du gaz nitreux et de l'acide nitreux.

Lorsqu'on fait passer du gaz nitreux dans de l'acide nitrique marquant au moins 40^d, à l'aréomètre de Baumé, il est absorbé, et en d'autant plus grande quantité que l'acide est plus concentré ; celui-ci se colore en rouge orangé. Aujourd'hui on s'accorde généralement pour considérer le liquide rouge orangé comme une dissolution d'eau, d'acide nitrique et d'acide nitreux : on admet donc que le gaz nitreux devient acide nitreux, en désoxigénant une portion d'acide nitrique, qui passe elle-même à cet état. Il est évident que, pour produire cet effet sur une quantité d'acide nitrique représentée par 1 v. d'azote et 2½ v. d'oxigène, il faut 1 v. de gaz nitreux. Il ne seroit pas impossible que, dans cette réaction, il se formât de l'acide hyponitreux.

L'acide nitrique saturé d'acide nitreux, est fumant ; son odeur est extrêmement forte ; sa tension est plus grande que celle de l'acide nitrique hydraté : c'est pourquoi, si on le chauffe doucement, on en chasse l'acide nitreux. Son action sur les corps oxigénables est plus énergique que celle de l'acide nitrique.

Lorsqu'on le met avec des quantités d'eau croissantes, il passe successivement du rouge orangé au jaune orangé, au vert et au bleu : les premières portions d'eau donnent lieu à une vive effervescence, occasionée par de l'acide nitreux qui se dégage.

L'influence qu'exerce l'eau sur l'acide nitrique pour limiter la proportion d'acide nitreux, qu'il peut dissoudre, est encore démontrée, lorsqu'on fait passer du gaz nitreux dans des acides nitriques dont la densité est inférieure à celle de l'acide qui marque 40^d à l'aréomètre de Baumé. En effet, 1.° l'acide nitrique à 32^d en dissout moins qu'un acide plus concentré, et, au lieu de devenir rutilant, comme l'acide à 40^d, il devient vert ; 2.° l'acide nitrique marquant moins de 30^d, devient bleuâtre, en dissolvant moins de gaz nitreux que l'acide à 32^d ; 3.° enfin, l'acide nitrique à 20^d ne dissout qu'une très-foible quantité de gaz nitreux et ne se colore point.

Priestley rapporte quelque part qu'il est parvenu, en faisant passer une suffisante quantité de gaz nitreux dans de l'acide nitrique concentré, à volatiliser celui-ci entièrement. Ce résultat n'a rien d'étonnant, puisque l'acide nitreux et l'acide nitrique lui-même sont volatils; mais il est bien probable que dans l'expérience de Priestley tout l'acide nitrique n'a pas été converti en acide nitreux, surtout à la fin de l'opération, où les dernières portions d'acide nitrique devoient nécessairement contenir une plus forte proportion d'eau que l'acide nitrique soumis à l'expérience.

ACIDE NITRIQUE ET ACIDE SULFURIQUE.

Lorsqu'on fait chauffer 4 p. d'acide sulfurique concentré avec 1 p. d'acide nitrique, une portion d'acide nitrique cède son eau à l'acide sulfurique, et se dégage à l'état d'acide nitreux et de gaz oxigène, suivant l'observation de M. Thenard; mais, ainsi que M. Gay-Lussac l'a remarqué, il est possible, en chauffant dans un appareil distillatoire 4 p. d'acide sulfurique concentré et 1 p. d'acide nitrique d'une densité de 1,5032 a la température de 15^d, de recueillir un acide dont la densité est de 1,499; et en distillant ce dernier acide avec quatre fois son poids d'acide sulfurique, il est possible de porter sa densité à 1,510.

ACIDE NITRIQUE ET ACIDES MINÉRAUX OXIGÉNABLES.

L'acide nitrique brûle l'hydrogène de l'acide hydrosulfurique et même le soufre, quand il est concentré et en excès. Il convertit l'acide sulfureux en acide sulfurique, l'acide arsenieux en acide arsenique, les acides hypophosphoreux, phosphoreux et phosphatique, en acide phosphorique.

ACIDE NITRIQUE ET CORPS SIMPLES.

L'acide nitrique a une action plus ou moins marquée sur la plupart des corps simples oxigénables.

Lorsqu'on fait passer dans un tube de porcelaine chauffé au rouge de l'hydrogène avec de la vapeur nitrique, il y a production d'eau et dégagement d'azote; mais alors c'est plutôt l'acide nitreux que l'acide nitrique qui est décomposé.

L'acide nitrique convertit le soufre, l'arsenic, le phosphore, le bore, le molybdène, l'antimoine, le tellure, l'étain, en acides saturés d'oxigène. Il oxide le palladium, le bismuth, le cuivre, le nickel, le cobalt, l'urane, le fer, le manganèse, le mercure, l'argent, le plomb, le zinc, le barium, le strontium, le lithium, le potassium, le sodium.

Il agit à peine sur le chrôme, le tungstène, le colombium, le titane, le cérium, l'osmium.

L'acide nitrique très-concentré à une douce chaleur, dissout le charbon fortement calciné; il se dégage de la vapeur nitreuse et de l'acide carbonique, et l'on obtient un liquide brun, acide et astringent : il faut employer 8 p. d'acide contre 1 de charbon. (Voyez Substances tannantes artificielles.)

Lorsqu'on verse de l'acide nitrique concentré, surtout un acide chargé d'acide nitreux, sur du charbon très-divisé et chaud, le charbon s'embrase, et il se dégage des vapeurs nitreuses : je ne sache pas que cette expérience ait été répétée dans le vide. L'ignition du charbon est plus facile à opérer, ou a lieu à une température plus basse, lorsqu'au lieu d'acide nitrique hydraté on opère avec de l'acide nitrique uni avec $\frac{1}{3}$ de son poids d'acide sulfurique concentré. Il est probable que dans ce dernier cas l'affinité de l'acide sulfurique pour l'eau de l'acide nitrique, conspire avec l'affinité du combustible pour l'oxigène, à opérer la combustion du charbon : pour réussir à opérer cette combustion, il faut mettre le charbon réduit en poudre et suffisamment chaud, dans un verre mince, également échauffé, et verser l'acide de manière à humecter seulement la poussière de charbon.

Lorsqu'on fait passer la vapeur nitrique sur du charbon chauffé au rouge dans un tube de porcelaine, il est évident que le combustible doit brûler, et qu'il se dégagera de l'acide carbonique, de l'oxide de carbone, de l'hydrogène et du gaz azote.

Propriétés de l'acide nitrique sur l'économie animale.

L'acide nitrique hydraté a une odeur sensible particulière, moins forte que celle de l'acide qui est chargé d'acide nitreux.

Il désorganise rapidement la peau et tous les tissus des animaux; il commence par les jaunir. C'est un poison corrosif des plus énergiques : mais quand il est très-étendu d'eau, on peut le prendre à l'intérieur.

État.

Il ne se trouve guère dans la nature qu'à l'état de nitrate de potasse, de chaux et de magnésie.

Préparation.

Dans les laboratoires de chimie on prépare l'acide nitrique hydraté en distillant, dans une cornue de verre, 10 p. de nitrate de potasse préalablement fondu, avec 6 p. d'acide sulfurique concentré. On introduit d'abord le nitre dans la cornue, puis on y verse l'acide au moyen d'un entonnoir à longue tige ; on pose la cornue dans un bain de sable, ou sur des petites barres de fer, si on distille à feu nu au fourneau de réverbère. On adapte à la cornue une alonge et un ballon tubulé. On ferme celui-ci avec un bouchon qui est traversé par un tube d'un mètre de long, ouvert aux deux extrémités : l'ouverture inférieure de ce tube doit toujours être plongée dans l'atmosphère du ballon. On chauffe ensuite peu à peu, jusqu'à ce qu'il ne se dégage plus de liquide de la cornue. Au commencement de la distillation il se produit une vapeur rutilante, qui disparoît pour la plus grande partie, à mesure que le produit liquide augmente ; mais sur la fin de l'opération il s'en produit de nouvelles, dont la couleur est plus intense que celle de la première vapeur. La matière qui reste dans la cornue est du bi-sulfate de potasse ; le produit est de l'acide nitrique hydraté d'une densité de 1,49 à 1,50, coloré en orangé par de l'acide nitreux.

La vapeur rutilante, qui apparoît d'abord, est due à ce que la portion d'acide nitrique qui se sépare d'une portion de nitre, n'ayant pas assez d'affinité pour enlever l'eau à l'acide sulfurique libre, se dégage à l'état de vapeur nitreuse et d'oxigène ; mais, à mesure que la quantité d'acide sulfurique qui se combine à la potasse du nitre, devient plus considérable, la tension de l'eau augmente, et dès-lors il se dégage une quantité notable d'acide nitrique hydraté, et cet acide absorbe la vapeur nitreuse qui s'étoit formée d'abord ; et peut-être encore arrive-t-il qu'une portion de vapeur nitreuse et d'oxigène repassent à l'état d'acide nitrique. A la fin de l'opération, deux causes peuvent agir pour produire de la vapeur nitreuse : la première est l'élévation de la température dans la cornue, qui ne permet pas à l'acide nitrique hydraté concentré d'exister ; la seconde est qu'il n'y a plus assez d'eau dans les matières qui sont exposées à l'action du feu pour convertir l'acide nitreux et l'oxigène en acide nitrique. C'est surtout à la fin de l'opération que l'acide du récipient se colore, en absorbant de l'acide nitreux ; aussi recueille-t-on du gaz oxigène à cette époque, si l'on adapte au récipient un tube à gaz, qui va plonger sous une cloche pleine d'eau.

Par ce procédé on obtient environ $4\frac{2}{3}$ d'acide hydraté quand on a distillé 10 p. de nitrate de potasse.

En grand, au lieu de faire la distillation d'un mélange de nitre et d'acide sulfurique dans une cornue de verre, on la fait dans des tubes de fonte capables de recevoir 85 kilog. de nitre et 50 kilog. d'acide sulfurique concentré. Ces tubes sont placés horizontalement dans un fourneau : ils sont fermés à leurs deux extrémités par des tampons en fonte qui portent chacun une tubulure ; c'est par l'une d'elles qu'on introduit l'acide sulfurique dans les tubes ; c'est par l'autre tubulure que les vapeurs se dégagent : à celle-ci est adapté un tube de grès, à ce tube est adapté un tube de verre, qui va s'ouvrir dans une grande bouteille ronde à trois tubulures, dans laquelle on a mis un peu d'eau pure, ou d'acide nitrique très-foible, quand on en a. Cette bouteille communique avec une seconde, et celle-ci avec une troisième : la seconde bouteille contient un peu d'eau ou de l'eau acidulée ; la troisième contient toujours de l'eau pure.

L'acide recueilli dans la première bouteille est le moins pur ; celui qui est dans la troisième est trop foible pour être livré au commerce : c'est pourquoi on le remet dans les premières bouteilles, pour l'opération prochaine. On est averti de la fin de la distillation, lorsqu'on n'aperçoit plus de vapeurs rouges dans le tube de verre qui conduit la vapeur du cylindre dans la première bouteille.

Autrefois les fabricans d'eau-forte préparoient l'acide nitrique en décomposant, à l'aide de la chaleur, dans des vaisseaux de grès appelés *cuines*, un mélange de 1 p. de nitre et de 2 p. d'une terre humide formée de silice et d'alumine : plusieurs cuines étoient placées sur un *fourneau* dit *à galère*. Chaque cuine communiquoit au moyen d'une petite alonge de grès, avec un récipient de grès contenant un peu d'eau. Dans cette opération, la silice et l'alumine, en se combinant à la potasse du nitre, pendant que l'acide nitrique et l'eau de l'argile se dégageoient, agissoient à la manière d'un acide sur l'alcali du nitre.

On obtenoit ordinairement un poids d'acide nitrique étendu d'eau, égal à celui du nitre.

Purification de l'acide nitrique.

L'acide nitrique hydraté peut contenir de l'acide nitreux, de l'acide sulfurique, du sulfate acide de potasse et de l'acide hydrochlorique.

Quand l'acide nitrique contient de l'acide nitreux, il est coloré; pour le purifier, il suffit de le chauffer très-doucement dans un ballon ou une cornue : l'acide nitreux se volatilise à une température inférieure à celle où l'acide nitrique entre en ébullition.

On reconnoît l'acide sulfurique dans l'acide nitrique, en l'étendant d'eau et y ajoutant quelques gouttes de nitrate de baryte. Il se fait un précipité insoluble, si l'acide nitrique contient de l'acide sulfurique.

Pour déterminer si l'acide sulfurique, indiqué dans de l'acide nitrique hydraté par le nitrate de baryte, est libre ou uni à la potasse, il faut évaporer à siccité une portion de l'acide nitrique dans une capsule de platine : s'il n'y a pas de potasse, on n'obtiendra pas de résidu; s'il y en a un, on s'assurera que c'est du sulfate de potasse, en le dissolvant dans l'eau et mêlant la solution au nitrate de baryte et au chlorure de platine, ces deux réactifs donneront des précipités.

On sépare de l'acide nitrique soit l'acide sulfurique, soit le bi-sulfate de potasse, en distillant l'acide, avec précaution, dans une cornue munie d'un récipient; l'acide nitrique passe seul à la distillation. Si l'acide nitrique contenoit de l'acide nitreux, avant d'adapter le récipient à la cornue, il faudroit le décolorer par l'action d'une douce chaleur.

On reconnoît la présence de l'acide hydrochlorique ou celle du chlore dans l'acide nitrique, par le précipité blanc et dense que l'on obtient en versant du nitrate d'argent dans l'acide étendu d'eau.

Pour séparer l'acide hydrochlorique de l'acide nitrique,
on verse dans cet acide du nitrate d'argent jusqu'à ce qu'il
ne se fasse plus de précipité, puis on décante le liquide
dans une cornue, où on le distille.

Quand l'acide nitrique a une densité de 1,30 à 1,36, on
peut encore, en le faisant concentrer dans une cornue tubulée à un tiers environ de son volume, volatiliser l'acide
hydrochlorique : on reconnoît au reste que l'acide nitrique
est purifié, lorsqu'en en prenant un peu dans la cornue,
on voit qu'il ne trouble plus le nitrate d'argent.

Histoire.

Le premier procédé qu'on mit en usage pour extraire
l'acide nitrique du nitre, est la distillation de ce sel avec
l'argile. Il fut décrit au 15.ᵉ siècle par Basile Valentin, qui
en attribue la découverte à Raimond Lulle, qui vivoit au
13.ᵉ siècle. Plus tard Glauber fit connoître le second procédé,
qui consiste à distiller le nitre avec l'acide sulfurique.

Tous les chimistes, tels que Beccher, Stahl, qui pensoient
qu'il n'existoit qu'un acide primitif, regardoient l'acide nitrique comme un composé d'acide sulfurique et d'une certaine proportion de phlogistique; ils pensoient encore que
c'étoit pendant la putréfaction que l'acide sulfurique passoit à
l'état d'acide nitrique.

Hales, en 1725, obtint du gaz nitreux en chauffant l'acide
nitrique : il remarqua que ce gaz devenoit rouge par son
mélange avec l'air. Priestley vit ensuite que ce gaz, ou,
comme il l'appeloit, *l'air nitreux* mis en contact avec l'oxigène, donne de l'acide nitrique. Voici comment il expliqua
ce fait; suivant lui, le gaz nitreux était un composé d'acide
nitrique et de phlogistique : lorsqu'on y ajoutoit de l'oxigène,
celui-ci s'unissoit au phlogistique, pour former de l'acide
carbonique, et l'acide nitrique se manifestoit. Macquer et
Fontana professèrent cette opinion.

En 1776, Lavoisier avança que l'acide nitrique étoit formé
d'oxigène et de gaz nitreux, par la raison qu'en recueillant
le gaz nitreux qui se dégage pendant la dissolution du mercure dans l'acide nitrique, et le mêlant sur l'eau avec l'oxigène
obtenu de la base du nitrate de mercure distillé, on obtient
de l'acide nitrique.

En 1784, Cavendish fixa la composition de l'acide nitrique en prouvant qu'il est produit lorsqu'on soumet un mélange humide de gaz oxigène et de gaz azote à une suite d'étincelles électriques. (Ch.)

NITRITES. (*Chim.*) Avant qu'on ne connut l'acide hyponitreux, on considéroit les sels qu'il forme comme des nitrites; mais aujourd'hui il est prouvé que l'acide nitreux ne peut s'unir aux bases salifiables sans se convertir en acide nitrique et en acide hyponitreux. Voyez Nitreux [Acide] et Nitrites [Hypo-]. (Ch.)

NITRITES [Hypo-]. (*Chim.*) Bergman et Scheele ont parlé les premiers de ce genre de sels. On a cru pendant long-temps que l'acide qui les constitue étoit le même que l'acide nitreux, par la raison que c'est cet acide qui se dégage lorsqu'on met les hyponitrites en contact avec l'acide sulfurique foible, l'acide acétique, etc.; en conséquence on les a désignés sous le nom de *nitrites*. Mais M. Gay-Lussac ayant observé (Mai 1816) que l'on fait l'hyponitrite de potasse, 1.° en mettant de la potasse concentrée avec du gaz nitreux, et que pour 4 volumes de ce gaz il reste 1 volume d'oxide d'azote après que l'hyponitrite est formé; 2.° en mettant sur le mercure 400 volumes de gaz nitreux avec 100 volumes d'oxigène, il en conclut que l'acide des hyponitrites diffère de l'acide nitreux, en ce qu'il est formé de 100 volumes d'azote et de 150 volumes d'oxigène, tandis que l'acide nitreux est formé de 100 volumes d'azote et de 200 volumes d'oxigène.

Cette conséquence s'accorde, 1.° avec l'observation que je fis, en 1812, que 100 parties de nitrate de plomb dissolvent 131 parties de plomb lorsqu'elles se convertissent en bi-soushyponitrite (voyez Nitreux [Acide hypo-]); 2.° avec l'observation faite par M. Dulong (en Septembre 1816) que l'acide nitreux ne peut s'unir à la baryte, à la potasse, sans se décomposer en acide nitrique et en acide hyponitreux. Voyez Nitreux [Acide].

Hyponitrite d'ammoniaque. (Synonymie : *Nitrite d'ammoniaque.*)

Composition.

Acide nitrique . . . 68,99
Ammoniaque . . . . 31,01.

Histoire, Préparation et Propriétés.

M. Berzelius a obtenu ce sel en mêlant des solutions d'hyponitrite de plomb et de sulfate d'ammoniaque. Il s'est précipité du sulfate de plomb, qu'il a séparé au moyen de la filtration, du liquide qui contenoit l'hyponitrite d'ammoniaque.

La solution d'hyponitrite d'ammoniaque se décompose avec la plus grande facilité. C'est pourquoi il est très-difficile de la faire cristalliser. M. Berzelius est parvenu à en obtenir des cristaux en l'exposant à un courant d'air sec dans des vases plats. Mais, comme ces cristaux avoient la forme du nitrate d'ammoniaque, il ne seroit pas impossible qu'ils ne fussent mêlés de nitrate : c'est au moins ce que M. Berzelius lui-même donne à entendre.

La solution d'hyponitrite d'ammoniaque, exposée à une température de 40^d à 100^d, dégage du gaz azote parfaitement pur. Par la raison que 1 portion du sel qui ne s'est pas décomposée, conserve sa neutralité première, il faut en conclure que dans la portion qui se décompose, l'hydrogène de l'ammoniaque est à l'oxigène de l'acide hyponitreux dans le rapport où ces élémens constituent l'eau.

Lorsqu'on chauffe l'hyponitrite d'ammoniaque dans une cornue, il se fond, entre en ébullition et se réduit en une eau très-ammoniacale, en gaz protoxide d'azote, qui peut-être contient du gaz azote.

Hyponitrite de protoxide de plomb. (Synonymie : *Hyponitrite de plomb, Nitrite de plomb, Nitris plumbicus,* Berzelius.)

Histoire.

M. Berzelius a décrit comme *hyponitrite de plomb neutre*, des *cristaux octaèdres d'un jaune de citron*, auxquels il assigne les propriétés suivantes :

Ces cristaux sont beaucoup plus solubles dans l'eau que le nitrate de plomb.

Si on les dissout dans l'eau bouillante, ils laissent, quand on évapore la solution, du sous-nitrate, qui s'est formé aux dépens de l'oxigène de l'air.

Si on les met dans une grande quantité d'eau froide, ils se réduisent complétement en nitrate, qui se dissout, et en sous-nitrate, qui ne se dissout pas.

Les cristaux jaunes octaèdres sont formés :

Acide . . . 24,05 . . . 25,5
Oxide . . . 70,28 . . . 74,5
Eau . . . . 5,67.

Les cristaux dont je viens de parler d'après la manière de voir de M. Berzelius, ne me paroissent point un simple nitrite de plomb ; je crois qu'ils sont formés d'*acide nitrique*, d'*acide nitreux* et de *protoxide de plomb*.

Il ne m'appartient pas de prononcer de quel côté est l'erreur ; je dois me borner à mettre sous les yeux du lecteur les faits qui m'ont conduit à adopter une opinion différente de celle de l'illustre chimiste suédois, mais auparavant il est nécessaire de rapporter les travaux auxquels les combinaisons du plomb avec l'acide hyponitreux ont donné lieu.

M. Proust a vu le premier qu'en faisant bouillir une solution de nitrate de plomb avec des lames de ce métal, on obtient un sel jaune cristallisable en lames, qu'il a regardé comme un nitrate dont la base est moins oxidée que celle du nitrate de plomb octaèdre. M. Thompson, dans un travail spécial, ayant repris l'examen du sel de Proust, l'a considéré comme un sous-nitrate ayant la même base que le nitrate octaèdre ; mais ensuite, dans son Système de chimie, il a abandonné cette opinion pour adopter celle de M. Proust, en remarquant toutefois que la base du sel jaune contient une quantité d'oxigène très-rapprochée de celle du massicot, base du nitrate octaèdre.

En 1812 nous fîmes, M. Berzelius et moi, chacun de notre côté, des recherches sur le sel jaune de Proust, qui nous conduisirent à ce résultat.

L'oxidation du plomb, dissous par le nitrate de plomb, se fait aux dépens de l'acide nitreux et non aux dépens de l'oxide de plomb.

A cette époque on croyoit que l'acide des nitrites étoit le même que la vapeur nitreuse ; c'est ce qui nous fit considérer ces sels comme des nitrites. M. Berzelius décrivit trois espèces de nitrites ; deux *sous-nitrites* et le *nitrite neutre cristallisable en octaèdres jaunes.*

Voici comment il prépara ces sels.

(*a*) *Bi-soushyponitrite*. Il fit bouillir dans une fiole une solution de 20^{gr} de nitrate de plomb avec 12^{gr},4 de plomb métallique en plaques minces, c'est-à-dire, autant de plomb qu'il y en avoit dans le nitrate : tout le plomb fut dissous. Par le refroidissement il obtint le *sel de Proust*, qu'il considéra comme du *bi-soushyponitrite pur*.

(*b*) *Quadro-soushyponitrite de plomb*. Il l'obtint en faisant bouillir dans 500^{gr} d'eau 10^{gr} de nitrate de plomb et 12^{gr},5 de plomb.

M. Berzelius observa, ainsi que moi, le dégagement d'une très-petite quantité de gaz nitreux pendant la dissolution du plomb dans le nitrate.

(*c*) *Hyponitrite neutre*. M. Berzelius le prépara en décomposant le *sel de Proust* dissous dans l'eau par une quantité d'acide sulfurique foible, suffisante pour en précipiter la moitié de la base. En faisant évaporer au soleil, dans un vase très-plat, la liqueur filtrée, il obtint des *cristaux octaèdres d'un jaune de citron*, qu'il décrivit comme étant l'hyponitrite neutre.

Je vais exposer maintenant ma manière de voir au sujet de ces sels.

Le *sel de Proust* n'est point pour moi un *bi-soushyponitrite pur*; je me fonde sur les faits que je vais exposer : en soumettant la dissolution à un courant de gaz acide carbonique, filtrant, faisant évaporer la liqueur filtrée, j'ai obtenu,

1.º *De l'acide nitreux*;

2.º *Des écailles d'un blanc tirant sur le jaune, formées principalement de bi-soushyponitrite et de sous-nitrate de plomb*;

3.º *Des aiguilles blanches de sousnitrate de plomb*;

4.º *Des cristaux octaèdres jaunes*, c'est-à-dire, l'hyponitrite neutre de M. Berzelius.

En traitant ces cristaux jaunes par l'eau bouillante. je les ai réduits en *sousnitrite de plomb* ou en *bi-soushyponitrite de plomb* et en *acide nitreux*.

Maintenant on peut objecter à la manière dont je viens d'envisager la nature du *sel de Proust* et celle des *cristaux octaèdres jaunes*, que l'acide nitrique que j'en ai retiré, s'est formé aux dépens de l'oxigène de l'air, ainsi que M. Berzelius le prétend; mais je réfute cette objection par les faits suivans

1.º En prenant le QUADRO-SOUSHYPONITRITE DE PLOMB, tel que je l'ai préparé (voyez ce mot), et, le soumettant à l'action de l'acide carbonique, faisant évaporer la solution, on obtient des cristaux de bi-soushyponitrite, dans lesquels on ne peut découvrir aucune trace d'acide nitrique lorsqu'on les soumet au même traitement que le *sel de Proust*.

2.° C'est que la solution de bi-soushyponitrite de plomb, mise dans le gaz oxigène, n'en absorbe pas sensiblement pendant un contact de trois jours.

BI-SOUSHYPONITRITE DE PLOMB. (Synonymie : *Nitrite de plomb* [dans mon Mémoire sur les nitrites], *Sousnitrite de plomb au minimum* et *Nitris bi-plumbicus*, Berzelius.)

Composition.

Chevreul.

Acide . . .	17,16. . . .	100
Oxide . . .	80,00. . . .	465
Eau.	2,84.	

Si on suppose que dans le bi-soushyponitrite de plomb l'acide contienne deux fois plus d'oxigène que la base, on a

Acide . .	18,18 . .	100, contenant oxigène .	62,894
Oxide . .	80,00 . .	439,89	31,450
Eau . . .	1,82.		

Préparation.

Je prépare ce sel en faisant passer un courant d'acide carbonique dans une dissolution étendue de quadro-soushyponitrite de plomb. Quand il ne se précipite plus de sous-carbonate, je filtre et fais évaporer suffisamment pour obtenir des cristaux en belles lames jaunes.

M. Proust et M. Berzelius ont préparé ce sel en faisant bouillir le nitrate de plomb avec du plomb métallique jusqu'à ce que la liqueur ait pris une belle couleur jaune : par le refroidissement, ils ont obtenu des écailles jaunes, qu'ils ont considérées comme un sel pur ; mais j'ai cité plus haut les faits qui m'ont fait admettre l'opinion contraire. D'après cela je pense que ni M. Proust ni M. Berzelius n'ont obtenu le sel qui fait l'objet de cet article à l'état de pureté.

Propriétés.

Il est en lames jaunes.

Il a une légère saveur astringente et sucrée.

100 p. d'eau bouillante dissolvent 9,4 p. de ce sel; 100 p.
d'eau à 25ᵈ en dissolvent 1,26. Cette solution est jaune; elle
ramène au bleu le papier rouge de tournesol.

Elle n'absorbe point l'oxigène pendant un contact de trois
jours. Dès qu'elle est exposée au contact de l'air atmosphérique, elle se recouvre d'une pellicule de sous-carbonate de
plomb.

L'acide sulfurique en précipite du sulfate et développe une
odeur nitreuse sans production de vapeur rouge.

Lorsqu'on projette du bi-soushyponitrite, réduit en poudre,
dans l'acide nitrique et l'acide acétique bouillans, il se dégage des vapeurs rouges.

Le gaz acide carbonique, passé dans la solution de ce sel,
en précipite de l'oxide de plomb à l'état de souscarbonate.
Il reste dans la liqueur un excès d'acide nitreux sensible aux
réactifs colorés. Si l'on prend une solution de 100 p. de
bi-soushyponitrite et qu'on la précipite par l'acide carbonique, l'oxide non précipité paroît être à l'acide :: 72,48
: 27,52.

En mêlant une dissolution de ce sel avec une solution de
souscarbonate de potasse, on obtient de l'hyponitrite de
potasse et du souscarbonate de plomb.

En faisant bouillir la solution du bi-soushyponitrite de
plomb avec du massicot, on la convertit en quadro-soushyponitrite.

Au feu le bi-soushyponitrite de plomb laisse dégager de
l'eau, de l'acide nitreux; il reste du massicot; les premières
portions d'acide se dégagent à la température de l'eau
bouillante.

Quadro-soushyponitrite de plomb. Synonymie : *Sous-nitrite
de plomb* (dans mon premier Mémoire), *Sous-nitrite de
plomb au maximum* et *Nitris quadro-plumbicus*, Berzelius.

Composition.

Chevreul.

Acide....	9,9 ...	100
Oxide ...	90,1 ...	910

Si l'on calcule la composition de ce sel en supposant que
la base contienne autant d'oxigène que l'acide, on aura :

Préparation.

Acide . .   10,206 . .   100, qui contient oxigène 62,894
Oxide . .   89,794 . .   879,78 . . . . 62,894.

Je l'ai préparé en faisant bouillir pendant quatorze heure 4ᵍʳ de nitrate de plomb avec 6ᵍʳ de plomb très-divisé dan un matras de verre auquel étoit adapté un tube qui plon geoit dans le gaz azote. Il y eut 5ᵍʳ,38 de plomb dissous; con séquemment 100 de nitrate avoient dissous 134 de métal La liqueur a donné par le refroidissement des cristaux d quadro-soushyponitrite de plomb.

Propriétés.

Il est d'un rouge tendre, tirant légèrement sur le jaune. I cristallise en petites aiguilles soyeuses, qui se réuni, sent e étoiles.

100 p. d'eau bouillante en ont dissout 3 p.; 100 p. d'ea à 23ᵈ en ont dissous 0,7. Cette solution est incolore.

Les acides sulfurique, nitrique, acétique, agissent sur ce sel comme sur le sel précédent.

Quand on soumet sa solution à un courant de gaz acide carbonique, l'oxide qui n'est pas précipité est à l'acide ni treux :: 72,48 : 27,52.

Remarque.

Les cristaux *en écailles*, d'un rouge de briques, formés de
      Acide hyponitreux . . .   10,175
      Oxide   89,825
que M. Berzelius a obtenus d'une opération où 100 p. de ni trate de plomb avoient dissous 116 p. de plomb métallique, sont pour moi une réunion de deux sels au moins, de bi-sous hyponitrite de plomb et de quadro-soushyponitrite de plomb.

Hyponitrite de potasse. (Synonymie : *Nitrite de potasse.*)

Préparation.

On pourroit l'obtenir par le procédé dont M. Berzelius s'est servi pour préparer l'hyponitrite d'ammoniaque. Mais jusqu'ici on a toujours ou presque toujours préparé ce sel en soumet tant à l'action du feu du nitrate de potasse jusqu'à ce qu'il cessât de dégager de l'oxigène pur.

Propriétés.

Il cristallise en prismes cannelés, semblables au nitrate de potasse, ou bien en aiguilles.

Il a une saveur plus piquante que celle du nitrate de potasse. Il est déliquescent.

Il ne paroît pas se convertir en nitrate par son exposition à l'air, ou, si cela arrive, il faut beaucoup de temps.

Les acides sulfurique foible, nitrique, hydrochlorique, etc., en dégagent à froid, avec effervescence, des vapeurs rutilantes d'acide nitreux.

Il fait détoner le soufre et le charbon à la manière du nitrate de potasse, mais moins fortement. (Ch.)

NITTICORACE. (*Ornith.*) Ce nom italien est appliqué, par Cetti, *Uccelli di Sardegna*, pag. 273, au bihoreau, *ardea cinerea minor*, d'Aldrovande, et *ardea nycticorax*, Linn. (Ch. D.)

NIU-GULA. (*Bot.*) Espèce de palmier de l'île de Tongo, mentionnée par le navigateur Cook. Forster croit que c'est un *areca*. (J.)

NIUNGUE. (*Bot.*) A Caracas, dans l'Amérique, on nomme ainsi la *datura fastuosa*, suivant les auteurs de la Flore équinoxiale. (J.)

NIVAR. (*Conch.*) Adanson, Sénég., p. 141, fig. 9, appelle ainsi une coquille commune dans les rochers des îles de Gorée et de la Magdeleine, au Sénégal, dont Linné fait une espèce de rocher sous le nom de *murex murio*, et qui dans M. de Lamarck fait partie du genre Fuseau. Voyez ce mot. (De B.)

NIVARIA. (*Bot.*) Voyez Narcisso-leucoium. (J.)

NIVEAU D'EAU. (*Crust.*) Voyez Branchiope, tom. V, Suppl., pag. 66, et l'article Malacostracés, tom. XXVIII, pag. 415. (Desm.)

NIVEAU DE MER ou SQUALE MARTEAU. (*Ichthyol.*) Voyez Zygène. (H. C.)

NIVENIA. (*Bot.*) Genre de plantes dicotylédones, à fleurs incomplètes, de la famille des *protéacées*, de la *tétrandrie monogynie*, offrant pour caractère essentiel : Une corolle à quatre divisions profondes, égales et caduques; point de ca-

35.

lice ; quatre étamines ; un ovaire supérieur ; un style ; un stigmate vertical, en massue ; une noix sessile, luisante, ventrue, entière à sa base ; un involucre à quatre folioles sur un seul rang (elles se durcissent à la mâturité des fruits) ; quatre fleurs ; le réceptacle plan, sans paillettes.

Nivenia intermédiaire : *Nivenia intermedia*, Rob. Brown, *Trans. linn.*, 10, pag. 137 ; *Protea spicata ?* Andr., *Bot. repos.*, tab. 234. Plante du cap de Bonne-Espérance, dont les tiges sont hautes de six à huit pieds ; les rameaux roides, en ombelles, légèrement tomenteux et cendrés ; les feuilles glabres, dressées, longues d'un pouce et demi ; les inférieures deux et trois fois ternées ; les supérieures trifides ; les découpures latérales presque simples ; les pédoncules solitaires, terminaux, velus, longs d'un pouce ; les bractées éparses, lancéolées, tomenteuses ; les épis longs de trois à cinq pouces, cylindriques : les involucres distincts, rapprochés ; leurs folioles ovales, très-aiguës, pubescentes. La corolle est tomenteuse et barbue, beaucoup plus longue que l'involucre ; le style pubescent à sa base ; le stigmate grêle, en massue. .

Nivenia a feuilles molles ; *Nivenia mollissima*, Rob. Brown, *l. c.* Arbrisseau tomenteux et blanchâtre, dont les rameaux sont chargés de feuilles très-molles, longues d'un pouce, trois fois ternées ; les pédoncules presque solitaires, plus courts que les feuilles ; les épis un peu ovales ; les bractées tomenteuses, ovales, aiguës, semblables aux folioles de l'involucre ; la corolle est purpurine, trois fois plus longue que l'involucre, tomenteux à sa base ; le limbe barbu ; le style pubescent à sa moitié inférieure ; le fruit est une noix ovale, couverte d'une pellicule blanche, luisante, un peu pubescente, entourée par les folioles de l'involucre, coriaces, durcies. Cette plante croît sur les montagnes au cap de Bonne-Espérance.

Nivenia en tête ; *Nivenia capitata*, Rob. Brown, *l. c.* Cet arbrisseau a des tiges hautes de trois pieds et plus, dont les rameaux sont disposés en ombelle, les supérieurs tomenteux. Les feuilles sont deux fois ternées, longues de six lignes, canaliculées ; les supérieures soyeuses ; les fleurs en tête globuleuse, presque sessile, de la grosseur d'une petite cerise, peu garnie ; les folioles de l'involucre ovales, lancéolées, aiguës; la corolle est velue; le style pubescent à sa partie moyenne; le stigmate ovale, en massue. Cette espèce croît au cap de Bonne-Espérance, sur les montagnes.

M. Rob. Brown rapporte encore à ce genre le *protea Sceptrum* de Thunberg, qui est le *protea Sceptrum gustavianum* de Sparrman, *Act. Holm.*, 1777, pag. 55, tab. 1, et Linn., *Suppl.* D'après cette synonymie, celle du *protea gustaviana* doit être retranchée. Il faut encore ajouter le *protea Lagopus* de Thunberg, ou retrancher le synonyme d'Andrew, *Bot. repos.*, tab. 243, qui appartient au *nivenia crithmifolia* de Rob. Brown. (Poir.)

NIVÉOLE; *Leucoium*, Linn. (*Bot.*) Genre de plantes monocotylédones, de la famille des *narcissées*, Juss., et de l'*hexandrie monogynie*, Linn., qui présente pour principaux caractères : Spathe monophylle, enveloppant les fleurs avant leur épanouissement; corolle campanulée, à six divisions profondes, égales, épaisses à leur sommet; six étamines insérées sur le tube de la corolle; un ovaire infère, à style et stigmate simples; une capsule à trois valves et à trois loges polyspermes.

Les nivéoles sont des plantes herbacées, à racine bulbeuse; à feuilles toutes radicales, linéaires; leurs fleurs sont penchées, solitaires ou plusieurs ensemble au sommet d'une hampe. On en connoit six espèces, dont quatre croissent naturellement en Europe; les deux suivantes sont souvent cultivées dans les jardins.

Nivéole d'été : *Leucoium æstivum*, Linn., *Spec.*, 414; Jacq., *Flor. Aust.*, t. 295. Ses feuilles sont ligulées, d'un beau vert; sa hampe est haute de dix à quinze pouces, terminée par quatre à six fleurs blanches, inodores. Cette plante croît naturellement dans les prés humides et ombragés du Midi de la France et de l'Europe; elle fleurit en Avril et Mai. Son oignon est rustique et n'a besoin d'aucun soin particulier; il réussit très-bien en terre ordinaire et dans un endroit exposé au soleil; mais ses fleurs durent plus long-temps quand il est planté à l'ombre. On le multiplie de cayeux, qu'on sépare de l'oignon principal quand on relève celui-ci, au mois de Juillet, lorsque les feuilles sont sèches : il peut d'ailleurs rester plusieurs années de suite en terre sans aucun inconvénient.

Nivéole du printemps, vulgairement Perce-neige : *Leucoium vernum*, Linn., *Spec.*, 414; Jacq., *Flor. Aust.*, t. 312. Ses feuilles sont ligulées, comme dans l'espèce précédente, mais moins longues; sa hampe, aussi plus courte, n'a que six à huit pouces de hauteur, et est terminée par une seule fleur blanche. Cette espèce croît dans les prés des bois et des montagnes; elle fleurit en Février, et lorsque l'hiver est doux, dès le mois de Janvier. On la cultive comme la précédente : quoique ses fleurs soient solitaires, elles sont plus jolies que celles de la nivéole d'été, et elles ont surtout le grand avantage de paroître à une époque où les fleurs sont très-rares; tandis que celles de la première ne produisent plus que peu d'effet en paroissant au milieu du printemps, lorque Flore étale toutes ses richesses. (L. D.)

NIVEROLLE. (*Ornith.*) Ce nom a été donné au pinson de neige, *fringilla nivalis*, Linn., que les montagnards appellent *nivereau* dans le département de l'Isère. (Ch. D.)

NIVIARSARSUK. (*Ornith.*) Nom groënlandois du petit pingouin, *alca pica*, Linn. (Ch. D.)

NIVULI. (*Bot.*) Nom brame de l'*ela-calli* de Malabar, espèce d'euphorbe, *euphorbia neriifolia*. (J.)

NIWA. (*Bot.*) Plusieurs plantes du Japon, citées par Kæmpfer et Thunberg, portent ce prénom. Le *niwa-gusa* est le *chenopodium scoparia*; le *niwami* est une berle ; le *niwa-sahira* est le *spiræa crenata* ; le *niwa-toka* ou *niwa-tonga* est un sureau, *sambucus nigra*; et le *niwa-ume* est un prunier à fleurs doubles, que l'on cultive dans tout le Japon à cause de l'abondance de ses fleurs blanches disposées en ombelle. (J.)

NIX-QUANQUECHOLLA. (*Erpét.*) Séba a donné (*Thes.* 2, tab. 77, n.° 1) sous ce nom la figure d'un serpent du Mexique, qu'il ne nous est point possible de classer avec certitude. (H. C.)

NJARA. (*Bot.*) L'arbre qui porte ce nom dans le Malabar, décrit et figuré par Rhéede, paroît être une espèce de myrte. (J.)

NMAME. (*Bot.*) Voyez Lemam. (J.)

NO. (*Bot.*) Ce terme japonois, qui signifie sauvage, précède souvent plusieurs noms de pays cités par Kæmpfer et Thunberg. Nous n'en citerons que quelques-uns : le *no-gikl* est le *chrysanthemum indicum*, qui fait l'ornement de nos jardins à la fin de l'automne; le *no-iendo* est l'ers ordinaire, *ervum tetraspermum*; le *no-siso* est le *salvia japonica* de Thunberg; le *no-ibane* ou *no-ige* est le *rosa multiflora* du même; le *no-ran* est son *epidendrum striatum*; le *no-ninsin* est son *chœrophyllum scabrum*; le *no-ki* est son *quercus glauca*; le *no-kaki* est un plaqueminier, *diospyros kaki*; le *no-ko-givi* est un houx, *ilex latifolia*. (J.)

NOBIR. (*Bot.*) Nom japonois de l'*allium odorum*, selon Thunberg. (J.)

NOBLE-ÉPINE. (*Bot.*) On donne vulgairement ce nom au néflier aubépine, et dans quelques cantons à l'épine-vinette. (L. D.)

NOBULA. (*Bot.*) Adanson nomme ainsi le *phyllis* de Linnæus, qui étoit le *buplevroides* de Boerhaave. (J.)

NOCCA ou NOCCÆA. (*Bot.*) Voyez notre article LAGASCÉE, tom. XXV, pag. 102. (H. CASS.)

NOCCÆA. (*Bot.*) Sous ce nom l'*iberis rotundifolia* avoit été détaché de son genre primitif par Mœnch, à cause de sa silicule plus alongée et un peu tétragone. Le même nom a été donné par Jacquin au genre *Lagasca* de Cavanilles et de M. Persoon. Le *noccœa* de Willdenow étoit auparavant le *nocca* de Cavanilles, qui paroit devoir être conservé. Voyez LAGASCÉE. (J.)

NOCCUS. (*Bot.*) Nom donné dans la Toscane, suivant Césalpin, à une variété du *scirpus maritimus*. (J.)

NOCHE. (*Bot.*) Voyez NEGUNDO. (J.)

NOCHIL. (*Bot.*) Nom donné par les Portugais de la côte malabare au *nir-notsjiil*, *volkameria inermis*. (J.)

NOCHTA, NOCHELIS, NOPHRIS, NOPHTA, NOTHERA, (*Bot.*) Noms anciens de la ballote ou marrube noir, suivant Ruellius. (J.)

NOCHTOTOTL. (*Ornith.*) L'oiseau ainsi nommé par Séba, *Thes.*, tom. 1.er, pag. 69, n.º 5, est rapporté au souïmanga marron-pourpré, à poitrine rouge, *certhia sperata*, Linn. (CH. D.)

NOCNY. (*Ornith.*) Nom polonois du coracias huppé ou sonneur, *corvus eremita*, Linn. (CH. D.)

NOCTHORE, *Nocthora*. (*Mamm.*) M. Frédéric Cuvier a proposé ce nom pour remplacer celui d'Aotus, genre créé par Illiger pour placer le Douroucouli de M. de Humboldt, singe américain, voisin des sapajous, mais remarquable par quelques caractères qui lui donnent des rapports avec les loris de l'ancien continent. Le motif de ce changement de nom est que le mot Aotus, qui signifie *sans oreilles*, ne peut être appliqué à cet animal, dont les oreilles sont aussi grandes et aussi bien formées que celles des sapajous. (DESM.)

NOCTILION, *Noctilio*. (*Mamm.*) Genre de mammifères cheiroptères insectivores, formé par Linné dans la douzième édition du *Systema naturæ*, et adopté par MM. Cuvier, Geoffroy et Illiger.

Ce genre de chauve-souris, considéré par Linné comme appartenant à l'ordre des rongeurs ou *glires*, étoit ainsi caractérisé par lui : Deux dents incisives à chaque mâchoire ; les supérieures aiguës et les inférieures bilobées ; narines proéminentes, cylindriques et rapprochées l'une de l'autre.

Ces caractères, évidemment inexacts, n'ont pu être observés que sur des individus incomplets, ainsi qu'il sera facile de s'en convaincre par la description que nous allons donner de ces animaux.

Les noctilions ont vingt-huit dents en tout ; savoir : quatre incisives supérieures, formant ensemble un groupe séparé des canines et dont les deux intermédiaires sont les plus fortes, alongées, pointues et en forme de canines ; les latérales étant petites, obtuses et en forme de tubercules ; deux incisives inférieures placées en avant des canines ; quatre canines, deux à chaque mâchoire, très-robustes ; quatre molaires de chaque côté de la mâchoire d'en haut, l'une fausse et trois vraies, à couronne hérissée de pointes aiguës ; cinq mâchelières inférieures à droite et à gauche . savoir, une fausse molaire normale, une fausse molaire anomale et trois molaires vraies, semblables à celles de la mâchoire inférieure. Le museau est court, très-renflé, fendu et garni de verrues ou de tubercules charnus ; le nez est confondu avec les lèvres ; les narines, un peu tubuleuses, sont rapprochées et font une légère saillie ; le chanfrein est dépourvu de crête ou de feuille membraneuse, et n'a ni sillon ni cavité ; les oreilles sont petites, latérales, isolées, et ont un oreillon intérieur ; la

membrane interfémorale est très-grande et saillante ; la queue
est de moyenne longueur, enveloppée en grande partie et
libre dans le reste, en dessus de la membrane interfémorale ; les ongles des pieds de derrière sont très-robustes.

La lèvre supérieure des noctilions, divisée dans son milieu par un profond sillon, présente l'un des caractères les
plus saillans de ces animaux, et leur a valu le nom de bec-
de-lièvres, que plusieurs naturalistes leur ont donné.

Les noctilions n'ont encore été trouvés que dans les contrées chaudes et boisées de l'Amérique méridionale, telles
que le Brésil, le Paraguay et le Pérou. Leurs habitudes n'ont
pas été observées ; mais, d'après la forme des vraies molaires,
on peut présumer qu'ils vivent d'insectes et non de fruits,
comme Linné le rapporte.

On a distingué trois espèces de noctilions ; mais ces chauve-
souris se ressemblent tellement par leur taille et tous les détails de leurs formes, qu'on pourroit soupçonner qu'elles ne
diffèrent pas spécifiquement entre elles. M. G. Cuvier même
ne les a pas séparées.

La première est le Noctilion unicolore : *Noctilion unicolor*,
Geoff. ; *Vespertilio americanus rufus*, Briss., Règne anim.,
p. 227 ; *Vespertilio cato similis americanus*, Séba, *Thes.*, tom.
1, pag. 89, tab. 55, fig. 1 ; *Noctilio americanus*, Linn.; *Vespertilio leporinus*, Gmel.; *Chauve-souris de la vallée d'Ylo*,
Feuillée, Observ., tom. 1, pag. 625. Elle est de la taille d'un
rat de moyenne grandeur ; l'envergure de ses ailes est d'environ seize pouces ; son pelage est d'un fauve roussâtre uniforme, et les membranes de ses ailes paroissent être d'un
brun plus clair que celles des autres espèces.

La seconde a reçu de M. Geoffroy le nom de Noctilion a
dos rayé, *Noctilio dorsatus*. C'est a elle qu'il faut rapporter le *pteropus leporinus* d'Erxleben et vraisemblablement la
chauve-souris rougeâtre de d'Azara. Son pelage est d'un fauve
jaunâtre, avec une bande blanchâtre, qui règne tout le long
du dos. Si la *chauve-souris* de d'Azara, citée plus haut, doit
lui être rapportée, cette espèce habiteroit le Paraguay.

La troisième espèce, distinguée aussi par M. Geoffroy,
est son Noctilion a ventre blanc. Celle-ci, d'une couleur
roussâtre sur les parties supérieures de son corps, ne diffé-

reroit guère du noctilion unicolore, que par la couleur blanche de son ventre.

Enfin, si des caractères pris des différences de couleur dans le pelage, telles que celles que nous avons fait remarquer dans les trois chauve-souris ci-dessus mentionnées, suffisent pour distinguer des espèces, ne se pourroit-t-il pas que le *vespertilio leporinus, var.* β du Pérou, de Pennant, dût être considéré aussi comme une espèce distincte, caractérisée par la couleur brune de sa tête et de son dos, et la teinte cendrée de son ventre ? (Desm.)

NOCTILION DOGUE (*Mamm.*) Dans son Catalogue des mammifères de la collection du Muséum d'histoire naturelle, M. Geoffroy avoit donné ce nom à une chauve-souris, qu'il désigne maintenant par celui de Molosse Mulot - volant. (Desm.)

NOCTILION LEPTURE. (*Mamm.*) Dans le même ouvrage M. Geoffroy avoit ainsi appelé le Taphien lepture. (Desm.)

NOCTILION LIÈVRE. (*Mamm.*) C'est le même animal que le Noctilion unicolor. Voyez ci-dessus. (Desm.)

NOCTILUQUE, *Noctiluca.* (*Arachnod.*) Genre voisin des béroés, établi par M. Suriray, médecin au Hàvre, pour un très-petit animal gélatineux, transparent, sphéroïdal, paroissant enveloppé d'une membrane parsemée de nervures très-fines avec une seule ouverture infundibuliforme, d'où sort une espèce d'appendice filiforme. Il n'est pas plus gros que la tête d'une petite épingle ; sa forme est sphérique ; mais dans ses contractious il prend quelquefois celle d'un rein : sa diaphanéité est parfaite. L'espèce d'appendice filiforme qui sort de l'ouverture paroit tubuleux et disparoit quelquefois par les contractions ; il est à côté d'une sorte d'œsophage en entonnoir. L'intérieur de l'animal contient souvent de petits corps ronds, groupés, que M. Suriray regarde comme les corpuscules reproducteurs : son extérieur n'offre que des vaisseaux très-fins, formant par leurs ramifications une espèce de réseau. M. Suriray a observé ce noctiluque au Hàvre dans les eaux du port et des bassins, qu'il rend lumineuses par sa phosphorescence, et quelquefois en si grande quantité, qu'il en résulte une croûte assez épaisse à la surface de l'eau. M. Bosc pense que ce n'est qu'une espèce de monade ; mais, d'après ce que j'ai vu moi-même avec M. Suriray, c'est évidemment un animal de la famille des béroés.

Outre cette espèce, que M. Suriray nomme la N. MILIAIRE, *N. miliaris*, d'après sa grosseur, M. de Lamarck pense que le *gleba*, figuré dans l'Enc. méth., pl. 89, fig. 2, 3, pourroit bien être une autre espèce de ce genre, sans appendices.

Ce nom de NOCTILUQUE, *Noctiluca*, a aussi été employé pour désigner une espèce de néréide extrêmement petite, qui se trouve, à ce qu'il paroît, dans toutes les mers et dont la phosphorescence est très-vive. (DE B.)

NOCTLI. (*Bot.*) Voyez NUCHTI. (J.)

NOCTUA. (*Ornith.*) Ce nom latin, que les ornithologistes ont appliqué à différentes espèces de rapaces nocturnes, forme, dans le Système des oiseaux d'Égypte et de Syrie, un genre particulier, auquel M. Savigny a donné pour principaux caractères un bec épais, très-court, brusquement incliné, convexe en dessous; la cire très-renflée sur les narines et comme gibbeuse de chaque côté; les narines écartées, très-petites, parfaitement rondes, tournées en devant; la mandibule inférieure ayant deux échancrures marginales vers le bout; la langue épaisse, obtuse, pourvue de deux côtes en dessous; l'ongle intermédiaire sans crénelures; la tête sans aigrettes.

La chevêche, *strix passerina*, Linn., est de ce genre. (CH. D.)

NOCTUELLE, *Noctua*. (*Entom.*) Genre d'insectes lépidoptères, à antennes en soie, moins longues que le corps; à ailes non étendues, en toit voûté dans l'état de repos, et que nous avons rangé dans la famille des Chétocères ou Séticornes.

Le nom de noctuelle, en latin *noctua*, a été emprunté par Fabricius à Pline, qui l'emploie pour indiquer un oiseau de nuit, probablement le chat-huant, dont il décrit les combats avec les petits oiseaux, qui semblent se réunir pour s'en moquer pendant le jour. Linnæus plaçoit les noctuelles avec les phalènes. Devillers et Gmelin, ont adopté la division établie par Fabricius, et quoique la plupart des entomologistes aient subdivisé le genre Noctuelle; il comprend encore la plupart des espèces que Fabricius y a rapportées. Il est, en effet, très-naturel, et réunit beaucoup d'espèces, qui ont entre elles la plus grande analogie, et par leurs larves et par leurs métamorphoses, ainsi que par les habitudes et les mœurs des insectes parfaits.

Voici comment les noctuelles diffèrent de la plupart des genres des Lépidoptères de la même famille. D'abord des *Phalènes* et des *Ptérophores*, qui portent les ailes étalées presque à angle droit sur le tronc dans l'état de repos ; puis des *Teignes* et des *Lithosies*, qui les ont alongées et disposées en manière de fourreau sur toute la longueur de l'abdomen ; des *Crambes*, qui ont leurs ailes formant un triangle plan non voûté, et des *Pyrales*, chez lesquelles les ailes sont tronquées en arrière, arrondies à la base en manière de chape ; enfin des *Alucites*, qui ont les antennes plus longues que le corps et quelquefois dix fois plus longues. (Voyez l'article CHÉTO-CÈRES, tom. VIII, pag. 441 et les planches 42 et 43 de l'atlas de ce Dictionnaire.)

Le genre des Noctuelles est très-nombreux en espèces, qui, comme nous l'avons dit, ont entre elles la plus grande analogie. Leurs chenilles varient cependant par le nombre des pattes ; la plupart en ont seize, quelques-unes ont le corps ras ; mais beaucoup ont des poils plus ou moins longs. Cette différence dans les tégumens ne paroît pas en entraîner d'autres pour ces insectes sous l'état parfait. Cependant celles qui ont le corps nu, s'enfoncent le plus souvent dans la terre pour y subir leurs métamorphoses dans un cocon moins solide, tandis que les autres se filent un follicule, dans l'épaisseur duquel elles font entrer les poils roides qui recouvroient leur peau, et qui, pour la plupart, deviennent ainsi un moyen de protection.

Sous l'état parfait, les noctuelles ont les ailes inférieures plissées en longueur au bord interne, lorsqu'elles sont en repos, et l'on voit, comme dans un très-grand nombre de papillons de nuit, à leur bord externe une sorte de crin ou de soie roide, qui s'accroche sur le bord interne de l'aile supérieure pour ne faire de ces deux parties, pendant le vol, qu'un seul plan, qui résiste beaucoup mieux à l'air.

Les principales espèces de ce genre sont les suivantes :

1. NOCTUELLE FIANCÉE, *Noctua sponsa*. C'est la lichenée rouge de Geoffroy, tom. 2, n.° 82, pag. 150.

Car. Ailes supérieures grises, à lignes transversales brunes, ondulées; les inférieures rouges, à deux bandes noires; corps gris cendré.

Cette belle noctuelle se trouve vers l'automne appliquée dans le jour contre les murs ou le tronc des arbres; sa couleur étant grise, on ne la distingue bien que lorsqu'elle vole : alors le rouge de ses ailes inférieures la fait bientôt remarquer. Elle vole comme en bondissant, et il est difficile de l'atteindre lorsqu'elle n'est point arrêtée.

Elle provient d'une chenille grise, à seize pattes, dont la tête est bleuâtre; le dos verruqueux. Elle se file un cocon lâche, qu'elle recouvre de deux ou trois feuilles encore attachées sur leur pétiole.

2. Noctuelle du frêne, *N. fraxini*. La lichenée bleue de Geoffroy.

Car. Grise; à ailes supérieures grises, ondulées de brunâtre; les inférieures noires, avec une large bande bleue.

3. Noctuelle des noces, *N. pronuba*. La phalène hibou de Geoffroy, tom. 2, pag. 146, n.° 76.

Car. Ailes supérieures grises, chacune avec deux taches noires; les inférieures d'un jaune doré avec une large bande noire vers le bord libre.

4. Noctuelle dorée, *N. chrysitis*. Volant doré, Geoffroy, n.° 97.

Car. Ailes grises; les supérieures à deux larges bandes transverses, glacées d'or brillant pâle; tête, antennes et devant du corselet, jaunâtres.

5. Noctuelle gamma, *N. gamma*. C'est le lambda de Geoffroy, n.° 92.

Car. Ailes supérieures d'un gris brun, marquées chacune d'un caractère blanc ou jaune, figurant un γ ou un λ.

6. Noctuelle méticuleuse, *N. meticulosa*, Geoffroy, n.° 84.

Car. Ailes supérieures rougeâtres, à bord postérieur dentelé; une tache en triangle sur le bord externe.

7. Noctuelle psi, *N. psi*, Geoffroy, n.° 91, pag. 155 du tom. 2.

Car. Ailes d'un gris blanchâtre; les supérieures marquées de plusieurs lignes noires, ayant la forme du caractère ψ.

8. Noctuelle du bouillon blanc, *N. verbasci*. C'est la striée brune du *verbascum* de Geoffroy, n.° 96.

Car. Ailes supérieures étroites, d'un gris brun, avec des lignes longitudinales brunes.

Sa chenille, qui vit en société sur le *verbascum*, est rase, d'une teinte jaune, avec des taches et des points noirs réguliers.

9. NOCTUELLE DU PIED D'ALOUETTE, *N. delphinii.* C'est l'espèce décrite par Geoffroy, n.° 109, sous le nom d'incarnat. Nous l'avons fait figurer dans l'atlas de ce Dictionnaire, sous le n.° 2 de la planche 42.

Car. Les ailes supérieures d'une teinte rouge violette, avec deux bandes plus pâles ; les inférieures sont roses. (C. D.)

NOCTUÉLITES. (*Entom.*) M. Latreille a désigné sous ce nom une tribu d'insectes lépidoptères de ceux qu'il nomme nocturnes, et parmi lesquels il comprend entre autres le genre Noctuelle. (C. D.)

NOCTULE. (*Mamm.*) Nom donné par Daubenton à une espèce de VESPERTILION des environs de Paris. (DESM.)

NOCTUO-BOMBYCE ou FAUX BOMBYX. (*Entom.*) On trouve ce nom dans le troisième volume du Règne animal, employé par M. Latreille pour désigner une tribu de lépidoptères nocturnes, qui ressemblent aux bombyces par le port, et aux noctuelles par la langue ; tels sont les *bombyces chrysorrhea, caja, jacobeæ*, que M. Latreille distribue dans ses genres *Arctie* et *Callimorphe.* Voyez BOMBYCE. (C. D.)

NOCTURNES [FLEURS], (*Bot.*) : qui restent ouvertes pendant la nuit et se ferment pendant le jour ; telles sont celles de la belle-de-nuit, du *geranium triste*, du *silene noctiflora*, du *convolvulus purpureus*, etc. (MASS.)

NOCTURNES. (*Entom.*) M. Latreille a désigné sous ce nom, dans le troisième volume du Règne animal, par M. Cuvier, l'une des familles des lépidoptères qu'il partage en diurnes, en crépusculaires et en nocturnes. Chacune de ces familles correspond aux trois genres principaux établis par Linnæus ; savoir : les Papillons, les Sphinx et les Phalènes. Voyez dans ce Dictionnaire l'article LÉPIDOPTÈRES, tome XXIII. (C. D.)

NOCTURNES. (*Ornith.*) Les oiseaux nocturnes proprement dits, ou nyctérins, sont les hibous et les chouettes, *strix,* qui ne chassent que la nuit, leurs yeux étant offusqués par une lumière trop vive; mais il en est d'autres, comme les engouleveus, qui ne cherchent aussi qu'après la chute du jour les phalènes, les sphynx, dont ils se nourrissent. Les divers ordres d'oiseaux offrent des espèces plus ou moins crépusculaires. Tels sont, parmi les échassiers, les cigognes et les grues, qui volent habituellement pendant la nuit; les râles, les courlis, les bécassines, etc., qui se plaisent à chercher alors une nourriture que probablement ils ne trouveroient pas aussi abondamment pendant le jour. Parmi les gallinacés, il en est de même des tétras, des coqs de bruyère, de certains faisans; et de pareilles habitudes se retrouvent chez divers merles, chez les cincles et d'autres passereaux. On sait aussi que les rossignols font de préférence entendre leurs chants le soir ou le matin. (Cн. **D.**)

NODDE-KRIGE. (*Ornith.*) Ce nom et celui de *nodde-skriger* sont donnés, par les Danois et les Norwégiens, au casse-noix, *corvus caryocatactes*, Linn. (Cн. **D.**)

NODDI. (*Ornith.*) Ce nom, qui est écrit *nodie* et *noddie* dans certaines relations, désigne une espèce d'hirondelle de mer ou sterne, *sterna stolida*, Linn., laquelle est figurée dans les Planches enluminées de Buffon, n.° 997, et paroît, à M. Cuvier et à M. Vieillot, susceptible de former une section particulière, à cause de l'égalité de ses pennes caudales et de la saillie inférieure de son bec droit. (Cн. **D.**)

NODIE. (*Ornith.*) Voyez Noddi. (Desm.)

NODOLARA. (*Bot.*) Imperato figure et nomme ainsi une plante marine du genre des *ceramium*, difficile à déterminer. (Lem.)

NODOSAIRE, *Nodosaria*. (*Conchyl.*) M. de Lamarck, dans la nouvelle édition de ses Animaux sans vertèbres, tom. 6, p. 5g5, a proposé de séparer de ses Orthocères quelques petits corps organisés en forme de baguettes, que Linné confondoit dans son genre Nautile, et qui se trouvent fort abondamment dans les sables de la mer Adriatique. Quoique je doute un peu de la nature de ces prétendues coquilles, qui pourroient bien n'être que des baguettes d'oursins, comme cela me paroît certain pour la Nodosaire baguette, figurée dans les planches des fossiles de ce Dictionnaire, je rapporterai les

caractères que M. de Lamarck donne à son genre Nodosaire
Coquille alongée, droite ou un peu arquée, subconique par
le renflement des loges, à nodosités globuleuses très-lisses.
Loges formées par des cloisons transverses, perforées soit au
centre, soit près du bord. Ainsi ce genre ne différeroit des
Orthocères du même conchyliologiste, que parce que les nodosités sont lisses. Il ne renferme dans l'ouvrage cité que
trois espèces :

La N. RADICULE, *N. radicula*; *Naut. radicula*, Linn., Gmel.,
Enc., pl. 465, fig. 4, *a*, *b*, *c*. Petite coquille de deux lignes
de longueur environ, droite, oblongue, atténuée, à nodosités
globuleuses très-glabres ; le siphon sublatéral. De la mer
Adriatique.

La N. DENTALINE, *N. dentalina*, de Lamck. Coquille alongée,
subulée, légèrement arquée ; les articulations peu renflées
et glabres. Patrie?

La N. SIPHONCULE, *N. siphunculus ; Naut. siphunculus*, Linn.,
Gmel., Gualt., *Test.*, tab. 19, fig. R, S. Coquille alongée,
droite, les articulations cylindriques, distantes. De la Méditerranée; détroit de Messine.

On pense généralement que ce genre est voisin des ORTHO-
CÈRES. Voyez ce mot. (DE B.)

NODOSAIRE. (*Foss.*) Voici les espèces que nous connoissons à l'état fossile et qui ont été trouvées dans les couches de
la craie, ou dans celles qui sont plus nouvelles que cette
substance.

NODOSAIRE FRAGILE ; *Nodosaria fragilis*, Def., Vélins du
Mus., n.° 48, fig. 13. Coquille alongée et pointue, légèrement courbée au sommet, et noueuse à cause du renflement
des loges qui la composent. La petitesse de cette espèce n'a
pas permis d'apercevoir le siphon qui doit traverser les
cloisons; mais nous sommes presque certains qu'il existe. On
n'en trouve que des débris, dont quelques-uns sont composés de six à sept loges, et qui n'ont que deux lignes de longueur : on voit sur quelques-uns de très-légères cannelures.
On la trouve à la montagne de Saint-Pierre de Maëstricht.

NODOSAIRE RADICULE ; *Nodosaria radicula*, Lamck., Encycl.
méthod., pl. 465, fig. 4. On trouve aussi dans la montagne
de Saint-Pierre des portions de coquilles qui parroissent se rap-

porter à cette espèce, qui a été décrite dans l'ouvrage de M. de Lamarck, tom. 7, page 596, n.º 1.

Quant à la Nodosaire baguette des planches de fossiles du Dictionnaire, il est évident que, d'après la définition que M. de Lamarck donne de ses deux genres Nodosaire et Orthocère, elle doit appartenir à ce dernier. Voyez ORTHOCÈRE. (D. F.)

NODSEN KADSURA, NO TSIO, RIO TSIO. (*Bot.*) Noms japonois du *bignonia grandiflora* de Thunberg. (J.)

NODULAIRE, *Nodularia.* (*Polyp.*) M. Oken, Syst. de zool., t. 1, p. 94, forme sous ce nom une famille ou un genre, qu'il place entre les sertulaires et les gorgones, et qu'il caractérise ainsi : Corps muscoïde ou lichénoïde, articulé, le plus souvent calcaire ; articulations sans tubes ni cellules, ne montrant que quelques points sans substance gélatineuse, et sur lesquels on n'a pas encore observé d'animaux. Les espèces qu'il place dans ce genre, et qui sont toutes des corallines pour Gmelin, sont divisées en quatre sections. Dans la première, qui a pour caractère d'avoir la tige palmée en forme de rein, membraneuse, se trouve sous le nom de N. PAVONIA, la *Corallina flabellum;* dans la seconde, qui se distingue parce qu'elle est branchue, articuleuse et plate, est le N. OPUNTIA, *Corallina opuntia,* Linn., Gmel.; dans la troisième, avec les caractères d'être branchue, articulée, les articulations cylindriques, est la coralline officinale, avec cinq ou six autres espèces de ce même genre; enfin, dans la quatrième, qui est tubuleuse, mais sans aucun animal, est l'ANDROSACE et la TUBULAIRE FRAGILE. Ainsi la première section paroît correspondre au genre UIODÉE, Lamx., FLABELLAIRE, Lamck; la seconde au genre HALIMÈDE, Lamx., FLABELLAIRE, Lamck.; la troisième au genre GALAXAURE, Lamx., et, enfin, la quatrième, au genre ACÉTABULAIRE de M. Lamouroux, ACÉTABULE de M. de Lamarck. Voyez ces différens mots et CORALLINE. (DE B.)

NODULARIA. (*Bot.*) Link donne ce nom à un genre de la famille des algues que depuis il a nommé *Gonycladium.* Ce genre est le *Trichogonum* de Palisot-Beauvois, le *Vertebraria* de Roussel (Fl. Calv.), enfin, le *Lemanea* ou *Lemania* des botanistes : il rentre dans l'*Apona* d'Adanson, le *Polysperma* de Vaucher, et le *Chantransia* de M. De Candolle ; tous ces genres ayant été fondés sur le *Conferva fluviatilis*, Linn. (voyez LE-MANEA). Il y a un autre genre *Nodularia*, créé par Roussel (Fl. Calv.), qui rentre dans les *fucus* et qui renferme les espèces dont les branches, comme celles du *fucus nodosus*, offrent de distance en distance des vésicules aériennes semblables à des nœuds. Voyez Fucus. (Lem.)

NOELI-TALI, NULI-TALI. (*Bot.*) Noms malabares de l'*antidesma alexiteria* de Linnæus. Il ne faut pas le confondre avec le *neli-tali*. (J.)

NOEL-VALLI. (*Bot.*) Petit arbre du Malabar, cité par Rhéede, qui est le *solori* des Brames et d'Adanson. Il paroît être une espèce du genre *Amerimnon* de P. Browne et de Jacquin dans la famille des légumineuses. (J.)

NOEM-EL-SABIL. (*Bot.*) C'est sous ce nom que Linnæus et ses divers éditeurs citent le *neiem-el-salib* des Égyptiens, mentionné par Veslingius, qui est le coracan des Indes, *eleusine coracana*, ou une de ses variétés à épis beaucoup plus courts. (J.)

NOEMBA. (*Mamm.*) Ce nom est indiqué comme étant celui d'un rhinocéros à Java. Il doit probablement être appliqué plus spécialement au rhinocéros des îles de la Sonde, qu'à celui des Indes. (Desm.)

NOÉRIENNE. (*Ornith.*) Turpin, dans son Histoire de Siam, tom. 1, pag. 319, dit qu'on appelle ainsi, dans ce royaume, un oiseau fort grand et plus gros qu'un dindon, qui a les pieds rouges, le plumage d'un gris de lin argenté, le cou long, la tête petite et surmontée d'une aigrette rouge. (Ch. D.)

NOERZ et NOERZA. (*Mamm.*) Ces noms sont employés par différens naturalistes anciens pour désigner un quadrupède du genre des martes, appelé aussi mœnk et mink, *mustela lutreola* de Pallas, et *lutra minor* d'Erxleben. (Desm.)

NOESSEL-FINCKE. (*Ornith.*) Le tarier, *motacilla rubetra*, Linn, est ainsi nommé en Silésie. (Ch. D.)

NOETPACKA. (*Ornith.*) Ce nom et celui de *noetwaecka* sont donnés, en Suède, à la sittelle ou torche-pot, *sitta europæa*, Linn. (Ch. D.)

NOETTE. (*Mamm.*) Selon Erxleben, ce nom lapon est celui de la marte ordinaire. (Desm.)

NŒUD. (*Ichthyol.*) On donne ce nom à un poisson que

Linnæus a rangé parmi les silures, sous le nom de *silurus no-dosus*, et dont il sera question à l'article Pimélode. (H. C.)

NŒUD DE L'ANTHÈRE. (*Bot.*) Nom donné par M. Mirbel à la partie de l'étamine que M. Richard désigne par celui de connectif. C'est l'organe qui sert à lier les loges de l'anthère. Voyez Connectif. (Mass.)

NŒUD VITAL. (*Bot.*) Nom donné par M. de Lamarck au collet de la plante, partie intermédiaire entre la racine et la tige; point où les fibres commencent, d'un côté, à monter, et de l'autre, à descendre. (Mass.)

NŒUDS. (*Avicept.*) Bulliard, dans son Aviceptologie, donne la figure de diverses sortes de nœuds à l'usage des oiseleurs, et les désigne sous les noms de nœud coulant simple, nœud coulant double, nœud à chaînette, nœud fixe, nœud de capucin. (Ch. D.)

NOGROBE, *Nogrobs.* (*Conchyl.*) Denys de Montfort (Conchyl. syst., t. 1, p. 275) a formé sous ce nom un genre avec un corps organisé fossile, figuré par Knorr (Recueil de monumens des catastrophes, etc., vol. 2, sect. 2, p. 255, pl. 1, *a*, fig. 8) sous le nom de tuyau vermiculaire testacé à quatre pans; et comme il pense qu'il est cloisonné, il le place dans les polythalames, non loin des bélemnites, avec les caractères suivans : Coquille libre, univalve, cloisonnée, droite et à sommet contourné; bouche treflée ou festonnée, horizontale; cloisons coniques, festonnées et percées par un siphon central. Comme nous n'avons vu ni le Nogrobe vermiculé, *N. vermicularis*, de Knorr, ni celui beaucoup plus grand que Denys de Montfort dit provenir d'Amboine, il nous est impossible d'assurer que ces caractères soient exacts. Toutefois, d'après la figure du premier, cela ressemble assez peu à une véritable polythalame. (De B.)

NOGUERUELA. (*Bot.*) On nomme ainsi un titimale, *euphorbia chamæsyce*, aux environs de Salamanque, suivant Clusius. (J.)

NOIR. (*Bot.*) Les agriculteurs donnent ce nom à une sorte de rouille qui attaque les moissons, que M. De Candolle a reconnu être produite par une espèce de champignon épiphyte, *puccinia graminis*. Voyez Puccinia. (Lem.)

NOIR ANIMAL. (*Chim.*) Dans les arts on donne ce nom au

charbon animal, qu'on obtient en général en chauffant au rouge blanc des os en vase clos. Voyez CHARBON ANIMAL, tom. VIII, pag. 181. (CH.)

NOIR - AURORE. (*Ornith.*) L'espèce de gobe-mouches d'Amérique, nommée petit noir-aurore, est le *muscicapa ruticilla*, Linn. et Lath. (CH. D.)

NOIR - BLEU. (*Ornith.*) C'est l'oiseau-mouche Bancroft, *trochilus cyanomelas*, Gmel. (CH. D.)

NOIR-BOUILLARD. (*Ornith.*) L'oiseau ainsi appelé dans le département de la Somme est le chevalier brun, *scolopax fusca*, Linn.; pl. enlum. de Buffon, n.° 875, ou barge brune, *totanus fuscus*, Vieill. (CH. D.)

NOIR DE FUMÉE. (*Chim.*) Toutes les fois que des matières organiques, particulièrement des matières résineuses ou grasses, étant réduites en vapeur, éprouvent une combustion incomplète, elles déposent une matière noire, qui est appelée *noir de fumée*. Le noir de fumée est formé de carbone et d'une très-petite portion de matière huileuse, que l'alcool lui enlève. (CH.)

NOIR D'IVOIRE. (*Chim.*) On l'obtient en chauffant au rouge, dans des vaisseaux clos, de l'ivoire, des dents et même des os compactes : le résidu noir, réduit en poudre fine et lavé à l'eau chaude, est le *noir d'ivoire*, qui est employé en peinture. Voyez tom. VIII, pag. 181. (CH.)

NOIR - MANTEAU. (*Ornith.*) L'espèce de goéland qui porte ce nom, est le *larus marinus*, Linn.; pl. enlum. de Buffon, n.° 990. (CH. D.)

NOIR-SOUCI. (*Ornith.*) Cette espèce de gros-bec est le *loxia bonariensis*, Lath. (CH. D.)

NOIR VEINÉ. (*Bot.*) Paulet désigne ainsi le *fungus lacertus* de Steerbeck (tab. 20, fig. 6), espèce d'*agaricus* qui nous est peu connue, bien qu'elle paroisse avoir été mentionnée par les Bauhin, l'Écluse, etc. (LEM.)

NOIRA. (*Ornith.*) Ce nom, qui s'écrit aussi *noyra*, désigne dans Clusius l'espèce de perroquet vulgairement appelée lorinoira, qui est représentée sur la Planche enluminée de Buffon, n.° 216, *psittacus garrulus*, var. Lath. (CH. D.)

NOIRAUD. (*Ichthyol.*) Nom spécifique d'un ACANTHURE. Voyez ce mot. (H. C.)

NOIRET. (*Bot.*) Voyez *Oreille de nouret* à l'article Oreille. (Lem.)

NOIRPRUN. (*Bot.*) Nom vulgaire du nerprun purgatif. Voyez Nerprun. (L. D.)

NOISETIER. (*Bot.*) Voyez Coudrier, tom. XI, pag. 154. (L. D.)

NOISETIER DE S. DOMINGUE. (*Bot.*) C'est l'Omphalier. Voyez ce mot. (Lem.)

NOISETTE. (*Bot.*) Fruit du coudrier commun. (L. D.)

NOISETTE. (*Bot.*) Fruit composé d'une cupule et d'une carcérule; boîte péricarpienne toujours close. Voyez Caly-bion. (Mass.)

NOISETTE. (*Conchyl.*) Nom vulgaire d'une coquille du genre Bulime. (Desm.)

NOISETTE D'INDE. (*Bot.*) Voyez Arec. (Lem.)

NOISETTE NOIRE. (*Bot.*) Petit agaric décrit par Paulet Trait., 2, p. 226, pl. 106, fig. 1 à 6), et du groupe qu'il nomme les *petits chapeaux*, de la famille des *serpentins soli-aires*. Le chapeau de ce champignon est couleur de noisette; es feuillets sont bruns et finissent par devenir entièrement noirs; le stipe, long de deux à quatre pouces et contourné, n'a qu'une à deux lignes de diamètre. Ce champignon n'est point mal-faisant, cependant il n'a rien d'agréable au goût ni à l'odeur. (Lem.)

NOISETTE DE TERRE. (*Bot.*) Voyez Arachide. (Lem.)

NOISETTIA. (*Bot.*) Genre de plantes dicotylédones, à fleurs irrégulières, de la famille des *violacées*, de la *pentandrie monogynie* de Linnæus, offrant pour caractère essentiel : Un calice irrégulier, persistant, décurrent sur le pédoncule, à cinq divisions profondes; cinq pétales très-inégaux, persis-tans, le supérieur très-grand, rétréci, presque onguiculé à sa base et prolongé en un long éperon; cinq étamines al-ternes avec les pétales, persistans; les anthères libres; les deux supérieures munies à la base de très-longs appendices; ovaire supérieur sessile, uniloculaire, polysperme; un style; une capsule trigone, à une seule loge polysperme, à trois valves; un placenta dans le milieu de chaque valve. Ce genre a été établi par M. Kunth pour séparer des vio-ttes plusieurs espèces, lesquelles, réunies à quelques autres, découvertes dans l'Amérique méridionale par MM. de Humboldt et Bonpland, forment un petit groupe particulier sous des caractères communs. Ce genre diffère des *ionidium* par la corolle munie d'un éperon et par deux des étamines appendiculées. Il renferme des arbrisseaux à tige grimpante, à feuilles alternes, munies de stipules. Il est consacré à M. Louis Noisette, aux talens duquel la science est redevable de beaucoup de végétaux exotiques cultivés dans ses riches pépinières.

Noisettia a feuilles de bourdaine; *Noisettia frangulæfolia*, Kunth *in* Humb. et Bonpl., *Nov. gen.*, vol. 5, pag. 384, tab. 499, *a*, *b*. Arbrisseau grimpant, divisé en rameaux cylindriques et pubescens, garnis de feuilles alternes, pétiolées, longues de deux pouces, entières ou à peine denticulées, légèrement pubescentes, munies de deux stipules subulées, plus courtes que le pétiole ; les fleurs sont un peu pédonculées, axillaires, ramassées par paquets, à peine plus longues que les pétioles, accompagnées de bractées subulées, un peu pubescentes ; le calice est glabre, à folioles lancéolées, presque égales, appliquées contre la corolle ; celle-ci est glabre ; le pétale supérieur en spatule, échancré au sommet, très-grand, canaliculé à sa partie inférieure et prolongé en un éperon obtus ; les pétales latéraux sont ciliés vers leur sommet ; les appendices des étamines renfermés dans l'éperon ; l'ovaire est arrondi, pubescent et soyeux. Cette plante croît dans les Andes, au Pérou.

Noisettia a longues feuilles : *Noisettia longifolia*, Kunth, *l. c.*, tab. 499, *b*, fig. 2 ; *Viola longifolia*, Poir., Encycl., Suppl., pag. 649. Espèce remarquable par la grandeur et la longueur de ses feuilles, par ses petites fleurs à longs éperons. Ses tiges sont ligneuses, divisées en rameaux droits, roides, tortueux, striés, raboteux, glabres, verdâtres, garnis de feuilles alternes, pétiolées, alongées, lancéolées, glabres, membraneuses, finement dentées en scie, longues de quatre à cinq pouces, larges d'un pouce et demi ; munies de petites stipules presque filiformes. Les fleurs, solitaires, blanchâtres, inclinées, quelquefois réunies plusieurs ensemble dans l'aisselle des feuilles, ont les pédoncules courts ; le calice glabre, fort petit ; l'éperon subulé, au moins de la longueur des pédoncules. Cette plante a été découverte à Cayenne.

Noisettia de l'Orénoque; *Noisettia orinocensis*, Kunth, *l. c.* Cette plante est très-rapprochée du *viola hybanthus* d'Aublet. Ses tiges sont grimpantes; ses rameaux ligneux, anguleux, un peu pubescens; les feuilles alternes, pétiolées, ovales, oblongues, aiguës, obtuses à leur base, membraneuses, légèrement dentées en scie, glabres en dessus, pubescentes en dessous; longues d'environ deux pouces; les fleurs axillaires, solitaires; les folioles du calice lancéolées; les pétales blancs, inégaux, dont le supérieur ovale, ondulé à ses bords, prolongé en un éperon tubulé, en bourse, pendant, plus long que le pétale; les pétales latéraux droits, oblongs; les anthères presque sessiles, conniventes, terminées par une membrane d'un jaune de safran; l'ovaire est ovale; le stigmate épais. Cette espèce croît aux lieux humides, dans les missions de l'Orénoque. (Poir.)

NOISILLIER. (*Bot.*) L'un des noms du noisetier ou coudrier. (L. D.)

NOITIBO. (*Ornith.*) Les Portugais nomment ainsi l'ibijau ou engoulevent du Brésil, *caprimulgus brasilianus*, Linn. (Ch. D.)

NOIX, *Nux.* (*Bot.*) On donne en botanique ce nom à une coque osseuse recouverte d'un brou. Tel est le fruit du noyer, qui, primitivement, jouissoit seul de ce nom, appliqué ensuite à tous les fruits qui présentent le même caractère. Il avoit aussi été donné vulgairement à des fruits de plantes très-différentes entre elles, comme la noix muscade, *myristica*; la noix de ben, *moringa*; la noix de coco, *cocos*; la noix vomique, *strychnos*; la noix de serpent, *thevetia*. Le *datura fastuosa* a été nommé *nux Metella*. Le *nux mollucana* est un *jatropha*; le *nux vesicaria* de Plukenet est un *hernandia*; son *nux malabarica* et son *nux zeylanica* sont deux *sterculia*; le *nux medica* de Cluytius est le fruit d'un palmier, *lodoicea*, coco des Maldives. (J.)

NOIX. (*Bot.*) Noyau contenu dans le fruit du noyer. Voyez Noyau. (Mass.)

NOIX. (*Foss.*) Voyez au mot Fruits fossiles. (D. F.)

NOIX D'ACAJOU. (*Bot.*) Voyez Acajou. (Lem.)

NOIX DE BANCOUL. (*Bot.*) Voyez Bancoulier. (Lem.)

NOIX DES BARBADES. (*Bot.*) Fruit du Médicinier cathartique. (Lem.)

NOIX DE BÉCINBA. (*Bot.*) Fruit résineux de l'Inde dont l'arbre est inconnu. Il donne une huile employée pour guérir les cancer et certaines maladies. (Lem.)

NOIX DU BENGALE. (*Bot.*) C'est le mirobolan citrin. (Lem.)

NOIX DE CASTOR. (*Bot.*) Fruit d'un arbre non décrit, qui croît au Sénégal ; il s'emploie contre les contusions. (Lem.)

NOIX DE COURBARIL. (*Bot.*) Voyez Courbaril. (Lem.)

NOIX DE CYPRÈS. (*Bot.*) Fruit du cyprès, qui ne diffère du strobile ou cône du pin que par sa forme globuleuse. Gærtner a donné au fruit du cyprès le nom de galbule. (Mass.)

NOIX D'EAU. (*Bot.*) C'est le nom du fruit de la mâcre flottante. (L. D.)

NOIX A DIAMANS ou BULBEUX A FACETTES DE DIAMANS. (*Bot.*) Agaric de la famille des *bulbeux* (voyez Oronge) de Paulet, et qu'il range au nombre des *bulbeux mouchetés.* Son stipe est bulbeux à la base et plus grand que le chapeau : celui-ci a la forme d'une noix ; il est blanc, avec des tubercules roux ou brun fauve ; les feuillets sont d'un beau blanc et recouverts d'un voile araneux qui disparoît de bonne heure ; sa chair est tendre, délicate et un peu humide ; elle a une saveur aigrelette. Éprouvée sur les animaux, elle ne produit sur eux aucun effet sensible. Cette plante, indiquée par Vaillant aux environs de Paris, et figurée par Paulet (Champ., 2, p. 358, pl. 162), a de l'analogie avec l'*agaricus guttatus*, Schæff., tab. 240. (Lem.)

NOIX DU FRÊNE. (*Bot.*) C'est dans Paulet un champignon noir, dur et orbiculaire, qu'on trouve sur le frêne, et que Tournefort, Rai, Ruppius et Haller décrivent. Ce champignon paroît être une espèce de bolet. Il est tubéreux, d'abord mou, puis ligneux et formé de plusieurs couches. (Lem.)

NOIX DE GALLE. (*Chim.*) La noix de galle est particulièrement formée d'acide gallique, d'une substance jaune, acide, volatile, et d'une substance qu'on a nommée *tannin*. Voyez Substances astringentes naturelles. (Ch.)

NOIX DE GALLE. (*Entom.*) On nomme ainsi une excroissance, produite par un insecte du genre Cynips, sur les pédoncules d'une espèce de chêne qui croît dans l'Asie mineure, et que nous avons fait connoître au mot Galle, tom. XVIII, pag. 99. Elle est employée principalement en teinture pour colorer en noir, en s'unissant au fer. Bouillie ou macérée, elle sert à faire l'encre à écrire. (C. D.)

NOIX DE GIROFLE. (*Bot.*) Voyez Ravenala. (Lem.)

NOIX D'INDE. (*Bot.*) Voyez Cocotier. (Lem.)

NOIX ISAGUR. (*Bot.*) Voyez Féve de S. Ignace. (Lem.)

NOIX DE JAUGE. (*Bot.*) Nom d'une variété à gros fruit de la noix ordinaire. (L. D.)

NOIX DE MADAGASCAR. (*Bot.*) Voyez Ravenala. (Lem.)

NOIX DU MALABAR. (*Bot.*) Nom du fruit du balanghas, espèce de *sterculia* ou *tong-chu*. (Lem.)

NOIX DE MARAIS. (*Bot.*) Voyez Anacarde. (Lem.)

NOIX DE MÉDECINE ou NOIX DU MÉDICINIER. (*Bot.*) C'est le fruit du médicinier catharctique, dit encore *pignon d'Inde*. (Lem.)

NOIX MÉDICINALE. (*Bot.*) Voyez Rondier. (Lem.)

NOIX DE MER ou NOIX MARINE. (*Conchyl.*) Les marchands de coquilles et les anciens auteurs de conchyliologie emploient cette dénomination presque comme un nom de genre pour désigner les bulles ; ainsi la Noix de mer ou Grosse noix est la bulle ampoule, *bulla ampulla*, Linn., Gmel. La Noix de mer alongée n'est qu'une variété de la même espèce ; la Noix de mer fasciée n'est qu'une variété de la *bulla amplustra* ; enfin la Noix de mer papyracée ou la Noix muscade est la *bulla physis*. Voyez Bulle.

Il paroît que l'on donne aussi quelquefois le nom de Noix de mer au pétoncle velu, *arca pilosa*, Linn., Gmel. (De B.)

NOIX DE MÉSANGE. (*Bot.*) On donne ce nom à une variété de la noix ordinaire dont la coque est mince et très-fragile. (L. D.)

NOIX MÉTEL. (*Bot.*) C'est le fruit du *datura Metel*. (L. D.)

NOIX DES MOLUQUES. (*Bot.*) Voyez Noix vomique. (Lem.)

NOIX NARCOTIQUE. (*Bot.*) Fruit de l'Inde, qui donne le délire à ceux qui en mangent, et qu'on fait entrer dans la composition des emplâtres. L'arbre qui le produit est inconnu aux botanistes. (Lem.)

NOIX PACANE. (*Bot.*) C'est le fruit du noyer pacanier. (L. D.)

NOIX DE PISTACHE. (*Bot.*) On désigne quelquefois sous ce nom le fruit du pistachier. (L. D.)

NOIX DE TERRE. (*Bot.*) C'est un des noms de la terre-noix. (L. D.)

NOIX VOMIQUE. (*Bot.*) Voyez Fève S. Ignace. (Lem.)

NOIX VOMIQUES FOSSILES. (*Pétrific.*) Fatrin dit que ce nom a été donné par inadvertance à des pierres lenticulaires ou numismales. (Desm.)

NOKTHO. (*Ornith.*) L'oiseau ainsi appelé par les Siamois est le pélican, *pelecanus onocrotalus*, Linn. (Ch. D.)

NOLA-ILY. (*Bot.*) Espèce de bambou du Malabar, cité par Rhécde. (J.)

NOLANE, *Nolana*. (*Bot.*) Genre de plantes dicotylédones, à fleurs complètes, monopétalées, de la famille des *solanées*, de la *pentandrie monogynie*, offrant pour caractère essentiel : Un calice persistant, à cinq découpures ; une corolle campanulée, à cinq lobes ; cinq étamines ; cinq ovaires supérieurs, du milieu desquels s'élève un style terminé par un stigmate en tête. Le fruit consiste en cinq drupes réunis, ovales, un peu charnus, situés dans le fond du calice, à trois ou cinq loges (Gærtn.); les semences solitaires, arrondies.

Nolane étalée; *Nolana prostrata*, Linn. fils; Dec., 1, tab. 2; Lamk., *Ill. gen.*, tab. 97; Sabb., *Hort. rom.*, vol. 1, tab. 4. Plante herbacée, dont les tiges sont tendres, étalées par terre, lisses, un peu velues vers leur sommet; les feuilles ovales, alternes, presque géminées, pétiolées, tendres, glabres, un peu ciliées; les fleurs bleues, solitaires, axillaires, portées sur de longs pédoncules uniflores; leur calice est pyramidal, à cinq angles ; à cinq divisions presque en cœur; la corolle plissée, à cinq lobes peu marqués. Cette plante croît au Pérou. On la cultive au Jardin du Roi.

Nolane couronnée; *Nolana coronata*, Ruiz et Pav., *Flor.*

Per., 2 , pag. 6 , tab. 112 , fig. 6. Cette espèce a des racines fusiformes, un peu fibreuses; des tiges couchées, cylindriques, très-rameuses, un peu velues; les feuilles alternes, ovales, en cœur, un peu obliques, luisantes, un peu velues, longues d'environ un pouce et demi; les pétioles plus longs que les feuilles; les fleurs solitaires, axillaires; les pédoncules plus longs que les feuilles; le calice a cinq angles; la corolle est trois fois plus grande que le calice, bleuâtre, blanche à sa base; l'orifice velu; les drupes sont alongés, en forme de rein, légèrement trigones. Cette espèce croît au Pérou, sur les collines arides et sablonneuses.

Nolane spatulée; *Nolana spathulata*, *Flor. Per.*, *l. c.*, tab. 113, fig. *a.* Cette plante est haute d'un pied, pubescente sur toutes ses parties; ses racines sont fibreuses; ses tiges droites; les rameaux anguleux; les feuilles charnues, pétiolées, géminées, en cœur, obtuses, obliques, un peu sinuées, longues de trois pouces; les pétioles pileux; les fleurs pédonculées, solitaires, axillaires; les calices pentagones, hérissés; les corolles grandes, d'un blanc teint de pourpre, à tube velu en dedans; les anthères bleuâtres; le style est pentagone. Cette plante croît sur les collines, au Pérou.

Nolane enflée; *Nola inflata*, *Flor. Per.*, *l. c.*, tab. 112, fig. *a.* Plante herbacée, dont les tiges sont couchées, longues d'un pied, purpurines, anguleuses, ramifiées; les feuilles pubescentes, sinuées, ovales; très-entières; les radicales ovales, lancéolées, avec un très-long pétiole. Les fleurs présentent, par leur réunion, une panicule terminale et feuillée: les pédoncules sont uniflores, axillaires, plus longs que les feuilles; le calice est ovale, ventru, strié, à cinq découpures; la corolle d'un blanc violet, trois fois plus longue que le calice; les anthères sont bleues. Il y a quatre drupes au fond du calice. Cette espèce croît au Pérou, sur les collines sablonneuses.

Nolane roulée; *Nolana revoluta* , *Flor. Per.*, *l. c.*, tab. 113, fig. 6. Plante du Pérou, dont les tiges sont couchées, herbacées, blanchâtres, rameuses, longues de six pouces, anguleuses; les feuilles sessiles, géminées, inégales, un peu épaisses, linéaires, oblongues, obtuses au sommet, aiguës à leur base, longues de six à dix lignes; les pédoncules courts.

solitaires, axillaires, uniflores; le calice est ovale, ventru, à cinq découpures lancéolées; la corolle d'un bleu violet, trois fois plus longue que le calice. (Poir.)

NOLI ME TANGERE. (*Bot.*) Gesner et Columna nommoient ainsi la balsamine jaune, dont les capsules, au moindre contact, s'éclatent avec élasticité et lancent au loin leurs graines. Linnæus a adopté ce nom comme spécifique de cette espèce. (J.)

NOLINE, *Nolina*. (*Bot.*) Genre de plantes monocotylédones, à fleurs incomplètes, de la famille des *alismacées*, de l'*hexandrie monogynie* de Linnæus, offrant pour caractère essentiel : Une corolle étalée, à six divisions profondes; point de calice; six étamines; un ovaire supérieur; un style très-court; trois stigmates; une capsule trigone, membraneuse, à trois loges; les semences solitaires, quelquefois deux. Ce genre, établi par Michaux, ne renferme jusqu'à présent que la seule espèce suivante :

Noline de Géorgie; *Nolina georgiana*, Mich., *Flor. bor. Amer.*, vol. 1, pag. 207. Plante herbacée, de deux pieds et plus, pourvue d'une bulbe tuniquée, d'où sortent des feuilles dirigées en tout sens, coriaces, très-étroites, linéaires, sèches, graminiformes, striées, longues de cinq à neuf pouces, larges d'une ligne, très-glabres, rudes à leurs bords; les tiges sont droites, rameuses, munies, à leur partie inférieure, de quelques feuilles éparses, subulées; les rameaux lâches, distans, soutenant des grappes de fleurs agrégées, pédicellées; la corolle est blanche, petite, à découpures ovales, presque glabres; les filamens des étamines sont très-courts; les anthères alongées, presque en cœur; les stigmates courts, recourbés, obtus. Le fruit est une capsule arrondie, un peu trigone; à cloisons bifides : chaque loge renferme une, quelquefois deux petites semences ovales, creusées en fossette en dessous, convexes en dessus, inégales à leur surface. Cette plante croît dans la Nouvelle-Géorgie. (Poir.)

NOM GÉNÉRIQUE. (*Bot.*) Voyez Théorie fondamentale. (Mass.)

NOMADE, *Nomada*. (*Entom.*) Nom d'un genre d'insectes hyménoptères, à abdomen pédiculé; à lèvre inférieure et à mâchoires plus longues que les mandibules, formant une

sorte de langue, et, par conséquent, de la famille des Apiaires
ou Mellites.

Ce genre, dont le nom a été emprunté du grec Νομας-δος
(*qui vit au milieu des troupeaux*), a été employé par Fabricius pour rapprocher quelques espèces voisines des abeilles
et des andrènes ; mais dont le corps est lisse, sans duvet,
dont la tête est plus large que le corselet, qui ont le chaperon
un peu renflé et un écusson à points saillans.

Nous avons fait figurer une espèce de ce genre à la planche
5o, n.° 7 de l'atlas de ce Dictionnaire. On pourra voir, en
comparant cette espèce avec celles de la même famille, représentées sur cette même planche et sur la précédente, comment
en effet le genre Nomade diffère de tous les autres compris
dans la même tribu. Ainsi les bembèces ont la lèvre supérieure tellement développée, qu'elle recouvre, dans l'état de
repos, presque toute la bouche ; les eucères, les andrènes,
les bourdons et les abeilles ont le corps et surtout la tête
couverts d'une sorte de duvet ou de poils, tandis qu'elle
est lisse et glabre dans les nomades et les hylées ; ces dernières ayant de plus la tête triangulaire et non arrondie,
et le front plat et non renflé.

Les mœurs des nomades sont à peu près les mêmes que
celles des autres mellites. Leurs larves sont apodes, alimentées
par leurs parens. Sous l'état parfait, l'insecte se nourrit du
nectar des fleurs et porte ce suc, ainsi que le pollen, aux
larves ou autour des œufs qui doivent les produire. Les nomades ne se réunissent pas en société. On ne connoît pas de
neutres ou de mulets dans ce genre. On croit que quelques
espèces déposent leurs œufs dans le nid des autres espèces de
la même famille.

Les principales espèces de ce genre sont celles que nous
allons faire connoître.

1. Nomade cornes-rousses, *Nomada ruficornis.*

Car. Jaune, tachetée de rouille ; à pattes et quatre points
sur l'écusson, de couleur ferrugineuse.

2. Nomade rufipède, *N. rufipes.*

Car. Noire, à écusson jaune, à ventre marqué de chaque
côté de deux taches et offrant deux bandes jaunes.

5. Nomade de Roberjot, *N. Roberjotiana.*

Car. Noire; abdomen à base rousse et à cinq taches blanches.

4. NOMADE FARDÉE, *N. miniata.*

Car. Noire, à pattes, antennes, écusson et quatre bandes abdominales jaunes; premier anneau du ventre de couleur rouge.

C'est celle que nous avons fait figurer planche 30 de l'atlas de ce Dictionnaire, sous le n.° 7.

5. NOMADE JAUNE, *N. flava.*

Car. Noire; à anneaux de l'abdomen jaunes, bordés de noir; antennes et pattes à moitié noires. (C. D.)

NOMBRIL BLANC. (*Bot.*) Cet agaric, que Paulet décrit et figure comme espèce nouvelle (Trait. ch., 2, 135, pl. 41, fig. 1, 2), fait partie de sa famille des *jumeaux.* Il se rencontre aux environs de Paris et est aussi bon à manger que le *chapeau cannelle*, autre espèce de la même famille, dont il diffère par sa couleur blanche et par son chapeau, qui tend à se creuser, en conservant dans le centre une protubérance. On le mange en fricassée de poulet. (LEM.)

NOMBRIL MARIN. (*Conchyl.*) C'est la dénomination sous laquelle les anciens conchyliologues et les marchands d'histoire naturelle désignent les opercules calcaires épais, spirés d'un côté, plus ou moins renflés et tuberculeux de l'autre, qui viennent de différentes espèces de sabots.

Quelques espèces de natices portent aussi ce nom. (DE B.)

NOMBRIL DE VÉNUS. (*Bot.*) Nom vulgaire du cotylet ombiliqué. (L. D.)

NOMBRILS EN TOUFFE et BAIS GRIS. (*Bot.*) Espèce d'agaric ombiliqué, qui croît en touffe et qu'on mange en Toscane. C'est un des *fungus* décrits par Michéli. Il est d'un roux foncé, avec des feuillets gris de cendre. (LEM.)

NOMENCLATURE CHIMIQUE. (*Chim.*) Voyez l'article CORPS, tom. X, pag. 522. (CH.)

NOMETJES. (*Ornith.*) L'aigle blanchard de M. Levaillant, *falco albescens*, Daud., est ainsi appelé par les Hottentots. (CH. D.)

NOMEUS. (*Ichthyol.*) Voyez PASTEUR. (H. C.)

NOMIE, *Nomia.* M. Latreille a désigné sous ce nom de genre quelques espèces d'andrènes, dont la bouche offre des dimensions de parties différentes, et dont les mâles ont les cuisses et les jambes postérieures courbées, renflées. dilatées, tels sont le *lasius difformis* de Panzer et le *megilla curvipes* de Fabricius, insectes de Tranquebar. (C. D.)

NOMISMA. (*Bot.*) Nom d'une des cinq sections établies par M. De Candolle dans le genre *Thlaspi*. (J.)

NOMPAREILLE. (*Conchyl.*) Nom sous lequel Geoffroy l'entomologiste a désigné, dans ses Coquilles des environs de Paris, une très-petite espèce de coquille que Linné a appelée *turbo perversus*, dont Daudin fait une espèce de clausilie et M. de Lamarck un maillot, genres, il est vrai, très-voisins. (De B.)

NONA. (*Bot.*) Dans un catalogue des plantes de Coromandel, on trouve sous ce nom une espèce de royoc, *morinda*, employé pour les teintures jaunes. (J.)

NONARIA. (*Bot.*) Un des noms anciens de l'astragale, cité par Ruellius et Mentzel. (J.)

NONATELIA. (*Bot.*) Voyez Azier. (Poir.)

NONAWA. (*Bot.*) Le *menyanthes nymphoides* de Linnæus. maintenant *villarsia* de la famille des gentianées, est ainsi nommé au Japon, suivant Kæmpfer, qui dit qu'on mange sa racine. (J.)

NONBANITOBOU. (*Bot.*) Nom caraïbe, cité par Surian, du *verbesina pinnatifida* de Swartz, qui étoit un *bidens* de Plumier. (J.)

NONCA. (*Bot.*) Ruellius, commentateur de Dioscoride, et Mentzel, citent ce nom ancien de la buglose, *anchusæ*. (J.)

NONDO. (*Mamm.*) Erxleben cite ce nom tungouse, comme désignant le lynx. (Desm.)

NONEA. (*Bot.*) Voyez Echioïde. (Poir.)

NONÉE; *Nonea*, Mœnch. (*Bot.*) Genre de plantes dycotylédones monopétales, de la famille des *borraginées*, Juss., et de la *pentandrie monogynie*, Linn., dont les principaux caractères sont les suivans : Calice monophylle, à cinq lobes, persistant et renflé après la floraison ; corolle monopétale, à tube droit, cylindrique, nu à son orifice, et à limbe partagé en cinq lobes réguliers ; cinq étamines cachées dans le tube de la corolle et insérées vers son sommet ; un ovaire supère, à quatre lobes, du milieu desquels s'élève un style simple ; quatre graines ovoïdes, sillonnées sur les bords par des stries parallèles.

Les nonées sont des plantes herbacées, à feuilles alternes

et à fleurs axillaires. Ce genre a été formé aux dépens des *Lycopsis*; on en connoît aujourd'hui une dixaine d'espèces : les deux suivantes croissent naturellement en France.

Nonée violette : *Nonea violacea*, Decand, Fl. fr. 3, p. 626; *Lycopsis vesicaria*, Linn., *Spec.* 198. Sa tige est rameuse, couchée à sa base, ensuite redressée, longue d'un pied ou environ, garnie de feuilles oblongues, éparses, sessiles et demi-embrassantes, écartées les unes des autres, hérissées de poils blancs, roides, peu nombreux; ses fleurs sont le plus souvent violettes, quelquefois blanches ou jaunes, brièvement pédonculées et disposées dans les aisselles des feuilles supérieures. Les calices, d'abord un peu plus courts que les corolles, prennent de l'accroissement après la floraison, deviennent, lors de la maturité des graines, environ trois fois plus grands, réfléchis ou penchés, et contiennent quatre graines bossues et noirâtres. Cette espèce est annuelle; elle croît naturellement dans le Midi de la France, de l'Europe, en Barbarie, etc.

Cette plante est très-voisine du Grémil des teinturiers (vol. XIX, p. 356), soit par le port général, soit par la forme des graines; mais surtout par l'accroissement que prennent les calices après la floraison, et par la situation réfléchie qu'ils affectent.

Nonée blanche; *Nonea alba*, Decand., Fl. fr. 5, p. 420. Les feuilles radicales de cette plante sont oblongues, étalées en une rosette, du milieu de laquelle s'élève une tige divisée dès sa base en plusieurs rameaux droits, alongés, presque simples, hauts d'un pied ou environ. Les feuilles caulinaires sont sessiles, linéaires, pointues, hérissées, ainsi que la tige, de poils épars. Les rameaux se bifurquent dans leur partie supérieure et portent six à neuf fleurs unilatérales, de couleur blanche, d'abord serrées et dressées, ensuite écartées et étalées lors de la maturation des fruits. Le calice est hérissé, divisé jusqu'à moitié en cinq lobes pointus, et il est, après la floraison, beaucoup moins renflé que dans l'espèce précédente. Cette plante est annuelle; M. Requien l'a trouvée dans les environs d'Avignon, sur les deux rives du Rhône. (L. D.)

NONETTE. (*Bot.*) C'est une variété de froment. (L. D.)

NONFEUILLÉE. (*Bot.*) M. de Lamarck, dans l'Encyclopédie méthodique, désigne sous ce nom l'Aphyllanthe déjà décrit. Voyez ce mot. (J.)

NONIGI. (*Bot.*) Ce nom japonois est donné, suivant Kæmpfer, à deux fumeterres que Thunberg reporte aux *fumaria bulbosa* et *lutea*, qui font maintenant partie du genre *Corydalis.* La fumeterre officinale est nommée *karasno-nimsim* et *singofakf*, suivant ce dernier. (J.)

NONIONE, *Nonion.* (*Conchyl.*) Genre de coquilles microscopiques établi par Denys de Montfort (Conchyl. systém., t. 1, p. 211) pour le *nautilus incrassatus*, figuré par Von Fichtel, *Test. microsc.*, p. 38, tab. 4, fig. *a*, *b*, *c*, et que nous avons regardé comme une simple division du genre Lenticuline de M. de Lamarck, contenant les espèces mamelonnées, à dos non caréné, à cloisons simples, dont la dernière est ouverte en croissant contre le retour de la spire. L'espèce qui sert de type à ce genre, et que Denys de Montfort nomme le Nonion souflé, *N. incrassatus*, a une demi-ligne de diamètre ; elle est blanche et teinte de rose. On la trouve dans les sables sur les bords de la Méditerranée. (De B.)

NONNAIN. (*Ornith.*) L'oiseau auquel, suivant Salerne, pag. 403, on donne vulgairement ce nom et celui de nonnain blanche, est le *nonn-endtlin* des habitans de la Silésie, ou la piette, *mergus albellus*, Linn. (Ch. D.)

NONNAT. (*Ichthyol.*) Dans plusieurs provinces on désigne par ce mot tous les petits poissons d'eau douce qui tombent dans les filets des pêcheurs, et que l'on ne peut employer qu'à faire de la friture et des appâts. Voyez Menuisaille. (H. C.)

NONNAT NÈGRE. (*Ichthyol.*) A Nice on donne ce nom à un stoléphore que M. Risso a dédié à la mémoire de son estimable père. Voyez Stoléphore. (H. C.)

NONNETTE. (*Ornith.*) La mésange cendrée ou des marais, *parus palustris*, Linn., est l'oiseau que l'on désigne ordinairement par cette dénomination, que Belon applique aussi à la bernache, *anas erythropus*, Gmel., et le voyageur Gaby, dans sa Relation de la Nigritie, au balbuzard, *falco haliœtos*, Linn. (Ch. D.)

NONNO. (*Mamm.*) Nom tungouse de la marte de Sibérie, ou chorok selon Pallas. (Desm.)

NONO, NONU. (*Bot.*) A Ternate, suivant Rumph, on nomme ainsi son *folium principissæ*, espèce de *mussaenda* dans la famille des rubiacées. (J.)

NONOATELI. (*Bot.*) Nom galibi, cité par Aublet, de son *nonatelia officinalis*, employé pour le soulagement des asthmatiques à Cayenne, où il est connu sous celui d'azier à l'asthme. (J.)

NONPAREIL. (*Ornith.*) L'oiseau ainsi appelé est représenté, sous le nom de verdier de la Louisiane, sur la 159.ᵉ planche enluminée de Buffon. C'est l'*emberiza ciris* de Linnæus et de Latham, dont il est fait mention dans la traduction du Voyage en Amérique de Bartram, tom. 2, pag. 47, sous la dénomination de linotte non-pareille, *linaria ciris*, et la passerine non-pareille, *passerina ciris*, de M. Vieillot. C'est encore le même oiseau que l'on nomme *pupe*; et M. Descourtilz, dans ses Voyages d'un naturaliste, tom. 1, pag. 260, dit aussi qu'on appelle en Amérique non-pareille l'oiseau qu'il désigne lui-même comme une pie-grièche bleue. (Cʜ. D.)

NONPAREILLE. (*Bot.*) Nom d'une variété de pomme. (L. D.)

NOOMENIE. (*Bot.*) Voyez Melbœin. (J.)

NOPAL. (*Bot.*) Voyez Cacte. (J.)

NOPALÉES. (*Bot.*) La famille de plantes qui a été présentée primitivement sous le nom de cactes ou cactées, à cause du *cactus*, son genre principal, a reçu plus récemment celui de nopalées, *opuntiacæ*, tiré du nopal, *opuntia*, formant une simple section dans le même genre *Cactus*. Il auroit peut-être mieux convenu de laisser subsister le premier, plus général; mais sans rien décider, n'ayant pas donné le caractère de cette famille à l'article Cactées de ce Recueil, nous l'insérons ici sous son nouveau titre.

Les nopalées font partie de la classe des péripétalées ou dicotylédones polypétales à étamines portées sur le calice. Ce calice est monosépale, adhérent à l'ovaire, plus ou moins divisé à son limbe, portant plusieurs pétales en nombre défini ou indéfini. Les étamines, également insérées au calice et en nombre défini ou indéfini, ont les filets libres et les anthères droites, ovales, biloculaires. L'ovaire adhérent est simple, uniloculaire, contenant plusieurs ovules insérés sur des placentaires pariétaux: il est surmonté d'un style simple, terminé par un ou plusieurs stigmates, et devient, en mûris·

sant, une baie lisse ou écailleuse, remplie de graines plus ou moins nombreuses, dont l'embryon est avec ou sans périsperme. Les tiges sont ligneuses, élevées en arbres ou arbrisseaux, charnues dans beaucoup d'espèces ; sans épines dans les unes, épineuses dans un plus grand nombre ; à épines simples ou plus souvent rassemblées en faisceaux. Les feuilles sont tantôt existantes, alternes, et naissant au-dessus des épines, tantôt et plus souvent nulles. Les fleurs sont axillaires aux feuilles ou aux épines, solitaires ou en épis.

Cette famille a été divisée primitivement en deux sections, que quelques auteurs ont cru suffisamment distinctes pour en former deux familles.

La première, qui ne contient que le genre Groseiller, *ribes*, et que l'on peut distinguer sous le nom de grossulariées, est caractérisée par un calice à cinq divisions, autant de pétales et d'étamines, un stigmate bifide, une petite baie garnie intérieurement de deux placentaires pariétaux, opposés et chargés de quelques graines remplies par un périsperme charnu et adhérant chacune par un cordon ombilical, prolongé de leur hile au placentaire ; le périsperme creusé d'une petite cavité opposée au hile et rempli d'un très-petit embryon à lobes très-courts et à radicule droite ; des tiges en arbrisseaux et toujours feuillées, tantôt sans épines et tantôt épineuses, à épines simples ou divisées.

La seconde section, qui renferme les vraies nopalées ou cactées, diffère par un calice à divisions plus nombreuses, quelquefois disposées sur plusieurs rangs, des pétales et des étamines en nombre également supérieur et souvent indéfini ; un stigmate multifide ; une baie souvent écailleuse, dont les placentaires pariétaux sont plus nombreux ainsi que les graines ; un embryon dénué de périsperme, à radicule contournée sur les lobes ; des tiges ligneuses, ordinairement charnues et sans feuilles, plus ou moins élevées, de forme très-variée et garnies de faisceaux d'épines ; des fleurs axillaires aux épines. Cette section renferme le genre *Cactus* de Linnæus, formé de la réunion de plusieurs, lesquels ont été séparés de nouveau par M. Haworth sous les noms de *cactus*, *mammillaria*, *cereus*, *opuntia*, *epiphyllum*, *pereskia* et *rhipsalis*.

Ce dernier, établi auparavant par Gærtner, n'a que six

divisions au calice, cinq ou six pétales, douze à seize étamines, une baie semblable à une groseille et contenant peu de graines : il tient le milieu entre les deux sections, mais se rapproche plus de la dernière, à cause de l'absence du périsperme et de ses tiges non feuillées.

Le *cactus parasiticus*, dont Adanson fait son genre *Hariotia*, se rapproche encore plus du groseiller par ses divisions du calice, ses pétales et ses étamines, dont le nombre est seulement de cinq à huit; son stigmate trifide et sa baie, semblable par la forme, la grosseur et la couleur, à une groseille blanche; mais son port, ses tiges sans feuilles et couvertes de faisceaux épars de petites épines, le ramènent encore plus près du *cactus*, surtout si dans la suite on vérifie qu'il manque de périsperme.

Le *pereskia* de Plumier, *cactus pereskia* de Linnæus, doit rester près du *cactus*, à cause du nombre indéfini des étamines et des divisions des enveloppes florales, ainsi que des écailles qui couvrent ses fruits, mais il tient aussi au groseiller par ce même fruit, qui, après la chute des écailles, a la forme et le goût acidule d'une grosse groseille, qui le fait nommer groseiller dans l'Amérique. De plus, sa tige est ligneuse, non charnue, garnie de feuilles et d'épines seulement géminées.

De ces observations il résulte qu'il existe une grande affinité entre les grossulariées et les nopalées, qu'elles sont liées par des genres tenant aux uns et aux autres par quelques points, et que sans rompre les affinités, elles peuvent également former deux familles voisines ou deux sections de la même famille. (J.)

NOPALTENCOL. (*Ornith.*) Fernandez, pag. 44, chap. 150, et Rai, *Appendix*, pag. 167, donnent ce nom à un oiseau du Mexique qui est d'un cendré un peu foncé, dont la taille n'excède guère celle de l'étourneau, et dont le bec, alongé, est un peu courbé. (Ch. D.)

NOPE. (*Ornith.*) Un des noms anglois du bouvreuil commun, *loxia pyrrhula*, Linn. (Ch. D.)

NOPHRIS, NOPHTA. (*Bot.*) Voyez Nochta. (J.)

NOR. (*Ornith.*) Nom que porte à Java le lori noira. Voyez Noira. (Ch. D.)

NORA-MAME. (*Bot.*) Nom japonois du pois cultivé, cité par Kæmpfer et Thunberg. (J.)

NORANTE, *Norantea*. (*Bot.*) Genre de plantes dicotylédones, à fleurs complètes, polypétalées, de la famille des *capparidées*, de la *polyandrie monogynie* de Linnæus, offrant pour caractère essentiel : Un calice à cinq divisions profondes, quelquefois plus ; cinq pétales courts ; un grand nombre d'étamines ; un ovaire supérieur ; un style très-court ; un stigmate en tête ; une baie à quatre loges ; deux semences dans chaque loge.

Norante violette : *Norantea violacea,* Poir., Encycl., Suppl. ; Lamk., *Ill. gen.*, tab. 447 ; *Norantea guianensis*, Aubl., *Guian.*, 1, pag. 554, tab. 220 ; *Ascium violaceum*, Vahl, *Egl.*, pag. 41. Grand arbre de Cayenne, qui s'élève à la hauteur de quatre-vingts pieds sur un tronc d'un pied et demi de diamètre. Ses rameaux sont droits, garnis de feuilles médiocrement pétiolées, fermes, alternes, coriaces, ovales, oblongues, glabres, luisantes, longues de six pouces, larges de deux et demi. Les fleurs sont terminales, sessiles, disposées en un épi lâche ; chacune d'elles accompagnée d'une bractée longue d'un pouce, rétrécie en un long onglet, terminée par une poche ovoïde, charnue, d'un rouge de corail. Le calice a cinq, quelquefois six ou sept divisions en forme d'écailles coriaces, petites, aiguës, bordées de rouge. Les pétales sont violets, courts, aigus ; les étamines insérées sur le réceptacle ; les anthères alongées, à deux loges ; le style est très-court ; le stigmate en tête. Le fruit est une baie à quatre loges, dans chacune desquelles sont renfermées deux semences. (Poir.)

NORCA. (*Bot.*) Nom portugais de la bryone, suivant Grisley. (J.)

NORD-CAPER, NOREKAPER et NORTH-CAPER. (*Mamm.*) Une espèce de baleine des mers glaciales a été désignée par ces noms. Voyez l'article Baleine, tom. III, pag. 417. (Desm.)

NORDWINDS-PIBE. (*Ornith.*) Pontoppidan, qui cite cet oiseau dans son Histoire naturelle de Norwége, tom. 2, p. 88, dit que sa taille est plus petite que celle d'un étourneau, et présume que ce nom lui a été donné parce qu'on prétend avoir observé que, dans les momens où le vent du nord souffle, il fait entendre un bruit qui sembleroit provenir de la sensation intérieure que ce vent lui fait éprouver. (Cʜ. **D.**)

NORÉE. (*Ornith.*) Dans le Vocabulaire de la langue malaie, vulgairement appelée bas-malai, qui se trouve pag. 320 et suivans, du tome 1.ᵉʳ in-8.°, du Voyage de Parkinson autour du monde, ce mot et celui de *loorée* désignent un loriot, *oriolus.* (Cʜ. **D.**)

NORFOLK-PLOVER. (*Ornith.*) L'oiseau ainsi nommé dans la Zoologie britannique est le grand pluvier ou courlis de terre, *charadrius œdicnemus*, Linn., dont on a formé, depuis, le genre *Œdicnemus.* (Cʜ. **D.**)

NORITE. (*Min.*) M. Esmark, auteur du Voyage minéralogique en Hongrie, professeur de minéralogie à Christiania, a donné ce nom à une petite formation de roches cristallisées, qu'il a cru devoir distinguer des syénites et granites de la Norwége. C'est une dénomination qui est, comme on va le voir, en partie minéralogique, et en partie géologique. Nous allons néanmoins essayer de séparer ces deux considérations.

Sous le rapport des caractères minéralogiques, la norite seroit une roche généralement composée de felspath grenu, gris foncé, associé avec de l'amphibole et de la diallage. Elle ne différeroit de la syénite que par la présence de la diallage, et se rapprocheroit de l'euphotide par cette circonstance. Le felspath y est même quelquefois presque compacte et à cassure esquilleuse.

La norite a la structure grenue ; elle a été formée par voie chimique ou de cristallisation. Ses grains sont généralement petits, très-mêlés, et ses parties assez uniformément répandues. Sa couleur n'est pas uniforme ; la couleur dominante varie entre le rougeâtre, le noirâtre et le jaunâtre tacheté de noir.

Sa texture est peu solide et même friable.

Sa structure, souvent fragmentaire, est quelquefois schisteuse en grand, et alors la roche devient plus difficile à casser (à Egeroë).

Les minéraux disséminés que renferme cette roche, sont le titane ménakanite en petits grains qui paroissent rendre la norite plus friable et plus disposée à la désagrégation ; quelquefois un peu de quarz , quelquefois des paillettes rares de mica , et enfin quelques cristaux de zircon et de grenats (à Ons au - delà du Filefyord).

Tels sont les seuls caractéres minéralogiques qu'on puisse extraire de la description de la norite donnée par M. Esmark , et encore ne doivent-ils pas être pris à la rigueur ; car ce minéralogiste, ancien élève d'une célèbre école, suit, dans la détermination des roches, le système de cette école, en les considérant plutôt comme terrains que comme associations constantes et déterminables de divers minéraux.

Aussi l'histoire géognostique de la norite est bien plus étendue et bien plus caractéristique que sa définition minéralogique. C'est une roche, dit M. Esmark, qui appartient à la formation du gabbro de M. de Buch. Or, on sait que cette formation renferme les euphotides (*granitone* des Italiens), les serpentines et ophiolithes (*gabbro* des Italiens).

Le gabbro de M. de Buch ne seroit qu'un terrain subordonné dans la grande formation de norite. Ainsi voilà ce nom qui, dans sa considération géognostique, ne s'applique déjà plus à la définition minéralogique que nous avons rapportée. Il désigne sous cette considération d'abord la norite proprement dite, que l'on regarde bien comme une roche distincte, puisqu'on en donne des échantillons, puis des serpentines, des ophiolithes, des euphotides, etc.

Lorsque la norite est associée dans le même canton aux ophiolithes (*gabbro* de M. de Buch), elle se fait reconnoître de loin par un caractère assez remarquable. Toutes les collines d'ophiolithes, roche assez dure et compacte, et surtout éminemment magnésienne, sont dépouillées de végétation . absolument nues. Les collines de norites se distinguent au contraire par les végétaux nombreux qui les couvrent.

La norite, ou plutôt le terrain de norite, étant du même âge que celui de gabbro de M. de Buch, est placée, ainsi que lui, comme roche indépendante sur les micaschistes , avec de grandes masses d'ophiolithes et de serpentines, comme roches surbordonnées, ce qui établit de grandes relations et de nombreux passages entre ces roches.

M. Esmark croit la norite encore plus nouvelle que les ophiolithes et serpentines, même que les traumates (*Grau-*

wacke de la nomenclature allemande), et comme appartenant par conséquent à la formation de transition.

Les lieux de la Norwége où il cite la norite dans ces diverses circonstances, sont nombreux; nous nous contenterons d'indiquer les suivans :

Sur le continent, à Hitteren : c'est là qu'elle renferme le plus de titane menakanite; le sable de la baie est rempli de celui qui résulte de la décomposition de cette roche. On l'a même voulu traiter comme minérai de fer, mais sans succès.

Egeroë appartient entièrement à la formation de norite. La masse principale de la roche est ici un felspath brun, avec une couche mince de diallage brunâtre, passant au jaune, et se rapprochant de la variété nommée bronzit.

A Stavanger la norite finit, le schiste argileux paroit immédiatement ; ensuite et plus à l'est, sur le Lysefiord, la formation de gneiss.

A Bergen, les montagnes consistent, comme on le sait, en gneiss; mais quelques îles plus au large sont de norite.

A Ons, au-delà du Filefyord, reparoît la norite avec diallage et grenat; mais elle est tout à coup remplacée par la chlorithe schistoïde. Cette dernière roche, suivie de schiste argileux et de gneiss, la remplace de même abruptivement à Ons.

A Ringerit, on voit la formation de norite et de serpentine isolée entre des montagnes de gneiss et de micaschiste. (B.)

NORKA. (*Mamm.*) Ce nom russe désigne la Marte mink, *Mustela lutreola*, Pall., Gmel. (Desm.)

NORMELLE. (*Ornith.*) Un des noms vulgaires du merle commun, *turdus merula*, Linn. (Ch. D.)

NORONHIA. (*Bot.*) Genre de plantes dicotylédones, à fleurs complètes, monopétalées, de la famille des *jasminées*, de la *diandrie monogynie* de Linnæus, offrant pour caractère essentiel : Un calice fort petit, à quatre divisions; une corolle épaisse, en grelot; deux anthères au fond de la corolle, enfoncées dans une cavité; un ovaire supérieur, conique, à deux loges, à quatre ovules; point de style; un stigmate; un drupe oblong, renfermant un noyau à deux loges; une seule semence épaisse; la radicule supérieure; les cotylédons épais, sans périsperme.

Ce genre a été établi par M. Stadman, adopté par M. du Petit-Thouars pour une plante de Madagascar que M. de Lamarck avoit placée parmi les oliviers, sous le nom d'*olea emarginata;* mais qui en diffère par ses fleurs et par son fruit.

Noronhia échancrée : *Noronhia emarginata*, Poir.; Pet. Th., *Nov. gen. Madagasc.*, pag. 8, n.° 24: *Olea emarginata*, Lamk., *Ill. gen.*, tab. 8, fig. 2; vulgairement le Ponei des Indes. Arbre de l'île de Madagascar, de quarante à cinquante pieds de haut, dont les rameaux sont opposés; les feuilles grandes, opposées, ovoïdes, presque rondes, coriaces, échancrées à leur sommet, très-entières, à rebords épais, glabres, luisans, à nervures parallèles; les pétioles très-courts, épais, ligneux. Les fleurs sont disposées en une panicule terminale, peu garnie; le calice est fort petit, à quatre dents aiguës; la corolle assez grande, en forme de grelot, à quatre découpures ovales, un peu aiguës; les filamens sont très-courts. Le fruit est un drupe ovale, un peu chagriné, bon à manger, de la grosseur d'une petite noix. (Poir.)

NORRIN. (*Ichthyol.*) Voyez Alvin. (H. C.)

NORRKA. (*Min.*) Nom indiqué par Cronstedt et par Wallerius, comme étant appliqué, en Suède, concurremment avec celui de *Murksten* au Micachiste granatique, *Saxum quarzo, mica et granalis mixtum, fissile*, Wall. Voyez Micachiste. (B.)

NORRQUINT. (*Ornith.*) C'est, en suédois, le pinson d'Ardennes, *fringilla montifringilla*, Linn. (Ch. D.)

NORTA. (*Bot.*) Adanson fait sous ce nom un genre du *sisymbrium strictissimum*, qui a, selon lui, la corolle plus lâche et le disque plus marqué. M. De Candolle en fait le nom d'une de ses sept sections du genre *Sisymbrium*, dans laquelle la même espèce est comprise. (J.)

NORTENIA (*Bot.*); Pet. Th., *Nov. gen. Madagasc.*, pag. 9, n.° 17. Genre de plantes dicotylédones, à fleurs complètes, monopétalées, irrégulières, de la famille des *personnées*, de la *didynamie angiospermie* de Linnæus, dont le caractère essentiel consiste en un calice d'une seule pièce, presque à deux lèvres, à cinq dents, à cinq angles; une corolle en masque; la lèvre supérieure bifide; l'inférieure à trois lobes arrondis; quatre étamines didynames; les anthères à deux loges distinctes; les deux anthères supérieures rapprochées; l'ovaire supérieur, conique; un style courbé à sa base; un stigmate à deux lames; une capsule conique, à deux loges, à deux valves; une cloison parallèle aux valves; les semences petites et nombreuses.

D'après M. du Petit-Thouars, ce genre se rapproche des *dodartia*. Il comprend des herbes de l'île de Madagascar, à tige droite, rameuse; à rameaux alternes, tétragones; à feuilles opposées, dentées, presque sessiles; à fleurs axillaires, soutenues par de longs pédoncules. M. du Petit-Thouars en cite deux espèces, sans description, l'une desquelles a le port du lierre terrestre (*glechoma*, Linn.), et se rapproche du *torenia*. (Poir.)

NORTHERN PENGUIN. (*Ornith.*) Nom anglois du grand pingouin, *alca impennis*, Linn. (Ch. D.)

NORVO. (*Bot.*) Nom péruvien d'une grenadille, *passiflora punctata*, suivant Cavanilles. (J.)

NORWÉGIEN. (*Ichthyol.*) Nom spécifique d'un Holocentre, décrit dans ce Dictionnaire, tom. XXI, pag. 298. (H. C.)

NOSCHITA. (*Ornith.*) Voyez Moschita. (Ch. D.)

NOSI. (*Bot.*) Nom malabare du gattilier, *vitex*, dont il existe plusieurs espèces, distinguées par des prénoms, *cara-nosi*, *bennosi*, etc. (J.)

NOSIAN et NOSIN. (*Min.*) M. Leonhard a cru rendre hommage aux minéralogistes qui avoient décrit les premiers un minéral comme une espèce nouvelle, en donnant à ces minéraux le nom de ces minéralogistes. Il a pensé que cet acte de bienveillance l'absoudroit du tort, que nous regardons comme très-grand, de changer les noms sans nécessité, comme sans droit : *sans nécessité*, lorsque le minéral est bien déterminé comme espèce, et qu'aucun motif puissant dans la philosophie de la science n'oblige à lui ôter le nom qui lui a été donné; *sans droit*, lorsque de nouvelles observations propres à mieux faire connoître ce minéral, ne l'ont pas rendu pour ainsi dire la propriété de celui qui, en faisant ces nouvelles observations, a réellement fait connoître ce minéral. Nous nous permettons cette plainte dans l'inté-

rêt de la science, parce que nous avons reçu un pareil
hommage de M. Leonhard, et, si nous lui savons gré de la
considération honorable qu'il nous a témoignée, nous osons
l'en blâmer pour avoir contribué à jeter dans la nomenclature une profusion de noms qui rendra bientôt la science
inabordable. M. Leonhard a donné le nom de Nosin à la substance que M. Nose a décrite sous le nom de spinellane ; mais
on n'est pas encore sûr que cette substance soit une espèce
particulière. Ses caractères géométriques et chimiques sont
loin d'être bien connus, et s'il arrive qu'on prouve que ce n'est
qu'une variété de néphéline, le nom de Nosin ne peut plus
lui rester, et ce nom, recommandable aux minéralogistes, ne
pourroit plus désormais être consacré à une véritable espèce,
qu'en jetant dans la synonymie une confusion nuisible aux progrès de la science. Nous respectons donc le nom donné par
M. Nose ; et nous croyons que personne n'a le droit de changer le nom de Spinellane, que celui qui aura fait connoître
la véritable nature de ce minéral. Voyez Spinellane. (B.)

NOSODENDRE, *Nosodendron.* (*Entom.*) Ce nom, qui signifie maladie des arbres, a été donné par M. Latreille à un
petit genre d'insectes coléoptères, voisin des dermestes et des
nitidules, de la famille des hélocères, de l'ordre des pentamérés ; telle est la sphéridie fasciculaire. Voyez Sphéridie. (C. D.)

NOSOROG. (*Mamm.*) En langue russe les rhinocéros sont
ainsi nommés. Ce mot n'est que la traduction du nom de
rhinocéros. (Dfsm.)

NOSTOC ou NOSTOCH, *Nostochium, Nostocus.* (*Bot.*)
Genre de la famille des *algues*, dont le placement dans la
chaîne des êtres est encore indécis, ayant aussi des rapports
avec la classe des animaux infusoires, les polypiers, etc. Ce
genre est caractérisé par sa substance ou fronde d'une forme
variable, gélatineuse, membraneuse, un peu coriace, vésiculeuse ou aplanie, et contenant une multitude de filamens
simples, articulés, semblables à des chapelets mêlés.

Les nostocs vivent à terre ou dans les eaux, souvent sans y
tenir par aucune radicule. Ils deviennent par la sécheresse
cassans, fragiles, et quelque long temps qu'ils soient en cet
état, si on les humecte, ils reverdissent, reprennent leur
consistance gélatineuse et végétent de nouveau. La même

chose a lieu à plusieurs reprises de suite, comme nous l'avons expérimenté sur l'espèce la plus commune, lorsqu'elle n'a pas trop vieillie ; car alors elle finit par pourrir et perdre sa faculté végétative. Cette propriété est cause qu'après les longues sécheresses un peu de pluie suffit pour faire reparoître les nostocs sur la terre, et faire croire au vulgaire qu'ils sont tombés du ciel. Ce phénomène a paru même si merveilleux autrefois, que l'espèce qui le produit le plus souvent a joui, à cause de cela, d'une célébrité étonnante, qui a fait place depuis à celle que lui a acquise sa nature ambiguë végéto-animale.

Les nostocs ont été confondus par Dillenius et Linnæus, puis par Bulliard, avec les *tremella*, qui appartiennent à la famille des champignons, avec lesquels ils n'ont de rapports que leur nature gélatineuse ; cependant Tournefort, Michéli et d'autres auteurs encore, n'avoient point confondu ces plantes.

Les nostocs sont vraiment les *linkia* de Michéli, et nous aurions adopté de préférence ce nom, si les botanistes ne désignoient à présent par *linkia* un genre de plantes phanérogames, dédié à M. Link, de Berlin. Le *linkia* de Michéli rappelle Link, pharmacien de Leipzig, auquel la botanique ne doit rien, tandis que la zoologie lui doit un excellent ouvrage sur les étoiles de mer. Roth a cependant conservé aux nostocs le nom de *linkia* : mais il ne faut pas confondre ce *linkia* avec le *linkia* de Lyngbye et de Bonnemaison, celui-ci étant très-voisin des *rivularia*, et peut-être doit-il y être réuni. (Voyez Rivularia.)

Les nostocs de Vaillant comprennent, outre les *nostocs vrais*, des *tremella* et des *collema* : ces derniers sont des plantes de la famille des lichens, qui ont un tel rapport avec les nostocs, qu'il est difficile de les distinguer à la première vue, surtout lorsque les *collema* n'ont point de fructification. Dans ces derniers temps plusieurs botanistes ont cherché à prouver que les nostocs n'étoient que des *collema*. Agardh lui-même, quoiqu'il conserve le genre Nostoc, assure avoir vu son *nostoc muscorum* produire des scutelles visibles. Mais d'autres considérations prouvent que ces plantes ne doivent pas être confondues ; et il n'est pas douteux pour nous que le *nostoc muscorum* d'Agardh ne soit un *collema*, et le même que le *nostoch lichenoides*, Vauch., Decand., Fl. fr., qui vit sur les arbres et sur les pierres à la manière des *collema*.

Ant. de Bivona, auquel on doit des observations récentes et comparatives entre les nostocs et les *collema*, en a conclu que ces deux genres appartiennent au règne animal. Il a vu dans la fronde et les scutelles des *collema* qu'il a observés, et, après les avoir triturés dans l'eau, des filamens moniliformes, pareils à ceux des nostocs. Dans le *collema granulosum*, ces filamens n'ont que des mouvemens très-lents et fort légers. Enfin, un auteur moderne a cru reconnoître dans un grand nombre d'espèces de *collema*, de simples manières d'être du nostoc commun, ce qui doit paroître fort étrange.

M. Bory de Saint-Vincent, en classant les nostocs dans ses cahodinées, c'est-à-dire, dans l'une des familles qu'il établit entre le règne animal et le règne végétal (voyez Psychodiaires), dit positivement que les *collema* ne sont que des nostocs avec des scutelles : or, comme il est aisé de démontrer l'affinité extrême des *collema* avec beaucoup d'autres genres de lichens, il en adviendra un jour qu'on sera forcé de rapporter aussi les lichens à un règne intermédiaire d'êtres ambigus, véritable chaos quant à présent.

Adanson fut le premier qui retira des *tremella*, Linn., les nostocs, dont il fit un genre sous ce nom, conservé par Schranck, Vaucher, Girod-Chantrans, De Candolle, Agardh, Lyngbye, etc., appelé *nostochium* par Link ; dénomination qu'il seroit préférable d'adopter à cause de sa tournure latine : Rafinesque propose de mettre *nostocus*.

Les nostocs se couvrent, suivant les observations de Michéli et de Réaumur, de grains petits comme des têtes d'épingles et semblables à de la poussière, qui reproduisent de nouveaux individus, ainsi que Réaumur s'en est convaincu. Ces grains sont peut-être dus aux globules qui composent les filamens les plus voisins de la surface, et Réaumur, qui le premier a vraiment étudié les nostocs, a observé dans le nostoc commun, que les globules des filamens se séparoient d'eux-mêmes pour former de nouveaux individus, ce que confirment les observations de Girod-Chantrans, de Vaucher et d'Agardh : le premier assure que les filamens se conservent immobiles, lorsqu'ils sont renfermés dans leur enveloppe, mais qu'aussitôt qu'ils en sont dehors, les anneaux se disjoignent en acquérant un mouvement rapide, puisqu'ils se réunissent de nouveau en filamens articulés. Cette dernière circonstance donne du poids à l'opinion des naturalistes qui croient que les globules sont des animalcules : aussi Girod-Chantrans est-il porté à considérer les nostocs comme des polypiers.

Le nombre des espèces de ce genre n'est pas très-considérable, sans doute à cause qu'elles ont été peu recherchées. On peut en compter une dixaine : quelques-unes ont été ou sont rapportées aux genres *Alcyonidium*, *Chœtophora*, *Palmella*, etc.

1. Nostoc commun : *N. commune*, Vauch., *Conf.*, tab. 6, fig. 1; Decand., Fl. fr., 1, 3; Agardh, *Syn. alg.*, pag. 131; *Tremella Nostoch*, Linn., Lamk., Chantr., *Conf.*, 42, tab. 7, fig. 12; *Fl. Dan.*, tab. 885, fig. 1; *Engl. Bot.*, 461; Adolph. Hedw., *Comm. de trem. nost.*, fig. 1, 2; Dill., *Musc.*, tab. 10, fig. 14; *Tremella atro virens*, Bull., Champ., pl. 184, et pl. 2, fig. 1; *Nostoc*, Réaum., Act. acad., 1722, p. 121; *Linkia Nostoc*, Roth.; *Linkia terrestris*, Mich., *Gen.*, tab. 67, fig. 1; *Alcyonidium Nostoc*, Lamx., *Thallass.*, p. 71; *Nostoc ordinaire*, Paul., Tr. champ., 2, p. 399, pl. 186, fig. 1, 2; vulgairement *Nostoc*, *Crachat de lune*, *Feuille* ou *fille du ciel* ou *de la terre*, *Archée céleste*, *Perce-terre*, *Perce-pierre*, *Beurre magique*, *Vitriol végétal*, *Nostoc de Paracelse*, *Fleur de terre*, *Écume printanière*, *Salive de coucou*, *Crachat de Mai*, *Tremelle*. Fronde d'abord globuleuse, puis irrégulière, plissée, ondulée, lobée, vésiculeuse ou bulleuse, gélatineuse, tremblante, d'un vert olivâtre, noircissant par la dessiccation, croissant à terre et n'y tenant par aucune racine.

Cette plante paroît, après les pluies et dans les temps humides, dans les champs, les allées des jardins, sur les rochers, dans les prairies, et principalement sur le sable : elle est plus commune dans le Nord. Elle prend un, deux, trois, et même quatre pouces d'étendue; son épaisseur est d'une à deux lignes. Ce n'est guère que depuis cent vingt ans qu'elle a commencé à être signalée d'une manière à la faire reconnoître. Il est douteux que ce soit vraiment le nostoc si merveilleusement prôné par les alchimistes pour opérer la transmutation des métaux en or, ni le nostoc de Paracelse, considéré par lui comme une panacée universelle qu'il portoit toujours dans la pomme de sa canne, précaution cependant inutile, puisqu'il n'étoit pas très-âgé lorsqu'il mourut à Strasbourg. Pour composer cette admirable panacée, et se procurer par son moyen une vie à jamais durable, les alchimistes donnoient des recettes aussi difficiles à remplir qu'à pratiquer. On peut lire, dans le premier volume des Mémoires de la Société linnéenne de Paris, une dissertation de M. Vallot, qui prouve que le nom de nostoc avoit diverses acceptions, et qu'il désignoit, soit le nostoc commun, soit ces fils que le vulgaire nomme *fils de la Vierge*, qui, en Septembre, voltigent dans l'air et sont produits par de petites araignées, soit d'autres objets. Il en résulte cependant que tous les noms donnés à ces nostocs sont demeurés au nostoc commun, et que leur application est justifiée par la singulière manière de végéter de cette plante sans racines, et par sa propriété singulière de paroître avec la pluie et de disparoître par la sécheresse; propriété qui, en lui donnant une existence surnaturelle, devoit fixer l'attention dans un temps où le merveilleux l'emportoit sur l'observation. C'est là une des raisons pour laquelle on a beaucoup vanté le nostoc en médecine, et qu'il est maintenant oublié dans l'art de guérir. On croyoit que son eau, distillée à la simple chaleur du soleil, faisoit croître les cheveux, guérissoit les ulcères, les cancers, les fistules; et que, prise à l'intérieur, elle calmoit les douleurs, etc.

Tournefort paroît être le premier auteur qui ait nommé nostoc (*nostoc ciniflonum*, Tourn.) la plante dont il s'agit, et, depuis lui, elle a attiré l'attention des naturalistes : ceux-ci sont assez embarrassés pour lui assigner une place, soit dans les végétaux, soit dans les animaux. Indépendamment des auteurs que nous avons cités, le nostoc a été encore le sujet des observations de Ingenhouz, de Fontana, de Corti, de Schreber, de Carradori, qui, fondés sur des observations particulières, sont portés à le classer dans le règne animal; opinion à laquelle s'est tout-à-fait rangé Antoine de Bivona de Palerme. Ce savant a observé plusieurs espèces de ce genre, et il a reconnu, dans les filamens, des mouvemens spontanés, rapides, plus ou moins irréguliers, décrivant toutes les figures entre la ligne droite et la ligne spirale : dans une espèce, le Nostoc verruqueux (voyez ci-après), tenue sous l'eau pendant huit jours, il a vu un grand nombre d'animalcules globuleux, très-agiles, semblables, dit-il, à ceux des infusoires. Plusieurs naturalistes, d'un égal mérite, et dont l'opinion peut être une sorte d'autorité, MM. de Lamarck, De Candolle, Agardh, Lyngbye, Link, etc., jugent que le nostoc doit rester dans les végétaux; mais si l'on admet, avec M. Bory de Saint-Vincent, un nouveau règne intermédiaire entre les végétaux et les animaux (*psychodiaires*, Bory; *hydronématées*, Wiegm.; *nemazoones*, Gaill.), il faudra, comme il l'a fait, y ramener les nostocs. L'analyse que M. Braconnot a faite du nostoc, n'annonce pas une substance animale; il a trouvé sur deux cents parties :

Eau . . . . 185 grammes
Matière analogue à la gomme de Bassora   13,8
Matière muqueuse   1,2
Matière grasse . . . . ⎞
Phosphate et carbonate de chaux ⎟ des traces.
Muriate et sulfate de potasse . . . ⎠
Tournesol rougi.

Le nostoc a une saveur aqueuse, fade, légèrement piquante : ses vertus médicales se réduisent, selon Paulet, à la propriété d'être un peu cosmétique, c'est-à-dire, d'enlever les taches de rousseur et quelques vices de peau, et de déterger les ulcères; pour cet effet on se sert de son eau distillée à une chaleur douce.

Nous terminerons ce petit historique sur le nostoc, en rapportant la singulière opinion de Beckmann concernant cette plante, qu'il croit être produite par des intestins de grenouilles mangés et puis rendus par des oies.

Lyngbye en a observé une variété solide, d'une couleur de chair passant au vert et au vert de gris. Il l'a recueilli aux iles Féroë sur des basaltes arrosés par l'eau douce.

2. Nostoc a verrues : *N. verrucosum*, Vauch., *Conf.*, tab. 15, fig. 3; Decand., Fl. fr., n.° 7; Agardh, *Syn. alg.*, p. 132; *Tremella verrucosa*, Linn.; Girod-Chant., *Conf.*, tab. 6, fig. 10.

Dill., *Musc.*, tab. 10, fig. 16 ; *Linkia palustris*, Lyngb. Fronde d'un vert foncé ou olivâtre, arrondie, tuberculeuse, en forme de vessie. creuse, plissée et lisse. Cette espéce croît dans les ruisseaux et dans les riviéres, fixée aprés les rochers, partout en Europe. Elle a communément un pouce de diamètre, mais elle en a quelquefois plus de deux. Sa peau, en se rompant, laisse sortir une multitude de filamens articulés, dont le dernier anneau est plus grand que les autres, comme dans le nostoc commun. Ces filamens, avant la rupture, sont entrelacés et forment une masse compacte ; aprés leur sortie, la membrane, qui les enveloppoit, devient flottante et prend la forme d'une *ulva* de la longueur de la main. Cette espéce a servi aux expériences de Bivona, comme nous l'avons dit plus haut.

3. Nostoc sphérique : *N. sphæricum*, Vauch., *Conf.*, tab. 16, fig. 2 ; Agardh, *Syn. alg.*, p. 133. Sphérique, gros comme un grain de millet ou d'un pois, solitaire ou rapproché, d'un vert foncé ou d'un vert olivâtre, contenant de petits grains formés par des filamens articulés. On trouve communément cette espéce sur la terre humide, dans l'eau, aux bords des ruisseaux et des riviéres.

4. Nostoc en forme de prune : *N. pruniforme*, Agardh, *Syn. alg.*, p. 134 ; Lyngb., *Tent. hydroph.*, 201, tab. 68 ; *Linkia pruniformis*, Roth, *Cat.*, 3, p. 343 ; *Ulva pruniformis*, Linn. ; Weig., *Obs. bot.*, tab. 2, fig. 4. Fronde solitaire, sphérique, lisse, olivâtre, coriace, gélatineuse à l'intérieur et remplie de filamens entrelacés. Cette espèce a la grosseur d'une cerise, et se rencontre dans l'eau, attachée aux plantes et aux pierres, sans offrir de racine apparente. Elle croît particuliérement dans le Nord de l'Europe et en Sibérie, selon Pallas. Les habitans de la Sibérie l'appellent *beurre d'eau*, et l'emploient contre l'enflure des pieds, les gonflemens des yeux et autres maux pareils. Ils appellent *beurre de terre*, une autre plante, qui croît dans les forêts de sapins humides. Elle est terrestre, d'un brun foncé et a la forme d'un œuf. Le *beurre de fourmis*, ainsi nommé parce qu'on le trouve quelquefois dans les fourmilières, est une autre espéce analogue, employée, comme le *beurre d'eau*, contre les douleurs des yeux et toutes les maladies internes. Ces

deux dernières plantes sont peut-être également des nostocs.

On peut voir dans la Flore françoise, Agardh, *Syn. alg.*, et Lyngbye, plusieurs autres espèces de ce genre.

Paulet réunit sous le nom de nostoc plusieurs plantes cryptogames de familles et de genres différens, qui se ressemblent par leur forme membraneuse et leur substance molle, humide, tendre et friable. Il les divise en deux familles, les *nostocs pellucides* et les *nostocs opaques*.

Les Nostocs PELLUCIDES sont transparens, verdâtres et pellucides ; il y en a de deux espèces : le *nostoc ordinaire*, décrit plus haut, et le *nostoc jaune* ou *tremella mesenteriformis*, Jacq.

Les Nostocs OPAQUES ne sont point transparens, et leur substance est plus consistante que celle des précédens ; mais leur surface est également lisse et luisante. Paulet n'en décrit qu'une espèce, l'OREILLE-DE-CHAT (voyez ce nom). Cependant il y rapporte encore son nostoc jaune du genévrier, ou *tremella juniperina*, Linn. ; le nostoc blanc, le nostoc noir et le nostoc de Vaillant, qui sont aussi des espèces du genre *Tremella*, Linn., de même que les nostocs bruns ou cramoisis de sa Synonymie, *Tr. stipitata*, W. ; *oblonga*, W. ; *granulata*, Linn., etc. (LEM.)

NOTACANTHE ou ACANTHONOTE ; *Notacanthus, Acanthonotus*. (*Ichthyol.*) On a donné ce nom à un genre de poissons osseux holobranches, reconnoissable aux caractères suivans :

Corps et queue très-alongés ; nuque élevée et arrondie ; tête grosse ; nageoire de l'anus très-longue et réunic avec celle de la queue ; nageoire dorsale nulle et remplacée par des aiguillons courts, gros, forts et dépourvus de membrane.

Ce genre ne renferme encore qu'une espèce, c'est le

NOTACANTHE NEZ, *Notacanthus nasus*. Mâchoire supérieure plus avancée que celle d'en bas ; ouverture de la bouche située au-dessous du museau, qui est prolongé en avant et un peu arrondi ; tête et opercules garnies de petites écailles ; dix gros aiguillons sur le dos ; yeux gros ; dents des deux mâchoires égales, fortes et serrées ; nageoire caudale lancéolée.

Ce poisson atteint de grandes dimensions. Une teinte argentine, nuancée de reflets dorés, brille sur tout son corps.

qui présente d'ailleurs quinze ou seize bandes brunes, transversales, et qui est mis en mouvement par des catopes et des nageoires de la même couleur. Il est aussi agile dans ses mouvemens, aussi rapide dans sa natation, qu'il paroît vorace et hardi. Il a été figuré par Bloch. Sa manière de vivre est fort peu connue. Voyez ACANTHONOTE dans le supplément du tome Ier de ce Dictionnaire. (H. C.)

NOTACANTHES. (*Entom.*) Sous ce nom M. Latreille désigne une famille de diptères, qui comprend les mouches armées ou stratiomyes, dont la plupart ont, en effet, l'écusson garni de deux ou de quatre épines; ce qu'indique le nom, tiré du grec, et qui signifie dos à épines. Voyez planche 48 de l'atlas de ce Dictionnaire, figures 5 et 6. (C. D.)

NOTARCHE, *Notarchus.* (*Malacoz.*) M. G. Cuvier (Règne anim., t. 2, p. 398, pl. 11, fig. 1) a établi sous cette dénomination un petit genre de mollusques qu'il place auprès des dolabelles. Les animaux qu'il renferme, ont, dit-il, leur manteau sans coquille et seulement fendu obliquement au-dessus du cou, pour conduire aux branchies, qui ressemblent à celles des aplysies, ainsi que tout le reste de leur organisation. M. de Blainville, qui a eu l'occasion d'observer la seule espèce de ce genre, qui provient des mers de l'Isle-de-France, admet que dans le notarche il n'y a pas d'appendices natateurs, comme dans les aplysies, et encore moins de lobe operculiforme protecteur des branchies, qui lui ont paru presque complétement à découvert. Quant à la fente oblique du cou, il lui a semblé que ce n'est autre chose que le sillon de communication des orifices de la génération. (DE B.)

NOTASPIS. (*Entom.*) Ce nom, qui signifie dos à bouclier, a été donné par Hermann à l'*acarus coleoptratus* de Linnæus, dont M. Latreille a fait ensuite le genre Oribate : c'est une sorte de tique. (C. D.)

NOTCHETZNOPALLIS et NOPALNOCHETZLI. (*Entom.*) Anciens noms mexicains de la cochenille, selon M. Latreille. (DESM.)

NOTÉLÉE, *Notelæa.* (*Bot.*) Genre de plantes dicotylédones, à fleurs complètes, polypétalées, régulières, de la famille des *jasminées*, de la *diandrie monogynie* de Linnæus, offrant pour caractère essentiel : Un calice à quatre dents,

35.

quatre pétales réunis deux à deux à leur base par le moyen des filamens; deux étamines situées chacune entre deux pétales; les filamens dilatés, portant chacun deux anthères à une loge, adhérentes latéralement aux filamens, s'ouvrant dans leur longueur; un ovaire supérieur, contenant plusieurs ovules; point de style; un stigmate bifide; un drupe.

NOTÉLÉE A LONGUES FLEURS : *Notelœa longiflora*, Vent., Choix des pl., pag. et tab. 25 ; Rob. Brown., *Nov. Holl.*, 1, pag. 523 ; *Olea apetala*, Andr., *Bot. repos.*, tab. 316, *an* Vahl, *Enum.*, 1, pag. 42 ? Arbrisseau toujours vert, des îles de la mer du Sud et de la Nouvelle-Hollande, dont la tige, droite, très-rameuse, haute d'environ trois pieds, a des rameaux opposés, recouverts d'un duvet poudreux; les feuilles sont pétiolées, opposées en croix, lancéolées, aiguës, entières, un peu ondulées, glabres, coriaces, longues de cinq à six pouces; les pétioles courts; les fleurs disposées en grappes axillaires, solitaires, simples, très-courtes; les pédicelles opposés, munis chacun d'une bractée à leur base : ces fleurs sont très-petites, d'un blanc jaunâtre; le calice est très-court, d'un vert pâle, à quatre dents aiguës, inégales; les quatre pétale s sont droits, ovales, concaves, aigus, réunis deux à deux par leur base; les étamines recouvertes par les pétales; l'ovaire, glabre, verdâtre, en forme de poire, porte un stigmate de couleur brune.

M. Rob. Brown a enrichi ce genre de plusieurs espèces recueillies à la Nouvelle-Hollande, tels que le *notelœa microcarpa*, à feuilles linéaires, lancéolées, alongées, presque sessiles, rétrécies à leur base, très-glabres, veinées en dessus, médiocrement ponctuées en dessous; le *notelœa punctata*, dont les feuilles sont lancéolées, rétrécies à leur base, à peine veinées en dessus, très-glabres en dessous et chargées de points nombreux; le *notelœa ovata*, à feuilles glabres, ovales, point ponctuées; les découpures du calice égales; le stigmate sessile et entier; le *notelœa ligustrina*, Vent., *l. c.*, à feuilles pétiolées, étroites, lancéolées, alongées, très-glabres, aiguës, ponctuées en dessous; les veines peu apparentes; les grappes de la longueur des feuilles. Le *rhizospermum* de Gærtner, fils, *Carp.*, pag. 232, tab. 224, me paroît se rapprocher beaucoup de ce genre, si toutefois il ne lui appartient pas. (POIR.)

NOTENGA, TILO-NAPU. (*Bot.*) Noms malabares, cités par Rhéede, de la balsamine ordinaire. (J.)

NOTÈRE, *Noterus.* (*Entom.*) M. Clairville a désigné sous ce nom de genre quelques espèces de dytiques, insectes coléoptères de la famille des rémipèdes ou nectopodes, qui ont les antennes un peu plus épaisses dans leur partie moyenne ; tel est le *dytiscus crassicornis.* (C. D.)

NOTHERA. (*Bot.*) Voyez NOCHTA. (J.)

NOTHITE, *Nothites.* (*Bot.*) Ce nouveau genre de plantes, que nous proposons, appartient à l'ordre des Synanthérées, à notre tribu naturelle des Eupatoriées, et à la section des Eupatoriées-Agératées, dans laquelle il est immédiatement voisin du genre *Stevia.* Voici ses caractères.

Calathide oblongue, incouronnée, équaliflore, quinquéflore, régulariflore, androgyniflore. Péricline inférieur aux fleurs, cylindracé, formé de cinq squames libres, égales, unisériées, appliquées, se recouvrant par les bords, oblongues-lancéolées, aiguës au sommet, foliacées, plurinervées. Clinanthe petit, planiuscule, nu. Fruits oblongs, souvent longs et grêles, plus ou moins hispidules, tantôt pentagones ou subpentagones, tantôt subcylindracés, munis de cinq à dix nervures, et d'un petit bourrelet basilaire cartilagineux, annulaire ; aigrette longue, composée de dix à vingt squamellules sub-unisériées, libres, un peu inégales, filiformes, roides, ayant leur partie supérieure plus longue, hérissée de barbellules nombreuses, longues et fortes, et leur partie inférieure plus courte, bordée sur chacun des deux côtés par une petite membrane linéaire, plus ou moins étroite. Corolles à tube court ; à limbe long, garni de poils en dedans de sa partie indivise, et à cinq divisions ovales-oblongues, munies de nervures intrà-marginales. Anthères ordinairement incluses, pourvues d'appendices apicilaires scarieux, très-obtus. Style d'eupatoriée.

Nous connoissons quatre espèces de ce genre.

NOTHITE A FEUILLES LARGES : *Nothites latifolia,* H. Cass. ; *Eupatorium melissæfolium,* Lam. ; *Mikania melissæfolia,* Willd. Tige herbacée, haute de plus d'un pied (dans l'échantillon incomplet que je décris), épaisse, dressée, rameuse, cylindrique, striée, pubescente surtout en sa partie supérieure ;

feuilles opposées, sessiles ou presque sessiles : les inférieures longues d'environ trois pouces, larges d'environ deux pouces, elliptiques, comme triplinervées, à nervures ramifiées, réticulées ; les bords irrégulièrement dentés en scie, à dents inégales, dissemblables, grandes, obtuses ; les deux faces presque entièrement glabres, parsemées d'une multitude de petits points glanduliformes, jaunes, brillans, transparens, manifestes surtout en dessous ; les feuilles supérieures graduellement plus petites ; calathides très-nombreuses, très-rapprochées, disposées en corymbes terminaux, à ramifications alternes, hérissées de poils courts, capités, probablement glutineux, accompagnées chacune à sa base d'une petite feuille ou bractée ; chaque calathide très-courtement pédonculée par les derniers rameaux du corymbe, à pédoncule grêle, accompagné à sa base d'une bractée longue, étroite, lancéolée, et portant lui-même une bractée longue, étroite, linéaire ; calathide longue de près de six lignes et très-étroite ; péricline très-inférieur aux fleurs, un peu pubescent, formé de squames oblongues-lancéolées, aiguës, trinervées, qui paroissent entregreffées à la base, et comme articulées sur le pédoncule ; fruits longs, grêles, noirs, hispidules, munis d'environ dix nervures ; aigrette longue, roussâtre, rougeâtre au sommet, composée de dix à douze squamellules, dont la partie inférieure est un peu laminée, linéaire, et qui semblent entregreffées à la base ; corolles probablement purpurines, à tube grêle, à limbe très-peu velu en dedans, à divisions pubescentes sur la face externe, veloutées sur la face interne ; anthères incluses.

Nous avons fait cette description sur un échantillon sec, recueilli au Pérou, et conservé dans l'herbier du Muséum.

Nothite a feuilles étroites : *Nothites angustifolia*, H. Cass. ; *An? Eupatorium saturejœfolium*, Lam. Racine fasciculée, produisant plusieurs tiges herbacées, hautes d'environ six pouces, simples inférieurement, ramifiées supérieurement, pubescentes ; feuilles sessiles, étrécies à la base en forme de pétiole, inégales, longues d'environ un pouce, larges d'environ trois lignes, oblongues - lancéolées, entières ou à peine dentées, parsemées de quelques longs poils articulés ; les feuilles inférieures opposées, les supérieures alternes ; calathides disposées en petits corymbes terminaux, composés chacun de calathides peu nombreuses, longues de six lignes, supportées par des pédoncules plus longs que dans l'espèce précédente, hérissés de poils courts, capités, probablement glutineux; péricline pubescent, très-inférieur aux fleurs, formé de squames oblongues-lancéolées, acuminées, plurinervées; fruits longs, grêles, subcylindracés, parsemés de poils et de glandes, et munis d'environ dix nervures; aigrette longue, gris-roussâtre, composée d'environ vingt squamellules; corolles probable‑ment purpurines, à tube point distinct du limbe; anthères incluses, ayant l'appendice apiciaire oblong, arrondi au sommet, et le pollen jaune.

Nous avons décrit cette espèce sur des échantillons de l'herbier du Muséum, recueillis par Commerson près de Montevideo.

Nothite a fleurs courtes; *Nothites breviflora*, H. Cass. Tige haute de plus d'un pied (dans l'échantillon incomplet que je décris), dressée, droite, presque simple, cylindrique, pubescente; feuilles opposées, très-distantes, longues d'environ un pouce et demi, larges d'environ six lignes, oblongues-lancéolées ou elliptiques-lancéolées, à base étrécie en forme de pétiole large et très-court, triplinervées, parsemées sur les deux faces de poils rares, articulés, à partie supérieure dentée en scie, à partie inférieure entière; calathides longues de trois à quatre lignes, peu nombreuses, disposées en un petit corymbe terminal, à pédoncules grêles, assez longs, hérissés de poils capités; péricline un peu inférieur aux fleurs, pubescent, formé de squames oblongues-lancéolées, acuminées, plurinervées; ovaires longs, étroits, à peine hispidules, pentagones, mais offrant quelquefois six ou sept nervures; aigrette composée d'environ dix-sept squamellules, dont la partie inférieure est bordée sur les deux côtés par une membrane très-manifeste; corolles à tube grêle et court; anthères un peu exsertes, ayant l'appendice apiciaire elliptique-oblong, comme tronqué au sommet.

Nous avons observé, dans l'herbier du Muséum, deux échantillons de cette espèce, recueillis l'un et l'autre au Brésil, et assez différens pour être distingués comme variétés : l'un est celui qui vient d'être décrit; l'autre a la tige plus forte et plus rameuse, les feuilles elliptiques, hérissées sur les deux faces de poils nombreux, longs, articulés, et criblées en outre d'une multitude de petits points brillans jaunâtres, les calathides plus nombreuses et longues de quatre à cinq lignes.

Nothite pétiolée ; *Nothites petiolata*, H. Cass. Plante très-rameuse, presque glabre ; tige cylindrique, glabriuscule ; feuilles les unes opposées, les autres alternes, inégales ; les plus grandes à pétiole bien distinct, long de quatre lignes, linéaire, un peu pubescent, à limbe long de treize lignes, large de sept lignes, ovale, denté en scie, à dents obtuses, excepté près de la base, où les bords sont entiers; trois nervures principales nées de la base même du limbe ; les deux faces presque glabres ou à peine pubescentes, mais parsemées d'une multitude de points jaunes, brillans, très-manifestes en dessous; calathides nombreuses, longues d'environ cinq lignes, disposées en corymbes, à ramifications très-peu pubescentes, à pédoncules grêles ; péricline un peu pubescent, très-inférieur aux fleurs, formé de squames oblongues-lancéolées, plurinervées ; ovaires oblongs, hispidules, pentagones, ayant souvent sept ou huit nervures; aigrette composée d'environ douze à quinze squamellules, dont la partie inférieure est bordée sur les deux côtés d'une petite membrane fort étroite ; l'un des cinq ovaires de la calathide pourvu seulement d'une aigrette stéphanoïde, membraneuse, dentée; corolles probablement blanches, velues en dedans ; anthères surmontées d'un appendice apicilaire subcunéiforme, denticulé au sommet.

Cette dernière espèce, trouvée par Dombey dans le Pérou, près de Lima, et que nous avons observée, comme les autres, dans l'herbier du Muséum, se distingue facilement par ses feuilles très-manifestement pétiolées, par l'aigrette stéphanoïde de l'une des cinq fleurs de la calathide, par son port très-rameux, et par la glabréité apparente de toutes ses parties.

L'affinité des deux genres *Nothites* et *Stevia* est surtout évidemment démontrée par le *Nothites petiolata*, dont l'une des cinq aigrettes est presque constamment stéphanoïde. Cependant, le nouveau genre que nous proposons, étant composé de plusieurs espèces, mérite, ce nous semble, d'être distingué du *Stevia*, dont il diffère suffisamment par la structure de son aigrette, composée de dix à vingt squamellules libres, peu inégales, absolument semblables entre elles, longues, fili- formes, et bordées seulement en bas par une petite mem- brane linéaire, étroite, très-peu manifeste. Les apparences de cette aigrette sont telles, que les botanistes qui n'observe- roient pas très-attentivement sa base à l'aide d'une loupe, et qui consulteroient plutôt les caractères techniques que les rapports naturels, n'hésiteroient pas à rapporter les *Nothites* au genre *Mikania*. Le genre *Nothites* est un peu anomal dans le groupe des Agératées, parce que son fruit imite souvent plus ou moins celui des Liatridées ou des Tagétinées, et que son aigrette diffère très-peu de celle des Eupatoriées-Proto- types : c'est pourquoi nous le plaçons dans notre tableau mé- thodique (tom. XXVI, pag. 227) avant le *Stevia*. Il se trouve ainsi rélégué à l'une des extrémités de la série des Eupato- riées-Agératées, et rapproché du *Paleolaria*, qui termine la tribu des Adénostylées.

Le nom de *Nothites*, dérivé d'un mot qui signifie *bâtard*, convient assez bien à ce genre, qui semble, en apparence, être un produit hybride du *Stevia* et du *Mikania*, et qui d'ailleurs participe par quelques caractères aux trois différens groupes dont se compose la tribu des Eupatoriées. (H. Cass.)

NOTHOLÆNA. (*Bot.*) Genre de plantes de la famille des *fougères*, établi par R. Brown dans son Prodrome des plantes de la Nouvelle-Hollande. Ce genre est caractérisé par sa fructification disposée en sores ou lignes marginales, con- tinues ou interrompues, privées d'involucre ou indusium, à moins qu'on ne prenne pour tel quelques poils ou écailles, ou une espèce de laine propre à la fronde.

Ce genre, très-voisin des *acrostichum*, dont Gleditsch est réellement l'auteur, puisqu'il l'a établi sous le nom de *cin- cinalis*, sans en faire connoître les espèces, rassemble des plantes jusque-là disséminées dans les genres *Acrostichum*, *Grammitis*, *Ceterach*, *Pteris* et *Adiantum*, et quelques espèces nouvelles. On peut en porter le nombre total à vingt, et il est probable qu'il s'augmentera. Ces espèces habitent l'Amérique septentrionale, la Nouvelle-Hollande, les Indes orientales, à Ténériffe et au cap de Bonne-Espérance. Deux cependant croissent dans le Midi de l'Europe. Les frondes sont simplement ailées, ou plusieurs fois divisées.

Le Notholæna de Marante : *Noth. Marantæ*, Desv., Journ. bot., 1813, 1, p. 92 ; *Acrostichum Marantæ*, Linn. ; Willd., *Sp. pl.*, 5123 ; Schkuhr., *Crypt.*, 4, t. 4 ; Spreng., *Anleit.*, 3, t. 2, fig. 18 ; *Ceterach Marantæ*, Dec., Fl. fr. ; *Lonchitis*, Cam., *Epit.*, 666 ; Lobel, *Ic.*, t. 816. Ses frondes sont lancéolées, deux fois ailées, composées chacune de huit à douze frondules, vertes et lisses en dessus, couvertes d'écailles rousses et serrées ; les divisions des frondules sont entières, oblongues, obtuses, dilatées à la base. Cette jolie fougère forme des touffes dans les rochers du Midi de l'Europe. Ses frondes, portées sur des pétioles noirâtres, ont jusqu'à huit et dix pouces de longueur, mais communément elles n'ont que cinq ou six. Leur stipe est cylindrique, luisant et écailleux.

Le Notolæna velu : *Noth. vellea*, Nov. Holl., 2, Desv. ; *Acrostichum velleum*, Ait., Willd. ; *Acrostichum lanuginosum*, Desf. ; Atl., 2, tab. 256 ; Schkuhr., p. 8, tab. 1 ; *Filicula*, Pluk., *Alm.*, tab. 281, fig. 4 ; *Lonchitis*, Barr., *Icon.*, 857, 858. Ses frondes sont deux fois ailées, à frondules obtuses, avec leurs découpures sessiles, ovales, en cœur, obtuses, velues en dessus et en dessous, ainsi que le rachis et le stipe. Cette espèce, que les auteurs ont souvent confondue avec la précédente, dont elle a le port et les dimensions, se trouve dans les fentes des rochers dans le Midi de la France, en Espagne, en Barbarie, à l'île de Madère, etc. Le *notholæna vellea* de Rob. Brown est une espèce différente.

Le Notholæna pygmée ; *Noth. pumila*, R. Br., *Nov. Holl.*, 1, p. 145. Il a sa fronde pennée, glabre ; à trois ou sept frondules ovales, presque entières, un peu velues sur le bord. Cette espèce, trouvée à la Nouvelle-Hollande, se rapproche des *pteris* et des *cheilanthes*.

M. Desvaux, auquel nous devons la connoissance de la plus grande partie des espèces de ce genre, y rapporte le *grammitis cordata*, Sw. (décrit à l'article Grammitis) ; le *cheilanthes vestita*, Sw. ; l'*acrostichum albidulum*, Sw. ; le *pteris hirsuta*, Poir. ; et avec R. Brown, le *pteris trichomanoides*, Linn. (Lem.)

NOTHRIA. (*Bot.*) Genre du cap de Bonne-Espérance,

fait par Bergius, lequel est le *Frankenia hirsuta* de Linnæus. Ses filets d'étamines sont, suivant Bergius, réunis par le bas. (J.)

NOTHUS. (*Entom.*) On trouve ce nom dans l'Encyclopédie pour indiquer un genre de Coléoptères, qui comprend quelques espéces d'œdémères, dont le dernier article des palpes antérieurs est en rondache. (C. D.)

NOTIDANUS. (*Ichthyol.*) Voyez Griset. (H. C.)

NOTIJO, CAPAROSA. (*Bot.*) Le *vismea caparosa* de la Flore équinoxiale est ainsi nommé à Buéna-Vista en Amérique. (J.)

NOTIOPHILE, *Notiophilus*. (*Entom.*) Nous avons établi ce genre, dont le nom est emprunté du grec Νοτιῶς, *lieu humide, humidité*, et de φίλος, *qui aime*, pour caractériser et réunir un groupe de coléoptères de la famille des carnassiers ou créophages, qui ont la tête engagée dans un corselet carré; les yeux globuleux et le corps alongé et aplati.

Les espèces de ce genre avoient été confondues avec les élaphres, qui ont le corselet plus étroit que la téte, et dont toute l'habitude est différente.

Geoffroy a décrit l'une des espéces de ce genre, sous le nom de bupreste à tête cannelée, tome 1.er, page 157, n.° 31. Linnæus l'avoit d'abord placée à tort parmi les buprestes ou richards, puis avec les cicindèles.

1.° Le Notiophile aquatique, *Notiophilus aquaticus*. Nous l'avons fait figurer dans l'atlas de ce Dictionnaire, pl. 2, n.° 1.

Car. Il est brillant, d'un noir bronzé d'or.

2.° Le N. deux taches, *N. biguttatus*.

Car. Diffère de la précédente par *une tache jaune à l'extrémité de chaque élytre.*

Il y a encore deux ou trois autres espéces dans ce genre. (C. D.)

NOTIOS, OLOCHRYSOS. (*Bot.*) Noms anciens de la grande joubarbe, *sempervivum*, suivant Ruellius. (J.)

NOTITE. (*Min.*) Nom par lequel Jurine a voulu désigner une roche qu'il regardoit comme une sorte particulière et qu'il distinguoit par sa composition. Cette roche, dans laquelle, selon Jurine, le felspath, le mica et le quarz sont disséminés dans une pàte hétérogène argilo-siliceuse, ne nous a pas paru ni assez distincte des granites porphyroïdes, ni assez généralement répandue pour en faire une espèce à part. (B.)

NOT-KRAAKE. (*Ornith.*) Nom du casse-noix, *corvus caryocatactes*, Linn., en Norwége, où l'on appelle *not-skrika* le geai, *corvus glandarius*, Linn. (Cʜ. D.)

NOTOBASE, *Notobasis*. (*Bot.*) Ce genre de plantes, que nous avons indiqué dans notre article Lᴀᴍʏʀᴇ (tom. XXV, pag. 225), appartient à l'ordre des Synanthérées et à notre tribu naturelle des Carduinées. Voici les caractères génériques que nous avons observés sur des individus vivans.

Calathide incouronnée, équaliflore, pluriflore, obringentiflore, androgyniflore intérieurement, masculiflore extérieurement. Péricline ovoïde-subglobuleux, inférieur aux fleurs ; formé de squames régulièrement imbriquées, appliquées, coriaces ; les intermédiaires ovales-oblongues, pourvues d'une glande nerviforme derrière la partie supérieure, et surmontées d'un appendice étalé, arqué en dehors, long, épais, subtriquètre, linéaire, terminé par une épine. Clinanthe épais, charnu, planiuscule, garni de fimbrilles nombreuses, libres, inégales, longues, laminées. *Fleurs intérieures, hermaphrodites :* Ovaire ou fruit très-grand, très-comprimé bilatéralement, obovoïde, à contours arrondis, glabre, lisse, très-gibbeux extérieurement, comme renversé ou couché en arrière sur le clinanthe, auquel il adhère par le dos ; aréole basilaire très-longue, très-étroite, vulviforme, elliptique, linéaire, ou en sillon, située sur le côté extérieur de la base rationnelle du fruit ; péricarpe épais, devenant, après sa maturité, dur, corné, presque osseux ; plateau nul ou presque nul ; aigrette longue, blanche, composée de squamellules nombreuses, plurisériées, un peu inégales, imbriquées, laminées inférieurement, filiformes supérieurement, longuement et finement barbées, fixées sur la surface supérieure d'un anneau plat, ou calotte percée, cornée, qui couvre la bordure de l'aréole apicilaire du fruit et s'en détache par désarticulation après sa maturité ; une forte touffe de longues soies, analogues aux barbes des squamellules, forme le rang intérieur de l'aigrette. Corolle très-obringente. Étamines à filets velus. Style de carduinée. *Fleurs extérieures, mâles :* Faux-ovaire grêle, privé d'ovule,

et portant une aigrette de squamellules peu nombreuses, filiformes, non barbées, mais seulement barbellulées. Corolle,
étamines, style, comme dans les fleurs intérieures hermaphrodites.

Notobase de Syrie : *Notobasis syriaca*, H. Cass.; *Cirsium
syriacum*, Gærtn. ; *Carduus syriacus*, Linn. ; *Polyacantha
major, lanceolato folio, flore purpureo*, Vaill. C'est une plante
herbacée, annuelle, qui habite l'Espagne, la Barbarie,
l'Égypte, l'île de Crète, la Syrie; sa tige, haute de deux à
trois pieds, est droite, ordinairement simple. presque glabre; ses feuilles sont ovales-oblongues, à bords sinués, anguleux, épineux, à surface presque glabre, verte, avec des
taches blanches; les inférieures, plus larges, sont rétrécies
vers la base en une sorte de pétiole ; les supérieures sont un
peu amplexicaules; les calathides, composées de fleurs purpurines ou blanches, sont terminales et latérales, solitaires,
sessiles; la base de leur péricline est accompagnée de plusieurs
bractées remarquables par de grosses nervures blanches qui
se prolongent en épines.

Le *Polyacantha minor, lanceolato folio, flore purpureo*, de
Vaillant, doit-il être considéré comme une simple variété du
Notobasis syriaca, ou comme une seconde espèce du même
genre ?

Ce genre *Notobasis*, voisin du *Lamyra*, s'en distingue surtout parce que l'aréole basilaire du fruit est très-longue,
très-étroite, linéaire, en forme de sillon, et située sur le
côté extérieur de la base de ce fruit, qui se trouve ainsi
presque renversé ou couché en arrière sur le clinanthe, auquel il adhère par le dos, en sorte que l'axe du fruit forme
un angle avec l'axe de l'aigrette. Le nom de *Notobasis*, composé de deux mots grecs (νῶτος, dos ; βάσις, base), fait allusion à ce singulier caractère, que nous n'avons retrouvé chez
aucune autre synanthérée.

Notre tribu naturelle des Carduinées se compose maintenant
de trente-quatre genres ou sous-genres, dont voici la liste
alphabétique : *Alfredia*, H. Cass.; *Arctium*, Lam.; *Cardun-
cellus*, Adans.; *Carduus; Carthamus*, Gærtn.; *Cestrinus*, H.
Cass.; *Cirsium*, H. Cass.; *Cynara; Echenais*, H. Cass. ; *Eriolepis*, H. Cass.; *Fornicium*, H. Cass. *Galactites*, Mœnch; *Ho-*

henwartha ? Vest ; *Jurinea* , H. Cass. ; *Klasea* , H. Cass. ; *La-myra* , H. Cass. ; *Lappa* , Tourn. ; *Leuzea* , Decand. ; *Lophiolepis* , H. Cass. ; *Mastrucium* , H. Cass. ; *Notobasis* , H. Cass. ; *Onopix ?* Rafin. ; *Onopordon* , Vaill. ; *Onotrophe* , H. Cass. ; *Orthocentron* , H. Cass. ; *Picnomon* , Adans. ; *Platyraphium* , H. Cass. ; *Pternix ?* Rafin. ; *Ptilostemon* , H. Cass. ; *Rhaponticum* , Decand. ; *Serra-tula* , H. Cass. ; *Silybum* , Vaill. ; *Stemmacantha* , H. Cass. ; *Tyrimnus* , H. Cass.

Les trois genres *Hohenwartha* , *Onopix* , *Pternix* , compris dans cette liste, n'y sont admis qu'avec doute, parce que, ne les ayant point vus, nous ignorons si ce sont de véritables Carduinées. Tous les autres ont été observés par nous, et appartiennent bien légitimement à cette tribu : mais la plupart peuvent, si l'on veut, n'être considérés que comme des sous-genres. Nous allons indiquer très-sommairement le caractère essentiel et la composition de quelques-uns.

Notre genre *Cirsium* , caractérisé par les calathides unisexuelles et dioïques, se compose de deux espèces, qui sont le *Cirsium arvense* de Tournefort, Lamarck, De Candolle, et notre *Cirsium prœaltum* , décrit dans ce Dictionnaire (tom. XXVII, pag. 190), sous le nom de *Cirsium dioicum.* Notre genre *Eriolepis* , composé des *Cirsium eriophorum* et *lanceolatum* de Scopoli et De Candolle, a les calathides androgyniflores ; et il est caractérisé par l'appendice des squames intermédiaires du péricline, lequel est très-étalé, long, étroit, épais, roide, linéaire, subcylindracé, terminé par une épine longue et forte, et plus ou moins pourvu de poils très-longs, très-fins, aranéeux. Notre genre *Onotrophe* , caractérisé par les calathides androgyniflores, et par le péricline inerme ou non piquant (*periclinium innocuum*), comprend la plupart des espèces attribuées par les botanistes au *Cirsium* , et il se divise en deux sections : l'une, intitulée *Apalocentron* , se compose des espèces ayant, comme le *Cirsium oleraceum* , Decand., l'appendice des squames intermédiaires du péricline long, foliacé, plan, non roide, et terminé par une épine longue, molle, flexible, non piquante ; l'autre, intitulée *Microcentron* , se compose des espèces ayant, comme les *Cirsium palustre* , *acaule* , etc., l'appendice extrêmement petit ou presque nul, ordinairement réduit à une petite épine molle.

Notre genre *Serratula*, caractérisé par les calathides unisexuelles et dioïques, et par les squames du péricline pourvues d'un petit appendice inappliqué, subulé, coloré, formant une épine molle, ne comprend que la *Serratula tinctoria*, Linn. Notre genre *Mastrucium*, caractérisé par les
calathides couronnées, radiées, à disque androgyniflore et
à couronne féminiflore, et par les squames du péricline
entièrement appliquées, absolument privées d'appendice,
ne comprend que la *Serratula coronata*, Linn. Eufin, notre
genre *Klasea*, caractérisé par les calathides androgyniflores
et incouronnées, et par les squames du péricline pourvues
d'un petit appendice étalé, subulé, scarieux, roide, subspi-
nescent, comprend les espèces cultivées au Jardin du Roi
sous les noms de *Serratula centauroides*, *quinquefolia*, *heterophylla*, *pinnatifida*.

Notre genre *Platyraphium*, fondé sur le *Carduus diacantha*
de M. Labillardière, que nous avions mal à propos rapporté
au *Lamyra* (tom. XXV, pag. 221), diffère suffisamment de
ce genre par l'appendice des squames du péricline, qui est
peu distinct de la squame, foliacé, très-large à sa base,
laquelle n'offre aucune protubérance sur la face interne;
tandis que, chez les vraies *Lamyra*, l'appendice est étroit,
plus étroit dès sa base que le sommet de la squame, épais,
non foliacé, subulé, muni d'une protubérance sur la face
interne de sa base. Ajoutons que les corolles du *Platyraphium*
sont très-obringentes, et non subrégulières comme celles des
Lamyra. Le *Carduus afer* de Jacquin est peut-être une seconde
espèce de *Platyraphium*.

Notre genre *Orthocentron*, déjà indiqué dans ce Dictionnaire (tom. XXVII, pag. 184), est fondé sur le *Cnicus pun-
gens*, Willd. L'appendice des squames du péricline est étalé,
long, droit, subulé, roide, corné, spinescent; l'ovaire est
obovoïde, comprimé bilatéralement, surmonté d'un plateau
qui porte la corolle et le nectaire; l'aigrette barbée ou plu-
meuse est gris-roussâtre; la corolle est subrégulière; les étamines ont le filet glabre.

Notre genre *Ptilostemon*, qui a pour type la *Serratula cha-
mœpeuce*, Linn., si éloignée des autres Carduinées par son
port bien remarquable, se rapproche pourtant des *Lamyra*

par ses fruits épais, non comprimés, ovoïdes-subglobuleux, glabres, lisses, luisans, colorés, sans côtes ni angles, dépourvus de plateau, ayant l'aréole basilaire large, orbiculaire, non oblique, et portant une aigrette blanche; mais les appendices du péricline sont très-courts, épais, subcylindracés, coniques et spinescens au sommet; les filets des étamines sont élégamment plumeux; la corolle est obringente. Le *Cnicus fruticosus*, décrit par M. Desfontaines, dans son Histoire des arbres et arbrisseaux (tom. 1.ᵉʳ, pag. 280), est une seconde espèce de *Ptilostemon*. (H. Cass.)

NOTOCERAS. (*Bot.*) Genre de plantes dicotylédones, à fleurs complètes, polypétalées, régulières, de la famille des *crucifères*, de la *tetradynamie siliqueuse* de Linnæus, offrant pour caractère essentiel : Un calice dressé, égal à sa base, à quatre folioles; quatre pétales linéaires; six étamines tétradynames, sans dents; un ovaire supérieur; un style filiforme, très-court; un stigmate en tête; une silique bivalve, tétragone, à deux loges; les valves presque en carène, terminées par une pointe en forme de corne; les semences ovales, comprimées.

Notoceras des Canaries : *Notoceras canariense*, Rob. Brown, *in* Ait., édit. 2, vol. 4, pag. 117; Jacq., fils, *Eglog.*, tab. 111; Dec., Syst. vég., 2, pag. 203; *Erysimum bicorne*, Willd., *Spec.*, 3, pag. 51. Plante herbacée, dont la racine est grêle, blanchâtre, à peine fibreuse. Les tiges sont un peu rameuses dès leur base, diffuses, couvertes de poils rudes et couchés, ainsi que sur toutes ses parties; les feuilles oblongues, lancéolées, entières, rétrécies à leur base, un peu obtuses, longues de douze à quinze lignes; les fleurs jaunes, très-petites, disposées en grappes roides, d'abord très-courtes, puis alongées; les pédicelles courts, épais; les folioles du calice ovales, obtuses; les pétales un peu plus courts que le calice; les siliques roides, comprimées, tétragones, longues de trois lignes; les valves planes, terminées chacune par une petite corne subulée, avec le style court, filiforme entre les cornes, de même longueur; à quatre semences presque orbiculaires dans chaque loge. Cette plante croît dans les îles Canaries.

Notoceras d'Espagne : *Notoceras hispanicum*, Dec., Syst. vég., 2, pag. 204; *Diceratium prostratum*, Lagas., *Hort. Madr.*, pag. 20. Cette plante est très-voisine de l'espèce précédente ; elle en diffère par son port, qui a beaucoup moins de roideur ; ses tiges sont couchées ; toute la plante est couverte de poils blanchâtres , très-nombreux, roides , bifides ; les feuilles sont plus étroites, presque linéaires ; la corolle est inégale ; les deux pétales extérieurs plus longs que le calice. Cette plante croît aux lieux incultes, dans les royaumes de Mureic et de Grenade.

Notoceras a quatre cornes : *Notoceras quadricorne*, Dec., Syst. vég., 2 , pag. 204 ; *Erysimum quadricorne*, Willd. , *Spec.*, 3 , pag. 514. Petite plante couverte d'un duvet blanchâtre , mou et rameux ; sa racine est filiforme ; sa tige droite, cylindrique, à peine rameuse au sommet ; les feuilles sont oblongues, lancéolées , un peu obtuses, rétrécies à leur base , garnies de chaque côté d'une ou de deux dents courtes ; les fleurs très-petites , solitaires, axillaires, réunies en petites grappes courtes, opposées aux feuilles : elles ont le calice pubescent ; les pétales très-petits ou nuls ; les siliques velues, linéaires, un peu cylindriques ; chaque valve terminée par deux cornes, avec le style droit, plus court. Cette plante croît dans la Sibérie. (Poir.)

NOTOGASTROPUS. (*Crust.*) Ce nom a été employé par Vosmaër pour désigner un crustacé brachyure du genre Doripe. (Desm.)

NOTOGNIDION, *Notognidion*. (*Ichthyol.*) M. Rafinesque-Schmaltz a proposé d'établir sous ce nom un nouveau genre de poissons, qui semble tenir le milieu entre les centronotes et les spares ; mais qui diffère de ces derniers particulièrement en cela que sa nageoire dorsale est dépourvue de rayons épineux, et munie antérieurement de deux appendices ou protubérances déliées et molles.

Ce genre ne renferme encore qu'une espèce, c'est le

Notognidion scirenga , *Notognidion scirenga*. Corps comprimé ; museau très-obtus ; ligne latérale courbe au milieu , flexueuse, nageoire caudale quadrifide, nageoires pectorales obtuses ; teinte générale d'un rouge de vin uniforme, avec une multitude innombrable de petits points couleur de feu.

Ce poisson reste constamment petit et atteint tout au plus la taille de cinq pouces. Il habite les mers de la Sicile, où

il est très-rare et où les pêcheurs le nomment *Scirenga impe-*
rialis. (H. C.)

NOTONECTE, *Notonecta.* (*Entom.*) Linnæus a formé ce
nom, tiré de deux mots grecs, dont l'un, Νῶτος, signifie *le*
dos, et l'autre, Νεκτος, *qui nage,* pour indiquer un genre
d'insectes hémiptères de la famille des rémitarses ou hydrocorées, dont les espèces, qui sont toutes aquatiques, ont
l'habitude de se tenir renversées dans l'eau et de nager ainsi
sur le dos.

Nous caractérisons comme il suit le genre Notonecte.

Car. Corps alongé, convexe du côté du dos ; à écusson long,
distinct ; tarses à deux articles seulement ; les moyens et les
postérieurs déprimés, ciliés sur-les bords.

Ce genre se distingue ainsi de tous ceux de la même famille, qui ont aussi les élytres demi-coriaces ; le bec, paroiss-
sant naître du front, très-court et très-aigu ; les antennes en
soie, très-courtes, à peine de la longueur de la tête : d'abord
les ranatres et les nèpes ont l'abdomen terminé par une
sorte de queue, ou par un canal qui sert à leur respiration,
tandis que le ventre des notonectes est comme tronqué ; ensuite les tarses antérieurs des notonectes sont simples, quand
au contraire ils sont armés d'un crochet recourbé dans les
naucores et d'une sorte de pince ou de serre dans les si-
gares ou corises de Geoffroy.

Nous avons fait représenter une espèce de ce genre dans
l'atlas de ce Dictionnaire, pl. 37, fig. 4 *bis*; c'est,

1.º La Notonecte glauque, *Notonecta glauca* de Linnæus.
Geoffroy l'a décrite et figurée tome 1.er, pl. 9, fig. 6, sous le
nom de grande punaise à avirons, pag. 476, n.º 1.

Car. Élytres gris, à bord tacheté de brun ; l'écusson est
noirâtre ; tout le corps est comme huileux et couvert d'une
poussière glauque.

Cet insecte, qui a les pattes de derrière très-longues, nage
avec rapidité ; il pique fortement et fait ressentir une vive
douleur lorsqu'il enfonce sa trompe dans les doigts qui le
saisissent.

2.º Notonecte fourchue, *N. furcata.*

Car. Élytres bruns, à deux taches jaunâtres à la base ; l'extrémité libre est comme fendue.

3.º Notonecte très-petite, *N. minutissima.*

Car. Élytres d'un blanc grisâtre, tronqués; tête brune.

C'est la petite punaise à avirons de Geoffroy. On l'a regardée long-temps comme une larve; mais c'est un insecte parfait. (C. D.)

NOTONECTIDÉES. (*Entom.*) M. Leach a formé, sous ce nom, une famille d'insectes hémiptères, correspondante en partie à celle des Hydrocorées de M. Duméril, et renfermant principalement les genres Notonecte et Corise. (Desm.)

NOTOPÈDE. (*Entom.*) Ce nom a été employé pour désigner les insectes du genre des Taupins. (Desm.)

NOTOPODES. (*Crust.*) M. Latreille s'est servi de cette dénomination pour désigner une petite tribu de crustacés brachyures, dont les deux pieds de derrière, beaucoup plus petits que les autres, sont relevés sur le dos. Les genres Dorippe, Dromie, Homole et Ranine, composent cette tribu. (Desm.)

NOTOPTÈRE, *Notopterus.* (*Ichthyol.*) M. de Lacépède a donné ce nom à un genre de poissons osseux holobranches, apodes, de la famille des péroptères.

Long-temps confondu avec celui des gymnonotes, ce genre a des rapports de ressemblance plus marqués avec celui des harengs, et se reconnoît aux caractères suivans :

Une nageoire dorsale petite et molle; des catopes presque imperceptibles; nageoire anale très-longue; point de nageoire caudale; opercules et joues écailleuses; carène du ventre dentelée; dents maxillaires et palatines très-fines; langue armée d'autres dents fortes et crochues; corps fortement comprimé.

Les notoptères seront donc aisément distingués des Aptérichthes, qui manquent de toutes les nageoires en général; des Ophisures, dont le corps est arrondi; des Trichiures, qui n'ont point de nageoire anale; des Gymnonotes, qui sont privés de la dorsale; des Leptocéphales, qui n'ont point de pectorales; des Régalecs, des Monoptères et des Aptéronotes, qui ont une nageoire caudale. (Voyez ces différens noms de genres et Péroptères.)

On ne connoît encore dans ce genre que

Le Kapirat, *Notopterus kapirat,* Lacépède; *Gymnotus notopterus,* Linn.; *Tinca marina,* Bontius; *Clupea synura,* Schn.

35.

Nageoire du dos très-courte; museau court et arrondi; une petite ouverture au-dessus des yeux, qui sont grands; gorge et anus très-rapprochés l'un de l'autre; queue très-alongée: taille de huit à dix pouces.

Ce poisson fréquente la mer voisine d'Amboine. Il brille de l'éclat de l'or et de l'argent.

Et le Notoptère écailleux, *Notopterus squamosus*, Lacépède; *Gymnotus asiaticus*, Gmelin. Nageoire du dos fort longue; un petit barbillon comme tronqué au devant de chaque narine; dents acérées: couleur obscure, avec des bandes transversales brunes.

La taille de ce poisson est un peu supérieure à celle de l'espèce précédente. Il habite aussi les mers de l'Asie. (H. C.)

NOTORHIZÉES. (*Bot.*) M. De Candolle, dans le second volume de son *Systema naturæ*, partage les crucifères en cinq sous-ordres, dont le second, nommé par lui *notorhizeæ*, est caractérisé par les lobes de l'embryon, qui sont plans et appliqués contre un côté de la radicule; ce qu'il exprime par le terme *incumbentes*. (J.)

NOTOSTOMATES, *Notostomata*. (*Mamm.*) M. Leach a nommé ainsi une sous-classe d'arachnides, comprenant le seul genre Nyctéribie. M. Latreille, qui a fondé ce genre, l'avoit aussi rangé primitivement dans la classe des arachnides; mais il l'a rapporté depuis à celle des insectes, en le plaçant au voisinage des hippobosques et des mélophages. M. Leach, qui n'avoit d'abord pas tenu compte de ce changement, l'a adopté dans ces derniers temps. (Desm.)

NOTOXE, *Notoxus*. (*Entom.*) Nom imaginé par Geoffroy, employé par Schæffer, adopté ensuite par Fabricius pour désigner le même genre d'insectes que Geoffroy avoit appelé *cucule* en francois. Ce sont des coléoptères à cinq articles aux deux paires de pattes antérieures, et à quatre à la paire postérieure, par conséquent du sous-ordre des hétéromérés; à élytres mous et flexibles, par conséquent de la famille des vésicans ou épispastiques.

Ce nom, dont l'étymologie, donnée par Geoffroy, est dos pointu, Νῶτός-οξύς, réunit des insectes qu'on peut ainsi caractériser: *antennes grenues; tête arrondie, reçue dans une cavité du corselet, qui est surmonté d'une corne.*

Mais, par un abus d'autocratie que s'étoit arrogée Fabricius, cet auteur a cru pouvoir changer le nom de *notoxus*, donné par Geoffroy, et tout en conservant le nom pour quelques espèces voisines, mais dont le corselet n'est point surmonté d'une corne, il a indiqué celles qui sont dans ce cas sous le nom d'*anthicus*. C'est pour éviter la confusion que nous avons adopté ce dernier nom. Voyez tom. II, p. 202. (C.D.)

NOTRÈME, *Notrema*. (*Malacoz*.) M. Rafinesque-Schmaltz a proposé sous cette dénomination, dans le Journal de physique (année 1819 — Août), un genre de mollusques conchylifères, de la coquille duquel il est assez difficile de se faire une idée. Il dit que l'animal est mutique ; se fixant comme les patelles ; que sa tête est alongée, tronquée, et que ses yeux sont sessiles. La coquille est formée de trois valves inégales ; la première ou la plus grande, est ovale, patelliforme, arrondie, convexe et perforée au sommet ; la seconde est petite, latérale, inférieure, et sert de support ; enfin, la troisième est operculiforme, et sert à fermer la perforation de la première. Ce genre ne contient qu'une seule espèce, que M. Rafinesque nomme le N. PATELLOÏDE, *N. patelloidea*, dont il ne donne pas de description et qui habite sur les rochers de l'Ohio. D'après le peu que dit l'auteur que nous venons de citer, de ce singulier mollusque, nous avons cru qu'il seroit possible de s'en faire une idée, en supposant une hipponyce à support distinct et dont le sommet seroit percé et fermé par une sorte d'opercule analogue peut-être à la pièce qui ferme l'ouverture supérieure des fissurelles. (DE B.)

NOTSIO. (*Bot*.) Voyez NODJEN-KADSURA. (J.)

NOTTOLA, NOTTOLO. (*Mamm*.) Ces noms italiens désignent les chauve-souris en général. Daubenton les a appliqués à une espèce de vespertilion des environs de Paris, la noctule. (DESM.)

NOTTOLA. (*Ornith*.) L'engoulevent, *caprimulgus europœus*, Linn., se nomme ainsi en Toscane. (CH. D.)

NOTWACKA. (*Ornith*.) Nom suédois, qui s'écrit aussi *notkraka*, et qui désigne le casse-noix, *corvus caryocatactes*, Linn. (CH. D.)

NOU, NIOU ou GNOU. (*Mamm*.) Noms divers de l'ANTILOPE GNOU. (DESM.)

NOUA-NIROUEA. (*Bot.*) Nom galibi, cité par Aublet, de son caffeyer paniculé, *coffea paniculata.* C'est le voua-virouea des Garipous. (J.)

NOUCHALEI. (*Bot.*) Burmann, dans son *Fl. ind.*, cite ce nom indien pour son *nymphœa nouchali*, qui se trouve sur la côte de Coromandel, et qui est remarquable par ses feuilles ovales et entières et par ses fleurs bleues. (J.)

NOUFAR. (*Bot.*) Voyez Naufar. (J.)

NOULOURHUE. (*Bot.*) Surian, dans son Catalogue, cite sous ce nom caraïbe une espèce de savonnier, dont il dit les graines savonneuses et employées aussi pour faire des chapelets. (J.)

NOUNA. (*Bot.*) Dans un herbier de Pondichéry on trouve sous ce nom un mauvais échantillon d'un arbre de la famille des rubiacées, qui paroît être un *psychotaria.* (J.)

NOURAIN. (*Ichthyol.*) Voyez Norrin. (H. C.)

NOURIDOU. (*Mamm.*) Nom sous lequel on désigne les cochons d'un an en Languedoc. (Desm.)

NOUZILIO. (*Ornith.*) Le roitelet est ainsi appelé en Languedoc, selon l'abbé de Sauvages. (Desm.)

NOVACULA. (*Ichthyol.*) Voyez Rason. (H. C.)

NOVACULITE (*Min.*), c'est-à-dire *pierre à rasoir.* Kirwan a donné ce nom au Schiste coticule de Wallerius. Voyez ce mot. (B.)

NOVELLA. (*Bot.*) Nom donné par Rumph, dans son *Herb. Amb.*, à deux arbres très-différens : le *novella nigra* est le sebestier, *cordia sebestena*; le *novella littorea* est le *buparite* du Malabar, *hibiscus populneus* des botanistes. (J.)

NOYAU, *Pyrœna, Nucleus.* (*Bot.*) Sorte d'enveloppe auxiliaire d'une ou plusieurs graines, formée par la solidification de la paroi interne du péricarpe.

Le noyau est globuleux dans la cerise, comprimé dans la prune, sans valve dans l'olive, à deux valves dans la noix, à une loge dans l'amande, à deux loges dans le jujube, à plusieurs loges dans le *tectona.* Sa consistance, osseuse dans la plupart des drupes, est comme du parchemin dans l'*areca*, et comme une simple membrane dans la datte.

Lorsqu'il y a plusieurs noyaux dans un fruit, ces noyaux prennent le nom de nucules. Ils sont plus ou moins obliques et disposés autour de l'axe du fruit : exemple, néfle, etc.

Le noyau est souvent conformé comme un nucule (abricot, pèche, cerise, etc.); mais souvent il offre une structure régulière et des loges rayonnantes, de façon qu'il semble être produit par le rapprochement et la soudure de plusieurs nucules : tel est le noyau du *melia azedarach*. (Mass.)

NOYAU D'OLIVE. (*Conchyl.*) Les marchands de coquilles nomment encore quelquefois ainsi dans les ventes la volute rustique (*voluta rustica*, Linn., Gmel.), type du genre Colombelle de M. de Lamarck. Voyez ce mot. (De B.)

NOYER; *Juglans*, Linn. (*Bot.*) Genre de plantes dicotylédones polypétales, que M. de Jussieu place à la suite des *térébintacées*, comme ayant de l'affinité avec cette famille et dont M. De Candolle fait le type d'une famille particulière, à laquelle il donne le nom de *juglandées*. Dans le système sexuel le *Juglans* appartient à la *monoécie polyandrie*. Dans ce genre les fleurs sont unisexuelles sur le même individu, les mâles imbriquées sur des chatons cylindriques; les femelles sessiles, solitaires ou réunies au nombre de deux, trois ou quatre, rarement en plus grand nombre. Dans les fleurs mâles le calice est formé d'une écaille d'une seule pièce; la corolle est à six découpures, et il y a quinze à vingt étamines insérées sur un disque glanduleux. Dans les fleurs femelles le calice est monophylle, adhérent à l'ovaire; la corolle est monopétale, à quatre lobes; l'ovaire est adhérent au calice, surmonté de deux styles courts, terminés par des stigmates réfléchis. Le fruit est un drupe contenant une noix monosperme, à deux valves.

Les noyers sont de grands arbres à feuilles alternes, ailées avec impaire, rarement ternées; leurs fleurs femelles sont terminales, solitaires ou réunies plusieurs ensemble ; leurs fleurs mâles sont portées sur des chatons axillaires, alongés, cylindriques, simples ou composés.

Le nom latin du noyer, *juglans*, est formé des deux mots *jovis glans*, gland de Jupiter, et c'est la supériorité de ses fruits sur ceux du chêne qui lui a valu cette dénomination; les anciens appliquant le plus souvent le nom de *glans* à la plupart des fruits analogues à ceux-ci. C'est dans le même sens qu'on trouve quelquefois le noyer désigné en grec, sous le nom de διος βαλανος, gland des dieux.

Les botanistes comptent aujourd'hui environ vingt espèces de noyers, mais toutes ne sont pas encore bien connues; nous ne parlerons ici que de celles qui peuvent intéresser par leurs usages et leurs propriétés. M. Michaux, qui sous ce rapport a très-bien fait connoître les espèces d'Amérique, divise les noyers en deux sections, selon que les fleurs mâles sont disposées en chatons simples ou composés; nous suivrons cette division.

* *Fleurs mâles disposées en chatons simples.*

Noyer royal, vulgairement Noyer commun, ou seulement le Noyer; *Juglans regia*, Linn., *Spec.* 1415; Duham., Nouv, édit., 4, p. 173, t. 47. Le noyer est un arbre de première grandeur, dont les branches forment une belle tête étalée et touffue. Son tronc est lisse, d'une couleur cendrée dans les jeunes arbres, il devient gercé dans les plus vieux et acquiert avec l'âge huit à douze pieds de circonférence. Ses feuilles sont amples, ailées avec impaire, composées de sept à neuf folioles ovales-oblongues, glabres, luisantes, d'un beau vert. Les fleurs mâles sont verdâtres, disposées en chatons simples, épais, cylindriques, longs de trois pouces et plus, pendans et axillaires; les femelles sont vertes, solitaires à l'extrémité des jeunes rameaux, ou plus communément deux à trois ensemble, et même, dans une variété, réunies en beaucoup plus grand nombre. Il succède à ces dernières des fruits qui sont des drupes ovoïdes ou globuleux, enveloppés d'une sorte de pulpe épaisse, charnue, d'une belle couleur verte, très-lisse, connue sous le nom de brou, formée par le calice persistant, et sous laquelle est une noix composée de deux coques ligneuses, ridées, contenant une amande blanche, ferme, divisée en quatre lobes. Le noyer commun est originaire de l'Asie et notamment des bords de la mer Caspienne, où Michaux l'a trouvé en abondance, dans le voyage qu'il fit en Perse, en 1782; mais il a été transporté depuis un si grand nombre de siècles dans les parties moyennes et méridionales de l'Europe, et il y est maintenant si répandu, qu'on le trouve presque aussi communément que beaucoup de nos

arbres indigènes; cependant il se multiplie rarement de lui-
même et il ne forme pas naturellement des forêts.

Cultivé depuis les temps les plus reculés, le noyer a produit
beaucoup de variétés; nous indiquerons seulement les principales.

NOYER A TRÈS-GROS FRUIT ou NOIX DE JAUGE; *Nux juglans
fructu maximo*, Bauh., Pin., 417. Ses fruits sont deux à trois
fois plus gros que les noix communes, mais, en se desséchant,
leur amande diminue de moitié; cela fait qu'ils ne sont
bons à manger que frais, et qu'ils ne valent rien pour garder;
il n'est d'ailleurs pas rare que l'amande soit entièrement
avortée. Les arbres de cette variété s'élèvent plus rapidement et plus haut que le noyer commun, et le feuillage
est plus large, plus épais; mais le bois est d'une qualité inférieure.

NOYER A GROS FRUIT LONG : *Juglans fructu magno oblongo*.
Sa noix a quinze lignes de diamètre sur dix-huit à vingt
lignes de longueur; son amande remplit toujours bien la coque,
qui est peu dure. C'est une des meilleures variétés à cultiver
pour le produit.

NOYER A COQUE TENDRE ou NOIX DE MÉSANGE; *Nux juglans,
fructu tenero et fragili putamine*, Bauh., Pin., 417. La coquille
de sa noix est si tendre qu'elle se brise facilement entre les
doigts, et que les mésanges la percent aisément avec leur
bec pour se nourrir de l'amande, dont elles sont très-friandes.
Cette noix est très-agréable pour manger à table, et son
amande, d'un goût plus délicat que celle de l'espèce commune, remplit toujours bien la cavité de la coque; elle fournit d'ailleurs une grande quantité d'huile. Cette variété n'est
pas très-répandue.

NOYER A COQUE DURE ou NOIX ANGULEUSE, NOIX ANGLEUSE;
Nux juglans fructu perduro, Tournef., *Inst.*, 581. Cette variété
a reçu son nom de l'épaisseur de sa coque, qui est si dure
qu'il faut un marteau pour la casser; elle est d'ailleurs plus
ronde et relevée d'angles, qui se réunissent à son sommet
pour y former une pointe piquante. Son amande, quoique
petite, fournit autant d'huile que de plus grosses et d'une
très-bonne qualité. Le bois est plus fort, plus dur et plus
agréablement veiné que celui des autres variétés.

Noyer tardif, Noyer de la Saint-Jean; *Nux juglans fructu serotino*, Bauh., Pin., 417. Cette variété ne commence à pousser ses feuilles qu'en Juin, et ne fleurit que vers la fin de ce mois, environ à la Saint-Jean. Elle a l'avantage dans les contrées sujettes aux gelées tardives d'y être peu ou point exposée; mais elle a un autre inconvénient dans ces mêmes contrées, c'est que son fruit n'y mûrit pas parfaitement bien, n'est pas de garde et n'est guère bon qu'à être mangé frais.

Noyer a grappe; *Nux juglans fructu racemoso erecto*, Duh., Arb. 2, p. 1, n.° 8. Cette variété est rare et n'est pas aussi répandue qu'elle mériteroit de l'être; ses fruits, de la grosseur des noix ordinaires, sont disposés en grappe et rassemblés par douze, quinze et jusqu'à vingt. Nous en avons vu, il y a quelques années, un bel individu dans le jardin de M. le Dru, à Fontenay-aux-Roses. Duhamel en indique deux sous-variétés; l'une, dont l'écorce ligneuse du fruit est dure, et l'autre, dans laquelle cette écorce est fragile.

Noyer bifère ou Noyer qui donne des fruits deux fois l'an; *Nux juglans bifera*, Bauh., Pin., 417. Cette variété n'est pas connue dans les pépinières de Paris et des environs. Garidel, dans son Histoire des plantes des environs d'Aix, l'indique comme étant assez commune dans le pays; mais il n'explique pas si elle donne deux récoltes de fruits; il dit seulement que c'est l'espèce de noix que les Provençaux appellent *Aoustenque*, et qu'on pourroit aussi la nommer *Nux præcox*.

Noyer a petit fruit; *Nux juglans fructu minimo*, Garid., Aix, 529. Cette variété est rare, probablement parce qu'elle est peu avantageuse à cultiver, ses fruits étant moitié plus petits que les noix ordinaires; les arbres en portent d'ailleurs une très-grande quantité. On la trouve en Provence.

Noyer hétérophylle, *Juglans regia heterophylla*. Cette variété est remarquable par la figure bizarre et singulière de ses feuilles, qui sont toutes de forme et de grandeur différentes; celles-ci sont composées de onze à treize folioles, et, à l'exception des deux folioles inférieures, qui sont ovales ou ovales-lancéolées, toutes les autres sont deux à trois fois plus longues, et les unes lancéolées, entières ou ondulées en

leurs bords; les autres irrégulièrement lobées et diversement
laciniées ou pinnatifides, même décidément ailées. Outre la
physionomie particulière que cet arbre reçoit de son feuillage, l'inclinaison de ses branches, presque à la manière du
frêne pleureur, lui donne encore un port particulier et singulièrement pittoresque. Ses noix sont arrondies, de la grosseur des noix communes, et leur coque est si tendre qu'elle
se brise facilement pour peu qu'on la presse entre les doigts;
l'amande en est d'ailleurs très-bonne. L'arbre ne commence
à entrer en végétation et à fleurir que quinze jours à trois
semaines après le noyer commun, ce qui fait qu'il est peu
sujet aux gelées tardives du printemps. Nous devons la connoissance de ce noyer à M. le comte de Montbron, qui le
cultive dans ses propriétés près de Châtelleraut depuis une
douzaine d'années, et qui a bien voulu, il y a cinq ans, nous
en donner un individu que nous possédons encore et que nous
chercherons à multiplier par la greffe quand il sera plus fort.
Jusqu'à présent notre arbre n'a point encore donné de chatons mâles ; mais déja il a rapporté deux fois deux petites
noix, que nous avons semées chaque année. La première fois
ces noix n'ont pas levé; mais celles de l'année dernière ont
produit deux petites plantes dont les feuilles étoient assez
semblables les unes aux autres, mais dont presque toutes les
folioles étoient dentées. Nous ignorons si cette variété est la
même que celle qui est indiquée dans Tournefort (*Inst. rei
herb.*, 581), sous le nom de *Nux juglans foliis laciniatis*. Elle
paroîtroit être celle que M. Bosc (Dictionnaire raisonné
d'agriculture, 1822, vol. 10, p. 376) a nommé *Juglans expansa*,
dont les feuilles, dit-il, sont très-dentelées, et les branches
disposées horizontalement.

On ne sait pas positivement l'époque de l'introduction du
noyer en Europe. Un auteur moderne (M. Reynier, de Lau-
sanne) pense que cet arbre n'étoit pas encore cultivé en Grèce
au temps de Théophraste, quoiqu'il l'ait été peu de temps
après, et que le nom de καρυον ne s'appliquoit alors qu'aux
noisettes et quelquefois aussi aux amandes et aux châtaignes.
Il croit que le καρυον de l'île de Thasos, mentionné dans
Athénée et dans les Géoponiques, pouvoit être l'amande à
coque tendre que Pline et Macrobe nomment *Mollusca*, et

dont Caton a peut-être voulu parler sous le nom de *Nux græca*. Ce qu'on trouve dans Théophraste ne peut guère expliquer la matière. Quant à Pline, son *Nux juglans* est bien certainement notre noyer, et la bonne description qu'il donne de ses noix met la chose hors de doute ; mais il ne fixe aucune époque pour l'introduction de cet arbre en Grèce et en Italie, il dit seulement que les noms grecs qu'on lui donne prouvent qu'il a été transporté en Europe par des Rois.

Chez les Romains, les jeunes époux, après la cérémonie du mariage, jetoient des noix au peuple, sans doute pour annoncer que désormais ils renonçoient aux jeux de leur enfance, pour s'occuper de soins plus sérieux :

> *Mopse, novas incide faces, tibi ducitur uxor;*
> *Sparge, marite, nuces, tibi deserit Hesperus Ætam.*
>
> VIRGIL., Egl. 8.

Cet usage s'est conservé dans plusieurs contrées du Midi, où la jeune épouse, après avoir reçu la bénédiction nuptiale, jette encore, comme autrefois, des noix et des amandes aux spectateurs.

Le moyen qu'on emploie ordinairement dans les campagnes pour abattre les noix, a inspiré à un poëte qui, sans doute, n'aimoit pas les femmes, et dont le nom ne nous est pas connu, un distique dans lequel on ne peut voir qu'une mauvaise plaisanterie.

> *Nux, asinus, mulier, simili sunt lege ligata;*
> *Hæc tria nil fructus faciunt si verbera cessant.*

Les anciens croyoient que le voisinage du noyer étoit nuisible aux autres végétaux ; c'est d'après cette opinion qu'Ovide, dans son petit poëme *De Nuce*, a fait dire à cet arbre :

> *Me, sata ne lædam, quoniam sata lædere dicor,*
> *Imus in extremo margine fundus habet.*

On trouve aussi dans les anciens auteurs que ses émanations pouvoient produire divers accidens, comme des maux de tête, la fièvre, etc., à ceux qui se reposoient sous son ombrage ; et c'est de là que quelques étymologistes ont fait dériver le mot *nux*, de *nocere*, nuire ; mais cela ne peut être admis, puisque les Latins, avant de connoître le noyer, em-

ployoient déjà le mot *nux* pour désigner le fruit du noiset-
tier, *nux avellana*, le fruit du pin, *nux pinea*, etc.

Le noyer est un des arbres qui mérite le plus l'attention
des cultivateurs, à cause des avantages qu'il présente sous
le double rapport des fruits qu'il donne et du bois qu'il
fournit aux arts.

Les noix se mangent fraîches et sèches. Un peu avant leur
maturité on les nomme cerneaux, après que leur coquille
est fendue en deux et que leur jeune amande en est retirée.
C'est surtout dans les villes qu'on les prépare de cette manière
et qu'on les mange principalement assaisonnées avec du sel
et du verjus; à Paris, la consommation qu'on en fait chaque
année, de la fin de Juillet au commencement de Septembre,
est énorme. A cette dernière époque, leur coquille a acquis
toute sa solidité; mais l'amande, encore fraîche, peut facilement être dépouillée de la pellicule qui la recouvre, et elle
est fort agréable à manger; elle se digère d'ailleurs facilement.
L'hiver, les noix se mangent sèches; mais alors elles ne tardent
pas à contracter une âcreté qui diminue beaucoup de leur
agrément : elles provoquent facilement la toux et elles deviennent indigestes à cause de l'huile qu'elles contiennent ; on
ne peut plus en manger qu'en petite quantité. Cependant, en
les mettant tremper quelques jours dans l'eau, l'amande se
gonfle, peut se dépouiller de sa peau et elle devient encore
assez bonne. Au reste les noix ne peuvent jamais se conserver
d'une année sur l'autre, sans contracter une saveur âcre et
rance insupportable.

Avec les noix sèches pelées et du sucre, on fait une espèce
de conserve brûlée qui est assez agréable, c'est ce qu'on appelle *nouga*; mais celui fait avec les amandes douces est beaucoup meilleur.

Long-temps avant leur maturité, lorsque le bois de leur
coquille est encore herbacé, dès le mois de Juin ou le commencement de Juillet, on fait avec les jeunes noix et du
sucre, des espèces de confitures; qui se préparent avec l'enveloppe ou brou, ou sans le brou ; les premières passent pour être
plus stomachiques; les dernières sont plus agréables au goût.
A l'époque où l'on confit les noix, on peut aussi en faire
une liqueur de table, en mettant infuser une douzaine de

ces jeunes fruits dans une pinte d'eau-de-vie et en ajoutant ensuite suffisante quantité de sucre.

« L'usage le plus général qu'on fait des noix sèches, dit Duhamel, est d'en retirer l'huile. Pour cela on ôte la coquille et les cloisons qui séparent les amandes : on fait un peu sécher celles-ci dans un four qui doit avoir peu de chaleur ; on les broie ensuite sous une meule verticale, semblable à celle que l'on emploie pour les olives ; et la pâte que cette opération produit, se renferme dans des sacs de toile forte, que l'on porte sous la presse pour en retirer l'huile. Celle qui coule de cette expression s'appelle *huile tirée sans feu*, et il y en a qui la préfèrent au beurre et à l'huile d'olives pour faire les fritures. On retire ensuite cette pâte des sacs pour la mettre dans de grandes chaudières, sur un feu lent avec un peu d'eau bouillante ; puis on la remet dans des sacs sous la presse, pour en retirer une seconde huile qui a une odeur désagréable, mais qui est bonne pour les lampes, pour faire du savon, et excellente pour les peintres, surtout quand on a soin de l'engraisser, en la faisant cuire avec de la litharge ou quelque autre préparation de plomb. Pour avoir l'huile grasse plus belle, on met l'huile dans des vases de plomb de forme aplatie, comme une soucoupe, exposés au grand soleil, où, quand elle a pris la consistance de sirop épais, on la dissout avec de l'essence de térébenthine ; on peut alors en faire un vernis gras, qui est assez beau, appliqué sur les ouvrages de menuiserie ; on peut encore la broyer avec différentes couleurs, qui alors sèchent très-vite et deviennent fort brillantes. »

Le marc qui reste après l'extraction de l'huile de noix forme une sorte de pain, qu'on donne à la volaille pour lui servir de nourriture. Ce marc, lorsqu'on le brûle, répand une flamme très-claire ; les habitans des campagnes en font, dans quelques cantons, un moyen d'éclairage.

L'huile de noix et quelques autres parties du noyer sont quelquefois employées en médecine ; mais en général on n'en fait que peu d'usage sous ce rapport. On peut, avec les noix nouvelles, faire des émulsions comme avec les amandes douces. En distillant les fleurs et les fruits dans trois états différens, on obtient dans les pharmacies l'eau des trois noix

qui étoit jadis plus qu'aujourd'hui employée comme stomachique, anti-hystérique et hydragogue. Les anciens croyoient
les noix alexipharmaques, et c'est ce qui leur a valu une place
dans l'antidote de Mithridate; mais, à en juger par la composition de ce fameux remède, ce prince savoit bien mieux
combattre les Romains que les poisons. L'huile de noix récente
est purgative et vermifuge, on l'a préconisée contre le tænia;
il faut la donner à la dose de quatre à cinq onces tous les
jours, jusqu'à l'expulsion du ver. Cette huile est plus particulièrement d'usage en lavemens dans le traitement de la
colique des peintres. En général, on peut la substituer dans
la pharmacie aux autres huiles; mais on ne doit s'en servir
que lorsqu'elle est fraîche, et elle a l'inconvénient de rancir
promptement.

Le brou des noix, qui contient beaucoup de tanin et
d'acide gallique, est tonique et astringent; il a quelquefois
produit le vomissement et la purgation; il a aussi été vanté,
par les uns comme vermifuge, et par les autres comme sudo-
rifique.

L'écorce moyenne de noyer, recueillie au printemps, desséchée et réduite en poudre, a été indiquée comme émé-
tique; les chatons mâles possèdent surtout cette propriété.
L'écorce des racines, macérée dans le vinaigre, est rubéfiante
et pourroit servir à former des exutoires.

Nous croyons inutile de rapporter ici beaucoup d'autres
propriétés attribuées aux diverses parties du noyer; J. Bauhin, dans son Histoire des plantes, et Buchner, dans sa
Dissertation de *Nuce juglande*, en ont fait une longue énumération.

On avoit déjà reconnu que la séve de noyer étoit extrêmement douce; mais M. Banon, pharmacien à Toulon, est
le premier qui en ait retiré de véritable sucre. C'est à la fin
de l'hiver et pendant tout le printemps qu'on peut se livrer
à cette exploitation. Au moyen d'une tarière de fer d'un
demi-pouce de diamètre, on fait au tronc du noyer un trou
de trois pouces de profondeur, dans lequel on enfonce une
canule de roseau ou de bois de sureau dont on a retiré la
moelle : bientôt la séve découle abondamment par ce conduit;
on la recueille dans un vase de terre. L'endroit où il faut

perforer l'arbre n'est pas indifférent : la séve est presque insipide lorsqu'on la prend près de la terre ; elle est de plus en plus sucrée en approchant de la partie supérieure du tronc de l'arbre. Il résulte des expériences faites à ce sujet par M. Banon, qu'il faut faire les trous dans l'arbre le plus haut possible, et jamais au-dessous de seize pouces, à compter du niveau du terrain. La séve coule pendant un mois au moins, si l'on ne fait qu'une ouverture. On doit toujours commencer par le côté exposé au midi, parce que la plus grande quantité de lumière et de chaleur contribue singulièrement à la quantité et à la qualité de la séve. On peut faire deux à trois ouvertures, mais il faut s'en abstenir autant que possible, de crainte d'épuiser l'arbre par cette quantité de saignées. Le côté du levant et celui du couchant doivent être percés lorsque celui du midi ne donne plus ; le côté du nord doit être réservé pour la dernière saison. On ne peut déterminer exactement la quantité de séve que fournit chaque noyer ; elle varie selon une foule de circonstances. La séve est claire et limpide comme de l'eau. On ne peut la conserver plus de vingt-quatre heures ; car au bout de ce temps elle passe à la fermentation alcoolique.

Pour la convertir en sucre on commence par la passer à travers une toile, afin de la débarrasser des parties ligneuses et autres corps étrangers qui pourroient y être mêlés ; ensuite on la fait évaporer dans des chaudières très-évasées. Quoique le sucre de noyer ne contienne pas d'acide libre, puisqu'il ne rougit pas les couleurs bleues végétales, il est cependant à propos d'y ajouter un peu de chaux pour saturer l'acide qui se forme par l'action de la chaleur et dont la présence nuiroit à la cristallisation du sucre. On enlève les écumes avec soin ; on clarifie avec des blancs d'œuf ou du sang de bœuf ; on filtre, on remet sur le feu, et l'on fait cuire en consistance de sirop. Lorsque celui-ci a acquis le degré de cuisson nécessaire ; on le verse dans de grands cônes d'argile non vernissés et trempés préalablement dans l'eau. Le sucre critallise au bout de quinze jours en grains semblables au sucre brut de canne : on peut l'employer, selon M. Banon, aux mêmes usages et à la même dose sans y trouver de goût étranger. Le sucre brut de noyer paroît même, d'après lui, préférable au sucre de canne, car il contient beaucoup moins de mucoso-sucré ou de mélasse, et l'on peut le faire cristalliser presque jusqu'à la derniére goutte. En général, un quintal de séve donne deux livres et demie de sucre brut, qui peut être raffiné et converti en pains très-blancs et très-sonores par les procédés ordinaires; mais l'avantage de l'avoir sous cette forme et dans cet état de pureté, est acheté par la perte d'un tiers de sucre.

On doit regretter que M. Banon n'ait transmis aucune donnée exacte sur les frais d'exploitation, et qu'il n'ait pas joint à son mémoire (envoyé à la Société médicale d'émulation) un échantillon du sucre qu'il a obtenu. Dans quelle proportion, d'ailleurs, la séve est-elle fournie par chaque arbre, et n'est-il pas à craindre que la soustraction de cette séve ne soit nuisible à la production des fruits? car si, comme on peut le soupçonner, la quantité des fruits étoit beaucoup diminuée sur les noyers qu'on auroit privés d'une partie de leur séve, il n'y auroit aucun avantage à en extraire du sucre; et d'ailleurs reste encore à savoir si, dans tous les cas, les frais n'absorberoient pas les bénéfices.

Les teinturiers emploient les racines de noyer et le brou des noix pour donner à certaines étoffes une couleur brune, qui est très-solide. Dès le temps de Pline on se servoit de l'enveloppe des noix pour teindre les laines, et on employoit aussi à cette époque les petites noix toutes jeunes pour donner aux cheveux une couleur blonde. En faisant macérer le brou, on en prépare une couleur avec laquelle on peut donner aux bois blancs une teinte qui imite, en quelque sorte, celle du bois de noyer. Les menuisiers et les ébénistes emploient souvent cette couleur, qu'ils préparent facilement dans le temps que se vendent les cerneaux, et qui se conserve long-temps.

Le bois de noyer est doux, liant et flexible; il se taille bien au ciseau et prend au rabot un beau poli. Dans sa jeunesse il a peu de valeur, parce qu'il est blanchâtre, sujet à être attaqué des vers; mais il prend en vieillissant une couleur brune et se veine quelquefois d'une manière fort agréable. C'est un des plus beaux bois de l'Europe et celui qu'on emploie le plus pour faire des meubles de toute sorte, comme bois de lit, tables, commodes, secrétaires, chaises, etc. : il offre l'avantage, lorsqu'il est bien sec, de ne pas se tourmenter ; c'est ce qui le faisoit employer autrefois par les peintres, lorsqu'il étoit plus d'usage de faire beaucoup de tableaux sur bois plutôt que sur toile. Les tourneurs, les sculpteurs, les carrossiers, les armuriers, en emploient beaucoup, et jusqu'à présent aucun autre bois indigène n'a pu remplacer celui de noyer pour la monture des fusils de guerre, et sous ce rapport il fut même un temps en France, où les manufactures d'armes eurent de la peine à s'en procurer assèz pour leurs besoins.

Dans certains départemens du Midi et du centre de la France, le principal usage du bois de noyer est pour la fabrication des sabots. Dans le seul département de la Haute-Vienne ce genre d'industrie consomme, dit-on, par an quatre mille noyers, et l'on fait de chaque arbre soixante paires de sabots ; aussi le bois de noyer devient de jour en jour plus rare dans ce département, et en général dans la plus grande partie de la France, parce qu'on en détruit presque partout plus qu'on n'en plante.

N'importe pour quelle espèce d'ouvrage, on préfère pour la solidité et la beauté le bois des noyers qui ont cru sur les côteaux et dans les terrains secs, médiocres ou même mauvais. A cette exposition et dans cette nature de sol, les arbres croissent beaucoup plus lentement ; mais leur bois est plus veiné et il a le grain plus dur, plus solide. Les noyers venus dans des terrains gras, fertiles, humides, croissent avec bien plus de rapidité ; mais leur bois est mou, peu solide et de bien moindre durée.

Le tronc et les grosses branches des noyers s'emploient rarement pour le chauffage, à cause du produit bien plus considérable qu'on peut en retirer comme bois de travail ; le bois du noyer ne donne d'ailleurs qu'un chauffage médiocre, ne fait point un feu ardent et ne produit que peu de charbon.

La culture du noyer, si importante pour les arts et l'économie domestique, n'est pas en général suivie avec tout l'intérêt qu'elle mérite. On a abattu un grand nombre de ces arbres à l'époque de notre tourmente révolutionnaire, où les choses n'ont pas été plus à l'abri que les hommes de cet esprit de

destruction qui avoit tout envahi; et depuis que nous jouis-
sons de temps plus tranquilles, on est encore loin d'avoir
réparé le mal qui s'est fait alors; peut-être même, sous ce
rapport, ne pourra-t-il jamais être réparé; car l'accroissement
de la population augmente tous les jours les besoins de bois de
toutes sortes, et cet accroissement de population fait aussi que
tous les jours on est obligé d'accroître les cultures qui tendent directement à la vie de l'homme, tandis qu'on resserre
au contraire les espaces consacrés aux plantations d'arbres
qui ne paroissent être que d'un avantage secondaire. Ce qui
s'oppose encore aux plantations de noyers, c'est que dans
notre siècle on veut des jouissances promptes, et qu'un noyer
de vingt ans ne rapporte encore qu'un petit nombre de noix:
ce n'est que de quarante à soixante ans et au-delà que ses
fruits peuvent offrir chaque année un produit qui récompense
le propriétaire, et il faut un siècle et plus pour qu'il pro-
duise de beau bois. Rarement plante-t-on dans sa jeunesse,
et lorsque, dans l'âge mûr, on fait des plantations de noyer,
il faut que ce soit dans l'espoir que nos enfans ou même nos
petits-enfans en retireront le profit.

Le noyer n'est pas difficile sur le terrain, puisqu'on le
voit réussir dans des terres d'une nature très-différente;
seulement sa croissance est plus rapide dans un bon fond que
dans un sol sec et pierreux: mais dans ce dernier, comme
nous l'avons déjà dit, son bois est plus beau et de meilleure
qualité. On ne le multiplie que de semis; la greffe n'est point
un moyen de se procurer de nouveaux individus, elle ne
peut servir qu'à les modifier et à les changer d'une variété
dans une autre. Pour faire des semis de noyer, il est essentiel de se procurer de bonnes noix, et pour les avoir telles,
il faut les prendre au moment de leur parfaite maturité,
lorsqu'elles quittent facilement leur brou.

On peut semer à l'automne ou à la fin de l'hiver. Si on a
son terrain tout prêt, il vaut mieux faire ses semis à la première époque, depuis la fin d'Octobre jusqu'en Décembre,
s'il n'y a pas encore de gelées. On recommande de semer les
noix avec leur brou; c'est un moyen, dit-on, de les préserver
des rats et autres animaux de ce genre, qui quelquefois en
font un grand ravage pendant l'hiver. Cependant depuis

douze ans nous avons semé plusieurs milliers de noix dépouillées de leur brou, et elles n'ont jamais été la proie de ces petits animaux.

Quoique le noyer puisse s'accommoder d'un mauvais terrain, il est préférable, quand on veut en faire des pépinières, de prendre une bonne terre, qui ait du fond et qui soit bien labourée, afin que le pivot de l'arbre puisse se former et s'enfoncer plus facilement. Lorsqu'on ne peut pas disposer d'un terrain en automne, il faut garder ses noix à la cave, ou dans un cellier, et stratifiées dans du sable un peu humide jusqu'au mois de Mars. Quelle que soit d'ailleurs l'époque où l'on fasse le semis, on trace sur le sol, convenablement préparé, des lignes à un pied l'une de l'autre, et on enfonce chaque noix à deux pouces de profondeur dans les terres fortes, et à trois pouces dans celles qui sont plus légères, en laissant six pouces d'intervalle de l'une à l'autre. Il vaut mieux faire de petits sillons de la profondeur indiquée, et y placer les noix au fond, que de se servir d'un plantoir. Avec cet instrument on ne sait comment la noix se trouve placée au fond de chaque trou, et il est très-avantageux pour la bonne réussite du semis, que la noix soit toujours placée sur le côté, de manière que, lors de la germination, la radicule ait le moins de chemin possible à faire pour s'enfoncer perpendiculairement. C'est ce qui arrive, lorsque la noix est horizontale au fond du sillon, avec les sutures de ses valves disposées de telle manière que l'une soit inférieure et appuyée sur la terre, et l'autre supérieure, tournée vers le ciel. Les valves étant ainsi disposées, lorsqu'elles s'entr'ouvriront pour laisser passer la radicule et la plumule, celles-ci pourront, sans que rien fasse obstacle à la direction que chacune d'elles doit suivre, l'une s'enfoncer perpendiculairement en terre, l'autre au contraire se diriger vers le ciel. Lorsque, au contraire, les coquilles de la noix se trouvent placées horizontalement, ainsi que leurs sutures, il arrive souvent que d'une part la plumule ou jeune tige est arrêtée par la valve supérieure, et ne parvient pas toujours à la repousser de côté ou à la chasser devant elle, et alors cette jeune tige avorte. D'autre part, la radicule, trouvant l'autre valve au-dessous d'elle, se contourne plus ou moins dans son intérieur, avant d'aller gagner la terre; le pivot qu'elle doit former ne prend que peu ou point d'accroissement, et les jeunes pieds qui résultent d'une telle germination, sont rabougris, restent toujours en retard de ceux dont le développement n'a éprouvé aucune gêne, et même jamais ils ne font de beaux arbres.

La plupart des agronomes prescrivent de mettre beaucoup plus d'intervalle entre les jeunes noyers de semis; mais cela fait perdre beaucoup trop de terrain. Avec six pouces d'intervalle d'une tige à l'autre, le jeune plant a suffisamment d'espace, d'autant plus que le pivot, qui descend perpendiculairement, va chercher sa nourriture plutôt profondément que latéralement. Pendant la première année, le semis a besoin de plusieurs sarclages; il faut en faire faire toutes les fois qu'on le voit embarrassé de mauvaises herbes. Il est rare qu'il soit nécessaire de lui donner des arrosemens, à moins que le printemps ou l'été ne soient très-secs, ou que le sol dans lequel il est placé ne soit lui-même d'une nature sèche.

A l'automne, ou seulement en Février ou Mars, on relève ordinairement tout le semis pour couper le pivot et forcer les jeunes arbres à pousser des racines latérales, qui facilitent la reprise lorsqu'on est pour les planter à demeure. Au lieu de faire cette opération complétement, on peut n'enlever qu'un rang sur deux, et dans le rang qu'on laisse, deux arbres sur trois, de manière à ce que tous les arbres restans soient à dix-huit pouces les uns des autres dans le sens des rangées, et qu'il y ait deux pieds d'intervalle entre chacune de celles-ci.

Les arbres déplantés ou le semis entier relevé, si on a pris ce dernier parti, sont de nouveau remis en pépinière, en observant entre chaque plant la distance que nous venons de donner. Plusieurs cultivateurs veulent même qu'on ne laisse jamais moins de deux pieds en tout sens d'un arbre à l'autre, quelques-uns même vont jusqu'à trois et quatre pieds; mais nous pouvons assurer, d'après notre propre expérience, que de jeunes noyers plantés à dix-huit pouces de distance les uns des autres, et par rangées, entre lesquelles on laisse deux pieds d'intervalle, viennent très-bien. Pour les disposer à trois et quatre pieds les uns des autres, il faut avoir beaucoup de terrain disponible; c'est ce qui n'arrive pas aux pépiniéristes marchands , et même pour les propriétaires il devient trop dispendieux d'espacer ainsi les jeunes arbres.

Le noyer que l'on transplante à un an, n'ayant pour racine qu'un gros et fort pivot, peut facilement être planté dans un terrain bien labouré et convenablement amendé, en se servant du plantoir; cependant les plants placés dans des rigoles de quinze pouces de profondeur sur autant de largeur, font beaucoup mieux.

Les arbres qu'on n'aura pas déplantés, s'élèveront bien plus rapidement que ceux qui auront subi la déplantation, et ils seront au moins un an plus tôt en état d'être mis en place; mais alors, comme ils n'ont qu'un long pivot et point du tout de racines latérales, ou qu'elles ne sont que très-foibles, ils reprennent plus difficilement, sont languissans pendant un an ou deux, de sorte qu'on est plus sujet à les perdre. Ils demandent d'ailleurs plus de peine et de temps pour les arracher, parce qu'il faut fouiller la terre très-profondément, afin de ménager leur pivot, qui est descendu à plusieurs pieds en terre, et qu'il est utile de tronquer le moins possible.

Pendant que les noyers sont en pépinière, on leur donne chaque année un labour superficiel en automne ou en hiver, et deux binages pendant la belle saison, pour les débarrasser des mauvaises herbes : le premier vers le milieu du printemps, et l'autre dans le courant de l'été ; la première année même , lorsqu'il pousse beaucoup de mauvaises herbes, il est utile de rapprocher les binages et d'en faire un de plus. Les années suivantes, comme ils pousseront plus de feuillage, les mauvaises herbes auront moins de prises sur eux.

La greffe du noyer est encore inconnue dans une grande partie de la France; cependant elle est en usage depuis long-temps dans le Dauphiné et dans plusieurs autres parties du Midi, où l'on a reconnu que le noyer greffé produisoit une bien plus grande quantité de fruits que celui qui ne l'est pas. Les noyers greffés de *noix mésange* sont principalement fertiles. Une mesure donnée de cette noix contient plus pesant d'amande qu'une égale mesure des autres variétés et rend aussi plus d'huile; on assure d'ailleurs que chaque arbre greffé et en plein rapport, donne, dans les bonnes années, dix mesures de noix, tandis que les noyers sauvageons n'en donnent guère qu'une seule.

Le noyer se greffe en flûte ou en écusson ; il peut même se greffer en fente. C'est au printemps, lorsque les arbres sont en pleine séve, qu'il convient de pratiquer les deux premières sortes de greffe, qui sont celles qui se font le plus communément dans les pays où on est dans l'usage de greffer les noyers. On greffe ordinairement dans la pépinière les jeunes noyers âgés de deux à trois ans ; mais les gros noyers, même âgés de quarante ans et plus, peuvent aussi être greffés : pour cet effet on rabat toutes les branches de l'arbre à huit ou dix pieds au-dessus du tronc ; le bois étant alors plus dur, les extrémités coupées ne sont pas sujettes à se creuser et à pourrir comme dans la jeunesse. Pendant l'année qui suit, les grosses branches conservées poussent des jets considérables, qu'on greffe tous, ou au moins les plus beaux, au printemps de la seconde année.

Les noyers élevés en pépinière sont bons à mettre en place lorsqu'ils ont au moins sept à huit pieds de hauteur ; jusquelà on taille chaque année le superflu des branches qui poussent latéralement, de manière à leur former une tige bien droite, et en ayant toujours soin d'en conserver l'extrémité, à moins qu'elle n'ait été endommagée par suite des gelées ou de quelque autre accident. Dans la transplantation à demeure il faut aussi avoir le soin de conserver le bourgeon terminal de l'arbre sans le retrancher, parce que le bois des noyers étant tendre dans sa jeunesse et ayant beaucoup de moelle, l'eau des pluies, en s'introduisant dans le trou qui ne tarderoit pas à se former par suite de l'amputation de la tête de l'arbre, endommageroit bientôt cette partie, en y développant une pourriture qui, en s'étendant par la suite, pourroit causer la carie de tout le tronc. Cependant, lorsque par l'effet de la gelée ou autrement de jeunes noyers ont perdu leur bourgeon terminal, on répare assez facilement cette perte en coupant bien net, avec une serpette bien tranchante, la tige morte ou flétrie, le plus près possible du premier bourgeon qui paroît se développer avec vigueur ; de cette manière il se forme ordinairement, avant la fin de la belle saison, assez d'écorce pour recouvrir la plaie. Ce sont moins en général les larges plaies qui sont à craindre pour les arbres de toute espèce, que celles qui sont faites avec des contusions de l'écorce, ou dans lesquelles, comme ce n'est que trop souvent la mauvaise pratique des ouvriers dans les campagnes, on laisse de longs chicots : celles-ci sont toujours plusieurs années à se cicatriser, quelquefois elles ne se ferment jamais complétement, et sont l'origine des caries qui attaquent tant d'arbres et les font périr avant qu'ils soient parvenus à leur entier développement.

Il est toujours bon que les trous dans lesquels on doit planter des noyers, soient faits quelque temps à l'avance; ils doivent avoir au moins quatre pieds de largeur, et leur profondeur variera selon la nature du sol. Dans un bon fond et lorsque les arbres ont conservé leur pivot, des trous de trois pieds de profondeur n'ont rien de trop ; mais, lorsque le pivot a été retranché dans la pépinière et que les arbres ont beaucoup de racines latérales, deux pieds de profondeur suffiront ; si même le fond du terrain est mauvais, on pourra ne faire creuser les trous qu'à dix-huit pouces, et lorsqu'on plantera les arbres, il ne faudra pas enfoncer leurs racines à cette profondeur, mais remplir d'abord les trous de six à huit pouces de bonne terre, placer le pied des arbres sur cette terre meuble, dans laquelle il pourra prendre du chevelu, et recouvrir ensuite les racines avec de la terre ordinaire. Depuis cinq à six ans nous avons planté ainsi plusieurs centaines de noyers dans un sol qui n'a souvent que dix à douze pouces de bonne terre, et quelquefois encore moins; au-dessous est une pierre calcaire. Ces arbres ont mieux réussi que d'autres que nous avions plantés précédemment dans le même sol et pour lesquels nous avions fait faire des trous de deux pieds et demi à trois pieds de profondeur.

Le noyer qu'on n'a pas privé de son pivot, s'enfonce beaucoup dans un bon terrain; sa croissance est plus belle et plus rapide que celle de celui qui n'est pourvu que de racines latérales et qu'on plante dans un mauvais sol : mais si on a soin de ne pas trop enfoncer le dernier, quoiqu'il végéte plus lentement que le premier, ses racines, en s'étendant presque horizontalement à la surface du sol, iront chercher leur nourriture au loin dans les meilleures veines de terrain, et avec le temps il pourra faire encore un assez bel arbre.

Le noyer venu de semence ne rapporte pas de fruits avant

huit ou dix ans : la greffe hâte l'époque où il fructifie ; mais, quelque avantage que présentent les arbres greffés, il ne faut pas espérer d'en retirer une récolte qui mérite la peine d'être recueillie avant dix-huit à vingt ans.

Les noix ne se recueillent point à la main, parce que cela occasionneroit beaucoup trop de travail et de dépense; on les abat en frappant à coups de gaules les extrémités des branches où elles sont placées. Cette méthode a l'inconvénient de briser beaucoup de rameaux et de bourgeons, surtout lorsqu'on abat les noix pour en faire des cerneaux, parce qu'avant leur maturité elles tiennent bien plus fortement aux branches et qu'on ne peut les en détacher qu'à coups redoublés. Cela fait que le plus souvent les arbres ne produisent beaucoup que tous les deux ans, parce que, l'année de la récolte abondante, l'arbre perdant beaucoup de bourgeons à fruit par le gaulage, ne peut être d'un aussi bon rapport l'année suivante; mais alors, comme le petit nombre de fruits qu'il porte n'exige pas qu'on le tourmente autant, il donnera de nouveau, l'année qui suivra, une bonne récolte, à moins que celle-ci ne soit subitement anéantie, dans le moment qu'elle n'est encore qu'en espérance, par des gelées tardives qui surviennent au moment de la floraison. Ces accidens ne sont pas rares dans le climat de Paris.

Les noyers, dans leurs premières années, sont sensibles au froid, et celui qui descend au-dessous de neuf à dix degrés, leur est souvent fatal. Ainsi, en 1820, nous avons perdu plus des trois quarts d'un semis de noyer d'un et de deux ans. Enfin, dans les hivers très-rigoureux et très-prolongés, les gros arbres eux-mêmes peuvent être frappés de mort; c'est ce qui arriva en 1709 à un très-grand nombre de forts noyers.

On sème rarement le noyer en place; plus rarement encore le sème-t-on pour en former des bois. Comme on le plante ordinairement sur le bord des champs ou en avenue, on conçoit qu'il seroit trop difficile de le garantir dans sa jeunesse des accidens de toute espèce auxquels il seroit alors très-exposé. Ce n'est que dans un jardin, ou au moins dans un enclos, qu'on peut semer quelques noyers à demeure ; et ces arbres s'y élèveront avec bien plus de rapidité et à une bien plus grande hauteur que ceux plantés dans la pépinière, dont on aura retranché le pivot et qui subiront au moins deux transplantations. Ce n'est pas trop avancer que de dire qu'à vingt ans ils seront aussi beaux que les autres à trente.

Si on vouloit semer des noix pour en former des bois, nous croyons qu'on pourroit le faire dans des rigoles tracées à six pieds les unes des autres, défoncées à douze ou quinze pouces de profondeur, et dans lesquelles on placeroit les noix à deux pieds les unes des autres. Il faudroit, pendant la première année, avoir le soin de faire sarcler le semis pour le débarrasser des mauvaises herbes, et pendant les trois à quatre années suivantes lui faire donner, pour le même objet, deux binages en temps convenable. Lorsque les noyers auroient quatre à cinq pieds de hauteur, un seul labour par an pourroit leur suffire; et. enfin, lorsqu'ils en auroient atteint huit à dix, on les abandonneroit à la nature; seulement comme les arbres seroient alors trop pressés, il faudroit en faire couper les deux tiers ou les trois quarts, ou mieux encore, en n'attendant pas qu'ils fussent trop forts, on pourroit les faire arracher pour les replanter ailleurs. Comme des noyers élevés de cette manière ne produiroient que peu de fruit, et qu'on ne doit les considérer que sous le rapport du produit qu'ils pourront donner un jour par leur bois, il faut, lors du semis, préférer la noix anguleuse à toute autre.

Le noyer commun a nécessité, pour faire connoître tout ce qui avoit rapport à ses usages et à sa culture, que nous entrassions dans des détails un peu longs. Les autres espèces exotiques, tout intéressantes qu'elles puissent être, n'exigeront pas autant de détails, et il sera possible d'en traiter plus brièvement, en n'omettant cependant rien d'essentiel.

Noyer noir : *Juglans nigra*, Linn., *Spec.*, 1415; Mich., *Arb. Amer.*, 1, p. 157, t. 1. Dans son pays natal cet arbre a fréquemment dix à douze pieds de circonférence, quelquefois plus de vingt, et son élévation est en proportion, puisque celle-ci est de soixante à soixante-dix pieds. Lorsqu'il est isolé, ses branches s'étendent presque horizontalement à une grande distance; et il forme alors une vaste tête, qui couvre beaucoup d'espace. Ses feuilles sont composées de quinze à dix-neuf folioles ovales-lancéolées, dentées en leurs bords, légérement pubescentes, d'un vert assez foncé, opposées par paires les unes aux autres, avec une impaire, et attachées par de courts pétioles. Les fleurs mâles sont disposées en châtons simples, cylindriques, pendans. Aux fleurs femelles, toujours placées à l'extrémité des branches, succèdent des fruits parfaitement globuleux, de six pouces de tour ou environ, dont le brou est très-épais, un peu inégal à sa surface, et dont la noix est très-dure, un peu comprimée latéralement et sillonnée à sa surface. L'amende renfermée dans cette noix est douce et d'un goût assez agréable, quoique inférieur à celle du noyer commun. On la mange dans quelques cantons de l'Amérique septentrionale.

Le noyer noir croît naturellement dans les vallons et les forêts de la Louisiane et des États-Unis. Il se plaît surtout dans les terres profondes et fertiles ; c'est là qu'il acquiert sa plus grande élévation.

D'après M. Michaux, lorsque cet arbre est nouvellement débité, son aubier est très-blanc, tandis que le cœur est violet ; mais, bientôt après avoir été exposé à l'air, cette couleur prend plus d'intensité et devient presque noire ; d'où est venu probablement à cet arbre le nom de noyer noir. On estime son bois, parce qu'il résiste long-temps à la pourriture, quoique exposé aux alternatives de la chaleur et de l'humidité, pourvu néanmoins qu'il soit privé de son aubier, qui s'altère très-promptement ; parce qu'il a beaucoup de force et qu'il tient bien les clous ; parce qu'il n'est pas sujet, une fois qu'il est bien sec, à se tourmenter ni à se fendre ; parce qu'il a le grain assez ferme et assez fin pour recevoir un beau poli ; enfin, parce qu'il a l'avantage de n'être point attaqué par les vers. On s'en sert dans les États-Unis, selon les localités, pour la charpente des maisons et pour certaines parties des constructions navales ; mais on en fait surtout un grand usage pour les travaux d'ébénisterie. On en fabrique des meubles de toute sorte, qui sont souvent très-beaux par les accidens, qui se rencontrent principalement dans les morceaux tirés de l'endroit où le tronc se partage en plusieurs branches. On en fait aussi les montures des fusils destinés aux troupes. En Virginie on s'en sert encore fréquemment pour faire les pieux des entourages pratiqués autour des champs, parce qu'il peut rester vingt à vingt-cinq ans en terre sans s'altérer. Ailleurs on en fait des moyeux pour les roues des voitures; enfin, on en fait des canots et des pirogues : les plus grandes de ces pirogues, qui sont d'un seul tronc d'arbre, ont quarante pieds de longueur sur trois de largeur.

Le brou qui enveloppe la noix, donne une couleur assez semblable à celle qu'on retire de notre noyer commun. Dans les campagnes on s'en sert pour teindre les étoffes de laine.

Il y a près de deux cents ans que le noyer noir a été introduit en Angleterre et en France : il a très-bien réussi dans ces deux pays, et maintenant il y donne abondamment des fruits qui servent à le multiplier. Il faut semer ses noix aussitôt qu'elles sont mûres; sans cela, à cause de la dureté de leur coquille, elles ne lèvent le plus souvent que la seconde année. Cet arbre est une des espèces de l'Amérique septentrionale qui mérite le plus d'être plantée en France, à cause des bonnes qualités de son bois, que M. Michaux juge supérieur à notre noyer commun. Selon ce voyageur agronome, le bois du noyer noir est plus compact, plus pesant, plus fort, susceptible de prendre un plus beau poli ; enfin, il n'est pas sujet à être attaqué des vers : propriétés qui le rendent non-seulement propre à servir avec avantage aux mêmes usages que notre noyer, mais encore à être employé dans les grandes constructions. M. Michaux pense encore qu'il conviendroit bien pour succéder à l'orme sur les bords des grandes routes.

Noyer cendré : *Juglans cinerea*, Linn., *Spec.*, 1415; *Juglans cathartica*, Mich., *Arb. Amer.*, 2, p. 165, t. 2. Cet arbre s'élève à cinquante pieds sur un tronc qui acquiert, dans sa partie inférieure, huit à dix pieds de circonférence, et qui se divise promptement en branches, qui s'étendent horizontalement à une grande distance, et lui forment une tête très-vaste et très-touffue. Ses feuilles sont composées de quinze à dix-sept folioles ovales-lancéolées, sessiles, dentées en leurs bords et légèrement velues. Les fleurs mâles sont disposées sur des chatons cylindriques, simples, longs de quatre à cinq pouces. Les fleurs femelles sont terminales, remarquables par leurs stigmates de couleur purpurine. Les fruits sont ovales-oblongs, ordinairement solitaires, sur des pédicules longs de deux à trois pouces; ils contiennent une noix très-dure, obtuse à sa base, sillonnée profondément d'une manière très-irrégulière et terminée au sommet par une pointe très-aiguë. L'amande est épaisse, très-oléagineuse; mais elle rancit très-promptement. Ce noyer croît naturellement dans les parties septentrionales des État-Unis d'Amérique, dans la haute Louisiane et dans le Canada.

On est peu dans l'usage dans ces contrées d'en manger les noix à l'état de maturité ; mais, lorsqu'elles n'ont encore acquis que la moitié de leur grosseur, on les confit dans le vinaigre à la manière des cornichons.

Le bois du noyer cendré n'a ni la force ni la pesanteur du noyer noir; mais il a, comme lui, l'avantage de résister long-temps à la pourriture et de n'être pas attaqué des vers. Il est d'ailleurs léger et d'une couleur rougeàtre. On ne l'emploie pas en Amérique dans les grandes constructions; mais on en fait des pieux et des barres pour la clôture des champs, des pelles, des vases nommés sébilles, des panneaux de carrosse et de cabriolet.

L'écorce de cet arbre a une propriété purgative, qui a été constatée depuis long-temps par plusieurs médecins des États-Unis, et sous ce rapport elle est souvent employée dans le pays, soit en décoction, soit en extrait. Cette écorce, après qu'on l'a fait macérer pendant quelque temps dans de l'eau tiède, peut servir à faire une espèce d'exutoire. Les habitans des campagnes en font quelquefois usage pour teindre leurs étoffes de laine en brun foncé; mais elle ne donne pas une couleur aussi solide que le noyer noir.

Le noyer cendré est cultivé en France depuis long-temps; mais il n'est encore que peu répandu, et il ne paroît pas présenter assez d'avantages pour mériter de l'être beaucoup. Il n'est propre qu'à servir à la décoration des parcs et des jardins paysagers, où il pourra, quand il sera isolé et parvenu à une certaine grosseur, produire un effet assez pittoresque.

** *Chatons composés ou attachés trois à trois au même pédicule.*

Noyer pacanier : *Juglans pecan*, Walt., *Flor. Carol.*, p. 236.

Juglans olivæformis, Mich., *Fl. bor. Amer.*, 2, p. 192; Willd., *Spec.*, 4, p. 457; Mich., *Arb. Amer.*, 1, p. 173, t. 3. Cette espèce est un fort bel arbre, dont la tige est effilée, et qui, lorsqu'il croît pressé en corps de forêt, s'élève à soixante et jusqu'à soixante-douze pieds. Ses feuilles sont longues de douze à dix-huit pouces, composées de treize à quinze folioles sessiles, oblongues-lancéolées, acuminées, dentées en scie, inégales à leur base, et un peu courbées en faucille d'un côté. Les noix sont oblongues, presque cylindriques, pointues à leurs deux extrémités, revêtues d'un brou peu épais, relevé de quatre angles saillans; leur coquille est lisse, mince, quoique assez forte pour n'être pas brisée par la simple pression des doigts; elle renferme une amande bien fournie, qui n'est pas traversée par des cloisons ligneuses, et qui est d'une saveur agréable. Le pacanier se trouve naturellement dans la haute Louisiane, où il habite principalement les lieux frais et marécageux.

On mange la noix pacane dans la Louisiane, et on en exporte même une certaine quantité pour les Antilles et les grandes villes des États-Unis. Cette noix, quoiquelle soit encore sauvage, a, selon M. Michaux, un goût plus délicat que notre noix d'Europe, et on en trouve naturellement des variétés dont l'amande est beaucoup plus grosse que celle de nos noyers qui n'ont pas été cultivés. Cela lui fait croire que le pacanier mériteroit, sous le rapport de son fruit, l'attention des Européens, et qu'au moyen d'une culture soignée on parviendroit à l'améliorer.

L'arbre a l'inconvénient de croître avec une grande lenteur. Il ne donne pas de fruit avant vingt ans et plus. Il craint d'ailleurs le froid. Les jeunes arbres surtout sont souvent maltraités par les gelées dans le climat de Paris. Son bois est pesant, compact; il a beaucoup de force et d'élasticité, mais son grain est grossier.

Noyer amer; *Juglans amara*, Mich., *Arb. Amer.*, 2, p. 177, t. 4. Cette espèce atteint à une très-grande élévation dans les fôrets où elle est indigène; car, lorsqu'elle croît dans un bon sol, on en trouve des arbres qui ont soixante-dix à quatre-vingts pieds de hauteur, sur dix à douze pieds de circonférence. Ses feuilles, qui ont douze à quinze pouces de longueur, sont composées de sept à neuf folioles fort grandes, sessiles, oblongues-lancéolées, dentées en scie, glabres et d'un vert obscur. Les chatons qui portent les fleurs mâles, sont pendans, longs de deux à trois pouces et disposés trois à trois sur le même pédoncule. Les fruits sont globuleux, assez petits, terminés en pointe. Leur noix est plus large que longue, à coque blanchâtre, lisse, assez mince pour être facilement brisée entre les doigts. Elle renferme une amande remarquable par des sinuosités profondes, et d'une saveur très-âpre et très-amère. Ce noyer croît naturellement dans la Pensylvanie et dans quelques autres parties du Nord des États-Unis; il se plaît sur les bords des rivières et dans les lieux frais et humides. On le cultive en France dans quelques jardins d'agrément.

Noyer aquatique; *Juglans aquatica*, Mich., *Arb. Amer.*, 1, p. 182, t. 5. Ce noyer s'élève à quarante ou cinquante pieds de hauteur. Ses feuilles sont longues de huit à neuf pouces, composées de neuf à onze folioles lancéolées, dentées, d'un beau vert. Ses noix sont rougeâtres, petites, anguleuses, un peu déprimées sur les cotés, à coquille tendre, et recouvertes d'un brou assez mince, un peu inégal en sa surface. L'amande qu'elles renferment, a une saveur amère et n'est pas mangeable. Cet arbre croît naturellement dans les marais des parties méridionales des États-Unis. M. Michaux en a apporté en France des noix qui ont bien réussi, et qui ont produit des arbres qui ont poussé vigoureusement et qui ont bien résisté aux froids de nos hivers; mais leur fruit n'étant bon à rien, ils ne peuvent guère servir qu'à jeter de la diversité dans les grands jardins et dans les parcs.

Noyer blanc : *Juglans alba*, Linn., *Spec.*, 1415; *Juglans tomentosa*, Mich., *Flor. bor. Amer.*, 2, p. 192 ; Mich. fils, *Arb. Amer.*, 1, p. 184, t. 6. La plus grande dimension à laquelle parvienne cet arbre dans son pays natal, est soixante pieds d'élévation, sur quatre à cinq pieds de circonférence. Ses bourgeons sont gros, courts, d'un gris blanchâtre; ce qui peut facilement le faire reconnoître en hiver. Ses feuilles sont longues de vingt pouces, composées de neuf folioles ovales-lancéolées, légèrement dentées en leurs bords, odorantes, assez épaisses, très-velues inférieurement, ainsi que leur pétiole commun. Les fleurs mâles sont disposées sur des chatons longs de six à huit pouces, pendans, réunis trois à trois sur un pédicule commun et attachés aux aisselles des premières feuilles des pousses de l'année, qui sont terminées par les fleurs femelles peu apparentes et d'un rose pâle. Les fruits sont des drupes arrondis, sessiles ou presque sessiles, ordinairement réunis deux à deux; leur brou, qui est très-épais, devient dur et ligneux vers l'automne; et à cette époque il s'ouvre inégalement en trois ou quatre et jusqu'au deux tiers de sa longueur, pour laisser échapper la noix, dont la coquille est très-épaisse, très-dure, ordinairement anguleuse, légèrement striée, et qui renferme une amande douce, mais petite, difficile à extraire à cause des cloisons très-fortes qui sont interposées entre ses lobes. Cette espèce croît naturellement dans la Virginie, la Caroline, la Géorgie, etc.; sa végétation est très-lente, et elle ne paroît guère propre à être plantée en Europe que comme arbre d'ornement.

Noyer écailleux; *Juglans squamosa*, Mich., *Arb. Amer.*, 1, p. 190, t. 7. C'est de tous les noyers d'Amérique celui qui parvient à la plus grande hauteur, car il s'élève à quatre-vingts ou quatre-vingt-dix pieds; mais sa grosseur n'est pas proportionnée, son tronc n'acquérant guère plus de six pieds de tour. Ce qu'il présente de remarquable, c'est qu'il est d'une grosseur régulière et presque uniforme jusqu'à la naissance des branches, qui, dans les grands arbres, ne commencent ordinairement qu'aux trois quarts de la hauteur de la tige, et que l'épiderme de cette tige se divise naturellement en un grand nombre de bandes étroites, longues d'un à trois pieds, recourbées en arrière, et seulement adhérentes par leur partie moyenne. Ses feuilles sont grandes, longues de quinze à vingt pouces, composées de cinq folioles ovales-lancéolées, dentées en leurs bords, lisses et d'un vert gai en dessus, légèrement pubescentes en dessous. Les chatons mâles sont longs de cinq à six pouces, glabres, pendans et réunis trois à trois sur un pédoncule commun, qui est attaché aux aisselles des premières feuilles des pousses de l'année, lesquelles sont terminées par les fleurs femelles, de couleur verdâtre et peu apparentes. Les fruits, qui succèdent à ces dernières, sont des drupes arrondis, creusés de quatre sillons, qui

indiquent les points où le brou doit s'ouvrir et se partager en
quatre segmens égaux au moment de la parfaite maturité,
pour laisser passage à la noix, qui est assez petite, blanchâtre,
comprimée sur les côtés, et à quatre angles saillans. L'amande
que cette noix renferme, a un goût assez agréable pour qu'on
la mange dans le pays et même pour qu'on en exporte une
certaine quantité dans les contrées voisines. Cet arbre croit
actuellement dans les États-Unis d'Amérique, principalement
dans les endroits frais.

Les Indiens des parties de l'Amérique où ce noyer est commun, recueillent ses noix pour l'hiver; ils les pilent dans des
mortiers de bois, et, en faisant bouillir dans de l'eau la pâte
qu'ils obtiennent, ils en retirent la matière huileuse qui surnage, pour s'en servir à assaisonner leurs alimens.

Cet arbre est cultivé depuis assez long-temps en France,
où on en a déjà quelques individus qui rapportent des fruits
qui peuvent servir à le multiplier.

Noyer sillonné : *Juglans sulcata*, Willd., *Spec.*, 4. p. 457 :
Juglans laciniosa, Mich., *Arb. Amer.*, 1, p. 199, t. 8. Cette
espèce a beaucoup de rapports avec la précédente; mais elle
en diffère constamment, selon M. Michaux, parce que ses
feuilles sont composées de sept à neuf folioles, et par sa noix,
qui est une fois plus grosse, plus longue que large, et terminée à sa partie supérieure, ainsi qu'à sa base, par une pointe
assez forte. La coquille en est aussi plus épaisse, de couleur
jaunâtre, tandis qu'elle est toujours blanchâtre dans le noyer
écailleux. Cet arbre croît dans la Pensylvanie, la Virginie
et la Caroline.

Noyer a cochon; *Juglans porcina*, Mich., *Arb. Amer.*, 1,
p. 207, t. 9. Cet arbre est un des plus grands du genre,
car il s'élève de soixante-dix à quatre-vingts pieds, sur dix à
douze de circonférence. Ses feuilles sont composées d'un
nombre variable de folioles, depuis neuf jusqu'à treize, selon
que le terrain est plus frais et plus fertile. Ces folioles sont
longues de quatre à cinq pouces, lancéolées, dentées en leurs
bords, glabres sur leurs deux faces. Les chatons mâles sont
filiformes, longs d'environ deux pouces. Les fleurs femelles
sont verdâtres, peu apparentes et situées à l'extrémité des
jeunes pousses. Il leur succède des drupes ovales-arrondis,

solitaires ou réunis deux à deux, contenant une petite noix lisse, très-dure, qui renferme une amande douce, mais peu fournie. Le brou qui enveloppe cette noix, est d'un beau vert, assez mince, et à l'époque de la maturité il se fend jusqu'à moitié pour laisser échapper la noix. Ce noyer croît dans les endroits frais et fertiles de la Géorgie, de la Caroline, de la Virginie et de la Peusylvanie. Ce n'est que depuis très-peu de temps qu'il a été introduit en France.

Noyer muscade; *Juglans myristicæformis*, Mich., *Arb. Amer.*, 1, p. 211, t. 10. Jusqu'à présent cette espèce n'est connue que par ses feuilles et par ses fruits : les premières sont composées de sept à neuf folioles ovales-lancéolées; les noix, renfermées dans un brou mince, un peu inégal en sa surface, sont fort petites, lisses, de couleur brune, parsemées de lignes blanchâtres, et leur coquille est tellement épaisse, qu'elle forme plus des deux tiers de la grosseur de la noix, et ne contient qu'une amande très-petite. Cet arbre croît dans les parties méridionales des États-Unis.

Le bois des noyers pacanier, amer, aquatique, blanc, écailleux, sillonné et à cochon, est, en général, très-pesant; il a beaucoup de force et de ténacité ; cependant il se pourrit promptement lorsqu'il se trouve exposé aux alternatives de la chaleur et de l'humidité, et il est en outre très-sujet à être attaqué par les vers : cela fait qu'en Amérique on ne l'emploie pas pour la charpente des maisons et la construction des navires; mais les qualités qu'il possède d'ailleurs le rendent propre à beaucoup d'usages d'une moindre importance. Ainsi on s'en sert pour faire des essieux de voitures, des manches de coignées et autres outils, des vis, des dents d'engrenage pour les moulins, des fûts de chaises, des manches de fouets, des baguettes de fusils, des dents de rateaux, des fléaux à battre les grains, des anses de seaux, certaines pièces de boisselerie, des manches de balais, des cercles pour tonneaux, des barres de cabestan; enfin on s'en sert pour le chauffage, et comme ce bois est très-pesant et très-compacte, il donne en brûlant beaucoup de chaleur, fournit un bon charbon, et il existe peu de bois qui puissent lui être comparés sous ce rapport. Le seul inconvénient qu'il ait, c'est de craquer en brûlant et d'envoyer au loin des

éclats enflammés. M. Michaux, dont nous tirons tous ces détails, pense que plusieurs de ces noyers méritent d'être plantés
dans nos forêts ; mais il recommande de les semer en place ,
parce que ces arbres périssent et languissent lorsqu'on les
transplante.

On cultive encore au Jardin du Roi le *Juglans frascinifolia*,
arbre originaire de l'Asie , mais qui n'a point encore fructifié,
et qui n'est connu que par ses feuilles composées de dix-sept
à dix-neuf folioles oblongues-lancéolées, glabres, d'un beau
vert en dessus, plus pâles en dessous, finement dentées en
leurs bords. (L. D.)

NOYMENIOS. (*Ornith.*) Désignation grecque du courlis ,
dont on a fait le nom latin de *numenius*. (Desm.)

NOYRA. (*Ornith.*) Voyez Noira. (Ch. D.)

NOZELHAS. (*Bot.*) Les Portugais, suivant Clusius, donnent ce nom à l'*ixia sisyrinchium*. Sa variété plus petite est
nommée par les uns *lirio*, par d'autres *macucas*. Le safran
printanier est appelé *noselhas pequinas*. (J.)

NOZILICHA. (*Bot.*) Lobel cite ce nom pour le safran
printanier. (J.)

NOZORONEC. (*Mamm.*) Nom polonois du Rhinocéros.
C'est la traduction de ce mot. (Desm.)

NSOSSI. (*Mamm.*) On trouve sous ce nom, dans l'ancienne
Encyclopédie, l'indication d'un animal du royaume de Congo
et d'autres parties de l'Afrique, qui est de la taille du chat
et dont la tête est armée de deux petites cornes. Son naturel
est inquiet; sa chair est bonne à manger; son cuir sert à
faire de très-bonnes cordes d'arcs. D'après ces renseignemens
seuls il est impossible de rapporter cet animal à un genre
connu. Néanmoins l'existence des cornes indique un ruminant, et la petitesse de la taille , ainsi que les habitudes
craintives, porteroient assez à y voir une espèce d'Antilope ,
telle que le Guevei. (Desm.)

NTANN. (*Ornith.*) Dans l'Histoire des navigations aux terres
australes ce nom est appliqué au condor, *vultur gryphus*,
Linn. (Ch. D.)

NU, NUE. (*Bot.*) On donne cette épithète à la tige qui
n'a ni feuilles, ni écailles, ni vrilles (*cyperus papyrus*, *iberis
nudicaulis*, etc.); à l'ombelle dépourvue d'involucre (*pimpi-*

nella magna, etc.); au verticille sans bractées ni feuilles (*alisma damasonium*, etc.); au chaton, quand les fleurs sont attachées immédiatement sur l'axe, au lieu d'être attachées sur les bractées (*quercus, fagus castanea*, etc.); au clinanthe (réceptacle des fleurs) dépourvu de poils, de soies, de paillettes (pissenlit, etc.); à la fleur qui n'a ni calice ni corolle (*fraxinus excelsior*, etc.); à la gorge de la corolle qui n'est obstruée ni par des poils, ni par des bosses, ni autres appendices (tabac, phlox, etc.); à l'amande, lorsqu'elle est dépourvue de tégument propre (*mirabilis jalappa, salsola tragus*, etc.); à la plumule, lorsqu'elle n'est pas renfermée dans une coléoptile (féve, etc.); à la radicule, lorsqu'elle n'est pas renfermée dans une coléorhyze (dattier, féve, etc.).

On donne aussi l'épithète de graines nues, mais improprement, à divers fruits dont le péricarpe est tellement soudé avec la graine, qu'il semble n'y avoir qu'une seule enveloppe (blé et graminées, pissenlit et autres synanthérées, sauges et autres labiées, etc.). (Mass.)

NU. (*Ichthyol.*) Nom spécifique de deux poissons, dont l'un a été décrit sous le nom de *cycloptère double-épine* (tom. XII, pag. 295, de ce Dictionnaire), tandis que l'autre est le type du genre Rhombe. Voyez ce mot et Seserinus. (H. C.)

NUAGE. (*Phys.*) Amas de vapeur aqueuse suspendu dans l'atmosphère. Voyez Météores, t. XXX, p. 305. (L. C.)

NUAGE, NUÉE ou NÉBULEUSE. (*Conchyl.*) D'après Bruguière (Principes de conchyliologie, p. 14), on désignoit de son temps sous ce nom le cône tulipe, *C. tulipa*. (De B.)

NUBÉCULAIRE. (*Foss.*) On trouve dans des coquilles univalves du calcaire coquillier grossier, de petits corps calcaires dont la forme varie. Les uns ont quatre à cinq lignes de longueur sur une ligne de largeur, d'autres ont une forme moins alongée et sont arrondis irrégulièrement. Ils sont tous terminés par des bords tellement amincis, qu'on les confond souvent avec les corps sur lesquels ils sont appliqués. Quand ils sont entiers, on n'aperçoit point d'ouverture à l'œil simple; mais, quand on les enlève de la place qu'ils occupoient, on remarque au-dessous une suite de petites cloisons vides. En les examinant à la loupe, on voit à l'un des bouts ou sur le bord une très-petite ouverture qui a dû servir à l'animal pour prendre sa nourriture et pour porter de la matière calcaire aux endroits de sa demeure, qu'il vouloit agrandir.

Il est difficile de savoir précisément à quelle famille ont pu appartenir les animaux qui ont formé et habité ces protubérances, sur lesquelles on trouve quelquefois des spirorbes qui s'y sont attachés.

Comme il n'est rien dans la nature qui ne mérite d'être signalé, j'ai cru devoir proposer de donner à ce corps le nom générique de nubéculaire, et à l'espèce que l'on trouve dans la falunière de Hauteville, département de la Manche, celui de nubéculaire lucifuge, *nubecularia lucifuga*. (**D. F.**)

NUBÉCULE, *Nubecula*. (*Conchyl.*) Rumph (*Mus.*, t. 31, fig. 9) désigne ainsi une espèce de cône, *C. geographus*, Linn., Gmel., type du genre Rouleau de Denys de Montfort. Voyez CÔNE. (**De B.**)

NUCAMENTACÉES. (*Bot.*) Linné, dans ses Ordres naturels, a formé, sous le titre de *Nucamentaceæ*, un groupe composé des genres *Xanthium*, *Ambrosia*, *Parthenium*, *Iva*, *Micropus*, *Artemisia*, et il a d'abord placé ce groupe auprès des Amentacées, assez loin de celui qui comprend les autres Synanthérées ; mais ensuite il a considéré comme une section des Synanthérées, ses Nucamentacées, auxquelles il a ajouté plusieurs genres, en sorte que ce groupe se trouve définitivement composé des genres *Stæbe*, *Tarchonanthus*, *Artemisia*, *Seriphium*, *Eriocephalus*, *Filago*, *Micropus*, *Iva*, *Parthenium*, *Ambrosia*, *Xanthium*, *Strumpfia*. Il est presque inutile de dire que, loin d'être naturel, ce bizarre assemblage est fort incohérent, et qu'il seroit absolument impossible de le caractériser. (**H. Cass.**)

NUCHDAH. (*Ornith.*) Nom que porte dans l'Inde l'oie bronzée, représentée dans les Planches enluminées de Buffon, n.° 937, sous la dénomination d'oie de la côte de Coromandel, *anas melanotos*, Linn. (**Ch. D.**)

NUCHTI. (*Bot.*) Suivant Cardan, cité par C. Bauhin, le fruit du nopal, *cactus opuntia*, est ainsi nommé dans l'île de Cuba. Il est aussi indiqué dans le Mexique par les auteurs du Recueil des voyages, qui parlent de ses diverses variétés, et rappellent qu'il teint en rouge l'urine de ceux qui en mangent : ce qui a souvent inquiété ceux qui, ne connoissant pas cette propriété, croyoient rendre du sang par la vessie. C'est le *noctli* mentionné par Hernandez. (J.)

NUCIFRAGA. (*Ornith.*) Brisson a donné, en latin, ce nom générique au casse-noix, *corvus caryocatactes*, Linn., et Daudin a consacré le nom françois *nucifrage* à la première section de son dix-huitième genre (les gros-becs), qu'il caractérise par la fausse-dent saillante qu'on remarque vers le milieu des bords de la mandibule supérieure. (Cʜ. **D.**)

NUCI PERSICA. (*Bot.*) C. Bauhin donne ce nom à une variété du pêcher dont le noyau imite la forme de la noix du noyer. (J.)

NUCI PRUNIFERA. (*Bot.*) On ne voit pas pourquoi Plukenet a donné ce nom au savonnier, *sapindus saponaria*, dont la coque, recouverte d'un brou mince, est sphérique. (J.)

NUCLÉOBRANCHES, *Nucleobranchiata*. (*Malacoz.*) M. de Blainville, dans son Système de malacologie, désigne sous ce nom un ordre de malacozoaires subcéphalés dont les organes branchiaux, en forme de lanières symétriques, sont groupés avec les organes digestifs dans une petite masse (*nucleus*) située à la partie supérieure et plus ou moins reculée du dos, et dont la coquille bien symétrique, du moins dans son ouverture, est plus ou moins enroulée longitudinalement ou d'arrière en avant et fort mince. Il renferme deux familles ; savoir : les nectopodes, qui ont un pied abdominal, comprimé en nageoire arrondie, comme les firoles et les carinaires ; les ptéropodes, qui n'ont pas de pied, mais bien un appendice charnu de chaque côté du corps, servant à la natation, comme les genres Aᴛʟᴀɴᴛᴇ, Sᴘɪʀᴀᴛᴇʟʟᴇ et Aʀɢᴏɴᴀᴜᴛᴇ. Voyez ces différens mots et le mot Mᴏʟʟᴜsǫᴜᴇs. (Dᴇ **B.**)

NUCLÉOLITE, *Nucleolites*. (*Échinoderm.*) Genre d'échinodermaires, établi par M. de Lamarck (Syst. des anim. sans vert., tom. 3, p. 36) pour un assez petit nombre d'espèces d'oursins, en général petites, en forme de noyau, que l'on ne connoît encore qu'à l'état fossile. Ce genre caractérisé ainsi : Corps ovale ou cordiforme, un peu irrégulier, convexe, à ambulacres complets, rayonnant du sommet à la base, à bouche subcentrale; l'anus, au-dessus du bord, ne diffère donc des cassidules que parce que les ambulacres sont plus étendus.

Nous citerons comme type de ce genre le N. écusson, *N. scutata*, *Spatangus depressus*, Enc. méth., pl. 157, fig. 5 . 6, d'après Leske et Klein, qui est elliptique, subcarrée, convexe, déprimée, plus large en arrière, à cinq ambulacres complets, et que l'on avoit confondue avec le spatangue écrasé. (De B.)

NUCLÉOLITE. (*Foss.*) Les nucléolites, que l'on n'a jusqu'à présent rencontrées qu'à l'état fossile, sont assez faciles à distinguer, à cause de la position de leur anus au-dessus du bord. Il n'y a, parmi les échinides, que les cassidules et elles qui portent ce caractère; mais les ambulacres de ces derniers sont bornés, tandis que dans les nucléolites ils sont complets, et ils rayonnent du sommet à la base.

Nucléolite patelle : *Nucleolites patella* (Def.); *Galerites patella*, Lamck., Anim. sans vert., tom. 3, pag. 23, n.° 14; Encyclop. pl. 143, fig. 1, 2. Je possède deux individus de cette espèce, et, m'étant assuré que l'anus est situé au-dessus du bord, j'ai dû les regarder comme des nucléolites, et d'autant mieux que leur bouche est subcentrale et ne convient nullement aux galérites. Diamètre, plus de trois pouces. Localité inconnue.

Nucléolite de Sowerby, *Nucleolites Sowerbyi* (Def.). Cette espèce est très-concave en dessous et l'anus est très-rapproché du sommet. Diamètre, un pouce. Elle a été trouvée à Lebyzey, près de Caen, dans la couche à polypiers, et près de Sandwich, en Angleterre.

Nucléolite écusson : *Nucleolites scutata*, Lamck., loc. cit., pag. 36, n.° 1; Encyclop., pl. 157, fig. 5 et 6. Corps elliptique, sub-quadrangulaire, convexe, déprimé, à côté postérieur élargi. Diamètre, un pouce. Localité inconnue.

Nucléolite colombaire ; *Nucleolites columbaria*, Lamck., loc. cit., n.° 2. Corps ovoïde, renflé, élargi à sa partie postérieure, portant des ambulacres poreux et substriés, et à bouche pentagone. Longueur, treize à quatorze lignes. Trouvée aux environs du Mans.

Nucléolite ovule ; *Nucleolites ovulum*, Lamck., loc. cit., n.° 3. Cette espèce a beaucoup de rapports avec la précédente,

mais elle est plus petite et n'est pas plus large postérieurement qu'antérieurement. Trouvée à Ronca, en Italie.

Nucléolite amande; *Nucleolites amygdala*, Lamck., *loc. cit.*,
n.° 4. Corps ovale, un peu bossu, à sommet éminent, à
ambulacres étroits. Localité inconnue.

Nucleolites castanea, Brongn., Descript. géol. des env. de
Paris, pl. 9, fig. 14, *A*, *B*, *C*. Corps ovale, plus large en
avant qu'en arrière, peu élevé pour sa longueur; l'anus est
placé un peu bas comparativement à celui des autres espéces
de ce genre. Les ambulacres sont bien distincts et striés en
travers. Longueur, un pouce et demi. De la montagne des
Fis dans les Alpes, dans une couche de craie.

Nucléolite hétéroclite, *Nucleolites heteroclita* (Def.). On
trouve aux environs de Beauvais, dans les couches de la
craie, des corps de cette espèce qui sont quelquefois de la
grosseur d'un petit œuf de poule; leurs ambulacres sont peu
apparens; l'anus est au-dessus du bord, mais leur bouche est
près du bord, comme dans les ananchites.

Nucléolite de Lamarck, *Nucleolites Lamarckii* (Def.). Cette
espèce, qui est de la grosseur du pouce, est remarquable en
ce qu'elle est couverte de petits points enfoncés; ses ambulacres sont très-peu apparens. Localité inconnue.

Nucléolite lisse, *Nucleolites lœvis*. (Def.). On trouve à
Golleville, département de la Manche, et aux environs,
dans une couche analogue à la craie, pour les fossiles qu'on
y rencontre, cette espèce de nucléolite, qui est de la grosseur d'une noix. Ses ambulacres sont très-marqués, mais du
reste elle a beaucoup de rapports avec celle qui précède
immédiatement.

Nucléolite de Bomare, *Nucleolites Bomarii* (Def.). Je possède le moule siliceux d'une nucléolite, à laquelle j'ai donné
ce nom, parce qu'il paroît qu'il a appartenu au cabinet de
ce naturaliste : les cinq ambulacres sont très-marqués depuis
le sommet jusqu'à la bouche, et entre chacun d'eux il se
trouve deux rangées composées chacune de dix comparti-
mens, qui représentent les pièces du têt, qui ne s'y trouve
plus. Longueur, un pouce. Ce moule est indiqué venir de
la Saxe.

Nucléolite de Grignon, *Nucleolites Grignonensis* (Def.).

J'ai trouvé à Grignon des débris d'une espèce de quatorze à quinze lignes de longueur : la bouche paroît très-enfoncée, et elle est couverte de points creux, au milieu de chacun desquels se trouve une petite éminence : ces creux ont dû servir à unir la base des petites épines qui la couvroient. (D. F.)

NUCULE, *Nucula*. (Malacoz.) Genre de mollusques lamellibranches de la famille des arcacés, établi par M. de Lamarck pour un assez petit nombre d'espèces que Linné rangeoit parmi ses arches, et qui a été adopté par presque tous les zoologistes modernes. Les caractères que nous avons assignés à ce genre sont les suivans : Corps subtriquètre ; manteau ouvert dans sa moitié inférieure seulement, à bord entier, denticulé dans toute la ligne dorsale, sans prolongemens postérieurs ; pied très-grand, mince à sa racine, élargi en un grand disque ovale, dont les bords sont garnis de digitations tentaculaires ; appendices buccaux antérieurs, assez longs, pointus, roides et appliqués l'un contre l'autre, comme des espèces de mâchoires ; les postérieurs également roides et verticaux ; coquille plus ou moins épaisse, nacrée, subtriquètre, équivalve, inéquilatérale, à sommets contigus et tournés en avant ; charnière similaire formée par une série nombreuse de dents très-aiguës, pectinées, disposées en une ligne brisée sous le sommet ; ligament interne court, inséré dans une petite fossette oblique de chaque valve ; deux impressions musculaires.

Les nucules vivent, à ce qu'il paroît, dans toutes les mers, et sont constamment assez petites. M. de Lamarck en caractérise six espèces vivantes, que l'on peut partager en deux sections, suivant que le bord de la coquille est entier ou crénelé.

A. *Espèces dont le bord est entier.*

La N. ROSTRÉE; *N. rostrata*, Brug., Enc. méth., pl. 309, fig. 7, *a*, *b*. Petite coquille d'un pouce un quart de long sur un demi-pouce de hauteur, oblongue, un peu convexe, mince, striée, élargie en avant, atténuée et comme rostrée en arrière ; épiderme verdâtre. Mers Baltique et de Norwége.

La N. LANCÉOLÉE; *N. lanceolata*, de Lamck. Coquille encore plus alongée que la précédente, mince, fragile, hyaline, plus large et arrondie en avant, lancéolée en arrière; charnière à peine coudée. On ignore la patrie de cette espèce, qui paroît fort rare et qui faisoit partie du cabinet de M. de Lamarck.

La N. SILLONNÉE; *N. pella*, *Arca pella*, Linn., Gmel., Enc. méth., pl. 309, fig. 9. Coquille très-petite, ovale, subtriangulaire, sillonnée longitudinalement par des sillons réguliers, aigus; mince et pellucide du côté postérieur; couleur blanche éclatante. Mer Méditerranée.

La N. DE NICOBAR : *N. nicobarica*, Brug.; *Arca pellucida*, Linn., Gmel., Enc. méth., pl. 309, fig. 8. Coquille ovale-elliptique ou ovale-oblongue, obtuse aux deux extrémités, subanguleuse en arrière, mince, pellucide; de couleur fauve, rarement brune. Les dents de la charnière très-aiguës. Océan Indien.

La N. OBLIQUE; *N. obliqua*, de Lamck. Coquille d'onze millimètres de longueur, ovale, oblique, subelliptique, mince, pellucide, assez lisse. Mers Australes, au cap aux Huîtres.

B. *Espèces à bord denticulé.*

La N. NACRÉE; *N. margaritacea*, *Arca nucleus*, Linn., Gmel., Enc. méth., pl. 311, fig. 3, *a*, *b*. Petite coquille ovale, oblique, assez épaisse, trigone, un peu lisse, de couleur blanche sous un épiderme olivâtre. Commune dans toutes les parties de la Manche et de l'Océan septentrional. Elle se trouve aussi dans l'Adriatique. (DE B.)

NUCULE. (*Foss.*) Les nucules se rencontrent à l'état fossile dans les couches antérieures à la craie, dans celles inférieures de cette substance; dans le calcaire grossier; dans le grès marin supérieur; et, comme les nautiles et quelques autres genres, elles se trouvent à l'état vivant. Voici celles que nous connoissons à l'état fossile.

NUCULE NACRÉE : *Nucula margaritacea*, Lamck., Ann. du Mus., tom. 9, pl. 18, fig. 5. Coquille ovale, oblique, subtriangulaire, très-légèrement striée, nacrée en dedans, à bords finement dentés, ayant une dent cardinale oblique et concave, et munie d'une série de dents latérales qui s'engrènent les unes dans les autres. Largeur, quelquefois huit à dix lignes. Trouvée à Grignon, département de Seine-et-Oise; à

Saint-Félix, département de l'Oise; à Hauteville, département
de la Manche, et en général dans toutes les couches du calcaire grossier des environs de Paris. On la rencontre aussi dans
le grès marin supérieur. Celles qu'on trouve à Cauvigny,
département de l'Oise, sont beaucoup plus obliques que les
autres. On trouve dans le Plaisantin des nucules qui sont très-
épaisses et qui ont plus d'un pouce de largeur. M. de Lamarck
leur a donné le nom de *nucula placentina* (Anim. sans vert.,
tom. 6, 1.re partie, pag. 60); mais je pense qu'elles appartiennent à l'espèce ci-dessus, qui a été modifiée par la localité où elle a vécu.

Je suis porté à regarder encore comme dépendantes de
cette espèce, toutes celles qui sont figurées dans l'ouvrage
de M. Sowerby (*Min. conch.*, pl. 192), et qu'on trouve à
Barton et dans différens autres endroits de l'Angleterre. Quelques-unes, à la vérité, sont striées assez fortement; mais
j'ai remarqué que toutes celles dont les bords sont dentés,
portent des stries au-dessous de la couche la plus extérieure
de la coquille, et qu'il suffit que cette couche ait été un
peu altérée, comme il arrive quelquefois à celles qu'on
trouve dans le grès marin supérieur, pour qu'elles soient
couvertes de stries, ce qui ne seroit pas arrivé si la couche
extérieure n'eût pas été détruite.

On regarde cette espèce fossile comme l'analogue de l'*arca
nucleus*, Linn., qui se trouve à l'état vivant dans la Manche,
ainsi que sur les côtes de l'île Saint-Domingue (Lamarck).
Les coquilles qui existent dans la Manche, ont les dents
de la charnière beaucoup plus longues que celles des coquilles fossiles.

Nucule? de Hammer : *Nucula? Hammeri.* (Def.). Coquille
deux fois plus large que longue, lisse, bombée, à bord antérieur tronqué; largeur, plus d'un pouce. Cette coquille se
trouve à Gundershofen, dans des couches très-anciennes, et
est toujours fermée. L'on ne pourroit même être certain
qu'elle dépende du genre Nucule, si l'extérieur ne l'in-
diquoit, et si l'on n'avoit pas des moules intérieurs, trouvés à Charolles et à Dijon, dans des couches à ammonites,
qui ont la plus grande analogie avec cette espèce et sur
lesquels on voit la trace de la charnière linéaire des nucules.

Nucule alongée, *Nucula elongata* (Def.). Cette espéce est couverte de stries transverses : son bord antérieur n'est point tronqué comme dans la précédente, avec laquelle elle a du reste beaucoup de rapports. Largeur, dix lignes. Trouvée à Lunéville, dans des couches anciennes.

Nucule rostrale ; *Nucula rostralis*, Lamck. , *loc. cit.*, pag. 59. Coquille transverse, oblongue , à côté postérieur pointu, à lunule concave et à sommets bombés. Cette coquille est couverte de stries transverses. Trouvée à Mendes, dans des couches à ammonites. Cette espèce a les plus grands rapports avec la nucule rostrée qui vit dans la mer Baltique.

Nucule striée : *Nucula striata*, Lamck., *loc. cit.*, Ann. du Mus., tom. 9, pl. 18, fig. 4; Brocc., Conch. foss. subapp., tab. 11, fig. 5. Coquille ovale, à côté antérieur obtus ; couverte de stries transverses ; subtrigone, comprimée. La dent cardinale est peu apparente ; le bord des valves de cette espèce, ainsi que de toutes celles qui sont couvertes de stries transverses, n'est point crénelé. Largeur, cinq lignes. Trouvée dans le Plaisantin, à Nice , à Grignon et dans le calcaire grossier des environs de Paris. Cette espèce a les plus grands rapports avec la nucule de Nicobar, qui vit dans les Indes , et je ne vois de différence que dans la grandeur.

Nucule deltoïde ; *Nucula deltoidea*, Lamck., *loc. cit.*, Ann. du Mus. , vol. 9, pl. 18, fig. 5. Coquille triangulaire, renflée , tronquée obliquement à son côté postérieur, qui est taillé en bec de flûte ; ses stries sont transverses et très-fines, et sur le côté antérieur on voit quelques rides longitudinales; le corselet est plane et finement strié, surtout vers les bords. Il n'y a point de dent cardinale particulière. Dans quelques individus la coquille est treillissée. Largeur, quatre à cinq lignes. Trouvée à Grignon, à Gilocourt, à Montmirail, dans le calcaire grossier; on la rencontre aussi dans le grès marin supérieur à la Chapelle, département de Seine-et-Oise; mais elle n'a que deux lignes de largeur dans cette localité.

Nucule échancrée : *Nucula emarginata*, Lamck., Anim. sans vert. , tom. 6, 1.re partie, pag. 60; *An arca pella?* Brocc., *loc. cit.*, tab. 11, fig. 5. Coquille ovale, couverte de stries transverses et obliques, à côté postérieur rostré et échancré.

Largeur, cinq lignes. Trouvée dans le Piémont, et à Loignan près de Bordeaux.

NUCULE ONDÉE : *Nucula undata* (Def.). Cette espèce est un peu plus petite que la précédente, avec laquelle elle a beaucoup de rapports; mais elle en diffère en ce qu'indépendamment des fines stries obliques dont elle est couverte, sa surface porte de grosses carènes transversales. Trouvée à Loignan.

NUCULE BLANCHE : *Nucula nitida ; Arca nitida*, Brocc., *loc. cit.*, tab. 11, fig. 3. Cette espèce a beaucoup de rapports avec la nucule striée ; mais elle en diffère en ce que son côté postérieur est plus pointu et que sa lunule est très-marquée. Largeur, quatre lignes. Trouvée à Grignon, à Loignan et dans le Piémont.

NUCULE PETITE : *Nucula minuta ; Arca minuta*, Brocc., même planche, fig. 4. Coquille couverte de stries lamelleuses, à bord postérieur pointu et un peu retroussé, à lunule très-marquée. Chacune des dents de la charnière forme un petit chevron. Largeur, trois lignes. Du Plaisantin et du Piémont.

Nucula cobboldiæ, Sow., *loc. cit.*, tab. 180, fig. 2. Cette espèce a de très-grands rapports avec la nucule nacrée; mais elle en diffère en ce que sa surface est couverte de stries en zigzag. De Holywells en Angleterre.

Nucula lanceolata. M. Sowerby a donné ce nom à une nucule qui ne se rapporte en aucune façon à celle à laquelle M. de Lamarck l'a donné également. Celle que M. Sowerby a trouvée à Bawdsey en Angleterre, est une des plus grandes de ce genre, puisqu'elle a un pouce trois quarts de largeur : elle est couverte de stries transverses et est pointue à son bord postérieur.

On trouve à Folkstone en Angleterre, et à Saint-Martin-le-nœud près de Beauvais, dans des couches inférieures de la craie, des moules intérieurs d'une espèce de nucule tronquée au bord antérieur ; mais ces moules ne peuvent servir à établir les caractères de l'espèce qui les a fournis. (D. F.)

NUCULEUX. (*Bot.*) Contenant des nucules : telles sont, parmi les baies, celles du *phitolacca*, du *sambucus*, de l'*ilex*, de la vigne ; et parmi les pyridions (fruit des pomacées), le *mespilus*, etc. (MASS.)

NUDIBRANCHES. (*Malacoz.*) Nom d'un ordre de mollusques gastéropodes marins, hermaphrodites, formé par M. G. Cuvier, et caractérisé par la position des branchies sur le dos, par l'absence de coquille et de cavité pulmonaire. Il renferme les genres Doris, Polycère, Tritonie, Théthys, Scyllée, Glaucus, Éolide et Tergipes, et correspond aux deux familles tétracères et dicères de l'ordre des polybranches, ainsi qu'à l'ordre des cyclobranches, dans la méthode de M. de Blainville. (Voyez l'article Mollusques, tom. XXXII, p. 275 et suivantes.)

Cet ordre des nudibranches correspond aussi à l'ordre des dermobranches de M. Duméril. (Desm.)

NUDICOLLES, *Nudicollis.* (*Entom.*) M. Latreille a formé sous ce nom une petite tribu d'hémiptères hétéroptères, composée de ceux qui ont la tête rétrécie en arrière en façon de col, le bec nu, arqué, de trois articles ; les antennes sétacées ; le corps oblong, plus étroit en avant ; les pieds courts, courbés ou coudés, etc. Les genres qui la forment, sont les suivans : Réduve, Nabis, Ploière et Zélus. (Desm.)

NUDICOLLES. (*Ornith.*) Ce nom, qui désigne des oiseaux a cou nu, a été appliqué par M. Duméril, dans sa Zoologie analytique, à sa première famille des rapaces, composée des genres Vautour et Sarcoramphe. (Ch. D.)

NUDIPÈDES. (*Ornith.*) M. Vieillot a consacré cette dénomination à la première famille de l'ordre des gallinacés, laquelle est composée des genres Hocco, Dindon, Paon, Éperonnier, Argus, Faisan, Coq, Monaul, Peintade, Rouloul, Tocro, Perdrix, Tinamou et Turnix. (Ch. D.)

NUDIPELLIFÈRES. (*Erpét.*) Mot par lequel M. de Blainville propose de remplacer celui de Batraciens. (H. C.)

NUÉE. (*Phys.*) Voyez Nuage. (L.)

NUÉE D'OR. (*Conchyl.*) Nom marchand du cône mage, *C. maga.* (De B.)

NUGA, NUGÆ. (*Bot.*) Ce nom a été donné par Rumph à une espèce de cniquier, *guilandina*, parce que ses graines, de la forme et de la couleur d'une petite boule de pierre, sont employées dans l'Inde à divers jeux. Linnæus a nommé cette espèce *guilandina Nuga.* (J.)

NUGGB. (*Bot.*) Voyez Houeh. (J.)

NUGGD. (*Bot.*) Nom arabe, suivant Forskal, du *scorzonera tingitana* de Linnæus, qui est devenu le *picridium tingitanum* de M. Desfontaines. Il est nommé *nukd* et *houeh* par M. Delile, qui rapporte à la même espèce le *scorzonera ciliata* de Forskal, lequel indique pour celle-ci les noms de *hauve* et *schœddœid*. (J.)

NUIL. (*Bot.*) Nom donné au Chili au *Neottia diuretica*, Willd. (Lem.)

NUKELA. (*Bot.*) Nom malabare, cité par Petiver, d'un arbre qu'il croit être un gattilier, *vitex*. (J.)

NULI-TALI. (*Bot.*) Voyez Noeli-tali. (J.)

NULLIPORE, *Nullipora*. (*Polyp.*) M. de Lamarck, dans la première édition de son Système des animaux sans vertèbres, avoit formé sous ce nom une division générique parmi les madrépores de Linné; mais dans sa seconde édition il n'en fait plus qu'une section de ses Millépores. Voyez ce mot. (De B.)

NUMBA ou ABADA. (*Mamm.*) Nom du rhinocéros à Java. (Desm.)

NUMENIUS. (*Ornith.*) Nom latin du genre Courlis, lequel paroît être dérivé du mot grec νεομηνια, qui signifie *nouvelle lune*, à cause de la forme du bec, qui représente un croissant. (Ch. D.)

NUMIDA. (*Ornith.*) Nom latin du genre Peintade dans l'ordre des gallinacés. (Ch. D.)

NUMIDE, NEMURI. (*Bot.*) Noms japonois du *phyllanthus niruri*, cités par Thunberg. (J.)

NUMI-GUSSURI. (*Bot.*) Nom japonois, cité par Kæmpfer, du jasminoïde, *lycium barbarum*. (J.)

NUMISMALES. (*Foss.*) On a donné souvent le nom de pierres numismales aux Nummulites. Voyez ce dernier mot. (D. F.)

NUMMULACÉES, *Nummulacea*. (*Conchyl.*) Dans son Système de malacologie, M. de Blainville forme sous ce nom une petite famille de son ordre des polythalamacés pour quelques genres de corps organisés, la plupart fossiles. qui ont une forme discoïde ou lenticulaire, ne laissant voir à l'extérieur presque aucune trace des tours de la spire, entièrement intérieure et partagée en un grand nombre de petites loges ou cellules séparées par des cloisons sans siphon. L'animal est entièrement inconnu. On peut cependant supposer que ces corps crétacés sont placés verticalement dans quelque partie de son dos , du moins par analogie avec la spirule. Quoi qu'il en soit, M. de Blainville rapporte à cette famille les genres NUMMULITE, HÉLICITE , SIDÉROLITE, ORBICULINE, PLACENTULE, VORTICIALE, et ceux de Denys de Montfort qui s'y rapportent. Voyez ces différens mots et l'article MOLLUSQUES, tom. XXXII, p. 178. (DE B.)

NUMMULAIRE , *Nummularia*. (*Bot.*) Tragus et Matthiole nommoient ainsi une espèce de lysimachie à tige rampante et à feuilles arrondies comme des pièces de monnoie. Ce nom a été ajouté par Linnæus comme spécifique au nom générique. (J.)

NUMMULITES. (*Foss.*) Il est peu de corps fossiles auxquels on ait donné plus de noms qu'aux nummulites. On les a appelées numulie, pierres numismales, monnoie de Saint-Pierre ou de Saint-Boniface, hélicites, pierres lenticulaires, monnoie du diable, phacites, porpites, discolithes. Agglomérées, c'est le *lapis frumentarius* ou pierre de froment de Langius, parce que, tranchées dans la direction de leur plan, leur coupe ressemble à un grain de froment.

Comme on ne voit aucune loge ouverte où les animaux qui les ont formées ont pu se loger, et que les couches dont elles sont composées, sont toujours placées extérieurement, on ne peut croire autre chose sur la place qu'elles doivent occuper, sinon qu'elles étoient contenues dans les animaux, comme l'os de la sèche.

En général, ces coquilles sont lenticulaires, amincies vers leurs bords; à spire interne discoïde, multiloculaire, recouverte par plusieurs tables : la paroi extérieure des tours est pliée en deux et s'étend en se réunissant de chaque côté au centre de la coquille. Les loges sont très-nombreuses, petites, alternes, et formées par des cloisons imperforées.

Étant coupées transversalement dans la direction de leur plan, elles présentent, en leur face tronquée, jusqu'à cinquante tours fort étroits, qui, partant du centre, tournent circulairement autour de lui, en décrivant une spirale qui se termine au dernier ou le plus extérieur ; et comme chacun de ces tours est plié en deux en son bord extérieur, il en résulte que chacun des autres est chargé extérieurement d'un nombre de tables aussi considérable qu'il y a eu de tours. Entre toutes ces tables, chaque tour de la spirale est divisé en une multitude de petites loges formées par des cloisons transverses, imperforées, qui se prolongent un peu obliquement vers le centre de chaque disque, et se perdent ou s'anéantissent entre les tables, à mesure qu'elles se rapprochent. Voici ce que l'on peut dire en général de ces coquilles ; mais nous verrons ci-après qu'il est quelques espèces qui sont tellement aplaties, que ceux de ces caractères qui concernent les autres, peuvent difficilement leur convenir.

La nature de ces corps a été long-temps méconnue : les uns les prenoient pour des jeux de la nature ; d'autres pour des semences pétrifiées ; d'autres pour des opercules, et d'autres (*Faujas* et *Sage*) pour des polypiers. Spada les plaça dans les coquilles bivalves.

Breyn, en 1752, et *Jean Gesner*, en 1758, sont les premiers qui pensèrent que les nummulites étoient des coquilles univalves, très-analogues aux ammonites.

Aux environs de Paris on trouve toujours ces coquilles dans les couches les plus inférieures du calcaire grossier et voisines de la craie ; mais elles ne se présentent point dans cette dernière, ni, à ma connoissance, dans les terrains plus anciens. On en trouve rarement à Grignon, département de Seine-et-Oise ; mais elles sont communes près de Villers-Cotterets, dans le vallon de Vaucienne, à Chantilly, au mont Ganellon près de Compiègne, au mont Ouen près de Gisors.

Les nummulites, ainsi que les lenticulites, avec lesquelles elles ont de très-grands rapports, sont des fossiles tellement abondans dans certains endroits, qu'ils constituent presque à eux seuls certaines pierres qui en sont formées.

Il paroît que ces coquilles sont du nombre de celles qui ne disparoissent pas dans les localités où il y a eu solution du têt de certaines autres familles ; car on ne trouve point le vide qu'elles auroient laissé, si elles eussent disparu.

Voici les espèces que je connois.

Nummulite lisse : *Nummulites lævigata*, Lamck., Ann. du Mus. d'hist. nat., tom. 8, pl. 62, fig. 10; Camérine lisse, Brug., n.° 1; Hélicite, Guettard, Mém., tom. 3, pag. 431, pl. 13, fig. 1-10. Discolithe également bombée aux deux surfaces opposées, lisse, unie, à bords obtus; Fortis, Mém. pour servir à l'oryctographie de l'Italie, tom. 2, pag. 101, pl. 1, fig. P, Q, R. Diamètre, jusqu'à neuf à dix lignes. Trouvée aux environs de Villers-Cotterets et de Soissons, ainsi qu'à Grignon. Il est extrémement probable que c'est la même espèce, modifiée par les localités, que l'on trouve en Suisse, dans le Véronnais, en Dalmatie, sur le mont Pilate près de Lucerne, à Stubbington, dans le Hampshire, et dans d'autres endroits.

Nummulite globulaire : *Nummulites globularia*, Lamck., *loc. cit.*; Fortis, *loc. cit.*, même planche, fig. S, T. Elle est moins grande et plus épaisse que la précédente; mais je crois que ce n'en est qu'une variété. Trouvée à la Morlaie près Chantilly, à Retheuil, et dans la Transylvanie. (Fortis.)

Nummulite petite-roue, *Nummulites rotula* (Def.). Discolithe sphéroïde, aplati, à bords minces et tranchans (Fortis, *loc. cit.*, même planche, fig. U, V.). Diamètre, six lignes. Trouvée à la Morlaie. Ces coquilles ne sont probablement que des variétés de la nummulite lisse, avec laquelle on les rencontre.

Nummulite scabre : *Nummulites scabra*, Lamck., *loc. cit. An Camerina tuberculata ?* Brug., Dict., n.° 3. Coquille lenticulaire, convexe des deux côtés et couverte de points élevés sur toute sa surface. Des environs de Soissons, de Parnes, et de Saint-Félix, département de l'Oise. M. de Lamarck croit que c'est une espèce très-distincte, à cause des points élevés ou des linéoles dont elle est couverte. Ses tours de spirale sont au nombre de douze à dix-huit.

Nummulite aplatie; *Nummulites complanata*, Lamck., *loc. cit.* Discolithe numiforme, plat; diamètre de six lignes, jusqu'à celui de quatre pouces. Fortis, *loc. cit.*, pl. 11, fig. A, B, C. *Camerina nummularia*, Brug., Dict., n.° 4. Hélicite, Guettard, *loc. cit.*, pl. 13, fig. 21. Coquille orbiculaire, très-large, mince, lisse et à bords ondés. Elle est en général fort aplatie et ses bords sont quelquefois irrégulièrement courbés et hors du plan. Fortis annonce qu'il s'en trouve qui ont quatre pouces de diamètre. Je n'en ai pas vu d'aussi grandes; mais j'en possède une qui a près de trois pouces, quoiqu'elle n'ait pas plus de trois lignes d'épaisseur à son milieu. L'un de ses côtés présente une convexité et l'autre est concave. Ayant trouvé cinquante tours de spire dans une autre, qui venoit de l'Égypte et qui n'avoit que vingt-une lignes de diamètre, on peut supposer que celle de près de trois pouces doit en contenir environ soixante-quinze. On ne peut croire alors que les tables de tous ces tours viennent aboutir au centre, comme pour les espèces qui sont bombées dans cet endroit. On doit penser, au contraire, que l'accroissement de ces coquilles n'a eu lieu que sur les bords; car il paroît impossible que ces tables, au nombre de cent cinquante environ, n'eussent que trois lignes d'épaisseur. Fortis pense que celles qu'on trouve dans les environs de Soissons, et qui n'atteignent ordinairement que la grandeur d'un *petit-écu*, appartiennent à cette espèce, ainsi que celles que l'on trouve en Languedoc, en Transylvanie, sur le mont Aubry en Suisse, dans le Vicentin et dans le Véronnais. Il est douteux qu'une même espèce soit répandue sur une aussi grande étendue de pays; mais les différences ne pouvant être établies que dans la grandeur et l'épaisseur, il est difficile d'être fixé à cet égard.

Il semble qu'on doive rapporter à la *N. lævigata*, l'espèce qu'on trouve aux environs de Soissons. Celles de Ronca n'ont que douze à quinze lignes de diamètre sur quatre lignes d'épaisseur, et pourroient constituer une espèce particulière.

NUMMULITE COMPACTE, *Nummulites spissa* (Def.). Coquille qui a jusqu'à six ou sept lignes d'épaisseur, sur un pouce de diamètre. Les tours de spire, qui s'élèvent de quarante à cinquante, ne laissent presque aucun espace entre eux et sont à peine visibles. Sa localité ne m'est pas connue.

NUMMULITE CONCAVE, *Nummulites concava* (Def.). Cette espèce est très-remarquable, en ce qu'au centre il se trouve intérieurement une petite cavité arrondie, qu'on ne voit dans aucune autre. Diamètre, un pouce: elle a été rapportée de la Crimée par le célèbre voyageur Knack. Dans un petit groupe que je possède, les coquilles de cette espèce sont blanches comme de l'ivoire. Celles que l'on trouve au

35.

Caire paroissent être de même nature : n'ayant pu en ouvrir, je ne suis pas certain qu'elles se rapportent à la même espèce ; mais il y a lieu de le croire.

Nummulite monnoie, *Nummulites moneta* (Def.) Discolithe nummiforme, plat, mais presque toujours déjeté ; à spirale et cloisonnemens marqués aux deux surfaces en relief ; Fortis, *loc. cit.*, pl. 11 , fig. P. Ceste espèce est très-remarquable par son aplatissement et sa transparence, qui laisse apercevoir les tours de la spire. Diamètre, un pouce. Localités : Ronca , la Dalmatie, les plus basses couches des îles de Veglia , de Pago et d'Arbe , en Croatie , et Alicante.

Cette espèce diffère de toutes les autres, en ce que les loges sont pleines, et, quoique disposées en spirale , leurs cloisons, au lieu d'être inclinées, rayonnent du centre à la circonférence sans être courbées.

Nummulite? de Ramond , *Nummulites? Ramondi* (Def.). J'ai donné ce nom à une petite espèce que M. Ramond a trouvée à dix-sept cents toises de hauteur, sur le Mont-perdu : elle n'a pas beaucoup plus d'une ligne de diamètre et est très-abondante dans des morceaux de calcaire gris-brun, rapportés par ce savant. Il est très-possible que ces petites coquilles puissent appartenir au genre Lenticuline ; mais celui-ci a tant d'analogie avec les nummulites, que peut-être les coquilles de ces deux genres n'auroient pas dû être séparées. On trouve aussi cette espèce dans la montagne de Sex-d'Argentine, près celles de Lavaraz et des Diablerets, et dans la vallée d'Anzeindre au-dessus de Bex, dans un calcaire brun à peu près pareil à celui du Mont-perdu. J'ai reçu du Plaisantin des cailloux siliceux et roulés, qui sont remplis de pareilles coquilles. J'ai calculé qu'un morceau calcaire que je possède et qui n'est composé que de coquilles pareilles, doit en contenir sept à huit mille, quoiqu'il ne soit que de la grosseur du poing. J'ignore où il a été trouvé ; mais j'en possède d'autres, qui viennent de Bayonne et qui ont beaucoup de rapports avec lui.

Nummulite ? lentillon , *Nummulites? lenticula* (Def.). Discolithe microscopique , à surfaces unies, lentiforme ; Fortis, *loc. cit.*, vol. 2, pl. 1.ʳᵉ, fig. A, B. Cette petite espèce, qui n'a pas une ligne de diamètre, se rencontre abondamment,

et quelquefois sans mélange d'aucune autre espéce de coquilles, dans les environs de Sienne, dans les collines de
Pise, près de Vicence, dans les départemens de l'Oise, de
la Somme, dans la Belgique et dans d'autres lieux.

J'ai trouvé dans du sable, contenu dans des pieds de gorgones, de petites coquilles à l'état frais qui ont les plus grands
rapports avec cette espéce; mais j'ignore de quelle mer pro-
venoient ces gorgones.

On a annoncé que l'on trouve des nummulites en Laponie,
dans la Styrie, la Hongrie, dans l'île de Gothland et dans
beaucoup d'autres endroits, où elles sont quelquefois si abondantes, que des montagnes en sont formées. Il est à désirer
qu'on soit assuré si elles ne se rencontrent jamais dans les terrains de la craie ou dans ceux qui sont plus anciens. De Luc
a annoncé qu'il en existe au Bengale, dans les rochers
calcaires des montagnes de Lahour, à l'orient du Gange
(Journal de physique, tome 48, p. 223). Cet auteur dit que
les mêmes (numismales lenticulaires) se trouvent parmi le
gravier du lac de Genève, et il s'en étonne, vu la différence
des températures.

Dans les Mémoires pour servir à l'oryctographie de l'Italie, ci-dessus cités, Fortis a rangé sous le nom de discolithes
les nummulites avec d'autres coquilles qui n'ont pas les mêmes
caractères que ces dernières, puisque leur accroissement n'a
pas lieu en spirale, et qui dépendent d'autres genres, portés
dans ce Dictionnaire sous les noms de Fabulaire, Oryzaire,
Orbulite, Lunulite, Licophre. (Voyez ces mots.)

Quant à certains autres corps, dont il a donné les figures,
nous ne savons à quels genres les rapporter. (D. F.)

NUMMULLARIA. (*Bot.*) Nom spécifique d'une espéce de
lysimaque, que les commentateurs de Pline croient être le
nummulus ou *nummularia*, ou *mimulus* et aussi *nemus* de cet
ancien auteur. Le *linnæa borealis* est le *nummularia norvegica*
de Kyll., *Act. dan.*, 2, fig. c. (Lem.)

NUMMUS DIABOLICUS, SANCTI PETRI, SANCTI BONI-
FACII. (*Conchyl.*) Plusieurs auteurs anciens désignoient sous
ces différens noms les corps organisés fossiles en forme de
pièce de monnoie, que l'on nomme aujourd'hui Nummulite
ou Numismale. Voyez ces mots. (De B.)

NUMULAIRE. (*Bot.*) Nom vulgaire de la lysimaque nummulaire. (L. D.)

NUMULIE. (*Foss.*) Dans sa Conchyliologie systématique,
Denys de Montfort a donné ce nom aux Nummulites. Voyez
ce mot. (D. F.)

NUN. (*Ornith.*) Nom anglois de la mésange bleue, *parus
cœruleus*, Linn., appliqué par Charleton à la petite charbon-
nière, *parus ater*, Linn. La pie-grièche commune, *lanius
excubitor*, Linn., porte, en allemand, les noms de *Neunmœrder*
et *Neuntœdter*. (Ch. D.)

NUNA-NUNA. (*Bot.*) Selon Forster, la plante qui porte
ce nom à Otahiti, est le *boerhavia erecta*, Linn. Voyez Tas-
sole. (Lem.)

NUNNEZHARIA et NUNNESIA. (*Bot.*) Voyez Martinezia.
(Lem.)

NUNUNYA. (*Bot.*) Nom péruvien du *solanum gnaphalioides*
de la Flore du Pérou. (J.)

NUPCHUCRI. (*Bot.*) Voyez Iscumnim. (J.)

NUPHAR. (*Bot.*) Voyez Nénuphar. (L. D.)

NUREK. (*Mamm.*) Selon Erxleben, ce nom est celui du
minx, *mustela lutreola*, en Pologne. Voyez Marte. (Desm.)

NUREN-KELENGU. (*Bot.*) Nom malabare d'un igname,
dioscorea pentaphylla. (J.)

NURSIE, *Nursia*. (*Crust.*) Genre de crustacés décapodes
brachyures, voisin de celui des Leucosies, et fondé par M.
Leach. Voyez l'article Malacostracés, tom. XXVIII, p. 278.
(Desm.)

NURTZ. (*Mamm.*) Nom allemand du mink, espèce de
Marte, *mustela lutreola*. (Desm.)

NURVALA. (*Bot.*) Voyez Niirvala. (J.)

NUSAR. (*Conchyl.*) Adanson (Sénégal, p. 238, pl. 18)
décrit et figure sous ce nom une espèce de donace que l'on
trouve en petite quantité dans les sables du cap Manuel et
dont Linné fait son *donax denticulata*. (De B.)

NUSSHEHER. (*Ornith.*) Ce nom et ceux de *nuss-bickel*
ou *bicher*, *nuss-hacker* ou *hær*, sont donnés à la sittelle ou
torchepot, *sitta europæa*, Linn., en Allemagne, où l'on
nomme *nussbrecher*, le casse-noix, *corvus caryocatactes*, Linn.
(Ch. D.)

NUTANT (*Bot.*) : dont le sommet s'incline légèrement vers l'horizon. La tige du cèdre, du *convallaria polygonatum;* les fleurs de l'ancolie, de la violette, etc., par exemple, sont dans ce cas. (Mass.)

NUT-CRACKER. (*Ornith.*) Nom du casse-noix en Angleterre, où la sittelle est appelée *nut-hatch* et *nut-jobber.* (Ch. **D.**)

NUTRIA. (*Mamm.*) Nom espagnol de la loutre. (Desm.)

NUTRITION. (*Anat. et Phys.*) Fonction que constitue essentiellement l'assimilation ou incorporation des molécules nutritives dans les parties, et au moyen de laquelle ces parties s'entretiennent, se développent et se réparent.

Dans un sens plus étendu, le mot *nutrition* désigne moins une fonction propre et déterminée, qu'un ensemble de plusieurs fonctions particulières, la *digestion*, l'*absorption* et le *cours du chyle*, la *circulation* ou le cours du sang, la *respiration* ou l'oxigénation de ce fluide, enfin, l'*assimilation* des molécules de ce fluide dans les parties.

Ainsi, le mot *nutrition* signifie tantôt l'ensemble des opérations qui concourent à l'entretien de l'animal; tantôt, au contraire, il n'indique que l'opération finale ou l'*assimilation.*

Cette dernière acception est la seule que nous lui donnions ici. Nous renvoyons aux mots Système digestif, Système lymphatique ou absorbant, Système circulatoire, et Respiration, tout ce qui concerne ces opérations préliminaires ou préparatoires.

En effet, ces diverses opérations ne sont point par elles-mêmes indispensables à la nutrition. A mesure qu'on descend l'échelle des êtres, on les voit disparoître l'une après l'autre. Dans les derniers animaux, la nutrition paroit se faire directement et par l'absorption immédiate des molécules tenues en suspension dans les fluides, au milieu desquels ces animaux vivent. Chez les polypes, la nutrition se réduit à la digestion et à l'assimilation. A mesure qu'on remonte dans la série des animaux, on voit se joindre, séparément et successivement, à ces deux fonctions, dont l'une commence et l'autre finit la nutrition, les trois fonctions intermédiaires du *cours du chyle*, du *cours du sang* et de la *respiration.*

Pour que la nutrition ou l'incorporation des molécules nutritives dans les parties s'opère, il faut que ces molécules soient présentées aux parties dans un état de préparation et de subdivision convenables.

La digestion extrait ces molécules des substances alimentaires : l'absorption chylifère s'empare de ces molécules et les verse dans le système sanguin ou circulatoire ; ce système les porte aux poumons, où l'oxigénation se fait ; des poumons elles reviennent au cœur, et du cœur elles se distribuent dans les parties. L'assimilation ou incorporation aux parties de ces molécules ainsi préparées et distribuées, est proprement la nutrition.

Les physiologistes ont beaucoup écrit sur la manière dont cette assimilation s'effectue ; mais on n'en est pas plus avancé pour cela. Il seroit donc assez inutile de reproduire ici des hypothèses qui ne servent qu'à faire des livres, et ne servent nullement à la science.

Il paroît, d'après des travaux récens, que la plupart des principes nécessaires à la nutrition sont contenus dans le sang. C'est donc, selon toute apparence, en se répandant dans les parties, que ce fluide les y dépose et que la nutrition se fait.

On sait, depuis long-temps, que la matière organisée offre seule les principes nécessaires à la nutrition des animaux. Des expériences récentes semblent même indiquer que les substances azotées sont seules susceptibles de leur fournir, à la longue, une nourriture convenable et suffisante.

Le corps change continuellement de poids et de volume : les différens tissus varient de couleur et de consistance ; les parties s'accroissent ou diminuent selon les âges, les maladies, le régime et l'exercice. Quand on mêle de la garance à la nourriture d'un animal, ses os deviennent rouges ; ils reprennent leur couleur naturelle, quand on retranche la garance. Enfin, la nutrition est plus ou moins active dans les divers tissus, dans les divers âges et dans les diverses espèces. (F.)

NUTTALITE. (*Min.*) Ce minéral, regardé comme une nouvelle espèce, est pourvu d'un nom spécifique d'après les seuls caractères cristallographiques et physiques. Il avoit d'abord été pris pour de l'éléolithe : reçu de Boston, en Massachusset, et envoyé comme tel par M. Heuland à M. Brooke, ce physicien y a reconnu les caractères et les propriétés que voici :

Ses cristaux sont des prismes rectangulaires droits, que l'on peut regarder comme la forme primitive. Il existe des clivages parallèles aux faces latérales; les arêtes latérales sont remplacées par des plans et les bases sont imparfaites.

La Nuttalite diffère par ce clivage de l'éléolithe ; elle en diffère aussi par l'éclat, et par la dureté qui est moindre. Elle se rapproche par sa forme de la paranthine, mais elle est plus tendre qu'elle, et son éclat est plus vitreux.

Ce minéral s'est trouvé en cristaux engagés dans des calcaires spathiques et a été rapporté des États-Unis par M. Nuttal, auquel M. Brooke l'a dédié. (B.)

NUX. (*Bot.*) Voyez Noix. (J.)

NUX MARINA. (*Conchyl.*) Voyez Noix de mer. (De B.)

NUXIA. (*Bot.*) Ce genre doit être réuni aux *ægiphila*. C'est le même que le *manabea* d'Aublet. Voyez Ægiphile et Manabea. (Poir.)

NYALEL. (*Bot.*) Voyez Lansa. (J.)

NYALIKSAK. (*Ornith.*) Nom groënlandois du harle huppé, *mergus serrator*, Linn. (Ch. D.)

NYCTAGE. (*Bot.*) Voyez Nictage. (Poir.)

NYCTAGINÉES. (*Bot.*) Voyez Nictaginées. (J.)

NYCTALOPES. (*Zool.*) Ce nom, composé de νυκτός, *nuit*, et de ὅπως, *œil*, est employé pour désigner des animaux qui voient mieux pendant la nuit que durant le jour; tels que le lièvre, les chouettes, etc. (Desm.)

NYCTALOPIQUE. (*Bot.*) Agaric de la famille des *mamelonées gris* de Paulet (Trait. ch., 2, p. 242, pl. 108, fig. 5, 6). Il s'élève à quatre ou cinq pouces; son chapeau est de couleur baie, tandis que ses feuillets et son stipe sont couleur de puce; la surface du chapeau est soyeuse et comme peluchée; ses facettes sont inégales. Il croit en automne dans la forêt de Senard. Donné aux animaux, il les rend tristes, leur ôte leur force et leur éteint presque la vue ; leur prunelle se dilate sensiblement, et peut-être éprouvent-ils une nyctalopie; mais ses effets se bornent là et ils en reviennent. (Lem.)

NYCTANTE, *Nyctanthes*. (*Bot.*) Genre de plantes dicotylédones, à fleurs complètes, monopétalées, de la famille des *jasminées*. de la *diandrie monogynie* de Linnæus, offrant pour caractère essentiel : Un calice entier, d'une seule pièce ; une corolle en entonnoir ; le limbe à cinq lanières obliques ; deux étamines ; les anthères presque sessiles, renfermées dans le tube ; un ovaire supérieur ; un style ; un stigmate simple. Le fruit consiste en une capsule (ou deux réunies en une seule) ovale, comprimée, à deux loges, qui se séparent en mûrissant ; une semence dans chaque loge.

Depuis l'établissement du genre *Mogorium* pour les espèces dont le fruit est une baie et non une capsule, le nyctante est presque réduit à une seule espèce.

Nyctante de l'Inde : *Nyctanthes arbor tristis*, Linn., *Flor. Zeyl.*, 11 ; Lamk., *Ill. gen.*, tab. 6 ; *Scabrita scabra*, Linn., *Mant.*, 37 ; Gærtn., *De fruct.*, tab. 158 ; *Parilium*, id., tab. 51 ; *Manja-pumeran*, Rhéed., *Hort. Malab.*, 1, pag. 35, tab. 21. Bel arbre de vingt-quatre à trente pieds, qui pousse de toutes parts des rameaux étalés et touffus, et dont la racine produit plusieurs tiges éparses, nombreuses, quadrangulaires, revêtues d'une écorce cendrée. hispide et velue. Les feuilles sont opposées, presque sessiles, rudes, épaisses, velues, ovales, acuminées, luisantes en dessus, tomenteuses et blanchâtres en dessous ; les pétioles très-courts, épais et velus. Les fleurs sont blanches, d'une odeur très-suave, axillaires, terminales, pédonculées ; les pédoncules rameux, munis de larges bractées ovales ; le calice est un peu tubulé, entier à son bord ; le tube de la corolle cylindrique, beaucoup plus long que le calice ; le limbe partagé en cinq lanières oblongues, obliques, échancrées au sommet ; les anthères sont ovales ; l'ovaire arrondi, comprimé latéralement. Le fruit est une capsule à deux loges, qui, en se séparant à l'époque de la maturité, offre deux capsules monospermes.

Cet arbre croît au Malabar, dans les lieux stériles et sablonneux. Il a été nommé Arbre triste, *arbor tristis*, parce que ses fleurs ne s'ouvrent qu'à l'entrée de la nuit et se ferment dès l'apparition des premiers rayons du soleil. Son nom générique de *nyctanthes* est composé de deux mots grecs qui signifient *fleur de nuit*. (Poir.)

NYCTERANTHUS. (*Bot.*) Adanson avoit cru devoir partager en quatre le genre *Diosma* de Linnæus ; et l'un de ces quatre, distingué par dix à vingt étamines, quatre styles et un fruit à quatre loges, avoit reçu de lui le nom de *Monnetia*, auquel Necker a substitué celui de *Nycteranthus*. Mais cette division n'a pas encore été adoptée. Voyez Ga-zour. (J.)

NYCTÈRE, *Nycteris*. (Mamm.) Genre de mammifères carnassiers chéiroptères, créé par M. Geoffroy Saint-Hilaire et fondé principalement sur l'espèce de chauve-souris appelée campagnol-volant par Daubenton, ou *vespertilio hispidus* de Gmelin.

Ce genre a été adopté par tous les naturalistes. qui ont écrit récemment sur l'histoire des mammifères de la famille des chauve-souris.

Les nyctères ont pour caractères d'avoir : Quatre incisives supérieures bilobées, très-petites et séparées par paires, et six inférieures trilobées ; quatre canines médiocrement fortes ; quatre molaires de chaque côté de la mâchoire supérieure, dont deux fausses et deux vraies, garnies de pointes aiguës ; quatre ou cinq molaires de chaque côté de la mâchoire inférieure, dont une ou deux fausses et trois vraies ; le chanfrein creusé d'une fosse profonde, longitudinale ; les narines à peu près recouvertes par une sorte d'opercule cartilagineux et mobile ; les oreilles très-grandes, très-ouvertes, antérieures, contiguës à leur base ; l'oreillon presque extérieur ; la membrane interfémorale plus grande que le corps et comprenant la queue, qui est terminée par un cartilage bifurqué et en forme de T renversé.

Il renferme trois espèces, dont deux seulement nous sont bien connues.

Le Nyctère de Geoffroy (*Nycteris Geoffroyi*, Desm.. Mamm., pag. 127, n.° 190 ; Nyctère de la Thébaïde, Geoff., Mém. d'Égypt.) a un pouce dix lignes de longueur totale, mesuré depuis le bout du museau jusqu'à l'origine de la queue ; ses ailes. ont neuf pouces d'envergure ; ses oreilles onze lignes de longueur ; sa queue a un pouce onze lignes. Son pelage est doux et fin. brun en dessus et gris-brun clair en dessous.

La tête est forte, prolongée en avant : le crâne volumineux et arrondi en arrière ; la gueule très-fendue ; la lèvre supé-

rieure haute et très-entière ; la lèvre inférieure comme
bifurquée et portant deux bourrelets ou replis de la peau
épais et nus, formant un angle entre eux et étant séparés
par un sillon, qui se prolonge sous la mâchoire avec un
tubercule entre deux. Le nez est très-compliqué et composé, 1.º des deux ouvertures nasales fort rapprochées et
situées à la partie antérieure d'une grande fosse du chanfrein, qui se porte depuis le haut de la lèvre jusqu'à la
base du crane proprement dit ; 2.º d'un repli mince de
la peau, recouvert de poils, bordant extérieurement cette
fosse ; 3.º de deux replis plus minces, sans poils, situés parallèlement l'un à l'autre et longitudinalement au fond de la
fosse du chanfrein ; 4.º de deux espèces de pièces de forme
arrondie, un peu en spirale, tenant au repli extérieur de la
peau et recouvrant en partie le milieu de la fosse du chanfrein, mais non les ouvertures des narines, qui sont situées
en avant. Les oreilles sont placées à peu près au tiers postérieur de la longueur de la tête, d'une hauteur presque double
de la sienne, ayant l'ouverture de la conque de forme ovale-
oblongue, dirigée en avant, et les contours entiers ; les bords
internes des deux oreilles sont assez rapprochés l'un de l'autre
et réunis à leur base, sur le front, par une petite cloison
membraneuse, transversale ; les bords externes commencent
sur les côtés de la tête et fort bas, où ils forment un assez
grand repli ; la conque est velue près de la tête et n'offre,
en dehors, qu'un seul pli droit, partant de sa base et se portant presque à son extrémité, et assez près du bord externe,
ce pli étant indiqué par une nervure saillante postérieurement et garnie d'une seule rangée de petits poils, disposés
comme des cils ; l'oreillon, petit, appliqué au bord interne de
la conque, de forme arrondie ou en cuiller, est deux fois
aussi large que haut, et sa face antérieure est velue ; les yeux
sont petits, une fois plus près de l'oreille que du bout du
museau. Le col est court, mais bien marqué. Le corps est très-
épais et très-musculeux antérieurement ; la ligne moyenne du
dos entre les épaules présente un sillon longitudinal très-pro-
fond ; la poitrine est très-renflée et très-large ; le ventre mince.
Les ailes sont grandes et larges ; le pouce est grêle et pourvu
d'un ongle foible ; la membrane interfémorale est très-ample

et soutenue par des osselets cartilagineux presque aussi longs
que la jambe et embrassant la queue , qui est formée de sept
vertèbres et terminée par un cartilage en forme de T, dont
les branches partent à droite et à gauche de l'extrémité de
la dernière.

Telle est la description détaillée d'un nyctère que M. Hu-
zard fils a bien voulu nous rapporter du Sénégal et qu'il avoit
pris auprès de Podor , c'est-à-dire à trente lieues de distance de
l'embouchure de ce fleuve. Nous l'avons comparé au nyctère
de la Thébaïde, rapporté d'Égypte par M. Geoffroy, et nous
n'avons pu reconnoître entre eux aucune différence suffisante
pour faire établir deux espèces, quoiqu'on en remarque cependant de très-légères dans les proportions de la tête , qui est
plus courte; des oreilles, qui sont un peu plus longues; de la
verrue terminale de la mâchoire inférieure, qui est plus petite ,
ainsi que dans la nuance de la couleur du pelage, qui est
moins foncée dans le nyctère de la Thébaïde que dans celui
du Sénégal. La distance considérable , qui existe entre les
deux pays que ces chéiroptères habitent, ne sauroit apporter
un doute sur leur identité d'espèce ; car on sait que beaucoup
d'animaux d'Égypte se retrouvent aussi au Sénégal.

Il nous paroît aussi hors de doute que l'on doit ranger dans
cette espèce la chauve-souris desséchée , rapportée par Adanson du Sénégal, et dont il est fait mention dans les descriptions anatomiques du Cabinet du Roi, par Daubenton, sous
le n.° 1910. A cette même espèce aussi appartiendroit la tête
décharnée, indiquée sous le n.° 1911 (Hist. nat. de Buffon,
édit. in-4.°, tom. X, pag. 91 et 92.)

La certitude que nous croyons avoir acquise que le nyctère
de la Thébaïde n'est pas particulier à cette contrée, nous a
porté à en changer le nom spécifique pour le dédier au
savant professeur qui l'a fait connoître le premier avec
détail. [1]

---

[1] C'est ici le lieu de dire que M. Geoffroy avoit annoncé qu'il
existoit dans ce chéiroptère des sacs aériens, entre cuir et chair, com-
muniquant avec la bouche, et pouvant se remplir d'air, de sorte à
donner une forme sphérique à l'animal quand il vole. Nous n'avons pu
vérifier ce fait curieux sur les individus qui ont été à notre disposition

Le Nyctère campagnol volant : *Nycteris Daubentonii*, Desm., *Mamm.*, *Spec.*, 191 ; Campagnol-volant, Daubent., Mém. de l'Acad. des sciences de Paris, année 1759, pag. 387 ; Autre chauve-souris, *Ejusd.*, Description du cab., n.° 1909, Œuv. de Buff., tom. X, pag. 88, pl. 20, fig. 1 et 2 ; *Nycteris Daubentonii*, Geoffr., Mém. de l'Instit. d'Égypte, tom. II ; *Vespertilio hispidus*, Linn., Gmel. Cette espèce est plus petite que la précédente, puisque son corps et sa tête réunis n'ont pas plus d'un pouce cinq lignes de longueur ; sa tête n'a que cinq lignes ; ses oreilles en ont neuf ; l'envergure de ses ailes est de sept pouces quatre lignes, et sa queue a un pouce deux lignes ; ses oreilles sont assez grandes ; les opercules avoisinantes des narines sont très-petits ; la lèvre inférieure paroit simple ; la fosse longitudinale du chanfrein est garnie de longs poils sur ses bords ; le pelage est généralement d'un brun roussàtre en dessus et d'un blanc légèrement teint de fauve en dessous ; les poils de la tête, à l'exception de ceux du sommet et ceux de la gorge, de la poitrine et du ventre, sont de couleur blanchàtre, avec quelque légère teinte de fauve ; ceux du sommet et du derrière de la tête, du dessus du cou, des épaules, du dos et de la croupe, sont d'un brun roussàtre ; les plus grands ayant quatre lignes et demie ; les oreilles et les membranes des ailes et de la queue ont différentes teintes de brun noiràtre et de brun roussàtre. Le système dentaire de cette espèce, d'après ce que Daubenton en dit, diffère de celui de la précédente en ce que les molaires de la màchoire inférieure ne sont qu'au nombre de quatre au lieu de cinq de chaque côté, et en ce qu'il n'y a parmi elles qu'une fausse molaire antérieure au lieu de deux.

Ce nyctère a été rapporté du Sénégal par Adanson. L'individu que Daubenton a décrit étoit conservé dans l'alcool.

Enfin le Nyctère de Java, *Nycteris javanicus*, n'est indiqué que par le peu qu'en dit M. Geoffroy, dans les Mémoires de l'institut d'Égypte, Hist. nat., tom. II. C'est la plus grande espèce du genre, puisqu'elle a deux pouces six lignes de longueur, mesurée depuis le bout du museau jusqu'à l'origine de la queue. Son pelage est d'un roux vif sur les parties supérieures du corps, et d'un cendré roussàtre sur les inférieures. (Desm.)

NYCTÉRIBIE, *Nycteribia*. (*Entom.*) Nom donné par M. Latreille au pou de la chauve-souris; insecte très-voisin des *hippobosques* ou de la mouche des chevaux, du *mélobosque* ou du pou des moutons. Nous l'avons décrit tome XXI, pag. 176. n.° 3, sous le nom d'hippobosque de la chauve-souris. (C. D.)

NYCTÉRINS ou NOCTURNES. (*Ornith.*) M. Duméril a donné, dans sa Zoologie analytique, ce nom à la famille qui renferme les oiseaux de proie nocturnes, tels que les Chouettes et les Ducs. (Desm.)

NYCTÉRISITION. (*Bot.*) Genre de plantes dicotylédones, à fleurs complètes, monopétalées, très-voisin des *myrsine*, de la famille des *sapotées*, de la *pentandrie monogynie* de Linnæus, offrant pour caractère essentiel : Un calice à cinq divisions profondes; une corolle monopétale; le tube court; le limbe à cinq lobes étalés, réfléchis; point d'écailles; cinq étamines attachées au haut du tube, opposées aux divisions de la corolle; un ovaire supérieur, à cinq loges; un ovule dans chaque loge; le style court, le stigmate obtus, presque à cinq dents; le fruit inconnu.

Nyctérisition ferrugineux; *Nycterisition ferrugineum*, Ruiz et Pav., *Fl. Per.*, 2, pag. 47, tab. 187. Grand arbre du Pérou, dont le tronc est épais, l'écorce un peu ferrugineuse; le bois très-dur, de couleur jaune; il en découle, par incision, un suc laiteux, qui, à l'air, prend une couleur de sang; les rameaux sont étalés; les feuilles éparses, pétiolées, ovales, alongées, un peu acuminées ou échancrées au sommet, entières, glabres et luisantes en dessus, chargées en dessous d'un duvet soyeux, ferrugineux. Les fleurs sont agrégées, axillaires, médiocrement pédonculées; le calice est soyeux, à cinq découpures ovales, concaves, un peu obtuses; la corolle campanulée, d'un blanc jaunâtre, pubescente et un peu ferrugineuse en dehors, à peine plus longue que le calice, à cinq lobes ovales, étalés; les anthères sont petites, globuleuses; l'ovaire est tomenteux et jaunâtre.

Nyctérisition argenté; *Nycterisition argenteum*. Kunth in Humb. et Bonpl., *Nov. gen.*, vol. 3, pag. 258, tab. 244. Cet arbre est chargé de rameaux alternes, un peu ridés, légèrement pubescens dans leur jeunesse, garnis de feuilles

éparses, pétiolées, oblongues, elliptiques, aiguës ou obtuses,
presque en coin à leur base, planes, entières, glabres, d'un
vert gai et luisant en dessus, garnies en dessous d'un duvet
argenté et soyeux, longues de deux pouces. Les fleurs sont
disposées en ombelles axillaires, pédicellées, très-courtes;
le calice est pubescent et soyeux; ses divisions sont ovales,
concaves, arrondies; la corolle est glabre, à peine de la
longueur du tube du calice; ses découpures sont ovales,
elliptiques, obtuses, réfléchies, point glanduleuses; les étamines saillantes hors du tube de la corolle; l'ovaire est
ovale, hérissé, à cinq loges. Cette plante croît à la Nouvelle-Grenade. (Poir.)

NYCTÉRIUM. (*Bot.*) Ventenat a cru pouvoir, sous ce nom,
séparer du *solanum* deux espèces, distinctes seulement par
une des cinq anthères beaucoup plus grande que les autres;
mais ce genre ne peut être adopté : d'abord, parce que ces
deux espèces, différentes dans leur port, appartiennent plus
naturellement à deux sections différentes du *solanum*, et ensuite parce que dans plusieurs autres espèces on voit une
étamine un peu plus volumineuse. (J.)

NYCTIBIUS. (*Ornith.*) Nom générique donné par M. Vieillot à l'ibijau, qu'il sépare de l'engoulevent, *caprimulgus.*
(Ch. D.)

NYCTICÈBE, *Nycticebus.* (*Mamm.*) Genre de mammifères
de l'ordre des quadrumanes et de la famille des makis, comprenant une espèce, qui a été placée d'abord dans le genre
Lemur par Gmelin, et ensuite dans celui de *Loris* par
MM. Cuvier, Geoffroy et Fischer.

Ces animaux, dont le corps est assez épais et ramassé, dont
la tête est ronde et terminée par un museau court et obtus,
et un nez petit et aplati en devant, dont la queue est rudimentaire, sont, en outre, caractérisés par des yeux très-
grands, nocturnes, rapprochés et dirigés en avant, par des
oreilles courtes, arrondies, velues, et aussi par le système
dentaire. Ils ont six incisives inférieures proclive ; tantôt deux
et tantôt quatre incisives supérieures, et dans ce dernier cas
les intermédiaires sont écartées et les latérales sont les plus petites; leurs canines sont médiocres et leurs molaires au nombre
de six de chaque côté à la mâchoire supérieure et de cinq seu-

lement à la mâchoire inférieure. De ces molaires, celles du fond sont à large couronne, évidées à leur centre et tuberculeuses aux angles.

Les nycticèbes ont surtout de la ressemblance avec les loris, et principalement par le nombre et la forme de leurs dents, par la brièveté de leur queue, par la forme de leurs oreilles, etc.; mais ils en diffèrent par la forme de leur museau, qui n'est pas brusquement pointu et relevé; par leurs membres courts et forts, et non pas longs et grêles; par leur corps épais et gras et non pas maigre et fluet comme celui des loris. Ils diffèrent des galagos et des tarsiers parce qu'ils n'ont pas, comme ceux-ci, les membres postérieurs disproportionnés par leur longueur à ceux de devant, et parce qu'ils n'ont qu'une queue très-courte.

Les doigts des pieds sont en tout semblables à ceux des autres animaux de la même famille, c'est-à-dire, qu'ils ont, en général, les ongles en gouttière et obtus, et que le seul ongle du second doigt des pieds de derrière est fort alongé et subulé. Les os de l'avant-bras et de la jambe sont distincts; le fémur est plus court que le tibia; le tarse et le métatarse sont égaux, etc.

Le Potto de Bosman, animal peu connu et sur lequel M. Temminck promet de donner des renseignemens dans la suite de ses monagraphies de mammalogie, avoit d'abord été réuni à ce genre par M. Geoffroy; mais M. Cuvier l'en a séparé pour le reporter dans celui des Galagos, où sa longue queue paroît en effet lui assigner une place.

Des trois espèces qui restent dans ce genre, une seule est distinguée depuis long-temps par les naturalistes; c'est

Le Nycticèbe du Bengale : *Nycticebus bengalensis*, Geoffr., Ann. du mus., tom. 19, p. 164; Desm., Mamm., *Spec.* 122; Paresseux pentadactyle du Bengale, Wosmaër; Loris du Bengale, Buff., Suppl., tom. VII, pag. 125, pl. 36; *Lemur tardigradus*, Linn., Gmel.; Loris paresseux, Cuv. Cet animal, dont la longueur totale est d'un pied environ, est pourvu de quatre incisives à la mâchoire inférieure. Il est surtout remarquable par sa tête ronde, ses yeux énormes, à iris brun, et ses oreilles en cornet arrondi et si courtes qu'à peine les aperçoit-on dans le poil. Sa fourrure se compose de poils assez longs, fins et laineux, mais peu doux au toucher, dont la couleur est généralement grise ou d'un cendré jaunâtre clair, un peu plus rousse sur les flancs et aux jambes qu'ailleurs, d'une teinte foncée autour des yeux, avec une ligne brunâtre, assez étroite, qui naît du haut du front et se prolonge le long de l'épine dorsale jusqu'à la queue.

Cet animal est du Bengale, où ses habitudes naturelles n'ont point été étudiées. Le peu qu'on en sait a été observé par Wosmaër sur un individu qui a vécu sous ses yeux en captivité. Les alimens qui convenoient à ce nycticèbe, étoient tout-à-fait analogues à ceux dont les makis font usage, c'est-à-dire qu'il se nourrissoit de fruits sucrés, d'œufs, d'insectes, et même de jeunes oiseaux lorsqu'on lui en donnoit. Il dormoit tout le jour, ne s'éveilloit que le soir et mangeoit aussitôt après qu'il étoit éveillé. Alors ses mouvemens étoient lents comme ceux du bradype ou paresseux, dont il avoit le cri monotone. Il répandoit une odeur désagréable.

On trouve, dans la Zoologie générale de Shaw, des recherches de M. Carlisle, qui a trouvé les artères des membres du nycticèbe du Bengale subdivisées en petits rameaux, comme le sont celles des paresseux : disposition qui a servi à expliquer, par le ralentissement de la circulation du sang dans les vaisseaux, la difficulté que ces animaux montrent dans leur mouvement.

Le Nycticèbe de Java, *Nycticebus javanicus*, est une espèce fondée par M. Geoffroy dans les Annales du Muséum, tom. XIV, pag. 164, et caractérisée par son pelage roux, avec une ligne dorsale plus foncée : par son museau plus étroit que celui du nycticèbe du Bengale; mais surtout parce que ses incisives supérieures ne sont qu'au nombre de deux seulement au lieu de quatre.

Le Nycticèbe de Ceilan, *Nycticebus ceylonicus*, Geoffr., *loc. cit.*, n'est fondé que sur la figure donnée par Séba, *Thes.*, 1, pag 75, pl. 47, fig. 1, de son *Cercopithecus zeylonicus, seu tardigradus dictus major*, animal évidemment du genre Nycticèbe et de couleur généralement brun noirâtre, avec le dos entièrement noir. Il se pourroit que Séba eût été trompé à l'égard de ce quadrupède sur la patrie qu'il lui assigne, ainsi qu'il l'a été nombre de fois sur celle des serpens qu'il a figurés et décrits ; et il ne seroit pas impossible que la couleur foncée du pelage fût le résultat de quelque altération. (Desm.)

NYCTICORAX. (*Ornith.*) Ce nom, qui paroît appartenir proprement à la hulotte, *strix aluco* et *stridula*, Linn., a aussi été appliqué au bihoreau et à l'engoulevent. (Ch. D.)

NYCTINOME, *Nyctinomus*. (*Mamm.*) M. Geoffroy a fondé ce genre de mammifères carnassiers chéiroptères, pour y placer une espèce qu'il a découverte en Égypte, et deux *vespertilio* de Buchanan et d'Hermann.

Les nyctinomes ont leurs dents au nombre de trente ; savoir : Deux incisives supérieures coniques et contiguës ; quatre incisives inférieures très-petites et comme entassées au-devant des canines, qui sont en totalité au nombre de quatre et médiocrement fortes ; dix mâchelières à chaque mâchoire, cinq de chaque côté, et dont les deux premières sont simples, et les trois dernières plus fortes et à couronne hérissée de pointes aiguës. Le nez est camus ; confondu avec les lèvres, celles-ci sont profondément fendues et ridées. Il n'existe point de crêtes ou de feuilles membraneuses sur le nez, ni de sillon le long du chanfrein. Les oreilles sont grandes, réunies et couchées sur la face, et leur oreillon est extérieur. Les ailes sont grandes avec le pouce très-court ; le doigt indicateur n'a pas de phalanges ; le médius en présente trois ; l'annulaire et le petit doigt n'en ont que deux. Les pieds de derrière sont couverts de poils très-longs ; la queue est longue et enveloppée par une membrane interfémorale moyenne.

Les caractères que nous venons d'exposer ne permettent pas de confondre ce genre d'abord avec ceux qui renferment des chéiroptères, dont la face présente des crêtes, des sillons, des développemens membraneux plus ou moins compliqués, tels que les genres Phyllostome, Rhinolophe, Glossophage, Nyctère, etc. Le renflement du museau et la forme des lèvres les éloignent également des vespertilions proprement dits et des oreillards, ainsi que des taphiens, des rhinopomes, etc. Le genre américain des Molosses est le plus voisin de celui des nyctinomes ; car, ainsi que le remarque M. Isidore Geoffroy Saint-Hilaire, les oreilles, la queue, la physionomie, les proportions des parties les plus apparentes, sont à peu près les mêmes dans les deux ; mais ils diffèrent néanmoins parce que

les molosses ont deux incisives inférieures de plus que les nyctinomes et qu'ils n'ont pas, comme ceux-ci, les pieds couverts
de longs poils, les lèvres très-profondément ridées et les membranes bordées de poils.

Les trois premières espèces connues du genre Nyctinome,
sont des contrées chaudes de l'ancien continent, et paroissent
devoir vivre d'insectes comme la plupart des chéiroptères, du
moins si l'on en juge par la forme de leurs grosses mâchelières.

Le Nyctinome d'Égypte; *Nyctinomus ægyptiacus*, Geoffr.,
Descript. de l'Égypte, tom. II, pag. 128, pl. 2, n.º 2, a trois
pouces de longueur totale pour la tête et le corps ensemble.
Son pelage est roux en dessus, brun en dessous; sa membrane
interfémorale n'embrasse que la première moitié de la queue,
qui est grêle, et elle n'a point de brides musculaires; les
oreillons sont bien apparens; le poil est plus long qu'ailleurs
sur l'occiput et sur le dessus du cou; les membranes des ailes
sont garnies d'un liséré de poils très-près des flancs. Cette
espèce a été trouvée en Égypte dans les tombeaux et les souterrains des grands édifices abandonnés.

Le Nyctinome du Bengale; *Nyctinomus bengalensis*, Geoffr.,
Descript. de l'Égypte, tom. II, pag. 130, d'après le *Vespertilio
plicatus* de Buchanan, Voyage dans l'Inde. Celui-ci, de la taille
du précédent et plus grand que le suivant, a les plis de la lèvre
très-marqués; la queue aussi longue mais plus forte à proportion que celle de l'espèce d'Égypte; la membrane interfémorale, qui enveloppe sa première moitié pourvue de brides
musculaires sensibles; la membrane des ailes bordée d'un liséré
de poils très-près des flancs. Il a été trouvé au Bengale; ses
habitudes naturelles sont inconnues.

Le Nyctinome de Port-Louis: *Nyctinomus acetabulosus*, Geoffr.,
Descript. de l'Égypte, Hist. nat., tom. II, pag. 130; *Vespertilio acetabulosus*, Hermann, Obs. zool., pag. 19. Ce nyctinome,
qui n'est connu que par une note manuscrite de Commerson,
relatée dans l'ouvrage posthume d'Hermann, est de la taille de
notre vespertilion commun, c'est-à-dire d'un cinquième plus
petit que les deux espèces d'Égypte et du Bengale. Son pelage
est d'un brun noir et sa membrane interfémorale enveloppe
la queue dans les deux tiers de sa longueur. Il est de l'île
Mascareigne.

Une quatrième espèce, rapportée à ce genre par M. Isidore Geoffroy Saint-Hilaire, est du Brésil, et a les plus grands rapports de formes avec le nyctinome du Bengale. Cette anomalie à l'observation faite par M. Geoffroy père, que les genres de chéiroptères qu'il a établis, sont confinés dans des patries différentes, est fort remarquable, et ce n'est qu'avec quelque réserve qu'on peut l'admettre, surtout si l'on fait attention que le genre brésilien des Molosses, très-voisin de celui des nyctinomes de l'ancien continent, présente, d'après le rapport de d'Azara, des espèces qui sont pourvues du caractère le plus apparent de ce dernier, celui qui consiste dans l'existence de rides profondes sur la lèvre supérieure; et l'on est porté à penser qu'on pourra, peut-être, former avec les espèces de molosses qui possèdent ce caractère, un genre particulier, dans lequel se trouveroit placé, sans anomalie, le chéiroptère décrit par M. Isidore Geoffroy Saint-Hilaire comme appartenant à celui des nyctinomes.

Quoi qu'il en soit, le Nyctinome du Brésil, *Nyctinomus brasiliensis*, Isid. Geoffr., Ann. des scienc. natur., Avril 1824, est à peu près de la même taille que les espèces d'Égypte et du Bengale. Sa longueur totale est de trois pouces onze lignes, sur quoi celle de son corps est de deux pouces six lignes; celle de sa queue est d'un pouce cinq lignes. Son envergure est de dix pouces six lignes. Il a surtout de la ressemblance avec le nyctinome du Bengale; seulement les incisives inférieures sont bifurquées jusqu'à la racine et sont plus entassées les unes au-devant des autres, que celles de l'espèce asiatique. Sa lèvre supérieure, échancrée comme celle des nyctinomes, l'est moins profondément que celle de l'espèce d'Égypte. Son poil, assez moelleux et touffu, présente quelques variétés de couleur. C'est toujours un fond cendré, mais avec une nuance de brun, qui varie du brun noir au brun fauve. En général, on peut dire que cette chauve-souris américaine est d'un cendré brun, d'une teinte plus grise et moins foncée vers la région abdominale, un peu plus foncée vers la poitrine, plus foncée encore et plus brune à la région dorsale. Les poils qui revêtent la partie interne de la membrane de l'aile, sont de même couleur que ceux qui couvrent l'abdomen. Des poils très-rares se remarquent à la portion de la queue comprise dans la membrane interfémorale, à peu près dans sa première moitié. Des prolongemens de cette même membrane s'étendent ensuite sur les côtés de la queue jusqu'à ses deux tiers ou ses trois quarts.

M. I. Geoffroy ne compare pas son nyctinome à celui de Port-Louis; mais il paroît que la différence principale consisteroit dans le plus d'étendue chez celui-ci de la membrane interfémorale. Le nyctinome du Bengale et celui d'Égypte s'en éloignent principalement en ce que leur lèvre supérieure est plus profondément fendue que la sienne. Le second s'en écarte encore en ce que les rides transversales de ses oreilles sont moins prononcées, et le premier en ce qu'il n'en présente point du tout.

Enfin, dans le nyctinome du Brésil, les membranes des ailes sont taillées comme celles de l'espèce du Bengale et n'ont pas la forme bizarre qu'on leur remarque dans celle d'Égypte. Elles ont aussi un peu plus de largeur. Cette espèce a été trouvée dans la province des Missions et dans le district de Caritvba. (Desm.)

NYCTOPHILE, *Nyctophilus*. (*Mamm.*) Genre de mammifères carnassiers chéiroptères insectivores, de la division de ceux qui ont le nez pourvu d'appendices membraneux, et publié par M. Léach dans les Transactions de la société linnéenne, t. 13, 1.re partie, p. 73.

Ce genre a deux incisives supérieures alongées, coniques, aiguës; six incisives inférieures égales, trifides, à lobes arrondis; deux canines en haut et en bas, les inférieures ayant une petite pointe en arrière de leur base; quatre molaires de chaque côté des mâchoires, à couronne garnie de tubercules aigus; deux feuilles nasales dont la postérieure est la plus grande; la queue, dépassant un peu la membrane interfémorale, est formée de cinq vertèbres dans sa partie visible.

Le Nyctophile de Geoffroy, *Nyctophilus Geoffroyi*, dont la patrie est inconnue, a le pelage brun-jaunâtre en dessus, avec le ventre, la poitrine et la gorge d'un blanc sale; les oreilles sont larges; les membranes sont d'un noir brunâtre. (Desm.)

NYERGUNDI. (*Bot.*) Voyez Negundo. (J.)

NYEST ou NIESCHT. (*Mamm.*) En hongrois on nomme ainsi la marte ordinaire. (Desm.)

NYIR-FAI-GOMBA. (*Bot.*) Nom qu'on donne en Hongrie à l'*agaricus betulinus*. (Lem.)

NYLEH. (*Bot.*) Nom arabe de l'*indigofera tinctoria* de Forskal, que M. Delile reporte à l'*indigofera argentea* de Linnæus. (J.)

NYLGAUT ou NILGAUT. (*Mamm.*) Nom spécifique d'une Antilope. Voyez ce mot. (Desm.)

NYMPHACÉES, *Nymphacea*. (*Conchyl.*) M. de Lamarck, dans son Système de malacologie, ayant plus d'égard aux coquilles qu'aux animaux dont elles font partie, établit sous cette dénomination une famille de son premier ordre des conchifères dimyaires, à laquelle il donne pour caractères : Deux dents cardinales, au plus, sur la même valve ; coquille souvent un peu bâillante aux extrémités latérales ; ligament extérieur ; nymphes, en général, saillantes au dehors. Il range dans cette famille les genres Sanguinolaire, Psammobie, Psammotée, sous le nom de nymphacées solénaires ; Telline, Tellinide, Corbeille, Lucine, Donace, Capse et Crassine sous la dénomination de nymphacées tellinaires. Voyez ces différens mots et l'article Mollusques, où le système de M. de Lamarck a été analysé. (De B.)

NYMPHÆA. (*Bot.*) Ce nom, réservé au véritable nénuphar, avoit été donné par Matthiole et d'autres, soit à la morrène, *hydrochoris morsus ranæ*, soit au *nymphoides*, *menyanthus nymphoides* de Linnæus, maintenant reporté au genre *Villarsia* dans les gentianées. (J.)

NYMPHALES. (*Entom.*) Linnæus avoit divisé le grand genre des papillons en six tribus, subdivisées elles-mêmes en groupes. C'est dans la cinquième tribu qu'il rangeoit les nymphales ou les papillons à ailes dentelées, qu'il subdivisoit en perlés, *gemmati*, dont les ailes sont ornées de taches œillées, *ocellati :* 1.º sur les deux ailes, *in alis omnibus* ; 2.º sur les supérieures seulement, *in primoribus* ; 5.º sur les inférieures, *in posterioribus* ; en caparaçonnés ou bardés, *phalerati*, dont les ailes n'ont pas de taches œillées. Voyez l'article Papillon. (C. D.)

NYMPHANTHE, *Nymphanthus*. (*Bot.*) Genre de plantes dicotylédones, à fleurs monoïques, de la famille des *euphorbiacées*, de la *monoécie monadelphie* de Linnæus, offrant pour caractère essentiel, dans les fleurs mâles, un calice à quatre divisions ; point de corolle ; un filament soutenant une grande anthère à quatre ou six loges : dans les fleurs femelles, un calice à six folioles; point de corolle ; un appendice à six découpures échancrées ; un ovaire supérieur ; trois stigmates bifides; une capsule ou une baie à trois loges ; deux semences dans chaque loge.

Ce genre, très-voisin des *phyllanthus*, pourroit y être réuni : il paroît n'en différer que par l'appendice de ses fleurs et par deux semences, sans avortement, dans chaque loge de la capsule. Quant aux autres parties, elles sont variables dans les deux genres. Il est même très-probable que dans celui-ci les filamens sont soudés en un seul, et que les quatre ou six loges des anthères peuvent être assimilées à celles des *phyllanthus*. Il existe, dans les deux genres, des glandes à la base des étamines, que Loureiro désigne ici sous le nom d'appendices. Les trois stigmates bifides ne sont-ils pas également les six des *phyllanthus*? De ces observations il résulte que ceux qui les croiront justes, pourront réunir aux *phyllanthus* les espèces suivantes.

NYMPHANTHE A FEUILLES IMBRIQUÉES; *Nymphanthus squamifolia*, Lour., *Fl. Cochin.*, 2, pag. 663. Grand arbre qui croît dans les forêts, sur les montagnes à la Cochinchine : son bois est lourd, très-dur; son écorce brune, épaisse, crevassée; les rameaux sont ascendans; les feuilles alternes, ailées; les folioles fort petites, presque sessiles, imbriquées, un peu arrondies; les fleurs très-petites, axillaires, solitaires; leurs pédoncules très-courts, recourbés; les femelles éparses sur le même rameau. Le fruit consiste en une capsule à trois valves, à trois loges. à deux semences dans chaque loge. Le bois est employé avec avantage dans la construction des édifices; ses feuilles, ses fleurs et ses fruits passent pour être émolliens, anodins, résolutifs ; on s'en sert principalement dans les affections de la poitrine, des reins et de la vessie.

NYMPHANTHE VELUE; *Nymphanthus pilosa*, Lour., *l. c.* Cet arbre est d'une médiocre grandeur, très-rameux ; à rameaux étalés. garnis de feuilles alternes, ailées, dont les folioles sont ovales. acuminées, très-entières, velues à leurs deux faces. Ces feuilles renferment deux fleurs dans chaque aisselle; l'une mâle, pourvue d'un calice à cinq folioles droites, lancéolées, et d'une anthère sessile. ovale, à six loges: l'autre femelle, composée d'un style court, épais. Le fruit est une petite baie comprimée, arrondie, à six lobes, à trois loges, deux semences dans chaque loge. Cette plante croît dans les forêts, à la Cochinchine.

NYMPHANTHE DE LA CHINE; *Nymphanthus chinensis*, Lour., *l. c.* Arbrisseau de quatre pieds, dont les tiges sont droites, très-rameuses, garnies de feuilles alternes, pétiolées, tomenteuses, alongées, acuminées, entières; les fleurs latérales, deux ou trois au même point d'insertion; la fleur mâle inférieure, est portée par un long pédoncule; l'anthère à six loges. Le style est nul; l'ovaire percé à son sommet d'une petite ouverture qui tient lieu de stigmate. Le fruit est une baie à trois loges, à deux semences. Cette plante croît en Chine, aux environs de Canton.

NYMPHANTHE ROUGE; *Nymphanthus rubra*, Lour. . loc. cit. Arbre de la Cochinchine, d'une médiocre grandeur, dont les branches sont étalées; les rameaux rougeâtres; les feuilles alternes, ailées; les folioles glabres, ovales, entières; les fleurs réunies en petits paquets axillaires: les mâles ont le calice presque en coupe, à six lobes courts, ouverts, arrondis; trois anthères alongées, à deux loges, adhérant au filament dans toute leur longueur: les fleurs femelles ont le calice roussâtre; trois stigmates bifides et réfléchis; une capsule arrondie, à trois valves, à trois loges; deux semences dans chaque loge. (POIR.)

NYMPHE, *Nympha*. (*Entom.*) Nous avons dit, à l'article MÉTAMORPHOSE, que les larves des **insectes**, arrivées à leur plus grand degré de développement, **subissoient** une dernière mue, après laquelle ils présentoient quelquefois des formes tout-à-fait différentes. Tantôt sous cette forme nouvelle l'insecte reste dans l'impossibilité absolue de se mouvoir, ses membres se trouvant contenus dans une enveloppe plus ou moins serrée et solide, comme les diptères, les lépidoptères, dont l'état étoit alors désigné sous le nom de *pupe*, de *chrysalide*, d'*aurélie*. Dans d'autres cas la larve, après sa dernière métamorphose, quoique dans un état de mollesse extrême, laisse distinguer les membres de l'insecte futur, mais dans un état de gêne et de contraction tel que ces membres ne pourront servir au transport des corps: telles sont les nymphes des coléoptères, des hyménoptères, de la plupart des névroptères et de quelques hémiptères seulement; tandis que dans les orthoptères, la plupart des hémiptères, quelques névroptères, comme les demoiselles, les nymphes sont semblables aux insectes parfaits et ne s'en distinguent souvent que par l'absence des ailes, dont les rudimens sont même indiqués par des moignons, qui, à la dernière mue, se séparent comme un fourreau dans lequel l'aile se trouvoit engagée et plissée sur elle-même. On donne plus particulièrement le nom de *nymphes* aux insectes qui, sous cet état, sont motiles. On appelle *pupes*, les nymphes immobiles mais à membres distincts; et *chrysalides*, *aurélies* ou *féves* les nymphes dont les membres sont obtectés ou coarctés. Voyez dans ce Dictionnaire les articles MÉTAMORPHOSE et CHRYSALIDE. (C. D.)

NYMPHE. (*Erpétol.*) Nom spécifique d'un *Bongare* que nous avons décrit à la page 23 du Supplément du tome V de ce Dictionnaire. (H. C.)

NYMPHE DE TERNATE. (*Ornith.*) L'oiseau ainsi nommé dans Séba, est le martin-pêcheur à longs brins, *alcedo dea*, Linn. (CH. D.)

NYMPHÉA, *Nymphæa*, Linn. (*Bot.*) Genre de plantes de la *polyandrie monogynie* du Système sexuel, et qui, placé d'abord par M. de Jussieu dans l'ordre des hydrocharidées, en a ensuite été retiré pour former le type d'une famille particulière, nommée *nymphées* par M. Salisbury, et *nymphéacées* par M. De Candolle. Quant à la place que cette nouvelle famille doit occuper dans la méthode naturelle, les botanistes n'en sont pas encore d'accord. M. De Candolle la range parmi les dicotylédones, M. de Jussieu et plusieurs autres dans les monocotylédones. Quoi qu'il en soit, les principaux caractères de ce genre sont les suivans : Calice de quatre folioles persistantes, colorées intérieurement; corolle de quinze pétales ou davantage, insérés sur les côtés de l'ovaire et sur plusieurs rangs; étamines nombreuses, insérées, comme les pétales, sur plusieurs rangs; un ovaire ovale, couronné par un stigmate sessile, marqué de seize à vingt rayons. Le fruit est une capsule charnue, divisée en seize à vingt loges, contenant chacune plusieurs graines attachées aux cloisons.

Les nymphéas sont des plantes aquatiques, dont la racine

est charnue, souvent horizontale au fond des eaux, radicante ; leurs feuilles sont ovales ou arrondies, échancrées en cœur, portées sur des pétioles cylindriques, qui s'élèvent immédiatement de la racine jusqu'à la surface des eaux ; leurs fleurs, d'un bel aspect, blanches, roses, rouges ou bleues, jamais jaunes, s'élèvent comme les feuilles au-dessus des eaux pour nager à leur surface.

Linnæus n'a connu que quatre espèces de *nymphœa*, et encore sont comprises par lui dans ce genre deux plantes dont les modernes font aujourd'hui les genres *Nelumbium* et *Nuphar*. Dans l'ouvrage le plus complet que nous ayons maintenant sur l'ensemble des espèces du règne végétal, le *Prodromus systematis naturalis*, etc., publié, il y a un an, par M. De Candolle, on trouve vingt espèces mentionnées dans le seul genre *Nymphæa*.

Selon Pline (liv. 25, c. 7), le *nymphœa* a pris son nom d'une nymphe, qu'un amour passionné pour Hercule conduisit au tombeau. Après sa mort elle fut métamorphosée en une plante que l'on appela *nymphœa*, pour consacrer le souvenir de son infortune. C'est pour cela, ajoute Pline, que quelques-uns l'ont nommée *heracleon* et d'autres *rhopœlon*, à cause de la ressemblance de sa racine avec une massue. Théophraste, dans son Histoire des plantes (liv. 9, c. 15), ne fait mention que d'une seule espèce de *nymphœa*, tandis que Pline et Dioscoride en reconnoissent deux. Le *nymphœa*, dit-il, vient dans les étangs et dans les endroits marécageux, par exemple à Orchomènes, à Marathon et dans l'île de Crête : les Béotiens l'appellent *madonia* et en mangent le fruit. Les feuilles, à la surface de l'eau, sont très-étendues. Pline (liv. 25, c. 7), et Dioscoride (liv. 3, c. 126), répètent cette description, en ajoutant que la fleur est semblable au lis, et que, lorsqu'elle est tombée, il reste à sa place une tête comme celle du pavot. Les botanistes modernes s'accordent à reconnoître à ces caractères le nymphéa blanc, *nymphœa alba*.

La seconde espèce, au rapport des mêmes naturalistes, se trouve dans la Thessalie, sur les bords du fleuve Pénée. Sa racine est blanche : sa fleur est d'un jaune pâle et de la grandeur d'une rose. Cette description convient très-bien au *nymphœa lutea*, Linn., que plusieurs auteurs modernes rapportent maintenant au genre Nénuphar.

Outre ces deux espèces, on trouve encore plusieurs plantes mentionnées dans les ouvrages des anciens, plantes qui ne leur étoient point connues sous le nom de *nymphœa*, mais qui appartenoient bien certainement à ce genre, ou à la famille des nymphéacées ; le κυαμος αιγυπτιακος, ou *féve d'Égypte*, est de ce nombre.

La féve, au rapport de Théophraste (liv. 4, c. 10), vient dans les étangs et dans les marais. Sa tige est de la grosseur d'un doigt, et ne peut s'élever à plus de quatre coudées ; la fleur est rose, double de celle du pavot ; le fruit ressemble assez à un rayon de miel circulaire : il est divisé en cellules contenant des féves. La racine se mange crue, cuite ou grillée. Dioscoride (liv. 11, c. 96) ne fait que répéter la même description de cette plante, qui est le *nymphœa Nelumbo* de Linné et le *nelumbium speciosum* de Willdenow.

C'est dans cette même plante que l'on reconnoît le lotos sacré des Égyptiens, que l'on voit si souvent figuré sur les monumens antiques de ce peuple ; le lotos, qui pare la tête d'Isis et d'Osiris, qui, non moins célèbre sous le nom de *tamara* dans la mythologie indienne, sert de conque flottante à *Vichnou*, l'un des principaux dieux des Hindous, lorsqu'un trident à la main, il règne sur l'étendue des ondes. C'est encore la fleur de lotos qui sert de siége à *Brahma*, lorsque ce dieu est représenté tenant en main les livres sacrés appelés *veda* et sortant du nombril de *Vichnou* ; enfin, le lotos étoit jadis la parure des femmes de l'Inde, auxquelles ses larges feuilles servoient d'éventail.

Il est encore une autre espèce de *nymphœa* non moins célèbre chez les anciens, et qui portoit parmi eux le nom de λωτος : Théophraste, qui nous en a donné la description (liv. 4, c. 10), la compare, pour la forme de la tige et du fruit, au κυαμος αιγυπτιακος. Les fleurs en sont blanches et semblables à celles du lis. Lorsque le soleil se couche, elles se replient et se cachent sous les eaux ; mais elles reparoissent aussitôt qu'il se lève. Le fruit ressemble à celui du pavot. Les Égyptiens le mettent en tas pour en faire pourrir les tégumens. Ils en séparent ensuite la semence par des lavages, et en font du pain. La racine, qu'on appelle κορσιον, est ronde et de la grosseur d'un coing ; elle est blanche sous une enveloppe brune.

Telle est en résumé la description de Théophraste. Celle qu'Hérodote a donnée, est absolument analogue. Du reste, c'est la plante à laquelle Linné a donné le nom de *nymphœa lotus*. Dioscoride, qui l'appelle *lotus œgyptia* (liv. 4, c. 99), n'a fait que répéter la description de ses devanciers. Selon M. Fée, dans son intéressante Dissertation sur les *Lotus*, qui fait partie de sa Flore de Virgile, les Arabes appellent cette plante *Bachenin*, et sa bulbe (le *Corsium* des anciens) *Baymaroum*.

Enfin, il est encore un autre *lotus*, dont parle Athénée dans le 15.e livre de son Banquet des savans. M. Fée pense que c'est l'espèce de *nymphœa* qui porte proprement le nom de *linoufar*, mot arabe, qui s'écrit aussi *niloufar*, *ninoufar*, et dont on a fait en françois *nénuphar*, qui étoit appliqué aux *nymphœa* en général, avant qu'on eût séparé ce genre en plusieurs : c'est le *nymphœa cœrulea*.

Nous avons dit ci-dessus que les botanistes connoissoient aujourd'hui vingt espèces de nymphéa. La nature de cet ouvrage ne nous permettant pas de les décrire toutes, nous parlerons seulement ici des plus remarquables.

Nymphéa lotos; *Nymphœa lotus*, Linn., *Spec.*, 729. Ses racines sont oblongues, tubéreuses, grosses comme un œuf de poule, noirâtres extérieurement, jaunes en dedans, d'une saveur douce. Ses feuilles sont ovales en cœur, dentées en leurs bords. Ses fleurs sont grandes, blanches, roses sur les bords, composées de seize à vingt pétales. Cette plante croît en Égypte dans le Nil et dans les ruisseaux où les eaux coulent lentement. Les Égyptiens mangent encore aujourd'hui les racines de cette plante, après les avoir fait cuire dans l'eau ou autrement. Prosper Alpin rapporte que ses graines servent aussi à faire une sorte de pain dans quelques cantons. Cet usage existoit déjà du temps d'Hérodote et de Théophraste, comme on l'a vu plus haut.

Nymphéa bleu : *Nymphœa cœrulea*, Savigny, Mém. sur l'Égypte, p. 105, Vent., *Hort. Malm.*, tab. 6. La racine de cette espèce est tubéreuse, pyriforme, de la grosseur d'un petit œuf, munie de fibres charnues, dont plusieurs se terminent par un petit tubercule arrondi, qui, par suite, donne naissance à une nouvelle plante. Cette racine produit plusieurs feuilles arrondies, échancrées en cœur à leur base.

luisantes et d'un vert foncé en dessus, rougeâtres en dessous et flottantes à la surface de l'eau. Les fleurs sont d'un bleu clair, larges de trois à quatre pouces, peu ouvertes, d'une odeur douce et agréable, portées sur des pédoncules nombreux, qui partent immédiatement de la racine, et qui s'élèvent au-dessus de la surface de l'eau. Ces fleurs durent chacune trois à quatre jours; elles s'ouvrent vers les dix heures du matin, se ferment à deux heures après midi, et elles ne se plongent point dans l'eau pendant la nuit. Leur calice est composé de quatre folioles et la corolle de seize à vingt pétales. Cette espèce croît naturellement en Égypte dans le Nil et dans les eaux. On la cultive en France depuis vingt-cinq ans. On la tient toute l'année dans la serre chaude, plantée dans une terrine placée au milieu d'un grand baquet d'eau.

Nymphéa blanc, vulgairement Lis d'eau, Lis des étangs, Blanc d'eau, etc.; *Nymphæa alba*, Linn., *Spec.*, 729. La racine de cette espèce est cylindrique, un peu comprimée, charnue, grosse presque comme le bras, horizontale, couchée au fond de l'eau, garnie dans la partie qui est à la surface de la terre, de longues fibres, qui s'y implantent. Ses feuilles sont grandes, ovales-arrondies, presque orbiculaires, glabres, luisantes, épaisses, échancrées en cœur à leur base, et attachées à des pétioles qui varient de longueur selon la hauteur de l'eau. Ses fleurs, portées également sur de longs pédoncules, viennent nager à la surface des eaux, ainsi que les feuilles; elles sont très-belles, d'un blanc éclatant, larges de trois à quatre pouces : leur calice est de quatre folioles, et leur corolle de quinze à seize pétales, aussi grands ou plus grands que le calice, et disposés sur deux rangs. Cette plante croît en France et dans la plus grande partie de l'Europe, dans les étangs et les eaux tranquilles. Elle fleurit en Mai, Juin et Juillet.

La nature a paré de fleurs brillantes les eaux comme la terre. Aux Indes, en Afrique et dans le nouveau monde, de même que dans notre Europe, les nymphéas règnent au milieu des plantes aquatiques. Le nymphéa lotos et le nymphéa bleu, originaires des climats chauds, ne pourroient pas probablement vivre dans les pièces d'eau de nos jardins paysagers, qu'autrement ils pourroient embellir de leurs magnifiques fleurs ; mais, à leur défaut, le nymphéa blanc ornera les petits lacs et les bassins de ces jardins de ses belles corolles blanches, et il s'y fera autant remarquer que le lis au milieu des parterres.

La racine, les feuilles, les fleurs et les graines de nymphéa blanc ont été autrefois très-employées en médecine. On attribuoit à toutes ces parties une propriété calmante, anodine, rafraîchissante, et surtout anti-aphrodisiaque. On les conseilloit en décoction ou en infusion dans les maladies inflammatoires ; mais surtout pour remédier aux ardeurs vénériennes, et sous ce dernier rapport on en faisoit jadis un grand usage dans les couvens. Mais la vertu sédative des différentes parties du nymphéa blanc n'est rien moins que prouvée, quoique leur emploi dans ce sens soit consacré depuis une longue suite de siècles. La saveur un peu amère, styptique et même légèrement piquante de la racine, annonce plutôt une qualité tonique, astringente et même stimulante ; aussi quelques médecins paroissent l'avoir employée dans ce sens, et on s'en sert en Allemagne en la combinant avec des oxides de fer pour teindre en noir et en gris. La couleur qu'elle donne à ces oxides est moins intense que celle qu'on obtient en les préparant avec la noix de galle.

Lorsque le nymphéa étoit plus usité en médecine, il faisoit la base de plusieurs compositions pharmaceutiques. Ainsi on préparoit avec les fleurs une conserve, une eau distillée, un sirop. Ces différentes choses sont maintenant tombées en désuétude.

En Suède on recueille les feuilles pour les donner à manger aux chevaux. La racine contient une certaine quantité de fécule : elle pourroit être employée comme alimentaire dans les temps de disette. (L. D.)

NYMPHÉACÉES. (*Bot.*) Cette famille tire son nom du *nymphæa*, dans lequel Linnæus avoit réuni toutes les plantes qui la composent. Ce genre a été plus récemment divisé en plusieurs, et il devoit l'être, puisque ses diverses espèces diffèrent par des caractères importans, tirés de la situation respective des organes sexuels et de la structure du fruit. De cette différence il doit encore résulter des discordances dans le caractère général, comme on le verra dans l'énoncé suivant.

Le calice des nymphéacées est divisé profondément en plusieurs lobes disposés sur deux ou plusieurs rangs, dont les intérieurs, colorés, pris pour des pétales par les botanistes anciens et par quelques modernes, sont évidemment de même nature que les quatre ou cinq extérieurs, et se confondent entièrement avec eux par leur base. Les étamines, en nombre défini ou plus souvent indéfini, sont insérées sur les côtés du pistil dans quelques espèces ou genres, ou au support de ce pistil dans d'autres : leurs filets, disposés sur plusieurs rangs, sont libres, aplatis, et sur l'extrémité de leur surface intérieure sont appliquées des anthères droites, linéaires, à deux loges, qui s'ouvrent dans leur longueur : ces filets sont élargis dans quelques espèces, au point de se confondre par leur forme avec les divisions intérieures du calice, que l'on pourroit assimiler à des filets stériles. Le pistil, qui a les étamines insérées à son support, est alors absolument libre et dégagé du calice. Celui qui porte les étamines sur ses côtés, comme dans le *nymphœa alba*, adhère par sa partie inférieure au calice ou seulement à ses divisions intérieures ; et il est dit alors demi-infère. Celui qui est dans ce dernier cas, a une forme à peu près sphérique, et son sommet est couronné par plusieurs stigmates, disposés en rayons, comme dans le pavot. Il devient une capsule pareille, séparée en plusieurs loges par des cloisons qui se réunissent au centre, et contenant beaucoup de graines attachées à ses parois ou aux cloisons. Ce fruit est couvert de cicatrices, qui sont les vestiges subsistans des étamines et des divisions intérieures du calice, tombées à l'époque de sa maturité.

Le pistil, qui n'est pas adhérent, présente deux formes différentes. Celle du *nymphœa lutea* et de ses congénères, est également sphérique, mais plus rétrécie à son sommet, couronné de même par plusieurs stigmates. La capsule, qui succède, est pareillement multiloculaire polysperme, et sa surface est lisse, sans apparence de cicatrice. Dans un autre genre, qui est le *Nelumbium*, ce pistil, ou plutôt son support, présente la forme d'un cône renversé, charnu dans son intérieur, dont la surface supérieure, tronquée et plane, est creusée de beaucoup d'alvéoles ou fossettes, dans chacune desquelles est enfoncé un ovaire, attaché à son fond et débordant au

sommet, qui est surmonté d'un style terminé par un stigmate simple. Ces ovaires deviennent autant de graines nues,
sphériques ou ovoïdes, de la grosseur d'une petite noisette.
sans enveloppe apparente.

On trouve des rapports et des différences remarquables
dans la structure des graines des genres cités. Celle du *Nelumbium* (Mirbel, Ann. Mus., vol. 16, t. 19 ; Richard, *ibid.*,
vol. 17, t. 9) présente d'abord un corps extérieur et dur,
qui, dans la germination, se partage de bas en haut,
presque jusqu'au sommet, en deux calottes ou valves un
peu épaisses, concaves à l'intérieur, recouvrant un corps,
central, presque cylindrique, adhérant sous le style au point
où elles restent réunies, et enveloppé d'une membrane mince,
qui se déchire aisément et disparoit bientôt. Ce corps, ainsi
découvert, de couleur verte, pousse de son extrémité libres,
même avant le développement de la graine, deux petites
feuilles inégales, dont l'une, inférieure, est plus grande ;
l'autre supérieure, plus petite et plus récente, laisse échapper de son aisselle un très-petit bourgeon, qui doit produire
la tige. La partie existante au-dessous de ces deux feuilles,
se prolonge en les poussant au dehors, et l'on aperçoit alors
vers son sommet des petits tubercules, que M. Mirbel et Richard croient être l'origine de racines latérales. Telle est la
structure de cette graine, qui ne présente d'ailleurs aucune
trace, ni de radicule proprement dite, ni de périsperme.

Les graines des deux *nymphæa* cités plus haut, semblables
l'une à l'autre, suivant Gærtner, t. 19, diffèrent en plusieurs
points de celles du *nelumbium*. MM. Mirbel et Richard ont
examiné avec plus de soin (Ann. du Mus., 16 et 17) celle
du *nymphæa lutea*. Elle est petite, ovoïde, plus aiguë à son
ombilic, recouverte de deux tégumens et remplie presque
entièrement par un périsperme farineux, déprimé vers la
pointe et formant par cette dépression une fossette, dans laquelle est enfoncé à moitié un petit embryon caché sous les
deux tégumens. Cet embryon présente d'abord la forme d'un
petit sac ou utricule, fermé de toute part ; lequel, étant fendu
ou déchiré, laisse apercevoir un petit corps blanc, ovoïde,
dont la partie inférieure, voisine du périsperme, est plus
grosse. C'est par ce point qu'il s'ouvre en deux valves restées

unies par le haut. On voit alors dans son intérieur un corps central, verdâtre, indivis, oblong, adhérant au point de réunion des deux valves, libre à l'extrémité inférieure et muni vers son milieu d'une petite languette latérale, dirigée inférieurement, laquelle a été seulement dessinée par M. Mirbel et de plus mentionnée par Richard. Celui-ci, parlant du sac extérieur, disoit (Anal. fr., pag. 68) qu'il n'adhéroit pas au corps bivalve, et MM. Mirbel et De Candolle, en décrivant ce même sac, ne font mention d'aucune adhérence; mais plus récemment Richard, ayant probablement examiné de nouveau cet organe, affirme (Ann. du Mus., 17, pag. 230) qu'il adhère à ce corps dans le point de réunion des deux valves.

Si l'on compare la structure de cette graine et celle de la graine du *nelumbium*, on voit d'abord que cette dernière n'a ni tégumens extérieurs, ni périsperme, ni sac propre à l'embryon; mais les deux valves unies par le bas et le corps central destiné à devenir tige, existent également dans les deux graines, avec cette différence que ce corps central, dans le *nelumbium*, est entouré d'une membrane qui n'a pas été vue dans le *nymphæa*, et que dans celui-ci on n'a trouvé qu'un corps indivis muni d'une languette, tandis que dans le premier il y avoit déjà un commencement de germination. Cela tient probablement à l'époque où l'observation a été faite; car M. Bosc affirme avoir vu dans le *nymphæa* la germination intérieure avant la déhiscence des tégumens de la graine. On peut donc, malgré les différences indiquées, admettre une conformité dans la structure des deux embryons. Mais quelles sont les fonctions de ces diverses parties, et quel nom doit-on leur assigner en conséquence de ces fonctions?

Selon Richard, le corps divisé profondément en deux valves dans le *nelumbium*, est le corps radiculaire ou la radicule elle-même, à laquelle ses deux prolongemens valvaires donnent une forme singulière; et il cite, à l'appui de cette opinion, l'exemple des radicules volumineuses et diversement conformées dans les embryons, nommés par lui macropodes. Il prend pour un cotylédon simple, la membrane ou gaine intérieure entourant la plumule ou jeune tige, et en conclut, avec Adanson et Gærtner, que cet embryon est monocotylédone. Dans le *nymphæa lutea*, qu'il reporte à la même classe, le corps bivalve a été encore primitivement pour lui (Anal. fr., p. 68) une radicule, et le corps central un cotylédon, muni d'une petite denticule latérale, vers laquelle est située intérieurement une gemmule presque imperceptible. Il paroît émettre une autre opinion dans un mémoire plus récent, (Ann. du Mus., 17, p. 230, t. 5, fig. 51 et 52), dans lequel il nomme cotylédon le sac extérieur, adhérant, selon lui, à l'embryon. La radicule est un point de réunion de ce sac avec le corps bivalve, qu'il regarde comme la gemmule elle-même divisée en deux pièces, entre lesquelles est une troisième pièce sans nom particulier, qui a vers un de ses bords une petite dent. Ainsi, dans cette double explication, le corps bivalve est tantôt une radicule, tantôt une plumule; et, suivant la seconde version, ce corps recouvriroit le cotylédon dans le *nelumbium* et en seroit recouvert dans le *nymphæa*. On préférera peut-être la première, qui conserve mieux l'affinité des deux genres.

M. Mirbel donne le nom de cotylédons aux deux valves de ces deux genres, dans lesquelles il trouve tous les caractères et l'organisation des cotylédons, et il admet dans le point de leur reunion une radicule cachée, qui, impuissante pour surmonter l'obstacle qu'elles lui opposent par leur trop forte adhérence, n'a pu se produire au dehors. Il partage l'opinion de M. Poiteau, qui prend la membrane intérieure du *nelumbium*, non comme un cotylédon, mais comme la gaine de la première feuille; laquelle, cependant, n'existe pas dans le *nymphæa*, dont le tégument extérieur de l'embryon n'est pour lui qu'un sac, qui l'enveloppe. Par suite de cette explication, il regarde cet embryon dans les deux genres comme dicotylédone, et cette opinion est entièrement adoptée par M. De Candolle.

Entre des opinions contraires, émises par de très-bons observateurs et des botanistes consommés, on hésite de porter un jugement définitif; il faudroit voir de nouveau ces graines, mais à une différente époque de maturité: savoir, celle du *nelumbium*, avant le commencement de sa germination, et celle du *nymphæa*, lorsque cette germination seroit commencée. On connoîtroit mieux la nature et l'emploi de la languette dessinée sur le côté du corps central du *nymphæa* par MM. Mirbel et Richard, et de plus indiquée dans les

35. 17

deux descriptions faites par ce dernier. On sauroit si elle n'est qu'un commencement de l'une des feuilles, comme cela est probable, ou si elle recouvre le point de sortie de la plumule entière, comme dans les potamées, les hydrocharidées et quelques autres. Dans ce dernier cas il faudroit nommer cotylédon, l'extrémité libre du corps central au-delà de la languette; et radicule, l'extrémité opposée tenant au corps bivalve. Mais alors que devient ce dernier corps ainsi adhérent? Gærtner, en le nommant *vitellus*, n'a point tranché la difficulté, ni donné une explication suffisante. Dans cette supposition ce corps ne seroit pas la radicule entière, comme le dit Richard; mais il seroit seulement un prolongement bizarrement conformé de la radicule plus intérieure. Si, de plus, on admet l'affinité entre les embryons du *nymphæa* et du *nelumbium*, le corps central vert de ce dernier, pris pour un commencement de tige, seroit encore la radicule jusqu'au point de la sortie des premières feuilles; et ce seroit elle qui, prolongée dans la suite hors de la graine, pousseroit des mamelons latéraux, d'où devront sortir de véritables racines. Mais, pour donner quelque valeur à cette explication, qui rangeroit ces plantes parmi les monocotylédones, il faudroit retrouver dans le *nelumbium* quelques traces du cotylédon au-dessous des premières feuilles, et l'on n'en aperçoit point; car il est difficile de regarder comme tel la membrane qui entoure le corps vert, puisqu'elle sort de sa base et non de son sommet. Nous sommes donc obligés de suspendre un jugement et de désirer de nouvelles observations, qu'une vue très-affoiblie ne nous permet plus de faire. Ceux qui feront ces recherches, liront avec intérêt le mémoire de M. Dutrochet (Mém. du Mus., 8, 273, t. 1, fig. 31, 32) sur la graine du *nymphæa lutea*, moins détaillé que ceux des auteurs cités, et dans lequel il n'est pas toujours d'accord avec eux.

Pour parvenir à porter un jugement plus certain sur cette question indécise, on doit examiner quelques caractères étrangers à la fructification; lesquels se lient avec ceux que fournit l'embryon. Nous rappellerons ici la distinction très-naturelle des tiges, formées de couches concentriques, recouvertes d'une écorce dans les plantes dicotylédones, et des tiges sans écorce propre, qui ne renferment que des faisceaux de

fibres dans les Monocotylédones (voyez ce mot, tom. XXXI).
On y a observé que l'organisation du centre est plus ancienne
et plus serrée dans les premières, plus molle et plus récente
dans les secondes, qui, au lieu d'écorce, ont seulement une
contexture plus serrée à la circonférence, et dont le diamètre reste toujours le même. On a encore reconnu que la
radicule de ces dernières, bien différente de celle des autres,
ne prend pas un grand accroissement, mais laisse échapper
de divers points latéraux des racines secondaires, qui, entourées ou coiffées à leur naissance d'une membrane particulière nommée coléorhize, la poussent au dehors, la déchi-
rent en sortant, et restent accompagnées de ses débris en
forme de bourrelet au point de leur sortie.

Après avoir fait précéder ces observations générales, nous
terminerons la description des nymphéacées par l'exposition
de leurs caractères étrangers à la fructification. Ces plantes,
toutes aquatiques, naissent au fond de l'eau. Elles n'ont pas
de tige, ou leur tige prend la forme d'une grosse racine
traçante, qui pousse de divers côtés d'autres racines plus petites, et montre, lorsqu'on la coupe transversalement, un
tissu utriculaire abondant, sans mélange de fibres ligneuses
dans leur centre. Cependant M. Mirbel indique une disposition circulaire des utricules du *nymphæa*, et même il a cru
y distinguer plusieurs rangs concentriques. Il ne parle pas
de l'existence d'une écorce, ni des *processus* médullaires,
rayonnans du centre à la circonférence dans les dicotylédones, et les autres auteurs se taisent sur le même point.
S'il faut encore s'en rapporter à M. Dutrochet, cette tige ne
grossit point en diamètre, et ses racines latérales sont munies
d'une coléorhize, qu'il a vue et figurée (Mém. du Mus., 7,
t. 15, fig. 10 à 13) ; ce qui, avec d'autres considérations, le
détermine à conclure que les nymphéacées sont monocotylédones.

Nous avions déjà manifesté dans le *Genera plantarum* l'opinion émise ici par M. Dutrochet, sans avoir cependant assez
examiné toutes les raisons contradictoires, et nous restons
dans les mêmes sentimens, en désirant cependant de nouvelles observations pour affermir ou infirmer ce jugement.

On sait que les feuilles, rarement sagittées, plus ordinairement orbiculaires, ombiliquées ou en cœur, sont alternes et portées sur de longs pétioles, et qu'avant leur développement elles sont involutées, c'est-à-dire roulées en dedans comme dans plusieurs monocotylédones; ce qui peut encore être pris en considération dans la discussion élevée. Les fleurs sont solitaires, sur de longs pédoncules, partant immédiatement de la tige ; mais on a négligé de savoir si elles sont axillaires et si leurs feuilles ont des gaines ou des stipules à leur base.

Cet énoncé des caractères généraux des nymphéacées doit faire reconnoître que les quatre genres et le petit nombre d'espèces qui les composent, peuvent être répartis dans trois sections bien distinctes.

La première sera caractérisée par l'insertion des étamines contre les parois de l'ovaire et par un fruit capsulaire fermé et rétréci supérieurement, contenant plusieurs loges polyspermes. On y rapportera l'*euryale* de M. Salisbury et le *nymphœa* de Richard et de M. De Candolle, qui comprend les *nymphœa alba*, *n. cœrulea*, *n. lotus*, ou *castalia* de M. Salisbury, et quelques autres espèces.

Dans la seconde, qui présente le même fruit et des étamines insérées sous l'ovaire, on laissera le *nymphosanthus* de Richard ou *nuphar* de MM. Smith et De Candolle, comprenant peu d'espèces, parmi lesquelles est le *nymphœa lutea* de Tournefort et Linnæus.

La troisième ne contient que le *nelumbium*, qui a aussi les étamines hypogynes, mais dont le fruit turbiné, élargi et tronqué supérieurement, est creusé de plusieurs fossettes remplies d'une seule graine, dénuée du périsperme existant dans les genres précédens.

Cette différence, remarquable dans les caractères principaux des trois sections, peut donner lieu à quelques réflexions. La même famille présente ici la réunion des étamines épigynes et hypogynes, des graines périspermées et de celles qui ne le sont pas, des ovaires simples, multiloculaires, polyspermes, et des ovaires multiples, monospermes. Cette triple anomalie contrarie les lois fondées sur l'observation générale. M. De Candolle essaie de la faire disparoître en partie, et, pour cela, donne le nom de *torus* au support du pistil. Il regarde le fruit turbiné du *nelumbium* comme un prolongement de ce *torus*, lequel, élargi au dehors et renflé à l'intérieur, porte dans des cavités de sa substance autant d'ovaires distincts, tous monostyles et monospermes. Regardant ensuite le fruit simple du *nymphæa* et du *nymphosanthus*, couronné d'un stigmate rayonnant, comme la réunion de plusieurs ovaires ou fruits polyspermes soudés ensemble, il prend la peau qui les recouvre tous, comme une continuation du *torus*, qui porte les étamines à sa base dans le *nymphosanthus*, et plus haut dans le *nymphæa*. Cette explication, qui assimile ainsi un seul ovaire à plusieurs, et qui fait disparoître l'infraction à la loi sur les insertions, est ingénieuse, mais il n'est pas sûr qu'elle soit généralement adoptée. Nous serions assez disposés à l'accueillir en partie, en ne regardant pas comme parfaitement épigynes les insertions qui n'auroient pas lieu sur le sommet de l'ovaire ; alors les étamines, qui ne sont insérées que sur ses côtés dans le *nymphæa*, seroient censées hypogynes, surtout si on peut supposer que, nées du support, elles sont collées contre les parois de l'ovaire. Nous pourrions par suite placer les nymphéacées près des aroïdes et des potamées, si elles sont reconnues monocotylédones, ou les laisser, avec M. De Candolle, près des papavéracées, si elles sont dicotylédones. Dans le cas où l'on reconnoîtroit comme cotylédon le corps bivalve de leur embryon, lequel ne se divise pas jusqu'à sa base, il seroit assimilé en ce point à l'embryon des cycadées, que M. R. Brown (*Prodr.*, p. 346) nomma *pseudodicotyledoneus*, en plaçant cette famille entre les deux grandes classes comme leur servant de point de transition : mais en même temps il les croit plus voisines des monocotylédones par leurs premières feuilles, qui sont alternes et non opposées, comme dans les dicotylédones, et nous ajouterons qu'elles le sont au moins autant par la structure intérieure de leurs tiges.

Il nous reste encore une difficulté à résoudre ou a proposer. L'absence du périsperme dans le *nelumbium* fortifie beaucoup la différence observée entre son fruit et celui des deux autres genres ; et malgré l'affinité résultante de la conformité dans les habitudes, le port, la configuration extérieure, la structure de l'embryon, il ne paroît pas certain que le *nelumbium* appartienne entièrement aux nymphéacées. Il peut en rester voisin, mais on lui trouvera aussi des rapports avec les potamées et les alismacées, qui n'ont pas de périsperme et dont le pistil est composé de plusieurs ovaires. Il peut devenir le type d'une famille nouvelle, de laquelle on n'éloignera pas beaucoup le *cabomba* et l'*hydropeltis*, qui probablement rentreront dans les monocotylédones. (J.)

NYMPHEAU. (*Bot.*) C'est une espèce de villarsie. (L. D.)

NYMPHO. (*Bot.*) Nom provençal du nénuphar, suivant Garidel. (J.)

NYMPHOÏDE. (*Bot.*) C'est la villarsie faux-nénuphar. (L. D.)

NYMPHOÏDES. (*Bot.*) Tournefort nommoit ainsi une plante aquatique, ayant le port du *nymphæa*, ses feuilles de même forme et seulement beaucoup plus petites ; mais se distinguant suffisamment par sa corolle monopétale, ses étamines en nombre défini, et la structure de son fruit. Linnæus l'avoit réuni au *menyanthes* ; mais plus récemment il a été rétabli sous le nom de *villarsia*. (J.)

NYMPHON, *Nymphon.* (*Entom.*) Genre d'animaux articulés, marins, à peau crustacée, très-voisins des CYAMES. Voyez l'article MALACOSTRACÉS, tome XXVIII, pag. 365 et du genre PYCNOGONON. (Voyez ce mot.)

On a beaucoup varié sur la place que les nymphons doivent occuper dans la série animale. Originairement Fabricius les avoit classés avec ses antliates ou nos diptères ; mais, en dernier lieu, il les en avoit séparés. M. Savigny les considère comme faisant le passage des cyames, de la classe des crustacés, aux arachnides ; et M. Latreille, après avoir d'abord placé ces animaux dans la classe des insectes, s'est décidé ensuite à les ranger dans l'ordre des arachnides trachéennes, avec les pycnogonons, les phoxichiles et les holètres, dont il compose une famille particulière sous le nom de PYCNOGONIDES. M. Duméril, soit dans sa Zoologie analytique, soit dans ses Considérations générales sur la classe des insectes, n'en fait aucune mention.

Les nymphons sont remarquables, à la première vue, par la forme linéaire et très-étroite de leur corps et par la longueur et la minceur de leurs pattes, qui sont dirigées latéralement.

La première partie de l'animal que l'on peut désigner par le nom de tête, est à peu près aussi longue que le tronc proprement dit, et sa longueur est divisée en deux portions, dont la première, de forme cylindrique, arrondie et percée au bout, est un suçoir, et dont la seconde, rétrécie dans son milieu, supporte en dessus un petit tubercule, qui est pourvu de quatre petits yeux lisses ; une mandibule didactyle ou en forme de pince, composée de deux articles principaux et d'un troisième faisant fonction de doigt mobile sur le second, prend attache de chaque côté à la base du suçoir, et au même lieu est inséré, aussi de chaque côté, un palpe grêle et formé de cinq ou six articles ; il n'y a point d'antennes. Le corps ou le tronc est divisé en quatre segmens, sur les côtés desquels sont attachés les pattes ambulatoires, au nombre de huit, dirigées perpendiculairement à l'axe du corps, formées de huit à neuf articles et terminées par trois ongles ou crochets, dont l'un est beaucoup plus grand que les autres, qui sont appliqués de chaque côté sur sa base. Au-delà des segmens pédigères du corps on voit un dernier article cylindrique, percé d'un petit trou à l'extrémité et qu'on doit considérer comme l'abdomen proprement dit. Les organes respiratoires ne sont apercevables, ni sous forme de lames branchiales, ni sous celle de trachées ou de stigmates.

Les femelles diffèrent des mâles en ce que chez elles il existe une paire de pattes de plus, qui est insérée en dessous, au point de jonction de la tête avec le tronc. Ces pattes ont plus d'articles que les autres, et leurs articles intermédiaires, qui sont fort alongés, ont cela de remarquable, qu'ils servent à supporter les œufs qui forment une masse ovoïde pour chaque patte.

On trouve ces animaux parmi les varecs et les algues, et jamais attachés au corps des cétacés, comme les cyames et les pycnogonous. Du reste, leurs habitudes naturelles sont inconnues.

Le genre *Ammothea*, formé par M. Leach (*Zool. miscell.*, tab. 19, fig. 1, 2), diffère de celui des Nymphons par des mandibules beaucoup plus courtes que le suçoir, tandis que dans ceux-ci elles le dépassent en longueur.

Le Nymphon grêle : *Nymphon gracile*, Latr., a le corps cendré et les cuisses cylindriques.

Le Nymphon fémoral : *Nymphon femoratum*, Latr., a le corps roussâtre, avec les cuisses comprimées, généralement plus larges que celles de l'espèce précédente.

Ces deux espèces habitent les côtes de France et d'Angleterre.

M. Latreille regarde le nymphon grêle comme étant très-voisin du *nymphon grossipes* de Fabricius. Il considère le *nymphon femoratum* des Nouv. mém. de la Soc. d'hist. nat. de Copenhague, comme différant de l'espèce indiquée plus haut sous ce nom et devant même former un genre nouveau. Enfin il croit pouvoir rapporter à son genre Phoxichile, le *Nymphon hirtum* de Fabricius, et quelques autres qui ont été décrits par Montagu. (Desm.)

NYMPHONIDES, *Nymphonides*. (*Entom.*) Famille formée par M. Leach pour placer les nymphons et les animaux qu'il range dans son genre *Ammothea*; lesquels sont principalement caractérisés par des mandibules didactyles, insérées à la base du suçoir; tantôt plus longues et tantôt plus courtes que celui-ci. Le genre Phoxichile de M. Latreille étant également pourvu de mandibules terminées en serres, devroit être rapporté à cette même famille, si elle étoit adoptée. Le genre Pycnogonon s'en éloigneroit au contraire par l'absence de ce caractère. (Desm.)

NYROCA. (*Ornith.*) Cette espèce de canard est l'*anas nyraca* de Gmelin et l'*anas nyroca* de Latham. (Ch. D.)

NYROPHYLLA. (*Bot.*) Necker fait sous ce nom, d'une espèce de laurier, un genre particulier, caractérisé d'une manière insuffisante. (J.)

NYSSA. (*Bot.*) Genre de plantes dicotylédones, à fleurs polygames, dioïques, de la famille des *éléagnées*, de la *polygamie dioécie* de Linnæus, offrant pour caractère essentiel : Des fleurs polygames dioïques, ayant le calice à cinq divisions profondes; point de corolle; dix étamines dans les fleurs mâles, cinq dans les hermaphrodites; un ovaire inférieur; un style; un drupe contenant un noyau osseux, oblong, anguleux, monosperme.

Les nyssa, vulgairement nommés Tupelo, sont des arbres de l'Amérique septentrionale, qu'on pourroit facilement naturaliser en France avec les précautions convenables, d'autant plus utiles qu'ils garniroient des terrains humides ou marécageux où peu d'autres arbres réussissent. Il est des espèces à bois très-tendre; mais il en est d'autres dont le bois est beaucoup plus dur et propre à être employé dans les arts.

Nyssa aquatique : *Nyssa aquatica*, Linn. ; *Nyssa denticulata*, Ait., *Hort. Kew.*; *Nyssa angulisans*, Mich., *Flor. bor. Amer.*, 2, pag. 259; *Nyssa uniflora*, Walt., *Fl. Carol.*; Catesb., *Carol.*, 1, tab. 60; vulgairement Tupelo. Grand et bel arbre d'environ quatre-vingts pieds et plus, chargé d'un grand nombre de branches. Ses feuilles sont de la grandeur de la main, alternes, pétiolées, ovales, très-larges à leur base, rétrécies à leur sommet, munies de trois ou quatre angles et plus en forme de dents, glabres à leurs deux faces, velues en dessous dans leur jeunesse ; les pétioles longs et minces. Les fleurs mâles sont réunies en tête ; les femelles solitaires : le fruit est un drupe de la grosseur du pouce, renfermant un noyau irrégulièrement sillonné dans sa longueur.

Cet arbre, dit M. Bosc, croît dans les fondrières de la Caroline, de la Géorgie, de la Louisiane, là où il y a plusieurs pieds de boue pendant l'été et plusieurs pieds d'eau pendant l'hiver. Son bois est blanc, très-tendre ; celui de ses racines encore plus blanc et plus léger. Il est plus propre que le liége pour garnir les boîtes d'insectes, en ce que sa consistance est uniforme ; mais il absorbe trop l'eau pour être employé à boucher les bouteilles, même à faire des alléges aux filets des pêcheurs. Il pourrit en peu de temps : aussi tous les troncs qui ne s'emploient pas à faire des sébilles pour les nègres, sont brûlés ou abandonnés sur place ; les ours, les écureuils, les perroquets, les pigeons, la grive émigrante et autres animaux, mangent ses fruits, qui sont violets, de la grosseur du petit doigt, d'une saveur fade.

Nyssa des forêts : *Nyssa sylvatica*, Mich., Hist. des arbr. d'Amérique, 2, pag. 260, tab. 21 ; *Nyssa villosa*, Mich., *Flor. bor. Amer.*, 2, pag. 258 ; vulgairement Tupelo de montagne. Arbre de quatre-vingt-dix pieds, dont l'écorce est blanchâtre ; le bois assez dur, d'une texture très-fine. La base du tronc est pyramidale ; la racine pousse des nodosités analogues à celles du cyprès distique ; les feuilles sont alternes, médiocrement pétiolées, ovales, alongées, entières, longues de cinq à six pouces ; les pétioles courts et velus, ainsi que la nervure du milieu et le bord des feuilles ; les pédoncules des fleurs femelles axillaires, souvent chargés de deux fleurs petites, peu apparentes : il leur succède de petits fruits de la grosseur d'un grain de café, ovales, alongés, d'un bleu noir ; le noyau est légèrement convexe, strié dans sa longueur à ses deux faces. Cet arbre croît dans les montagnes boisées du Midi de l'Amérique méridionale, aux lieux humides et ombragés, mais non submergés. Son bois, qui se fend difficilement, peut être employé à faire des moyeux de roue, des formes de chapeau, des arbres de moulins. Les animaux cités plus haut mangent ses fruits.

Nyssa a deux fleurs : *Nyssa biflora*, Mich., *Fl. bor. Amer.*, 2, pag. 259 ; *Nyssa aquatica*, Andr. Mich., Hist. des arbr. d'Amér., vol. 2, pag. 265, tab. 22 ; Gærtn., fils, *Carpol.*, tab. 216, *an* Linn. ? Cet arbre est très-rapproché du précédent et même assez souvent confondu avec lui ; mais ses feuilles sont beaucoup plus courtes, plus arrondies, plus coriaces ; ses fruits plus petits et plus noirs ; son bois est également dur et peut servir aux mêmes usages. Il croît le long des ruisseaux, mais non dans les lieux marécageux.

Nyssa a feuilles blanchatres : *Nyssa candicans*, Mich., *Fl. bor. Amer.*, 2, pag. 259 ; *an Nyssa capitata*, Andr. Mich., Arbre de l'Amér., vol. 2, pag. 257, tab. 20 ? vulgairement l'Oyéchée. Cet arbre ne parvient guère qu'à la hauteur de trente ou quarante pieds. Son tronc se divise en branches nombreuses, horizontales, quelquefois pendantes, garnies de feuilles médiocrement pétiolées, ovales, obtuses, entières ou à peine denticulées, de couleur glauque en dessous, blanchâtres et pubescentes dans leur jeunesse ; les pédoncules, les calices et les bractées sont chargés d'un duvet cendré ; les pédoncules rapprochés en fascicule dans les fleurs hermaphrodites ; les fleurs mâles disposées en tête ; le fruit est pulpeux, alongé, de couleur rouge, de la grosseur du pouce, d'une saveur un peu acide, agréable au goût. Cet arbre croît dans l'Amérique septentrionale, sur les bords du fleuve Oyéchée, d'où lui est venu son nom vulgaire. (Poir.)

NYSSANTHE, *Nyssanthes*. (*Bot.*) Genre de plantes dicotylédones, à fleurs incomplètes, de la famille des *amarantacées*, de la *tétrandrie monogynie* de Linnæus, offrant pour caractère essentiel : Un calice à quatre folioles irrégulières, deux extérieures inégales, épineuses, ainsi que les bractées ;

deux ou quatre étamines conniventes à leur base, accompagnées de petites écailles ; les anthéres à deux loges ; un
ovaire supérieur ; un style ; un stigmate en tête. Le fruit est
une capsule monosperme.

Ce genre, établi par M. Rob. Brown pour des plantes de
la Nouvelle-Hollande, renferme trois espèces, qui ne nous
sont encore connues que par leur phrase spécifique, telles
que, 1.° le *nyssanthes erecta*, Brow., *Nov. Holl.*, 1, p. 418 :
la tige est droite ; les feuilles sont oblongues, lancéolées,
aiguës, un peu mucronées ; le calice est pubescent, à cinq
nervures ; l'arête inférieure presque de la longueur de la
foliole ; la fleur a quatre étamines : 2.° le *nyssa media*, dont le
calice est pubescent, à trois nervures ; l'arête inférieure plus
longue que sa foliole ; les feuilles sont ovales, oblongues, un
peu obtuses, terminées par une pointe épineuse ; les fleurs à
deux étamines : 3.° le *nyssanthes diffusa* ; ses tiges sont diffuses ;
ses feuilles ovales, oblongues, terminées par une pointe épineuse ; le calice est glabre, à cinq nervures, à arêtes de
la longueur des folioles ; la fleur à deux étamines. Dans toutes
ces espèces les feuilles sont opposées ; les fleurs axillaires,
terminales, agglomérées, presque en épi. (POIR.)

NYSSÉES. (*Bot.*) Nous proposons ici sous ce nom une nouvelle famille de plantes, qui présente les caractères suivans :

Un calice d'une seule pièce, adhérent à l'ovaire, divisé à
son limbe en quatre ou cinq lobes ; corolle nulle ; quatre ou
cinq étamines à filets libres, à anthéres arrondies et biloculaires, insérées au-dessous des divisions du calice ; ovaire
adhérent et rempli d'un seul ovule ; un stipe ; un stigmate
simple ou divisé ; un brou recouvrant une noix monosperme :
une graine attachée au sommet de la loge ; embryon dico-
tylédon, à lobes élargis et foliacés, à radicule ascendante,
recouvert d'un périsperme charnu. Tige ligneuse ; feuilles
simples, alternes ; fleurs axillaires hermaphrodites ou quelquefois toutes nulles sur des pieds différens et alors portant
un nombre double d'étamines.

Nous ne connoissons maintenant que le genre *Nyssa* qui
appartienne véritablement à cette famille. Elle doit être
placée dans la classe des péristaminées ou dicotylédones
apétales à étamines insérées au calice, près des éléagnées et

des santalacées. Elle différe des premières par l'ovaire, adhérent au calice, la présence d'un périsperme ou l'attache de la graine au sommet de la loge et la radicale ascendante de l'embryon. Elle a plus de rapport avec les santalacées par ces mêmes caractères ; mais son ovaire contenant, au lieu de trois ovules, un seul attaché au sommet de la loge et non à un placentaire central, un embryon non cylindrique, mais à cotylédons élargis et foliacés. Un nouvel examen sera nécessaire pour confirmer l'existence de cette famille, que nous proposons pour obtenir de nouveaux renseignemens pris sur les plantes vivantes. (J.)

NYSSIMI-MOTSI. (*Bot.*) Ce nom japonois, qui signifie crotte de rat, est donné à un troëne, *ligustrum japonicum* de Thunberg, dont les petites baies ont la forme indiquée par le nom. (J.)

NYSSON. (*Entom.*) M. Latreille a formé sous ce nom un genre particulier de quelques insectes hyménoptères, voisins des crabrons et des mellines, de la famille des anthophiles ou floriléges, dont ils diffèrent seulement par la disposition de quelques parties de la bouche. M. Latreille y rapporte le *crabro spinosus* de Fabricius et les deux *sphex* décrits par le même auteur sous les noms de *maculata* et de *guttata*. Ces insectes ont été trouvés sur les fleurs des ombellifères, en particulier sur les ombelles de la carotte. (C. D.)

NYSSONIENS. (*Entom.*) M. Latreille a donné ce nom à une tribu d'insectes hyménoptères, dont le genre Nysson forme le type, et qui est caractérisée ainsi : Un aiguillon; premier segment de tronc très-court; labre petit, caché entièrement, ou en grande partie ; pieds courts ; mandibules sans échancrure au côté interne ; abdomen ovoïde conique. Elle se rapporte à la famille des anthophiles ou floriléges de M. Duméril, et comprend aussi divers genres fondés par M. Latreille, tels que ceux qui ont reçu les noms de Nitéle, d'Oxybèle, d'Astate et de Pison. (Desm.)

NYUL. (*Mamm.*) Nom hongrois du lièvre. (Desm.)

NYUSZT ou NIUSST. (*Mamm.*) Les Hongrois donnent ces noms à la marte zibéline. (Desm.)

NZ-FUSI ou NZIME. (*Mamm.*) La civette est ainsi appelée par les Nègres au Congo. (Desm.)

O

OANIKAR. (*Ichthyol.*) Nom que l'on donne, dans le Sénégal, au *malaptérure électrique.* Voyez MALAPTÉRURE et SILURE. (H. C.)

OARIANA. (*Ornith.*) Ce nom est donné, dans la province brésilienne de Para, à un gallinacé que M. Temminck range parmi les tinamous, sous le nom de *tinamus strigulosus.* (CH. D.)

OBAB. (*Bot.*) Nom arabe du *croton villosum* de Forskal, qui est le *jatropha glandulosa* de Vahl, dont le suc laiteux est extrêmement corrosif. (J.)

OBADALI. (*Bot.*) Nom brame, cité par Rhéede, du *courou-mœlli* du Malabar, qui est le *flacurtia sepiaria* de Roxburg et de Willdenow. (J.)

OBAH. (*Mamm.*) Nom de l'ours chez les Tschuwasches. (F. C.)

OBAI, ROBAI. (*Bot.*) Noms japonois, cités par Kæmpfer, du *calycanthus præcox.* (J.)

OBAKO, SJODEN. (*Bot.*) Noms japonois du grand plantain, suivant Kæmpfer. (J.)

OBAMMI. (*Bot.*) Voyez FISAKAKI. (J.)

OBANNA. (*Bot.*) La plante graminée, citée sous ce nom japonois par Kæmpfer, est l'*andropogon polydactylon* de Linnæus, que Thunberg reporte au genre *Saccharum.* (J.)

OBCONIQUE (*Bot.*) : En cône renversé ; tel est, par exemple, l'involucre (calice commun) de l'*aster fruticosus,* de l'*anthemis clavata,* etc. (MASS.)

OBCORDIFORME (*Bot.*) : Ayant la forme du cœur des cartes à jouer, la pointe en bas ; telles sont, par exemple, les folioles de l'*oxalis acetosella,* les capsules de la véronique officinale, les silicules du *thlaspi bursa pastoris.* (MASS.)

OBCRÉNELÉ. (*Bot.*) Le bord d'une feuille, d'un fruit, etc., est crénelé, lorsqu'il est découpé en petites parties arrondies, séparées par des angles rentrans. Il est obcrénelé, lorsqu'au contraire les angles sont saillans et les crénelures rentrantes. Les feuilles du *theophrasta americana,* les légumes du *bisserula,* par exemple, sont obcrénelés. (MASS.)

OBCURRENTES [CLOISONS]. (*Bot.*) M. Mirbel nomme ainsi les cloisons partielles d'un fruit, lorsque, dirigées les

unes vers les autres, elles concourent par leur rapprochement à le diviser en plusieurs loges. C'est ce qu'on observe,
par exemple, dans les lilas, les acanthacées, les convolvu-
lacées, les aurantiacées, etc. (Mass.)

OBEAU ou OBEL. (*Bot.*) Anciens noms sous lesquels on
désignoit autrefois le peuplier blanc. (L. **D.**)

OBÉJACE, *Obœjaca.* (*Bot.*) Ce genre ou sous-genre, que
nous avons déjà indiqué (tom. XXIV, pag. 113), appartient
à l'ordre des Synanthérées, et à notre tribu naturelle des
Sénécionées, dans laquelle il est intermédiaire entre le vrai
Senecio et le *Jacobœa.* Voici ses caractères.

Calathide courtement radiée : disque multiflore, régulariflore, androgyniflore; couronne irrégulière, unisériée, liguliflore, féminiflore. Péricline oblong, cylindrique, d'a-
bord égal aux fleurs du disque, qui s'élèvent ensuite beaucoup au-dessus de lui ; squames unisériées, égales, contiguës,
libres, appliquées, linéaires, uninervées, aiguës et souvent
noirâtres au sommet, ordinairement munies d'une bordure
membraneuse; la base du péricline entourée de squamules
surnuméraires. Clinanthe plan, fovéolé, à réseau plus ou
moins saillant. Ovaires oblongs, cylindriques, striés, glabres ou papillés, s'alongeant beaucoup après la fécondation; aigrette blanche, composée de squamellules nombreuses, inégales, filiformes, capillaires, peu barbellulées. Corolles de la couronne souvent inégales et dissemblables,
s'épanouissant quelquefois plus tard que celles du disque;
languette plus ou moins courte, variable, ordinairement
étroite, oblongue-lancéolée, très-entière, d'abord dressée
verticalement, puis courbée en dehors au sommet, enfin
roulée en spirale, durant le cours de la fleuraison, jamais
étalée horizontalement. Corolles du disque à limbe ordinairement étroit et plus court que le tube.

Obéjace visqueuse : *Obœjaca viscosa*, H. Cass.; *Senecio vis-
cosus*, Linn. C'est une plante herbacée, annuelle, garnie de
poils visqueux, qui exhalent une odeur désagréable : sa
tige, haute d'environ un pied, est rameuse, étalée, sillonnée, garnie de feuilles; les feuilles sont alternes, sessiles,
à peine amplexicaules, pinnatifides, comme rongées sur les
bords ou un peu dentées; les calathides, plus grandes que

celles du *Senecio vulgaris*, et composées de fleurs d'un jaune doré, sont portées par des pédoncules simples, terminaux, presque solitaires; leur péricline est visqueux, hérissé de poils, entouré à sa base de quelques squamules surnuméraires, longues, lâches, linéaires, poilues. Cette plante, qui fleurit en Juillet et Août, se trouve aux environs de Paris, dans les bois, sur les terrains pierreux.

Obéjace des bois : *Obæjaca sylvatica*, H. Cass. ; *Senecio sylvaticus*, Linn. La tige est dressée, haute d'environ trois pieds, droite, sillonnée, un peu poilue, corymbée au sommet; les feuilles sont nombreuses, éparses, lyrées-pinnatifides, lobées, denticulées, un peu poilues, d'une odeur désagréable, mais peu ou point visqueuses; les calathides, composées de fleurs jaunâtres, sont nombreuses, grêles, de moitié plus petites que dans l'espèce précédente; leur péricline, un peu pubescent, est entouré à sa base de squamules surnuméraires petites, courtes, appliquées. Cette seconde espèce, annuelle comme la première, se trouve aussi dans les bois sablonneux des environs de Paris, où elle fleurit en été.

Notre genre ou sous-genre *Obæjaca* correspond à la seconde section du genre *Senecio* de Linné, laquelle est caractérisée par la calathide radiée, à couronne roulée en dessous. Ce genre est bien distinct du vrai *Senecio*, dont la calathide est incouronnée, c'est-à-dire entièrement composée de fleurs égales, uniformes, hermaphrodites, à corolle régulière. Il se distingue aussi du vrai *Jacobæa*, décrit dans ce Dictionnaire (tom. XXIV, pag. 110), par des caractères qui nous semblent suffisans : 1.º les corolles de la couronne sont souvent inégales et dissemblables, et il nous a paru qu'elles s'épanouissoient quelquefois plus tard que les corolles du disque, ce qui a pu faire croire que la couronne manquoit quelquefois; 2.º la longueur de la languette n'excède pas celle du tube qui la porte; 3.º la languette est ordinairement étroite, oblongue-lancéolée, très-entière; 4.º elle est d'abord dressée verticalement, puis courbée en dehors au sommet, enfin roulée en spirale, durant le cours de la fleuraison, jamais étalée horizontalement; 5.º les corolles du disque ont le limbe ordinairement étroit et plus court que le tube; 6.º les ovaires s'alongent beaucoup après la fécondation; 7.º le péricline est égal aux fleurs du disque au commencement de la fleuraison, et beaucoup plus court que ces mêmes fleurs à la fin de la fleuraison.

Le *Senecio reclinatus*, très-mal associé par Mœnch au *Chrysocoma*, qui appartient à la tribu des Astérées, nous semble devoir constituer un nouveau sous-genre, immédiatement voisin du vrai *Senecio*, dont il seroit suffisamment distinct par la structure de son péricline, et qu'on pourroit caractériser de la manière suivante :

CARDERINA, H. Cass. Calathide incouronnée, équaliflore, multiflore, régulariflore, androgyniflore. Péricline double: l'extérieur involucriforme, composé de squames nombreuses, bi-trisériées, inégales, subimbriquées, inappliquées, longues, linéaires, aiguës ; l'intérieur égal aux fleurs, cylindrique, formé de squámes unisériées, égales, contiguës, appliquées, linéaires, sphacélées au sommet. Clinanthe plan, alvéolé, à cloisons basses, charnues, dentées. Ovaires cylindriques, cannelés, munis de poils papilliformes, disposés par bandes; aigrette composée de squamellules filiformes, capillaires, à peine barbellulées. (H. CASS.)

OBÉLIE, *Obelia*. (*Actinoz.*) MM. Peron et Lesueur, dans leur Prodrome d'une nouvelle disposition systématique des méduses, ont établi sous ce nom un genre pour une espèce gastrique polystome, non pédonculée, non brachidée, tentaculée, dont les estomacs sont simples, et qui a un appendice conique au sommet de l'ombrelle. Cette espèce, qu'ils nomment OBÉLIE SPHÉRULINE, *O. sphœrulina*, et qui est figurée dans Slabber, *Phys. Belust.*, pag. 40, tab. 9; fig. 5, 6, 7 et 8 (1781), est extrêmement petite, son ombrelle garnie de seize tentacules courts; l'appendice sur-ombrellaire est terminé par une espèce de petit globe, et sa couleur est hyaline-bleuâtre. Elle a été observée sur les côtes de la Hollande. (DE B.)

OBÉLISCAIRE, *Obeliscaria*. (*Bot.*) Ce genre ou sous-genre appartient à l'ordre des Synanthérées, à la tribu des Hélianthées, et à la section des Hélianthées-Rudbéckiées, dans laquelle il est immédiatement voisin du vrai *Rudbeckia*, dont il diffère par l'aigrette absolument nulle (tom. XXVI, p. 3). Voici les caractères génériques de l'*Obeliscaria*, observés par nous sur un individu vivant de *Rudbeckia pinnata*, cultivé au Jardin du Roi.

Calathide radiée : disque multiflore, régulariflore, androgyniflore ; couronne unisériée, liguliflore, neutriflore. Péricline supérieur aux fleurs du disque ; formé de squames paucisériées, à peu près égales, diffuses, inappliquées, linéaires-
subulées, foliacées. Clinanthe cylindrique, très-élevé ; garni
de squamelles inférieures aux fleurs, demi-embrassantes,
élargies de bas en haut, arrondies et voûtées supérieurement, bordées sur chaque côté par un gros vaisseau plein de
suc propre. *Fleurs du disque* : Ovaire obovale, comprimé,
glabre, lisse, absolument privé d'aigrette ; corolle à tube nul
ou presque nul. *Fleurs de la couronne* : Faux-ovaire stérile ;
style nul ; des rudimens d'étamines avortées ; corolle à tube
très-court, à languette très-longue, bi-tridentée au sommet.

OBÉLISCAIRE A FEUILLES PENNÉES : *Obeliscaria pinnata*, H. Cass. ;
Rudbeckia pinnata, Venten., Jardin de Cels, pag. 71, tab. 71.
C'est une plante herbacée, à racine vivace, produisant plusieurs tiges hautes d'environ six pieds, dressées, rameuses,
striées, un peu pubescentes ; les feuilles inférieures sont ailées,
à folioles ovales-lancéolées, dentées en scie, pubescentes,
scabres, trinervées ; les feuilles intermédiaires sont divisées
en trois ou cinq lobes oblongs, un peu dentés ; les feuilles
supérieures sont simples, les unes dentées, les autres entières : les calathides sont solitaires et terminales, composées
d'un disque pourpre et d'une couronne jaune ; le clinanthe
exhale, quand on le coupe, une odeur aromatique analogue
à celle de l'anis. Cette plante habite le pays des Illinois,
dans l'Amérique septentrionale.

L'espèce cultivée au Jardin du Roi, sous le nom de *Rudbeckia amplexicaulis*, nous avoit d'abord paru (tom. XXVI,
pag. 3) devoir être rapportée à l'*Obeliscaria* ; mais un nouvel examen, plus attentif, nous dispose à croire qu'elle pourroit former un sous-genre distinct, qui seroit caractérisé
comme il suit.

DRACOPIS. Calathide radiée : disque multiflore, régulariflore, androgyniflore : couronne unisériée, liguliflore, neutriflore. Péricline orbiculaire, supérieur aux fleurs du disque,
formé de squames bisériées : les extérieures étalées, à peu
près égales, longues, lancéolées ou linéaires-aiguës, foliacées ; les intérieures appliquées, petites, absolument sem-

55.

blables aux squamelles du clinanthe. Clinanthe cylindracé, très-élevé; garni de squamelles inférieures aux fleurs, demi-embrassantes, oblongues, naviculaires, élargies de bas en haut, voûtées et arrondies supérieurement, submembraneuses, uninervées, bordées sur chaque côté par un vaisseau plein de suc propre, et surmontées au sommet par une pointe foliacée, ciliée. Ovaires du disque obovoïdes-oblongs, un peu comprimés, subtétragones-arrondis, glabres, lisses; les intérieurs privés d'aigrette; les extérieurs munis d'un foible rebord, qui est un rudiment d'aigrette stéphanoïde. Faux-ovaires de la couronne velus, privés d'ovule, de style et de stigmate, mais pourvus d'un rudiment d'aigrette stéphanoïde. Corolles du disque ayant un tube assez long et bien distinct du limbe. Corolles de la couronne à tube très-court, à languette grande, large, elliptique, bi-tridentée au sommet.

Le sous-genre *Dracopis* nous paroit se distinguer suffisamment de l'*Obeliscaria*, 1.° par le péricline formé de squames régulièrement disposées sur deux rangs bien distincts, les squames intérieures étant très-différentes des extérieures, beaucoup plus petites et tout-à-fait semblables aux squamelles du clinanthe; 2.° par les squamelles du clinanthe apiculées au sommet; 3.° par les ovaires extérieurs munis d'un rudiment d'aigrette stéphanoïde, qui n'existe point sur les ovaires intérieurs; 4.° par les corolles du disque pourvues d'un tube assez long et bien distinct du limbe, dont la partie inférieure est un peu renflée et arrondie; 5.° par les fleurs de la couronne, qui n'offrent point de rudimens d'étamines avortées.

Le genre *Echinacea* de Mœnch, qui a beaucoup de rapports avec les *Obeliscaria* et *Dracopis*, n'ayant point été décrit dans ce Dictionnaire, nous allons réparer cette omission, en traçant ici les caractères génériques observés par nous sur un individu vivant de *Rudbeckia purpurea*, cultivé au Jardin du Roi.

Echinacea. Calathide radiée: disque multiflore, régulari-flore, androgyniflore: couronne unisériée, liguliflore, neutriflore. Péricline supérieur aux fleurs du disque; formé de squames paucisériées, obimbriquées, lancéolaires-étroites, à partie inférieure appliquée, coriace, à partie supérieure inappliquée, foliacée, appendiciforme. Clinanthe conique, très-élevé; garni de squamelles supérieures aux fleurs, demi-embrassantes, spinescentes au sommet. *Fleurs du disque:* Ovaire peu comprimé, tétragone, glabre, portant une petite aigrette stéphanoïde, irrégulièrement dentée; corolle à tube nul: base du limbe globuleuse, épaisse, charnue. *Fleurs de la couronne :* Faux-ovaire stérile, triquètre, portant une petite aigrette stéphanoïde, prolongée en trois cornes ou lobes aigus: style nul; corolle à tube presque nul, à languette très-longue, bilobée au sommet.

Les corolles du disque de l'*Echinacea* sont très-singulières : leur tube étant nul, les filets des étamines sont libres, c'est-à-dire non adhérens à la corolle: le limbe, qui subsiste seul, est urcéolé, ayant sa partie inférieure très-élargie, arrondie, prodigieusement épaissie sur la paroi interne par une grosse masse charnue, qu'on reconnoît aisément en faisant une coupe longitudinale.

La *Rudbeckia napifolia* de M. Kunth sembleroit avoir des rapports avec l'*Echinacea;* mais, d'après la description de l'auteur, nous présumons que cette plante doit former un genre distinct, et même qu'elle n'appartient pas réellement à la section des Rudbéckiées, mais plus probablement à celle des Héléniées.

Vaillant est le fondateur du genre *Rudbeckia,* qu'il nommoit *Obeliscotheca,* à cause de la forme des fruits. Ce genre, ayant pour type la *Rudbeckia laciniata,* Linn., étoit ainsi caractérisé : Radié ; fleurons androgyns: demi-fleurons neutres; placenta conique, à bâles en gouttière ; ovaires en obélisque renversé, à base concave, bordée de dents ou picots; calice évasé, découpé jusqu'au placenta; feuilles alternes, très-découpées.

Linné, en adoptant le genre de Vaillant, et en prenant aussi pour type la *Rudbeckia laciniata,* substitua fort inutilement le nom de *Rudbeckia* à celui d'*Obeliscotheca,* et lui assigna pour caractères essentiels, le clinanthe conique, garni de squamelles, l'aigrette stéphanoïde, à quatre dents, le péricline formé de squames disposées sur deux rangs.

Adanson a réuni, sous le nom générique d'*Obeliscotheca,*

le *Rudbeckia* de Linné et l'*Asteriscus* de Tournefort, ce qui n'est pas tolérable, puisque ces plantes, loin d'être congénères, n'appartiennent pas à la même tribu naturelle.

Necker divise les *Rudbeckia* de Linné en deux genres: l'un, nommé *Brauneria*, comprenant les espèces à fruit aigretté; l'autre, nommé *Rudbeckia*, comprenant les espèces à fruit privé d'aigrette. Cette nomenclature n'est point admissible; car, Linné ayant attribué à son genre des fruits aigrettés, et ayant pris pour type la *Rudbeckia laciniata*, qui offre ce caractère, les espèces à fruit aigretté doivent incontestablement conserver le nom de *Rudbeckia*.

Mœnch a séparé des *Rudbeckia* de Linné, la *Rudbeckia purpurea*, qu'il nomme *Echinacea*, et que Petiver avoit anciennement nommée *Bobartia*.

M. Rafinesque a proposé, sous les noms de *Obelisteca*, *Ratibida*, *Lepachys*, *Heliophthalmum*, *Peramibus*, des genres qu'il présente comme voisins du vrai *Rudbeckia*, mais que ses descriptions imparfaites et peu intelligibles ne nous permettent pas de bien démêler. Son *Obelisteca* paroît correspondre à notre *Obeliscaria*; mais le nom qu'il lui donne semble trop barbare pour être adopté sans modification. Le *Ratibida*, caractérisé par le péricline simple, et ayant pour type la *Rudbeckia columnaris* de Pursh, correspond peut-être à notre *Dracopis*. Le *Lepachys*, dont nous avons parlé, tome XXVI, pag. 1, est tout-à-fait inaccessible à notre intelligence. L'*Heliophthalmum*, décrit dans ce Dictionnaire (tom. XX, pag. 471), est un genre très-distinct du *Rudbeckia*, si nous avons bien compris les expressions employées par l'auteur pour le caractériser, et même nous soupçonnons que ses rapports naturels l'éloignent du type des Rudbéckiées. Enfin, le *Peramibus* sembleroit se rapprocher de notre *Dracopis*; mais, selon M. Rafinesque, les fruits du disque sont triangulaires, ce qui nous fait présumer que ce genre appartient à la section des Coréopsidées.

Au reste, la plupart des botanistes, moins partisans que nous des divisions et subdivisions génériques ou sous-génériques, rejetteront sans doute, et peut-être avec raison, toutes celles admises par Necker, Mœnch, M. Rafinesque et nous, dans le genre *Rudbeckia*. Toutefois, ils auroient tort de considérer comme nuisible ou même comme inutile, le travail des auteurs de ces nombreuses distinctions de genres; car ils peuvent aisément effacer ces distinctions, s'ils les trouvent insuffisantes : et dans tous les cas ils doivent profiter des observations sur lesquelles elles sont fondées, pour rectifier, compléter et perfectionner les descriptions des caractères génériques. Quant à nous, en multipliant les genres et les sous-genres, nous déclarons itérativement n'avoir pas d'autre but que de présenter des observations exactes, pour servir de matériaux à ceux qui sauront les employer mieux que nous.

Le sujet du présent article nous fournit l'occasion de rectifier une erreur que nous avons commise (tom. XX, p. 348), en attribuant le genre *Tithonia* à notre section des Hélian-thées-Héléniées, tandis qu'il appartient réellement à celle des Hélianthées-Rudbéckiées. Nous avions été induit dans cette erreur par la description de l'auteur du genre, suivant laquelle l'aigrette seroit composée de cinq squamellules pa-léiformes. Mais, ayant analysé nous-même, en Août 1825, une calathide sèche provenant d'un individu cultivé à Neuilly, dans le jardin de Mgr le duc d'Orléans, et qui nous a été donnée par M. Desfontaines, nous avons fait les obser-vations suivantes.

Le péricline est formé de squames libres, irrégulièrement bi-trisériées : les extérieures oblongues-lancéolées, ayant leur partie inférieure appliquée, coriace, et la supérieure appen-diciforme, étalée, foliacée : les squames intérieures oblon-gues, arrondies au sommet. Le clinanthe est conique, garni de squamelles supérieures aux fleurs, embrassantes, presque enveloppantes, lancéolées, submembraneuses, roides et spi-nescentes au sommet. Les faux-ovaires de la couronne sont longs, grêles, triquètres, glabres, pourvus d'une petite ai-grette stéphanoïde prolongée en corne aux trois angles. Les fruits du disque, qui nous ont paru être accidentellement stériles dans la calathide analysée, sont oblongs, tétragones, lisses, glabriuscules, pourvus d'une aigrette stéphanoïde éle-vée, coriace, roide, rougeàtre, incisée, découpée et denti-culée très-irrégulièrement, inégalement et variablement; l'aigrette des fruits intérieurs nous a offert en outre une ou

deux squamellules plus ou moins longues, filiformes, triquètres ou laminées, subulées, roides, un peu barbellulées sur
les angles, nées sur le même rang que l'aigrette stéphanoïde,
entre ses divisions, et souvent confluentes par la base avec
elle. Les corolles du disque ont le tube extrêmement court;
leur limbe est très-long, ayant sa partie basilaire enflée, velue; le reste du limbe est cylindracé, glabriuscule, jaune,
à cinq divisions oblongues-lancéolées, dont les nervures sont
intra-marginales, et les bords réfléchis en dedans, ce qui
indique que le mode de préfleuraison doit être celui qu'on
nomme *œstivatio induplicativa*: il y a, dans cette corolle, deux
nervures surnuméraires et fines, entre deux vraies nervures.
Les étamines ont le filet jaunâtre, l'article anthérifère blanc,
les loges de l'anthère noirâtres, les appendices basilaires très-
courts, pollinifères, l'appendice apicilaire ovale-lancéolé,
blanc, subdiaphane, le pollen orangé. Le style a deux stig-
matophores très-longs, linéaires, subulés au sommet.

Il résulte de ces observations que le genre *Tithonia* se rapporte à la section des Hélianthées-Rudbéckiées, mais qu'il
est très-voisin des Hélianthées-Prototypes, et notamment du
genre *Helianthus*. Nous avons été frappé de l'analogie qui
existe, selon nous, au moins à l'extérieur, entre le *Tithonia tagetiflora* de M. Desfontaines, et l'*Helianthus tubæformis*
de Jacquin. Malheureusement nous n'avons pas pu observer les caractères génériques de cette dernière plante, dont
nous n'avons point vu la calathide; et Jacquin, dans l'*Hor-
tus Schœnbrunnensis*, se contente de dire : *totus floris charac-
ter ad Linnæum est;* mais, sur la planche qui représente la
plante, on voit une mauvaise figure de fruit, qui nous semble
indiquer que l'aigrette est courte, stéphanoïde, dentée, prolongée sur deux côtés opposés en deux longues squamellules
triquètres. D'après cela, nous n'hésitons pas à croire que ce
prétendu *Helianthus* est une seconde espèce du genre *Tithonia*, et qu'il faut le nommer *Tithonia tubæformis*. Les deux
espèces de ce genre nous semblent se distinguer principalement par les feuilles, trilobées dans l'une, indivises dans
l'autre. (H. Cass.)

OBELISCOTHECA, (*Bot.*) Vaillant avoit fait sous ce nom un
genre de plantes composées, que Linnæus a nommé *Rudbeckia*. Voyez Obéliscaire. (J.)

OBÉLISQUE CHINOIS. (*Conchyl.*) Nom vulgaire, encore quelquefois employé par les marchands de coquilles pour désigner une espèce de cérite des conchyliologistes modernes, *murex obeliscus* de Martini. (DE B.)

OBEREAU. (*Ornith.*) Le nom du hobereau, *falco subbuteo*, Linn., est ainsi écrit dans des ouvrages anciens d'ornithologie. (CH. **D.**)

OBERNA. (*Bot.*) Adanson employoit ce nom générique pour distinguer du *cucubalus*, dont le fruit est charnu, les espèces à fruit capsulaire, comme les *cucubalus behen, tataricus*, etc. (J.)

OBESA. (*Mamm.*) Nom d'une famille, formée par Illiger du seul hippopotame. (F. C.)

OBIER, *Optalus*. (*Bot.*) Ce genre de Tournefort, qui ne diffère de la viorne, *viburnum*, que par les fleurs neutres dans la circonférence de son corymbe, lui a été réuni avec raison par Linnæus. Elles sont toutes neutres et disposées en boule blanche dans sa variété, nommée par cette raison boule de neige, cultivée dans les jardins d'agrément. (J.)

OBISIUM. (*Entom.*) Ce nom a été donné par Illiger aux pinces ou chélifères de Geoffroy, insectes sans ailes, dont les palpes sont en forme de pince ou de serres d'écrevisse. Ils ressemblent aux scorpions, mais leur abdomen ne se termine pas par une queue. (C. **D.**)

OBLADA. (*Ichthyol.*) Nom que l'on donne à l'oblade dans la ville de Marseille. Voyez BOGUE et OBLADE. (H. C.)

OBLADE. (*Ichthyol.*) Nom vulgaire d'un poisson du genre Bogue, et que nous avons décrit à la page 9 du Supplément du tome V de ce Dictionnaire. (H. C.)

OBLADO. (*Ichthyol.*) Voyez OBLADE. (H. C.)

OBLETIA. (*Bot.*) Valmont de Bomare inscrivoit ainsi le *verbena longiflora*, auparavant annoncé dans le Journal de physique sous celui d'AUBLETIA. Voyez ce mot. (J.)

OBLIQUE. (*Bot.*) Une tige est oblique, lorsqu'elle s'élève en diagonale relativement au plan de l'horizon ; telle est celle du *poa annua*, du *solidago mexicana*, etc. Un stigmate est oblique, lorsque sa direction s'écarte de celle de l'axe de la fleur ; tel est celui de l'*actea*, etc. Un embryon est oblique, lorsqu'il s'éloigne davantage de l'axe de la graine par une de ses extrémités que par l'autre; tel est celui des graminées. (Mass.)

OBLONG (*Bot.*) : Plus long que large, et arrondi aux deux bouts, comme, par exemple, les feuilles du bananier, les épis du *juncus spicatus*, les anthères du lis, le pollen de l'*anethum segetum*, le fruit du mûrier blanc, la graine du dattier, etc. (Mass.)

OBOLAIRE, *Obolaria*. (*Bot.*) Genre de plantes dicotylédones, à fleurs complètes, monopétalées, irrégulières, de la famille des orobanchées, de la *didynamie angiospermie* de Linnæus, offrant pour caractère essentiel : Un calice à deux folioles; une corolle campanulée; le tube ventru; le limbe à quatre lobes bifides, inégaux; quatre étamines didynames; un ovaire supérieur; un style; un stigmate bifide; une capsule ventrue, ovale, un peu comprimée, uniloculaire, s'ouvrant en deux valves; ses semences nombreuses, très-petites.

Obolaire de Virginie; *Obolaria virginiana*, Linn., Moris, *Hist.*, 3, §. 12, tab. 16, fig. 23: Pluken., *Almag.*, tab. 209, fig. 6. Plante herbacée, qui offre le port d'une orobanche. Sa racine est composée de fibres épaisses, charnues, ramifiées comme le corail, d'où s'élève une tige simple, haute de trois à quatre pouces, garnie de petites feuilles charnues, lancéolées, sessiles, opposées, appliquées contre la tige : les supérieures arrondies, rétrécies à leur base, semblables à des bractées purpurines, de l'aisselle desquelles sortent des fleurs d'un rouge pâle, formant, par leur ensemble, un épi terminal. Le tube de la corolle est campanulé, ventru, très-ouvert; le limbe plus court que le tube, à lobes bifides, un peu laciniés; les filamens sont attachés à la base des divisions de la corolle; les anthères sont petites. Cette plante croît dans la Virginie. (Poir.)

OBOLAIRE, *Obolarius*. (*Ichthyol.*) Steller a établi sous ce nom un genre de Poissons qui paroît se confondre avec celui des Gastérostées. Voyez ce mot. (H. C.)

OBOLARIA. (*Bot.*) Siegesbeck avoit donné ce nom au genre *Linnæa*, mais Linnæus, ayant conservé ce dernier nom à ce genre, a laissé subsister le nom d'*obolaria*, pour désigner un autre genre, auquel Gronovius l'avoit appliqué primitivement. Voyez OBOLAIRE. (LEM.)

OBOVALE (*Bot*) : Plan et ayant la figure de la coupe longitudinale d'un œuf, le petit bout en bas ; telles sont les feuilles du *samolus valerandi*, du *vaccinium vitis idæa*, du *peplis portula*, etc. (MASS.)

OBOVARIA. (*Conchyl.*) M. Rafinesque-Schmaltz a proposé d'établir sous ce nom une petite coupe générique parmi les mulettes ou unios des zoologistes modernes. Voyez UNIO. (DE B.)

OBOVOÏDE (*Bot.*) : Ayant la forme d'un œuf, le petit bout en bas ; tels sont, par exemple, les fruits (cypsèles) de l'onoporde, de l'*ophrys spiralis*, etc. ; les érèmes de l'*amethystea cærulea*. (MASS.)

OBRE, SOKAM, CHANAS. (*Bot.*) Noms arabes du figuier sycomore, cités par Forskal, ou de son *ficus chanas*, qui en approche. (J.)

OBSIDIENNE. (*Min.*) VERRE ou ÉMAIL VOLCANIQUE.

Le nom de verres volcaniques convenoit assez bien aux substances que nous désignons aujourd'hui sous la dénomination d'*obsidiennes* ; car on ne peut en donner une plus juste idée qu'en les comparant aux matières vitreuses que nous pouvons fabriquer journellement dans nos manufactures ou dans nos usines. En effet, les obsidiennes sont des verres ou des émaux naturels, très-foncés en couleur pour l'ordinaire, dont la cassure, essentiellement vitreuse, est éclatante, largement ondulée ou conchoïde, qui se brisent en éclats minces et tranchans sur les bords, et dont la teinte noire ou rembrunie s'éclaircit ou s'atténue complétement dans les parties les moins épaisses. Les obsidiennes, au reste, sont assez pures et assez homogènes pour qu'il soit permis de les analyser : aussi plusieurs chimistes se sont occupés de l'examen de ces substances éminemment volcaniques, et nous rapporterons les principales de ces analyses en parlant des différentes variétés de ces verres naturels.

Nous divisons les obsidiennes en deux variétés principales, les *obsidiennes vitreuses* et les *obsidiennes perlées*.

1.re *Variété.* OBSIDIENNES VITREUSES (vulgairement AGATE NOIRE D'ISLANDE ou PIERRE DE GALLINACE).

Les obsidiennes vitreuses sont celles qui ont l'aspect, la cassure et la contexture du verre proprement dit: la couleur la plus ordinaire de leur masse est le noir parfait, quelquefois elles sont tout-à-fait opaques et se rapprochent par là des émaux; celles qui jouissent d'un certain degré de translucidité, offrent sur les bords tranchans de leur cassure des nuances verdâtres, cornées ou simplement fuligineuses: on en voit même d'incolores.

Les obsidiennes vitreuses sont plus dures que nos verres communs, puisqu'elles les raient et qu'elles étincellent sous le choc de l'acier; leur pesanteur spécifique est de 2,35 environ, et leur fusion au chalumeau est presque toujours accompagnée d'un si grand dégagement de matières gazeuses, que le verre ou l'émail gris, blanc ou noir, qu'elles produisent, est ordinairement bulleux et même boursoufflé. [1]

L'obsidienne vitreuse noire de Las Nabayas au Mexique, analysée par Descotils, a donné sur cent parties:

Silice. 72,0
Alumine 12,5
Potasse et soude. 10,0
Fer et manganèse. 2,0
____
96,5

Quoique M. Abildgaard n'ait trouvé ni potasse ni soude dans l'obsidienne d'Islande, l'on peut croire par analogie que les dix de perte qu'il a éprouvé dans son analyse, sont dus à la potasse et à la soude qui lui ont échappé, et nous croyons pouvoir affirmer que la silice, l'alumine, la potasse et la soude, jointes au fer et à la manganèse comme parties colorantes, sont les principes essentiels des obsidiennes.

Les principales sous-variétés de couleur et de texture sont les suivantes :

1.° OBSIDIENNE VITREUSE NOIRE. C'est particulièrement à cette sous-variété que l'on donnoit autrefois le nom d'*Agate d'Islande* ou de *Pierre de gallinace*. Elle est d'un noir pur, relevé par l'éclat vitreux ; elle est opaque ou simplement translucide sur les bords. Cette couleur noire disparoît en

____

1 M. Cordier désigne sous le nom de gallinace les obsidiennes qui fondent en émail noir.

partie avant de fondre au chalumeau en émail grisâtre et bulleux.

L'Islande, et particulièrement les environs du mont Hécla, fournissent de belles pièces de ce verre noir, qui se fait remarquer par sa pureté, son homogénéité, son éclat vitreux, et sa cassure largement conchoïde, ondulée ou satinée.

L'île de Lipari, l'une des éoliennes, offre aussi de belles masses d'obsidienne noire, analogue à celle d'Islande, mais plus transparente dans ses parties les plus minces. On cite particulièrement les obsidiennes de la montagne *della Castagna* dans l'île de Lipari, où Spallanzani les découvrit et les fit connoître vers la fin du dernier siècle.

Les obsidiennes vitreuses du Pérou sont célèbres depuis long-temps sous le nom de *Pierre de gallinace:* les unes sont d'un noir intense, ont l'aspect parfaitement vitreux; les autres sont moins luisantes, grisâtres, ou renferment des noyaux d'un gris blanchâtre et ardoisé, qui sont tellement abondans sur certains points, qu'ils forment des zones continues et blanchâtres, qui tranchent d'une manière saillante sur le fond noir et brillant. Cette variété se trouve, au reste, tout aussi bien caractérisée dans les obsidiennes tigrées de Vulcano et de Lipari. Différens points des Andes, et particulièrement les environs de Quito et de Popayan, les volcans de Puracé et de Sotora, les montagnes de Las Nabayas, fournissent une très-grande quantité d'obsidiennes aussi variées de couleur que d'aspect, et dont MM. de Humboldt et Bonpland rapportèrent de fort belles collections.

Enfin on cite l'obsidienne noire vitreuse au Mexique, à Ténériffe, aux îles de l'Ascension et de Madagascar, aux environs de Tokay en Hongrie, en Auvergne et jusqu'en Vivarais, où Faujas en avoit trouvé quelques fragmens peu volumineux. Quant à l'obsidienne des anciens, il paroît assez probable qu'ils la recevoient de l'Éthiopie, où l'on sait qu'il existe des volcans éteints.

Il paroît que les Romains, les Chinois, les Gouanches et les Péruviens ont fait des miroirs et des armes avec l'obsidienne noire : de nos jours ce verre sert encore à peu près aux mêmes usages : car nous en exécutons aussi des miroirs, qui sont recherchés par les paysagistes. Les habitans du Mexique en fabriquent encore des couteaux, des rasoirs, etc. La manière toute particulière dont les verres sont susceptibles de se casser, se prête à cette sorte d'industrie, qui a de l'analogie avec la fabrication des pierres à fusil.

2.° OBSIDIENNE VITREUSE VERDATRE. Cette seconde variété se présente tantôt sous la couleur du verre à bouteille, tantôt sous l'aspect d'un émail d'un vert sale plus ou moins compacte, et plus ou moins homogène : le vert olive foncé et l'aspect gras lui sont assez ordinaires ; mais souvent aussi elles sont tout-à-fait opaques, même sur les bords.

Une partie de la fameuse montagne *della Castagna* dans l'île de Lipari est composée de ce verre volcanique ; il y forme des espèces de tables assez étendues, qui se séparent facilement en raison des petites couches terreuses qui les divisent naturellement. Cette obsidienne contient quelques cristaux de felspath disséminés dans sa pâte, et peut se ranger au nombre des obsidiennes porphyritiques de quelques minéralogistes.

L'obsidienne qui se trouve au sommet du Pic de Ténériffe, et qui compose en partie les bords du cratère de ce volcan, appartient aussi à cette seconde variété, et contient, comme la précédente, des cristaux de felspath blanc disséminés. On remarque quelques boursoufflures dans sa masse, qui sont en partie remplies par des filamens capillaires qui se croisent dans le vide, et qui ont beaucoup de rapports avec les fibres de la pierre ponce.

L'on cite des obsidiennes vitreuses olivâtres, homogènes ou porphyroïdes dans beaucoup d'autres localités, et particulièrement au Puy-Griou, département du Cantal. Cette obsidienne d'Auvergne, analysée par Bergmann, s'est trouvée composée sur cent parties de

Silice..................	78,0
Alumine	3,0
Chaux.................	4,5
Fer	2,0
Soude.................	5,0
Eau...................	7,0
	97,5

Nous ferons remarquer à l'occasion de cette analyse, dans laquelle on n'indique point de potasse et fort peu de soude, que cette obsidienne renferme cependant une grande quantité de cristaux de felspath. M. de Humboldt a trouvé des obsidiennes qui appartiennent à cette variété dans la Cordillère du Pérou ; elles y sont accompagnées d'autres émaux, jaunes, rouges, etc.

5.° OBSIDIENNE VITREUSE CHATOYANTE OU AVANTURINÉE. Sa pâte verdâtre laisse apercevoir dans son intérieur un jeu de lumière, un chatoiement brillant et satiné, qui devient d'autant plus sensible que l'on examine la pierre perpendiculairement à ses couches. On peut attribuer cet accident à la présence d'une infinité de petites bulles très-alongées dans le même sens. Cette jolie variété, que l'on a tenté d'introduire dans la bijouterie, se trouve à Real del Monte et dans les montagnes de Las Nabayas au Mexique. Sa fragilité et son peu d'apparence l'ont empêché de rivaliser avec cette foule de pierres gemmes dont le brillant éclat est animé des teintes les plus vives et les plus variées.

4.° OBSIDIENNE FILAMENTEUSE (*Nemate*, Haüy). En filamens déliés plus ou moins longs, fins, flexibles, mais fragiles et souvent terminés par de très-petits globules ronds ou oblongs. Cette singulière obsidienne est fusible en émail d'un noir verdâtre.

Nous devons la connaissance de ce verre capillaire d'abord à Commerson, qui l'observa à l'île de Bourbon, et plus nouvellement à M. Bory de Saint-Vincent, qui, dans son Voyage aux quatre principales îles d'Afrique, décrivit cette obsidienne et l'éruption qui en couvrit la terre au loin. Jusqu'ici cette variété est un produit particulier au volcan de l'île Bourbon. Suivant M. Bory, les filamens de ce verre ont quelquefois plusieurs aunes de long. [1]

2.° *Variété*. OBSIDIENNE PERLÉE (*Perlstein*, Werner). Les obsidiennes qui composent ce groupe, ont beaucoup de rapports extérieurs avec nos émaux : elles sont opaques ou à peine translucides sur les bords ; leur aspect est à peu près nacré

---

1 Bory de Saint-Vincent, Voyage dans les quatre principales îles des mers d'Afrique, tom. 3, pag. 50.

et leur teinte grise, bleuâtre ou verdâtre, leur pâte, souvent assez fine, est craquetée comme certains émaux fabriqués au Japon : aussi ces obsidiennes sont-elles généralement très-fragiles par suite de la multitude de fissures qui les traversent en tous sens, et qui leur donnent un aspect grenu et une cassure raboteuse : leur pesanteur spécifique est de 2,34.

Les obsidiennes perlées répandent une odeur argileuse par l'insufflation de l'haleine, et se boursoufflent considérablement au chalumeau, sans s'y réduire en globules.

L'obsidienne perlée de Tokay en Hongrie, analysée par Klaproth, a donné sur cent parties :

$$
\begin{array}{lr}
\text{Silice} & 75,25 \\
\text{Alumine} & 12,00 \\
\text{Fer oxidé} & 1,60 \\
\text{Chaux} & 0,50 \\
\text{Potasse} & 4,50 \\
\text{Eau} & 4,50 \\
\hline
& 98,35.
\end{array}
$$

Une autre obsidienne analogue à celle de Tokay, mais provenant du Mexique, a donné à M. Vauquelin, qui en a fait l'analyse, des principes constituans à peu près pareils; il y a seulement trouvé quelques millièmes de soude et moins de potasse.

Parmi cette seconde variété d'obsidienne nous citerons les suivantes, qui peuvent servir de type :

1.º OBSIDIENNE PERLÉE DE TOKAY EN HONGRIE. Elle est d'un gris de perle, nuancée de verdâtre; elle est craquetée en tous sens, et semble composée par la réunion de fragmens granuliformes, comprimés et serrés les uns contre les autres. M. Brongniart a remarqué dans cette obsidienne et dans celle de Kerestour en Haute-Hongrie des indices de cristallisation, des joints naturels disposés à angle droit : elle se boursoufle considérablement au chalumeau, et fait plus que tripler de volume. Sa pesanteur spécifique est de 2,548. On remarque dans son intérieur des noyaux d'obsidienne vitreuse noires (*Luchs-Saphir*).

2.º OBSIDIENNE PERLÉE DE CINAPECUARO, au Mexique. Cette obsidienne, rapportée par M. de Humboldt, est d'un gris rosâtre ou jaunâtre, tachée de gris de perle : quoique très - friable, elle raie le verre.

3.° OBSIDIENNE PERLÉE DE LA CARBONIERA, au cap de Gate en Espagne. Elle est verdâtre ou bleuâtre ; sa cassure est résineuse : elle n'a point l'odeur argileuse comme les précédentes, et renferme dans son intérieur des globules d'obsidienne vitreuse d'un gris foncé, qui ressemblent à des polyèdres dont les angles et les arêtes auroient été émoussés.

4.° OBSIDIENNE PERLÉE DE MARÉKAN, dans le golfe de Kamtchatka près d'Ochotsk. Cette obsidienne y forme un sable entièrement vitreux, qui semble composé, au premier coup d'œil, de débris de coquilles ; mais qui, examiné avec attention, se trouve formé d'une multitude de petites pellicules, creuses d'un côté et convexes de l'autre, d'un blanc nacré, qui proviennent de globules vitreux de la grosseur d'un pois, qui ressemblent assez bien à des perles de verre, et dont toute la masse est composée de couches concentriques excessivement minces et transparentes. On trouve aussi parmi ce singulier sable d'émail des fragmens polyédriques d'obsidienne vitreuse presque transparente.

Il serait aisé de multiplier les exemples des différentes variétés et sous-variétés d'obsidienne. M. de Humboldt en a trouvé de jaunes et de rouges au Pérou. Patrin en cite de rubanées et de bigarrées, rouges et noires du Kamtchatka. Il y en a de plus ou moins transparentes, les unes parfaitement opaques, et les autres incolores et hyalines : la plupart sont homogènes ; mais il y en a beaucoup aussi qui contiennent, soit des lames hexaèdres de mica, soit des cristaux de felspath ou des globules de la même substance : de là les obsidiennes porphyre, les obsidiennes tigrées, émaillées, résinoïdes, etc., décrites sous ces différentes dénominations par la plupart des minéralogistes des différentes écoles.

Gisemens. Nous ne balançons point à ranger toutes les obsidiennes citées ci-dessus au nombre des roches qui doivent leur origine aux éruptions des volcans éteints ou des volcans qui brûlent encore de nos jours. Il peut exister quelques obsidiennes sur l'origine desquelles il est prudent de ne point prononcer sans en avoir vu le gisement ; mais, quant à celles de l'Islande, des îles Ponces, de Ténériffe, du Pérou, du Mexique, des îles de Bourbon et de l'Ascension; quant à celles de la Hongrie et de l'Auvergne, il nous semble que l'on ne peut hésiter à leur reconnoître une origine éminemment volcanique. Ces verres de la nature ont d'ailleurs tant d'analogie avec ceux qui sortent de nos usines, ils en diffèrent même si peu par leurs principes constituans, que cette ressemblance vient encore à l'appui de leur origine ignée ; car il n'est pas même, jusqu'à leur décomposition, qui ne soit tout-à-fait semblable à celle de nos verres communs ou à celles des verres antiques qui ont été long-temps enfouis dans la terre ou exposés à l'action de l'air et des météores.

En effet, certaines obsidiennes vitreuses, long-temps exposées à la surface de la terre, commencent à s'iriser, deviennent nacrées, s'exfolient, et prennent ensuite l'aspect terreux, ainsi que les verres fabriqués se comportent, lorsqu'il se décomposent par un vice de composition ou par une longue exposition à l'air ; telles sont ces phioles nommées si improprement lacrymatoires, et les autres vases de verre trouvés à Herculanum, et en général dans les tombeaux ou les ruines des monumens antiques de l'Égypte, où l'art de la verrerie étoit bien connu et même assez avancé.

Les obsidiennes sont-elles le produit d'un feu long-temps prolongé et d'un refroidissement lent et graduel ? ou sont-elles, au contraire, le résultat d'un refroidissement assez précipité ? C'est une question très-difficile à résoudre, sur laquelle Dolomieu, Deluc, Hall, Watt et MM. Dartigues, Fleuriau de Bellevue, Cordier et Dedrée ne sont pas parfaitement d'accord ; l'on pourra lire à ce sujet les Mémoires sur la dévitrification du verre par M. Dartigues et par M. Fourmy, et celui de M. Dedrée sur un Nouveau genre de liquéfaction ignée. Les obsidiennes ont-elles précédé dans les laves lithoïdes cet aspect terreux et pierreux qui les caractérise ? Quelques observations semblent venir à l'appui de cette opinion, que les laves sont des produits de la dévitrification des obsidiennes ; mais pouvons-nous raisonnablement comparer le feu de nos fourneaux, celui de nos verreries, à celui des volcans en activité ? pouvons-nous comparer le calorique dont nous disposons, à celui de la nature, qui est tel que certains courans de lave conservent leur fluidité intérieure pendant

plusieurs années consécutives. Le calorique est un, il est vrai;
mais il faut bien admettre un autre agent dans les volcans,
puisque leurs effets s'éloignent si fort de ce que l'art et nos
foibles moyens produisent aussi [1]. Mais, quelle que soit l'origine des différentes sortes d'obsidiennes, nous devons dire ici
que ces verres naturels jouent quelquefois un rôle assez important dans certaines localités. Dans les Cordillères du Pérou
et du Mexique elles forment, suivant M. de Humboldt, des
masses énormes et des portions considérables de montagnes,
qui sont composées d'une succession de ces courans de verre
et d'émail, simplement séparés par quelques lignes de matière
terreuse, qui pourroit bien n'être elle-même que le produit
de la décomposition de ces verres. Les îles éoliennes abondent
en obsidiennes, disposées en bancs, et en coulées plus ou moins
épaisses et plus ou moins inclinées. La montagne de Campo-
Bianco sur le rivage de Lipari est entièrement composée de
couches d'obsidiennes : elles sont extrêmement répandues en
Islande et à Ténériffe, et l'obsidienne perlée, nouvellement
observée par M. Beudant aux environs de Tokay en Hongrie,
y couvre des espaces de trente ou quarante lieues carrées et
des montagnes entières. Que l'on compare donc de tels laboratoires avec les produits de nos creusets microscopiques, et
nous serons étonnés que nos verres aient encore tant d'analogie avec ceux de la nature, malgré la disproportion des
moyens d'exécution.

Les usages des différentes sortes d'obsidienne sont très-
bornés. Nous avons déjà dit que l'on exécutoit des miroirs
avec l'obsidienne noire; qu'ils étoient probablement employés
pour la toilette par les anciens; mais que nous en avons fait
une heureuse application à l'art de peindre le paysage : nous
avons dit que les anciens habitans du Pérou et du Mexique,
en profitant de la manière dont l'obsidienne se brise, fabri-
quaient des couteaux avec une grande dextérité à peu près
de la même manière dont nous taillons les pierres à fusil.
Enfin, la bijouterie a fait aussi quelques parures de deuil
avec l'obsidienne noire, et quelques bagues avec l'obsidienne

---

1 Voyez ce qui est dit sur ces prétendues différences du feu des volcans et du feu ordinaire à l'article Lave.

chatoyante taillée en cabochon. Ne pourroit-on pas, en ajoutant quelques fondans terreux ou alkalins, tirer parti de ces obsidiennes, si fusibles par elles-mêmes, pour la fabrication en grand des verres communs. (Brard.)

OBSON. (*Bot.*) Voyez *Mousseux obson*, à l'article Mousseux. (Lem.)

OBSTRUÉE [Gorge de la corolle]. (*Bot.*) La gorge de la corolle est obstruée par des poils dans le thym, par des cils dans le *gentiana campestris*, par des bosses dans la bourrache, par des cornes dans le *symphitum tuberosum*, par des lamelles dans le laurier-rose, etc. Par opposition on dit que la gorge de la corolle est nue, lorsque rien n'en embarrasse l'entrée. (Mass.)

OBSUTURAL. (*Bot.*) M. Mirbel désigne par cette épithète le placentaire lorsqu'il est appliqué contre les sutures du fruit; l'*asclepias*, l'*argemone*, etc., par exemple, ont le placentaire obsutural. (Mass.)

OBTURBINÉ (*Bot.*) : En forme de toupie ou de poire, la pointe en haut; tels sont, par exemple, l'involucre (calice commun) du *carthamus tinctorius*, la capsule du *digitalis purpurea*, le pépon du *sicyos angulata*. (Mass.)

OBTURION. (*Bot.*) Une espèce d'ortie de l'Inde, mentionnée sous ce nom dans le Recueil des voyages, est si caustique et si venimeuse, qu'il suffit de la toucher pour éprouver une sensation semblable à l'action de l'eau bouillante, suivie d'un accès de fièvre, si l'on ne se hâte d'appliquer de l'ail pilé sur la partie douloureuse. Cependant on mêle son suc dans l'eau-de-vie du pays, pour la rendre plus piquante, au risque d'éprouver par son usage des crachemens de sang. On la joint aussi à d'autres substances pour assaisonner les viandes. Il se pourroit bien que cette prétendue ortie ne fût qu'un animal de la famille des méduses ou médusaires, nommé aussi ortie de mer, dont le contact peut produire les mêmes effets. (J.)

OCA. (*Bot.*) Dans le petit Recueil des voyages on parle d'une racine de ce nom; que l'on mange dans le Pérou. Elle a le goût de la châtaigne; on en fait des conserves au sucre estimées dans le pays. On ne dit point à quelle plante elle appartient. (J.)

OCA. (*Ornith.*) Un des noms italiens de l'oie, qu'on écrit aussi, dans la même langue, *ocha* et *ocho*. (Ch. **D.**)

OCA MARINA. (*Ornith.*) Selon Aldrovande, c'est la dénomination italienne des goélands. (Ch. **D.**)

OCCHIO BOVINO. (*Ornith.*) Ce nom, qui signifie œil de bœuf, est donné, en Italie, au roitelet proprement dit, *motacilla regulus*, Linn. (Ch. **D.**)

OCCIPUT. (*Entom.*) On appelle ainsi la paroi postérieure de la tête des insectes qui s'articule avec le corselet, tantôt par un seul condyle, ce qui permet le mouvement de rotation; tantôt par des surfaces plates ou deux saillies, qui bornent alors l'étendue du mouvement. Quand l'occiput est alongé, il forme une sorte de cou, comme dans les attelabes, les brentes, les raphidies, les réduves, les hydromètres; tantôt il est tronqué, comme dans les oëstres, les sirphes; tantôt il est déprimé, arrondi, aplati. Voyez TÊTE, dans les insectes (C. **D.**)

OCCOCOLIN. (*Ornith.*) C'est par erreur que ce mot est écrit avec deux c c, dans la table générale de Buffon, comme désignant un autre oiseau que ceux dont le nom n'a qu'un seul c. Voyez OCOCOLIN. (Ch. **D.**)

OCCULTINE (*Bot.*) : *Cryphæa*, Mohr, Brid.; *Daltonia*, Hooker. Genre de la famille des mousses, voisin des *neckera*, et qui a pour type le *sphagnum arboreum*, Linn.

Il est caractérisé par ses capsules latérales, par son péristome double : l'intérieur à seize dents libres, droites; l'extérieur à autant de cils qui alternent avec les dents; et par sa coiffe glabre, en forme de mitre ou conique.

Ce genre renferme quatre à cinq espèces seulement, qui ont été considérées comme des espèces de *neckera* : deux croissent en Europe; les autres sont exotiques. Nous ferons remarquer :

L'OCCULTINE UNILATÉRALE: *Cryphæa heteromalla*, Brid., *Musc.*, *Suppl.*, 4, page 59; *Sphagnum arboreum*, Linn., Dill., *Musc.*, tab. 152, fig. 6; *Neckera heteromalla*, Hedw., *Musc.*, 5, tab. 15; *Engl. bot.*, tab. 1180; *Daltonia heteromalla*, Hook. et Tayl., *Musc. brit.*, tab. 22; Vaill., Bot. par. tab. 27, fig. 27. Cette mousse a de petites tiges rameuses dès la base, diffuses, longues d'un pouce et demi; les rameaux courts; les frondules ou feuilles imbriquées, ovales, pointues; les pédicelles, plus courts que les urnes, se trouvent cachés dans le milieu du périchèse (d'où les noms de *cryphœa* et d'*occultine*) : capsule unilatérale; coiffe presque entière à sa base; opercule conique, pointu.

Cette mousse peu commune se trouve cependant presque partout en Europe et aussi en Pensylvanie : elle croit sur les troncs d'arbres et y forme des touffes d'un vert assez foncé. C'est vers la fin de l'hiver qu'elle entre en fleur, et elle fructifie en automne.

L'Occultine splachnoïde : *Daltonia splachnoides*, Hook. et Tayl., *Myc. brit.*, tab. 32; *Neckera splachnoides*, *Engl. bot.*, tab. 2564. Elle a la tige droite, pas plus longue que trois à quatre lignes, à peine rameuse; les feuilles lancéolées-oblongues, à peine imbriquées; le pédicelle latéral aussi long que la tige; la capsule turbinée, munie d'une apophyse très-petite; la coiffe mitriforme ou plutôt conique, fimbriée à sa base. Cette mousse diffère de la précédente et des autres espèces de ce genre, non-seulement par son port, mais encore dans le caractère qui offre sa fructification, assez important pour établir pour elle un genre particulier, auquel on pourra conserver le nom de *daltonia*. Il se distingueroit essentiellement du *cryphœa* par sa capsule munie d'une apophyse, et sa coiffe formée par un tissu réticulaire, fimbrié à sa base.

Cette mousse très-curieuse n'a encore été trouvée qu'aux environs de Dublin, sur la montagne de Secawn.

L'Occultine filiforme : *Cryphœa filiformis*, Bridel; *Neckera filiformis*, Hedw, *Musc. frond.*, 3, tab. 16. Elle a la tige pendante, filiforme, rameuse; les feuilles presque imbriquées, ovales, pointues, concaves; la capsule oblongue, urcéolée, enveloppée et cachée dans les folioles longues et pilifères du périchèse; l'opercule conique, ventru et obtus. On la trouve à Saint-Domingue dans les lieux arides, sur les rameaux du campêche. Ses feuilles, ainsi que celle de l'occultine unilatérale, ne s'imbriquent fortement que par la dessiccation.

On doit encore rapporter à ce genre, mais avec doute, le *neckera sphœrocarpa*, Hook., dont la coiffe n'est pas connue, et une mousse décrite par Loureiro, que Bridel désigne par *cryphœa heterophylla*, qui n'offre que quelques analogies avec

ce genre et connue seulement par le peu de lignes données
par Loureiro. (Lem.)

OCÉAN. (*Géologie.*) En faisant remarquer à l'article Mer
(auquel nous renvoyons) combien il étoit difficile d'assigner
à chaque mot un sens propre, bien déterminé et exclusif,
nous avons dit, qu'en suivant l'usage généralement établi,
on pouvoit désigner également par *Océan*, *Mer* ou les *Mers*,
l'universalité des eaux salées qui recouvrent près des trois
quarts de la surface du globe. Nous avons regardé en conséquence ces expressions, prises dans un sens étendu, comme
synonymes l'une de l'autre, et nous avons cru pouvoir, sans
inconvénient, répartir d'une manière presque arbitraire, dans
deux articles séparés, les faits et les observations qui se rapportent à une même histoire; aussi le présent article doit-il
être considéré comme le complément de ce que nous avons
dit au mot *Mer*, qui lui-même devra suppléer à ce que nous
nous abstiendrons de répéter ici.

Nous devons cependant faire observer que souvent, et dans
une acception plus limitée, on entend par *océan*, seulement
la partie des mers qui remplit les vastes espaces qui séparent
les continens, sans vouloir comprendre sous la même dénomination les eaux qui baignent ces mêmes continens, et principalement celles qui pénètrent dans des anfractuosités plus
ou moins profondes des terres, en ne conservant de communication avec le réservoir général que par des passages resserrés ou des détroits : c'est ainsi que l'on applique spécialement le mot *mer* aux bassins méditerranéens, comme la *mer
Méditerranée* proprement dite, *la mer Noire*, la *mer Baltique*,
la *mer Rouge*, la *mer des Antilles*, la *mer du Japon*, etc. Nous
regarderons malgré cela ces mers particulières comme des portions du grand Océan, avec lequel elles communiquent, et
nous comprendrons leur histoire particulière dans l'histoire
générale de ce dernier.

Dans aucun cas aussi, pour être conséquent, nous ne de-
vrons appeler *mer*, et encore moins portion de l'Océan, les
amas d'eau salée qui remplissent, au milieu des terres, des
bassins plus ou moins étendus, et qui dans l'état actuel, n'ayant
aucune communication directe apparente avec le grand Océan,
doivent être considérés comme des Lacs. (Voyez ce mot.)

L'*Océan* est donc un tout continu, dont les parties sont en communication non interrompue les unes avec les autres; ses eaux, toujours salées, forment autour de notre planète une même enveloppe liquide plus ou moins épaisse, du sein de laquelle s'élèvent quelques portions plus saillantes de la masse solide du globe, qui constituent les continens et les îles. Ce réceptacle immense des eaux joue un rôle des plus importans dans l'ordre actuel de la nature, et son existence sur notre globe est liée à la possibilité de l'existence d'un grand nombre des êtres organisés, et en particulier de celle des hommes. C'est de l'Océan que s'élèvent sans cesse ces vapeurs humides qui, répandus dans l'atmosphère où elles se condensent par diverses causes, redescendent, sous forme de pluie, de sources et de fleuves, sur la surface des continens, dont elles arrosent et fécondent le sol avant de retourner au réservoir commun qui leur a donné naissance et dont elles doivent s'élever de nouveau. Cette circulation, admirable par ses effets, anime et fertilise la terre, qui, sans elle, seroit aride et inhabitable pour tous les êtres.

L'Océan nourrit dans son sein un grand nombre de plantes et d'animaux particuliers, dont il est l'habitation obligée et qui ne sauroient vivre ailleurs. Considéré par rapport à l'homme civilisé, quelle influence n'a-t-il pas exercé sur la marche de la civilisation, par les ressources qu'il a fournies, par les industries qu'il a créées, par les moyens qu'il a donnés aux habitans des points les plus éloignés, de communiquer facilement entre eux et d'échanger les résultats de leurs travaux, de leur recherches, comme les produits de leurs différens sols.

Propriétés physiques et chimiques de l'eau de l'Océan.

Couleur. Prise en petite quantité et examinée, soit dans un vase transparent, soit sur un fond incolore, l'eau de l'Océan paroît claire et limpide : mais, si on l'observe dans les endroits où la mer a une grande profondeur, elle paroît généralement être d'un bleu azuré, plus ou moins foncé. Cette couleur apparente, en tout comparable à celle de l'air de l'atmosphère lorsqu'il est pur, et même à celle des hautes montagnes vues de très-loin, est également due à la plus grande réfrangibilité des rayons violets, indigo et bleus, dont l'ensemble produit le bleu d'azur.

Les voyageurs, dans leurs relations, attribuent cependant à la mer des couleurs très-différentes, selon les divers parages qu'ils ont parcourus ; mais aucun fait n'établit que ces couleurs appartiennent à l'eau elle-même lorsqu'elle est pure.

Toutes ces différences, au contraire, s'expliquent, soit par la transparence du liquide, qui laisse apercevoir le fond sur lequel il repose, soit par le mélange des eaux de divers fleuves, ou bien encore par la présence de plantes ou d'animaux microscopiques. Les nuages qui se reflètent sur la mer peuvent faire varier aussi l'aspect qu'elle présente. On remarque qu'à l'approche des côtes et sur les hauts-fonds, le bleu prend une teinte verdâtre, ce changement de couleur, qui se fait quelquefois très-brusquement, est même pris par les navigateurs pour une indication de la proximité des terres ; il paroît être très-sensible à l'ouest des Canaries et des Açores, il se voit fréquemment dans les régions polaires.

Les dénominations consacrées de *mer Noire*, *mer Blanche*, *mer Vermeille*, *mer Rouge*, *mer Jaune*, etc., n'indiquent pas, comme on pourroit le croire, que les régions de l'Océan qui ont reçu ces noms significatifs, présentent toujours des couleurs particulières. Plusieurs de ces épithètes ont été données par des motifs étrangers à la couleur des eaux, et d'autres à cause de certains corps qui se voient d'une manière passagère, soit à la surface de la mer, soit dans son sein. La *mer Noire*, par exemple, ne paroît avoir été ainsi appelée que parce que sa navigation est dangereuse, et c'est par opposition que les Orientaux ont désigné la mer de l'Archipel sous le nom de *mer Blanche*. Selon beaucoup d'autres, le nom de *mer Rouge* ne seroit que la traduction de mer d'Édom ou des Éduméens, que lui donnoient les Hébreux, *edom* signifiant *rouge* dans la langue de ces derniers ; bien que les naturalistes soient plus portés à croire, malgré cette étymologie, que la *mer Rouge* doit son nom, soit comme l'a dit Don Jean de Castro, à une espèce de polypier à tuyau (le *tubipora musica* qui recouvre ses rochers, et qui, comme l'on sait, est d'un beau rouge pourpre très-vif ; soit encore, comme le pensent Coock et Marchant, à des myriades de petits crustacés microscopiques d'un beau rouge, dont ils ont vu cette mer couverte pendant des espaces de plusieurs lieues. Ce dernier phénoméne de l'existence d'animaux microscopiques colorant l'eau de la mer, a été souvent observé dans beaucoup d'autres parties chaudes de l'Océan, et notamment vers le mois de Mars dans les environs du cap de Bonne-Espérance, où l'Océan prend alors une teinte rosâtre. La même chose a lieu à l'embouchure de la rivière de la Plata. L'amiral Byron rapporte que, dans son passage entre Rio-Janéiro et Sainte-Hélène, la mer parut rouge comme du sang, et qu'elle étoit couverte de petits coquillages (dit-il), assez ressemblans à des écrevisses. On assure que sur la côte du Chili et autour de Sumatra la mer semble être également rouge ; mais qu'elle doit cette couleur à un végétal microscopique, qui flotte à sa surface. Une circonstance très-remarquable qui a été observée par Banks dans ses voyages, et dont M. Scoresby fait mention dans son Tableau des régions arctiques, c'est que la mer paroît quelquefois colorée par bandes de plusieurs milles de large sur une longueur de plusieurs degrés, alternativement en bleu et en vert clair ou jaunâtre. M. Scoresby a vu fréquemment ces bandes diversement colorées entre le 74° et le 80° de latitude nord : elles se dirigeoient le plus ordinairement du nord au sud ou du nord-est au sud-ouest. La transition d'une couleur à l'autre se faisoit d'une manière insensible, et d'autres fois elle étoit brusque. Dans tous les cas M. Scoresby a reconnu que l'eau verdâtre ou jaune renfermoit, comme l'avoit déjà dit Banks, une multitude de petits êtres mous et microscopiques, dont un pouce cube d'eau pouvoit contenir soixante-quatre individus. Ces animaux forment la nourriture principale des baleines, qui se rencontrent presque toujours dans les eaux jaunes, comme le savent très-bien les baleiniers.

Les eaux des fleuves qui se jettent dans la mer, parcourent souvent un grand espace avant de s'y mêler, et elles donnent à celle-ci une couleur apparente très-prononcée, comme on le remarque dans la *mer Jaune*, qui reçoit le fleuve du même nom, lequel entraîne avec lui, à ce qu'il paroît, une grande quantité de limon.

Les coulées de laves qui entrent dans la mer font paroître

ses eaux d'un vert jaunâtre et quelquefois d'un rouge aurore très-vif, comme le rapporte M. Bory de Saint-Vincent d'après M. Hubert, qui a eu l'occasion de constater plusieurs fois ce phénomène à l'île de la Réunion.

De tous les faits que nous venons de mentionner, aucun ne contredit ce que nous avons avancé, que l'eau de la mer peut être regardée comme incolore par elle-même, et que les différens aspects sous lesquels elle se présente, sont toujours produits par des causes étrangères à sa nature intime.

Transparence. L'eau de l'Océan, lorsqu'elle est pure, et que la surface de celui-ci n'est pas agitée, est traversée par la lumière solaire jusqu'à de grandes profondeurs. Beaucoup de navigateurs ont observé, et M. Scoresby est du nombre, que l'on peut apercevoir facilement le fond à 80 brasses et plus : cependant la lumière doit s'affoiblir graduellement à mesure que l'on s'enfonce, et si l'on s'en rapporte aux calculs de Bouguer, établis sur la diminution d'intensité que les rayons lumineux éprouvent en traversant une couche de dix pieds d'eau, l'obscurité seroit complète à 679 pieds, et à 511 la clarté donnée par le soleil ne seroit pas plus forte que celle de la lune sur la terre. De la Roche, dans ses Mémoires sur les poissons recueillis auprès des îles Baléares (Annales du Muséum, 7.ᵉ année), fait remarquer que l'habitation habituelle de plusieurs espèces voraces et pourvues d'yeux très-développés, dans des profondeurs de cent cinquante à deux cents brasses et plus, doit faire présumer que les poissons trouvent à cette distance de la surface, la lumière dont ils ne sauroient se passer pour poursuivre et saisir leur proie, ou au moins pour éviter la rencontre des corps inodores qui pourroient leur nuire, tels que les rochers, si l'on vouloit admettre qu'à défaut du sens de la vue, ces animaux font usage de celui de l'odorat pour découvrir la nourriture qu'ils recherchent.

L'observateur que nous venons de citer, rapporte qu'il a vu retirer le *scorpene dactyloptère* d'une profondeur de trois cent trente brasses, et il rappelle que les *lotes* se pêchent dans le lac de Genève constamment entre cent soixante et deux cents brasses. M. Risso indique plusieurs espèces qui, sur les côtes de Nice, ne se prennent qu'à trois cents brasses en hiver, et à six cents brasses en été. Le témoignage des plongeurs confirme que la lumière solaire conserve beaucoup d'intensité jusqu'à une assez grande profondeur. Étant plongés dans l'eau, ils peuvent juger de sa transparence plus facilement qu'on ne peut le faire à l'extérieur, parce que presque toujours la surface présente des ondulations dont le jeu réfléchit une partie des rayons qui la frappe. On sait que l'on peut détruire cet effet en jetant quelques gouttes d'huile sur la surface agitée et que la transparence devient aussitôt très-sensible. C'est un moyen employé par certains pêcheurs depuis long-temps et qui n'avoit pas échappé à l'observation d'Aristote. On vient de proposer récemment en Amérique un instrument d'optique que l'auteur appelle *lunette de mer ou de rivière*, et qui, fondé sur la transparence de l'eau, est destiné à faire voir distinctement dans ce liquide en éloignant les obstacles qui modifient ou détruisent cette transparence.

Phosphorescence. La lumière de mer, comme l'appellent les marins, se présente à eux sous beaucoup de formes : quelquefois ce sont des flammes qui semblent s'élever du sein des eaux, ou bien ce sont des nappes de feu qui recouvrent leur surface en suivant toutes les ondulations qu'elle dessine ; d'autres fois ce sont des étoiles brillantes qui s'élancent et disparoissent. Souvent les vaisseaux laissent derrière eux, lorsqu'ils sillonnent les flots, une trace de feu qui persiste plus ou moins long-temps. Ces phénomènes, beaucoup plus fréquens entre les tropiques par un temps sec et lorsque la mer est agitée, se font cependant remarquer aussi sur presque tous les points de l'Océan. Le frottement et la pression sur la surface de l'eau ou sur les sables humides qui couvrent les rivages, suffit souvent pour développer la phosphorescence. Des menus cailloux, jetés pendant la nuit dans la mer et même dans des bassins resserrés, comme sont ceux du Hâvre, par exemple, donnent naissance à des points lumineux qui disparoissent peu de temps après. A chaque pas que l'on fait sur la plage par un temps chaud et sec, il arrive de voir une auréole lumineuse se manifester à l'entour du pied, etc.

De nombreux auteurs se sont occupés de la phosphorescence de la mer et d'en rechercher les causes. Vespucius, parmi les modernes, paroît être le premier qui en ait fait mention. Bacon l'observa également, et Bayle chercha à donner les explications du phénomène, en l'attribuant au frottement produit à la surface des eaux par la rotation rapide de la terre. Une lettre, écrite en 1705 de Gênes à Paris, dans laquelle on annonçoit que la mer avoit été vue lumineuse pendant quatorze nuits, attira l'attention sur ce sujet.

Valisnieri, Rigaud, Dicquemare, Vianelli, Adanson et beaucoup d'autres physiciens ont prétendu que la phosphorescence de la mer étoit due à des animaux microscopiques, à des polypes lumineux par eux-mêmes dans l'état de vie. On sait, en effet, que non-seulement beaucoup de ces êtres sont phosphorescens, mais encore qu'un grand nombre d'autres, qui habitent l'Océan, possèdent la même propriété, tels que les *méduses*, les *béroés*, les *biphores*, les *pyrosomes*, etc. Ces derniers, selon Peron, deviennent d'autant plus brillans qu'ils se meuvent davantage, et la lueur qu'ils répandent, semblable à celle du fer incandescent, se perd graduellement lorsqu'ils périssent, en passant par diverses nuances du rouge au bleu d'azur le plus pur : leur phosphorescence est beaucoup plus forte dans le moment de leur contraction. Schaw et Spallanzani rapportent que la *pennatule* jette une lumière si vive qu'elle permet de distinguer les poissons qui sont pris avec elle dans le même filet, et Banks parle de crustacés qui répandoient une lumière égale en quantité et en éclat à celle du *ver luisant*. Parmi les poissons eux-mêmes, beaucoup d'espèces sont entourées dans leur marche d'une lueur phosphorique ; on cite les troupes de dorades et de bonites, les bancs de harengs, etc., et M. de Lacépède dit, d'après Borda, que des poissons, nageant à près de sept mètres au-dessous de la surface d'une mer calme, paroissoient très-distinctement lumineux.

L'opinion émise, que la mer doit sa phosphorescence à la présence d'un grand nombre d'animaux différens qui vivent dans son sein, est encore appuyée sur l'observation suivante : on a pris de l'eau la plus lumineuse, on l'a filtrée, et elle a perdu sa propriété ; sur le filtre on a trouvé de petits animaux résistans sous le doigt et qui donnoient une trace phosphorique lorsqu'on les écrasoit. À tous ces faits nous pourrions en ajouter beaucoup d'autres qui se rattacheroient à la même cause ; mais il est aussi un grand nombre d'autres faits non moins bien constatés et qui, ne pouvant s'expliquer de la même manière, ont porté plusieurs observateurs à penser que dans de nombreuses circonstances la phosphorescence de la mer est due soit à l'eau elle-même, soit aux produits de la décomposition des substances animales et végétales qu'elle renferme, soit encore à des phénomènes électriques et météoriques qui ont lieu à sa surface.

Le Roy, de Montpellier, ayant observé que l'eau de la mer étoit lumineuse en raison de l'agitation qu'elle éprouvoit et aussi, lorsqu'elle étoit frappée par un corps étranger, en raison de la nature de ce corps, puisque le fer la faisoit briller d'un éclat plus vif que celui produit par un même mouvement de la main ou d'un morceau de bois, avança qu'il falloit attribuer la phosphorescence à l'électricité et au choc des molécules du sel marin. Il expérimenta que de l'eau lumineuse, laissée pendant deux jours dans un vaisseau ouvert, perdoit sa propriété, tandis qu'elle la conservoit beaucoup plus long-temps dans des vases clos où des animalcules ne sauroient subsister. Mais on prétendit, avec beaucoup de raison, que c'étoit moins aux êtres vivans qu'aux produits de leur décomposition, après qu'ils avoient cessé d'exister, qu'il falloit rapporter la phosphorescence de la mer. On sait combien les poissons, et bien plus encore les nombreuses tribus d'animaux gélatineux qui peuplent l'Océan, répandent de lumière après leur mort, lorsqu'ils se putréfient. On regarde comme un produit de cette décomposition générale, qui a lieu continuellement dans l'abîme des mers, une substance huileuse, filante sous les doigts, qui surnage presque partout, et on regarde cette matière grasse comme l'un des principes essentiels de la phosphorescence. Patrin raconte qu'à son retour de Pétersbourg en France, il eut presque tous les soirs le spectacle de la mer lumineuse. «Pour observer de plus près ce phénomène, dit-il, je me tenois à la proue du bâtiment, qui, par la force du vent, plongeoit presque dans la mer, de sorte que souvent je me trouvois au niveau des ondes, et je voyois distinctement une foule de globules, de la grosseur d'un pois ou même d'une balle de pistolet, qui s'échappoient de l'écume bouillonnante et qui rouloient avec célérité sur la surface des flots, comme des gouttes d'eau roulent sur un corps gras ou couvert de poussière. J'ai plusieurs fois attrapé quelques-uns de ces globules avec une grande cuiller attachée au bout d'un bâton, et je les observois avec une forte loupe ; mais je n'ai jamais aperçu *qu'une matière onctueuse*, qui devenoit *phosphorique* quand je la frottois entre mes doigts dans l'obscurité. » (Dict. d'hist. nat.)

On attribue la traînée lumineuse, connue des pêcheurs sous les noms de *lueur de harengs* ou de *graissin*, à l'humeur onctueuse qui enduit le corps de tous les poissons. mais qui devient sensible par la quantité innombrable d'individus dont se composent les bancs de harengs.

Si on laisse pourrir certains poissons pendant un jour ou deux dans de l'eau de mer qui n'est pas lumineuse, la surface de cette eau se couvre d'une pellicule de matière grasse qui est sensiblement phosphorique dans l'obscurité. Il paroît que le sel marin joue un rôle important dans ce phénomène, comme l'a reconnu Van-Helmont ; car le même effet n'a lieu dans l'eau douce, que si l'on y fait dissoudre une certaine quantité de ce sel. En employant une demi-livre de ce dernier par pinte d'eau, on a obtenu des résultats en tout semblables à ceux donnés par l'eau de mer.

On trouve dans une lettre écrite par M. Rivière fils à M. Biot, et insérée dans le tome 15 des Annales de chimie et de physique, un fait de phosphorescence de la mer, qui ne sauroit être expliqué par les causes que nous avons précédemment énoncées. Au fort royal de la Martinique, pendant les nuits des 10, 11 et 14 Juillet 1820, des flammes très-élevées sembloient sortir de la mer : la lumière qu'elles produisoient étoit si forte que l'on pouvoit lire à un demi-mille du rivage. Toute la surface de la mer paroissoit en feu, même dans les endroits calmes, et à l'endroit des brisans on croyoit voir de grandes gerbes de feu d'artifice. Ce spectacle dura toutes les nuits des 10 et 11, et le 14 la clarté de la mer étoit continue ; elle ressembloit à du phosphore en ignition. La température dans le même moment étoit très-élevée et il régnoit une sécheresse extrême.

Saveur. L'eau de la mer a une saveur particulière, amère et nauséabonde, qui est à peu près la même dans toutes les régions du globe, à l'intensité près; car celle-ci peut varier dans quelques localités par le mélange des eaux douces apportées par les fleuves. Cette saveur est principalement due aux différens sels tenus en dissolution, et aussi à cette huile grasse dont nous avons parlé en traitant de la phosphorescence, et qui probablement provient de la décomposition des matières animales et végétales. Dans quelques parties assez étendues de l'Océan général, l'amertume de l'eau et son goût empyreumatique peuvent être augmentés par le pétrole que lui fournissent les foyers volcaniques sous-marins et ceux des continens avec lesquels elle communique. Flaccourt, Breislak, le jésuite Bourzeis, Marsigli, ont vu cette substance nager à la surface de l'eau; le premier, auprès des îles volcaniques du cap Vert; le second, au pied du Vésuve; Bourzeis, dans la mer des Indes, et le comte Marsigli, dans plusieurs points de l'Archipel méditerranéen.

Composition chimique. L'eau de l'Océan est une véritable eau minérale : elle a été analysée par un assez grand nombre de chimistes, qui ont obtenu des résultats assez différens les uns des autres. Mais on est porté à attribuer ces différences, soit aux moyens analytiques employés, soit aux réactions chimiques qui peuvent avoir lieu pendant l'opération.

Lavoisier, par exemple, a trouvé dans 100 parties d'eau, prise à la côte de Dieppe, 1,376 de muriate de soude (*chlorure de sodium*), tandis que Bouillon-Lagrange et Vogel ont retiré d'une même quantité d'eau des côtes de France 2,510 de ce même sel. Il est vrai que le premier a signalé la présence d'une proportion notable de muriate de chaux et de sulfate de soude, que ces derniers n'ont pas retrouvé dans leurs analyses.

J. Murray, qui depuis a fait en Angleterre un travail spécial sur la composition de l'eau de la mer, a obtenu

Sur quatre pintes d'eau en réduisant à 100 parties :

Muriate de soude (*sel marin*) . .	728,5 . .	2,492
Muriate de magnésie réel . . .	99,4 . .	0,354
Sulfate de magnésie réel. . . .	25,5 . .	0,081
Sulfate de soude réel	50,2 . .	0,103
Sulfate de chaux	25,0 . .	0,097
Carbonate de chaux	2,5	——————
Carbonate de magnésie	4,5	5,127.

Le même auteur croit qu'en dernier résultat (les composés binaires qui se forment dans une solution étendue devant être les plus solubles) les sels réellement existans dans l'eau de la mer sont :

Muriate de soude (*chlorure de sodium*) 2,180
Muriate de magnésie (*chlorure de magnésium*) . 0,486
Muriate de chaux (*chlorure de calcium*) . . . 0,078
Sulfate de soude (*sulfate de sodium*) 0,350

                                                                5,094

ou bien encore :

Calcium 0,040
Magnésium 0,202
Sodium 1,518
Acide sulfurique 0,197
Acide hydrochlorique 1,557

                                                                5,094.

M. Proust (Mém. du Mus., t. 7) pense que l'on peut conjecturer qu'outre ces substances l'eau de la mer contient encore une très-petite quantité de mercure ; et une circonstance qui lui paroît très-remarquable, c'est que l'on retireroit le même métal du sel obtenu par l'évaporation de l'eau de la mer et de celui qui provient des mines de sel gemme. Rouelle, en 1777, avoit déjà avancé la même opinion ; mais on voit que, malgré ces assertions, M. Alex. Marcet, célèbre chimiste anglois, est d'un avis contraire. Dans un mémoire dont les rédacteurs des Annales de chimie et de physique ont donné l'extrait, t. 25 de ce Journal, ce savant donne pour résultat de ses travaux, 1.° qu'il n'existe ni mercure ni sels mercuriels dans l'eau de l'Océan ; 2.° que cette eau ne contient pas de nitrate ; 3.° qu'elle contient du sel ammoniac ; 4.° qu'elle tient en dissolution du carbonate de chaux ; 5.° qu'elle ne contient pas de muriate de chaux ; 6.° qu'elle contient du sulfate et du muriate doubles de potasse et de magnésie.

Salure et pesanteur spécifique. Ces deux propriétés sont la conséquence de la composition de l'eau de l'Océan : elle doit le goût fortement salé qui la caractérise, à la quantité dominante de muriate de soude ou *sel marin* proprement dit, et probablement une partie de son amertume aux sels à base de magnésie. Quelles que soient les différences qui existent entre les diverses analyses par rapport aux proportions des différens sels, on peut assez exactement conclure de ces mêmes opérations chimiques que la matière saline, prise en masse et résultant de l'évaporation, fait au moins la trois-centième partie et demie de l'eau de la mer; résultat qui s'accorde avec la moyenne des degrés extrêmes de salure recueillis par M. de Humboldt dans ses voyages. Ce savant célèbre établit, d'après les expériences qu'il a entreprises depuis le 60° latitude nord jusqu'au 40° latitude sud, que l'eau la plus salée contient 0,0387, et la moins salée 0,0322.

M. Gay-Lussac (Annales de chim. et de phys., t. 6) a obtenu, de quinze analyses faites sur de l'eau de l'Océan prise à différentes latitudes et longitudes, 0,0365 pour résultat moyen, les extrêmes ayant été 0,0348 et 0,0377. La pesanteur spécifique, variable en raison de la proportion des sels dissous, a paru au même chimiste, d'après les expériences faites sur les mêmes échantillons, être de 1,0286, terme moyen, celle de l'eau étant représentée par 1,0000.

On a beaucoup disserté sur les différences de salure et de pesanteur spécifique de l'eau de la mer des diverses latitudes et profondeurs. Guidées par des idées théoriques, un assez grand nombre de personnes admettoient que, par suite de l'évaporation abondante qui se fait sous la zône torride, l'eau de la mer devoit y être plus saturée de sels. M. de Humboldt a fait voir que 15 à 20 degrés de chaleur changent à peine la densité de l'eau. Marsigli, Bergmann, Wilke, pensoient aussi que la salure devoit augmenter dans les profondeurs; mais des observations plus directes n'ont pas confirmé cette opinion, et Irwing n'a pas trouvé une différence sensible entre l'eau puisée à 1250 mètres et celle prise à la surface. Ce que l'on peut déduire, au sujet de ce qui précède, des expériences déjà citées de M. Gay-Lussac, c'est que la salure est à son *minimum* à la latitude de Calais et à 10° nord; qu'elle est plus forte aux 35° et 32° également de latitude nord, et qu'elle va en diminuant jusqu'à l'équateur, pour augmenter à partir de ce point, quoique d'une manière irrégulière, jusqu'aux 17° et 24° sud, où elle est la même qu'au

55° et 32° nord. (*Voyez le tableau des quinze analyses faites par M. Gay-Lussac, Ann. de chim. et de phys., tom. 6, pag. 426.*)

M. de Humboldt (*Tableau des régions équatoriales*) a pensé également que l'hémisphère austral est un peu plus salé que le boréal; mais il croit, comme nous l'avons dit précédemment, que les eaux intertropicales ne sont pas sensiblement plus denses que celles de l'équateur?

Cependant MM. Pages et J. Davy sont d'un avis contraire : ils soutiennent que la pesanteur spécifique, et par conséquent la salure, est plus forte sous les tropiques que sous l'équateur, et un peu plus forte aussi sous le tropique nord que sous le tropique sud.

Suivant ce que rapporte M. Van Rensselaer, qui a inséré une histoire naturelle de l'Océan dans le Journal américain du professeur Silliman, les expériences du capitaine Scoresby confirmeroient l'opinion émise par les docteurs Marcet et Trail, 1.° que la pesanteur spécifique de l'eau de l'Océan Atlantique décroît de l'équateur aux pôles, étant à l'équateur 1,0295 et au 66° latitude nord, 1,0259, selon Scoresby; mais seulement 1,0200 suivant le capitaine Ross. On voit, d'après toutes ces contradictions, combien il reste de recherches à faire sur un sujet qui paroîtroit avoir été épuisé, lorsqu'on cite les savans qui s'en sont occupés, et cette remarque peut s'appliquer à presque tous les points de l'histoire physique de l'Océan, qui présentent en général beaucoup plus d'incertitudes que de notions arrêtées.

Ce qui paroît être d'accord également avec l'observation et le raisonnement, c'est que des circonstances locales exercent une influence très-marquée sur le plus ou moins de densité et de salure des différentes parties de l'Océan. L'une des causes les plus ordinaires, c'est l'abondance des eaux douces qui viennent se jeter dans l'Océan, et qui jusqu'à de grandes distances de l'embouchure des fleuves, modifient la nature de ses eaux : cet effet peut même varier suivant les saisons plus ou moins pluvieuses ; et il est beaucoup plus sensible dans les parties de la mer qui pénètrent dans l'intérieur des terres, parce qu'alors elles reçoivent une quantité relative d'eau douce beaucoup plus considérable, dont le mélange se fait bien moins rapidement avec la masse générale des eaux,

La mer Noire et la mer Baltique sont généralement moins salées que le grand Océan. M. Alex. Marcet, qui donne 1,0266 pour la moyenne de densité de l'Océan arctique, ne donne pour la mer Noire que 1,0140, et pour la mer Baltique que 1,0160. La diminution de salure et de densité est telle dans quelques localités de cette dernière mer, que, suivant les observations de M. de Freminville, lieutenant de la marine française, l'eau du golfe de Livonie peut nourrir des mollusques d'eau douce et qu'on trouve pêle mêle sur le rivage les *unios*, les *cyclades*, les *anodontes*, etc., avec les *cardiums, tellines, vénus*. Le golfe de Bothnie est, dit-on, plus salé vers le solstice d'hiver que vers celui d'été; ce qui s'explique très-bien par la plus grande quantité d'eau douce qu'il reçoit dans les temps qui précèdent cette dernière époque, à cause de la fonte des glaces et des neiges; on ajoute même qu'il y a dans le même golfe une différence assez appréciable entre le flux et le reflux, pour que les habitans connoissent au goût si le flot monte ou descend : le même fait, qui s'observe, dit-on encore, sur les côtes d'Islande, mais dans un sens inverse, seroit plus difficile à expliquer.

Marsigli avoit bien remarqué que l'eau de la mer étoit de $\frac{1}{303}$ moins chargée de sels à l'embouchure du Rhône qu'au large. La mer Jaune, qui, comme nous l'avons dit précédemment, doit sa couleur aux eaux du fleuve Hohan-ho, lui doit aussi une densité moindre, puisque le docteur Marcet donne 1,0229 pour la pesanteur spécifique moyenne de l'eau de cette mer. Plusieurs voyageurs assurent que l'eau de l'Océan est même quelquefois potable à l'embouchure de la Plata et sur les côtes du Malabar, etc.

Dans les régions polaires, la fonte d'une partie des glaces qui, comme on sait, ne sont formées que d'eau presque douce, diminue, pour quelques instans au moins, la salure générale des eaux environnantes, et un effet opposé doit avoir lieu lorsque la congélation vient enlever une partie de l'eau douce à la solution saline, qui se trouve alors plus rapprochée. Aussi dans les salines de Walloé, en Norwége, on a remarqué que l'eau contient $\frac{1}{24}$ de son poids dans les temps qui précèdent la première fonte des glaces, tandis qu'elle n'en renferme que $\frac{1}{20}$ après cette fonte.

Une autre circonstance locale peut encore faire varier les propriétés chimiques de l'Océan, c'est celle de sources d'eau douce qui se trouvent dans la mer elle-même. Spallanzani (Journal de physique, Juillet 1786) a fait mention d'un jet d'eau douce qui se remarque dans le golfe de la Spezzia, et M. de Humboldt (Tableaux de la nature, t. 1.ᵉʳ, p. 235) rapporte qu'à la côte de Cuba, au sud-ouest du port de Batabano, dans la baie de Xagua, à deux ou trois mille nautiques de terre, on voit jaillir avec tant de force, du milieu de l'eau salée, plusieurs sources d'eau douce, que les petites barques n'en approchent pas sans danger; plus on puise profondément dans ce lieu, et plus l'eau est douce.

La salure de la mer rend fortement purgative l'usage de ses eaux, dont la saveur amère et nauséabonde répugne en outre à tout le monde. C'est un grand inconvénient dans les voyages de long cours, de ne pouvoir lui faire remplacer l'eau douce, dont le manque à bord des vaisseaux force à des relâches qui détournent de la route. Aussi a-t-on multiplié les essais pour rendre *potable l'eau de la mer*.

Les difficultés ont paru grandes, soit qu'elles proviennent de l'existence des principes volatils, dont l'eau ne peut être privée par la distillation pure et simple, soit encore parce que les mouvemens auxquels le vaisseau est exposé, rendent celle-ci presque impossible à bord par les procédés ordinaires. Jusqu'à présent on n'est qu'imparfaitement parvenu à remédier à tous les inconvéniens. Halles avoit proposé de laisser putréfier l'eau de la mer avant de la soumettre à la distillation. Plusieurs chimistes ont essayé de fixer les principes huileux et bitumineux en employant la potasse et la soude, et ce dernier procédé, dont le célèbre Bougainville a fait usage pendant ses voyages, lui a été d'une grande ressource. Dans le dernier voyage autour du monde par le capitaine Freycinet, on a fait usage pendant un mois, sur les côtes occidentales de la Nouvelle-Hollande, de l'eau de la mer distillée. L'équipage, qui se composoit de cent vingt hommes, n'en a point été incommodé et personne ne s'est plaint. On a bu de cette eau pendant trois mois et demi à la table du commandant, qui dit l'avoir préférée à celle prise à terre à Timor.

Température. Un grand nombre d'expériences ont été faites

par les plus habiles observateurs, dans l'intention de connoître les phénomènes qui sont relatifs à la température
propre des eaux de l'Océan, soit à la surface ou aux diverses
profondeurs de celui-ci, soit au large ou dans le voisinage
des terres, soit, enfin, sous les différentes latitudes; mais
le problème à résoudre se complique par tant de circonstances particulières et locales, dont il est difficile d'apprécier
l'influence; ce genre de recherches exige des soins tellement
minutieux et des instrumens si bien combinés pour qu'ils
soient à l'abri de toutes les erreurs, qu'il n'est pas étonnant
de voir des résultats annoncés comme certains, être en opposition les uns avec les autres et donner lieu à des conséquences
également contraires.

Marsigli et beaucoup d'autres ont cru pouvoir avancer qu'à
une certaine profondeur la mer avait, ainsi que la terre,
une température constante de 10 à 10½ degrés de Réaumur.
Ce résultat, adopté et expliqué par Buffon, Mairan, Patrin,
est cependant contredit formellement par les expériences
faites par Forster au pôle austral, par Irwing au pôle boréal, et par Péron sous l'équateur. Ces observateurs ont également vu leur thermomètre s'abaisser à mesure qu'ils le
plongeoient dans de plus grandes profondeurs. Péron a même
été jusqu'à conclure de ses propres expériences et de celles
de ses devanciers, qu'à une certaine distance de la surface
la mer devoit être entièrement glacée; conjecture qu'aucun
fait direct ne confirme, et qui est même détruite par ce que
l'on sait des rapports de la densité de la glace avec celle de
l'eau. Ellis, d'après plusieurs observations faites dans les mers
d'Afrique, pense bien que la température de la mer diminue, mais il fixe le terme de la diminution à 1,200 mètres de
profondeur, au-delà desquels il y a augmentation, et, en
effet, il a trouvé 11^{d}7 à 1,830 mètres.

Quoique les conclusions adoptées par Péron, à la suite des
recherches assidues qu'il a faites pendant l'expédition du capitaine Baudin, ne soient pas généralement admises, nous
croyons utile de rapporter ici les principales de ces conclusions, en indiquant quelques-unes des contradictions qu'elles
éprouvent de la part d'observateurs qui ne sauroient inspirer
moins de confiance que ce célèbre et zélé naturaliste.

« *A la surface de la mer et loin des rivages*, 1.° la tempé-rature des eaux est en général plus foible à midi que celle de l'atmosphère observée dans l'ombre a la même heure.

« 2.° Elle est constamment plus forte à minuit.

« 3.° Le matin et le soir elles se font le plus ordinairement équilibre.

« 4.° Le terme moyen d'un nombre d'observations donné, comparatives entre la température de l'atmosphère et celle de la surface des flots, répétées quatre fois par jour, à six heures du matin, à midi, à six heures du soir, à minuit, et dans les mêmes parages, est constamment plus fort pour les eaux de la mer, par quelque latitude que les observations soient faites (au moins du 49.° degré nord au 45.° degré sud).

« 5.° Le terme moyen de la température des eaux de la mer à leur surface et loin des continens, est donc plus fort que celui de l'atmosphère avec laquelle ses flots sont en contact.

« 6.° La température relative des flots augmente par leur agitation, mais leur température absolue diminue toujours.

« *A la surface et près des rivages*, 7.°, la température de la mer augmente à mesure que l'observateur s'approche des continens ou des grandes iles. »

M. de Humboldt, dont l'exactitude peut être, sans doute, opposée à celle de Péron, assure positivement, au contraire, que l'eau au-dessus d'un banc est plus froide qu'en pleine mer, et que l'abaissement de la température se fait sentir à l'approche des terres.

« *A diverses profondeurs et près des rivages*, 8.°, toutes choses égales d'ailleurs, la température du fond de la mer le long des côtes et dans le voisinage des grandes terres est plus forte qu'au milieu de l'Océan.

« 9.° Elle paroît augmenter à mesure qu'on se rapproche vantage des continens et des grandes iles. »

Nous avons rapporté l'opinion de M. de Humboldt, qui est aussi celle d'un grand nombre de navigateurs, qui savent très-bien qu'en approchant du banc de Terre-neuve, par exemple, le thermomètre baisse d'une manière très-sensible.

« *A diverses profondeurs loin des rivages*, 10.°, la température des eaux de la mer, à quelque profondeur qu'on l'observe, est en général plus froide que celle de la surface.

« 11.° Ce refroidissement paroît être dans un rapport quelconque avec la profondeur elle-même, puisqu'il se trouve
d'autant plus grand que les expériences ont été faites par des
profondeurs plus considérables. »

Nous rappellerons l'opinion d'Ellis, qui croit que, passé
un certain terme, la chaleur va en augmentant et les faits
déjà constatés par Kirwan, par Forster, et plus récemment
par les capitaines Ross et Scoresby, desquels il résulte que
dans les mers glaciales, et notamment auprès du Spitzberg,
la température de l'eau est plus élevée au fond qu'à la surface; ce qui tient sans doute à ce que le point de la plus
grande densité de l'eau étant à quelques degrés au-dessus du
o de glace lorsque la surface de la mer est à ce degré de
congélation, les eaux qui conservent plus de calorique, et
qui par cela même sont plus pesantes, doivent se trouver dans
la profondeur.

« 12.° Tous les résultats des observations faites jusqu'à ce jour
se réunissent pour prouver que les abimes les plus profonds
des mers, de même que les sommets de nos montagnes les
plus élevées, sont éternellement glacés même sous l'équateur. »

Telle est la dernière conséquence qui a paru naturelle à
Péron, et qui, par les raisons que nous avons déjà exposées,
n'est maintenant admise par aucun naturaliste.

Voici, à ce qu'il nous paroît, et en dernière analyse, les
résultats qui sont le moins contestés.

1.° La température de l'Océan diminue de l'équateur aux
régions polaires.

2.° Elle diminue aux environs des îles et des continens.

3.° Elle diminue dans la pleine mer en raison des profondeurs, excepté dans les mers du Nord, où le contraire a
lieu.

4.° Elle s'abaisse au-dessus des bancs de sable.

Glaces. Auprès des pôles, l'eau de la mer se solidifie et
les deux extrémités de l'axe terrestre sont, pour ainsi dire,
revêtues de deux calottes de glace, qui s'étendent inégalement autour du pôle boréal et du pôle austral. Vers ce dernier,
les glaces fixes se rencontrent déjà au 70.° degré, tandis qu'on
ne les trouve généralement qu'au 80.° en allant au nord. Les

glaces fixes forment de vastes plaines unies, que les pêcheurs de baleines appellent *field-ice*.

Comme par les changemens de température la glace fond et se brise dans les régions les moins septentrionales des mers polaires, les fragmens souvent très-volumineux s'accumulent les uns contre les autres; ils forment des montagnes très-élevées et flottantes, que les vents entraînent quelquefois jusque dans les mers tempérées. On rencontre auprès du Spitzberg de ces montagnes de glace ou *ice-berg* qui ont jusqu'à 5o et 6o mètres d'élévation et même jusqu'à 2oo mètres dans la baie de Baffin. Leur surface n'est pas toujours unie ; elle est le plus souvent hérissée de pics aigus. La couleur que présentent les glaces polaires, varie depuis le blanc jusqu'au vert et au bleu de saphir. Il paroît que les glaces produites par les eaux douces qui descendent des continens, s'accumulent au bas des vallées et tombent en masses plus ou moins grandes dans la mer, sont reconnoissables par leur aspect noirâtre, leur couleur verte et leur transparence, tandis que l'eau de la mer glacée est plus blanche, plus poreuse et plus opaque.

On sait qu'en fondant, la glace donne de l'eau douce ou au moins de l'eau saumâtre.

Il ne paroît pas que, sous les champs de glace les plus voisins des pôles, la mer soit solide jusqu'à son fond; on a remarqué, dans les endroits où l'on a pu parvenir, que la couche d'eau gelée a tout au plus 2o à 25 pieds d'épaisseur.

Mouvement des eaux de l'Océan.

Marée. La masse entière de l'Océan est soumise, comme la terre, à l'action attractive combinée du soleil et de la lune ; mais cette action, qui s'exerce d'une manière différente sur la mer en raison de son état de liquidité, a pour effet de produire périodiquement une élévation et un abaissement successifs de ses eaux par rapports aux rivages qu'elles baignent. Ce grand phénomène de la nature est assujetti à des règles fixes, dont les causes, quelques compliquées qu'elles soient, n'ont pu rester cachées aux recherches des astronomes et aux calculs des géomètres. Il n'entre pas dans notre sujet de remonter à l'explication du mouvement général de la mer, dont les effets constituent les MARÉES. Nous renvoyons à l'ar-

ticle de ce Dictionnaire où la question a été traitée spécialement. Nous nous bornerons ici à rappeler quelques-uns
des principaux traits qui caractérisent l'agitation de l'Océan,
due à l'attraction sydérique, et qui la distinguent de celle
qui est produite par les courans, par les vents, ou par toute
autre cause plus ou moins constante ou passagère.

Sur presque tous les points des terres qui sont en contact avec l'Océan, on voit le niveau de celui-ci s'élever
graduellement pendant l'espace de six heures environ; alors
la *marée monte* : c'est l'instant du *flux* ou *flot*; le mouvement
d'ascension s'arrête; la *mer est pleine*, *haute* ou *étale*, et pendant six autres heures, la *mer descend*; c'est le *reflux*: on a
basse mer pendant l'état stationnaire qui précède le renou-
vellement de l'ascension.

L'intervalle qui sépare deux *hautes mers* n'est pas constamment le même : il est d'environ 12 heures 25 minutes 14 secondes; donc la durée moyenne de deux marées consécutives est, comme celle de la révolution lunaire qui les régit,
de 24 heures 50 minutes et 28 secondes, ce qui fait que
chaque jour le moment de la pleine ou de la basse mer
retarde d'environ trois quarts d'heures en un lieu donné.

Le point d'élévation et d'abaissement des eaux n'est pas
toujours le même dans une même localité; plus celles-là
s'élèvent, plus elles s'abaissent aussi dans une même marée.
Les *grandes marées* coïncident avec les pleines et les nouvelles lunes ou vers les syzygies; les *petites marées*, c'est-à-dire
celles pendant lesquelles le niveau varie le moins, répondent
aux quadratures.

L'élévation et l'abaissement relatifs de la mer par rapport
aux rivages, varient dans les divers lieux en raison de
l'étendue du bassin et de la forme des côtes. Les eaux
peuvent s'élever de quarante pieds au mont Saint-Michel, par exemple, et à Saint-Malo, tandis que dans la
même marée elles s'élèveront à peine d'un pied ou deux
sur un grand nombre de plages. La configuration des rivages
peut retarder également plus ou moins la manifestation du
phénomène : ainsi, par cette cause, la mer pourra être pleine
à Calais à 11 heures 45 minutes; à Dieppe, à 10 heures
30 minutes; au Hâvre, à 9 heures 15 minutes; à Saint-Malo,

à 6 heures; à Brest, à 3 heures 55 minutes; etc. Toutes ces différences n'infirment cependant en rien l'unité du principe auquel se rattache le mouvement des marées; ces anomalies locales apparentes s'expliquent, et se calculent si bien qu'elles peuvent être prévues à l'avance d'une manière certaine : mais il est d'autres circonstances particulières qu'il est plus difficile d'apprécier et qui viennent accidentellement déranger l'ordre des mouvemens prévus dans leur ensemble.

On voit consigné, par exemple, dans les Mémoires de l'Académie des sciences, 1725, qu'à la côte de Flamenville, dans le Cotentin, par un temps calme et avec un vent foible du sud-sud-ouest, la mer avoit commencé à monter à trois heures après midi. Arrivée à la hauteur de cinq pieds, c'est-à-dire à la moitié de son élévation ordinaire, qui est de dix pieds dans cet endroit, elle se retira tout à coup, et après une demi-heure elle remonta à 15 pieds ; en un demi-quart d'heure, elle rebaissa à 5 pieds, pour recommencer à monter comme à son ordinaire. Ce qui ajoute à la singularité de ce fait, c'est que rien de semblable ne se fit remarquer à Cherbourg, ni à Carteret, ni même au port de Roëzel, qui n'est éloigné que de trois lieues de Flamenville. Il est arrivé quelquefois aussi à Marseille que la mer a abandonné le bassin du port beaucoup plus que de coutume, et que des vaisseaux se sont trouvés à sec (Annales de chim. et de phys., t. 21). En 1812, notamment le 28 Juin, l'eau de la mer s'abaissa subitement dans ce port : elle revint avec une rapidité non moins grande et en telle abondance, que les rues voisines de la plage furent inondées; elle se retira, puis revint de nouveau, et enfin l'équilibre ne se rétablit qu'après plusieurs mouvemens oscillatoires analogues.

On trouve dans le journal que nous venons de citer, tom. 21, que dans un port de la Méditerranée, le 22 Juillet 1822, par un temps calme et serein, le flux et le reflux furent observés neuf fois en trois heures trente cinq minutes, et que les eaux se sont abaissées d'un pied quatre pouces au-dessous de leur niveau ordinaire. Ce phénomène, qui a les plus grands rapports par ses effets avec celui qui se fait remarquer quelquefois sur le lac de Genève, où il est connu sous le nom de *seiches*, pourroit bien avoir la même cause ; mais il pourroit aussi être la suite de quelque grande commotion ou irruption lointaine, occasionée par des volcans sous-marins. On rapporte, en effet, qu'en 1755, au moment où la ville de Lisbonne fut détruite par un tremblement de terre, l'Océan offrit en quelques minutes plusieurs mouvemens irréguliers de flux et de reflux, depuis Gibraltar jusqu'aux îles Shetland, depuis le Tage jusqu'à la Jamaïque. En 1761 le tremblement de terre, beaucoup moins fort, qui se fit ressentir également à Lisbonne, donna lieu à une semblable agitation de la mer, qui fut remarquée à Lisbonne, Madère, Cork, Mount's-Bay, dans le comté de Cornouailles, à Bristol, à Amsterdam et même à la Barbade : à Mount's-Bay la mer s'éleva de six pieds et reprit son niveau cinq fois de suite dans une heure.

Patrin rapporte, d'après le jésuite Babin, que dans le détroit de la mer de Grèce, qui sépare l'île d'Eubée de la Béotie, les mouvemens de flux et de reflux, qui y sont très-sensibles, ne sont d'accord avec ceux de l'Océan ou du golfe de Venise que pendant dix-huit ou dix-neuf jours de chaque lune, sans que ces jours se suivent. Ainsi, depuis le vingt-septième jour de la lune jusqu'au huitième de la lune suivante, le mouvement est régulier ; du 9 au 13 il ne suit aucune règle ; du 14 au 19 il redevient régulier, et enfin du 20 au 26 il est encore variable. Dans les jours où il y a irrégularité, on observe depuis vingt-deux jusqu'à vingt-huit oscillations. (Dict. d'hist. nat.)

Les portions de l'Océan qui n'offrent pas une grande étendue d'eau, telles que les mers méditerranéennes, éprouvent un effet bien moins marqué de l'action du soleil et de la lune ; la mer *Baltique*, la mer *Méditerranée* ont des marées à peine sensibles, quoique dans quelques localités particulières de ces mêmes mers, comme dans le détroit dont nous venons de parler et dans le golfe de Venise, ce phénomène soit comparable à celui qui se voit dans l'Océan.

Dans plusieurs fleuves on voit, au moment de la marée montante, une vague plus ou moins élevée, qui, s'avançant avec bruit et impétuosité contre le cours des eaux fluviatiles, les fait refluer jusqu'à des distances souvent très-grandes de l'embouchure. Ce phénomène, connu sous le nom de *barre*

à l'embouchure du Gange, du Sénégal, de la Seine, de l'Orne,
etc.; sous celui de *mascaret* dans la Garonne et la Dordogne,
est appelé *pororoca* par les habitans des rives de l'embouchure de l'Amazone, où , suivant ce que rapporte La Conda-
mine, les effets du *pororoca* sont quelquefois aussi terribles
qu'ils sont effrayans, surtout à l'époque des plus hautes marées. On voit alors plusieurs lames de douze à quinze pieds
de haut se succéder et remonter dans le lit du fleuve avec
une rapidité à laquelle rien ne résiste, et en produisant un
bruit qui s'entend à la distance de plus de deux lieues.

Courans. Outre les mouvemens opposés de flux et de reflux dont sont agitées les eaux de l'Océan par l'effet général
des marées, on observe que certaines parties de la mer se
meuvent d'une manière presque constante dans un sens déterminé, tandis que d'autres contiguës sont en repos ou bien
sont mues dans un sens quelquefois opposé. Cette observation importante a été mise à profit par les navigateurs, qui
ont étudié avec le plus grand soin la direction des courans
dans les diverses régions des mers, afin de les faire servir à
la marche de leurs vaisseaux. Le courant le plus constant
et en même temps celui qui parcourt une plus grande étendue, est celui que l'on a nommé *courant équatorial, courant
équinoxial.* Il semble être un fleuve immense, qui court avec
vitesse au sein des mers; sa direction générale de l'est à l'ouest
est la même que celle des vents alizés, qui paroissent avoir la
même cause, si ces derniers ne sont pas eux-mêmes la cause
du courant équatorial. La direction que nous venons d'indiquer n'est cependant pas exactement la même dans toutes
les parties du courant, qui se trouve dévié, soit en partie,
soit en totalité, par les obstacles contre lesquels il vient frapper.
Lorsque les eaux rencontrent des terres découvertes et des
bas-fonds, au lieu d'obéir à la première impulsion qui les
portoit d'orient en occident, elles sont forcées de se diriger
soit au nord, soit au sud et même d'occident vers l'orient,
c'est-à-dire , dans un sens tout-à-fait opposé.

Selon l'action combinée qui résulte de la vitesse de leur
premier mouvement avec la réaction produite par les obstacles rencontrés, cette action, comme on le voit, peut varier à l'infini, ainsi que la forme des côtes et celle du fond de

la mer, et il en résulte, principalement auprès des terres, un grand nombre de courans particuliers très-différens entre eux, et qui, cependant, peuvent presque tous être regardés comme des embranchemens du grand courant équatorial.

En faisant abstraction de toutes les déviations locales dont nous venons d'indiquer la cause, on reconnoît généralement que sous la zône torride l'Océan porte ses eaux des côtes occidentales de l'Amérique aux côtes orientales de l'Afrique, et de celles-ci aux rives opposées de l'Amérique. En traversant l'Australasie et l'Archipel indien, on conçoit combien le courant général doit être modifié par les nombreuses îles qu'il rencontre; mais dans la mer des Indes il reprend sa première direction, qui, au nord de la ligne et près des côtes, est cependant encore changée en un mouvement diamétralement opposé de l'ouest à l'est pendant six mois de l'année seulement. Ce changement local et constant est attribué anx vents appelés *moussons*, qui de Mai en Octobre soufflent de l'Afrique vers l'Inde. En effet, le changement dans le courant ne s'opère pas subitement avec celui des vents; c'est l'action prolongée de ceux-ci qui d'abord diminue la vîtesse du courant général et insensiblement jusqu'à ce qu'elle le détruise. Les eaux alors obéissent à l'impulsion donnée par les vents, et celle-ci se propage même long-temps encore après qu'ils ont cessé de souffler.

Dans l'Océan atlantique, au-dessus de la ligne, on voit le courant équatorial se diriger vers la baie d'Honduras. Ce mouvement constant est très-sensible à la hauteur des Açores, au sud-ouest de ces îles : c'est lui qui rend si facile et si sûre la navigation d'Europe en Amérique, laquelle se fait presque entièrement au moyen des courans, lorsque l'on est parvenu près du tropique nord. De la baie d'Honduras les eaux entrent dans le golfe du Mexique, où elles tournent, en suivant le contour des terres, pour sortir avec une grande vîtesse par le canal étroit de Bahama. Cette portion du grand courant a reçu des marins le nom de *Gulfstream* : il prend quelquefois, en sortant du canal de Bahama, celui de courant de la Floride; il se dirige alors au nord-est, en parcourant près de neuf mille mètres par heure. Après avoir longé les côtes des États-Unis, il perd de sa vîtesse lorsqu'il approche du grand banc de Terre-neuve, que Volney compare à la barre de l'embouchure du grand fleuve marin, et il change de direction en se portant à l'est vers les Açores; au sud-est et au sud, pour reprendre la direction du golfe du Mexique. M. de Humboldt estime la longueur du trajet que nous venons de tracer, à 3,800 lieues, et cet habile observateur pense que les eaux emploient deux ans et dix mois à le parcourir. La vitesse du *Gulfstream* n'est pas la même partout, et sa largeur augmente lorsque la vitesse diminue. Cette largeur peut être de quinze lieues au canal de Bahama, de quatre-vingts auprès du banc de Terre-neuve, et de cent soixante aux Açores.

Les eaux courantes ont une température plus élevée que celles de l'Océan environnant. M. de Humboldt a trouvé près de Terre-neuve 22⅕ degrés centigrades, tandis que la mer voisine avoit une chaleur de 17⁷⁄₁₀ seulement. M. Scoresby pense qu'un courant particulier arrive de la baie de Baffin et des côtes du Groënland sur le banc de Terre-neuve en même temps que le *Gulfstream*, et que de leur réunion résultent deux embranchemens, dont l'un se porte sur les côtes de Norwége vers le cap Nord, tandis que l'autre descend vers les Açores.

Indépendamment du mouvement général des eaux de l'Océan d'orient en occident, on distingue encore un mouvement des pôles vers les régions tempérées et équatoriales avec une vitesse, selon MM. de Humboldt et Scoresby, de trois milles à l'heure. Les eaux de ces courans seroient plus froides que celles environnantes.

Dans tous les courans de la mer, comme dans ceux qui sillonnent la terre, la vitesse est différente au milieu et sur les bords. Près de ceux-ci elle devient graduellement moindre et quelquefois même il se forme un *contre-courant* ou *remous*. C'est ce qui a lieu dans beaucoup de golfes et dans un grand nombre de détroits, où l'on voit sur un bord les eaux couler dans un sens et dans un sens opposé sur l'autre bord : on distingue encore des courans superficiels opposés à des courans inférieurs. Ainsi, beaucoup d'observateurs pensent que, tandis qu'à la surface de l'Océan les eaux se portent des pôles vers l'équateur, il y a un contre-courant inférieur, qui porte au contraire les eaux de l'équateur vers les pôles. C'est à ces contre-courans inférieurs que M. Scoresby attribue la plus haute température que les eaux du Spitzberg lui ont paru avoir à une certaine profondeur qu'à la surface de la mer. L'Océan verse ses eaux dans la Méditerranée au détroit de Gibraltar, mais on a observé qu'il y a un courant inférieur opposé , etc.

On remarque dans quelques parties de l'Océan des courans qui reviennent sur eux-mêmes en tournoyant ; on les appelle des tournans d'eau. Le *Malstrœm*, sur les côtes de Norwége, est un des plus célèbres : il forme un tourbillon qui attire les vaisseaux de plusieurs licues de distance ; il leur devient souvent funeste, lorsqu'ils ne peuvent parvenir à l'éviter.

Ondes, Vagues. Les vents qui agitent la surface des eaux, produisent des ondes ou ondulations lorsque l'action est modérée ; mais, si le vent est impétueux et si les eaux remuées par lui rencontrent dans le fond de la mer ou sur ses bords des inégalités résistantes, les vagues s'élèvent alors à une très-grande hauteur.

On rapporte que le 21 Janvier 1820, Warberg en Norwége, qui est élevé de quatre cents pieds au-dessus du niveau de la mer, étoit inondé par les vagues pendant une tempête : mais cette circonstance fait, pour ainsi dire, exception : car le plus ordinairement la hauteur moyenne des vagues n'excède pas douze pieds, suivant les expériences de Boyle, desquelles il conclue que le vent n'exerce pas une action directe sur les eaux de la mer à une profondeur plus grande que six pieds. Les marins donnent aux vagues le nom de *lames* : elles sont d'autant plus longues que la mer a plus d'étendue ; ainsi elles ont beaucoup d'étendue dans la mer du Sud, et elles sont courtes et brusques dans la mer Noire, la mer Rouge, etc.

Niveau de l'Océan. D'après les observations précises faites par les savans de l'expédition d'Égypte, la mer Rouge est plus élevée de huit à neuf mètres que la Méditerranée. On assure également que celle-ci est plus basse que la mer Noire ; et M. de Humboldt pense que l'Océan équinoxial est d'environ sept mètres plus haut que l'Océan atlantique. Il faudroit conclure des faits qui précèdent et d'un grand nombre d'autres plus spéciaux, tels que les différences très-grandes entre le point d'abaissement et d'élévation des eaux de la mer à chaque marée dans des lieux peu éloignés les uns des autres, que la surface de l'Océan ne garde pas partout un même niveau, bien que ce soit une propriété de tous les liquides, de prendre une horizontalité parfaite; mais les travaux des astronomes qui ont concouru à mesurer la méridienne, ont établi en principe que l'observation générale étoit d'accord avec la théorie. Il faut donc tirer la conséquence que les faits contraires ne sont que des anomalies locales, dont il ne sera point impossible de se rendre compte, lorsqu'on les aura étudiés. On remarque en effet sur plusieurs plages, comme dans quelques ports, que, si le vent souffle constamment de mer ou de terre, les eaux se tiennent au-dessus ou au-dessous de leur niveau habituel pendant le calme ; que, dans le fond des golfes, le vent et la marée peuvent soutenir les eaux momentanément à une hauteur plus grande que dans le bassin général, et la mer Rouge, qui fournit l'exemple le mieux constaté d'une différence de niveau des eaux de l'Océan, est un véritable golfe ; tandis que d'une autre part la Méditerranée, qui a servi de point de comparaison, est un bassin presque fermé, qui perd par l'évaporation plus qu'il ne reçoit par les fleuves, puisque l'Océan s'y verse continuellement au détroit de Gibraltar.

Il est une autre question relative au niveau de l'Océan, qui a occupé un grand nombre de savans et qui les partage encore, c'est de savoir si ce niveau reste toujours le même, au moins depuis les temps historiques. On rapporte un grand nombre de faits à l'appui de la diminution graduelle et insensible des eaux de la mer; mais, outre que plusieurs de ces faits sont expliqués par les antagonistes de cette opinion, sans qu'il leur soit nécessaire d'avoir recours à l'abaissement des eaux, on cite des faits non moins bien constatés, desquels il faudroit déduire comme conséquence rigoureuse, que les eaux se sont élevées.

Il paroîtroit incontestable, d'après les observations faites par Celsius, Vallerius, Linné, par celles du savant géologue de Buch, que le niveau de la Baltique a baissé, puisque des marques, faites en 1731 sur des rochers immuables, ont indiqué un abaissement de niveau de cinq à six pouces après treize années. Ces faits sont, il est vrai, particuliers à une localité de la mer : ils ont trouvé des contradicteurs dans le pays même où ils ont été recueillis; mais il est, malgré tout, aussi difficile de les révoquer en doute, que de les expliquer. Il n'en est pas ainsi de plusieurs observations auxquelles on a donné une grande importance dans la même opinion, telles que l'éloignement des bords de la mer actuelle de certaines villes que l'on sait avoir été des ports. On a vu que presque tous les lieux cités étoient à l'embouchure de fleuves qui ont formé des atterrissemens au devant d'eux et ont éloigné le rivage de cette manière, sans que le niveau des eaux ait baissé, et, en effet, tandis qu'un accroissement de la terre se fait sur un point, la mer d'un autre côté dégrade des rives escarpées et elle se rapproche de points dont elle étoit éloignée. Il ne semble pas cependant que l'on doive regarder comme prouvé, d'après ces derniers faits, que la mer a un mouvement progressif de translation dans un sens déterminé ; la forme des côtes abruptes ou en pentes douces, la nature des matériaux dont les rivages sont formés, la direction des courans particuliers, la position de l'embouchure des fleuves, sont des circonstances locales qui donnent lieu aux phénomènes de l'accroissement ou de la destruction de certains rivages. Chaque jour, sur les côtes de la Manche, les falaises de craie s'écroulent dans la mer lorsque les vagues battent leur pied, tandis que la mer s'éloigne du rivage sur quelques autres points de la même côte où les fleuves apportent leurs alluvions. On en voit un exemple remarquable à l'embouchure de la Somme, dont l'atterrissement augmente sans cesse, tandis qu'au bourg d'Ault des vieillards racontent avoir vu plus de quatre cents maisons s'écrouler successivement dans la mer avec la falaise qui les portoit, de telle sorte que la mer s'est avancée dans les terres de plus de cent pieds pendant une génération. On rapporte dans le Journal de physique, Janvier 1823, que, sur la côte orientale de l'Amérique, au cap Mox, où la Delaware tombe dans l'Océan, la mer a gagné cent cinquante-quatre pieds en seize ans : ce qui a été constaté d'une manière exacte d'année en année.

Les faits relatifs à l'exhaussement du niveau des mers, de-

puis les temps historiques certains, sont aussi nombreux que
ceux apportés en preuve de l'opinion contraire, et presque
tous ont été recueillis dans la Méditerranée. Comme les premiers ont été constatés dans les régions septentrionales, quelques auteurs ont même cru voir dans cette circonstance une
preuve d'un déplacement de la mer du nord vers l'équateur.
Les principaux de ces faits sont les suivans : 1.° la découverte
faite par Fortis dans les environs de Primoria en Dalmatie,
d'un rocher battu maintenant par les flots et sur lequel une
inscription indique qu'à la même place il existoit une fon-
taine dont les eaux arrosoient un territoire maintenant sub-
mergé, et que les antiquaires regardent comme ayant été un
lieu de délices de l'empereur Licinianus ; 2.° d'après M.
Breislak, quelques pavés de l'un des palais de Tibère, dans
l'île de Caprée, sont couverts par les eaux; 3.° le pavé du
temple de Jupiter Serapis, auprès de Pouzzole, est maintenant plus bas que la mer à l'époque des hautes marées. Mais,
en même temps que les observations précédemment citées, et
auxquelles il seroit facile d'en ajouter d'autres, sembleroient
indiquer réellement une élévation des eaux de la mer, des
observations contradictoires faites dans le même lieu, con-
duiroient à tirer une conséquence opposée. Ainsi , par
exemple, on trouve dans le même temple de Jupiter Serapis
trois colonnes sur pied, qui, jusqu'à la hauteur de seize pieds
au-dessus du sol, sont percées par une grande quantité de
trous, attribués à des mollusques lithophages, et qui prouvent que pendant un temps assez long ces colonnes ont été
sous l'eau de la mer au moins jusqu'à la hauteur de seize
pieds. Il est vrai que le territoire de Pouzzole, sujet à des
tremblemens de terre et à l'action des feux souterrains, a pu
être bouleversé, élevé et abaissé à plusieurs reprises, comme
le pensent des observateurs.

MM. Playfair, de Buch, Breislak, pensent même qu'en admettant que la masse des eaux n'a pas changé depuis les
temps connus, on peut expliquer par l'exhaussement ou le
gonflement partiel des terres les faits qui sont en contradic-
tion avec ce principe de la constance du niveau de l'Océan.
On peut expliquer également l'élévation apparente de celui-
ci par l'affaissement partiel du sol solide. Quoi qu'il en soit.

35.

beaucoup de géologues soutiennent encore que l'eau des mers diminue continuellement d'une manière insensible, et ils pensent que la constance de leur niveau en est une preuve évidente, puisque chaque jour le bassin de l'Océan reçoit par les fleuves des sédimens solides qui en élèvent le fond et diminuent sa capacité. Cet argument a certainement beaucoup de force, et les partisans de la diminution insensible des eaux s'appuient fortement encore sur la présence de débris, incontestablement marins, à des élévations considérables au-dessus des eaux actuelles. Nous ne parlons ici que de ceux de ces débris qui offrent des analogies avec les êtres qui vivent encore dans les mers voisines. Les faits de cette nature se présentent sur presque toutes les côtes, dans presque toutes les mers. Pallas, Donati, Pini, Cook, Péron et un grand nombre d'autres observateurs, en rapportent des exemples irrécusables. Nous rappellerons particulièrement l'observation faite par Saussure sur le rivage de la Méditerranée, entre Monaco et Vintimille, de laquelle cet observateur, après un examen attentif et impartial, conclue que les excavations que présentent les rochers dans ce lieu, à plusieurs hauteurs jusqu'à celle de deux cents pieds, ont été formées par l'action successive des vagues de la mer. Voyez au mot TERRE (*Géol.*), l'exposition des phénomènes de la présence des corps marins dans les couches solides et à diverses élévations au-dessus du niveau actuel des mers.

Action de l'Océan actuel sur la partie solide du globe, et changemens qui s'opèrent journellement dans le bassin des mers.

Nous avons déjà vu que les vagues, en frappant certaines côtes et minant leur pied, causent la chute des couches dont celles-ci sont formées. Les débris, s'ils sont durs, se transforment, par l'action continuelle des eaux et le frottement qu'ils éprouvent, en cailloux roulés ou galets ; si ces débris sont tendres et facilement délayables, les eaux les entraînent, pour les déposer, soit dans des bas-fonds, qui alors s'élèvent, soit sur d'autres parties des côtes, où la mer forme avec eux des atterrissemens. Par cette opération la mer s'avance dans certains parages, tandis qu'elle s'éloigne dans d'autres, et elle compose dans son sein, aux dépens des matériaux qu'elle a enlevés à la terre, de nouvelles couches, qui changent la forme de son fond. Les sédimens apportés par les fleuves et tous les cours d'eau qui se versent dans l'Océan, contribuent à former ces mêmes couches, qui quelquefois peuvent acquérir une dureté et un aspect comparables à ceux des roches anciennes. La pierre qui, à la Guadeloupe, renferme des ossemens humains, paroît être, d'après des observations nouvelles, un produit de l'Océan actuel. On sait qu'auprès de Messine la mer agglutine chaque jour le sable par un ciment tellement dur, que les pierres qui en résultent peuvent servir de meules. On voit également sur les côtes du Calvados, aux roches dites de *lyon*, des dépôts récens, qui contiennent des coquilles de la mer voisine, et qui ont cependant la dureté des pierres les plus solidement agrégées.

Les matériaux qui sont ainsi déposés dans la mer, diminuent bien la profondeur de quelques localités; mais les courans, qui agissent à une distance variable selon le degré de leur vîtesse, empêchent au moins les dépôts de se former dans les parties auxquelles ils correspondent. On a remarqué que, dans le courant équatorial, la mer a une profondeur beaucoup plus grande que dans les parties adjacentes. Il doit en être de même sous les autres courans, qui dérivent plus ou moins de ce courant principal, et au lieu de se niveler, le fond de l'Océan conserve entre des collines modernes des vallées proportionnées pour la largeur aux courans auxquels elles servent de lits.

Les *volcans sous-marins* produisent des changemens notables dans le sein de l'Océan, soit en soulevant le sol même au-dessous duquel ils agissent, soit en répandant sur ce sol des laves et autres matières fondues. On sait, à n'en pas douter, que plusieurs îles de l'Archipel grec sont entièrement composées de produits volcaniques élevés au-dessus de la surface de la mer. Depuis les temps historiques en 1638 et en 1720, on vit deux îles de cette nature paroître dans l'Archipel des Açores; l'une auprès de Saint-Michel, l'autre entre celle-ci et Tercère. Les côtes du Kamtschatka ont été témoins plus récemment encore de phénomènes semblables.

Les mollusques doivent laisser dans la mer leur test solide, dont l'accumulation donne lieu à des bancs analogues à ceux que recèlent les couches de la terre que nous habitons.

Sous l'équateur les polypes élèvent dans le sein des mers des écueils et des îles qui ne sont que l'accumulation des loges crétacées de myriades de générations qui se sont succédées. Ce n'est pas, comme l'a observé M. Quoy, l'un des navigateurs de l'expédition du capitaine Freycinet, que les polypiers aient leur base fixée dans les grandes profondeurs, ainsi qu'on l'a dit avant lui; ils recouvrent des rochers déjà peu distants de la surface de l'eau, qu'ils élèvent de vingt à trente pieds au plus; mais ces êtres, presque microscopiques, sont en un nombre tel que l'accroissement des polypiers qu'ils sécrètent, est sous la zône torride une cause puissante et active d'un changement dans la forme et la dimension du bassin des mers. (Const. Prév.)

OCÉANIE, *Oceania*. (*Conchyl.*) Denys de Montfort (Conchyl. systém. , tom. 1 , pag. 59) a établi sous cette dénomination un genre distinct avec le nautile ombiliqué, et justement à cause de la présence d'un large ombilic, seul caractère qui le distingue du nautile flambé. Voyez Nautile. (De B.)

OCÉANIE , *Oceania*. (*Actinoz.*) Genre de médusaires établi par MM. Peron et Lesueur dans leur Distribution systématique des animaux de cette famille pour les espèces qui, étant gastriques, monostomes, pédonculées, brachidées et tentaculées, ont en outre quatre ovaires alongés, descendant de la base de l'estomac vers le rebord de l'ombrelle en adhérant à sa face inférieure, et quatre bras simples. Les espèces assez nombreuses de ce genre, que M. de Lamarck a réuni au genre Cyanée des mêmes auteurs, sont divisées en trois sections.

1.º *Espèces simples, c'est-à-dire sans appendices ni trompe.*

O. phosphorique ; *O. phosphorica*, Per. et Les. Ombrelle subhémisphérique, hyaline, pourvue à sa circonférence de trente-deux glandes et d'autant de tentacules; l'estomac très-petit, quadrangulaire à sa base ; ovaires pédicellés, très-courts et subclaviformes: un à trois centimètres de diamètre. Côtes de la Manche.

O. LINÉOLÉE; *O. lineolata*, Per. et Les. Ombrelle hémisphé-roïdale, hyaline-rougeâtre, avec un anneau de lignes simples vers le bord et cent vingt tentacules très-fins; ovaires en forme de larges membranes onduleuses, correspondant à qua-tre échancrures marginales peu profondes: trois à quatre cen-timètres de diamètre. Des côtes de Nice.

O. FLAVIDULE; *O. flavidula*, Per. et Les. Ombrelle subhé-misphérique, hyaline, jaune à l'intérieur; sans échancrures ni lignes à son rebord, mais à tentacules nombreux, très-fins et très-longs; estomac très-court et quadrangulaire; ovaires comme dans l'espèce précédente: quatre à cinq centimètres. Mer de Nice.

O. LESUEUR; *O. Lesueur*, Per. et Les. Ombrelle alongée, sub-conique, pointue, hyaline, à tentacules nombreux, très-longs, aplatis à la base; quatre ovaires; quatre bras très-courts, réunis et presque confondus; l'intérieur de couleur rose et pourprée: cinq centimètres de hauteur. Côtes de Nice.

2.º *Espèces appendiculées.*

O. BONNET: *O. pileata; Medusa pileata*, Forskal, *Faun. arab.*, pag. 110, n.º 26, et *Icon. anim.*, tab. 33, fig. *D.* Ombrelle hyaline, d'un roux brunâtre à l'intérieur, semi-ovoïde, sur-montée d'un gros tubercule obtus et mobile, avec des tenta-cules très-longs, très-nombreux, d'un roux brunâtre à la cir-conférence; quatre bandes longitudinales, dentelées sur les bords; quatre gros ovaires; quatre bras très-courts, réunis par une membrane flexueuse: trois à quatre centimètres de diamètre. De la Méditerranée.

O. DINÈME; *O. dinema*, Per. et Les. Ombrelle rose, sub-sphéroïdale, protubérance très-mobile, très-aiguë; estomac court, cylindroïde, renflé à sa base et de couleur verte; quatre bras très-courts de la même couleur; rebord très-contracté; trois tentacules; les quatre ovaires en forme de petites bandelettes prolongées jusqu'au rebord: deux à trois millimètres. Des côtes de la Manche.

3.º *Espèces proboscidées.*

O. VIRIDULE; *O. viridula*, Per. et Les. Ombrelle subcampa-niforme, d'un vert léger, bordée de soixante à soixante-dix tentacules très-courts; estomac prolongé en une espèce de trompe rétractile, pyramidale, à quatre faces, et terminée par quatre bras frangés; ovaires très-longs, flexueux et comme articulés; trois centimètres de diamètre. Des côtes de la Manche.

O. BOSSUE; *O. gibbosa*, Per. et Les. Ombrelle subhémisphérique, hyaline, un peu déprimée à son centre, avec quatre bosselures à son pourtour; ovaires grêles, flexueux, prolongés jusqu'au rebord, garni de cent douze à cent vingt tentacules très-courts et très-fins; estomac prolongé en une espèce de trompe rétractile, pyramidale, à quatre faces, terminée par quatre bras courts et frangés: deux, trois à quatre centimètres de diamètre. Des côtes de Nice.

MM. Peron et Lesueur rangent encore dans ce genre, mais sous le titre d'Océanies douteuses, les espèces de méduses suivantes :

O. CYMBALOÏDE : *O. cymbaloidea*; *Med. cymbaloidea*, Slabber, *Phys. Belust.*, pag. 53, tab. 12, fig. 1 à 3. Ombrelle hémisphérique agréablement variée de brun, de jaune, de cramoisi et d'hyalin, et garnie à son rebord de dix-huit à vingt tentacules; estomac très-long, très-volumineux, et dépassant de beaucoup le rebord de l'animal; ovaires pédicellés, très-gros et comme bosselés: sept à huit millimètres. Des côtes de la Hollande.

O. TÉTRANÈME : *O. tetranema*, Per. et Les.; *Carminrothen Beroë*, Slabber, *Phys. Belust.*, p. 64, tab. 14, fig. 1. Ombrelle hyaline, subelliptique, déprimée un peu à son sommet; estomac d'un beau rouge carmin, très-court, terminé par quatre petits bras; ovaires grêles et continus avec les quatre tentacules du rebord; ouverture inférieure quadrangulaire. Petite espèce microscopique des côtes de la Hollande.

O. SANGUINOLENTE : *O. sanguinolenta*, Per. et Les.; Slabber, *ibid.*, tab. 13, fig. 3. Ombrelle de la grosseur d'un grain de riz, hyaline, subelliptique, tronquée à sa base, avec dix-huit tentacules courts; estomac court; ovaires prolongés jusqu'au rebord de l'ombrelle. Des côtes de la Hollande.

O. HÉMISPHÉRIQUE : *O. hemisphærica*; *Medusa hemisphærica*, Gronov., *Act. helv.*, tom. 4, pag. 58, tab. 4, fig. 7. Ombrelle hémisphérique, bordée de tentacules très-nombreux et très-courts; estomac dessiné à sa base par une tache quadrangulaire; ovaires simples et prolongés jusqu'au rebord : un à deux centimètres de diamètre. Des côtes de la Belgique.

O. DANOISE : *O. danica; Med. hemisphærica*, Mull., *Zool. Dan.*, pag. 6, tab. 7, fig. 2 à 5. Ombrelle gris-bleuâtre, hémisphérique, déprimée à son centre, bordée à sa circonférence de trente-deux tentacules très-courts et de trente-deux petites glandes; ovaires pédicellés, claviformes, de couleur jaunâtre : un centimètre de diamètre. Des côtes du Danemarck.

O. PARADOXALE : *O. paradoxalis*, Per. et Les. Ombrelle hyaline, subhémisphérique, déprimée, bordée de tentacules très-nombreux, très-fins et très-courts; ovaires simples et linéaires : deux à trois centimètres de diamètre. Des côtes de Nice.

O. MICROSCOPIQUE : *O. microscopica*, Per. et Les.; *Glatten Beroë*, Slabber, *Phys. Belust.*, pag. 46, tab. 11, fig. 1 et 2. Ombrelle hémisphérique, hyaline, bleuâtre; deux tentacules très-longs; quatre ovaires filiformes; un diaphragme au pourtour de l'ouverture. Très-petite espèce des côtes de la Hollande.

O. HÉTÉRONÈME; *O. heteronema*, Per. et Les., d'après le dessin et les notes de M. Suriray. Ombrelle hyaline, hémisphérique, avec douze tentacules, dont dix très-courts, entremêlés de dix petites glandes ocelliformes; quatre ovaires filiformes; un diaphragme au pourtour intérieur de l'ombrelle. Très-petite espèce des côtes du Hàvre.

Les mœurs, les habitudes des Océanies sont tout-à-fait semblables à celles des Méduses en général. Voyez MÉDUSAIRES. (DE B.)

OCÉANIQUE. (*Ichthyol.*) Nom spécifique d'un HOLOCENTRE, décrit dans ce Dictionnaire, tome XXI, page 305. (H. C.)

OCELLAIRE. (*Foss.*) Polypier pierreux, aplati en membrane, diversement contourné, subinfundibuliforme, à superficie arénacée, muni de pores sur les deux faces : pores disposés en quinconce, ayant le centre élevé en un axe solide. (Lamck., *Anim. sans vert.*, tom. 2, pag. 187.)

Ce genre, dont on ne connoît jusqu'à présent que deux

espèces fossiles, a été signalé par M. Ramond, dans son Voyage au Mont-perdu, pag. 128 et 346.

OCELLAIRE NUE : *Ocellaria nuda*, Lamck., *loc. cit.*; Ramond, *idem*, pl. 2, fig. 1; Lamx., Exp. méth. des genres de l'ordre des polypiers, pag. 45, tab. 72, fig. 1, 2, 3; Bulletin des scienc., p. 177, n.° 47. Polypier infundibuliforme, diversement évasé et ramifié. On le trouve près le lac du Mont-perdu (Hautes-Pyrénées). Nous ne savons dans quelle couche cette espèce a été trouvée; mais celle qui suit étant siliceuse, nous soupçonnons que ce n'est pas dans une couche antérieure à la craie.

OCELLAIRE ENVELOPPÉE : *Ocellaria inclusa*, Lamck., *loc. cit.*; Ramond, *idem*, pl. 2, fig. 2; Lamx., même planche, fig. 4 et 5; Bulletin des scienc., pag. 177. Polypier conique, renfermé dans un étui siliceux, qui s'est moulé sur sa superficie. On le trouve dans l'Artois. L'état siliceux de ce polypier feroit soupçonner qu'il dépendroit d'une couche craieuse.

M. de Lamarck indique la planche 41 des Mémoires de Guettard, tom. 3, comme représentant des polypiers de cette espèce trouvés à Fains près de Pacy-sur-Eure. Nous voyons bien dans cette planche les figures de polypiers branchus qui ont été saisis par des silex; mais rien ne nous paroît indiquer qu'ils dépendent de l'espèce ci-dessus, ni même du genre Ocellaire. (D. F.)

OCELOT. (*Mamm.*) Nom mexicain, dérivé de tlalocelotl par Buffon, et donné à une espèce du genre CHAT. Voyez ce mot. (F. C.)

OCHAGOU. (*Mamm.*) Nom que les indiens Payaguas, au Paraguay, donnent au cabiaï adulte, suivant d'Azara. (F. C.)

OCHAR. (*Bot.*) Nom arabe de l'*asclepias procera* de Willdenow, selon M. Delile. Le fruit est nommé *beyd el ochar*. C'est l'*abouk* des Nubiens. (J.)

OCHETA. (*Ornith.*) On appelle ainsi la petite mouette cendrée, *larus cinerarius*, Linn., à Turin, où le goéland brun est nommé *ocheta d'mar*. (CH. D.)

OCHI. (*Bot.*) Nom ancien de l'arroche, *atriplex*, chez les Égyptiens, suivant Ruellius. Il est nommé *gataf* et *raphai* par Forskal, *qataf* par M. Delile. (J.)

OCHION. (*Bot.*) Nom égyptien de la graine de coriandre, selon Mentzel. (J.)

OCHNA. (*Bot.*) Genre de plantes dicotylédones, à fleurs complètes, polypétalées, régulières, de la famille des *ochnacées*, de la *polyandrie monogynie* de Linnæus, offrant pour caractère essentiel : Un calice à cinq folioles ; cinq à dix pétales onguiculés ; des étamines nombreuses, conniventes ; un ovaire supérieur ordinairement à cinq côtes, surmonté d'un seul style et d'un stigmate ; plusieurs petits drupes distincts, placés sur un réceptacle charnu ; une semence dans chaque drupe.

Plusieurs espèces, placées d'abord parmi les ochna, ont été depuis réunies dans un genre particulier sous le nòm de GOMPHIA (voyez ce mot) : elles se distinguent principalement par les étamines, en nombre défini.

OCHNA LUISANT : *Ochna lucida*, Encycl. ; *Ochna squarrosa*, Rottb., *Act. Dan.*, 2, pag. 545, tab. 6. Arbre des Indes orientales, dont les branches, couvertes d'une écorce grisâtre, sont garnies de feuilles alternes, ovales-oblongues, aiguës, coriaces, glabres et luisantes à leurs deux faces, munies à leur contour de petites dents rares, sétacées. Les fleurs naissent en grappes latérales sur de petits rameaux particuliers ; leur calice est coloré ; les pétales, au nombre de sept à dix, manquent quelquefois ; les étamines sont nombreuses ; le stigmate est en tête ; le réceptacle gros et charnu, chargé de cinq drupes ovales, jaunàtres.

L'OCHNA OBTUSATA, Decand., Ann. du Mus., 17, pag. 411, tab. 1, n'est probablement qu'une variété de l'espèce précédente, à feuilles obtuses, en ovale renversé, dentées en scie. Les grappes sont ramifiées ; les pédicelles articulés vers leur milieu ; les fleurs jaunes, assez grandes ; les calices à cinq divisions ovales, alongées, obtuses ; les corolles à huit ou dix pétales, un peu plus longs que le calice ; les filamens courts, nombreux, persistans ; les anthères tétragones, trois fois plus longues que les filamens ; le style est plus long que les étamines ; le stigmate en tête. Cette plante croit dans les Indes orientales. Le synonyme de Plukenet, *Almag.*, tab. 263, fig. 1, 2, rapporté d'abord à l'*ochna squarrosa* de Linné, est l'*ochna atropurpurea*, Decand., *l. c.*, dont les fleurs sont d'un pourpre foncé, à cinq pétales, le stigmate simple; les feuilles ovales, obtuses, dentées en scie.

OCHNA CILIÉ: *Ochna ciliata*, Poir., Encycl.; Decand., Ann., 17, tab. 14. Arbrisseau de Madagascar, dont l'écorce est noirâtre, parsemée d'un grand nombre de petits points blancs. Les feuilles sont glabres, ovales, munies à leurs bords de cils, en forme de petites dents; les stipules ressemblent à de petits aiguillons caducs; les fleurs sont rougeâtres; leur calice est coloré, à cinq larges folioles arrondies, plus courtes que la corolle; les pétales sont oblongs, obtus, très-ouverts; les étamines nombreuses. Le fruit est formé de plusieurs petits drupes ovales, jaunâtres.

OCHNA DE L'ISLE-DE-FRANCE: *Ochna mauritiana*, Poir., Encycl., Decand., Ann., 17, tab. 15 et 16; vulgairement BOIS DE JASMIN. Très-bel arbre, découvert à l'Isle-de-France par Stadman, remarquable par ses gros bouquets de fleurs jaunâtres, dont la corolle est très-grande, assez semblable à celle de nos cerisiers. Les feuilles sont coriaces, ovales, luisantes, à peine denticulées; les stipules courtes, presque en aiguillons; les fleurs disposées en corymbes; les divisions du calice jaunes en dedans, de moitié plus courtes que la corolle; les pétales un peu onguiculés, arrondis; les étamines nombreuses; l'ovaire est toruleux, à cinq ou six lobes, et se change en autant de drupes, de la grosseur d'un pois. Cet arbre est propre à former de belles palissades.

OCHNA A PETITES FEUILLES : *Ochna parvifolia*, Vahl, *Symb.*, 1, pag. 35; Decand., Ann., *l. c.*; *Evonymus inermis*, Forsk., *Fl. Ægypt.*, p. 204. Plante de l'Arabie heureuse, dont les rameaux sont glabres, revêtus d'une écorce cendrée et ponctuée; les feuilles presque sessiles, luisantes, denticulées, entières à leur base, longues d'un demi-pouce; les pédoncules solitaires, latéraux, uniflores, plus longs que les feuilles, renflés vers leur sommet, de couleur purpurine; les calices à cinq lobes alongés, obtus; les pétales nuls ou très-fugaces; les filamens nombreux, persistans; les réceptacles globuleux, un peu aplatis. Des cinq drupes trois avortent souvent. (POIR.)

OCHNA. (*Bot.*) A Surinam on nomme ainsi une espéce de ketmie, *hibiscus esculentus*, Linn., plus connue sous le nom de GOMBO. (LEM.)

OCHNACÉES. (*Bot.*) Le genre *Ochna*, qui donne son nom
à cette famille nouvelle de plantes, avoit été d'abord placé
avec quelques autres genres à la suite des magnoliacées,
comme ayant avec elles quelque affinité. Un nouvel examen
de ce genre et de deux autres plus récens, qui doivent
lui être associés, a prouvé que ces genres ont une organisation particulière, qui les distingue essentiellement, soit
des magnoliacées, soit de beaucoup d'autres familles. L'exposé du caractère général de celle-ci confirmera cette asser-
tion.

Les ochnacées ont un calice monosépale à cinq divisions
profondes, alternes avec cinq pétales onguiculés, qui sont
insérés au bas du support de l'ovaire, ainsi que les étamines
qui sont en nombre indéfini ou en nombre défini et alors
double de celui des pétales. Leurs filets sont libres, et les
anthères droites, alongées, biloculaires, s'ouvrant au sommet
par deux pores ; l'ovaire est libre, simple, mais divisé en
plusieurs lobes réunis sur un disque glanduleux, élevé, nommé
gynobase, du milieu duquel s'élève entre les lobes un seul
style terminé par plusieurs stigmates en nombre égal à celui
des lobes de l'ovaire ; ceux-ci deviennent en mûrissant autant
de petites baies peu charnues et monospermes, dont souvent
quelques-unes avortent. Le disque, qui les supporte, est ordinairement augmenté de volume, et sa surface est marquée
de plusieurs dépressions dans les points d'attache de ces baies ;
l'embryon, contenu dans la graine, est dénué de périsperme,
droit ou courbé, mais toujours à radicule dirigée inférieurement.

Les tiges s'élèvent en arbre ou en arbrisseau ; les feuilles sont
alternes, simples et stipulées ; les fleurs, portées sur des
pédicelles articulés, sont terminales, disposées en épis, ou en
panicules, ou en corymbes.

On rapporte à cette famille l'*ochna* de Linnæus, le *gom-*
phia de Schreber, dont l'*ouratea* d'Aublet et le *correa* de Vandelli sont congénères, et le *walkera* de Schreber, établi auparavant par Gærtner sous le nom de *meesia*, déjà consacré à
un autre genre. M. De Candolle, auteur de cette famille, lui
ajoutoit, mais avec doute, son *elvasia*, dont le fruit n'est pas
encore connu, et le *castela* de M. Turpin, semblable par le

pistil et le fruit, mais différent par le port et l'existence d'un périsperme dans la graine.

Cette famille appartient évidemment à la classe des hypopétalées ou dicotylédones polypétales, à étamines insérées sous le pistil. Mais il n'est pas aussi facile d'assigner sa vraie place dans cette série. L'unité d'ovaire et de style implanté immédiatement sur le disque, jointe à la pluralité des fruits et à l'absence du périsperme, l'éloigne des magnoliacées, des dilléniacées et des anonées, qui ont un périsperme et plusieurs ovaires munis de leur style propre. Ce qui l'éloigne de ces familles, le rapproche des simarubées de M. De Candolle, qui diffèrent cependant par leur port, leurs feuilles composées, et surtout par les anthères ouvertes dans leur longueur, les fruits capsulaires et déhiscens, et la radicule de l'embryon dirigée supérieurement. Nous avions indiqué dans le *Genera plantarum* l'affinité de l'*ochna* avec le *simaruba* et de celui-ci avec le gayac et les rutacées. M. Auguste Saint-Hilaire paroît adopter ce dernier rapprochement, et M. De Candolle place les deux familles après les rutacées, mais comme formant un groupe isolé. De nouvelles observations sont nécessaires pour décider quelle doit être leur véritable place dans cette classe. (J.)

OCHNE. (*Bot.*) Nom grec du poirier sauvage, cité par C. Bauhin et Mentzel, lequel latinisé, *ochna*, a été appliqué par Linnæus à un genre très-différent, qui est le type de la nouvelle famille des ochnacées. (J.)

OCHODONE ou OGOTONE. (*Mamm.*) Ces noms sont ceux d'une espèce de rongeurs, d'un genre voisin de celui des lièvres, et nommé PIKA. Voyez ce mot. (DESM.)

OCHROCARPOS. (*Bot.*) Genre de plantes dicotylédones, dont les fleurs sont imparfaitement connues, de la famille des *guttifères*, de la *polyandrie monogynie* de Linnæus, offrant pour caractère essentiel : Un calice à deux folioles; une corolle non observée des étamines nombreuses, réunies par leur base en un seul rang; les anthères ovales; l'ovaire supérieur alongé; un style presque nul; le stigmate plan, à quatre, cinq ou six lobes; une baie couverte d'une écorce, divisée en autant de loges qu'il y a de lobes ou stigmates : quelques-unes avortent. Chaque loge renferme une semence charnue, arillée.

La tige est arborescente ; les feuilles sont coriaces , ternées ou
verticillées, très-entières : les fleurs axillaires, peu nombreuses,
réunies sur un pédoncule commun. Les fruits contiennent un
suc jaune , très-abondant. Cette plante a été découverte à
l'île de Madagascar par M. Du Petit-Thouars, *Nov. gen.* ,
Madag., pag. 15 , n.° 50. (Poir.)

OCHROÏTE. (*Min.*) Nom que Klaproth avoit donné à la
substance terreuse qu'il avoit retirée du cerium cérite , et
qu'il a reconnue depuis pour n'être que de l'oxide de fer.
(B.)

OCHROMA. (*Bot.*) Genre de plantes dicotylédones , à fleurs
complètes, polypétalées , de la famille des *malvacées* , de la
monadelphie pentandrie de Linnæus, offrant pour caractère
essentiel : Un calice double ; l'extérieur à trois folioles ; l'intérieur à cinq divisions ; cinq pétales renversés à leur base ;
cinq étamines monadelphes ; l'ovaire supérieur ; un style ; une
capsule à cinq loges polyspermes ; les semences enveloppées
de laine.

Ce genre, confondu d'abord avec les fromagers (*bombax*,
Linn.), en a été séparé par Swartz , et distingué particulièrement par son calice double. M. de Lamarck avoit déjà annoncé, dans l'Encyclopédie , la nécessité de cette réforme.

Ochroma pied-de-lièvre : *Ochroma lagopus*, Swartz., *Fl.
Ind. occid.*, 2 , pag. 1144 ; *Act. Holm.*, 1792 , pag. 148 , tab.
6 ; *Bombax pyramidale*, Cavan., *Diss.* , 5 , pag. 294 , tab. 153.
Arbre de vingt à quarante pieds de haut, dont les branches
sont étalées et les rameaux lisses, fragiles, bi-trichotomes. L'é-
corce est épaisse, parsemée de taches blanches et de rides rougeâtres ; le bois blanc et léger ; les feuilles sont grandes d'un
pied et plus, éparses, pétiolées, en cœur, arrondies, lisses en
dessus, tomenteuses en dessous, divisées à leur contour en
cinq ou sept angles un peu denticulés. Les fleurs sont nombreuses, d'un roux pâle, très-grandes ; les pédoncules axillaires, uniflores, solitaires, très-épais, longs de trois ou
quatre pouces ; le calice est double ; les capsules sont presque cylindriques, à cinq cannelures, à dix angles, longues
d'un pied et plus ; les semences enveloppées d'une laine roussâtre.

Cet arbre croît à la Jamaïque et aux Antilles sur les montagnes, où il est très-commun. Il fleurit en Janvier et Février; ses fruits sont mûrs en Avril ou en Mai. Desportes dit que la beauté des chapeaux castors d'Angleterre est due au duvet des fruits de cet arbre. Son bois est si léger, que les pêcheurs s'en servent au lieu de liége. (POIR.)

OCHROPUS. (*Ornith.*) L'*ochropus magnus* de Gesner est rapporté au *smirring* de Buffon, espèce de poule d'eau, tom. 8, p. 180; *fulica flavipes*, Gmel. L'*ochropus medius* du même auteur paroit être le bécasseau, *tringa ochropus*, Linn.; et son *ochropus minor*, la perdrix de mer à collier, *glareola torquata*, Br., et *glareola austriaca*, Gmel. (CH. D.)

OCHROS. (*Bot.*) Il paroît que cette plante mentionnée par Hippocrate et par Théophraste étoit une espèce de pois, soit le *pisum arvense*, soit le *pisum ochrus;* Tournefort et Adanson penchoient pour cette dernière plante, dont ils ont fait leur genre *Ochrus*, distingué de leur *Pisum* par le calice dont les deux découpures supérieures sont conniventes, par l'étendard muni de deux dents latérales, par le style aplati et par les sutures de la gousse garnies d'une membrane. (LEM.)

OCHROSIE, *Ochrosia*. (*Bot.*) Genre de plantes dicotylédones, à fleurs complètes, monopétalées, de la famille des *apocinées*, de la *pentandrie monogynie* de Linnæus, offrant pour caractère essentiel : Un calice à cinq dents ou à cinq divisions; une corolle tubulée; le limbe à cinq découpures obliques, étalées; cinq anthères placées dans le tube; un ovaire supérieur; un seul style; deux follicules en drupes divergens, à deux ou quatre loges; les semences d'une à trois. (Labill.)

Ce genre étoit imparfaitement connu, et les doutes qu'il occasionoit l'ont fait passer dans plusieurs autres genres. La découverte d'une espèce, faite par M. Labillardière dans la Nouvelle-Calédonie, et qu'il vient de publier, nous a procuré des éclaircissemens sur les caractéres de ce genre.

OCHROSIE ELLIPTIQUE; *Ochrosia elliptica*, Labill., *Sert. aust. Caled.*, pag. 25, tab. 30. Arbrisseau d'environ cinq à six pieds, dont la tige est droite, divisée en rameaux cylindriques, jaunâtres et cendrés, garnis de feuilles opposées ou ternées à chaque verticille, coriaces, elliptiques, échancrées, rétrécies à leur base, soutenues par des pétioles courts, sillonnés, munis à leur base d'une résine en forme de larme ou de mamelon. Les fleurs sont presque disposées en corymbe, terminales ou axillaires; leur calice est partagé en cinq découpures ovales; la corolle tubulée; le limbe divisé en cinq lanières oblongues, obtuses, obliques; les filamens sont très-courts; les anthères ovales, oblongues - aiguës, placées vers le milieu du tube; l'ovaire est ovale; le style acuminé; le stigmate à deux lobes. Le fruit consiste en deux follicules drupacés, oblongs, presque triangulaires, mucronés au sommet, à quatre loges, dont deux, stériles, se séparent des deux autres longitudinalement. Celles-ci renferment une ou deux semences latérales, oblongues, un peu planes. Cette plante croit dans la Nouvelle - Calédonie.

L'espèce d'*ochrosia* indiquée par M. de Jussieu, découverte par Commerson à l'Isle - de - France, rapportée comme espèce à l'*ophioxylum* par Persoon, connue sous le nom vulgaire de *bois jaune de l'Isle-de-France*, dont le bois est en effet d'un beau jaune, susceptible de *poli*, seroit-elle la même espèce que la précédente? Voyez - en la description dans l'Encyclopédie, rapportée à tort au *rauwolfia* sous le nom de *rauwolfia striata*. (POIR.)

OCHROXYLUM. (*Bot.*) [Voyez CLAVALIER, *Zanthoxylum*, Linn.] Ce genre se rapporte au *zanthoxylum simplicifolium*, Vahl, *Eglog.*, 3, p. 45, et au *zanthoxylum punctatum*, Willd., *Spec.*, 4, pag. 754, dont quelques auteurs modernes ont cru pouvoir faire un genre particulier, en lui attribuant pour caractère : Un calice à cinq divisions; cinq pétales, concaves au-dessous du sommet; cinq étamines; un anneau à trois lobes; plusieurs styles courts; les stigmates simples; une, trois ou cinq capsules à une loge, à deux valves; deux semences dans chaque loge. Nées et Mart., *Frax.*, pag. 39. (POIR.)

OCHRUS. (*Bot.*) Cette plante de Lobel, C. Bauhin et Tournefort, a été réunie par Linnæus au pois, *pisum*. Voyez OCHROS. (J.)

OCHS et OCHSE. (*Mamm.*) Noms allemands du bœuf. (DESM.)

OCHSENHACKER. (*Ornith.*) Nom allemand, suivant

Blumenbach, du pique-bœuf, *buphaga africana*, Linn. (Cʜ. D.)

OCHTÈRE, *Ochtera*. (*Entom.*) M. Latreille a désigné sous ce nom de genre un petit diptère de la famille des mouches, remarquable par la forme de ses pattes antérieures, dont les cuisses sont renflées et sur lesquelles la jambe se replie comme une pince, ainsi qu'on le voit dans les nèpes. L'insecte qui forme le type de ce genre, est très-probablement un mâle; M. Coquebert l'a figuré dans ses Illustrations des genres, pl. 24, fig. 3. C'étoit d'abord une mouche décrite par Fabricius sous le nom de *manicata*, et qu'il a décrite depuis dans son volume sur les Antliates, pag. 323, n.° 36, sous le nom de *Tephritis*. (C. D.)

OCHTHÉBIE, *Ochthebius*. (*Entom.*) Nom d'un genre d'insectes coléoptères pentamérés dont les antennes sont en masse perfoliée; par conséquent de la famille des hélocères ou clavicornes.

Ce genre, établi par M. le docteur Leach, ne comprend que quelques espèces d'Éʟᴏᴘʜᴏʀᴇs (voyez ce mot), dont plusieurs avoient été réunies par Illiger et Kugelann sous le nom d'hydrachnes : telles sont en particulier le *pygmæus* et le *minimus* de Fabricius.

Ce nom, tiré des mots grecs βιὸς et de οχθοὶ, signifie qui vit sur les rivages ou sur les berges des fleuves. (C. D.)

OCHTHODIUM. (*Bot.*) Genre de plantes dicotylédones, à fleurs complètes, polypétalées, régulières, de la famille des *crucifères*, de la *tétradynamie siliculeuse*, offrant pour caractère essentiel : Un calice à quatre folioles étalées : quatre pétales en ovale renversé, rétrécis à la base; six étamines tétradynames, sans dents; une silicule coriace, indéhiscente, à deux loges, un peu globuleuse, terminée par un stigmate sessile, un peu aigu; les valves concaves, à peine distinctes, verruqueuses en dehors, traversées dans leur plus grand diamètre par une cloison épaisse; dans chaque loge une semence ovale, comprimée, attachée latéralement; les cotylédons ovales-oblongs, un peu obliques.

Oᴄʜᴛʜᴏᴅɪᴜᴍ ᴅ'Éɢʏᴘᴛᴇ : *Ochthodium ægyptiacum*, Decand., *Syst.*, 2, pag. 423; *Bunias ægyptiaca*, Linn., *Syst. nat.*; Gmel., *in Act. Petrop.*, 12, p. 509, tab. 9; Jacq., *Hort. Vind.*, tab. 145 :

Myagrum verrucosum, Enc.; *Rapistrum ægyptiacum*, R. Brown, *in Hort. Kew.*, éd. 2, vol. 4, pag. 74. Plante annuelle, dont la racine est grêle, perpendiculaire, un peu fibreuse; la tige droite, souvent rameuse, presque glabre, cylindrique; les feuilles inférieures sont étalées, divisées en lyre, à lobe terminal large et obtus, et pétiole hispide; les feuilles supérieures rongées, à lobe terminal aigu, presque en pique; les feuilles terminales linéaires, entières; les fleurs jaunes, disposées en grappes terminales; les silicules de la grosseur d'un petit pois, globuleuses, couvertes de tubercules glabres, obtus. Cette plante croît en Égypte et dans la Syrie. (Poir.)

OCHTHOSIE, *Ochthosia*. (*Nematop.*) Genre de la famille des Balanides, établi par M. Ranzani dans son Mémoire sur les Balanes, inséré dans ses *Oposcoli scientifici* de Bologne, *Deca. prima*, pour une espèce décrite pour la première fois par Stroëm, et qui est figurée dans la Zoologie danoise de Muller, tab. 91, pag. 1 à 4. M. Ranzani, admettant que cette espèce n'a que trois pièces à sa partie coronale, a caractérisé ainsi son genre Ochthosie : coquille conique, verruqueuse; la partie coronaire formée de trois valves seulement, dont les sutures sont visibles à l'intérieur; trois aires déprimées, chacune avec une suture au milieu; trois aires saillantes, dont une plus petite avec une suture moyenne dans celle-ci ; lame interne quadripartite, dont trois portions viennent des trois sutures antérieures du tube, et divisant la cavité en trois loges; support membraneux; ouverture trigone, oblongue, fermée par un opercule pyramidal, articulé, bivalve, c'est-à-dire, dont les deux pièces de chaque côté sont soudées entre elles.

Nous avons déjà fait l'observation à notre article Mollusques, Système de classification, pag. 377, que nous doutions un peu qu'il n'y ait que trois pièces à la partie coronaire de la coquille de cette espèce, et que nous en avions en effet observé quatre sur de petits balanes des mers du Nord, que nous croyons lui appartenir. Nous en avons retrouvé d'autres depuis sur des valves de peigne de la Manche. Elle est toujours fort petite, et d'un aspect bizarre et presque irrégulier; les bords des valves sont dentés en scie; elle est de couleur blanche. M. Ranzani l'a nommée l'O. de Stroëm ; *O. Stroëmii.* (De B.)

OCIDIOPHORA. (*Bot.*) Necker a fondé sous ce nom un genre qui n'a pas été adopté, et auquel il rapporte des espèces de Fucus. (Lem.)

OCIMUM. (*Bot.*) Voyez Ocymum et Basilic. (Lem.)

OCNEROS, OXYMYRSINE. (*Bot.*) Noms grecs anciens du fragon, *ruscus*, cités par Ruellius. (J.)

OCOCOL. (*Bot.*) Nom que porte dans le Mexique, suivant Monardez, cité par Clusius, l'arbre d'où découle le liquidambar, baume très-odorant et parfumant l'air dans les lieux où cet arbre abonde. Hernandez et C. Bauhin le nomment *ococoll.* (J.)

OCOCOLIN. (*Ornith.*) Ce nom, que Buffon a appliqué à la perdrix de montagne du Mexique, a été donné par Fernandez, par Séba et par d'autres auteurs à des oiseaux de divers genres, tels que des Pics, des Rolliers, des Cotingas. Mais ces espèces, incomplétement décrites, demanderoient une étude particulière, pour ne pas s'exposer à propager des erreurs préjudiciables à la science. Il faut ranger dans la même catégorie l'*oconenetl* de Fernandez, chap. 87 et 157, et l'*oconototl* de La Chesnaye-des-Bois. (Ch. D.)

OCONENETL. (*Ornith.*) Voyez l'article Ococolin, ci-dessus. (Desm.)

OCOPIAZTLI. (*Bot.*) Hernandez a figuré sous ce nom mexicain un panicaut, *eryngium aquaticum*, dont les feuilles, simples, étroites et alongées, sont épineuses sur les bords. Il croît dans les lieux humides. Sa racine, employée en médecine, procure de grandes évacuations par les urines et par les sueurs, en quoi elle a du rapport avec notre panicaut ordinaire. (J.)

OCOROME. (*Mamm.*) Les Moxes du Pérou donnent ce nom, suivant d'Azara, au *raton crabier*. Buffon supposoit qu'il étoit celui du couguar. (F. C.)

OCOS. (*Ornith.*) Parmi les oiseaux de Cayenne que cite le voyageur Froger, et qui sont indiqués dans le 11.e volume in-4.º de l'Histoire générale des voyages, pag. 57, se trouve le hocco, *crax*, qu'il écrit *ocos.* (Cu. D.)

OCOTÉE, *Ocotea.* (*Bot.*) Genre de plantes dicotylédones, à fleurs incomplètes, de la famille des *laurinées*, de l'ennéandrie *monogynie* de Linnæus, offrant pour caractère essentiel : Des fleurs hermaphrodites; un calice monophylle ; le limbe à six divisions caduques; douze étamines disposées sur un double rang, ordinairement trois intérieures stériles, neuf fertiles, dont trois munies de deux glandes à la base ; les anthères à quatre loges; un ovaire; un style court; un stigmate presque en tête; un drupe monosperme, entouré par le calice en forme de cupule.

Ocotée de la Guiane : *Ocotea guianensis*, Aubl., *Guian.*, 2, pag. 781, tab. 310; Gærtn., fils, *Carp.*, tab. 222; *Nectandra bijuga*, Rottb., *Pl. Surin.*, pag. 10; *Porostema*, Schreb., *Gen.*; *Laurus Surinamensis*, Swartz, *Flor. Ind. occid.*; Willd., *Spec.*, 2, pag. 482. Très-bel arbre, remarquable par son feuillage brillant et soyeux. Son tronc s'élève à trente pieds et plus, sur deux pieds de diamètre, revêtu d'une écorce grisâtre. Le bois est blanc, peu compacte; les rameaux sont nombreux, anguleux; les feuilles étroites, ovales, lancéolées, acuminées, marquées de deux plis. Les fleurs naissent dans l'aisselle des feuilles, vers l'extrémité des rameaux, en grappes presque filiformes; les découpures du calice sont inégales et trois extérieures arrondies, trois intérieures plus étroites; il n'y a point de corolle; les filamens, élargis, pétaliformes, sont au nombre de neuf : six extérieurs opposés aux divisions du calice; trois intérieurs munis de deux glandes à leur base ; les anthères à quatre loges; le stigmate est concave; le drupe ovale, monosperme, entouré par le tube du calice en forme de cupule. Cet arbre croît dans les forêts de la Guiane. Les Garipons le nomment Ajou-hou-ha. On emploie ses feuilles en cataplasme pour hâter la suppuration des tumeurs et des bubons.

Ocotée boso ; *Ocotea boso*, Kunth, *in* Humb. et Bonpl., *Nov. gen.*, vol. 2, pag. 161. Grand arbre de quarante à cinquante pieds, dont les rameaux sont glabres, brunâtres; les feuilles alternes, pétiolées, un peu coriaces, oblongues, acuminées, rétrécies à leur base, très-glabres, luisantes, longues de six à sept pouces; les fleurs disposées en panicules simples, axillaires; les découpures du calice égales, ovales, aiguës, pubescentes; neuf étamines fertiles, trois stériles; les filamens

en massue dans les premières, subulés dans les dernières ;
l'ovaire est globuleux ; le style court, épais ; le stigmate
presque en tête. Le fruit est un drupe monosperme. Cet
arbre croît sur les rives du fleuve des Amazones, dans les
régions les plus chaudes.

Ocotée ombrée; *Ocotea umbrosa*, Kunth, *l. c.* Cet arbre
croît aux mêmes lieux que le précédent. Ses rameaux sont
un peu anguleux, d'un brun cendré; les feuilles oblongues,
acuminées, glabres, aiguës à leur base, longues de six à
sept pouces; les fleurs disposées en panicules axillaires, beaucoup plus courtes que les feuilles; les pédicelles pubescens;
les divisions du calice égales, ovales, oblongues, obtuses,
pubescentes en dehors; les neuf étamines fertiles beaucoup
plus courtes que le calice; les trois intérieures munies de
deux glandes à leur base; l'ovaire est pubescent, un peu globuleux; le stigmate dilaté.

Ocotée faux psycothre; *Ocotea psychotrioides*, Kunth, *l. c.*
Grand arbre du Mexique, dont les rameaux sont cannelés,
hérissés et pubescens; les feuilles lancéolées, acuminées, entières, rétrécies à leur base, glabres, luisantes, d'un vert
foncé en dessus, hérissées, blanchâtres et pubescentes en dessous, longues de trois pouces; les panicules simples, axillaires et terminales, longues d'un pouce et demi; les ramifications hérissées, étalées, à deux ou trois fleurs, munies de
bractées linéaires, pubescentes, de la longueur des pédicelles; les découpures du calice oblongues, linéaires, obtuses,
pubescentes; les filamens glabres, en massue; l'ovaire est
glabre, oblong; le style épais, de la longueur des étamines.

Ocotée de Turbaco; *Ocotea turbacensis*, Kunth, *l. c.* Cet
arbre s'élève très-haut; ses rameaux sont glabres, striés; les
feuilles oblongues, lancéolées, rétrécies à leurs deux extrémités, coriaces, veinées, réticulées, luisantes, glabres à leurs
deux faces, longues de cinq pouces; les fleurs disposées en
corymbes axillaires et terminaux; les calices un peu pubescens, à découpures ovales, oblongues, obtuses: neuf étamines
fertiles, beaucoup plus courtes que le calice; les filamens ovales, convexes; trois étamines stériles, ovales, petites, alternant
avec les étamines intérieures; l'ovaire est glabre et devient
un drupe oblong, de la grosseur d'un grain de cassis, entouré

à sa base par le calice en cupule. Cette plante croit dans les forêts aux environs de Turbaco, dans la Nouvelle-Grenade.

Ocotée bicolore; *Ocotea discolor*, Kunth, *l. c.* Arbre de la Nouvelle-Grenade, dont les rameaux sont anguleux, pubescens, ferrugineux; les feuilles oblongues, acuminées à leurs deux extrémités, glabres, luisantes en dessus, brunes et tomenteuses en dessous, longues de sept à huit pouces; les panicules axillaires, presque de la longueur des feuilles; les ramifications dichotomes; les calices tomenteux, ferrugineux, à découpures ovales, oblongues, obtuses; les filamens ovales, convexes en dehors, plans en dedans; l'ovaire est glabre, oblong; le style de la longueur des étamines; le stigmate élargi.

Ocotée molle; *Ocotea mollis*, Kunth *in* Humb., *l. c.* Cette espéce a des rameaux anguleux, ferrugineux, hérissés et tomenteux; les feuilles oblongues, acuminées, rétrécies et un peu en cœur à leur base, molles, pubescentes et soyeuses à leurs deux faces, longues de sept à huit pouces, larges de deux; les panicules axillaires, trois fois plus courtes que les feuilles; le calice tomenteux, ferrugineux; ses découpures ovales, arrondies, un peu aiguës, presque égales; les filamens ovales, convexes, pubescens; les anthéres à quatre loges; l'ovaire glabre, oblong; le style droit, cylindrique, pubescent; le stigmate dilaté. Cette plante croit à la Nouvelle-Grenade, dans les Andes de Quindiu. (Poir.)

OCOTOCHTLI. (*Mamm.*) Nom mexicain que Nieremberg rapporte à un chat indéterminé. (F. C.)

OCOTOXOCHITL. (*Bot.*) La plante citée et figurée par Hernandez sous ce nom mexicain, est le *tigridia*, cultivé maintenant à cause de la beauté de ses fleurs tachetées comme la peau d'un tigre; ce qui l'avoit fait nommer *flos tigridis* par Hernandez. (J.)

OCOTZINITZCAN. (*Ornith.*) Fernandez parle sous ce nom, aux chapitres 86 et 156, de deux oiseaux que, pour la taille, il compare à un pigeon, mais qu'il dit habiter en des lieux différens, puisque l'un recherche les régions froides, et que l'autre vit dans des contrées chaudes sur les bords de la mer australe. Le premier a, d'ailleurs, le bec noir, d'une épaisseur et d'une longueur médiocres; son plumage est d'un bleu d'azur, mélangé de blanc et de cendré ; les jambes, les pieds et les ongles sont noirs ; sa chair est bonne à manger. Le second a un bec noir, d'environ deux doigts de longueur ; sa tête, sa poitrine, ses jambes et ses pieds sont rouges ; le reste du corps est d'un vert jaunâtre. Sa chair n'est pas bonne à manger et son chant n'est pas agréable. Ces derniers oiseaux paroissent être des pies, surtout la dernière espèce.

Le nom d'*ocotzinitzcan* a été appliqué par Séba, tom. 1.ᵉʳ, p. 97, au troupiale arc-en-queue, *oriolus annulatus*, Lath. C'est le troupiale à queue annelée de Brisson, tom. 2, p. 89, et le *cornix flava* de Klein. (Cʜ. D.)

OCOZOALT. (*Erpét.*) Un des noms mexicains du Cʀoᴛᴀʟᴇ. Voyez ce mot. (H. C.)

OCRE ou OCHRE. (*Min.*) Les ocres ou les bols de l'ancienne minéralogie sont des substances argileuses ou siliceuses, colorées le plus ordinairement en jaune, quelquefois en rouge, et rarement en brun, par une certaine dose d'oxide de fer.

Ces substances terreuses, ternes et friables, n'ont point de principes composans fixes ; aussi tantôt elles font pâte avec l'eau, happent fortement à la langue, et se rapprochent ainsi des argiles ; d'autres fois la silice s'y trouve en telle abondance que l'on pourroit les considérer comme des jaspes pulvérulens ou du moins très-friables[1]. Enfin, l'oxide de fer, qui ne remplit le plus ordinairement que le simple rôle de principe colorant, s'y rencontre quelquefois en si forte dose, que ces ocres peuvent être rangées parmi les minérais de fer, dont elles se rapprochent encore par la facilité avec laquelle elles acquièrent le magnétisme à l'aide du grillage.

Une telle variation dans les principes constituans des ocres devoit nécessairement jeter de la confusion dans leur classification ; cet état d'hésitation existe encore, et ne peut cesser, puisque ces masses terreuses ne sont dues qu'à un dépôt entièrement mécanique, dans lequel la silice et l'argile semblent avoir dominé tour à tour. Il en est des ocres comme des marnes : il ne faut point chercher à établir des coupes tranchées parmi de telles substances ; on doit se contenter

---

[1] Voyez l'article Jᴀsᴘᴇ.

de dire pour les ocres : ocres argileuses, ocres siliceuses. comme nous disons marne calcaire, argileuse ou siliceuse, suivant que l'un de ces trois principes prédomine dans leur composition.

Les ocres sont généralement douces au toucher, quelquefois même savonneuses, quand elles sont très - argileuses. Le frottement de l'ongle leur communique une surface luisante : elles font une sorte de pâte avec l'eau; mais elle est courte, et se brise dès que l'on cherche à l'alonger. Ces substances terreuses et colorées sont assez communes dans la nature, nous commencerons par citer quelques exemples des ocres rouges, qui sont beaucoup plus rares que les jaunes; les plus connues sont :

1.º OCRE ROUGE ou BOL D'ARMÉNIE. Rouge pâle et très-argileuse : elle entre, dit-on, dans la composition de la thériaque de Venise.

2.º OCRE ROUGE DE BUCAROS, dans l'Alentéjo en Portugal. Rouge orangé : sert à fabriquer quelques poteries fines et s'emploie en peinture.

3.º OCRE ROUGE du pays des Cafres en Afrique. Rouge foncé, contexture schisteuse, se rapprochant beaucoup de la sanguine. Lalande trouva une grande exploitation de cette ocre près de Grootvitz - Rivière. Les naturels du pays s'en servent pour se peindre le corps; ils viennent en faire provision, et se livrent de grands combats sur le lieu même de l'exploitation. Peron et ses compagnons trouvèrent plusieurs fois des naturels des îles océaniques, dont la tête étoit couverte d'une calotte de graisse et d'ocre rouge.

4.º OCRE ROUGE D'ORMUZ OU ROUGE INDIEN. Cette belle ocre se trouve à l'île d'Ormuz dans le golfe persique ; elle est employée avec succès en peinture.

5.º OCRE ORANGÉE DE COMBAL, en Savoie, ou TERRE ROUGE DE COMBAL.

Cette belle ocre, nouvellement introduite dans le commerce, est d'un beau jaune orangé, d'une finesse extrême, se polit par l'ongle, et s'emploie avec succès dans la peinture à l'huile et à la gomme. Je crois être un des premiers qui fit connoître cette belle couleur, il y a environ dix ans; depuis, tous les peintres genevois en font usage, il en existe même un dépôt à Servoz en Savoie et à Genève. Il paroît que la teinte particulière de cette ocre n'est point entièrement due au fer; car M. Laugier, qui en a fait l'analyse, et qui l'a communiquée à la Société philomatique, y a trouvé trois pour cent de plomb et un cinquième de cuivre.

On trouve cette belle terre orangée près du pont de Combal dans l'allée blanche, non loin de Cormayeur, en Savoie; elle forme là une espèce d'amas adossé sur un banc de gypse de transition.

Les ocres jaunes de bonne qualité sont assez rares, et les couches en sont peu abondantes, ce qui fait que toutes celles que l'on découvre sont exploitées avec succès; car la peinture à la détrempe et la fabrication des papiers de teinture en font une consommation très-considérable. Parmi les ocres jaunes les plus communes, nous citerons les suivantes :

1.° OCRE JAUNE DE VIERZON, département du Cher.

Tout le monde connoît le jaune d'ocre : c'est une teinte qui n'appartient qu'à cette substance, et qui sert de terme de comparaison. L'ocre de Vierzon, qui s'exploite à Saint-George-le-Prés sur le bord du Cher, est fort estimée; elle se rencontre à vingt mètres au-dessous du sol, immédiatement sous un banc de grès, et suivie d'un sable blanc micacé dont l'épaisseur est inconnue.

Cette ocre, analysée par M. Berthier, a donné sur cent parties :

$$
\begin{array}{lr}
\text{Argile.} & 69,5 \\
\text{Peroxide de fer.} & 23,5 \\
\text{Eau.} & 07,0 \\
\hline
& 100,0
\end{array}
$$

Or, cette argile qui est indiquée ici pour près des sept-dixièmes, est composée elle-même de soixante-dix à soixante-quinze de silice et de vingt-cinq à trente d'alumine; en sorte que, d'après M. Berthier lui-même, la silice entre pour moitié dans la composition de l'ocre de Vierzon, et nous verrons bientôt que M. Davy a fait un travail qui tendroit à prouver que les ocres sont éminemment siliceuses.

2.° OCRE JAUNE DE POURRAIN près d'Auxerre.

La plus grande partie de cette ocre est d'un beau jaune,

et peut se livrer au commerce après qu'elle a été simplement broyée ou plutôt écrasée et blutée; le reste est trop
pâle ou tire sur le brun, et est réservé pour être calciné et
changé en ocre rouge; préparation qui se fait à Pourrain et
à Auxerre.

Suivant M. Berthier, qui paroît avoir visité cette ocrière
avec soin, on trouveroit l'ocre dans un banc d'argile ferrugineuse, mêlée de sable, recouverte de marne ou de sable
de quinze mètres d'épaisseur, parsemée de plaques de grès
ferrugineux, et même de blocs de fer carbonaté. Ce qui
distingue particulièrement les ocres de Bourgogne, c'est la
facilité avec laquelle elles changent leur couleur jaune en
une teinte d'un rouge vif; opération fort simple, et qui
cependant a été très-longtemps le secret des Hollandois,
qui venoient nous acheter nos ocres jaunes, et qui nous les
rapportoient d'un beau rouge et fort augmentées de prix.

L'ocre de Pourrain, analysée par M. Berthier, a donné:

         Argile. 80,0
         Peroxide de fer 12,0
         Eau 07,6
                                   ―――――
                                     99,6

La même, analysée par M. Mérat-Guillot, a donné:

         Silice 92,2
         Alumine 01,9
         Chaux 03,2
         Fer oxidé. 02,6
                                   ―――――
                                     99,9

La différence de ces deux analyses paroît au premier abord
être considérable; mais il faut remarquer que l'argile de
M. Berthier contient au moins soixante-dix pour cent de silice, ce qui porteroit à plus de moitié la dose de la silice
contenue dans cette ocre, et comme le banc exploité est en
contact avec un lit de sable, il suffit d'analyser une partie
qui en soit plus ou moins voisine, pour obtenir plus ou
moins de silice.

5.ᵉ Ocre jaune de Bitry et de Saint-Amand, département de
la Nièvre. On ne connoît qu'un seul banc d'ocre aux environs de Saint-Amand et de Bitry: il paroît fort étendu, mais

il n'est pas exploitable sur un grand nombre de points, en raison de la mauvaise qualité de l'ocre qu'il fournit. Son épaisseur moyenne est de trois à quatre pieds, et il se rencontre à une profondeur de huit à dix mètres, recouvert d'un banc de grès solide. Cette ocre, comme celle de Bourgogne, se prépare sur place et se change aussi en ocre rouge.

4.° Ocre jaune ou terre de Sienne.

Sa finesse est extrême ; elle se trouve dans le commerce sous la forme de petites masses, qui se polissent bien avec l'ongle. Sa surface est beaucoup plus foncée en couleur que son intérieur. Cette ocre, qui se tire et se prépare aux environs de Sienne en Italie, acquiert par le grillage une teinte de rouge toute particulière, et les peintres en bâtimens s'en servent exclusivement pour imiter la nuance et les veines du bois d'acajou : elle porte alors le nom de terre de Sienne brûlée.

Nous pourrions citer quelques autres exemples des ocres employées dans le commerce, entre autres celle de Morague, etc.; mais en voilà, je crois, tout autant qu'il en falloit pour faire apprécier le mérite et l'abondance de ces substances terreuses et colorées.

Gisement. Les fers hydratés terreux pourroient passer à la rigueur pour des ocres plus ou moins fines, et par conséquent les gîtes en seroient assez nombreux et assez variés ; mais, comme nous avons réservé cette dénomination pour ces substances colorées homogènes et assez friables pour pouvoir être écrasées avec facilité, leur abondance est assez restreinte ou du moins ne se rapporte qu'à un petit nombre de points dont nous avons cité les plus connus.

Jusqu'à présent les ocrières ne se sont trouvées qu'au-dessus du calcaire oolithique, et sont recouvertes assez constamment par des grès, des sables quarzeux, plus ou moins ferrugineux, et souvent accompagnés par des argiles plastiques, grises, blanchâtres ou jaunes. La silice a toujours été présente à la formation des ocres ; car les grès, les sables quarzeux les accompagnent toujours ; la silice pure même a été nouvellement trouvée dans les ocrières de Vierzon, par M. André fils, sous la forme d'une poudre si ténue qu'on ne peut mieux la comparer qu'à de la farine. Il n'est donc point étonnant que M. Davy, en analysant le dépôt jaune et ocreux des bains de Lucca, dans lequel il a trouvé une forte dose de silice, ait été tenté d'en déduire la formation probable des ocres[1]. On trouve dans beaucoup de mines, et surtout dans les vieux travaux, des dépôts ocreux d'une ténuité extrême, qui sont susceptibles de servir aux mêmes usages que les ocres ordinaires, et de changer leur couleur jaune naturelle en une teinte d'un rouge vif par la calcination. L'observation prouve que les dépôts des eaux thermales sont plus ou moins siliceux, en raison du laps de temps qui s'est écoulé depuis la sortie de la source jusqu'au point où l'on recueille ces substances; et si les ocres s'étoient véritablement formées par le dépôt de quelques courans d'eaux gazeuses, il ne seroit point étonnant que les unes fussent plus siliceuses que les autres, et que l'on observât ces variations dans le même gîte, dans le même banc, puisqu'il paroît que les eaux thermales surtout contiennent d'autant plus d'ocre en dissolution, qu'elles sont plus chaudes et plus chargées de gaz acide carbonique, et qu'elles le déposent par suite de leur refroidissement et de l'évaporation du gaz. M. Berthier fait observer[2] que les dépôts qui se forment dans les bassins mêmes des sources, sont composés presque entièrement d'oxide de fer, tandis que ceux que l'eau produit, après qu'elle a parcouru une certaine distance, contiennent souvent une grande quantité de silice sans trace d'oxide de fer, ou sont quelquefois mêlés, comme au Mont-d'or, d'amas tuberculeux de silice à peu près pure; les dépôts intermédiaires renferment des proportions d'oxide de fer et de silice variables à l'infini. Or, que trouve-t-on dans les ocrières? de la silice pure; des bancs de sables quarzeux plus ou moins blancs, plus ou moins ferrugineux; des ocres plus ou moins siliceuses et plus ou moins ferrugineuses. Quant à savoir si la silice et le peroxide de fer sont combinés dans les eaux thermales, ou si la silice et cet oxide de fer sont simplement mélangés, c'est une question de chimie qui n'est point du ressort de la minéralogie, et que nous abandonnons à MM. Davy, Berthier et Berzelius. Il seroit peut-être intéressant,

1 Ann. de Ch., tom. 19, pag. 194.
2 Ann. des mines, tom 6, pag. 350.

pour compléter cette histoire des ocres et des dépôts des eaux souterraines et thermales, d'examiner si les matières ocreuses qui s'accumulent souvent dans les anciens travaux, contiennent aussi de la silice ; car ce seroit assez extraordinaire, puisqu'ils proviennent très-probablement de la décomposition des pyrites, et que l'on ne voit pas trop d'où cette silice sortiroit.

Usages. Les principaux usages des ocres jaunes et des ocres rouges sont, d'entrer dans la composition des couleurs à la détrempe, à la colle ou à l'huile, de servir à la fabrication des papiers de teinture, combinées avec de la craie lavée ou du blanc d'Espagne, et d'être employées également dans la préparation des badigeons ou de ces couleurs grossières que l'on étend à l'extérieur des bâtimens dans le but de les nettoyer et de leur donner un air de nouveauté qui plait à l'œil.

Nous avons dit que les ocres rouges sont beaucoup plus rares que les jaunes ; aussi la plupart des ocres rouges sont des produits de l'art, c'est-à-dire, des ocres jaunes grillées. Il existe maintenant en France plusieurs fours à ocres, mais pendant assez long-temps cet art n'a été connu que des Hollandois. On fait un grand usage de l'ocre rouge à Paris, pour mettre les carreaux des appartemens en couleur.

Les ocres, sous le nom de bols, ont été anciennement employées dans la médecine ; tels étoient surtout ceux que l'on préparoit à Lemnos, sous la forme de grosses pastilles, et que l'on débitoit sous le nom de terre sigillée. On est revenu de tous ces remèdes, et depuis long-temps le cachet des prêtres de Diane et de leurs successeurs a perdu ses vertus médicinales.

OCRE BRUNE OU TERRE D'OMBRE. La couleur brune bistrée de cette ocre et son gisement particulier m'engagent à la séparer des ocres rouges et des ocres jaunes. Au reste, sa texture fine, compacte, mais toujours terne et terreuse, rappelle encore l'aspect des ocres communes. Cette terre d'ombre, qu'il ne faut point confondre avec la terre d'ombre de Cologne, qui est un lignite, résiste, au contraire, à un feu violent, commence par acquérir une teinte plus foncée, durcit ensuite et se change au feu en un verre brun d'écaille, mais sans répandre ni odeur ni fumée. Cette ocre entre dans la composition d'un verre felspathique que l'on emploie pour donner à la porcelaine la couleur brune-roussâtre de l'écaille.

L'ocre brune analysée par Klaproth, a donné :

Oxide de fer	48
Oxide de manganèse	20
Silice	13
Eau	14
	95

A peine savons-nous d'où le commerce reçoit la terre d'ombre qu'il livre journellement aux artistes, qui en font un grand usage pour la peinture à fresque et les décorations. On assure qu'il s'en trouve dans la province d'Ombrie, dans les états romains ; d'autres prétendent qu'elle se trouve à l'île de Chypre, et la plus estimée se désigne chez les marchands de couleur sous le nom de terre fine de Turquie.

Viviani a découvert une ocre brune, fort belle, à la Rochetta, sur le mont Néro dans les Appennins de la Ligurie. L'exploitation n'a pas été continuée, faute de débit ; mais cette découverte n'a point été perdue pour la science, puisqu'elle a engagé plusieurs savans minéralogistes à visiter ce lieu, qui présente un beau gisement de jaspes, au milieu desquels cette terre d'ombre est engagée à un tel point que l'on serait tenté de la considérer comme un jaspe altéré ou décomposé. (BRARD.)

OCRÉALE, *Ocreale*. (*Chétopod.*) M. Oken (Syst. gén. de zoolog., tom. 1, pag. 381) a établi sous cette dénomination une petite coupe générique parmi les Chétopodes à fourreau ou sabelles, pour une espèce dont le tube est coudé à angle droit ; il lui assigne pour caractères : tube calcaire, conique, courbé à angle droit à l'extrémité la plus épaisse, où se trouve l'ouverture ; une grande quantité de filamens roides au devant de la tête de l'animal, et servant probablement de branchies. M. Oken, outre la *Sabella rectangula* de Gmelin, place encore dans ce genre la *Serpula ocrea* du même auteur. Voyez SABELLE et SERPULE. (DE B.)

OCSSA. (*Bot.*) Voyez ICHU. (J.)

OCTAEDRITE. (*Min.*) De Saussure n'avoit pas de principes de nomenclature minéralogique, coordonnés avec le système de la science ; d'où résulte qu'il a donné des noms ou impropres ou mal faits à beaucoup d'espèces : le nom d'Octaédrite en est un exemple. Pourquoi appliquer le nom d'une forme si commune parmi les minéraux à une espèce particulière ? C'est le Titane anatase. Voyez ce mot. (B.)

OCTANDRIE. (*Bot.*) Huitième classe du système sexuel de Linné, dans laquelle sont comprises les plantes dont les fleurs ont huit étamines ; exemple, *fuchsia*, *polygonum*, *paris*, *acer*, *erica*, *epilobium*, etc. : les fleurs octandres sont en assez grand nombre. (Mass.)

OCTARILLE, *Octarillum*. (*Bot.*) Genre de plantes dicotylédones, à fleurs incomplètes, de la famille des *éléagnées*, de la *tétrandrie monogynie* de Linnæus, offrant pour caractère essentiel : Un calice en soucoupe ; le tube court ; le limbe à quatre lobes ; point de corolle ; un ovaire inférieur ; le style turbiné ; le stigmate épais ; une baie monosperme ; la semence enveloppée d'un arille à huit pans.

Octarille frutescent ; *Octarillum fruticosum*, Lour., *Flor. Cochin.*, 1, pag. 113. Arbrisseau à tige droite, élevée, divisée en rameaux lisses, grimpans, garnis de feuilles glabres, alternes, lancéolées, très-entières ; de fleurs blanches, axillaires, solitaires, pédonculées ; dont le calice, en forme de soucoupe, est composé d'un tube court, tétragone, d'un limbe à quatre lobes épais, aigus ; il n'y a point de corolle ; les quatre étamines ont les filamens très-courts, insérés à l'orifice du tube du calice ; les anthères sont alongées, à deux loges ; l'ovaire est alongé ; le style plus long que les étamines ; le stigmate épais. Le fruit est une baie ovale, oblongue, un peu aqueuse, renfermant une semence oblongue, munie d'un arille à huit pans. Cette plante croit dans les forêts, à la Cochinchine. (Poir.)

OCTIDENT. (*Bot.*) Nom françois imposé par Bridel à l'Octoblepharum (voyez ce mot), genre de la famille des mousses. (Lem.)

OCTOBLEPHARUM, *Octident*. (*Bot.*) Genre de la famille des mousses, voisin du *conostomum* et compris dans le *bryum* par Linnæus : ses caractères génériques consistent dans son péristome simple, à huit dents redressées, distinctes à leur base, et dans sa coiffe longue, conique, inégale à sa base.

Ce genre ne renferme que deux espéces étrangères : elles ont
des fleurs hermaphrodites ou monoïques ; les mâles discoïdes,
axillaires, et les femelles ou capsules, terminales.

L'Octoblepharum blanchatre (*Octoblepharum albidum*, Hed.,
Musc. frond., 5, tab. 6, fig. A; *Bryum albidum*, Linn.) a le
tronc droit, rameux; les feuilles élargies à la base, ligulées,
linéaires obtuses; les capsules droites, ovales, munies d'un
opercule conique et acuminé. Cette mousse a le port d'un
bryum; on la rencontre dans tous les pays et les îles d'Afrique
et d'Amérique situés sous les tropiques, et même au cap de
Bonne-Espérance.

L'Octoblepharum denté (*Octoblepharum serratum*, Brid.,
Musc., *Suppl.*, 1, pag. 86; Hook., *Musc. exot.*, pl. 156; *Splach-
num squarrosum*, Hook., *Trans. Linn. Lond.*, 10, tab. 26,
fig. 2; *Bryum orthodonton*, Pal. Beauv., *Prod. Æth.*; *Orthodon*,
Bory Saint-Vincent) a la tige droite, simple d'abord, puis
ramifiée; les feuilles oblongues, lancéolées, dentées, à dents
aiguës; les capsules alongées, rétrécies à la base, munies
chacune d'un opercule pyramidal et d'un péristome à huit
dents blanchâtres ou jaunâtres, avec une teinte rougeâtre,
striées en travers. Cette mousse, dont le tronc paroît velu,
à cause de la grande quantité de radicules rousses qui le revêtent, croît à l'île Bourbon, sur la terre humide, près des
troncs d'arbres renversés.

Quelques auteurs ont rapporté à ce genre l'*hypnum Smithii*,
Dicks., ou *lasia Smithii*, Bridel, dont les caractères sont si
difficiles à établir, qu'on le trouve placé dans les genres
Hypnum, *Leptodon*, *Neckera*, *Orthotrichum*, *Pilotrichum*, *Poly-
trichum*, *Pterigynandrum* ou *Pterogonium*. Plusieurs botanistes
pensent que l'*apodanthus* de M. Bachelot de Lapilaye doit être
rapporté à l'*octoblepharum*; mais cet auteur attribue huit
dents pyramidales entières au péristome de son *apodanthus*.
Voyez Apodanthus. (Lem.)

OCTOCÈRES, *Octocera*. (Malacoz.) Dénomination de famille sous laquelle M. de Blainville, Système de malacologie,
réunit toutes les espéces de poulpes de M. de Lamarck. Voyez
Mollusques. (De B.)

OCTODICERAS, *Octodicère*. (Bot.) Bridel donne ce nom
à un genre de mousses auquel il rapporte le *fissidens semi-*

completus d'Hedwig, qui diffère des autres espèces de *fissidens* par son péristome à huit dents profondément bifides, au lieu de seize dents, également bifides, comme on l'observe dans le *fissidens*. —

Cette mousse, que Bridel nomme *octodiceras fissidentoides* (*Muscol.*, *Suppl.*, 1, 162, et 4, 185, pl. 1, fig. 2), est le *fissidens semi-completus*, Hedw., *Musc. frond.*, 3, pl. 34, fig. 15 (*Hypnum semi-completum*, Gmel.; *Cecalyphum semi-completum*, Pal. Beauv.; *Skitophyllum semi-completum*, De Lapil., Journ. bot., 4, 160, pl. 39, fig. 13). Elle a une tige filiforme, rameuse; les feuilles écartées, alternes, ovales-lancéolées ou lancéolées; les supérieures distiques, les pédicelles latéraux ou terminaux plus longs que les feuilles, munis d'une bractéole entière; les capsules droites, elliptiques, munies d'un péristome à huit dents bifides, striées en travers d'un rouge vif, arquées et conniventes. Ses tiges sont rougeâtres, rameuses, grêles; son feuillage lâche, et ses rameaux terminés ordinairement par des touffes de radicules qui servoient d'attache à la plante sur des corps solides. Ces caractères font penser que cette mousse, dont la patrie est inconnue, vit dans des lieux aquatiques. Presque tous les botanistes, jusqu'à M. Bachelot de Lapilaye, l'ont confondue avec le *fontinalis* de Dillen, *Musc.*, pl. 33, fig. 4, et il en est résulté des erreurs que cette séparation dissipe. En effet, bien que le *fontinalis* de Dillen ressemble beaucoup à l'*octodiceras fissidentoides*, il en diffère essentiellement par ses pédicelles nombreux, latéraux, axillaires, beaucoup plus courts que les feuilles, et par ses feuilles toutes distiques et resserrées. La figure donnée par Dillen du péristome, quoique incomplète, montre qu'il a des dents réfléchies et au nombre de plus de huit. Ainsi cette plante ne seroit pas du même genre, et, d'après son port seulement, elle peut être placée dans le genre *Fissidens*. L'octodiceras fissidentoïde se rencontre dans nos herbiers et Bridel l'a décrite sur des échantillons qu'il tenoit d'Hedwig.

Le *fontinalis* de Dillen ou *skitophyllum Dillenii*, Bachelot de Lapilaye, Journ. bot., 4, pl. 39, fig. 14, a été trouvé, par Dillen parmi des mousses recueillies à la terre des Patagons; elle a été retrouvée aussi dans l'île de la Providence: elle paroît également se rencontrer dans les lieux aquatiques. Dillen en figure une touffe longue de plus de trois pouces.

Nous pensons que le nombre des dents du péristome distingue suffisamment ce genre et qu'il mérite d'être conservé. Lieu que par son port et ses feuilles fendues il se rapproche beaucoup du *fissidens*. (Lem.)

OCTOMERIA. (*Bot.*) Genre de plantes monocotylédones, à fleurs irrégulières, de la famille des *orchidées*, de la *gynandrie diandrie* de Linnæus, offrant pour caractère essentiel : Une corolle à six pétales irréguliers ; cinq très-ouverts, presque égaux entre eux ; le pétale inférieur ou la lèvre articulée par un prolongement en onglet, auquel adhèrent latéralement les pétales antérieurs ; les anthères renferment huit paquets de pollen ; un ovaire inférieur ; un style très-court, qui adhère au pétale inférieur. Le fruit est une capsule alongée, s'ouvrant en plusieurs valves dans toute sa longueur, contenant des semences nombreuses, très-petites.

Octomeria a feuilles de graminée : *Octomeria graminifolia*, Ait, *edit nov.*; *Epidendrum graminifolium*, Linn., *Spec.*; *Dendrobium graminifolium*, Willd., *Spec.*, n.° 15 ; *Helleborine graminea, repens, biflora*, Plum., *Amer.*, *Spec.* 9, *Icon.* 176. fig. 1. Cette plante a de longues souches rampantes, traçantes, fort menues, articulées, garnies à chaque nœud d'une frange de poils noirâtres. Il naît de ces mêmes nœuds, le long des souches, des tiges grêles, pareillement noueuses et velues, hautes de deux ou trois pouces, et qui portent chacune, vers leur sommet, une feuille étroite, semblable à celle des graminées, glabre, droite, un peu roide, d'un vert brun. De la base de cette feuille sortent deux petites fleurs d'un jaune pâle, soutenues chacune par un pédoncule court, très-délié. Cette plante croit à la Martinique, dans le voisinage des ruisseaux. (Poir.)

OCTOPODES, *Octopoda*. (*Malacoz.*) M. le docteur Leach a employé ce nom pour désigner une famille comprenant les petits genres établis parmi les poulpes de M. de Lamarck. Voyez Poulpe. (De B.)

OCTOPUS. (*Malacoz.*) Nom latin du genre Poulpe. Voyez ce mot. (De B.)

OCTOSPORA. (*Bot.*) Voyez Peziza. (Lem.)

OCULAIRE. (*Foss.*) Mercatus a donné le nom de *lapis ocularis* aux nummulites et aux opercules fossiles; on a aussi nommé ces derniers nombril de Vénus. (**D. F.**)

OCULARIA et OPHTHALMICA. (*Bot.*) On donnoit autrefois ces noms à l'euphraise officinale, à cause des propriétés qu'on lui attribuoit pour les maladies des yeux. (**L. D.**)

OCULINE, *Oculina*. (*Polyp.*) M. de Lamarck a distingué sous ce nom un certain nombre d'espèces de madrépores de Pallas et de Linné, et que pendant long-temps il avoit laissées parmi ses caryophyllées; parce que les cellules polypifères ont la même forme stellaire, et que le polypier est aussi rameux et branchu; mais qu'il a cru devoir en séparer, principalement parce que ces rameaux ne sont pas striés longitudinalement, et que le tissu du polypier est plus serré, plus compacte. On peut en exprimer les caractères ainsi : polypes à peu près inconnus; le corps court; la bouche entourée de vingt-quatre tentacules, contenus dans des cellules éparses, régulières, stelliformes, à vingt-quatre lames, dont douze alternativement plus grandes et plus petites, formant par leur réunion intime un polypier pierreux, solide, serré, le plus souvent fixe, dendroïde, à rameaux lisses, irréguliers et assez courts. Les espèces de ce genre paroissent toutes appartenir aux mers des climats chauds. On en connoît l'espèce principale sous le nom vulgaire de Corail blanc, à cause de sa densité. M. de Lamarck caractérise neuf espèces d'Oculines.

L'O. VIERGE: *O. virginea*, Linn., Pall., *Zooph.*; Soland. et Ellis., tab. 6. Polypier très-rameux, subdichotome, d'un blanc de lait; les rameaux tortueux, coalescens; étoiles éparses, les unes plus saillantes que les autres. De l'Océan des deux Indes et de la Méditerranée.

L'O. HIRTELLE : *O. hirtella*, *Madr. hirtella*, Pall., *Zooph.*; Soland. et Ellis, tab. 57. Polypier très-rameux, dichotome, diffus; toutes les étoiles un peu saillantes, un peu hérissées; les lamelles exsertes et entières. Des Indes orientales.

L'O. DIFFUSE; *O. diffusa*, de Lamarck. Polypier très-rameux, dichotome, diffus, sans tige d'insertion, presque libre; étoiles un peu saillantes, un peu hérissées; les lamelles exsertes et denticulées. De l'Océan américain.

L'O. AXILLAIRE: *O. axillaris; Mad. axillaris*, Soland. et Ell., tab. 13, fig. 5. Polypier dichotome, à rameaux courts, divariqués; étoiles turbinées, terminales et axillaires. Des Indes orientales.

L'O. PROLIFÈRE; *O. prolifera*, Linn., Pall., *Zooph.;* Soland. et Ellis, tab. 32, fig. 2. Polypier rameux, subdichotome; étoiles turbinées, prolifères sur les bords. Des mers de Norwége.

L'O. HÉRISONNÉE : *O. echidnœa*, de Lamarck; *Madr. rosea*, Esp., vol. 1, tab. 15. Polypier finement hispidulé, rameux, à rameaux latéraux très-nombreux, cylindriques, en forme d'épines; étoiles petites, assez rares et immergées. De l'Océan des Indes orientales ?

L'O. INFUNDIBULIFÈRE; *O. infundibulifera*, de Lamarck. Polypier très-rameux, presque en éventail par la coalescence des rameaux, terminé par de très-petits ramuscules en zigzag; étoiles infundibuliformes, striées intérieurement et crénelées sur les bords. Océan des grandes Indes?

L'O. FLABELLIFORME : *O. flabelliformis*, de Lamarck; Séba., *Mus.*, tab. 110, fig. 10. Polypier très-rameux, en éventail; les ramuscules terminaux très-petits, très-courts, nombreux, stellifères; étoiles petites, à peine visibles.

Très-grande et belle espèce fort rare de l'Océan des Indes orientales.

L'O. ROSE: *O. rosea; Madr. rosea*, Pall., *Zooph.*, p. 312; Esp. Supplém. 1, tab. 36. Polypier petit, très-rameux, rose; rameaux atténués, verruqueux; étoiles éparses inégalement, les unes latérales, d'autres terminales. De l'Océan américain près Saint-Domingue. (DE B.)

OCULINE. (*Foss.*) Je possède des portions de polypier de ce genre à l'état fossile, qui paroissent dépendre de cinq à six espèces différentes; mais, quoique je ne connoisse l'habitat que d'une seule, il y a lieu de croire que toutes ont été trouvées dans des couches plus nouvelles que la craie.

OCULINE DE SOLANDER; *Oculina Solanderi*, Def. Polypier rameux, dichotome; à étoiles petites, garnies de vingt-cinq à vingt-six lames, et à surface couverte de très-légères stries longitudinales. Diamètre des tiges, une ligne et demie. On le trouve à Chaumont, département de l'Oise, et à Gisors, dans le calcaire grossier.

Oculine d'Ellis ; *Oculina Ellisii*, Def. Ce polypier présente des rameaux qui ont jusqu'à trois lignes de diamètre ; ses étoiles ne contiennent que vingt lames dans leur intérieur, et sa surface n'est point striée. J'ignore où il a été trouvé.

Oculine rare-étoile ; *Oculina raristella*, Def. Je possède de cette espèce un seul morceau, qui a un pouce et demi de longueur sur deux lignes et demie de diamètre. Ses étoiles, petites et peu élevées, sont à quatre lignes de distance l'une de l'autre ; sa surface est couverte de très-légères stries, qu'on n'aperçoit qu'à la loupe. Localité inconnue.

Oculine ocellée ; *Oculina ocellata*, Def. Polypier rameux, à étoiles élevées et garnies d'une sorte d'anneau. Sa surface est couverte de très-fines stries longitudinales. Le morceau de cette espèce que je possède, et qui a un pouce et demi de longueur, présente quatre rameaux soudés ensemble en éventail. J'ignore dans quel endroit il a été trouvé ; mais je ne doute nullement qu'il soit fossile, à l'odeur forte qu'il exhale quand on applique dessus la vapeur pulmonaire. Les morceaux de ce genre ont presque tous une odeur différente, quand on les soumet à la même épreuve.

Oculine vierge ? *Oculina virginea ?* Ce morceau a de grands rapports avec l'oculine vierge ; mais il n'est pas assez caractérisé pour qu'on soit assuré de son analogie avec cette espèce. Localité inconnue.

Je possède en outre un morceau de ce genre qui a de si grands rapports avec l'oculine prolifère, que je doute qu'il soit fossile ; il diffère pourtant de cette espèce figurée dans l'ouvrage de Soland. et Ell., tab. 52, fig. 2, en ce que les lames des étoiles sont moins extérieures. (D. F.)

OCULUS-MUNDI. (*Min.*) Nom donné anciennement à l'Hydrophane. (Lem.)

OCYDROME, *Ocydroma*. (*Entom.*) Ce nom, tiré du grec et qui signifie coureur agile, a été donné par M. Clairville à un petit genre de coléoptères créophages voisin des carabes, et que Fabricius avoit appelé Bembidion. Voyez dans le Supplément du tome IV de ce Dictionnaire, pag. 75. (C. D.)

OCYMASTRUM. (*Bot.*) Voyez Ocymoïdes. (J.)

OCYMOÏDES. (*Bot.*) Ce nom, qui paroît indiquer quelque rapport avec le basilic, a été cité par Ruellius pour le clinopode; mais plus souvent il a été employé par les anciens botanistes pour des plantes de la famille des caryophyllées, pour plusieurs *silene*, deux *lychnis*, un *saponaria*, un *cerastium*. Le nom *ocymastrum* se retrouve aussi associé à des *lychnis* et à un *silene*; mais on le voit encore désignant des plantes de familles très-différentes, un *thymus* et un *stachys* dans les labiées, une *scrophulaire* dans les personées ou scrophularinées, la valériane des jardins dans les valérianées, et même la circée dans les onagraires. Ces divagations prouvent combien les anciens étoient peu avancés dans l'appréciation des vrais caractères génériques. (J.)

OCYMOPHYLLUM. (*Bot.*) Buxbaum donnoit ce nom au genre *Isnardia* de Linnæus. (J.)

OCYMUM. (*Bot.*) Voyez BASILIC. (POIR.)

OCYPETES. (*Entom.*) M. le docteur Leach a décrit sous ce nom un petit genre d'insectes aptères, confondus avec les rhinaptères, dont ils différeroient par la présence des mandibules. Voyez RHINAPTÈRES. (C. D.)

OCYPODE. (*Crust.*) Genre de Crustacés décapodes brachyures, fondé par Fabricius, et dont nous avons détaillé les caractères dans l'article MALACOSTRACÉS, tome XXVIII, p. 239. (DESM.)

OCYPTÈRE, *Ocyptera.* (*Entom.*) Nom d'un genre d'insectes à deux ailes, ainsi appelé par M. Latreille et adopté par Fabricius pour rapprocher les espèces de mouches qui portent les ailes écartées du corps et qui les font mouvoir continuellement; c'est ce qu'indiquent les mots grecs qui composent ce nom et qui signifient ailes rapides. Le port de ces mouches est en effet très-remarquable. Elles sont continuellement en mouvement. On croit que les larves dont elles proviennent, se développent dans les racines et dans les tiges des plantes. Telle est l'OCYPTÈRE DES BRASSICAIRES, *Ocyptera brassicaria.* Elle est noire, avec le second et le troisième segmens de l'abdomen d'un roux rouge. La larve de cette mouche est le ver qui ronge les gros radis noirs ou raiforts, les navets; telle est encore l'OCYPTÈRE CYLINDRIQUE, *Ocyptera cylindrica.* qui ressemble à la précédente, mais dont les anneaux de l'abdomen sont tous de couleur rougeâtre sur les bords. (C. D.)

OCYPTERUS. (*Ornith.*) Ce nom, que M. Savigny, dans son Système des oiseaux d'Égypte et de Syrie, p. 35, lig. 4, donne, d'après Kiran, comme un synonyme de *sparverius*, et qu'il applique à l'épervier commun, lequel est son *dædalion fringillarius*, a été proposé par M. Cuvier, dans son Règne animal, p. 339, comme nom générique des langrayens ou pie-grièches hirondelles, à cause de leurs ailes pointues et rapides. (Cʜ. **D.**)

OCYROÉ, *Ocyroe*. (*Actinoz.*) Genre de Médusaires établi par MM. Peron et Lesueur dans leur Histoire générale et particulière des Méduses, pag. 43, pour une espèce gastrique, polystome, non pédonculée, brachidée, non tentaculée, qui a quatre bouches, quatre ovaires disposés en croix, et quatre bras simples confondus à leur base. Ils la nomment OᴄʏʀᴏÉ ʟɪɴÉᴏʟÉᴇ, *O. lineolata*. Son ombrelle est hémisphérique, légèrement festonnée sur son rebord, hyaline-bleuàtre, avec vingt lignes intérieures très-fines, divergentes du centre à la circonférence; elle a cinq centimètres de diamètre, et vient de la terre de Witt dans l'Australasie. (Dᴇ B.)

OCYTHOÉ, *Ocythoe*. (*Malacoz.*) M. Rafinesque-Schmaltz a proposé, dans son Précis de somiologie, imprimé à Palerme en 1810, de former sous ce nom un genre distinct avec une espèce de poulpe des mers de la Sicile, qui a pour caractère d'avoir les huit tentacules non réunis à leur base, les supérieurs ailés intérieurement, et les suçoirs pédonculés. Ce caractère de l'élargissement de la paire supérieure des tentacules m'a fait supposer que le poulpe vu par M. Rafinesque, pourroit être congénère de celui qu'on trouve dans la coquille de l'argonaute, idée que ce zoologiste n'avoit nullement eue, que je communiquai à mon ami le docteur Leach, qui l'adopta, ainsi que plusieurs autres zoologistes, sans que cela soit cependant tout-à-fait hors de doute.

Dans cette hypothèse ce genre renfermeroit, outre l'ocythoé tuberculé de M. Rafinesque, celui qui se trouve dans l'argonaute de la Méditerranée, et qui n'est pas tuberculé, l'espèce que M. le docteur Leach a dédiée à M. Cranch sous le nom d'*O. Cranchii*, et une quatrième, des côtes de l'Amérique septentrionale, décrite par M. Say. Voyez pour plus de détails, et sur la question de savoir si les poulpes qu'on trouve

dans les coquilles d'argonaute sont parasites ou non, l'article
Poulpe. (De B.)

ODACANTHE, *Odacantha.* (*Entom.*) Nom d'un genre d'insectes coléoptères de la famille des Créophages, établi par
Paykull, et adopté par Fabricius pour rapprocher ainsi quelques espèces de carabes qui ont le corselet presque cylindrique ou ovale tronqué, plus étroit que la tête; les élytres
tronqués. Voyez Drypte, etc. (C. D.)

ODDÆJN. (*Bot.*) Nom arabe d'un laurose, *nerium obesum*
de Forskal. (J.)

ODDER. (*Mamm.*) Voyez Otter. (F. C.)

ODEBOER. (*Ornith.*) L'oiseau auquel les Bas-Saxons des
environs de Rostock donnent ce nom et celui d'*adebar*, est
la cigogne blanche, *ardea ciconia*, Linn. (Ch. D.)

ODECA-ALOEN. (*Bot.*) Nom brame de l'Ottel-ambel du
Malabar. Voyez ce mot. (J.)

ODEJN. (*Bot.*) Nom arabe, cité par Forskal, de son *cotyledon deficiens*, qui est nommé *vudne* dans l'Égypte. L'*oued-
nch*, cité par M. Delile, est le *cotyledon nudicaulis* de Linnæus. (J.)

ODENSWALA. (*Ornith.*) L'oiseau que les Suédois nomment ainsi, est la cigogne noire, *ardea nigra*, Linn., la même
que la cigogne brune, *ciconia fusca* de Brisson. (Ch. D.)

ODEUR. (*Chim.*) A proprement parler, c'est la sensation
que nous percevons par l'odorat, lorsque certains corps sont
en rapport avec cet organe; mais, par une extension de langage assez ordinaire, on rapporte le mot odeur au corps
même qui produit la sensation : on dit, par exemple, l'odeur
de la rose, du jasmin, pour désigner non-seulement la sensation que nous recevons de la fleur du rosier, du jasmin,
mais encore pour désigner la substance dans laquelle réside
la propriété de déterminer en nous cette sensation.

Pour qu'une substance soit odorante, il faut qu'elle soit
en contact avec la membrane pituitaire, siége de l'odorat :
conséquemment toutes les fois qu'en flairant un corps, nous
le trouvons odorant, nous en concluons qu'il est volatil :
soit en totalité, comme l'iode ; soit en partie seulement,
comme la fleur du rosier, du jasmin. Dans l'étude chimique
des matières odorantes, particulièrement de celles qui ont

appartenu à des êtres organisés, il est bien essentiel de constater pour la distinction des espèces des principes immédiats, si l'odeur appartient également à toute la masse de la matière ou à une portion seulement : lorsque ce dernier cas a été reconnu, on peut conclure que la matière qui a été l'objet de l'observation, n'est pas une espèce pure, mais elle peut être une combinaison définie de deux ou de plusieurs espèces.

On admet généralement qu'une substance est volatile, lorsqu'on a reconnu, *en la flairant*, qu'elle est odorante dans toute sa masse. Et, en effet, cette conclusion nous paroît légitime ; mais s'ensuit-il, comme quelques personnes l'ont pensé, *qu'il ne peut y avoir* que des corps volatils qui soient doués de la propriété odorante ? C'est ce que je ne pense pas, du moins dans l'hypothèse où l'on admet qu'une substance odorante, avant d'agir sur la membrane pituitaire, se dissout dans le mucus nasal. En effet, la volatilité n'étant pas une conséquence nécessaire de cette dissolution, il s'ensuit qu'aujourd'hui, au moins, il n'y a pas de raison suffisante pour affirmer qu'un corps fixe, susceptible de se dissoudre dans le mucus nasal, ne puisse être odorant.

Pour reconnoître si un corps est odorant, j'ai trouvé un moyen qui est beaucoup plus sensible que celui qui consiste à *flairer*. Ce moyen consiste à introduire le corps qu'on examine dans la bouche, et quand la sensation dont il nous affecte est bien perçue, de se presser les narines l'une contre l'autre : si le corps est odorant, la sensation qu'on a éprouvée en premier lieu sera plus ou moins modifiée, parce qu'alors le corps n'agira plus que sur le tact et le goût de la langue, et la sensation perçue par l'odorat sera reproduite de nouveau lorsque l'air, qui s'est chargé dans la bouche de particules odorantes, s'écoulera de nouveau par le nez lorsqu'on cessera de se presser les narines. (Voyez, pour l'analyse des sensations que nous percevons, lorsque les corps sont introduits dans la bouche, mes Considérations générales sur l'analyse organique et le mot Saveur.)

J'ai dit que ce moyen est beaucoup plus sensible que le *flair* ; en effet, les sulfates de protoxide de fer, de deutoxide de cuivre, ont une odeur bien plus forte lorsqu'on les introduit dans la bouche, que quand on les flaire simplement. D'après

cela, et d'après cette autre observation, que les odeurs nauséabondes du fer, du cuivre, à l'état métallique, sont identiques avec celle de leurs sels, abstraction faite de l'intensité
qui est plus forte dans les sels que dans les métaux purs, j'ai
conclu que l'argent *peut être odorant*, par la raison que les sels
de ce métal ont une odeur nauséabonde (voyez, au mot Nitrates, *Nitrate d'argent*); au lieu de *peut être odorant*, je dirois *doit
être odorant*, s'il étoit prouvé que l'odeur nauséabonde appartient aux métaux et non à leurs oxides. Mais, comme il n'est
pas impossible que le fer, le cuivre, ne soient odorans que
par l'oxidation que leur vapeur éprouve dans l'air, il ne
seroit pas impossible que tel métal dont les oxides sont odorans, ne le fût pas à l'état de vapeur, parce que cette vapeur
ne seroit pas susceptible de se combiner avec l'oxigène de
l'air.

L'action de l'oxigène atmosphérique, pour rendre certains
composés organiques odorans, est très-sensible pour la *phocenine* et la *butirine* (voyez Phocenine). Ces corps ne sont point
acides à l'état de pureté, mais par le contact de l'air ils exhalent une odeur plus ou moins forte, parce qu'il y a de
l'acide phocenique et de l'acide butirique qui se manifestent.
Je ne saurois trop engager les personnes qui s'occupent
d'analyse organique, de rechercher si beaucoup de composés
qui ont appartenu à des végétaux ou à des animaux, ne sont
odorans que par une altération plus ou moins profonde qu'ils
éprouvent de la part de l'atmosphère. (Ch.)

ODEUR DES FLEURS. (*Bot.*) Les huiles volatiles, élaborées dans le tissu des corolles, sont la source ordinaire
des émanations odorantes que les fleurs répandent dans l'atmosphère. Ces odeurs varient à l'infini, et leur production
résulte de mille causes internes ou externes que nous ne
pouvons toutes également apprécier. La température rend les
odeurs des fleurs plus ou moins sensibles; si la chaleur est
très-forte, les huiles volatiles se dissipent plus promptement
qu'elles ne se renouvellent; si la chaleur est très-foible, les
huiles volatiles restent concentrées dans les cellules où elles
se sont élaborées. Dans ces deux cas les fleurs sont à peine
odorantes. Mais si la chaleur n'est ni trop forte ni trop
foible, les huiles volatiles s'exhalent sans se dissiper et for-

ment autour des fleurs une atmosphère parfumée. Voilà pourquoi les fleurs ont en général une odeur plus prononcée le matin et le soir, que durant la nuit et dans le milieu du jour. Cependant il ne faut pas regarder cette loi comme invariable, parce que l'action des organes et la nature des substances odoriférantes, produites par la végétation, diffèrent selon les espèces et occasionnent des modifications dans les phénomènes. L'humidité de l'air contribue aussi à rendre les végétaux plus odorans; elle pénètre le tissu délicat des corolles et en expulse les huiles volatiles.

La plupart des fleurs répandent leur odeur sans interruption tant qu'elles ne sont pas flétries; d'autres ne sont odorantes que pendant le jour (*cestrum diurnum*); d'autres que pendant la nuit (*cestrum nocturnum*, *geranium triste*). Quelques-unes, telles que l'*arum dracuntium* et les *stapelia*, exhalent des odeurs d'une fétidité insupportable, et elles attirent les insectes qui se nourrissent d'excrémens et de chair corrompue; beaucoup, au contraire, exhalent des odeurs suaves : mais, quelle que soit la sensation que ces différentes odeurs font éprouver, il est certain qu'elles agissent sur les nerfs comme stupéfiantes et narcotiques, et qu'il est dangereux de les respirer long-temps. Mirbel, Élém. (Mass.)

ODINS-HANNEN. (*Ornith.*) Olafsen et Povelsen, dans leur Voyage en Islande, tom. 2, p. 277, citent ce petit oiseau comme étant une espèce de phalarope. (Ch. D.)

ODJAS. (*Bot.*) Voyez Oib. (J.)

ODOBENUS. (*Mamm.*) Nom latin du morse chez Brisson. (F. C.)

ODOE. (*Ichthyol.*) Nom spécifique d'un poisson des côtes de la Guinée. Ce poisson, qui a été décrit par Bloch, sous la dénomination de *characinus odoë*, parvient à la taille de trois pieds et a une chair rouge, grasse et très-agréable au goût. Son dos est presque noir; ses côtés sont d'un brun roux. Voyez Characin et Hydrocin. (H. C.)

ODOLLAM. (*Bot.*) Nom malabare, cité par Rhéede, du *cerbera manghas*. (J.)

ODONATES ou LIBELLES. (*Entom.*) Nom donné par Fabricius à une division des insectes qu'il nommoit une classe, et qui correspond à une famille de l'ordre des Névroptères. Ce

groupe est facile à distinguer des deux autres par la forme de
la bouche, dont les parties sont très-développées, et surtout par
les mâchoires dentelées, comme l'indique le nom tiré du grec,
ὀδὼς, ὀδοντος, *dents*, et de γναθος, *mâchoire*. En outre toute
la bouche dans ces insectes est masquée par les lèvres, qui
sont très-étendues. Dans les agnathes, en effet, comme dans
les phryganes, les éphémères, les parties qui forment la
bouche sont à peine visibles, et dans les stégoptères, qui,
comme leur nom l'indique, portent les ailes en toit, les
pièces mobiles qui servent à saisir et à broyer les alimens,
sont à nu ou ne sont pas masquées par les lèvres.

Enfin, dans l'état de repos, les odonates portent constamment les ailes étendues sur le corps, soit en travers ou horizontalement, soit perpendiculairement au corps, ou comme
dressées verticalement sur le corselet.

Nous avons fait figurer les insectes de cette famille sur
la planche 28 de l'atlas de ce Dictionnaire, et déjà à l'article
Libellule nous avons fait connoître les particularités les plus
remarquables de leurs mœurs.

Les odonates proviennent de larves qui se développent
sous l'eau, où elles nagent tantôt à l'aide de véritables rames,
dont leur abdomen est garni à son extrémité libre, tantôt
en expulsant rapidement de leur gros intestin une certaine
quantité d'eau, qu'elles y attirent pour la faire servir à leur
respiration.

Les nymphes des odonates ne diffèrent des larves que par
les rudimens de leurs ailes. Elles sont agiles comme elles, et
conservent les mêmes mœurs. Pour subir leur métamorphose,
elles sortent de l'eau, s'accrochent sur les plantes aquatiques
ou sur les corps solides qui bordent les rivages, et là elles
se dépouillent de leur enveloppe, qu'elles laissent en entier.

Sous la forme d'insectes parfaits, les odonates volent avec
la plus grande agilité; on les appelle ordinairement demoiselles. Elles saisissent leur proie au vol. Ce sont des insectes
qu'elles dévorent tout vivans. Leur mode de fécondation est
très-curieux, d'après la disposition singulière des organes
sexuels, qui sont autrement placés chez les mâles que sur
les femelles. Celles-ci sont saisies par le cou et elles sont
forcées de porter l'extrémité libre de leur abdomen à la base

de celui du mâle, pour être ainsi fécondées. (Voyez l'article Libellule, tome XXVI, pag. 240.)

Cette famille ne comprend que deux genres principaux, ce sont les Agrions et les Libelles. Voyez ces mots. (C. D.)

ODONECTIS. (*Bot.*) On trouve dans le Journal de botanique, vol. 1, pag. 21, ce nouveau genre de la famille des orchidées, proposé par M. Rafinesque-Schmaltz, ayant pour caractère essentiel : Une corolle à six divisions ; les trois extérieures lancéolées, aiguës ; les deux intérieures et latérales cunéiformes, échancrées ; la lèvre en coin, à cinq dents ; une capsule alongée, presque cylindrique.

L'auteur n'en indique qu'une seule espèce, assez rare, sous le nom de *odonectis verticillata*, dont les feuilles sont oblongues, lancéolées, verticillées ; une à trois fleurs terminales. Cette plante paroît se rapprocher de l'*arethusa verticillata*, Muhlenb. *in* Willd. Mais, cette plante ne nous étant pas connue, il est difficile de prononcer sur la validité du genre et de son espèce. (Poir.)

ODONESTIS. (*Entom.*) On trouve ce nom indiqué comme celui d'un genre, dans l'ouvrage de M. Germar sur le genre Bombyce, pour rapprocher les espèces qui portent les palpes dirigés en avant comme une sorte de bec et dont les ailes sont dentelées ; tels sont les Bombyces, n.ᵒˢ 13 et 14, du prunier, et la buveuse (*potatoria*). (C. D.)

ODONTHALIA. (*Bot.*) Fronde plane, membraneuse, dentée, rouge, marquée de côtes le plus souvent peu apparentes ; fructification en silique, lancéolée, axillaire. Ce genre, de la famille des algues, répond à l'*atomaria* de Stackhouse ; il a été établi par Lyngbye (*Tent. hydr. Dan.*, pag. 9, tab. 3, *Od. dentata*), qui y rapporte le *fucus pinnatifidus*, *Fl. Dan.*, tab. 354, lequel est aussi l'*atomaria dentata*, Stackh. ; le *sphærococcus dentatus*, le *rhodomela dentata*, Agardh ; et le *delesseria dentata*, Lamx. Voyez Delesseria. (Lem.)

ODONTIA. (*Bot.*) Hill, le premier, a employé ce nom, qui signifie dent en grec, pour désigner un genre de champignons qui depuis est devenu une division du genre Hydnum. Voyez cet article, vol. XXII, pag. 95, et Somnion. (Lem.)

ODONTITES. (*Bot.*) Genre de plantes établi sur l'*Euphrasia odontites*, Linn., par Dillen, et adopté par Haller, Gærtner et surtout par Mœnch , qui a cherché à le mieux préciser, mais il n'a pas été adopté. Sprengel n'a pas été plus heureux pour son genre *Odontites*, auquel il a voulu rapporter quelques espèces de *buplevrum*. Voy. Odontitis. (Lem.)

ODONTITIS. (*Bot.*) Ce nom avoit été donné par Pline et ensuite par Gesner et Clusius au *lychnis flos cuculi*. Daléchamps l'avoit adopté pour un *buplevrum*, que Linnæus a nommé pour cette raison *buplevrum odontites*. Son *euphrasia odontites* étoit l'*odontites* de Tabernamontanus. On trouve aussi dans les œuvres de Camerarius un *odontis*, qui est le *silene nutans*. (J.)

ODONTOGLOSSE, *Odontoglossum*. (*Bot.*) Genre de plantes monocotylédones, à fleurs incomplètes, irrégulières, de la famille des *orchidées*, de la *gynandrie digynie* de Linnæus, offrant pour caractère essentiel : Cinq pétales étalés, presque égaux; un sixième, ou la lèvre, point éperonné, soudé par son onglet, supportant la colonne sexuelle ailée au sommet; l'anthère terminale, operculée; deux paquets de pollen sur un pédicelle commun.

Odontoglosse faux angrec : *Odontoglossum epidendroides*, Kunth *in* Humb., *Nov. gen. et Spec.*, 1, pag. 550, tab. 85; Poir., *Ill.*, *Suppl.*, tab. 992. Cette plante a une bulbe oblongue, ovale, comprimée, recouverte par les gaines des feuilles; celles-ci sont lancéolées, aiguës, un peu coriaces, nerveuses, striées, en carène à leur base, longues de sept ou huit pouces. Il s'élève du bulbe une hampe droite, simple, cylindrique, longue d'un pied et demi, chargée de plusieurs fleurs terminales, avec des écailles ovales, acuminées; ces fleurs sont inodores, pédicellées, à corolle très-ouverte de cinq pétales lancéolés, acuminés, rétrécis à leur base, ondulés à leur contour, jaunes, marqués de trois taches; les deux pétales intérieurs et latéraux beaucoup plus courts que les autres; le sixième en forme de lèvre, rétréci en un onglet épais, linéaire; le limbe est pendant, oblong, blanc, obtus, un peu crénelé, avec trois tubercules subulés, en crête; la colonne sexuelle droite, une fois plus courte que la corolle, ailée et membraneuse à ses bords, terminée par deux autres ailes arrondies, tachetées de rouge; l'anthère terminale, à deux loges; le pollen distribué en deux paquets ovales, placés sur un pédicelle linéaire, crochu à sa base. Cette plante croît dans la province de Brancamora, entre le fleuve des Amazones et la ville de Juca. (Poir.)

ODONTOGNATHE, *Odontognathus*. (*Ichthyol.*) M. le comte de Lacépède a désigné sous ce nom un genre de poissons osseux, holobranches, de la famille des gymnopomes.

Ce genre, que M. Schneider a appelé *Gnathobolus*, **se re-connoît aux caractères suivans** :

Os maxillaires supérieurs prolongés en pointes libres au-delà de la mâchoire inférieure, et tellement mobiles qu'ils peuvent faire presque un demi-cercle, en portant leurs pointes en avant comme deux cornes; une seule nageoire dorsale très-petite, et placée fort en arrière; catopes nuls; opercules lisses, alépidotes et transparentes postérieurement, un peu écailleuses en avant.

On ne connoît encore qu'une seule espèce d'odontognathe, c'est :

L'ODONTOGNATHE AIGUILLONNÉ ; *Odontognathus mucronatus*, Lacép., 11, pl. 7, fig. 2, qui a sur la poitrine huit aiguillons recourbés, et sur le ventre vingt-huit autres aiguillons, disposés sur deux rangs longitudinaux, et dont la nageoire anale, très-longue, s'étend presque jusqu'à la base de celle de la queue, qui est fourchue.

Le mécanisme des mâchoires de cet animal est des plus remarquables, et reste sans exemple parmi les autres poissons connus. De ces mâchoires, en effet, l'inférieure, plus longue que la supérieure, est, dans l'état ordinaire, très-relevée contre cette dernière, et s'abaisse, en quelque sorte comme un pont-levis, au moment où la bouche s'ouvre, et de manière à représenter une sorte de petite nacelle écailleuse, très-transparente, sillonnée par-dessous, et finement dentelée sur ses bords, qui entraîne alors en avant les deux lames de prolongement de la mâchoire supérieure, lesquelles la dépassent par le bas, tandis que, quand la bouche est fermée, chacune d'elles se couche contre une des opercules, et paroît n'en être que le bord antérieur armé de dents.

L'odontognathe aiguillonné, qui parvient à la taille de onze à douze pouces, a été envoyé de Cayenne à M. de Lacépède par M. Leblond. Il offre par tout son corps à peu près le vif éclat de l'argent, ce qui lui a mérité, dans la colonie qu'il habite, le nom de *sardine*, et cela avec d'autant plus de raison en apparence, que, de même que cette espèce de clupée, il est bon à manger, et vit dans l'eau salée. (H. C.)

ODONTOÏDE. (*Foss.*) C'est le nom que Gesner donne aux glossopètres ou dents de poissons fossiles. (D. F.)

ODONTOLITHI, ODONTOPETRÆ. (*Foss.*) On a donné autrefois ces noms aux glossopètres. (D. F.)

ODONTOLOGIE. (*Zool.*) Ce mot, dérivé du grec, signifie proprement discours sur les dents. Nous n'entendons cependant point parler de tous les phénomènes que les dents présentent; nous ne considérerons ces organes que dans leurs rapports anatomiques, physiologiques et zoologiques; et la nature de ce Dictionnaire ne nous permettra même de les envisager ainsi que d'une manière très-générale.

On désigne communément par le nom de dents, ces corps durs et d'apparence calcaire, produits par la sécrétion d'un organe spécial, qui garnissent les mâchoires ou les parties antérieures du canal alimentaire, à l'aide desquels la plupart des animaux saisissent, retiennent ou divisent les alimens dont ils se nourrissent, et que quelques-uns emploient comme des armes offensives ou défensives.

Mais plusieurs physiologistes, s'écartant de ce sens vulgaire, et portant plus loin leurs abstractions, ont réuni à ces corps les fanons des baleines, les becs des oiseaux, les épines de certains poissons et d'autres organes analogues.

Enfin ces fanons qui, ainsi que les becs des oiseaux, les écailles des pangolins, ne paroissent être que des poils réunis et aglutinés, et les poils qui sont produits par excrétion et d'une manière analogue à celle des dents, ont conduit, par de nouvelles abstractions, et en ne considérant plus ces derniers organes que par leur mode de formation et leur situation hors du derme, à faire des poils et des dents un seul genre de corps, de sorte qu'en généralisant l'un ou l'autre de ces noms, on a pu dire sans inconséquence, sinon sans abus de langage, que les poils sont des dents ou que les dents sont des poils.

Nous n'imiterons point ce mode de raisonnement dans l'exposition que nous avons à faire des notions qui ont été recueillies sur les dents. D'ailleurs, si, à leur origine, ces

différens organes paroissent être identiques, leur développement montre assez que cette apparence n'a rien de réel, et
qu'elle ne repose que sur ce que nous ne savons rien distinguer, ni dans les uns, ni dans les autres, à cette première
époque de leur existence ; car il est bien certain que dès-
lors ils portent en eux les facultés différentes qui produiront
les êtres différens qu'en effet nous en voyons naitre. [1]

Sans examiner davantage les divers systèmes qu'on s'est
faits sur les dents et sur les corps qui peuvent être considérés, avec plus ou moins de fondement, comme étant de
même nature qu'elles , nous ne regarderons comme des
dents que les organes qui ont été communément désignés
par ce nom et dont nous venons de donner les caractères. [2]
C'est dans ces limites que nous restreindrons les détails où
nous allons entrer ; et, quelque étroites qu'elles puissent paroître, on verra que les faits connus sont encore bien in-
suffisans pour les remplir.

Toutes les dents , à leur origine, et la plupart durant toute
leur vie, se composent d'un organe excréteur et d'un corps
excrété. Le premier de ces corps, l'organe excréteur, est essentiellement formé de vaisseaux et de nerfs, et communique
immédiatement avec le reste de l'organisation. Le second , le
corps excrété, n'est que superposé au premier, il est dépourvu

---

1 Ce raisonnement nous semble même pouvoir s'appliquer d'une
manière démonstrative à des êtres d'un ordre bien autrement élevé que
ne le sont les organes particls qui nous occupent. C'est certainement
parce que nous ne pouvons voir dans les premières traces des fœtus des
mammifères qu'une masse homogène, sphérique, d'apparence gélatineuse, et que les êtres les moins organisés ne nous montrent de même
que de semblables masses, qu'on a été conduit à penser que les animaux des premières classes commençoient par n'être que des zoophytes.
Mais ces prétendus zoophytes portent en eux les forces, les facultés, les
dispositions qui, plus tard, en feront ou des hommes ou des éléphans ;
tandis que le zoophyte véritable restera toujours un des êtres les plus
simples et les moins organisés , les plus dépourvus de facultés que nous
connoissions.

2 Nous ne parlons point des dents des ornithorhynques dont le développement ne nous paraît pas moins anomal que les matières dont
elles se composent. Seraient-elles des dents composées de gélatine
seulement ?

de vaisseaux et de nerfs, et privé de tout rapport immédiat avec les autres organes.

Ce dernier corps, d'apparence calcaire, se forme toujours de deux parties : l'une externe, qu'on appelle fust ou couronne, et l'autre, plus ou moins cachée dans les os, les chairs ou le derme, qui est la racine. Le point intermédiaire est le collet.

La couronne peut être composée de matières différentes : dans les dents où elle est la plus compliquée, on en obtient trois par l'analyse mécanique, 1.º le cortical, 2.º l'émail, 3.º l'ivoire ou matière osseuse [1]. D'autres couronnes ne se composent que d'ivoire et d'émail, ou même que d'ivoire seulement.

Quant à la racine, elle est réelle ou apparente : dans le premier cas, celui qui nous présente les dents de l'homme, des carnassiers, des ruminans, elle n'est jamais formée que d'ivoire ; dans le second, n'étant qu'une continuation de la couronne, elle a tous les caractères qni sont propres à celleci. Telles sont les racines des défenses proprement dites, celles des incisives de tous les rongeurs, et celles des molaires de lièvres, de cabiais, etc.

L'organe excréteur, que nous désignerons avec plusieurs anatomistes par le nom de capsule dentaire, paroît être une dépendance ou plutôt paroît recevoir tous ses nerfs et tous ses vaisseaux des nerfs et des vaisseaux dentaires. Ses rapports avec les gencives ne sont pas, à beaucoup près, aussi immédiats ; j'ai même lieu de penser qu'il n'en a aucun essentiel avec ces parties, et que son existence dépend exclusivement des premières : c'est du moins ce qui est avec certitude pour les dents de remplacement. Cet organe doit correspondre, par sa structure et ses fonctions, aux substances composantes des dents ; de sorte qu'il devroit être plus simple dans les dents qui ne sont que d'ivoire, que dans celles qui se composent d'ivoire et d'émail, et surtout que dans celles qui, à ces deux substances, joignent encore le cortical ; et c'est aussi dans sa structure et ses fonctions qu'on doit

---

[1] Cette matière diffère de celle des os surtout par son mode de formation, aussi est-ce improprement que ce nom lui a été donné.

35.   24

trouver l'explication des différences nombreuses que présente
le développement des racines.

En effet, la capsule dentaire la plus compliquée dans laquelle se forment les dents composées de trois substances, se
compose elle-même de trois organes excréteurs bien distincts :
l'un, central et très-vasculeux, qui porte le nom de *bulbe* et
qui produit l'ivoire; le second, qui se présente sous forme
de membrane blanche, laiteuse ou translucide, qui dépose
l'émail. et qu'à cause de cela nous nommerons *membrane
émaillante*, et la troisième, chargée de vaisseaux, qui enveloppe toutes les autres parties et que nous nous bornerons
à désigner par le nom de *membrane externe*.

Ces trois parties composantes d'une capsule dentaire sont
intimement unies à la partie inférieure, ou plutôt à la base
de cette capsule, au point où les vaisseaux et les nerfs principaux s'y introduisent, du moins jusqu'au moment où les
racines commencent à se distinguer de la couronne. Il paroît que c'est de ce point que ces parties naissent d'abord
toutes trois, et que là elles se confondent tant que la couronne
n'est pas formée; c'est de cette base du moins que partent
tous les vaisseaux essentiels qui les parcourent et les nourrissent, ainsi que les nerfs qui les animent : dans tout le reste
de leur étendue elles sont, dès leur première origine, véritablement indépendantes. La membrane externe s'enlève
sans porter la moindre atteinte à l'émaillante, qui se détache
de même sans efforts de la couche d'émail qu'elle a déposée;
et le bulbe peut être tiré des cônes d'ivoire qu'il produit,
comme une lame peut l'être de son fourreau, ou, si l'on
rompt ces cônes, il se trouve libre et découvert sans aucun
déchirement apparent.

Mais cette capsule n'est pas toute formée avant la sécrétion des dents, dans celles du moins qui ont des racines; on
ne l'aperçoit jamais dans son entier et telle qu'elle se mon-
treroit si l'on pouvoit l'envisager à la fois comme elle est à
son sommet, lorsque la couronne commence à être produite.
et comme elle est à sa base quand les racines se déposent.
Elle ne se développe que successivement et à mesure que
les différentes parties doivent se former, en commençant par
le sommet de la couronne et en finissant par l'extrémité de

la racine. Lorsque le moment de se produire est arrivé
pour celle-ci, la membrane émaillante, et la membrane externe en tant que produisant le cortical, cessent d'être ac-
tives ; la première même s'oblitère entièrement, le bulbe et
la membrane externe continuent seuls à croître ; et ce n'est
que le bulbe qui produit les racines, lesquelles correspondent
ordinairement, par leur nombre et leur position, aux tubercules principaux de la couronne et paroissent être d'autant plus nombreuses que les vaisseaux dentaires ont envoyé
plus de troncs principaux dans le bulbe. En effet, j'ai quelques raisons de penser que ces vaisseaux et leurs branches,
une fois que la membrane externe, qui ne recevoit que quelques-uns de leurs rameaux, et la membrane émaillante ne
produisent plus, et que le bulbe a fini de déposer la couronne,
se développent en bulbes, ou que le bulbe se continue sous
leur influence, restreinte aux points qui les environnent
immédiatement, et où ils déposent la matière qu'ils doivent
sécréter, l'ivoire; de sorte que les racines des dents ne seroient que la couronne d'ivoire de ces mêmes dents déformée,
et sous ce rapport, réduite à un état rudimentaire ; car on
pourroit en concevoir la continuation, si le système vasculaire ne s'oblitéroit pas lui-même. Par une autre conséquence,
les dents sans racines, chez lesquelles la capsule ne cesse point
de produire une couronne, ne seroient telles, que parce que
la vitalité de leur bulbe, sa force productrice, n'iroit point
en s'affoiblissant, et que cet organe se conserveroit toujours
actif et fécond, comme il l'étoit à son origine : aussi voit-on
que les dents prennent des racines à des époques plus ou
moins éloignées de leur naissance. Chez les animaux herbivores, et entre autres les chevaux, la vitalité du bulbe se
conserve plusieurs années, tandis qu'elle cesse au bout de
très-peu de temps chez les carnassiers ; et a cet égard les
animaux nous offrent une grande variété d'exemples.

Plusieurs faits capitaux viennent à l'appui de ces idées.
Lorsque la capsule dentaire n'est encore occupée qu'à déposer
la couronne, on observe, au point où les membranes qui la
composent, se réunissent et se confondent, un cercle uniforme
et complet, chargé d'une infinité de vaisseaux, qui se distingue par là de toutes les autres parties. C'est de ce point

uniforme que cette capsule continuera à croître jusqu'au moment où elle aura acquis toutes ses dimensions. Alors ce cercle vasculaire change d'aspect; une portion de ses vaisseaux disparoît de la circonférence au centre, et ceux qui restent, forment de petits cercles isolés, plus ou moins nombreux, qui annoncent les points d'où les racines se développeront : alors la membrane externe se trouve détachée du bulbe en dessous, excepté où naîtront les racines. Dès ce moment la couronne se termine par le dépôt d'ivoire qui se fait en dessous d'elle et du bulbe, et entre les racines, précisément aux points intermédiaires de ces cercles partiels; mais ces petits cercles continuent aussi à diminuer, quelquefois même ils se divisent après un certain accroissement de la racine, ce qui forme des racines bifurquées; et ils finissent par disparoître graduellement, d'où résulte la terminaison en pointe de toutes les racines. Par ce développement la partie supérieure du bulbe reste enfermée dans la couronne, réduite à de petites dimensions, et les racines se trouvent percées dans toute leur longueur par les vaisseaux et les nerfs qui les ont formées, et qui tiennent au bulbe d'une part, et de l'autre aux vaisseaux et aux nerfs dentaires.

Le Bulbe, qui sécrète l'ivoire par sa face externe, paroît être entièrement vasculeux. On voit un ou plusieurs troncs artériels le parcourir de bas en haut, en se ramifiant à l'infini pour arriver à ses extrémités, où leurs divisions forment quelquefois des houppes ou des franges d'une finesse presque imperceptible. C'est la partie des dents la plus facile à étudier, lorsque ces organes commencent à se former : elle se trouve injectée naturellement, n'est point exposée à être atteinte pendant la destruction des parties osseuses, au milieu desquelles les dents se trouvent renfermées, et il suffit d'une très-légère macération pour enlever ce bulbe de l'étui d'ivoire qui le contient. Il paroît être de nature homogène, et sa forme est toujours celle qu'aura la dent si elle n'est point encore excrétée, ou celle qu'elle nous présente si elle est déjà formée.

La Membrane émaillante, produisant l'émail par sa face interne, enveloppe entièrement le bulbe et en suit tous les contours, toutes les formes, excepté à la base de la dent où elle aboutit et se termine. Je n'ai jamais pu y voir de vaisseaux; elle est d'un blanc laiteux, presque opaque, molle, mais élastique, d'autant plus épaisse qu'elle a moins produit de matière, et disparoissant tout-à-fait où elle n'a plus de fonctions à remplir, c'est-à-dire quand la membrane externe, déposant le cortical, remplit les siennes. L'extrême finesse de cette membrane, ou son entière oblitération sur les dents en partie formées, et son épaisseur sur celles qui ne le sont point encore, ont sans doute empéché de la reconnoître; mais elle est très-facile à distinguer et à séparer des parties qui lui sont contiguës, sur les molaires de ruminans, et surtout sur les postérieures de l'une et de l'autre mâchoire, au moment de la naissance de ces animaux; et une fois qu'elle a été observée, on la retrouve facilement sur toutes les dents émaillées.

La Membrane externe paroît, comme le bulbe, être de nature essentiellement vasculeuse : elle est homogène, quant à sa structure; mais ses deux faces ne présentent pas les mêmes formes et ne remplissent pas les mêmes fontions. Par sa face interne elle dépose le cortical, suit les contours de la dent, est en saillie, où celle-ci forme des creux, et les parties qui garnissent les cavités ne se présentent point comme de simples membranes, du moins quand la matière corticale doit se déposer; elles ont l'épaisseur que ces cavités demandent pour être entièrement remplies, ce qui leur donne toutes les apparences de bulbes: avant cette époque elle est partout assez mince. Sa face externe est plus simple; elle n'est que protectrice, enveloppe uniformément tout le système où se produit la dentition, et tant qu'elle est entière, sa forme est plus ou moins sphérique. Elle est percée à son sommet dans l'évolution de la dent; mais ses bords restent attachés aux gencives et en font alors la continuation.

Le bulbe et la membrane émaillante paroissent déposer simultanément les matières qu'ils sécrètent, et la première molécule d'ivoire reçoit la première molécule d'émail. Ce n'est que plus tard que le cortical se dépose, et pour ainsi dire à l'époque où la couronne de la dent est tout-à-fait formée, et où le bulbe et la membrane émaillante cessent de travailler à cette partie de la dent; car le bulbe doit encore donner naissance aux racines.

L'ivoire, recouvrant l'organe qui le sécrète, se dépose de dehors en dedans, et si l'on pouvoit juger de toutes les dents par quelques-unes, il ne le seroit point uniformément et de manière à produire un tout homogène; mais en lames concentriques, dont les formes varient suivant la figure des dents. Si nous prenons pour exemple une défense d'éléphant, dont la forme est simple, nous voyons d'abord naître un petit cône, dans lequel bientôt s'en dépose un second, dont la base est un peu plus large que celle du premier, parce que le bulbe croit à mesure que le corps de l'animal se développe; un troisième se montre ensuite, puis un quatrième, et ainsi successivement : mais il vient un instant où le diamètre inférieur des cônes n'augmente plus, et cet instant arrive lorsque l'éléphant a pris toute sa croissance; aussi dès-lors ses défenses conservent-elles le même diamètre. C'est par cette succession de lames, qui se poussent en quelque sorte les unes les autres, que la dent croît, sort des mâchoires et s'étend. Dès que le bulbe cesse d'être actif et de produire, l'accroissement de la dent s'arrête, et si cette cessation se fait graduellement, il se forme une racine, la dent se termine en pointe.

Il n'est pas commun de reconnoître les couches de l'ivoire, et, comme nous venons de le dire, ce ne seroit que par induction qu'on l'admettroit de la sorte dans toutes les dents. En effet, il n'a encore été divisé que dans les défenses d'éléphans, et seulement dans les défenses fossiles, qui avoient éprouvé les modifications nécessaires à la séparation de leurs lames (car je ne crois pas que cette séparation ait encore eu lieu artificiellement); et, à en juger par les apparences extérieures, il est douteux qu'elle soit possible pour beaucoup de dents. Les bulbes ne produisent pas tous une substance de nature identique; on sait que les défenses d'éléphans présentent sur leur tranche transversale des cercles excentriques qui se coupent, ce qui n'a encore été remarqué sur aucun autre ivoire. D'ailleurs on trouve des ivoires plus ou moins denses, plus ou moins translucides, plus ou moins colorés, etc.

Cette partie centrale, la plus considérable et la plus importante des dents, qui en fait la base, est principalement formée d'une substance gélatineuse très-compacte. La matière calcaire qui lui donne son apparence extérieure, n'est que déposée entre ses mailles et en fait la plus petite portion. On l'enlève au moyen d'un acide affoibli, et la gélatine reste pure avec toutes les formes qu'avoit l'ivoire. Cette matière calcaire, la seule véritablement morte de la dent, est un phosphate.

L'ÉMAIL se dépose dans un sens contraire à l'ivoire, c'est-à-dire de dedans en dehors, et il le fait par une sorte de cristallisation. Lorsqu'on l'examine sur la tranche d'une dent, on le voit sous forme d'aiguilles brillantes, perpendiculaires à la surface de l'ivoire. Ces deux substances ne font point corps l'une avec l'autre, quoiqu'elles soient assez intimement unies. L'émail peut se détacher de l'ivoire sans que celui-ci soit entamé, et réciproquement. Mais ce qui distingue fondamentalement ces deux substances, c'est que l'émail n'a point, comme l'ivoire, la gélatine pour base; il se compose uniquement de fluate de chaux : aussi sa nature, toute pierreuse, lui donne-t-elle une dureté extrême et qu'on ne retrouve dans aucune autre partie des dents.

Le CORTICAL paroît aussi se déposer par une sorte de cristallisation, à en juger du moins par celui des dents d'éléphans. Mais cette cristallisation est plus confuse que celle de l'émail, et au lieu de se présenter d'abord sous forme d'une lame unie et continue, il semble se précipiter sous forme de rognons ou par petites masses. Mais les intervalles que ces petites masses laissent entre elles, finissent par être remplis; il vient un moment où cette substance forme une couche lisse et régulière. Son dépôt se fait comme celui de l'émail, de dedans en dehors, mais il ne commence à se former qu'après que l'émail est lui-même entièrement formé. Sa nature est gélatineuse et calcaire, comme celle de l'ivoire; c'est-à-dire que la gélatine en fait la base et que le phosphate calcaire est contenu entre ses mailles. Nouveau rapport entre la membrane externe des dents et leur bulbe.

Ordinairement le cortical ne paroît contenir que les matières dont nous venons de parler; mais dans quelques cas il renferme de plus une matière colorante : c'est ce que nous montrent les dents de plusieurs ruminans et les incisives des castors, des pacas, des agoutis, des porc-épics, etc. En effet, la couleur brune de la partie antérieure de ces dernières dents dépend d'une lame très-mince de véritable matière corticale, ainsi que nous nous en sommes assuré par plusieurs expériences spéciales.

Les rapports que nous venons de montrer entre les dents composées de trois substances et la structure de l'organe qui les produit, nous ont surtout été présentés par les molaires des ruminans et des chevaux ; et ce n'est que par analogie que nous supposons qu'ils seroient présentés de même par toutes les dents composées d'ivoire, d'émail, et de cortical ; car nous sommes loin d'avoir pu étudier la capsule dentaire de toutes les dents de cette nature, qui sont fort nombreuses, quoiqu'elles ne se trouvent, je crois, que chez les mammifères, et principalement chez les rongeurs, les pachydermes et les ruminans.

Cette analyse détaillée des dents les plus compliquées nous permettra de passer rapidement sur celles qui le sont moins.

Les dents privées de matière corticale, et qui ne se composent que d'ivoire et d'émail, ne sont pas, pour cela, privées de la membrane externe ; mais cette membrane paroît être, sur ces dents plus simples, toujours extrêmement mince, au lieu d'être épaisse, comme nous l'avons trouvée sur les dents précédentes, à l'époque où elle doit sécréter le cortical ; elle ne s'enlève qu'avec peine et par lambeaux, et semble n'être destinée qu'à protéger le travail de la dentition, qu'elle enveloppe de toute part. La membrane émaillante se présente avec tous les caractères que nous lui avons précédemment reconnus : elle est blanche, molle, mais élastique, et n'existe que là où l'émail n'est point encore formé, ou ne l'est qu'incomplétement. Le bulbe ne diffère point non plus de ce que nous l'avons vu dans les dents formées de trois substances.

Quant aux dents qui ne se composent que d'ivoire, comme les défenses des éléphans, celles des hippopotames, les molaires de quelques édentés et des cétacés, la partie postérieure des incisives de tous les rongeurs, etc., outre le bulbe, qui ne peut jamais manquer, on remarque à leur surface une matière particulière intimement unie à l'ivoire, mais beaucoup moins dure que lui, et qui sembleroit être la

membrane externe enveloppée, ou plutôt pénétrée, par les
molécules calcaires de la première couche déposée par le
bulbe. Au reste, ces dents sont celles qui ont été le moins
étudiées sous le rapport de leur formation; et ce que nous
en rapportons, n'est que le résultat d'un nombre d'observations beaucoup trop foible pour l'importante question qu'il
s'agiroit de résoudre.

La marche de la nature dans la formation des dents, le
mode suivant lequel elles grandissent, fait aisément concevoir leur apparition : elles ne peuvent pas croître sans remplir un plus grand espace, et c'est en dehors qu'elles le doivent chercher.

On trouve déjà, dit-on, les premières traces de la capsule
dentaire dans les premiers jours de la vie du fœtus : en effet,
chez presque tous les animaux les dents sont en grande partie formées à l'époque de leur naissance; il faut qu'elles puissent servir, chez les mammifères, même avant que la lacta-
tion soit entièrement terminée, et chez les autres animaux,
aussitôt que le moment est venu pour eux de fournir à leurs
besoins. Mais les physiologistes ne sont point d'accord sur
ce qui se passe dans les parties que les dents traversent pour
sortir des gencives. On a supposé un conduit qui communiquoit de la capsule hors des mâchoires, et qui ne faisoit
que s'agrandir par la pression de la dent et l'élasticité de ces
parties. D'autres ont pensé que la dent déchiroit tout ce qui
s'opposoit à son passage, et ont même attribué à cet effet une
partie des accidens qui accompagnent quelquefois la dentition.

La première de ces idées n'expliqueroit point la sortie des
dents de seconde dentition, qui, chez plusieurs animaux, se
développent immédiatement sous les dents de lait, de sorte
qu'elles ne peuvent paroître qu'après la chute de celles-ci.
En seroit-il autrement pour les premières dents? Outre
que ce conduit ne s'aperçoit point, il est peu vraisemblable
que la nature ait employé deux moyens pour l'évolution
de ces organes; et l'on est en droit de croire que, si des
dents peuvent être soustraites à l'obstacle que leur opposent d'autres dents, placées directement au-dessus d'elles,
elles peuvent aussi surmonter la résistance qu'elles éprouve-
ront de la part de membranes plus ou moins cartilagineuses,

du derme, etc., au moment, où elles doivent sortir des mâchoires pour satisfaire aux nouveaux besoins du jeune animal. Il y a plus, les dents de formes très-compliquées, dont la couronne se termine par plusieurs tubercules, qui laissent entre eux des vides profonds, se présentent hors des gencives par plusieurs points à la fois, par les sommets de leurs tubercules, et dans ce moment les gencives garnissent encore les intervalles qui séparent ces tubercules. Comment l'idée d'un conduit s'appliqueroit-elle à la sortie de ces dents?

Quant au déchirement, il est encore moins admissible que le canal, dont nous venons de montrer l'invraisemblance : on n'aperçoit pas, dans l'apparition des dents, la moindre trace d'un tel phénomène, et aucune analogie ne nous paroît justifier cette seconde supposition. La nature nous semble avoir un moyen plus sûr et plus conforme à ses vues de sagesse et de conservation, pour opérer l'effet que ces hypothèses tendent à expliquer ; elle nous le montre dans un grand nombre de circonstances, de sorte que la loi générale qui en résulte, trouve, dans le cas particulier qui nous occupe, une de ses applications les plus exactes.

En effet, une des vérités les mieux établies par l'expérience, c'est que la nutrition de toute partie organique s'affoiblit dès que cette partie éprouve l'action mécanique continue d'un corps étranger quelconque; et elle peut s'arrêter tout-à-fait, si cette action acquiert une certaine intensité. Il semble que, dans cette circulation perpétuelle qui constitue la vie, les molécules inhalantes ne puissent plus remplacer les molécules exhalées, lorsqu'une telle action comprime les parties d'où se sont échappées celles-ci. On diroit que la place manque aux premières, ou que la force assimilatrice qui doit les attirer, a tout-à-fait cessé d'agir; dèslors cette partie s'oblitère, et les molécules qui l'auroient nourrie, n'arrivent pas jusqu'à elle, se dissipent, ou vont se mettre en équilibre avec les parties voisines.

C'est sans doute un phénomène de cette nature qui a lieu dans l'évolution des dents[1]; tout l'annonce d'ailleurs, quand

---

1 C'est, je crois, à la même cause qu'il faut attribuer les faits dont je vais rendre compte. En 1805, la ménagerie du Roi possédoit un élé-

on suit leur développement. Lorsque la couronne d'une dent commence à se former, et à plus forte raison, avant cette époque, toute la partie des gencives qui doit plus tard s'entr'ouvrir, est épaisse, remplie de vaisseaux et de nerfs : à mesure que la dent grandit, cette partie s'amincit, un moment vient où elle ne consiste plus qu'en un derme compacte et sec, qui disparoit bientôt lui-même pour lui laisser un libre passage.

Mais pourquoi la compression qui résulte de l'accroissement des dents, se fait-elle contre les gencives, plutôt que dans le sens opposé? Quoique la dent ne commence à se former que du côté de sa couronne, il n'y a pas dans cette circonstance de raisons suffisantes pour qu'elle tende à sortir exclusivement par ce côté. La réaction d'une dent croissant dans la direction de sa racine, est semblable à son action dans la direction de sa couronne; et si la consistance des parties environnantes devoit entrer pour quelque chose dans cette question, au lieu de percer les gencives, la dent descendroit du côté où seront les racines; car les parties in-

---

phant pourvu de fortes et longues défenses, et la barrière de son parc étoit formée de morceaux de bois verticaux, séparés l'un de l'autre par un espace moins large que la distance qui existoit entre ses défenses. Cet animal, qui avoit l'habitude des friandises que lui donnoit le public, avançoit sa trompe pour les recevoir; mais comme l'intervalle qui l'en séparoit étoit assez grand, il étoit obligé de faire effort pour s'en approcher, et afin d'avancer davantage sa tête il appuyoit les côtés de ses défenses sur les poteaux de sa barrière. Petit à petit ses défenses, qui étoient presque parallèles, se rapprochèrent par leurs pointes, et la trompe, ne trouvant plus de place entre elles, fut placée de côté par l'animal, ce qui contribua encore à augmenter le changement de direction des défenses, ces dents supportant alors par leur côté externe tout le poids de cette trompe. La cause immédiate et manifeste de ce désordre me suggéra l'idée de m'y opposer, ou même de la détruire, par une action mécanique, contraire à celle des poteaux; en conséquence, je fis placer entre les deux défenses une vis, au moyen de laquelle on pouvoit agir sur ces dents pour les écarter, et en assez peu de temps elles eurent repris, ainsi que la trompe, leur situation naturelle; cependant elles conservèrent toute leur solidité et ne montrèrent jamais le moindre ébranlement. On sait que les dentistes emploient aussi un moyen purement mécanique pour faire rentrer, et replacer verticalement, les incisives qui se portent obliquement en avant ou en dedans des mâchoires.

férieures de sa capsule et de son bulbe offriroient bien moins de résistance que la densité des gencives. Seroit-ce à l'impulsion que la circulation imprime aux organes dentaires qu'on pourrait attribuer la direction naturelle des dents? C'est un doute que j'exprime plutôt qu'une solution que je donne.

Au reste, les dents ne croissent pas seulement parce qu'elles s'agrandissent par la sécrétion de leur couronne, elles éprouvent un déplacement complet pendant la formation des racines. M. Tenon a montré que les dents entières des chevaux s'élevoient, qu'elles étoient poussées hors des mâchoires avec leurs racines, et ce phénomène paroit avoir lieu pour toutes les dents à racines distinctes de la couronne : car la capsule dentaire, renfermée entièrement dans les maxillaires, a sa partie inférieure, qui correspond au collet de la dent (point intermédiaire entre la couronne et la racine), bien au-dessous du bord dentaire de ces os, et quand ces dents sont entièrement formées, ce collet se trouve de niveau avec ce même bord. Ce second mouvement pourroit peut-être encore s'expliquer par l'action combinée de la circulation et de la racine pendant sa formation, qui a lieu lorsque la couronne a paru, et qu'elle a surmonté l'obstacle des gencives.

Mais comment rendre raison d'un mouvement tout contraire aux précédens, qui nous est offert par les incisives ou dents antérieures des rongeurs? La partie de ces dents qui tient lieu de racines, est beaucoup moins avancée, dans les os qui les contiennent, chez les jeunes animaux que chez les vieux. Ces dents vont en reculant par l'extrémité où est leur bulbe, à mesure que l'animal se développe, et en avançant par l'autre extrémité. C'est ce que j'ai constaté sur des lapins et des cochons d'Inde, sans pouvoir trouver l'explication de ce singulier phénomène.

On éprouve moins de difficultés à se rendre compte d'un autre problème que présentent ces dents ; c'est leur courbure et l'espèce particulière de courbe qu'elles affectent. Pour produire une dent arquée, il suffit que sa capsule le soit ; mais, si la courbe de la capsule restoit toujours la même, ces dents qui, comme on sait, peuvent croître indéfiniment

quand aucun obstacle ne les arrête, présenteraient, dans ce
cas, dont on a de fréquens exemples, un cercle régulier. Au
lieu de cette espèce de courbe, les dents des rongeurs en
présentent une qui se rapproche de la spirale, et ce sont les
premières portions de la dent, qui sont renfermées dans
celles qui les suivent: il faut donc nécessairement que la capsule productrice de ces dents change de courbure, et qu'elle
se redresse à mesure que ces animaux avancent en âge, jusqu'à un point, sans doute, où elle ne se modifie plus; et, ce
qu'il n'est pas inutile de faire observer, c'est que ces changemens sont absolument les mêmes aux dents des deux mâchoires; car ces dents, à toute époque de la vie, conservent
les mêmes rapports entre elles.

Enfin, il est un dernier mouvement des dents, hors des
mâchoires, auquel je dois m'arrêter encore ; c'est celui qui
est dû au développement osseux des maxillaires. Le travail
de l'ossification tend sans cesse à remplir les alvéoles et à en
chasser les dents; aussi, lorsqu'une dent, même une dent à
racine, n'en a plus d'autres en opposition, elle finit par être
entièrement expulsée des mâchoires. Mais ce mouvement,
toujours fâcheux dans ce dernier cas pour ceux qui l'éprouvent, a un grand avantage pour les animaux obligés, par leur
nature, à broyer les alimens dont ils se nourrissent, et forcés
par là à user et à raccourcir leurs dents ; car, quoique la
détrition des dents chez ces animaux soit souvent très-iné-
gale, ces organes n'en restent pas moins au niveau l'un de
l'autre, ou plutôt en contact, de telle sorte que le broiement
de la nourriture peut s'opérer jusqu'à la plus extrême vieillesse.

L'apparition des dents hors des gencives chez les mammifères
coïncide ordinairement avec l'époque où le lait commence à
ne plus suffire pour la nourriture du jeune animal, mais il
est très-rare qu'elles se développent toutes en même temps ;
il y a à cet égard de très-grandes différences, et la nature,
dans beaucoup de cas, ne s'est point bornée à donner à
chaque espèce, une fois pour toutes, les dents qui lui sont
propres; il est peu d'animaux, il n'en est même peut-être
point du tout, où quelques-uns de ces organes ne soient renou-
velés : c'est-à-dire, que certaines espèces de dents tombent,
et sont reproduites ou plutôt remplacées, une ou plusieurs

fois, par des dents qui se développent successivement dessous, devant ou derrière elles.

Ces premières dents, qui font place à des dents nouvelles,
sont désignées par le nom de dents de première dentition ou
de dents de lait; et celles qui leur succèdent sont nommées dents de remplacement. Mais ces dénominations, généralement tirées de ce qui s'observe dans l'espèce humaine,
ne doivent point être prises dans un sens rigoureux, quand
elles s'appliquent aux autres mammifères; car chez eux nous
verrons des dents de lait tomber avant la naissance, ou long-
temps après l'âge adulte, et leur inexactitude est bien plus
grande encore pour les reptiles et les poissons, dont le lait ne
fait jamais la première nourriture. Afin d'éviter toute mé-
prise, nous n'emploîrons que les mots de première, seconde,
troisième dentition, etc., nous fondant principalement sur
l'époque de l'apparition des dents.

Cette succession des dents, l'influence qu'elles exercent les
unes sur les autres par leur accroissement, ainsi que sur les
os où elles se développent, la coïncidence de leur apparition avec celles de plusieurs autres parties, et de nouveaux
besoins; les rapports de formes et de nombres entre les
dents des diverses dentitions, etc., seroient de riches sources
d'observations utiles et curieuses : malheureusement on a
commencé à peine à y puiser; encore tout ce qu'on possède
d'un peu exact est tiré des mammifères; les reptiles et les
poissons n'ont été, sous ce point de vue, le sujet d'aucune
recherche, et nous-mêmes ne pourrons exposer que d'une
manière très - sommaire les faits relatifs à ces phénomènes
divers.

Mais, avant d'entrer en matière, je dois indiquer les parties de la bouche où les dents se développent, et les noms
par lesquels ces diverses dents sont communément désignées;
autrement ce qui nous reste à dire, seroit difficilement in-
telligible.

Chez les mammifères il n'y a jamais de dents qu'aux intermaxillaires et aux maxillaires; mais toutes ne prennent pas
naissance dans l'os duquel elles sortent : chez certains rongeurs, celles qui sortent des intermaxillaires, ont leur origine à la partie postérieure des maxillaires, quelquefois au-

delà des arrières-molaires. Les dents des intermaxillaires portent le nom d'incisives, et celles des maxillaires sont nommées
canines, conoïdes, angulaires, petites ou fausses molaires,
et grosses molaires ou mâchelières, suivant la forme de leur
couronne et ses relations avec l'emploi que l'animal en fait.
Les petites molaires et les grosses molaires ont aussi été désignées par les noms de bicuspidées, de tricuspidées, de mul-
ticuspidées, en raison du nombre des tubercules de la couronne : mais, outre que ces désignations ne peuvent convenir
qu'à un petit nombre d'animaux, ce sont les noms d'incisives, de canines, de fausses molaires et de mâchelières que
nous avons employés dans nos descriptions particulières d'animaux, et cette raison suffit pour nous obliger à les employer
encore ici.

Chez les reptiles on peut trouver des dents non-seulement
sur les intermaxillaires et les maxillaires, mais encore sur les
palatins.

Le nombre des parties où se développent les dents se
multiplie à mesure qu'on s'éloigne des mammifères, car les
poissons nous en montrent dans tous les os où nous venons
d'en reconnoître, et de plus sur le vomer, les arcs branchiaux,
la langue, etc. [1]

Dans l'espèce humaine la première dentition a généralement lieu dans l'intervalle du sixième, septième ou huitième
mois, à deux ans ou deux ans et demi, et elle commence
ordinairement par la mâchoire inférieure. C'est la première
incisive[2] qui se montre d'abord, et bientôt après paroît la

---

[1] Nous n'avons à peu près rien dit des dents de poissons, parce
qu'elles n'ont point été étudiées dans leur nature intime, et que nous
n'avons point encore pu nous en occuper suffisamment pour faire connoître et appliquer les phénomènes particuliers qu'elles présentent.

[2] Dans les détails où nous allons entrer, et pour éviter des répétitions
inutiles, nous ne parlerons jamais que d'un côté de l'une ou de l'autre des
mâchoires, et ce que nous dirons pour ce côté sera sous-entendu pour l'autre,
qui lui ressemble entièrement sous tous les rapports ; ensuite nous commencerons toujours à compter les dents de l'extrémité antérieure de toutes
les parties qui portent ces organes : ainsi la première incisive, chez les
mammifères, est celle qui se trouve la plus voisine de la suture par laquelle les intermaxillaires s'unissent, etc. ; et nous devons faire remarquer que nous ne pouvons nous occuper que de la marche ordinaire

seconde , c'est-à-dire que vers la fin de la première année toutes les incisives sont développées. La première dent qui perce les gencives après les incisives, est une molaire mâchelière ; ce n'est qu'après celle-ci que la canine, placée au devant d'elle , se montre, et enfin , cette première dentition se termine par une seconde molaire mâchelière. On doit remarquer que ce sont des mâcheliéres, et non des fausses molaires, qui suivent immédiatement la canine , ce qui est contraire à ce qui s'observe dans la dentition définitive de l'espèce humaine. Mais nous aurons occasion de faire encore remarquer plusieurs fois ce phénomène, qui nous révélera une des lois les plus générales de la nature.

Lorsque l'enfant est entre sa sixième et sa huitième année, les phénomènes de la seconde dentition commencent par le développement d'une troisième molaire mâchelière , plus forte que celles dont nous venons de parler, et même que celles qui la suivront. Ensuite, toutes les dents de la première dentition tombent exactement dans l'ordre où elles ont paru ; les incisives et les canines sont remplacées par des dents de mêmes espèces qu'elles, mais plus fortes et plus larges ; au contraire, les deux premières molaires mâcheliéres ne sont remplacées que par des fausses molaires. Tout ce travail se termine vers la douzième année, et bientôt l'avant-dernière mâchelière se montre. Enfin , la dernière de ces dents, qui porte le nom de dent de sagesse, et qui pourrait caractériser une troisième dentition , se fait apercevoir quelques années plus tard ; on l'a vu même ne paroître que vers la trentième année.

Toutes ces dents de seconde dentition sont formées par les vaisseaux et les nerfs d'un second canal dentaire particulier, qui se développe au-dessous du premier et qui le remplace quand celui-ci s'oblitère à l'époque de la chute des dents qu'il avoit formées, et il est permis de supposer que quelque phénomène analogue a lieu chez les animaux à l'époque où ils changent de dents.

---

du développement des dents, et non point des cas extraordinaires, comme de ces dents développées avant la naissance ou dans l'extrême vieillesse, etc.

Lorsque les dents de première dentition tombent, il se trouve que la plupart d'entre elles n'ont plus leurs racines, et que la partie inférieure de leur couronne est teinte en noir, et couverte d'aspérités, qui semblent être l'effet d'une sorte de corrosion ; mais nous ne nous arrêterons point, pour le moment, à ce phénomène curieux, afin de ne pas interrompre ce qui nous reste à dire sur les différentes dentitions.

Les singes et les sajous présentent à peu près les mêmes observations que l'espèce humaine. Les makis et les insectivores n'ont point été étudiés sous le rapport qui nous occupe ; mais il n'en est pas de même de quelques carnivores : les deux dentitions des chiens et des chats ont été reconnues.

La première dentition du chat consiste, à la mâchoire supérieure, en trois incisives, une canine, une fausse molaire rudimentaire, une carnassière et une petite tuberculeuse, et à la mâchoire inférieure, en trois incisives, une canine, une fausse molaire et une carnassière.

Dans la seconde dentition les incisives et les canines sont remplacées sans aucun changement important et par des dents semblables à elles. Il en est encore de même des deux premières fausses molaires ; mais les carnassières sont remplacées par de secondes fausses molaires, et toutes deux se développent immédiatement après celles-ci, de sorte que, de secondes mâchelières qu'elles étoient à la première dentition, elles passent au troisième rang à la deuxième, c'est-à-dire qu'à la mâchoire supérieure la carnassière a pris la place de la tuberculeuse, qui dans cette seconde dentition s'est montrée la quatrième ou la dernière, et que la carnassière de la mâchoire inférieure s'est développée là où ne se trouvoit aucune dent à la première dentition.

Le chien offre des phénomènes tout-à-fait analogues. Dans sa première dentition il a aux maxillaires supérieurs, trois incisives, une canine, une fausse molaire, une carnassière et une grosse molaire tuberculeuse ; et aux maxillaires inférieurs, trois incisives, une canine, deux fausses molaires et une carnassière.

Comme chez les chats, les incisives et les canines se renouvellent sans changemens, à la seconde dentition, aux deux mâchoires. Vient ensuite immédiatement après la canine, à la mâchoire supérieure, une fausse molaire rudimentaire où il n'y avoit point de dent à la première. La fausse molaire de cette première dentition est remplacée par une dent semblable à elle; la carnassière, par une troisième fausse molaire, et la tuberculeuse, par une carnassière. Enfin, cette tuberculeuse et une seconde plus petite se développent après la carnassière. A la mâchoire inférieure se montre, comme à la supérieure, une fausse molaire rudimentaire après la canine. Les deux fausses molaires de la première dentition sont remplacées par des dents qui leur ressemblent, et la carnassière par une fausse molaire. Cette carnassière reparoit ensuite, avec une grosse tuberculeuse et une tuberculeuse rudimentaire, là où aucune dent ne s'apercevoit à la première dentition.

Il résulte de là que les chats et les chiens, à la seconde dentition, outre un plus grand nombre de dents, ont leurs carnassières beaucoup plus éloignées des canines qu'à la première.

Cette observation peut s'appliquer à tous les autres carnassiers; et le but de la nature, dans cette espèce de transposition des dents les plus importantes à tous les animaux qui se nourrissent de chair, est manifeste : elle a voulu, pour rendre l'action de ces dents toujours puissante, les rapprocher du point d'appui des mâchoires, à mesure que l'accroissement de ces parties de la bouche tendoit à les en éloigner.

Les rongeurs, n'ayant point diverses sortes de mâchelières, ne présentent point les changemens qui s'observent chez les carnassiers. Excepté chez les cabiais, leurs dents de la seconde dentition se développent immédiatement sous celles de la première, et les unes ressemblent entièrement aux autres. Sur ce point les cabiais ressemblent aux éléphans et aux phacochœres.

On n'a point encore vu si les incisives tombent et sont remplacées. Ce qui a été constaté par mon frère, c'est que toutes les espèces de rongeurs qui n'ont que trois molaires, n'ont qu'une seule dentition, et qu'il n'y en a une seconde que pour les espèces qui ont au-delà de ces trois dents, c'est-à-dire pour toutes celles de ces dents qui surpassent ce nombre et qui sont situées antérieurement dans les mâchoires; et un fait

bien remarquable, que mon frère a également constaté, c'est
que les dents de la première dentition des cochons d'Inde
tombent lorsque ces animaux sont encore dans le sein de
leur mère. Chez les espéces du genre Lièvre c'est peu de
jours aprés la naissance que ces dents tombent; et ce phénomène se présente encore pour les incisives rudimentaires, qui,
comme on sait, se développent derrière les incisives principales de tous les animaux de ce dernier genre.

Nous passons immédiatement aux pachydermes, les édentés
n'ayant jusqu'à ce jour offert aucune observation dont nous
puissions faire usage dans le point de vue sous lequel nous
considérons actuellement les dents.

La première dentition de l'hippopotame consiste en deux
incisives et une canine à chaque maxillaire, en trois fausses
molaires et trois mâchelières supérieures, et en deux fausses
molaires et trois mâchelières inférieures. Les incisives et les
canines des deux mâchoires n'éprouvent aucun changement.
La première des trois fausses molaires supérieures tombe et
n'est point remplacée; les deux suivantes sont remplacées
par des dents de même nature qu'elles, et à la première mâchelière succède une fausse molaire ; mais à ce moment-là
même se développe une mâchelière postérieure, de sorte
que, malgré la chute de la première de ces dents, leur
nombre reste toujours le même. La première fausse molaire
inférieure tombe sans reparoître ; les deux qui la suivent
sont remplacées par des dents semblables à elles; et c'est
alors que, comme à la mâchoire supérieure, la dernière
mâchelière se développe.

Nous retrouvons donc chez l'hippopotame ce que nous
avons observé chez les carnassiers, et par les mêmes raisons,
sans doute, la première mâchelière de la première dentition
est remplacée par une fausse molaire à la seconde.

Les phacochæres présentent un mode de changement nouveau qui est semblable à celui du cabiais; leur dernière mâchelière ayant un mouvement d'arrière en avant, il arrive
que, lorsqu'elle est entièrement développée, les deux petites
dents qui la précédoient ont disparu, et elle occupe seule le
maxillaire.

Les éléphans ont aussi le mode de dentition des cabiais et

des phacochæres. Leurs màchelières commencent à se montrer par leur partie antérieure et elles vont en s'avançant d'arrière en avant, d'où il résulte que d'abord ces animaux n'ont qu'une màchelière à chaque maxillaire, puis deux, puis une seule, puis deux encore, etc.; et il paroît que ce mouvement est l'effet du développement successif de huit dents. La première, qui paroît bientôt après la naissance, n'est point encore tombée lorsque la seconde se montre. Vers deux ans celle-ci reste seule; ce qui dure jusqu'à l'apparition de la troisième, qui finit par rester seule à son tour vers la sixième année, et c'est à neuf ans que celle-ci disparoît pour faire place à la quatrième, etc., et il est à remarquer que toutes ces dents se montrent d'abord par leur partie antérieure, qui par là est beaucoup plus tôt usée que la postérieure.

En passant aux chevaux, nous retrouvons le mode de remplacement que nous avons observé d'abord; des dents de seconde dentition, se développant immédiatement sous celles de la première, qui doivent tomber, c'est-à-dire sous les incisives, les canines et les trois premières màchelières; et ce que ces dents nous offrent de particulier, c'est que celles de la première dentition sont plus étroites que celles qui leur succèdent. Les dernières màchelières paroissent quand les premières tombent.

Les ruminans présentent des phénomènes analogues : toutes les incisives et les canines de la première dentition font place à des dents de même nature qu'elles, et des six màchelières qui se trouvent dans chaque maxillaire, les trois premières tombent et sont remplacées par d'autres dents de même espèce, mais moins compliquées. C'est qu'alors aussi les màchelières postérieures, très-compliquées, se développent; ce qui nous rappelle encore ce que nous avons vu chez les carnassiers, etc.

Chez tous ces animaux la plupart des dents de la première dentition. au moment de leur chute, présentent la même observation que celles de l'homme. Leurs racines ont disparu, et aux irrégularités de chacune de ces dents, à leur face inférieure, on diroit qu'elles ont été corrodées, comme le seroit un mélange de différentes substances. moins accessibles les unes que les autres à l'action du corrosif; et des taches ou une teinte noire se font apercevoir dans toute l'étendue de cette face, qui présente des traces si manifestes d'une sorte de corrosion. Elles rappellent très-bien la couleur de la carie des dents ; ce qui a souvent été remarqué.

Plusieurs hypothèses ont été imaginées pour rendre raison de ce singulier phénomène.

L'idée d'un dissolvant s'est naturellement présentée : mais comment auroit-il épargné les parties voisines, et surtout la dent de seconde dentition ?

L'action mécanique de la seconde dent sur la première a aussi été supposée, et de toutes les explications c'est assurément la plus malheureuse. Une dent n'auroit pu en user une autre qu'en s'usant elle-même, et la dent de seconde dentition est toujours dans le plus grand état d'intégrité lorsque la première tombe.

Enfin, on a attribué ce singulier effet à la force d'absorption, et il paroit qu'aujourd'hui c'est l'opinion le plus généralement adoptée, et, je pense, avec raison. Mais, comment n'a-t-on pas été conduit, par des analogies qui me semblent toute-puissantes, à attribuer la carie des dents à la même cause ? Beaucoup d'observations m'ont convaincu que cette cruelle maladie, dans un grand nombre de cas du moins, n'a pas d'autre origine : elle est la conséquence d'un état particulier du bulbe, qui reste dans la dent ; état plus ou moins durable et qu'on parviendroit peut-être à modifier ou à changer entièrement par le secours de remèdes qui lui seroient appropriés.

Ce que nous avons dit jusqu'à présent de la complication des capsules dentaires, de la variété des substances dont beaucoup de dents se composent, des soins qu'a pris la nature de pourvoir au remplacement de celles qui sont destinées à tomber, des diverses places qu'elles occupent, des noms qu'elles ont reçus, laisse déjà apercevoir l'importance de ces organes et la diversité des fonctions qu'ils doivent remplir ; mais on acquiert une idée beaucoup plus étendue de leur destination, quand on les étudie dans leurs formes, dans les relations qu'elles ont entre elles, dans leurs rapports avec le naturel des animaux, etc. : aussi nous reste-t-il à les faire rapidement envisager sous ces divers points de vue.

Lorsqu'on rassemble sous ses yeux toutes les espèces de

dents, on voit qu'elles se réunissent sous un assez petit nombre de formes principales. D'abord chez les unes, comme nous l'avons déjà dit, on n'observe aucune différence entre la racine, c'est-à-dire la partie renfermée dans les os qui portent les dents ou qui y est adhérente, et la couronne ou la partie qui est hors de ces os. Ces dents n'ont point de racines dans l'acception qu'on donne à ce mot ; c'est, à proprement parler, la couronne qui se continue jusqu'à la capsule dentaire, laquelle ne produit jamais que la couronne, tant qu'elle reste libre et active ; circonstance qui a lieu chez quelques animaux durant tout le cours de leur vie. Chez d'autres, au contraire, les racines sont très-distinctes de la couronne : elles sont simples ou complexes, et ne présentent pas en général, dans leurs formes, la constance que l'on rencontre toujours dans les formes de la couronne ; ce qui s'explique naturellement par leur mode de formation.

Considérant ensuite les dents par leur couronne seulement, nous voyons que toutes peuvent se réunir sous trois formes principales, lesquelles se modifient presque à l'infini, se transforment les unes dans les autres, de telle manière qu'il est presque impossible de déterminer rigoureusement le passage d'une forme à l'autre ; aussi n'envisageons-nous cette division que comme un moyen purement artificiel de parler de ces formes sans trop d'obscurité et de confusion, en nous restreignant dans les limites où nous devons le faire. Toutes les couronnes des dents seront donc pour nous coniques, tranchantes ou tuberculeuses.

Les dents coniques varient depuis le cylindre plus ou moins comprimé, terminé par une pointe plus ou moins obtuse, jusqu'à l'ovale. Les unes sont droites, d'autres arquées, d'autres anguleuses, et ce sont celles qui présentent la forme elliptique qui sont les moins communes : on les observe chez les cachalots. Celles qui sont coniques, sont les plus nombreuses. Nous considérons comme telles les canines des carnassiers, les défenses des éléphans, des hippopotames, etc. Enfin, les cylindriques nous sont offertes par les mâchelières des édentés pourvus de dents, etc.

Parmi ces dents on en trouve de deux modes de composition seulement : les unes ne sont qu'osseuses, telles que les molaires du cachalot; car, quoique la partie extérieure de ces dents soit d'une teinte plus blanche que celle du centre, elle n'est point formée d'émail, comme on a pu le croire; elles ne sont l'une et l'autre que d'ivoire. D'autres sont revêtues d'émail, comme les canines des carnassiers, etc.

C'est dans cette classe de dents que se rencontre le plus grand nombre de celles qui sont dépourvues de racines et qui, à cause de l'usage qu'en font les animaux, prennent le nom de défenses; et parmi celles dont la racine est distincte de la couronne, il n'en a encore été observé qu'un très-petit nombre à plusieurs racines, comme les canines des taupes, par exemple.

Les dents tranchantes se présentent sous une forme simple ou sous une forme composée. Nous comptons au nombre des premières les incisives des rongeurs, qui appartiennent autant à la première classe qu'à celle-ci; celles des quadrumanes, des carnassiers, des ruminans, etc., et au nombre des secondes, les fausses molaires et les carnassières des animaux carnivores : encore s'en trouve-t-il plusieurs parmi les premières qui se rapprochent autant des dents coniques que des tranchantes.

Les dents de cette classe se composent toutes d'ivoire et d'émail, et quelques-unes ont du cortical; ces dernières sont les incisives des rongeurs, qui présentent encore cette singulière anomalie de n'avoir d'émail qu'à leur face antérieure. Elles sont à racines simples ou multiples; et ce sont celles des rongeurs seuls qui, par leurs racines, ont le caractère des défenses, c'est-à-dire qu'elles ne se terminent point en racines proprement dites.

Les dents tuberculeuses sont celles qui présentent les formes les plus variées, et toutes sont des mâchelières. Nous considérons comme simples, celles des quadrumanes, les arrière-molaires de quelques carnassiers, les mâchelières des écureuils, des marmottes, des rats, celles du babiroussa . etc.

Les vraies tuberculeuses seront celles des insectivores, etc.

Les composées, celles d'un très-grand nombre de rongeurs, tels que les castors, les pacas, les agoutis, les lièvres, les anœmas, etc.

Les tuberculeuses simples se forment toujours d'ivoire et d'émail, et toutes sont à plusieurs racines.

Il en est de même pour les tuberculeuses proprement dites.

Parmi les tuberculeuses composées il n'en est peut-être point qui, outre l'ivoire et l'émail, n'aient encore le cortical, et parmi elles on en trouve à plusieurs racines, comme celles des castors, des éléphans, des chevaux, des ruminans; et sans racines, comme celles des lièvres et des apéréas, des lagomys, des kérodons, etc.

L'usage que font les animaux de ces dents de formes diverses, est très-varié. Pour les uns elles sont des armes puissantes, à l'aide desquelles ils attaquent leur proie ou l'ennemi qui les menace, ou bien se défendent quand ils sont attaqués. Pour d'autres elles semblent plus particulièrement destinées à retenir la proie qu'ils ont saisie. Celles-ci sont employées à diviser comme des tenailles, celles-là à couper comme des ciseaux. Plus loin c'en sont qui moudent comme les meules d'un moulin, qui triturent comme des pilons dentelés contre des mortiers dentelés eux-mêmes, ou qui broient par un choc simple, une simple pression; et toutes ces formes et ces actions diverses ont pour fin les substances très-variées qui peuvent servir à la nourriture des animaux; nourriture qui est déterminée par la nature même de ces animaux, qui établit leurs rapports avec les autres êtres et l'influence principale qu'ils sont destinés à exercer sur la terre. Aussi rencontre-t-on ces différentes espèces de dents combinées entre elles de plusieurs manières. Des dents coniques, des dents tranchantes et des dents tuberculeuses se trouvent réunies chez plusieurs carnassiers. Chez le plus grand nombre des ruminans nous ne voyons que des dents tranchantes et des tuberculeuses. Les éléphans et les hippopotames n'ont que des dents tuberculeuses et des défenses coniques. Les dents coniques sont les seules que nous observions chez les édentés, les cachalots, les crocodiles, etc., et il n'y a que des dents tranchantes et des dents coniques chez le phoque commun, etc. Nous ne finirions pas, si nous voulions énumérer toutes les combinaisons des diverses formes de dents; ce que nous venons de dire, où il n'a été question de ces formes, et même incomplètement, que dans le point de vue général sous lequel nous avons été forcé de nous restreindre à les envisager, suffira pour faire sentir tout ce que nous pourrions ajouter si nous entrions dans des détails; et de là sort une des considérations les plus importantes pour la zoologie, l'emploi des dents, comme un des signes les plus certains de la nature des animaux et des rapports qu'ils ont entre eux; signes qui sont un des fondemens de la science, puisqu'ils le sont de sa méthode; ou, autrement, de l'ordre des faits et de leurs liaisons, conditions indispensables à l'existence de toute science.

En effet, un des premiers besoins des animaux, une des conditions les plus indispensables de leur existence, c'est de réparer par la nourriture les pertes qu'ils ont éprouvées par l'effet même de l'emploi de leurs organes, de l'exercice de leur vie; et cette nourriture doit nécessairement être appropriée à leur nature spécifique : car tous les animaux se ressembleraient, si tous se nourrissoient absolument des mêmes substances: les mêmes substances ne pouvant réparer que les mêmes pertes. Or, nous savons que les animaux ne se ressemblent point, et qu'ils se nourrissent de substances différentes. Il a donc été nécessaire que chaque espèce fût pourvue de systèmes d'organes propres à agir sur les substances qui sont susceptibles de la nourrir, pour tirer de ces substances ce qu'elles sont destinées à lui fournir, et le premier de ces systèmes est celui qui comprend le canal intestinal ou digestif. Cependant ce canal, si propre à agir puissamment sur les matières alimentaires, a besoin que ces matières lui soient transmises, et sous une forme telle que leur action puisse avoir toute son efficacité. C'est en effet à cette fin que tous les animaux dont nous avons été conduits à parler dans ces recherches, ont encore été pourvus, à l'entrée de leur canal intestinal, d'un appareil particulier d'organes, dont les dents constituent la partie essentielle; de sorte que les dents sont en réalité des intermédiaires entre les substances alimentaires et les organes alimentateurs, et que ces derniers se trouvent seuls placés entre les dents et la nature spécifique des êtres; c'est-à-dire que, de toutes les parties extérieures du corps, les dents sont celles qui ont les rapports les plus directs avec l'essence de l'espèce qui les présente.

Ces raisonnemens seuls auroient pu, sans doute, conduire à employer comme signes naturels des différences de l'organisation, les différences que les dents présentent, lorsqu'on les compare l'une à l'autre : ce n'est cependant qu'empiriquement que j'ai été amené à reconnoître l'importance de ce caractère chez les mammifères ; le raisonnement n'a fait que fortifier ce qu'avoit établi l'observation. Au reste, peu importe par quelle voie la vérité se découvre ; ce qui est essentiel, c'est que l'observation en fasse toujours la base, mais cette observation fidèle, consciencieuse, qu'aucune préoccupation d'esprit n'altère ; la seule qui soit utile et que le temps consacre.

Telle est, autant que j'ai pu m'en assurer, la substance des connaissances anatomiques, physiologiques et zoologiques qu'on possède aujourd'hui sur les dents. Beaucoup étoient acquises depuis long-temps ; nous en devons d'autres à des recherches plus nouvelles, et j'ai dû m'efforcer de les augmenter, afin de remplir au moins quelques-uns des vides nombreux qui empêchent de les réunir dans un corps de doctrine, en les liant expérimentalement et logiquement l'une à l'autre ; et comme la forme de l'exposition que je viens de présenter, ne me permettoit pas de citer, dans le texte, les auteurs qui se sont fructueusement occupés des travaux sur l'anatomie et la physiologie des dents, je vais donner ici les titres des ouvrages spéciaux sur cette matière que j'ai pu consulter.

HUNTER : *Natural history of the teeth* ; in-4.° London, 1771.

LEWIS : *Essay on the formation of the teeth*; in-8.° London, 1772.

BROUSSONNET : Considérations sur les dents en général; Académie des sciences, 1787.

TENON : Mémoire sur une méthode particulière d'étudier l'anatomie; Académie des sciences, an 6.

BLAKE : *An essay on the structure and formation of the teeth*, etc. Dublin, 1802.

FOXE : *The natural history of the human teeth;* in-8.° London, 1803.

DELABARRE : Dissertation sur l'histoire des dents; in-4.° Paris, 1806.

Cuvier : Sur les mâchelières des éléphans, etc. ; Annales du Muséum
   d'histoire naturelle, tome VIII, 1806.

Serres : Essai sur l'anatomie et la physiologie des dents, etc. ;
   in-8.º ; Paris, 1817.

Blainville, Dents ; Nouveau Dictionnaire d'histoire naturelle.
   Paris, 1817.

Rousseau : Dissertation sur la première et la seconde dentition ;
   in-4.º Paris, 1820.

Oudet : Expériences sur l'accroissement continué et la reproduc-
   tion des dents chez les lapins ; in-8.º ; Paris, 1823.

Geoffroy Saint-Hilaire : Système dentaire chez les mammifères
   et les oiseaux, etc. ; in-8.º ; Paris, 1824.

Desmoulins : *Dents* ; Dictionnaire classique d'histoire naturelle.
   Paris, 1824.   (F. C.)

ODONTOLOMA. (*Bot.*) Persoon propose de former sous
ce nom, dans le genre *Peziza*, une division particulière de
cinq espèces remarquables par leurs cupules, dont le bord
est denté ; ces espèces sont : les *Peziza Chailletii*, *Cyathus*, *Coro-
nilla radiata* et *subulata*. Voyez Peziza. (Lem.)

ODONTOLOMA. (*Bot.*) Genre de la famille des plantes
corymbifères, établi par M. Kunth sur un petit arbre de l'A-
mérique méridionale. Sa fleur est composée d'un seul fleuron
hermaphrodite, dont les anthères, débordant la corolle, sont
surmontées d'un appendice. La graine est couronnée d'un
godet membraneux, frangé sur ses bords et caduc. Le réceptacle ou clinanthe est nu. Le périanthe ou péricline, contenant le fleuron unique, est cylindrique, composé de quelques écailles imbriquées, dont les extérieures sont plus petites.
Les feuilles sont alternes ; les fleurs sont rassemblées en petits
paquets, disposées en corymbes. Ce genre a quelques rapports
avec le *turpinia*, dont il diffère par son aigrette. Il est dans
la section des genres à réceptacle nu, à graines aigrettées,
et à fleurs flosculeuses. (J.)

ODONTOMAQUE, *Odontomachus*. (*Entom.*) M. Latreille
a fondé sous ce nom un genre d'insectes hyménoptères comprenant quelques *formica* de Linné et de Fabricius. (Desm.)

ODONTOMYE, *Odontomya*. (*Entom.*) M. Latreille a désigné
sous ce nom de genre quelques espèces de diptères, décrites
sous le nom de *stratiomys* ou de mouches armées. (C. D.)

ODONTOPÈTRES. (*Foss.*) Ce nom a quelquefois été donné aux dents de requin pétrifiées, qu'on appelle plus improprement GLOSSOPÈTRES. (DESM.)

ODONTOPHORUS. (*Ornith.*) Nom latin, donné par M. Vieillot a son genre *Tocro*, caractérisé par un bec glabre à sa base, robuste, très-comprimé sur les côtés, bidenté à chaque bord et vers le bout de sa partie inférieure; enfin, par une queue courte, inclinée, et l'absence d'éperons. (CH.D.)

ODONTOPTERA. (*Bot.*) Gærtner a décrit et figuré (tom. 2, pag. 459, tab. 172) le fruit et l'aigrette d'une plante qu'il nomme *Arctotis sulphurea*, et qui doit certainement former un genre distinct. Ce nouveau genre, que nous proposons de nommer *Odontoptera*, doit être placé, dans notre tableau des Arctotidées-Prototypes, entre l'*Arctotheca* et l'*Arctotis*. Son caractère est d'avoir : 1.° le fruit obpyramidal, subtétragone, garni de poils laineux, bordé extérieurement de deux ailes longitudinales, coriaces - cartilagineuses, denticulées, recourbées sur la face extérieure, qu'elles couvrent incomplétement; 2.° l'aigrette composée de huit squamellules paléiformes, dont quatre plus grandes, ovales - acuminées, dressées, alternant avec les quatre autres, qui sont caduques. Il est évident que les deux ailes dentées du fruit de l'*Odontoptera* représentent les deux loges stériles des vrais *Arctotis*, qui sont ici réduites à deux lames, et qui, dans l'*Arctotheca*, sont encore plus altérées, étant réduites à l'état de simples filets cylindriques ou de nervures saillantes.

Si, comme on doit le croire, Gærtner a bien exactement décrit et figuré son *Arctotis undulata*, il faudroit peut-être encore faire de cette plante un genre particulier, qu'on pourroit nommer *Stegonotus*, qui s'interposeroit entre l'*Odontoptera* et l'*Arctotis*, et qui nous paroîtroit se distinguer suffisamment des vrais *Arctotis* par les caractères suivans: squames extérieures du péricline entièrement appendiciformes, étalées, linéaires-subulées, foliacées, formant une sorte d'involucre ; clinanthe alvéolé, à cloisons tronquées portant des fimbrilles piliformes ; la face extérieure du fruit pourvue de trois saillies longitudinales, laminées, entières, l'une médiaire septiforme, les deux autres latérales valviformes, toutes les trois immédiatement rapprochées par leurs bords extérieurs convergens, de manière à former par leur réunion deux loges vides; aigrette de huit squamellules égales, paléiformes, ovales, denticulées sur les bords. Remarquez qu'il n'y a point d'analogie réelle entre les deux loges vides du *Stegonotus*, formées par la convergence complète des trois saillies, et les deux loges stériles de l'*Arctotis*, qui sont représentées par les deux saillies latérales du *Stegonotus*.

M. Gaudichaud a rapporté de la Nouvelle-Hollande une Synanthérée qu'il a bien voulu nous permettre d'observer, et qui nous a paru appartenir à la tribu des Arctotidées, quoique toutes les autres plantes connues jusqu'à présent dans ce groupe naturel habitent la région du cap de Bonne-Espérance. Cette Arctotidée doit constituer indubitablement un nouveau genre, qu'on pourroit nommer *Cymbonotus*, et qu'il faut placer dans notre tableau entre l'*Arctotheca*, auquel il ressemble par ses fruits glabres, privés d'aigrette, et l'*Odontoptera*, auquel il ressemble par la structure de ces fruits.

La plante de M. Gaudichaud a les feuilles radicales, pétiolées, ovales-lancéolées, tomenteuses et blanches en dessous, les hampes monocalathides, les corolles jaunes : la calathide est radiée, composée d'un disque multiflore, régulariflore, androgyniflore, et d'une couronne unisériée, liguliflore, féminiflore; le péricline et le clinanthe sont à peu près comme dans l'*Arctotheca*; les fruits sont glabres, subglobuleux, irréguliers, absolument privés d'aigrette, analogues du reste à ceux de l'*Odontoptera*, c'est-à-dire, pourvus de deux ailes latérales, épaisses, dures, coriaces-cornées, denticulées sur les bords, recourbées sur la face extérieure du fruit.

L'affinité des Arctotidées-Prototypes et des Calendulées se trouve bien confirmée par la structure des fruits des *Odontoptera* et *Cymbonotus*, très-analogues, sous beaucoup de rapports, aux fruits cymbiformes du *Calendula officinalis*, s'ils étoient retournés sens devant derrière.

La section des Arctotidées-Prototypes se trouve maintenant composée de huit genres disposés ainsi : *Heterolepis, Cryptostemma, Arctotheca, Cymbonotus, Odontoptera, Stegonotus, Arctotis, Damatris.*

Le genre *Apuleja* de Gærtner nous semble pouvoir être

rétabli, en prenant pour type la première espèce, *Apuleja rigida*, qui a les fruits glabres, et en excluant les deux autres espèces, à fruits velus. Ce genre, ainsi restreint, se distingueroit du vrai *Berkheya* : 1.º par son péricline régulier, formé de squames nombreuses, plurisériées, imbriquées, longues, entregreffées, surmontées de très-grands appendices libres, étalés, ovales-lancéolés ; 2.º par les cloisons des alvéoles du clinanthe, prolongées supérieurement en fimbrilles libres, sétiformes ; 3.º par les fruits obpyramidaux, tétragones, glabres, portant une aigrette de squamellules bisériées, égales, linéaires, obtuses, très-entières ; 4.º par les fleurs de la couronne pourvues d'un faux-ovaire et privées de fausses-étamines. Ce genre *Apuleja* seroit placé, dans notre tableau des Arctotidées-Gortériées, entre le *Cullumia*, dont il se rapproche par ses fruits glabres, et le vrai *Berkheya*, auquel il ressemble par presque tous ses autres caractères. (H. Cass.)

ODONTOPTERIS. (*Bot.*) Genre de la famille des fougères, établi par Bernhardi sur l'*ophioglossum scandens*, Linn., et qui n'est autre que le Ramondia, Mirb., et l'Hydroglossum, Willd. Voyez ce dernier mot. (Lem.)

ODONTORAMPHES. (*Ornith.*) Ce nom, et celui de dentirostres, ont été donnés par M. Duméril, dans sa Zoologie analytique, à une famille d'oiseaux de l'ordre des passereaux, qui ont un bec fort, dont les mandibules présentent quelques dentitures très-prononcées sur leurs bords ; tels que les calaos, les momots, les phytotomes, etc. (Desm.)

ODONTORHYNCHÆ. (*Ornith.*) Mœhring a donné cette dénomination aux oiseaux de sa méthode, qui ont les tarses nus et les mandibules dentelées. (Ch. D.)

ODONTOSTEMON. (*Bot.*) Nom donné par M. De Candolle à sa quatrième section du genre *Alyssum*, renfermant les espèces dont les fleurs sont blanches et les filets des quatre grandes étamines munis d'une dent. Il n'y rapporte que l'*alyssum hyperboreum* de Linnæus. (J.)

ODORAT. (*Anat. et Phys.*) Voyez Sens. (F.)

ODORATA. (*Bot.*) Nom donné par Rivin au *scandix odorata*, Linn. (L. D.)

ODORBRION. (*Ornith.*) Dans Gesner ce nom est donné au rossignol, *motacilla luscinia*. (Ch. D.)

ODOSTEMON. (*Bot.*) Ce genre nouveau de M. Rafinesque est reuni par M. De Candolle à celui qu'il a rapporté sous le nom de *mahonia* à la famille des berbéridées, et dans lequel se trouve le *berberis pinnata* de M. Lagasca. (J.)

ODROTOPIS. (*Conchyl.*) Genre proposé par M. Rafinesque, Journ. de phys., t. 88, p. 425, pour les espèces d'hélices qui ont une dent lamelleuse ou carénée sur le spire à l'orifice de l'ouverture; les lèvres ordinairement réfléchies: l'intérieur dilatée et couvrant l'ombilic. Ce sont probablement des carocolles. (De B.)

ODYNÈRE, *Odynerus*. (*Entom.*) Ce nom a été employé par M. Latreille comme propre à indiquer un genre d'insectes hyménoptères de notre famille des ptérodiples, qui comprend quelques espèces de guêpes qui vivent solitaires: telle est la guêpe des murailles, dont Réaumur a décrit les mœurs. Elle dépose dans les trous qu'elle pratique, un certain nombre de chenilles, qu'elle a piquées pour les mettre dans l'impossibilité de se mouvoir et de résister à la larve apode qui doit en faire sa nourriture avant de se métamorphoser en guêpe. (C. D.)

ŒCODOME, *Œcodoma*. (*Entom.*) M. Latreille a substitué ce nom à celui de *atta*, que Fabricius avoit adopté pour désigner un genre d'insectes hyménoptères de la famille des myrméges, remarquable par la forme de leur tête, très-grosse et bilobée en arrière, qui supporte de fortes mandibules dentelées et courbées. Ce sont des insectes des pays chauds. Voyez les articles ATTE, FOURMI (tom. XVII, pag. 512), MYRMÉGES. La principale espèce est la fourmi de visite de Degéer, *Formica cephalotes*. Le mot οικοδομος signifie *architecte*, *constructeur de maison*. (C. D.)

ŒCOPHORE, *Œcophora*. (*Entom.*) Nom employé par M. Latreille pour désigner un genre d'insectes lépidoptères de la famille des séticornes ou à antennes en soie, et de la division des teignes; telle est en particulier celle des grains, *tinea granella*. Voyez TEIGNE. (C. D.)

OEDANI (*Bot.*) Nom du *quisqualis glabra* dans l'île de Java, suivant Burmann. (J.)

OEDEL. (*Ornith.*) L'oiseau que les habitans des iles Ferroé nomment ainsi, et qui est le *querquedula ferroensis* de Brisson, a, depuis, été reconnu pour un jeune de l'espéce du canard à longue queue de Terre - Neuve, *anas glacialis*, Linn., figuré, sous le nom de canard de Miquelon, dans la 1008.ᵉ planche enluminée de Buffon. (Cʜ. D.)

ŒDÉMAGÈNES. (*Entom.*) Ce nom, qui signifie produisant ou engendrant des tumeurs, a été donné aux larves de certains diptères de la famille des astomes ou des Oᴇsᴛʀᴇs. Voyez ce mot. (C. D.)

ŒDÉMÈRE, *Œdemera.* (*Entom.*) Olivier a désigné par ce nom, tiré du grec οιδεῶ et de μερος, qui signifie *qui a les cuisses enflées*, un genre d'insectes coléoptères hétéromérés, de la famille des angustipennes ou sténoptères.

Ce genre se distingue de ceux des Nécydales, des Rhipiphores, des Mordelles et des Anaspes, qui sont remarquables par la jonction du bord interne de leurs élytres; tandis que la suture des élytres n'est pas rapprochée ni dans les Œdémères ni dans les Sitarides. Les antennes des œdémères ont en longueur près de la moitié de celle du corps, et leur corselet est comme étranglé au milieu. Tous ces caractères distinguent parfaitement les Œdémères des autres genres ci-dessus relatés. Nous avons fait figurer une espéce de ce genre sous le n.° 2 de la planche 11 de l'atlas de ce Dictionnaire.

On ne connoit pas les mœurs des insectes de ce genre; on sait seulement que les mâles seuls ont les cuisses renflées. On trouve ces insectes sur les fleurs dans l'état parfait. Les deux espéces les plus communes aux environs de Paris sont,

1.° L'Œᴅᴇ́ᴍᴇ̀ʀᴇ ᴘᴏᴅᴀɢʀᴀɪʀᴇ, *Œd. podagraria.* C'est celle que nous avons fait figurer sur la planche indiquée plus haut.

Car. Noire, à élytres fauves; les cuisses, les jambes des quatre pattes antérieures et la base des cuisses postérieures d'un jaune pâle.

2.° L'Œᴅᴇ́ᴍᴇ̀ʀᴇ ʙʟᴇᴜᴇ, *Œd. cœrulea.*

Car. Bleue; élytres à trois côtes longitudinales, à antennes noires. (C. D.)

ŒDERA. (*Bot.*) Crantz a donné ce nom et celui de *stœrckia* au genre *Dracuena* de Linnæus, qui avoit nommé *Œdera*, un genre tout différent. Voyez Œᴅᴇ̀ʀᴇ. (Lᴇᴍ.)

ŒDÈRE, *Œdera.* (*Bot.*) Ce genre de plantes appartient

à l'ordre des Synanthérées, à notre tribu naturelle des Inulées, et à la section des Inulées-Gnaphaliées, dans laquelle nous l'avons placé entre les deux genres *Disparago* et *Elytropappus* (voyez notre tableau des Inulées, tom. XXIII, p. 565). Nous attribuons à l'*Œdera*, d'après nos propres observations, les caractères génériques suivans.

Calathide cylindracée, complétement couronnée, semi-radiée : disque décem-duodécimflore, régulariflore, androgyniflore; couronne entière, unisériée, octo-décemflore, liguliflore, féminiflore, radiante sur le côté extérieur, non radiante sur le côté intérieur. Péricline subcylindracé, inférieur aux fleurs du disque; formé de squames paucisériées, irrégulièrement imbriquées, appliquées, oblongues-lancéolées ou largement linéaires, coriaces-scarieuses. Clinanthe petit, plan ou conique, garni de squamelles un peu inférieures aux fleurs, linéaires-lancéolées, membraneuses ou scarieuses. Ovaires oblongs, cylindracés ou anguleux, glabres; aigrette tantôt stéphanoïde, courte, membraneuse, denticulée, tantôt composée de squamellules unisériées, courtes, paléiformes, laminées, membraneuses. Corolles du disque à tube hispidule, à limbe quinquélobé, à lobes épaissis, papillulés. Corolles de la couronne a languette très-longue, largement linéaire, entière, sur le côté extérieur de la calathide : très-courte, irrégulière, comme tronquée, semi-avortée, sur le côté intérieur. Étamines à filet greffé à la partie inférieure seulement du tube de la corolle; article anthérifère long et grêle; anthère pourvue d'un appendice apicilaire tronqué au sommet, mais privée d'appendices basilaires. Styles d'Inulée-Gnaphaliée. = Calathides rassemblées en capitules terminaux, solitaires, involucrés; chaque capitule, imitant une calathide radiée, est composé de sept à dix calathides bien distinctes, mais immédiatement rapprochées, presque sessiles ou très-courtement pédicellées : les calathides intérieures ordinairement subdiscoïdes, les extérieures radiées sur le côté extérieur, discoïdes sur le côté intérieur; involucre pericliniforme, composé de bractées foliiformes, imbriquées : calathiphore clinanthiforme, déprimé, plan, tantôt nu, tantôt hérissé de longs poils fimbrilliformes.

Ces caractères génériques ont été observés par nous sur un

26

individu vivant, cultivé au Jardin du Roi, et sur un échantillon sec de l'herbier de M. Desfontaines, rapportés l'un et l'autre à l'*Œdera prolifera*, Linn. Mais les différences que nous avons remarquées entre ces deux plantes, nous persuadent qu'elles appartiennent à deux espèces confondues par les botanistes, et que nous essayerons de distinguer comme il suit.

1.° *Œdera obtusifolia.* L'échantillon de l'herbier de M. Desfontaines nous a offert des rameaux ligneux, couverts de feuilles rapprochées, comme imbriquées, sessiles, demi-embrassantes, courtes, ovales-oblongues, obtuses, subcoriaces, uninervées; les capitules sont grands, solitaires, terminaux, composés chacun d'environ dix calathides semi-radiées, excepté celle du centre, qui est entièrement subdiscoïde; toutes les fleurs femelles de sa couronne ayant leur languette écourtée; chaque capitule est entouré d'un involucre supérieur aux fleurs du disque, presque égal aux fleurs radiantes, formé de bractées squamiformes, imbriquées, lancéolées, subfoliacées, uninervées, ciliées, spinescentes au sommet; le calathiphore est hérissé de longs poils fimbrilliformes; chaque calathide offre un disque de dix à douze fleurs, et une couronne d'environ huit fleurs, dont quatre extérieures radiantes, et quatre intérieures non radiantes; le péricline est formé de squames largement linéaires, coriaces inférieurement, scarieuses supérieurement; le clinanthe est plan, et garni de squamelles linéaires, scarieuses; les ovaires sont longs, grêles, anguleux, surmontés d'une petite aigrette de squamellules unisériées, paléiformes, laminées, membraneuses; les corolles du disque et de la couronne sont jaunes.

2.° *Œdera lanceolata.* L'individu vivant du Jardin du Roi nous a offert des capitules composés chacun d'environ sept calathides semi-radiées, placées sur un calathiphore absolument nu; chaque calathide a le disque composé de dix à douze fleurs, et la couronne composée d'environ dix fleurs, dont les extérieures sont radiantes, et les intérieures non radiantes; le péricline est formé de squames oblongues-lancéolées, coriaces, scarieuses sur les bords et au sommet; le clinanthe est conique, et garni de squamelles un peu inférieures aux fleurs, linéaires-lancéolées, presque membraneuses: les ovaires sont oblongs, cylindracés. glabres, portant une aigrette courte, stéphanoïde, membraneuse, denticulée.

Linné avoit d'abord attribué l'*Œdera prolifera* au genre *Buphthalmum*. Il reconnut ensuite que ce prétendu *Buphtalmum* devoit constituer un genre, qu'il nomma *Œdera*. Nous lisons. dans sa description générique, que le réceptacle commun est paléacé, c'est-à-dire que le calathiphore est garni de bractées squamelliformes. Ce caractère est sans doute inexact, puisque nous avons trouvé le calathiphore nu dans l'*Œdera lanceolata*, et que dans l'autre espèce il étoit seulement hérissé de longs poils fimbrilliformes. Linné dit aussi que l'aigrette est composée de paillettes nombreuses, courtes, aiguës; ce qui prouveroit que la plante observée par lui se rapporte à notre *Œdera obtusifolia*.

La description et la figure faites par Gærtner paroissent aussi se rapporter à l'*Œdera obtusifolia*; car ce botaniste dit que les fruits sont comprimés, striés, et qu'ils portent une aigrette courte, composée de plusieurs paillettes ou folioles linéaires-acuminées. Cependant, sur quelques autres points, ses observations ne s'accordent pas exactement avec les nôtres. En effet, selon Gærtner. le réceptacle commun, c'est-à-dire le calathiphore, seroit pourvu de paillettes linéaires. éparses; le péricline de chaque calathide seroit formé de squames disposées sur un seul rang, élargies de bas en haut, acuminées au sommet; la couronne des calathides extérieures seroit dimidiée. unilatérale, composée de deux ou trois fleurs ligulées, radiantes; les calathides intérieures seroient incouronnées et composées seulement de fleurs toutes hermaphrodites.

L'*Œdera aliena* de Linné fils et de Jacquin est l'*Arnica inaloides* de Vahl: cette plante, qui ne peut appartenir ni au genre *Œdera*, ni au genre *Arnica*, puisqu'elle se rapporte à la tribu naturelle des Arctotidées. est devenue le type de notre genre *Heterolepis*, décrit dans ce Dictionnaire (tom. XXI. pag. 120). L'*Œdera alienata* de Thunberg, confondue avec celle dont nous venons de parler. est une plante fort différente, mais appartenant aussi à la tribu des Arctotidées, et dont nous avons fait notre genre *Hirpicium*, décrit dans le même volume (pag. 238). Nous ne connaissons point l'*Œdera hirta* de Thunberg ; et comme les observations de ce botaniste méritent peu de confiance, nous pouvons dire que, jusqu'à présent, le vrai genre *Œdera* n'admet avec certitude que les deux plantes signalées dans cet article, comme espèces distinctes, sous les noms d'*obtusifolia* et de *lanceolata*, mais qui ne sont peut-être que deux variétés de l'*Œdera prolifera*.

Les anthères de l'*Œdera* sont privées d'appendices basilaires, ce qui fait anomalie dans la section des Inulées-Gnaphaliées. Ce genre est voisin des *Seriphium*, *Stœbe*, etc.; mais il a aussi quelque affinité avec le *Buphthalmum*, et même avec les Anthémidées. (H. Cass.)

ŒDICNÈME. (*Ornith.*) Ce nom, qui signifie *jambe enflée*, a été donné par Belon, Nat. des ois., p. 239, à un oiseau vulgairement connu sous celui de grand pluvier ou courlis de terre, lequel étoit généralement classé parmi les pluviers, *charadrius*, Linn., Illig., et dont Latham a fait une petite outarde, *otis*. Les naturalistes modernes, ayant observé des caractères particuliers dans l'organisation et les mœurs de cet oiseau, ont adopté la dénomination de Belon, et ont établi le genre *Œdicnemus*, qui se distingue par le gonflement qu'offrent les jambes au-dessous du genou, surtout lorsqu'il est jeune, et par le bout du bec renflé en dessus comme en dessous, comprimé à l'extrémité et un peu déprimé à la base. Les fosses nasales, percées de part en part, ne s'étendent que sur la moitié de sa longueur ; le bas des jambes est dénué de plumes, ainsi que les tarses; les trois doigts de devant sont réunis par une membrane jusqu'à la deuxième articulation, et le pouce manque, comme aux pluviers.

On n'a, pendant long-temps, connu qu'une seule espèce de ce genre, laquelle a été associée, d'après des rapports assez frappans, aux outardes et aux pluviers, entre lesquels elle forme une sorte de passage ; mais elle n'a été appelée *courlis de terre* qu'à cause de la similitude de son cri *turrlin, turrlin*, avec celui de ces oiseaux. Cette espèce est l'ŒDICNÈME D'EUROPE, l'*Œdicnemus europœus*, Vieill., ou l'ŒDICNÈME CRIARD, *Œdicnemus crepitans*, de M. Temminck, Man. d'ornith., 2.e édit., p. 521. Elle est figurée dans les planches enluminées de

Buffon, n.° 919, et dans le 13.ᵉ fascicule de l'Ornithologie
allemande de Borkhausen. Sa longueur est d'environ seize
pouces. La base du bec est d'un jaune clair; le reste est noir.
La tête est grosse et couverte, ainsi que les parties supérieures du corps, de plumes d'un roux cendré, avec une
tache longitudinale noirâtre au centre; le plumage des parties inférieures est semblable, mais les teintes en sont plus
pâles; l'espace entre le bec et l'œil, la gorge, le ventre et les
cuisses, sont blancs; les pennes alaires, sur lesquelles on remarque une bande blanche, sont noires; les pennes caudales
extérieures sont rayées transversalement de blanc et de noir,
et les intermédiaires le sont de noirâtre; les plumes anales
sont rousses; les yeux sont grands, et l'iris est jaune, ainsi
que les pieds, qui sont réticulés.

Le haut du tarse, qui a, en général, une forme dilatée
chez les oiseaux à longues jambes pendant leur première année, présente cette particularité d'une manière bien plus
remarquable chez les jeunes de cette espèce, dont les couleurs ne sont point, d'ailleurs, aussi prononcées que chez les
vieux.

Ces oiseaux, plus gros que les bécasses, habitent de préférence
les terres incultes, sablonneuses, où ils vivent de reptiles, de li-
maçons, de sauterelles, de courtilières, de divers autres insectes, et même, selon M. Temminck, de petits mammifères.
On en trouve en assez grand nombre dans les différentes parties
de l'ancien continent, et en France dans les départemens formés
de la Picardie, de l'Orléanais, de la Beauce, de la Cham-
pagne, etc., où ils arrivent avant le printemps et d'où ils partent
au mois de Novembre dans les premières pluies d'automne.
Solitaires et tranquilles pendant le jour, mais très-timides,
ils ne partent que lorsqu'on les fait lever; ils volent alors en
rasant la terre, ou s'enfuient d'une course rapide, après quoi
ils se blottissent contre terre et restent immobiles. Au coucher
du soleil ils se mettent en marche, et ils ne font que crier
pendant la plus grande partie de la nuit. Dans la saison des
amours ils ne pratiquent pas de nids, et la femelle se borne
à déposer dans un creux, sur le sable ou entre des pierres,
deux ou trois œufs fort longs, de couleur cendrée et tachetés
de brun verdâtre. Le mâle, qui ne la quitte point pendant

une incubation d'environ trente jours, l'aide à conduire les petits. qui marchent peu de temps après leur naissance, mais dont, cependant, l'éducation ne paroît pas être hâtive; car ils conservent long-temps leur duvet gris et n'acquièrent que fort tard la faculté de voler. Ces petits passent pour un bon gibier. Le chevalier des Mazy, qui a observé les œdicnèmes à Malte, a mandé à Buffon qu'ils y faisoient régulièrement deux pontes, l'une au printemps et l'autre au mois d'Août.

Le départ de ces oiseaux s'effectue pendant la nuit; ils se réunissent alors en troupes de trois à quatre cents, et ils paroissent se mettre sous la conduite d'un seul.

Il existe au Muséum d'histoire naturelle de Paris trois autres espèces d'œdicnèmes; savoir:

1.° L'Œdicnème du cap de Bonne-Espérance; *Œdicnemus maculatus*, Cuvier, lequel est vraisemblablement le même que l'*œdicnème tachard*, figuré pl. 292 des Oiseaux coloriés de M. Temminck, qui n'a pas joint de description à cette planche. Cette espèce, à peu près de la même taille que l'œdicnème d'Europe, en diffère peu par le plumage et la taille. Elle a du blanc derrière l'œil, aux joues, à la gorge, au pli de l'aile; on voit à la tête, au cou, à la poitrine, au dos, des taches noires longitudinales sur un fond légèrement fauve; le ventre et les cuisses sont grisâtres et offrent quelques taches pareilles à celles ci-dessus: les pennes alaires sont noires, avec du blanc au centre, et les plumes anales rousses; les pennes caudales sont, en dessous, rayées alternativement de noir et de couleur plombée; les jambes et les tarses, dont la teinte peut varier sur l'oiseau desséché, sont jaunâtres sur la planche.

2.° L'Œdicnème a longs pieds; *Œdicnemus longipes*, Geoff. Saint-Hilaire. Cette espèce, de la Nouvelle-Hollande, est la plus grande de toutes; elle a dix-neuf à vingt pouces de longueur. Son bec est noir, et les pieds sont brunâtres chez l'oiseau mort; le front. les sourcils, la gorge, la poitrine et le ventre sont blancs et rayés longitudinalement de noir; le haut de la tête et le dessus du cou sont d'un gris cendré clair, avec de petites raies brunâtres; les grandes pennes alaires sont noires, et la queue. qui est étagée, a les pennes latérales noires et blanches, et les intermédiaires d'un gris clair, avec des bandes transversales et irrégulières d'un gris sombre.

3.° L'ŒDICNÈME A GROS BEC ; *Œdicnemus magnirostris*, Geoff. Saint-Hilaire. Cette espèce, d'environ dix-sept pieds de longueur, a, comme la précédente, le bec noir, mais plus comprimé, plus long et plus gros que celui des autres. Les côtés de la tête présentent trois raies. dont une blanche et deux noires; une tache noirâtre s'étend en longueur sur les côtés du menton; la gorge, la poitrine et le ventre sont blancs sur l'un des individus qui existent au Muséum, et la poitrine est grise, ainsi que le ventre, sur l'autre; les rémiges sont noires et les grandes couvertures des ailes d'un gris blanchâtre; les petites couvertures sont bordées de blanc; les pennes caudales sont grises et non rayées en dessous. Cette espèce a été apportée de la Nouvelle-Hollande, comme la précédente, par les naturalistes qui avoient accompagné le capitaine Baudin, et le second individu qu'on voit au Muséum de Paris, l'a été par MM. Quoy et Gaimard, du voyage du capitaine Freycinet.

Il est aussi fait mention dans la deuxième édition du Manuel d'ornithologie de M. Temminck, p. 520, d'un œdicnème du Sénégal, qu'il dit être un peu différent de celui d'Europe, même pour la longueur des pieds; et cet auteur cite, dans l'analyse de son Système d'ornithologie, l'*œdicnemus grallarius;* mais il ne se trouve pas d'espèces sous ces dénominations au Muséum de Paris. (Cн. **D.**)

ŒDIPUS. (*Mamm.*) Nom latin donné par Linnæus au pinche. (F. C.)

ŒDMANNIA. (*Bot.*) Genre de plantes dicotylédones, encore peu connu, à fleurs papillonacées, de la famille des *légumineuses*, de la *diadelphie décandrie* de Linnæus, offrant pour caractère essentiel, d'après Thunberg: un calice à deux lèvres; la supérieure bifide; l'inférieure sétacée; dix étamines diadelphes.

ŒDMANNIA LANCÉOLÉE ; *Œdmannia lancea*, Thunb., *Prodr.*, 122, et *Act. Holm.*, 1800, pag. 281, tab. 4. Cette plante a des tiges simples, un peu herbacées, glabres, ascendantes, redressées, de couleur brune, longues d'un pied, garnies de feuilles alternes, glabres, lancéolées, longues d'un pouce et demi, très-entières à leurs bords : les pédoncules solitaires, axillaires, uniflores, beaucoup plus courts que les feuilles. Cette plante croit au cap de Bonne-Espérance. (Poir.)

ŒDOGONIUM. (*Bot.*) Link, dans sa Classification des algues, imprimée dans les *Horæ physicæ berolinenses*, propose de placer dans ce genre quelques espèces de prolifères de Vaucher, examinées par M. Léon Leclerc (voyez Mém. mus., Par., 3, pag. 462); il croit ce genre assez caractérisé par les filamens articulés, cloisonnés, dont les articulations se gonflent çà et là et deviennent des conceptacles reproducteurs. L'étude des plantes articulées de la famille des algues est encore tellement obscure, malgré les nombreux travaux modernes, qu'il est extrêmement hardi d'adopter sans un examen approfondi, la foule de genres nouveaux qu'on propose chaque jour, en bouleversant tout ce qui a été fait jusqu'à présent; le genre *Œdogonium* est dans ce cas. (Lem.)

ŒIL. (*Anat. et Phys.*) Organe de la vue ou de la Vision (voyez ce mot), situé au bas du front et à côté de la racine du nez: composé de membranes et d'humeurs qui ont chacune un effet particulier sur les rayons lumineux; logé dans une cavité osseuse nommée *orbite*; mu par des muscles, dont l'action est aussi variée que le mécanisme industrieusement disposé; uni à l'encéphale par un nerf, qui forme, à sa partie postérieure, comme une espèce de pédicule, et qui est le *nerf optique*; tapissé en avant par une membrane muqueuse, qui est la *conjonctive*; etc., etc. Une humeur sécrétée par une glande particulière baigne continuellement le globe de l'œil, c'est l'humeur des larmes; deux voiles ou rideaux mobiles le protègent contre l'action des corps extérieurs, ce sont les *paupières*; etc., etc.

Voyez aux mots Sens et Vision l'exposition détaillée des diverses parties qui composent l'œil et celle du rôle que chacune de ces parties joue dans la vision. (F.)

ŒIL, *Oculus*. (*Ornith.*) Comme on traitera du mécanisme et des fonctions de cet organe au mot Oiseaux, on ne va s'occuper ici que du globe de l'œil et des particularités qu'il présente sous les rapports de la situation, de la grosseur et de la couleur. Les yeux des oiseaux ne sont point placés en avant comme dans l'homme, mais sur les faces latérales de la tête. Ils en occupent la partie antérieure et supérieure au-dessus de l'angle de l'ouverture du bec, chez les hérons, le savacou, les paradisiers, etc., et les parties supérieures et postérieures chez les bécasses ; mais ils sont situés sur la partie moyenne et latérale de la tête dans le plus grand nombre.

Relativement à leur volume, on remarque que , très-gros chez les aigles, les hiboux, les engoulevens, les pluviers, et d'une grandeur proportionnée à celle du corps chez les gallinacés , ils s'écartent de cette proportion chez les canards, les cygnes, les oies, qui les ont fort petits.

La couleur des yeux, c'est-à-dire de l'iris, offre des variations qui peuvent contribuer à la distinction des espèces. Ils sont bruns dans un grand nombre d'oiseaux ; noirs chez la plupart des passereaux ; blancs chez le petit tétras, le maguari ; blanchâtres dans le choucas ; jaunes dans le goéland à manteau gris, le faisan doré, l'éperonnier ; d'un jaune brun dans le cravant ; d'un jaune brillant chez les ducs, les hérons, le cariama, l'huîtrier, le canard garrot ; orangés dans le coucou coua et d'autres espèces du même genre ; de couleur noisette dans le coucou d'Europe, le casse-noix ; rouges dans le canard huppé de la Louisiane, le coq de Bantam, le jaseur ; d'un rouge vif dans le coucou-houhou, le guêpier ; d'un rouge de feu dans le courlis brun ; d'un rouge aurore dans les tourterelles blanches, dans certaines variétés de pigeons ; d'un rouge pâle dans le loriot et plusieurs espèces de grèbes ; bleus dans le geai ordinaire, etc.

La peau ou les membranes dont les yeux sont entourés, offrent aussi des caractères particuliers, qui ne doivent pas être négligés dans les descriptions. Cette peau est nue et rouge chez les perdrix et chez plusieurs faisans ; orangée et en forme de lunette dans le secrétaire, dans la macreuse à large bec, le canard marchand ; d'un beau roux dans l'oie d'Égypte, l'oie armée ; verdâtre dans le courlis brun ; bleuâtre dans la frégate, le couricaca ; noire dans l'yacou. Les hérons et les bihoreaux ont les yeux garnis en dessous d'une peau nue, verdâtre ; le crave, les pigeons polonais, messager, turc, les ont entourés d'un cercle rouge ; chez le marail, ce cercle est roux, et dans le merle et le pluvier coiffé il est jaune. Enfin, l'on voit un grand nombre de papilles éminentes, de couleur écarlate, chez le touraco, et les mêmes papilles sont charnues et sanguinolentes dans le vanneau combattant. (Ch. D.)

ŒIL [Humeurs de l']. (*Chim.*) Voyez Humeurs de l'œil, tom. XXII, pag. 40. (Ch.)

ŒIL. (*Bot.*) Rudiment du bourgeon, synonyme de Bouton. Voyez ce mot. (Mass.)

ŒIL. (*Bot.*) Ce mot, précédant d'autres noms, sert à désigner vulgairement plusieurs espèces de plantes très-différentes. L'*œil-de-bœuf* de nos jardins est l'*anthemis tinctoria*, ou quelque espèce du genre *Buphthalmum*. La grande marguerite des prés. *chrysanthemum leucanthemum*, est aussi nommée *œil-de-bouc*. Le grand pois pouilleux, *dolichos urens* de Linnæus, *mucuna* des modernes, est l'œil-de-bourrique des Antilles, parce que sa graine, grosse et lenticulaire, a la forme d'un gros œil. L'*œil-de-Christ* est l'*aster amellus*; l'*oculus ferus*, cité par Pline, est le mouron à fleurs bleues; le cniquier, *guilandina bonduc*, est nommé *œil-de-chat* à Saint-Domingue, suivant Nicolson. Le nom d'*ægylops*, donné par les anciens à plusieurs graminées et conservé à un genre de cette famille, est synonyme d'*oculus capræ*, œil de chèvre. (J.)

ŒIL-D'AMMON. (*Conchyl.*) Nom marchand d'une espèce d'hélice, *helix oculus capri* de Muller. (De B.)

ŒIL-BLANC. (*Ornith.*) L'oiseau auquel les habitans du cap de Bonne-Espérance ont donné ce nom et celui d'*œil-de-verre*, est la fauvette tchéric, *sylvia madagascariensis*, Lath. (Ch D.)

ŒIL DE BŒUF. (*Ichthyol.*) Nom vulgaire du *sparus grandoculus*, poisson dont nous avons parlé à l'article Daurade. (H. C.)

ŒIL-DE-BŒUF. (*Min.*) Les joaillers allemands donnent ce nom à une variété du felspath opalin dont les reflets sont rembrunis, et qui se trouve en Norwége et en Finlande. Voyez Felspath opalin. (Brard.)

ŒIL-DE-BŒUF. (*Bot.*) Nom vulgaire de la camomille des teinturiers (*antemis tinctoria*, Linn.), et du *buphthalmum*. On le donne aussi quelquefois au *chrysanthemum segetum*. (Lem.)

ŒIL-DE-BŒUF. (*Ornith.*) En divers endroits on appelle ainsi le roitelet, *motacilla regulus*, Linn. (Ch. D.)

ŒIL-DE-BŒUF ou **ŒIL-DE-BOUC.** (*Conchyl.*) Autre dénomination de l'*helix oculus capri* de Muller. (De B.)

ŒIL - DE - BOUC. (*Bot.*) Nom vulgaire de la pyrèthre et de la reine marguerite des prés, deux espèces du genre *Chrysanthemum.* (Lem.)

ŒIL - DE - BOUC. (*Conchyl.*) Les anciens naturalistes françois désignent souvent sous ce nom les coquilles que, depuis Linné, les conchyliologistes ont appelées Patelles. Les marchands nomment encore quelquefois Œil - de - bouc radié, la patelle vulgaire, *P. vulgata;* Œil - de - rubis radié, la P. granulée, *P. granularis.* Voyez Patelle. (De B.)

ŒIL - DE - BOUC [Faux]. (*Conchyl.*) Nom marchand de l'hélice Peson, *H. algira.* (De B.)

ŒIL - DE - CHAT. (*Min.*) On donne ce nom à une variété de quarz hyalin qui, étant taillée en cabochon, présente des reflets soyeux et satinés qui rappellent les teintes de l'iris de l'œil des chats.

Cette pierre est tantôt d'un jaune brunâtre, ou d'un blanc grisâtre; ses chatoiemens sont dus, selon toute apparence, à des filamens d'asbeste droits, parallèles et d'une finesse excessive; telle est au moins l'opinion de plusieurs minéralogistes, et en particulier de M. Cordier : d'autres savans sont d'avis qu'il faut faire une espèce distincte de cette substance; qu'elle est chatoyante par elle-même, et non pas à l'aide d'une substance étrangère; enfin, ils basent particulièrement leur opinion sur ce que l'œil-de-chat se fond sans addition au chalumeau, avec difficulté, il est vrai, ce qui ne l'éloigne pas moins du quarz hyalin, qui est parfaitement infusible. Mais on répond à cette objection que c'est précisément le mélange de l'asbeste qui cause ce commencement de fusion. M. de Bournon, enfin, frappé de l'aspect ligneux que présente souvent le quarz chatoyant, étoit presque d'avis qu'il devoit cette contexture à une substance ligneuse dont il auroit pris la place. L'œil-de-chat contient quatre-vingt-quinze pour cent de silice.

L'œil-de-chat, qui porte aussi dans le commerce le nom vulgaire de chatoyante, se trouve à Ceylan, dans la presqu'île de l'Inde, à Sumatra, au Malabar, en Arabie et en Égypte. Le célèbre voyageur Levaillant l'a rencontré aux environs du cap de Bonne-Espérance. Suivant M. de Bournon, l'œil-de-chat brun avec reflets bleuâtres, qui est le plus estimé, se trouverait, en effet, sur la côte de Malabar, tandis que celui que sa teinte verdâtre rapproche du jeu de couleur de la cymophane, se trouverait à Ceylan.

Cette pierre ne se rencontre guère que sous un petit volume. Il est rare d'en voir qui surpasse la grosseur d'une aveline; elle se taille en cabochon, qui est la forme la plus favorable à ses reflets : quelques têtes de singes, gravées dans l'Inde en grand relief sur cette pierre, sont assez recherchées par les amateurs de ces sortes de curiosités. Voyez QUARZ HYALIN CHATOYANT. (BRARD.)

ŒIL-DE-CHAT. (*Min.*) Les meuniers et les fabricans de meules de moulin faites avec le silex molaire, donnent ce nom à une qualité particulière de cette pierre. (BRARD.)

ŒIL-DE-CHAT. (*Bot.*) Nom du fruit du *bonduc*, aux îles. (LEM.)

ŒIL-DE-CHEVAL. (*Bot.*) L'aunée (*inula helenium*) est ainsi nommée dans quelques cantons. (LEM.)

ŒIL-DE-CHÈVRE. (*Bot.*) C'est l'*apylops ovata*, Linn. (LEM.)

ŒIL-DE-CHIEN. (*Bot.*) Nom vulgaire du *psyllium*, espèce de plantain; d'une conyse, *conysa squarrosa*, et d'un gnaphale, *gnaphalium divicum*, plus connu sous le nom de pied-de-chat. (LEM.)

ŒIL-DE-CHRIST. (*Bot.*) On a ainsi nommé l'*aster emellus* et l'*inula oculus Christi*. (LEM.)

ŒIL-DE-CORNEILLE. (*Bot.*) Espèce d'agaric de la famille des *peaux douces* de Paulet, et décrit par cet auteur (Traité des champ., 2, pag. 196, pl. 89, fig. 4, 5). Ce champignon paroît être le *fungus* n.° 39 de Vaillant (*Bot. Paris.*) : il est petit, tout noir, d'un pouce de hauteur sur une largeur égale. On le nomme dans les campagnes *œil-de-corneille*, à cause de sa ressemblance avec l'œil noir de cet oiseau. Cet gaaric, qu'il est difficile de rapporter à un de ceux décrits par Fries ou par Persoon, croît aux environs de Paris et surtout de Nevers : il est fort dangereux et a causé des accidens fort graves. On l'emploie pour empoisonner les rats. (LEM.)

ŒIL-DU-DIABLE. (*Bot.*) Nom vulgaire de l'adonide d'été, dont la fleur est d'un rouge de feu. (L. D.)

ŒIL-DE-DRAGON. (*Bot.*) C'est dans nos colonies orientales l'un des noms du fruit du litchi longanier. (Lem.)

ŒIL-DU-JOUR ou PAON-DE-JOUR. (*Entom.*) Nom vulgaire d'un papillon de jour, que Fabricius a placé dans le genre Vanesse. (Desm.)

ŒIL-DE-LOUP. (*Foss.*) Ce nom a été donné à certaines pétrifications, qu'on a regardées comme étant des palais de poissons, et qu'on a aussi nommées Crapaudines et Bufonites. (Desm.)

ŒIL-DU-MONDE. (*Min.*) Les anciens minéralogistes et les amateurs du même temps avoient été si frappés de la propriété dont jouit l'hydrophane, d'acquérir de la transparence dans l'eau, qu'ils l'avoient décorée de ce surnom emphatique et ridicule; aujourd'hui, où l'on ne voit dans ce phénomène qu'une simple application d'une des lois de la physique, l'œil-du-monde trouve sa place entre le silex calcédoine et l'opale. Cette pierre est cependant encore assez recherchée, surtout quand l'augmentation de sa transparence est accompagnée des couleurs de l'iris.

Les bonnes hydrophanes viennent de Hongrie; mais il s'en trouve aussi en Islande, en Saxe, en Bohême et aux environs de Turin. On les monte à jour en bagues, et elles sont assez estimées dans le commerce. Voyez Silex hydrophane. (Brard.)

ŒIL-DU-MONDE. (*Min.*) Ces petites coques de calcédoine recèlent une goutte d'eau, qui se meut dans leur intérieur à la manière du liquide d'un niveau à bulle; elles ont encore été nommées œil-du-monde, et tiennent un rang distingué dans la série des curiosités minéralogiques, surtout quand la goutte d'eau qu'elles renferment est volumineuse et mobile à la fois. On en trouve de fort belles dans les déjections volcaniques du Vicentin, de l'Islande et de Féroë. Voyez Silex calcédoine enhydre. (Brard.)

ŒIL-DE-L'OLIVIER. (*Bot.*) Voyez *Agaric de l'olivier*, n.° 5, à l'article Fonge. (Lem.)

ŒIL-D'OR. (*Ichthyol.*) Nom spécifique d'un poisson du genre Chénilabre, que nous avons décrit dans ce Dictionnaire, tome XI, pag. 390. (H. C.)

ŒIL-D'OR. (*Ornith.*) En Angleterre on donne ce nom, *golden ey*, au canard garrot, à cause de la couleur d'or de son iris. (Cʜ. D.)

ŒIL DE PAON. (*Ichthyol.*) Nom vulgaire d'un chétodon, *chætodon ocellatus.* Voyez Cʜéᴛᴏᴅᴏɴ. (H. C.)

ŒIL-PEINT. (*Ornith.*) Ce nom, qui se trouve dans le Dictionnaire universel des animaux de La Chesnaye-des-Bois, désigne l'oiseau du Mexique dont il est parlé dans Fernandez, chap. 71, c'est-à-dire l'*yxcuicuil* ou *oculus pictus*, lequel est de la taille et à peu près de la couleur du moineau commun et vit en cage, où il fait entendre un chant agréable. (Cʜ. D.)

ŒIL-DE-PERDRIX. (*Bot.*) Un des noms vulgaires de l'adonide d'été et d'une espèce de scabieuse, *scabiosa columbaria.* (L. D.)

ŒIL-DE-PERDRIX. (*Min.*) Différentes roches ont reçu le surnom d'œil-de-perdrix. A Naples et à Rome on donne ce nom à une lave grise qui contient un grand nombre d'amphigènes blancs, dont le centre est occupé par un fragment de la même lave grise. A Rome, et chez la plupart des marbriers italiens, l'*occhio di perdice* est une roche antique fort estimée, que l'on ne rencontre qu'en petits blocs dans les ruines de l'ancienne Rome ; sa base est un felspath grenu brunâtre, qui contient une multitude de lames de mica bronzé, dont l'aspect rappelle assez bien le plumage de la perdrix. Enfin, dans les carrières de meules de moulin des environs de Nevers, on donne le nom d'œil-de-perdrix à une certaine qualité de silex molaire d'un gris argentin, qui est renommé pour ses bonnes qualités. Voyez Sɪʟᴇx ᴍᴏʟᴀɪʀᴇ. (Bʀᴀʀᴅ.)

ŒIL-DE-POISSON. (*Min.*) Les lapidaires ont successivement appliqué cette dénomination à des quarz laiteux ou chatoyans, à l'opale commune, et à certaines calcédoines ; aujourd'hui c'est particulièrement au felspath adulaire chatoyant, qui présente un reflet d'un blanc laiteux légèrement bleuâtre et verdâtre, qu'ils appliquent cette dénomination bizarre. C'est encore à cette même substance qu'ils donnent le nom de *pierre de lune.* Le Saint-Gothard a été pendant assez long-temps le seul gîte de l'œil-de-poisson des joailliers ;

mais M. Leschenaud de la Tour en a rapporté de beaucoup plus magnifiques de l'île de Ceylan. Voyez Felspath adulaire nacré. (Brard.)

ŒIL ROUGE. (*Ichthyol.*) Voyez Rotengle. (H. C.)

ŒIL-DE-SAINTE-LUCIE. (*Conchyl.*) On donne ce nom à l'opercule d'un Sabot des Indes, qu'on appelle aussi Nombril de Vénus, Pierre de sainte Marguerite, Fève marine, etc. (Desm.)

ŒIL-DE-SERPENT. (*Foss.*) On donnoit autrefois cette dénomination à certaines dents pétrifiées, et particuliérement à celles de l'*anarchicas lupus*, suivant M. Desmarest. Ces dents globuleuses, usées et polies, présentent des cercles concentriques diversement colorés, qui représentent assez bien la prunelle de l'œil de certains animaux. Ces dents pétrifiées, auxquelles on donnoit aussi le nom de crapaudines, faisoient partie des amulettes, et on leur accordoit une infinité de vertus merveilleuses et médicinales. Voyez Glossopètres. (Brard.)

ŒIL-DE-SOLEIL. (*Bot.*) Un des noms vulgaires de la matricaire à fleurs simples. (Lem.)

ŒIL-DE-VACHE. (*Bot.*) Les habitans de la campagne désignent ainsi les *anthemis arvensis* et *cotula*, espèces de Camomilles. (Lem.)

ŒIL-DE-VACHE. (*Malacoz.*) Nom marchand de l'Hélice glauque. (Desm.)

ŒIL-DE-VERRE. (*Ornith.*) Ce nom populaire paroît avoir été donné par les Provençaux aux plongeons, en ce qu'ils semblent avoir une lunette d'approche, qui leur facilite les moyens d'apercevoir de loin le chasseur prêt à les tirer. Voyez Œil-blanc. (Ch. D.)

ŒILLÉ, *Ocellatus*. (*Ichthyol.*) Nom spécifique de plusieurs poissons de genres différens. Voyez Argus, Callionyme, Chétodon, Pleuronecte, Squale, Labre. (H. C.)

ŒILLÈRE. (*Ichthyol.*) Nom spécifique d'un poisson du genre Bodian. C'est le *sparus palpebratus* de Linnæus. Voyez Bodian et Spare. (H. C.)

ŒILLÈRES [Dents]. (*Mamm.*) Les canines supérieures de l'homme ont reçu ce nom sans doute à cause de leur position au-dessous des yeux. (Desm.)

ŒILLET, *Dianthus*, Linn. (*Bot.*) Genre de plantes dicoty-

lédones polypétales, de la famille des *caryophyllées*, Juss.,
et de la *décandrie digynie*, Linn., dont les principaux caractères sont, d'avoir : un calice monophylle, cylindrique, persistant, à cinq dents, muni à sa base de deux à quatre
écailles opposées; une corolle de cinq pétales, à onglets de
la longueur du calice et à limbe plan, arrondi; dix étamines,
à filamens subulés, élargis à leur sommet, terminés par des
anthères ovales-oblongues; un ovaire ovale-oblong, surmonté
de deux styles plus longs que les étamines; une capsule uniloculaire, s'ouvrant par le sommet et contenant des graines
nombreuses, comprimées, attachées à un réceptacle central.

Les œillets sont des plantes herbacées, vivaces ou an-
nuelles, à feuilles opposées, entières, et à fleurs terminales,
agrégées ou solitaires. On en connoît aujourd'hui plus de cent
espèces, dont cinquante et quelques croissent en Europe,
une quarantaine habite l'Asie; sept ont été trouvées en
Afrique; une seule jusqu'à présent a été recueillie en Amérique, et la patrie d'une douzaine d'autres n'est pas connue.

Toutes ces plantes ont de jolies fleurs; aussi plusieurs sont-
elles cultivées pour l'ornement des jardins, et une espèce
surtout, qui, naturellement, étoit déjà une des plus belles,
a reçu, des jardiniers et des fleuristes, des soins particuliers,
qui l'ont encore embellie.

Le nom latin de l'œillet, *dianthus*, signifie fleur divine, fleur
de Jupiter, Διος ανθος. Les anciens, cependant, ne paroissent pas l'avoir connu. *Tunicus flos* est le premier nom sous
lequel il soit mentionné dans un manuscrit (*De simplicibus*),
composé dans le 15.ᵉ siècle, par un certain Mainfroy; le nom
d'*ocellus barbaricus*, qu'il reçut ensuite, sembleroit indiquer
qu'il a été apporté d'Afrique; et si cela est, ce ne peut être
que quelque variété déjà embellie par la culture, car l'œillet
sauvage croit naturellement dans le Midi de la France. Son
odeur, analogue à celle du girofle, lui a fait donner par J.
Bauhin et Tournefort le nom de *caryophyllus*.

* *Fleurs agrégées.*

ŒILLET BARBU, vulgairement ŒILLET DE POÈTE; *Dianthus bar-
batus*, Linn., *Spec.*, 586. Ses racines sont fibreuses, vivaces;
elles donnent naissance à plusieurs tiges, d'abord couchées

à leur base, ensuite redressées, hautes d'un pied ou environ, garnies de feuilles nombreuses, lancéolées, amplexicaules, d'un vert foncé, glabres. Ses fleurs sont panachées de rouge et de blanc, disposées en faisceau terminal; les écailles, qui entourent la base de leur calice, sont aussi longues que celui-ci, ovales à leur base, et prolongées en une longue pointe subulée. Cette espèce croît naturellement dans les lieux secs et stériles du Midi de la France, en Italie, en Autriche, etc. On la cultive depuis long-temps dans les jardins, où elle est encore connue sous les noms d'*œillet bouquet*, de *bouquet parfait*, de *jalousie*. Elle a produit quelques variétés doubles ou simples, qui se distinguent particulièrement par les nuances dans les couleurs, qui sont d'un beau rouge, roses, blanches ou panachées. Ses fleurs paroissent en Juin et Juillet. Cette plante se multiplie de graines, qu'on sème au printemps dans des pots ou dans une plate-bande bien labourée et amendée avec du terreau de vieilles couches. Lorsque le jeune plant est assez fort, on le repique en pépinière et on le met en place au printemps suivant, parce qu'il ne fleurit que la seconde année. On multiplie les variétés doubles en éclatant les racines des vieux pieds ou en en faisant des boutures. L'œillet de poëte est très-propre à garnir les plates-bandes des parterres; il y produit un joli effet par ses gros bouquets de fleurs, et par le mélange agréable de leurs couleurs.

ŒILLET TRÈS-JOLI; *Dianthus pulcherrimus*, Lois., Herb. de l'amat., n.º 460. Les racines de cet œillet sont fibreuses, vivaces; elles donnent naissance à une ou plusieurs tiges droites, hautes seulement de trois à quatre pouces, garnies de feuilles très-rapprochées les unes des autres, ovales-cunéiformes, glabres, d'un vert gai, légèrement ciliées en leurs bords et semi-amplexicaules. Les fleurs sont larges de six à sept lignes, d'un beau rouge cramoisi, avec un cercle blanc dans le centre, rapprochées et serrées en faisceau au sommet des tiges, où elles forment une cime d'un très-joli aspect; elles ont une odeur agréable, assez analogue à celle de l'œillet des jardins, mais plus foible. Le calice est environné à sa base par six à huit écailles foliacées, ovales-oblongues, opposées en croix et se terminant en pointe subulée. Cette espèce n'est connue

35.   27

que depuis peu de temps; nous l'avons vue dans le jardin de M. Noisette, qui l'a reçue, il y a trois ans, d'Angleterre, comme originaire de la Chine. On la cultive en pot dans du terreau de bruyère, et on la rentre dans l'orangerie pendant la mauvaise saison. Elle se multiplie de racines éclatées. Ses fleurs paroissent en Juin et Juillet; elles font un joli effet: mais c'est une exagération de la part des fleuristes anglois, d'avoir donné à la plante le nom de *dianthus pulcherrimus*.

ŒILLET DES CHARTREUX; *Dianthus carthusianorum*, Linn., *Spec.*, 586. Sa tige est droite, grêle, un peu scabre et anguleuse, haute d'un pied ou environ, garnie de feuilles étroites, subulées, hérissées en leurs bords, formant à leur base une gaine, qui se prolonge un peu au-dessus de chaque nœud. Ses fleurs sont rouges dans la plante sauvage et ordinairement rapprochées cinq ensemble dans chaque faisceau terminal. Le calice est coloré, comme ferrugineux, environné à sa base par des écailles moitié plus courtes que son tube, ovales, élargies, membraneuses en leurs bords, et terminées en pointe aiguë. Cette espèce croît naturellement dans les terrains secs et découverts en France, en Allemagne, en Suisse, en Italie, en Sicile, etc. On la cultive dans quelques jardins, où on lui donne, comme à l'œillet barbu, le nom de *bouquet parfait*. Elle demande les mêmes soins. La culture a fait varier la couleur de ses fleurs du rouge au blanc et dans les nuances intermédiaires. Elle fleurit en Juin et Juillet.

ŒILLET ARMÉRIA: *Dianthus armeria*, Linn., *Spec.*, 586; *Fl. Dan.*, t. 230. Sa tige est droite, glabre, articulée, un peu rameuse, haute de dix à douze pouces, garnie de feuilles linéaires, molles, verdâtres, ciliées à leur base. Ses fleurs sont rouges, réunies trois à quatre ensemble en un faisceau terminal; les calices et les écailles placées à leur base, sont velus. Cette plante est commune en France, dans les bois et les lieux stériles; on la trouve aussi en Suisse, en Italie, en Allemagne, en Angleterre, etc.: elle est annuelle.

**** *Fleurs solitaires*.**

ŒILLET DES ALPES; *Dianthus alpinus*, Linn., *Spec.*, 590. Sa racine est ligneuse, vivace; elle produit plusieurs tiges simples, articulées, hautes de trois à quatre pouces, terminées par une seule fleur assez grande, d'un pourpre foncé, quelquefois mêlé de blanc, et d'une odeur agréable. Les feuilles sont lancéolées-linéaires, lisses, d'un vert foncé et disposées en gazon au bas de la plante ; les tiges sont garnies de deux ou trois paires de feuilles plus étroites que les radicales. Cette espèce croît naturellement dans les pâturages des montagnes alpines, en France, en Allemagne, en Suisse, en Italie, etc.

ŒILLET DE LA CHINE; *Dianthus chinensis*, Linn., *Spec.*, 588. Ses tiges sont droites, cylindriques, articulées, rameuses, hautes de huit à douze pouces, garnies de feuilles lancéolées, glabres, d'un beau vert, connées à leur base. Les fleurs sont d'un rouge vif ou panachées de blanc, simples ou doubles, selon les variétés, solitaires à l'extrémité de chaque rameau, mais formant par leur nombre une sorte de panicule. Les pétales sont crénelés. Cette plante, originaire de la Chine, est cultivée depuis long-temps dans les jardins. On la multiplie de graines qu'on peut semer en pleine terre, à une bonne exposition et dans une plate-bande bien amendée avec du terreau. Lorsque le plant est assez fort, on le repique en place. La plante n'est que bisannuelle : elle fleurit en Juillet, Août et Septembre.

ŒILLET DE MONTPELLIER ; *Dianthus monspeliacus*, Linn., *Spec.*, 588. Sa racine est fibreuse, vivace; elle produit une tige redressée, haute d'un pied ou environ, garnie de feuilles étroites, graminiformes, de couleur verte. Ses fleurs sont purpurines, à pétales ayant leur limbe élargi, divisé en lobes linéaires, disposés comme les doigts de la main et ne pénétrant pas jusqu'au milieu du limbe. Les écailles calicinales sont lancéolées, aiguës et atteignent au moins à la moitié de la longueur du calice. Cette espèce croît dans les bois des Alpes, des Pyrénées et des montagnes d'Auvergne.

ŒILLET MIGNARDISE, vulgairement MIGNARDISE ; *Dianthus plumarius*, Linn., *Spec.*, 589. Sa racine est fibreuse, vivace; elle produit plusieurs tiges couchées et étalées à leur base, ensuite redressées, hautes de huit à dix pouces, terminées par deux à trois fleurs d'un rose pâle et qui exhalent une odeur musquée très-agréable. Ses feuilles sont linéaires, d'un vert glauque, les radicales disposées en gazon. Le calice n'est accompagné à sa base que de deux écailles ovales, courtes, terminées en pointe. Les pétales sont légèrement pubescens à la base de leur limbe, et partagés jusqu'au tiers de leur longueur en lobes linéaires. Cette espèce est indiquée comme croissant naturellement dans les pâturages des montagnes du Midi de la France. On la cultive depuis long-temps dans les jardins, où on l'emploie principalement à faire des bordures, qui sont du plus joli effet lorsqu'elles sont en fleurs, et qui joignent à l'avantage de charmer les yeux, celui de répandre un doux parfum. On en a plusieurs variétés simples ou doubles, purpurines, roses ou blanches, avec ou sans taches d'un pourpre foncé et velouté dans le centre. On nomme la variété marquée de taches d'un pourpre foncé à la gorge, *mignardise couronnée*. La variété à fleurs blanches est délicate. On multiplie ordinairement cette plante en éclatant les vieux pieds; on peut aussi la multiplier de marcottes et de graines.

Œillet superbe: *Dianthus superbus*, Linn., *Spec.*, 589; *Fl. Dan.*, t. 578. Sa racine est vivace, fibreuse; elle produit ordinairement plusieurs tiges, hautes de douze à quinze pouces, ramifiées dans leur partie supérieure, portant plusieurs fleurs pédonculées, disposées en corymbe lâche. Ses feuilles sont lancéolées-linéaires, glabres, d'un vert gai. Ses fleurs sont d'un rose pâle, quelquefois entièrement blanches, larges de deux pouces, remarquables par leurs pétales élégamment laciniés et divisés, au-delà de la moitié de leur largeur, en découpures linéaires. Leur calice est muni à sa base de quatre écailles ovales, courtes et un peu prolongées en une pointe aiguë. Cette espèce croit naturellement dans les bois et les pâturages des montagnes en France et dans une grande partie de l'Europe. Elle fleurit en Juillet et Août.

Cet œillet a été long-temps négligé dans les jardins. Cependant c'est une des plus jolies espèces du genre, et ses fleurs joignent à l'élégance des formes, le charme d'un doux parfum, qui se fait surtout sentir le soir et la nuit. Tragus, qui ne l'avoit vu que dans les lieux où il croît sauvage, avoit été tellement frappé de la beauté et de l'élégance de ses fleurs, qu'il l'avoit désigné sous le nom de *superba*, dénomination sans doute exagérée, mais qui paroît avoir été la cause du nom spécifique qui lui a été imposé par Linné. Cette plante est d'une culture facile ; on sème ses graines, aussitôt leur maturité ou au printemps suivant, dans une terre franche un peu légère, bien meuble et qu'on arrose lorsque le temps est sec. Lorsque le plant est assez fort, on le met en place. Les pieds peuvent vivre plusieurs années de suite, mais il vaut mieux les renouveler de graines tous les ans.

ŒILLET SAUVAGE; *Dianthus sylvestris*, Jacq., *Icon. rar.*, t. 82. Sa racine est un peu ligneuse ; elle produit une tige droite, glabre, haute de huit à quinze pouces, tantôt simple et uniflore, quelquefois divisée en deux à trois rameaux, terminés chacun par une fleur. Les feuilles sont linéaires, aiguës, glauques, nombreuses et ramassées en gazon à la base des tiges ; celles des tiges sont élargies à leur base et subulées. Les fleurs sont rougeâtres, crénelées, inodores, munies à leur base de quatre écailles ovales, dont les deux intérieures obtuses, et les deux extérieures, un peu plus pointues, placées à trois ou quatre lignes du calice. Cette espèce croît parmi les rochers des Alpes, en France, en Suisse, en Allemagne, etc.

ŒILLET GIROFLÉE, ŒILLET DES FLEURISTES, ou vulgairement l'ŒILLET : *Dianthus caryophyllus*, Linn., *Spec.*, 587 ; Lois., *Herb. de l'amat.*, n.° et t. 383, 384. Sa racine est ligneuse, de la grosseur du petit doigt ; elle produit une ou plusieurs tiges étalées à leur base, ensuite redressées, lisses, cylindriques, noueuses d'espace en espace, plus ou moins rameuses à leur partie supérieure, hautes de quinze pouces à deux pieds, d'un vert glauque, ainsi que les feuilles et les calices. Ces tiges sont garnies à chaque nœud de deux feuilles opposées, sessiles, linéaires-lancéolées, canaliculées, très-aiguës à leur sommet. Ses fleurs sont pédonculées, solitaires à l'extrémité de chaque rameau, douées d'un parfum délicieux, d'une couleur pourpre ou plus ou moins foncée dans la plante sauvage ; mais nuancées ou panachées d'une infinité de manières dans les nombreuses variétés cultivées dans les jardins, qui, d'ailleurs, sont encore remarquables par la multiplication plus ou moins considérable des pétales. Les écailles, placées à la base du calice, sont ovales et très-courtes. Cette belle espèce est indigène de la France ; on la trouve croissant spontanément dans les fentes des rochers et des vieux murs de plusieurs de nos départemens du Midi : elle croît aussi en Espagne, en Italie.

Comme la rose, l'œillet réunit à l'élégance des formes, à la beauté et à la richesse des couleurs, les charmes d'un doux parfum; aussi, malgré la multitude de plantes exotiques qui depuis un certain nombre d'années sont venues embellir nos jardins, aucune de ces nouvelles venues n'a fait oublier l'œillet; beaucoup d'amateurs lui consacrent encore tous leurs soins; il est chéri des belles : elles aiment à le mêler avec la rose pour parer leurs charmes. Des rois et des princes n'ont pas dédaigné de le cultiver de leurs propres mains.

Réné d'Anjou, qui avoit été roi de Naples, et qui sut se consoler en Provence de la perte de son trône par l'étude des lettres et en s'occupant à faire fleurir l'agriculture, le commerce et les arts, aimoit beaucoup les fleurs, et particulièrement les œillets. Ce prince paroît s'être occupé le premier à les cultiver, et on lui est, dit-on, redevable de la connoissance des procédés convenables à la culture de ces plantes.

Le grand Condé, prisonnier à la Bastille pendant les troubles de la minorité de Louis XIV, s'y amusoit à cultiver des œillets. Mademoiselle de Scudéri fit à ce sujet les vers suivans :

> En voyant ces œillets qu'un illustre guerrier
> Cultive d'une main qui gagna des batailles,
> Souviens-toi qu'Apollon a bâti des murailles,
> Et ne t'étonne plus que Mars soit jardinier.

Dans l'état de nature, l'œillet n'est pas délicat, puisque dans le Midi de la France et de l'Europe il croît dans les lieux pierreux, sur les collines sèches, arides, et même entre les fentes des rochers et des vieux murs. Il est vrai que dans cette situation sauvage il n'a pas d'aussi belles fleurs et des couleurs aussi brillantes; mais le parfum qu'elles répandent égale celui des plantes cultivées, peut-être même est-il plus pénétrant. Comme c'est pour avoir les plus belles fleurs possibles que l'on cultive l'œillet dans les jardins, on doit choisir la terre qui lui est la plus avantageuse, et lorsque celle naturelle au jardin ne lui convient pas, il faut en préparer une particulière. On emploie ordinairement à cette composition la terre franche des potagers, celle d'alluvion, charriée par les inondations, le terreau formé dans le creux des vieux saules, celui provenant des vieilles couches faites avec des feuilles, avec des fumiers de cheval ou de vache bien consommés; enfin, les terres tirées des marais ou des tourbières, passent pour être les meilleures pour les œillets, et c'est à la nature de ce genre de terrain, commun en Flandre, qu'on attribue la supériorité des œillets flamands sur ceux des autres pays. Quoi qu'il en soit, lorsqu'on compose sa terre pour des œillets avec plusieurs sortes de terres, il faut avoir le soin de les faire bien mêler ensemble et de les laisser mûrir en tas pendant un an à dix-huit mois avant de s'en servir.

Les œillets peuvent se multiplier de graines, de marcottes, de boutures et par la greffe. Comme ce n'est qu'en semant qu'on obtient de nouvelles variétés, l'amateur, qui a le temps et la patience, peut varier ses jouissances à l'infini.

Les meilleures graines sont presque toujours celles qu'on recueille soi-même. Les œillets simples ou semi-doubles sont les seuls qui en donnent; les très-doubles n'en peuvent produire, toutes leurs étamines étant changées en pétales, et si l'on parvient quelquefois à leur en faire porter, ce ne peut être que par une fécondation empruntée à un autre œillet à fleur simple, dont on prendra les étamines pour secouer la poussière des anthères sur les stigmates de la fleur double, lorsque les organes femelles de celle-ci, l'ovaire, les styles et les stigmates ont encore conservé une bonne organisation.

Les amateurs croient se procurer de plus belles variétés en tirant leurs graines de Flandre, de Hollande et même d'Italie, pays qui ont la réputation de produire les plus beaux œillets. Les graines doivent être semées clair dans des pots ou des terrines remplies de terre propre à la culture de l'œillet et telle que nous en avons donné la composition plus haut.

En semant à diverses époques, les plantes qui proviendront de ces différens semis, donneront aussi leurs fleurs à des époques différentes. Quand on commence à semer dès le mois de Février ou de Mars, il faut que le semis soit fait sur couche chaude et sous châssis; celui qui sera fait un peu plus tard, en Avril, n'aura besoin que du châssis; plus tard encore, en Mai, Juin et Juillet, on peut semer à l'air libre.

A quelque époque qu'on ait semé, la graine doit être couverte d'un demi-pouce tout au plus de terre bien meuble; celle qu'on répand avec un crible, est, sous ce rapport, la meilleure. On arrose ensuite légèrement et de temps en temps, selon la saison, en prenant garde de rendre la terre trop humide. Quand on sème à la fin du printemps et en été, il faut de préférence choisir un temps couvert. Les jeunes plants se mettent en pots et séparément à l'automne, et ils fleurissent dans le courant du printemps ou de l'été de l'année suivante, plus tôt ou plus tard, selon qu'ils proviennent des premiers ou des derniers semis.

La graine est le moyen le plus naturel de multiplier l'œillet; mais l'art du cultivateur n'est pas borné à ce seul moyen de multiplication. Par la graine on peut obtenir des variétés nouvelles. Par les boutures, les marcottes et la greffe, on conserve les belles variétés acquises par le premier moyen.

On peut faire des boutures d'œillet depuis le mois d'Avril jusqu'en Juillet; plus tard elles n'auroient pas le temps de bien reprendre avant l'hiver. Les boutures doivent être faites dans des pots remplis de terre convenable, tenus à l'ombre et arrosés souvent pendant le premier et le second mois. On emploie, pour faire les boutures, les rameaux ou rejets qui poussent à la base des anciennes tiges et principalement, sur les vieux pieds, ceux qui se trouvent trop élevés au-dessus du pot pour être facilement marcottés. On enfonce ces boutures d'environ deux pouces en terre, et on coupe la partie supérieure de leurs feuilles à environ un demi-pouce du dernier nœud.

Quant aux marcottes, elles ne se font que dans une seule saison, au milieu de l'été, ordinairement depuis le 15 Juillet jusqu'à la mi-Août, qui est l'époque où la plupart des œillets qu'on a laissés à eux-mêmes fleurissent naturellement. Pour faire cette opération, on se sert d'un très-petit couteau à lame étroite ou tout simplement d'un canif. On incise sur un nœud des jeunes rameaux placés à la base des tiges qui portent ou doivent porter fleur, et le plus près possible du pied; on coupe ce nœud à peu près à moitié, puis, tournant la lame de l'instrument de manière à ce que le tranchant soit dirigé en haut, on fend le jeune rameau de bas en haut, sans atteindre le nœud suivant ; ensuite on incline cette petite branche sur le terre, en tenant la partie fendue écartée en dehors ; on la maintient fixée sur la terre avec un petit crochet qu'on y enfonce, et on recouvre le tout de terre légère et bien meuble. On procède ainsi tout autour de chaque pied, jusqu'à ce qu'on ait fait de toutes ses branches autant de marcottes, excepté une ou deux, qu'on réserve pour former les tiges de l'année suivante. Après avoir fait les marcottes, on taille leurs feuilles en en retranchant une partie, ainsi que nous l'avons dit pour les boutures.

Si les branches à marcotter sont situées trop haut, et si l'on ne veut pas les risquer en boutures, on se sert de petits pots fendus d'un côté ou d'espèces d'entonnoirs de fer-blanc, de plomb, qu'on remplit de terre. que l'on fixe ensuite à la hauteur convenable, et l'on y fait ses marcottes.

Lorsqu'on a fait les marcottes d'un pied d'œillet, il faut avoir soin de porter à l'ombre, pendant cinq à six jours, le pot dans lequel il est planté, et selon que le soleil sera ensuite plus ou moins ardent, ne l'y exposer de nouveau qu'avec précaution, d'abord le soir et le matin seulement. Il est aussi nécessaire d'arroser les pots modérément tous les deux jours. Toutes ces précautions assurent la reprise des marcottes. Quand on marcotte des pieds d'œillets plantés en pleine terre, il faut choisir de préférence un temps couvert, ou, lorsque le temps est constamment beau, les mettre à l'abri du grand soleil au moyen de paillassons.

Du quinze au trente Septembre, selon que les marcottes ont été faites plus tôt ou plus tard, on les sèvre de leur mère et on les place chacune dans un pot. C'est aussi le moment favorable de mettre en pot les boutures qui ont pris racine et les jeunes plants de semis. Si l'on a un certain nombre de boutures et de marcottes mal enracinées, il faut, lorsque les variétés le méritent, placer les pots dans lesquels on les aura plantées, sur une couche médiocrement chaude, et couvrir chaque pot d'une cloche.

Comme les boutures, et surtout les marcottes, offrent deux moyens faciles et certains de multiplier les belles variétés d'œillets que l'on est désireux de conserver, on emploie rarement la greffe; cependant on peut s'en servir pour changer des pieds simples et bien vigoureux en variétés plus belles ; on peut surtout, en prenant pour sujet des pieds ayant beaucoup de rameaux, s'en servir pour insérer sur un de ces pieds plusieurs variétés de couleurs différentes et qui tranchent bien les unes avec les autres. La meilleure espèce de greffe à pratiquer sur les œillets, est la greffe dite à l'angloise, qui consiste à placer sur le sujet une branche de la même grosseur que lui, en taillant la tête du sujet en biseau très-prolongé, et en pratiquant ensuite dans le milieu de la longueur du biseau, et dans toute sa largeur, une fente qui descende de deux à trois lignes. Ces deux opérations se pratiquent de même sur la greffe, mais en sens contraire, et on applique ensuite cette dernière sur le sujet, où elle remplace la portion qu'on en a enlevée. On soutient ensuite la greffe avec une ligature faite de fil de laine ou autre, et on finit par recouvrir le tout d'un mastic ou d'un emplâtre en forme de poupée, comme on fait pour la greffe en fente. Il est bon d'être à l'ombre ou de profiter d'un temps couvert pour faire cette opération, et de ne pas exposer les pots au soleil jusqu'à ce que les greffes soient reprises.

L'œillet fleurit le plus communément en Juillet et Août ; mais, par une culture particulière, il est facile de se procurer des fleurs dans toutes les saisons. Il faut d'abord, pour cela, ainsi que nous l'avons dit plus haut, semer à différentes époques ; ensuite placer les pieds à des expositions différentes : au midi ceux qu'on désire avancer, les rentrer dans l'orangerie, dans la serre tempérée, même dans la serre chaude, et mettre, dès le mois d'Avril, les pots sur des couches chaudes ou sous des châssis. On expose au contraire au nord ceux qu'on veut retarder ; on les transplante pour ralentir leur végétation. A la vérité, les pieds qu'on soumet à tous ces moyens extraordinaires, sont toujours plus ou moins fatigués, souvent même ils périssent après avoir porté leurs fleurs, et lorsqu'ils survivent, il faut, pour qu'ils puissent se rétablir, après qu'on les a ainsi tourmentés, les laisser reposer pendant au moins un an, c'est-à-dire ne leur plus donner que des soins ordinaires et leur laisser suivre le cours ordinaire de la nature. Il ne faut d'ailleurs soumettre à cette culture extraordinaire que les variétés robustes et communes.

L'œillet aime l'air libre ; mais il ne lui faut pas une exposition trop chaude; c'est au couchant et surtout au levant qu'il est le mieux placé, parce que, à cette dernière exposition, les rayons du soleil sont moins ardens et que leur chaleur modérée réchauffe graduellement la plante rafraîchie par la fraicheur de la nuit, les rosées du matin ou les arrosemens du soir. Croissant naturellement dans des terrains arides, l'œillet n'a pas besoin de beaucoup de terre et se plait bien en pot. Les pots ne doivent pas être trop grands, et il est préférable qu'ils soient percés sur les côtés de trois trous étroits et alongés, que d'un seul trou rond dans le fond.

Les œillets n'ont besoin que d'arrosemens médiocres ; ils faut les faire de préférence le soir et avec de l'eau qui, pendant le jour, se sera échauffée par les rayons du soleil. L'eau de pluie est aussi préférable à celle des puits. Quand ils sont en fleurs, les amateurs les disposent ordinairement sur des gradins, où ils ont soin de les arranger de la manière la plus avantageuse pour faire ressortir leurs différentes couleurs. Il est bon que ces gradins soient à l'ombre sous de grands arbres, des berceaux de verdure, etc.; les plantes y restent plus long-temps fleuries, étant d'une part à l'abri des rayons d'un soleil trop ardent, qui les passe promptement, et de l'autre se trouvant moins exposées aux pluies d'orage, qui les gâtent.

La tige des œillets est presque toujours trop foible pour se soutenir seule ; on emploie communément, pour lui servir d'appui, des baguettes de coudrier, de cornouiller sanguin, d'osier, etc., auxquelles on les fixe avec du jonc. On fait aux vieux pieds d'œillets qui ont beaucoup de tiges, de petits treillages avec les mêmes bois ; quelques amateurs plus curieux se servent de petits brins de chêne ou d'échalas refendus minces, qu'ils font peindre en vert.

Pour avoir de plus belles fleurs, lorsqu'une tige annonce trop de boutons, on en supprime une partie, et dans ce cas ce sont les plus foibles et les plus pressés. On laisse en général, selon la vigueur des pieds, quatre à six fleurs sur chaque tige. Les œillets à fleurs très-doubles sont sujets à crever, c'est-à-dire que leur calice se fend d'un côté: cela leur fait perdre beaucoup de leur grace, parce que cela les

déforme. Les amateurs remédient à cet inconvénient en plaçant sous la fleur des cartes arrondies plus courtes que les
pétales, et avec de la patience ils soutiennent et arrangent
les pétales sur ces cartes, de manière à réparer leur désordre.
Les plus curieux ont des cartes faites exprès, qui sont peintes
en vert.

Pour qu'un œillet soit estimé d'un amateur, il faut qu'il
soit bien arrondi, bien plein, non plat, mais un peu bombé
en dôme; il faut que ses pétales soient arrondis et non dentelés, bien panachés et sans mouchetures. Le plus recherché
est celui qui réunit aux qualités précitées un beau panache
bien tranché, s'étendant sur toute la fleur depuis la base du
limbe de chaque pétale jusqu'à son extrémité. Les couleurs,
en outre, doivent être brillantes et marquées également.
Les œillets blancs et les piquetés sont les seules variétés que
certains amateurs conservent avec des dentelures, parce qu'il
paroît que jusqu'à présent on n'a pu en obtenir d'une autre
manière; mais dans toutes les autres variétés ils regardent
les dentelures des pétales comme un défaut, et il y en a
qui croiroient se compromettre et craindroient qu'on ne ju-
geât mal de leur goût, s'ils en gardoient dans leur jardin.

L'œillet a produit sous la main des cultivateurs une multitude de variétés qui font les délices des fleuristes. On a des
œillets de presque toutes les couleurs; on en a de blancs, de
gris, de jaunes, de violets, de rouges, depuis le rose pâle
jusqu'au cramoisi le plus foncé presque noir, de bruns. Ces
couleurs sont seules dans la fleur et offrent diverses nuances,
ou elles y sont unies deux à deux, trois à trois, même jusqu'à quatre et cinq, et réparties par taches, panaches, pi-
quetures. La moindre différence de nuance dans les couleurs,
dans la grandeur, la grosseur de la fleur, suffit aux fleuristes
pour leur faire distinguer autant de variétés différentes;
aussi le nombre de ces variétés est-il très-considérable : on
en trouve sur les diverses listes publiées par les amateurs, plus
de quatre à cinq cents. La nomenclature adoptée pour désigner ces nombreuses variétés, n'est assujettie à aucune règle
fixe; c'est le caprice de l'inventeur qui décide du nom à im-
poser à une variété qu'il croit nouvelle; quelquefois la forme
ou la couleur des fleurs déterminent le nom de la variété :

ainsi on a le *blanc de neige*, la *rose triomphante*, l'*aurore*, l'*amaranthe*, le *grand noir*, etc. Le plus souvent les dénominations spécifiques sont empruntées aux dieux de la fable, aux rois, aux hommes célèbres; c'est ce qui fait qu'un œillet est le *Jupiter*, l'*Ajax* ou l'*Apollon*; d'autres le *grand Salomon*, le *grand Cyrus*, le roi *Clovis*; enfin d'autres ont des noms pompeux, comme le *nompareil*, la *France triomphante*, le *bâton royal*, etc.

Aux approches de l'hiver on rentre les œillets dans la serre, où ils ne restent qu'à regret. Avant de les rentrer il faut avoir soin qu'ils ne soient pas trop humides, et on doit, quelques jours auparavant, les préserver des pluies froides en couchant les pots sur le côté. Hors le temps où les œillets sont en fleur ou vont fleurir, cela se fait aussi en été, lorsque les pluies sont trop fréquentes. Dans la serre on ne donne que des arrosemens légers, avec le bec de l'arrosoir pour ne pas mouiller les feuilles, et on ne pratique ces arrosemens que de loin à loin, en profitant d'un beau temps et d'un moment où il ne gèle pas. On sort les œillets de la serre à la fin de Mars ou au commencement d'Avril, selon que la saison est plus douce ou plus froide. En pleine terre les œillets supportent des froids très-considérables, surtout lorsque la terre est couverte d'une épaisse couche de neige; ils craignent davantage les hivers humides, les verglas, les fontes de neige.

On employoit autrefois en médecine les œillets comme toniques et sudorifiques; on prescrivoit l'infusion de leurs pétales; on en préparoit une eau distillée, une conserve, un vinaigre, un sirop : ce dernier est le seul qui soit encore de quelque usage. C'est une variété qui paroît très-voisine du type naturel, celle dont la fleur est d'un rouge cramoisi, dite œillet grenadin, qu'on préfère pour l'usage pharmaceutique; mais, dans les préparations où entrent ces fleurs, elles ne paroissent véritablement servir qu'à leur donner une couleur rouge, qui plaît à l'œil. Les confiseurs en font une liqueur de table nommée ratafiat d'œillet, qui passe pour stomachique. Les parfumeurs en fixent l'odeur agréable dans des pommades, des essences. (L. D.)

ŒILLET D'AMOUR. (*Bot.*) Le *gypsophylla saxifraga*, Linn., est vulgairement connu sous ce nom. (L. D.)

ŒILLET CHAMPÊTRE. (*Bot.*) Nom vulgaire de l'*holosteum umbellatum*. (L. D.)

ŒILLET-DE-DIEU. (*Bot.*) Nom vulgaire commun à la lychnide dioïque et à l'agrostème des blés. (L. D.)

ŒILLET D'ESPAGNE. (*Bot.*) C'est la poincillade (*poinciana pulcherrima*). (Lem.)

ŒILLET FRANGÉ, ŒILLET A PLUME. (*Bot.*) Noms vulgaires du *dianthus superbus*. (L. D.)

ŒILLET D'INDE. (*Bot.*) On donne ce nom fort communément aux tagètes, plantes de la famille des synanthérées dont deux espèces, les *tagetes erecta* et *patula*, sont très-cultivées pour l'ornement de nos parterres. (Lem.)

ŒILLET DE JANSÉNISTE. (*Bot.*) La lychnide visqueuse a été désignée sous ce nom. (L. D.)

ŒILLET MARIN. (*Bot.*) C'est le *statice armeria*. (L. D.)

ŒILLET-DE-MER. (*Actinoz.*) On trouve quelquefois dans les voyageurs qui ne sont pas naturalistes, cette expression employée pour désigner certaines espèces d'actinies, dont la forme, et surtout la disposition et la couleur des tentacules, ressemblent un peu à un œillet.

Il paroît qu'on l'applique aussi quelquefois à certaines espèces de madrépores, aux caryophyllées de M. de Lamarck. (De B.)

ŒILLET DE PARIS. (*Bot.*) Nom vulgaire d'une espèce de statice. (L. D.)

ŒILLET DE POËTE. (*Bot.*) Nom vulgaire de l'œillet barbu. (L. D.)

ŒILLET DES PRÉS. (*Bot.*) C'est la lychnide fleur de coucou. (L. D.)

ŒILLET DE LA RÉGENCE. (*Bot.*) C'est l'œillet de la Chine. (L. D.)

ŒILLETTE. (*Bot.*) Dans les pays où le pavot des jardins est cultivé, on lui donne vulgairement ce nom, ainsi qu'à l'huile qu'on retire de ses graines. (L. D.)

ŒLB. (*Ornith.*) Les Saxons nomment ainsi le cygne à bec rouge, *anas olor*, Gmel., et *cygnus olor*, Vieill. (Ch. D.)

ŒLG. (*Mamm.*) C'est le même nom que *elk*, un des noms de l'élan. (F. C.)

ŒNANTHE, *Œnanthe*, Linn. (*Bot.*) Genre de plantes dicotylédones , polypétales , de la famille des *ombellifères* , Juss. , et de la *pentandrie digynie* du Système sexuel, dont les principaux caractères sont les suivans : Une collerette universelle, composée de plusieurs folioles plus courtes que l'ombelle ; une collerette partielle semblable , mais plus petite ; ombelle formée d'un petit nombre de rayons; ombellules ayant les fleurs du centre souvent sessiles, celles de la circonférence grandes et stériles ; calice de chaque fleur à cinq dents subulées, persistantes ; corolle de cinq pétales petits et presque égaux dans les fleurs du centre, irréguliers et plus grands dans celles de la circonférence ; cinq étamines , un ovaire inférieur surmonté de deux styles persistans ; fruit ovale-oblong, couronné par les dents du calice , composé de deux graines planes d'un côté, convexes et striées de l'autre , accolées l'une à l'autre.

Les œnanthes sont des plantes herbacées, à racines souvent tubéreuses et vivaces, à feuilles alternes, ailées, composées de folioles communément linéaires ; leurs fleurs sont disposées en ombelles, qui manquent souvent de collerette, et dont les ombellules sont communément globuleuses. On en connoît aujourd'hui près de trente espèces, dont la majeure partie est exotique ; les suivantes croissent naturellement en France.

Œnanthe fistuleuse; *Œnanthe fistulosa*, Linn., *Spec.*, 365. Sa racine est vivace, rampante, un peu tubéreuse à son origine; elle produit une tige cylindrique, striée, fistuleuse, haute de dix à douze pouces. Ses feuilles sont portées sur des pétioles fistuleux ; les inférieures deux fois ailées et les supérieures simplement pinnées, à folioles linéaires. Les fleurs sont blanches et forment une ombelle ordinairement composée de trois rayons, soutenant chacun une ombellule très-serrée, mais plane. La collerette universelle manque souvent, ou n'est formée que d'une seule foliole. Les fruits forment une tête globuleuse et hérissée. Cette plante est commune dans les marais et dans les fossés aquatiques en France et dans toute l'Europe.

Œnanthe globuleuse; *Œnanthe globulosa*, Linn., *Spec.*, 365. Sa racine est tubéreuse, napiforme, vivace ; elle produit une tige haute de dix à douze pouces. presque cylindrique ;

peu rameuse, garnie inférieurement de feuilles deux fois ailées, et supérieurement de feuilles simplement ailées, dont toutes les folioles sont linéaires. Les fleurs forment des ombelles composées de cinq à six rayons ; leur collerette universelle est nulle, ou à une seule foliole. Les ombellules sont serrées et arrondies, garnies d'une collerette partielle formée de huit à dix folioles plus longues que les fleurs. Les fruits sont rapprochés en tête globuleuse. Cette plante croît dans les étangs en Languedoc, en Espagne, en Portugal, en Barbarie.

ŒNANTHE A FEUILLES DE PEUCÉDANE ; *Œnanthe peucedanifolia*, Poll., *Pal.*, 1, p. 289, t. 3. Sa racine est vivace, formée de quatre à huit petits tubercules ovales-oblongs, fasciculés : elle produit une tige droite, striée, haute d'un pied et demi à deux pieds, glabre, ainsi que toute la plante. Les feuilles radicales sont deux fois ailées, les autres ne le sont qu'une fois, et elles ont toutes des folioles linéaires, alongées. L'ombelle générale, composée de six à huit rayons, est dépourvue de collerette, ou n'a pour en tenir lieu qu'une ou deux folioles avortées ; les ombellules sont planes, formées de fleurs blanches, très-serrées, et elles ont des collerettes partielles composées de neuf à dix folioles étroites, un peu scarieuses sur les bords. Cette espèce croît dans les prés humides en France, en Allemagne, en Suisse, en Angleterre, dans le Midi de l'Europe et même dans l'Amérique septentrionale.

ŒNANTHE PIMPRENELLE ; *Œnanthe pimpinelloides*, Linn., *Spec.*, 366 ; Jacq., *Flor. Aust.*, t. 394. Sa racine est vivace, composée de plusieurs tubercules alongés, entremêlés de fibres ; elle donne naissance à une tige droite, cannelée, glabre ; haute de deux pieds ou environ, garnie à sa base de feuilles deux ou trois fois ailées, à folioles un peu cunéiformes, incisées ; celles de la tige sont distantes, à découpures moins nombreuses, mais plus étroites et plus alongées. Les fleurs sont blanches, disposées sur six à dix ombellules peu serrées, et la collerette est à cinq ou six folioles linéaires. Cette plante croît dans les prés en France, en Angleterre, en Allemagne, etc.

ŒNANTHE RAPPROCHÉE ; *Œnanthe approximata*, Mérat, *Flor. par.*, 115. Cette espèce diffère de la précédente, parce que les folioles de ses feuilles radicales sont ovales, entières, et

non pas cunéiformes, incisées, et parce que l'ombelle est
privée de collerette générale. Cette plante se trouve dans les
prés aux environs de Paris.

ŒNANTHE SAFRANÉE OU ŒNANTHE A SUC JAUNE, vulgairement,
dans quelques cantons, PENSACRE : *Œnanthe crocata*, Linn.,
Spec., 365 ; Jacq., *Hort. Vind.*, 3 , t. 55. Sa racine est vivace,
composée de plusieurs tubercules oblongs, fasciculés ; elle
produit une tige cylindrique, cannelée, fistuleuse, d'un vert
roussâtre, rameuse, haute de trois pieds ou environ, garnie
de feuilles grandes, deux fois ailées, à folioles sessiles, cunéiformes, incisées à leur sommet et d'un vert foncé. Les
fleurs sont blanchâtres, disposées en ombelles terminales,
composées de dix à quinze rayons ou même davantage. Cette
espèce croît dans les lieux marécageux, les fossés aquatiques,
et aux bords des étangs, en France, en Angleterre, en Espagne, etc.

Les tiges, les feuilles et les racines de cette œnanthe contiennent un suc lactescent, qui devient jaunâtre ou de couleur safranée à l'air : ce suc, pris à l'intérieur, est un poison
très-violent. Les racines ont un goût douceâtre qui n'est pas
désagréable, ce qui les rend d'autant plus dangereuses, leur
saveur et leur odeur ne pouvant mettre en garde contre le
venin délétère qu'elles récèlent. On trouve dans les auteurs
les observations d'un grand nombre d'empoisonnemens causés
par l'usage inconsidéré de ces racines. Les accidens qui se
manifestent après qu'on en a mangé, sont une chaleur brû-
lante dans le gosier, des nausées, des vomissemens, de la
cardialgie, des vertiges, du délire, des convulsions violentes,
et enfin la mort, lorsque les malades n'ont pas été secourus
à temps, ou qu'ils ont pris une trop grande quantité du poison.
Les meilleurs moyens à opposer à ces terribles accidens,
sont, d'abord, de solliciter des vomissemens qui puissent procurer l'évacuation de la substance délétère ; ensuite on fait
prendre des boissons acidulées en abondance.

On trouve, dans les Mémoires de la Société royale de
Londres, une observation d'après laquelle un malade auroit
été guéri de la lèpre en prenant une certaine quantité du suc
de cette plante ; mais si celle-ci a pu être une fois utile, c'est
bien peu de chose comparativement aux terribles et funestes

événemens qu'elle a le plus souvent causés : un seul cas de guérison est d'ailleurs insuffisant pour prouver l'efficacité d'un médicament dans une maladie, il faudroit plusieurs observations semblables. Ce n'est donc que comme poison éminemment délétère que l'œnanthe safranée doit être considérée.

Au reste il paroîtroit, d'après une note de M. le docteur Mérat, insérée dans le Journal général de médecine, vol. 82, p. 300, qu'il existe en France une autre espèce d'œnanthe, très-voisine de l'*œnanthe crocata*, qui en diffère seulement parce que ses feuilles sont plus divisées, à folioles plus aiguës; parce qu'elle a cinq folioles à l'involucre, et surtout parce que son suc propre est aqueux, incolore, et non pas jaune-safrané. M. Brotero, dans un ouvrage intitulé : *Phytographia Lusitaniæ selectior*, etc., nomme cette dernière espèce *œnanthe apiifolia*. Au surplus cette nouvelle espèce d'œnanthe a la racine absolument semblable à celle de l'*œnanthe crocata*, et est tout aussi vénéneuse qu'elle. Le botaniste portugais, cité plus haut, dit que les bestiaux n'en veulent pas, et qu'à peine les chèvres en goûtent-elles lorsqu'elle est jeune : il ajoute que les pêcheurs se servent de ses racines pour prendre le poisson, qu'elles jettent dans une sorte de stupeur, qui en favorise la pêche.

Les racines de l'œnanthe pimprenelle et de l'œnanthe à feuilles de peucédane, diffèrent essentiellement de celles de l'œnanthe safranée, en ce qu'elles peuvent se manger impunément. Cependant, comme elles n'ont aucune propriété particulière, et que c'est le plus souvent en confondant les racines de l'espèce vénéneuse avec les leurs, que les accidens d'empoisonnement arrivent : il est plus prudent de ne jamais manger des racines d'aucune de ces plantes. (L. D.)

ŒNANTHE. (*Bot.*) Ce nom, maintenant propre à un genre de plantes ombellifères, a été aussi donné à d'autres ombellifères ; par Morison à un *sium*, par Dalibard à un *sison*, par Linnæus lui-même à un *seseli*. On l'a aussi appliqué à des plantes de familles différentes. Le *thalictrum tuberosum* est un *œnanthe* de C. Bauhin, ainsi que le *pedicularis tuberosa;* et Fuchs employoit le même nom pour désigner la filipendule. De plus, C. Bauhin rappelle que le fruit de la vigne sauvage est nommé *œnanthe* par Dioscoride et par Pline. (J.)

ŒNANTHE. (*Ornith.*) Ce nom a été appliqué par Gesner et Willugby aux oiseaux vulgairement connus en France sous ceux de motteux, tarier, traquet, et M. Vieillot l'a, d'après ces auteurs, employé comme terme générique, pour désigner les diverses espèces de cette famille, divisée par lui en trois sections. Voyez Traquet. (Ch. D.)

ŒNARIA. (*Bot.*) Ancien nom latin de l'alisier. (Lem.)

ŒNAS. (*Entom.*) Genre d'insectes coléoptères, fondé par M. Latreille, aux dépens du genre Cantharide de Linné ou Lytte de Fabricius, et qui renferme des espèces intermédiaires aux cantharides et aux mylabres : leurs antennes sont filiformes, de la longueur de la tête et du corselet ensemble, formées de onze articles, dont le premier est plus long que les autres et forme un coude avec eux; ceux-ci sont courts et arrondis. Le corps est alongé et semblable à celui des cantharides.

L'ŒNAS AFRICAIN, *Œnas africana*, Latr., est noir, avec le corselet fauve; l'ŒNAS RUFICOLLE, *Œnas ruficollis*, Latr., ou *Lytta crassicornis*, Fabr., est noir, avec le corselet et les élytres fauves. (Desm.)

ŒNAS. (*Ornith.*) Aldrovande, Rai, et, d'après eux, Brisson, désignoient sous ce nom et sous celui de *vinago*, le pigeon sauvage, et Linnæus a fait du mot *œnas* l'épithète de la première espèce de son genre *Columba*. Brisson a aussi appliqué la même dénomination aux pigeons sauvages d'Amérique formant les onzième et douzième espèces de sa Méthode. M. Vieillot a, depuis, adopté le même terme pour nom générique des gangas. (Ch. D.)

ŒNONE, *Œnone*. (*Chétopod.*) Genre établi par M. Savigny, dans son Système général des Annélides, parmi les Néréides, pour une nouvelle espèce, observée sur les côtes de la mer Rouge, et qui paroît avoir beaucoup de rapports avec le *lumbricus fragilis* de Muller. Voyez Néréide. (De B.)

ŒNOPLIA. (*Bot.*) Ce nom a été cité par Belon et Clusius pour deux jujubiers croissant dans les pays chauds, *ziziphus spina Christi* et *ziziphus œnoplia*. (J.)

ŒNOTHERA. (*Bot.*) Nom latin du genre Onagre. Voyez aussi Onagra. (L. D.)

OEPATA. (*Bot.*) Nom malabare de l'*avicennia*. (J.)

ŒRANGS ŒTANGS. (*Mamm.*) C'est ainsi que Gauthier Schoutten écrit orang-outang. (F. C.)

OESOPHAGE. (*Anat. et Phys.*) Voyez Système digestif. (F.)

OESTRE, *Oestrus.* (*Entom.*) Genre d'insectes à deux ailes, formant une petite famille dans l'ordre des diptères, caractérisés essentiellement par l'absence presque absolue des parties de la bouche, ce qui nous les a fait désigner sous le nom d'astomes. En effet, sous l'état parfait ces insectes ne prennent pas de nourriture, et les palpes, la trompe ou le suçoir qui caractérise les diptères, se trouvent ici comme de simples rudimens, dont les vestiges sont indiqués soit par des points saillans, arrondis, soit par de petites cavités qui correspondent à la place de l'insertion ordinaire de ces parties.

Linnæus est le premier auteur systématique qui ait fait usage de ce nom comme celui d'un genre : il l'avoit ainsi distingué des asiles et des taons, avec lesquels la plupart des anciens écrivains les avoient confondus. (Voyez Asile et Taon.)

Le nom d'*oestre* est tout-à-fait grec, οἶστρος : il a été employé par les auteurs dans des acceptions différentes. Aristote, en particulier, désigne évidemment ainsi un entomostracé, qui s'attache aux branchies du thon et de l'espadon (Histoire des animaux, liv. 5, chap. 31, et liv. 8, chap. 19): mais Hesichius, Homère, Callimaque, et ensuite Virgile, Pline, ont employé ce nom comme propre à désigner une sorte de mouche qui attaque les bœufs et qui paroît être le taon.

Quoi qu'il en soit, depuis Linnæus tous les auteurs systématiques ont employé le nom d'oestre pour réunir les insectes qui font l'objet de cet article et que nous caractérisons de la manière suivante : Antennes courtes, reçues dans une double cavité du front, à derniers articles en palette, supportant un poil isolé; à bouche non distincte; tarses à deux crochets et à deux pelotes.

Les oestres proviennent de larves qui se développent dans le corps des animaux, soit dans les cavités tapissées de membranes muqueuses, telles que les fosses nasales, la gorge, l'estomac et les intestins, soit dans l'épaisseur de la peau.

Ces larves, dont nous avons fait figurer une espèce dans

l'atlas de ce Dictionnaire, planche 51, *A a*, et la nymphe *A b*, sont sans pattes, comme celles de la plupart des diptères. Elles ont les anneaux du corps munis de verticilles, ou de pointes roides, cornées, toutes dirigées dans le même sens et à l'aide desquelles l'insecte s'accroche lorsqu'il veut changer de lieu, dans les cavités de l'animal aux dépens duquel il se nourrit: mais, à l'époque où il doit subir sa métamorphose, c'est-à-dire lorsque cette larve est parvenue à son état complet de développement, elle se retourne et se laisse entraîner au dehors pour tomber sur la terre et s'y enfoncer. Sa peau s'y durcit, et au bout de quelques jours, dont la durée est déterminée par la température atmosphérique, il en sort un insecte parfait, qui s'occupe de propager sa race.

M. Clark, médecin vétérinaire, a publié dans les Transactions de la société Linnéenne de Londres une Dissertation très-curieuse sur ce genre d'insectes, et depuis, en 1815, il a reproduit à part ce travail, dont nous nous servirons dans cet article.

Les espèces qui vivent sous la peau des animaux ont reçu des noms qui indiquent cette particularité, comme CUTÉRÈBRE, expression empruntée du latin *cutis terebra*, vrille ou perçoir de la peau ; CEDÉMAGÈNE, qui produit des gonflemens; HYPODERME, qui vit sous la peau. Celles qui se développent dans les cavités à membranes muqueuses, sont les CÉPHALÉMYES, mouches de la tête, tel que l'oestre du nez des moutons; les *Gastérophiles*, ou plutôt GASTROCŒTES, qui habitent ou qui aiment le ventre, c'est-à-dire les intestins.

Les cutérèbres se développent sous la peau des divers mammifères herbivores sous la forme de larves. Leurs ailes sont écartées dans l'état de repos, munies en dessous de grands cuillerons, sous lesquels on observe des balanciers.

La principale espèce est l'OESTRE DU BŒUF, *Oestrus bovis*; il est décrit et figuré par Réaumur, Mémoires, tom. 4, pl. 56 et 38, et par Degéer, tom. 6, pag. 297, n.° 2, pl. 15, fig. 22.

Car. Ses ailes sont incolores; son corps est noir, très-velu, son corselet roux est noir transversalement; son abdomen est blanc à la base et fauve à la pointe.

La larve de cet insecte se cramponne dans la plaie où sa

mère l'a placée ; elle s'y nourrit du pus qui provient de cette sorte de furoncle, de manière cependant à pouvoir respirer l'air par deux tuyaux courts.

2. L'Oestre du mouton, *Oestr. ovis*. Geoffroy l'a décrit et figuré, tome 2 de son Histoire des insectes des environs de Paris, pag. 456, n.° 2, pl. 17, fig, 1.

C'est une petite espèce grisàtre, à abdomen ondulé de gris soyeux et de noiràtre; à ailes transparentes, ponctuées de brun.

La larve de cet insecte se développe dans le nez des moutons; nous en avons recueilli, il y a une trentaine d'années, une quantité considérable dans une bergerie où l'on retiroit les moutons des prés salés des dunes du Crotoy, département de la Somme.

3. L'Oestre du cheval, *Oestr. equi*. Geoffroy l'a fait connoître sous le n.° 3, et Degéer l'a figuré tome 6, pl. 15, fig. 16.

Il est facile à distinguer par son abdomen couleur de rouille, et par ses ailes, qui ont une bande et deux points bruns. Sa tête, vue en dessous, représente la figure d'un singe à grandes narines. Sa larve se développe dans l'estomac du cheval. On croit que c'est le cheval lui-même qui, en se léchant, avale les œufs que l'insecte femelle a déposés sur ses crins. Ces larves s'accrochent sur la membrane muqueuse des intestins, et surtout de l'estomac, à l'aide de deux ongles ou crochets courbés et rétractiles.

4. Oestre hémorrhoïdal, *Oestr. hemorrhoidalis*. C'est l'espèce indiquée par Geoffroy sous le n.° 1, et figurée par Réaumur tome 4, pl. 35, fig. 3, 4 et 5.

Il est noir, très-velu ; l'écusson de son corselet est jaunàtre; son ventre est fauve à l'extrémité libre, et blanc à la base ; ses ailes sont sans taches. (C. D.)

OESTRIDES, OESTRIDÉES. (*Entom.*) Noms donnés par M. Latreille et par M. le docteur Leach à la famille des diptères qui comprend les oestres ou les Astomes. (C. D.)

OESUM. (*Bot.*) Gaza croit que la plante nommée ainsi par Théophraste, est le *salix amerimna* de Pline ; mais C. Bauhin en doute, parce que l'*oesum* a un fruit, qui manque dans le saule. (J.)

ŒTHRE., *Œthra.* (*Crust.*) Genre de Crustacés décapodes brachyures, fondé par M. Leach, aux dépens de celui des Calappes, et décrit dans notre article MALACOSTRACÉS, tome XXVIII, pag. 232. (DESM.)

ŒTHYA. (*Ornith.*) Ce nom étoit, chez les anciens naturalistes, un de ceux par lesquels ils désignoient les plongeons. Belon, Nature des ois., p. 179, en a fait une application particulière à son plongeon de mer, c'est-à-dire au petit pingouin, *alca pica*, Linn., que les habitans du rivage de Crète appellent *vuttamaria* et *calicatczu*. (CH. D.)

OETI. (*Bot.*) Nom brame, cité par Rhéede, d'une espèce de calaba, *calophyllum inophyllum.* (J.)

OETUM. (*Bot.*) Pline parle d'une racine de ce nom dans l'Égypte, qui sert de nourriture aux habitans. Il ajoute qu'elle pousse de petites feuilles, ce qui ne permet pas de croire que ce soit une espèce de rave, comme le pensoit C. Bauhin. Ce ne peut être encore la poirée, *beta*, la seule racine comestible, citée par Forskal, dans l'Égypte, qui y est nommée *salk* ou *salg.* (J.)

ŒUF. (*Conchyl.*) Ce nom est encore assez souvent employé en conchyliologie, et surtout par les marchands, pour désigner des coquilles dont la forme et la couleur ont quelque chose d'un œuf. Ainsi l'ŒUF proprement dit, ou ŒUF DE POULE, est l'ovule ordinaire; l'ŒUF PAPYRACÉ est l'ovule gibbeuse; l'ŒUF DE VANNEAU, la bulle ampoule.

On le donne aussi quelquefois au têt de certains oursins, dépouillé de ses baguettes, ou même à l'oursin comestible, probablement parce qu'on le mange comme un œuf. (DE B.)

ŒUF. (*Ornith.*) On devra, sous le rapport de la formation des œufs et de l'incubation, consulter le mot OISEAUX. Mais il ne sera peut-être pas inutile d'indiquer ici les principaux ouvrages où l'on en trouve les figures et les descriptions, après avoir observé en général que les œufs participent rarement de la couleur des oiseaux qui les produisent ; que les mâles n'influent en rien sur leurs couleurs ni sur leurs formes ; que les œufs de couleurs variées se ressemblent rarement en totalité dans la même couvée, et que les matériaux et la place des nids peuvent changer suivant les localités et d'après des circonstances particulières.

Le comte Ginanni a fait graver, en 1757, à Venise, un certain nombre d'œufs des oiseaux de son pays. Cet ouvrage italien, en un volume in-4.°, contient vingt-deux planches.

On a imprimé en 1766 à Leipsic, sous le titre de J. T. Klein, *Ova avium plurimarum*, etc., un ouvrage qui renferme la collection des œufs existans dans le cabinet de ce naturaliste, avec une description latine et allemande. Elle renferme vingt-une planches assez bien gravées et coloriées.

Il a été publié à Nuremberg, en 1777, un ouvrage in-folio de Fréd. Chrét. Gunter, dont les planches ont été gravées par Wirsing. Mais ces planches, qui contiennent des nids et des œufs, sont mal coloriées et encore plus mal dessinées.

Sepp a fait paroître successivement, de 1770 à 1789, à Amsterdam, aussi dans le format in-folio, avec texte hollandois, la collection des oiseaux du cabinet de Nozeman, avec les nids et les œufs mieux soignés.

Lewin a, de 1795 à 1801, fait imprimer à Londres, en huit volumes in-4.°, une Histoire des oiseaux de la Grande-Bretagne, en anglois et en françois. On y trouve leurs œufs figurés dans des planches séparées.

M. Graves, auteur d'une autre Ornithologie britannique, en deux volumes in-8.°, imprimée en 1811 à Londres, en anglois, a publié un *Ovarium britannicum* du même format et pour y faire suite. Chaque planche contient des œufs de plusieurs espèces du même genre, et toutes sont fort bien exécutées. La première partie a paru en 1816.

H. R. Schinz a publié en 1819, à Zurich, la première livraison d'une description des œufs et des nids les plus remarquables des oiseaux qui pondent en Suisse, en Allemagne et dans quelques autres contrées du Nord de l'Europe, avec figures enluminées. Cette livraison est composée de six planches in-4.°, dont l'exécution n'est pas très-satisfaisante. On ignore si cette entreprise a été continuée.

Il existe à la bibliothèque du Muséum d'histoire naturelle de Paris, et à la suite d'un manuscrit de l'abbé Manesse, intitulé *Oologie ou Description des nids et des œufs d'un grand nombre d'oiseaux d'Europe*, etc., un recueil de cinquante-trois planches assez bien dessinées et consacrées seulement aux œufs ; mais il n'est pas probable qu'on imprime jamais cet ouvrage, qui n'est pas au niveau des connoissances actuelles.

Sonnini a aussi publié, à la fin du soixantième volume de son édition de Buffon, des *Notes et observations sur la ponte des oiseaux de l'ouest de la France*, par M. Lapierre ; mais elles ne sont pas accompagnées de figures. (Ch. D.)

ŒUF BLANC ou ŒUF DE COQ. (*Ornith.*) On nomme ainsi les œufs qui ne contiennent que de l'albumine, et qui n'ont point de jaune. (Desm.)

ŒUF DE CHAMOIS. (*Mamm.*) Ce nom a été quelquefois donné aux Ægagropiles. (Desm.)

ŒUF DE COQ. (*Ornith.*) Ce nom est donné vulgairement à des œufs qu'on trouve quelquefois dans les fumiers et les meules de foin, où ils ont été déposés par des couleuvres. On appelle aussi œufs de coq des œufs de poule qui n'ont point de jaune. (Ch. D.)

ŒUF DU DIABLE. (*Bot.*) On donne ce nom au *phallus impudicus*, Linn., espèce de champignon qui paroit d'abord sous la forme d'un œuf et qui répand une odeur extrêmement fétide. Voyez Phallus. (Lem.)

ŒUF DES DRUIDES. (*Foss.*) On rapporte que ce nom a été donné à des oursins fossiles. (Desm.)

ŒUF DU JAPON. (*Conchyl.*) L'un des noms vulgaires de l'ovule ordinaire. (Desm.)

ŒUF MARIN. (*Actinoz.*) Les oursins de nos côtes sont quelquefois désignés par ce nom. (Desm.)

ŒUF DE MOLESME. (*Min.*) Des marchands et des amateurs désignent sous ce nom populaire des géodes calcaires qu'on trouve aux environs de Molesme près d'Auxerre. (B.)

ŒUF PAPYRACÉ. (*Conchyl.*) C'est l'Ovule gibbeuse. (Desm.)

ŒUF DE POULE. (*Conchyl.*) L'ovule ordinaire ou ovule œuf a reçu ce nom marchand. (Desm.)

ŒUF DE VACHE. (*Zool.*) On a appelé ainsi les égagropyles du bœuf et de la vache. (Desm.)

ŒUF DE VANNEAU. (*Conchyl.*) C'est un des noms vulgaires de la Bulle ampoule. (Desm.)

ŒUFS [dans les insectes]. (*Entom.*) Tous les insectes proviennent d'individus semblables à eux, dont ils ont été d'abord séparés, enveloppés d'une coque particulière ou sous forme d'œufs, qui comprennent non-seulement le germe, mais une quantité déterminée de nourriture destinée à l'alimentation et au développement de l'embyron qui doit devenir une larve. Nous avons indiqué à l'article Insectes, tom. XXIII, pag. 464 et suivantes, la forme, la consistance, les couleurs, le nombre variable des œufs; les soins particuliers qui président à la ponte et au dépôt des œufs pour les protéger, les masquer ou les défendre contre toute attaque extérieure. Nous renvoyons le lecteur à la page citée, pour ne pas faire de doubles emplois. (C. D.)

ŒUFS [Petits]. (*Bot.*) Espèce d'agaric dont la forme et la couleur sont celles d'un œuf lavé de brun; ses feuillets sont blancs et sa tige est grise. Ce champignon, aqueux et très-frêle, n'est point malfaisant. Voyez Éteignoirs d'eau ou Hydrophores, et Paulet, Trait. champ., 2, pag. 256, pl. 123, fig. 9-13. (Lem.)

ŒUFS A L'ENCRE ou ENCRIERS SOLITAIRES. (*Bot.*) Groupe de champignons tous du genre *Agaricus*, que Paulet établit dans la Synonymie des champignons. Ils croissent solitaires et se font remarquer par leur forme en œufs et leurs feuillets le plus souvent noirs; il les distingue en trois groupes :

a) En petits, gris et roux, à feuillets noircissans, tel que l'*Agaricus fimetarius*, Linn. (Voyez Oeufs rayés a l'encre.)

b) En forme d'œuf, écailleux, alongés, un peu grands, qui comprend 1.° les *Agaricus ovatus*, *cylindricus* et *porcellaneus* de Schæffer, qui ont les feuillets blancs; 2.° un agaric à feuillet violet, figuré par Cimel dans les Vélins du Muséum d'histoire naturelle de Paris; 3.° un agaric couleur de soufre et fétide, figuré par Steerbeck, *Theat.*, pl. 25, fig. K.

c) En forme d'éteignoir couleur de rose, où vient se placer un *fungus* très-alongé, décrit par Michéli et nommé *guglia* par les Italiens; de même que les *agaricus papillatus* et *luridus* de Batsch, petits champignons gris ou livides. (Lem.)

ŒUFS FOSSILES. (*Foss.*) Luid et Klein ont décrit sous le nom d'œufs pétrifiés, des pierres qui paroissent être des échinites de l'espèce qu'ils nommoient spatagoïdes, spatangoïdes ou brissoïdes.

On a annoncé qu'on avoit trouvé en Espagne (Journal de physique, tom. 53, pag. 73) des œufs d'oiseaux pétrifiés ; mais nous avons bien des raisons de penser que ce qu'on a pris pour des œufs, étoit quelque autre corps qui en avoit la forme : car, indépendamment de la difficulté qui auroit dû se rencontrer pour que des œufs se fussent trouvés dans une circonstance propre à être saisis par la cristallisation qui a formé les pétrifications, nous n'avons aucun exemple de pétrification de corps aussi fragiles, autres que des corps marins, qui se sont trouvés remplis par les débris de ce qui les environnoit. (**D. F.**)

ŒUFS A LA NEIGE ET A L'ENCRE [Petits]. (*Bot.*) Paul., Tr., 2, p. 258, pl. 125, fig. 2. Champignon de la famille des *encriers farineux* de Paulet, d'un tissu frêle, tendre et délicat. Il est d'un blanc de neige, avec les feuillets de couleur noire comme de l'encre ; les séminules ou sporules forment une poussière blanche, répandue sur les feuillets. Ce champignon n'est pas malfaisant : on le trouve dans les jardins, sur le crotin de cheval. (Lem.)

ŒUFS D'OISEAUX. (*Chim.*) Les parties de l'œuf des oiseaux que les chimistes ont examinées, sont :

(*A*) *La coquille.* M. Vauquelin a trouvé la coquille formée d'une matière organique unie à du soufre, de souscarbonate de chaux et d'une très-petite quantité de souscarbonate de magnésie, de phosphate de chaux et d'oxide de fer. (Voyez Coquilles d'œufs.)

(*B*) *Le blanc d'œuf.* Il est formé, 1.º d'albumine pour la plus grande partie, 2.º de *mucus*, suivant M. Bostock : mais, s'il y en a, les expériences de ce chimiste ne me paroissent pas assez positives pour le démontrer ; 3.º d'une partie solide qui me paroit envelopper le liquide albumineux, comme peut le faire une membrane très-fine : c'est cette substance qui apparoit lorsque le blanc d'œuf se délaie dans l'eau ; la partie liquide est dissoute, et la partie solide devient visible sous la forme de flocons blancs, qui doivent leur opacité à de l'eau ; 4.° d'une matière grasse qui m'a paru formée d'oléine et de stéarine ; 5.° de matières inorganiques, telles que de la soude, du chlorure de sodium, etc.

(C) *Le jaune d'œuf.* On y admet généralement,

1.° *De l'albumine;*

2.° *Une matière grasse* contenant de l'oléine et de la stéarine, suivant M. Planche;

3.° *Une partie colorante,* qui me paroît formée de deux principes colorans, un de couleur jaune et un autre de couleur rouge : le premier semble avoir quelque analogie avec le principe colorant jaune de la bile ;

4.° *Une partie solide membraneuse;*

5.° *Des matières inorganiques.*

D'après les observations que j'ai faites avec M. Geoffroy Saint-Hilaire, terme moyen, les œufs perdent environ un cinquième de leur poids dans l'incubation. (CH.)

ŒUFS RAYÉS A L'ENCRE. (*Bot.*) Paul., Tr., 2, p. 259, pl. 126, fig. 1, 2. Agaric que Paulet donne pour l'*agaricus fimetarius*, Linn. (voyez *Champignon du fumier*); mais qui en paroît différent. Ce champignon, haut de cinq à six pouces, a son chapeau d'un jaune roux ou brun sale, rayé par la saillie des feuillets; ceux-ci sont bruns. Cet agaric a d'abord la forme d'un œuf de poule qu'on auroit coupé transversalement; il croît solitaire ou rapproché au pied des arbres, dans les jardins, etc. : on lui donne, dans quelques endroits, le nom de *pisse-chien.* Des essais ont prouvé qu'il n'est pas malfaisant. (LEM.)

OFFICIER. (*Ichthyol.*) Un des noms vulgaires du lieu ou merlan jaune, *gadus pollachius* de Linnæus. Voyez MERLAN.

On appelle aussi quelquefois *officier,* le capelan, *morrhua minuta.* Voyez MORUE. (H. C.)

OFFON. (*Mamm.*) Nom de l'éléphant dans quelques parties de la Guinée. (F. C.)

OFTIA. (*Bot.*) Adanson nomme ainsi le genre *Lantana,* Linn. (LEM.)

OGCODES. (*Entom.*) M. Latreille désigne sous ce nom un genre de diptères qui comprend l'*empis acephala* de Devillers, le *syrphus gibbus* des premiers écrits de Fabricius, le CYRTE bossu ou l'ACROCÈRE de Meigen (voyez ces mots).

Nous avons fait figurer cet insecte planche 48 , fig. 7 de l'atlas de ce Dictionnaire. (C. D.)

OGEGHA. (*Bot.*) C. Bauhin cite sous ce nom , d'après Pigafetta , un fruit du Congo, de couleur jaune . semblable à une poire , sans autre indication ultérieure. (J.)

OGIERE. *Ogiera.* (*Bot.*) Ce genre de plantes, que nous avons proposé dans le Bulletin des sciences de Février 1818 (pag. 52), appartient à l'ordre des Synanthérées. à notre tribu naturelle des Hélianthées. et à la section des Hélian-thées - Millériées, dans laquelle il est voisin des genres *Mil-leria , Dysodium , Siegesbeckia ,* etc., dont il diffère surtout par la calathide incouronnée. Voici les caractères génériques de l'*Ogiera.*

Calathide incouronnée , équaliflore , pauciflore , régulari-flore , androgyniflore. Péricline égal ou supérieur aux fleurs , composé de cinq squames foliiformes , unisériées , larges , ovales. Clinanthe petit , plan , garni de squamelles inférieures aux fleurs , ovales, acuminées , membraneuses , subscarieuses, uninervées. Ovaire grêle , oblong , hispide surtout au som-met, devenant un fruit oblong , subcylindracé. obové , obscu-rément tétragone , hérissé de tubercules subglobuleux , étréci au sommet en un col gros et court , cylindrique ; aigrette absolument nulle. Corolle à cinq lobes frangés. Anthères libres et noires. Style d'Hélianthée.

OGIÈRE TRIPLINERVÉE ; *Ogiera triplinervis ,* H. Cass., Bulletin des sc.. Févr. 1818 , pag. 52. Tige herbacée , rameuse ; feuilles opposées , un peu pétiolées , ovales , à peine dentées . tripli-nervées , hispides , parsemées de glandes en dessous ; cala-thides portées sur des pédoncules simples . courts, grêles , solitaires , situés dans les dichotomies de la tige et des bran-ches ; corolles jaunes.

Nous avons observé les caractères génériques et spécifiques de cette plante sur un échantillon sec, innommé. dont nous ignorons l'origine.

Dans un recueil de Mémoires, imprimé à Bonn en 1820, et intitulé *Horæ physicæ Berolinenses,* nous trouvons la des-cription d'un genre présenté comme nouveau par M. Cha-misso. sous le nom d'*Euxenia .* quoique l'auteur déclare po-sitivement (p.75) que son *Euxenia grata* est la même plante que notre *Ogiera triplinervis* décrite dans le Bulletin des sciences de Février 1818, pag. 52. Il ne décrit qu'une seule espèce d'*Euxenia*; nous n'avions décrit qu'une seule espèce d'*Ogiera*: donc, si les deux plantes appartiennent à la même espèce, l'*Euxenia* ne peut pas être un genre nouveau. M. Chamisso n'allègue aucun prétexte pour s'attribuer l'établissement d'un genre publié, de son aveu, deux ans auparavant, par un autre botaniste, et pour changer le nom qui lui avoit été donné par le premier auteur. Nous supposons qu'ayant remarqué les différences qui existent entre sa description et la nôtre, M. Chamisso en a conclu que nous avions commis de graves erreurs, que notre travail sur le genre dont il s'agit devoit être considéré comme nul, et qu'en conséquence il pouvoit se permettre de reproduire le même genre comme nouveau, sous un autre nom. Cependant nous pouvons affirmer avec une entière confiance, que notre description de l'*Ogiera* est parfaitement exacte; nous sommes persuadé que la description de l'*Euxenia*, faite par M. Chamisso, est également bonne, quoiqu'elle diffère beaucoup de celle de l'*Ogiera*. Que faut-il en conclure? C'est que l'*Ogiera* et l'*Euxenia* sont deux plantes très-différentes, qui n'appartiennent ni à la même espèce, ni au même genre. Cela est évident, et nous ne concevons pas comment M. Chamisso a pu le méconnoître.

La calathide de l'*Euxenia* est hémisphérique, et composée d'un grand nombre de fleurs entassées. La calathide de l'*Ogiera* est subcylindracée ou ovoïde, et pauciflore.

Le péricline de l'*Euxenia* est comprimé, réfléchi, formé de dix squames entregreffées inférieurement, libres supérieurement, dont huit sont plus courtes et dentées, et les deux autres doubles en longueur et très-entières. Le péricline de l'*Ogiera*, non comprimé, ni réfléchi, est formé de cinq squames entièrement libres.

Le clinanthe de l'*Euxenia* est hémisphérique, et pourvu de squamelles spathulées, vertes au sommet, aussi longues que les fleurs. Le clinanthe de l'*Ogiera* est plan, et pourvu de squamelles ovales, acuminées, membraneuses, subscarieuses, plus courtes que les fleurs.

Les anthères de l'*Euxenia* sont brunes; celles de l'*Ogiera* sont noires.

Le fruit de l'*Euxenia* ne paroît pas être hérissé de tubercules subglobuleux, ni terminé au sommet par un gros col très-court, comme le fruit de l'*Ogiera*.

L'*Euxenia* est un arbrisseau de six et huit pieds de hauteur. L'*Ogiera* est une plante herbacée, très-peu élevée.

Il est donc indubitable que l'*Euxenia* et l'*Ogiera* ne sont ni de la même espèce, ni du même genre; mais nous croyons que ce sont deux genres voisins, et qu'en conséquence l'*Euxenia* doit être classé, comme l'*Ogiera*, dans la tribu des Hélianthées, et dans la section des Hélianthées-Millériées.

En parcourant le Nouveau Dictionnaire d'Histoire naturelle, appliqué aux arts, par une société de naturalistes, nous trouvons à la page 498 du septième volume, publié en 1803, l'article suivant:

« *Eleutheranthera*. Nouveau genre de plantes, établi par
« Poiteau, dans la Syngénésie et dans la famille des Corym
« bifères. Il offre pour caractère : un calice commun de cinq
« folioles égales, un réceptacle couvert de paillettes ciliées
« au sommet, et portant quatre à neuf fleurons hermaphro
« dites, ciliés, à étamines distinctes: des graines hérissées de
« glandes et couronnées. Ce genre ne renferme qu'une es
« pèce, l'Éleuthéranthère à feuilles ovales, qui est une herbe
« étalée, à feuilles ovales, opposées, et à fleurs pédonculées
« et géminées, qu'on trouve à Saint-Domingue. (B.) »

Il nous paroît infiniment probable que notre *Ogiera* est le même genre que l'*Eleutheranthera* de M. Poiteau, publié longtemps auparavant. Mais, à l'époque où nous avons publié l'*Ogiera*, et lorsque nous avons rédigé nos articles pour la lettre E du Dictionnaire des sciences naturelles, nous ne connaissions point l'*Eleutheranthera*. Nous ignorons même encore aujourd'hui si l'*Eleutheranthera* est décrit ailleurs que dans le Dictionnaire où nous avons copié l'article qu'on vient de lire. La description qu'il contient nous semble imparfaite, et même inexacte sur quelques points, ce qui ne nous empêche pas de reconnoître que M. Poiteau doit être considéré comme le véritable auteur du genre, surtout si l'on persiste à suivre la règle injuste et déraisonnable admise par la plupart des botanistes, qui ne consultent que les dates, sans avoir aucun égard à l'exactitude des descriptions. (H. Cass.)

OGLIFE, *Oglifa*. (*Bot.*) Ce genre ou sous-genre, que nous avons proposé dans le Bulletin des sciences de Septembre 1819 (pag. 145), appartient à l'ordre des Synanthérées, à notre tribu naturelle des Inulées, et à la section des Inulées-Prototypes, dans laquelle nous l'avons placé auprès du genre *Micropus* (tom. XXIII, pag. 564). Voici les caractères génériques de l'*Oglifa*.

Calathide ovoïde, discoïde : disque pauciflore, régulariflore, androgyniflore ; couronne plurisériée, multiflore, tubuliflore, féminiflore. Péricline égal aux fleurs, formé de squames unisériées, égales, appliquées, linéaires-lancéolées, planiuscules, foliacées, laineuses extérieurement, coriaces à la base, munies d'une bordure membraneuse ; quelques squames surnuméraires, irrégulièrement disposées, inégales, analogues aux vraies squames, mais plus courtes, accompagnent extérieurement le péricline. Clinanthe plan et nu. Ovaires du disque et de la couronne oblongs, papillulés ; à aigrette composée de squamellules unisériées, égales, longues, filiformes, capillaires, barbellulées, caduques. Corolles de la couronne tubuleuses, longues, grêles, filiformes. Quelques fleurs femelles, à ovaire privé d'aigrette, sont situées entre les squames surnuméraires et les vraies squames du péricline.

OGLIFE DES CHAMPS : *Oglifa arvensis*, H. Cass. ; *Filago arvensis*, Linn., *Sp. pl.*, édit. 3, pag. 1312. C'est une plante herbacée, annuelle, velue, cotonneuse et blanche sur toutes ses parties extérieures ; la tige, haute d'environ un pied, est dressée, paniculée, à rameaux nombreux, courts, dressés ; les feuilles sont nombreuses, rapprochées, embrassantes, courtes, étroites, oblongues-lancéolées, très-molles ; les calathides sont agglomérées aux aisselles des feuilles de la tige et aux extrémités des rameaux, qui, étant appliqués contre la tige, forment ensemble une sorte d'épi lâche ; les périclines ne sont point scarieux, mais entièrement cotonneux. Cette plante, qui fleurit en Juillet et Août, se trouve en France, dans les champs stériles et sablonneux, et notamment aux environs de Paris. Smith dit qu'elle n'existe point en Angleterre.

L'*Oglifa* se rapproche beaucoup des vrais *Gnaphalium*, tels que les G. *luteo-album*, *sylvaticum* et *uliginosum* ; mais il en diffère par le péricline, dont les squames sont unisériées, égales, nullement scarieuses; et par des fleurs femelles, à ovaire sans aigrette, situées en dehors du péricline, et protégées par des squames surnuméraires. Ces différences suffisent, selon nous, pour autoriser l'établissement du genre ou sous-genre que nous avons proposé.

Les calathides de l'*Oglifa* ne sont point rassemblées en capitule proprement dit. Il faudroit peut-être considérer les squames extérieures plus courtes comme constituant seules le vrai péricline, et les squames intérieures plus longues comme des squamelles appartenant au clinanthe, et interposées entre les fleurs femelles inaigrettées et les fleurs femelles aigrettées. (H. Cass.)

OGNON ou OIGNON. (*Bot.*) C'est une espèce d'ail. (L. D.)

OGONKUA. (*Bot.*) Nom japonois de l'*arnica ciliata* de Thunberg. (J.)

OGORANIM. (*Bot.*) Nom brame du *piripu* du Malabar, *delima sarmentosa* de Linnæus. (J.)

OGOTON, OGOTONE. (*Mamm.*) De *ogotona*, nom latin donné à un lagomys. Voyez Lièvre. (F. C.)

OGRODNIGZEK (*Ornith.*) Nom polonois de l'ortolan, *emberiza hortulana*, Linn. (Ch. D.)

OGURUMA (*Bot.*) La plante composée, citée sous ce nom japonois par Kæmpfer, est l'*inula japonica* de Thunberg. (J.)

OGYGIE. (*Foss.*) M. Brongniart a donné le nom d'ogygie (qui est de la plus grande ancienneté) à un genre de Crustacés fossiles, dépendant de la famille des trilobites, et qui se rencontrent dans les plus anciennes couches du globe. Ils ont la forme d'une ellipse alongée, terminée en pointes à peu près égales à ses deux extrémités. Ils sont tous très-déprimés, et M. Brongniart croit qu'on ne peut guère attribuer cet aplatissement à la compression. La tête et le corselet sont réunis en un bouclier assez étendu : on voit sur la partie antérieure du chaperon un sillon droit longitudinal, qu'on n'aperçoit sur aucun autre trilobite, et sur les côtés, deux sillons arqués. Des protubérances qui semblent indiquer la place des yeux, ne montrent pas la structure réticulaire, ni l'espèce de rebord qui entoure la cornée, comme dans les autres trilobites.

Le bouclier se prolonge de chaque côté en une pointe quel-

35.

29

quefois très-alongée, qui est tout-à-fait séparée du corps, et qui s'étend jusqu'à plus de la moitié de la longueur de l'animal.

L'abdomen est, ainsi que le post-abdomen, divisé en trois parties par deux sillons longitudinaux et en un grand nombre d'articulations transversales.

On remarque à leur surface des stries partant en divergeant d'un angle des écailles, comme celles qu'on voit sur les écailles des oscabrions ; on y remarque aussi des plis et des échancrures semblables à ceux que montrent les écailles de la queue des crustacés dans les parties qui s'emboîtent. Le post-abdomen est à peu près disposé comme l'abdomen, et composé environ de dix anneaux ou articulations. Ses parties latérales paroissent avoir été plus membraneuses que celles de l'abdomen.

M. Brongniart a remarqué dans un individu deux paquets ovoïdes, situés aux côtés de la queue et qu'il compare aux paquets d'œufs de certains entomostracés, tels que les cyclopes et les branchiopodes.

Les individus d'une même espèce ont entre eux de grandes différences de taille ; on en trouve qui ont trois pouces et demi et d'autres qui ont jusqu'à plus de dix pouces de long. Jusqu'à présent on n'a pu caractériser que les deux espèces ci-après :

OGYGIE DE GUETTARD ; *Ogygia Guettardi*, Al. Brong., Hist. natur. des trilobites, pag. 28, pl. 3, fig. 1, *A*, *B*. Corps elliptique, environ trois fois plus long que large, terminé en pointe aux deux extrémités ; le bouclier se prolonge de chaque côté en une pointe presque aussi longue que le corps. On trouve cette espèce dans les schistes ardoisés des environs d'Angers. Longueur, trois pouces et demi.

M. Brongniart croit, et nous croyons avec lui, que les empreintes à trois lobes et à articulations transversales qu'on trouve dans ces schistes n'appartiennent pas toutes à cette espèce ; elles sont si différentes les unes des autres par leur dimension, leur épaisseur et leur forme, qu'elles pourroient appartenir à des espèces différentes, mais qu'on ne peut caractériser, ne les ayant jamais trouvées entières.

OGYGIE DE DESMAREST ; *Ogygia Desmarestii*, Al. Brong., *loc. cit.*, pl. 3, fig. 2. Corps comprimé, ovale, antérieurement obtus, et dont le bouclier, arrondi et presque échaneré antérieurement, se termine par derrière en deux pointes courtes. Cette espèce, qu'on trouve avec la précédente, devoit avoir au moins un pied de longueur sur cinq pouces environ de largeur. (D. F.)

OHIGGINSIE ; *Higginsia, Ohigginsia*, Pers. (*Bot.*) Genre de plantes dicotylédones, de la famille des *rubiacées*, de la *tétrandrie monogynie* de Linnæus, offrant pour caractère essentiel : Un calice à quatre dents; une corolle en forme d'entonnoir, le limbe à quatre divisions ; quatre étamines ; un ovaire inférieur; un style; un stigmate saillant, à deux lèvres; une baie presque tétragone, à deux loges, ou quatre à deux sillons, ombiliquée, polysperme.

OHIGGINSIE A FLEURS AGRÉGÉES ; *Ohigginsia aggregata*, Ruiz et Pav., *Fl. Per.*, 1, pag. 55, tab. 83, fig. 6. Plante des grandes forêts du Pérou, dont les tiges sont droites, ligneuses, longues de trois pieds, un peu rameuses et tétragones; les feuilles pétiolées, opposées, étalées, lancéolées, très-entières, longues de quatre à cinq pouces, larges de deux et demi, acuminées, très-aiguës; les fleurs axillaires, agrégées, presque verticillées; les pédoncules très-courts, inégaux, uniflores; les calices petits, à quatre dents; les corolles d'un pourpre jaunâtre; ayant le tube court ; le limbe à quatre découpures lancéolées ; le style filiforme : quatre stigmates aigus. Le fruit est une baie ovale, presque ronde, un peu tétragone, à quatre loges polyspermes, caractères qui le rapprochent du *sabicea*.

OHIGGINSIE A FEUILLES OVALES ; *Ohigginsia obovata*, *Fl. Per.*, *l. c.*, tab. 85, fig. 6. Arbrisseau d'environ quatre pieds, dont les tiges sont droites, peu ramifiées; les feuilles pétiolées, en ovale renversé, glabres à leurs deux faces, veinées, acuminées, très-entières, longues d'environ trois pouces, larges de deux; quelques-unes lancéolées; les stipules très-petites, ovales, caduques; les fleurs disposées en grappes simples, alongées, axillaires, presque verticillées; les pédicelles courts, unilatéraux; les corolles de couleur incarnate; avec le tube court; le limbe étalé, à divisions linéaires, obtuses. Le fruit est une baie purpurine, alongée. Cette plante croit au Pérou, dans les lieux ombragés. D'après M. de Jussieu, cette espèce, dont la baie est biloculaire, doit faire un genre distinct, sous le nom d'*Higginsia*, formé par Persoon, en retranchant la première lettre du nom primitif.

OHIGGINSIE VERTICILLÉE ; *Ohigginsia verticillata, Fl. Per., l. c.,* tab. 85, fig. *a*. Arbrisseau du Pérou, haut d'environ trois pieds; il a les rameaux peu nombreux, rudes, cylindriques, tomenteux vers leur sommet ; les feuilles pétiolées, ternées, presque verticillées, lancéolées, entières, luisantes en dessus, un peu pubescentes en dessous, rabattues, longues de trois pouces ; trois stipules fort petites, caduques ; les pédoncules axillaires, solitaires, une fois plus courts que les feuilles, chargés souvent de trois à cinq fleurs terminales, pendantes, alternes; le calice de couleur purpurine ; la corolle écarlate; son tube tétragone, plus long que le calice ; les baies alongées, tétragones, d'un blanc pourpre, à deux loges. Quelques auteurs pensent que cette espèce pourroit être réunie au *nacibea* d'Aublet. (POIR.)

OHIHOIN. (*Mamm.*) Nom que les Hurons, suivant Sadgard Théodat, donnent à l'écureuil suisse. (F. C.)

OHNA. (*Mamm.*) Nom de l'antilope tzeïran chez les Tatares Mongous. (F. C.)

OHN-VOGEL. (*Ornith.*) Nom autrichien du pélican, *pelecanus onocrotalus*, Linn. (CH. D.)

OHUL. (*Ornith.*) Nom que porte au Chili le héron blanc de lait, *ardea galatea*, Lath. (CH. D.)

OHUWEL. (*Bot.*) Un des noms de l'*atragene zeylanica* dans l'île de Ceilan. (J.)

OI. (*Bot.*) Nom du GOGAVIER, *psydium pyriferum*, au Tunquin. (LEM.)

OICEPTOME, *Oiceptoma*. (*Entom.*) M. Leach désigne sous ce nom de genre une division de celui des *Silphes*, famille des hélocères, insectes coléoptères pentamérés. (C. D.)

OIDES. (*Entom.*) Nom donné par M. Weber à de petits coléoptères phytophages que Fabricius a décrits sous le nom d'*adorium*. Voyez ADORIE, tom. I.er, pag. 282. (C. D.)

OIDIUM, Link ; *Oideum*, Ehrenb. (*Bot.*) Genre de la famille des champignons de l'ordre des Mucédinées et de la série des Byssoïdées, dans la méthode de Link. Il est caractérisé par ses filamens rameux, byssoïdes, floconneux, entrelacés en touffe, cloisonnés, et dont les extrémités sont composées d'articulations qui, en se détachant, paroissent devenir autant de conceptacles ou de sporidies.

Ce genre a des rapports très-marqués avec l'*acrosporium* et l'*alysidium*; aussi M. Persoon les réunit-il sous le nom générique d'*acrosporium* et en présente la description des espèces ainsi qu'il suit. Il auroit mieux valu conserver le nom d'*oidium* à cette réunion.

§. 1.er *Filamens distincts, droits.* (Acrosporium, Nées, *Syst.*)

1. Acrosporium en forme de collier (*Acr. monilioides*, Pers., *Mycol. Eur.*, 1, pag. 23; Nées, Syst. champ., 2, tab. 4, fig. 49; *Monilia hyalina*, Fries, *Obs. myc.*, 1, pag. 210, tab. 3 fig. 4). Ses petits gazons ou touffes, de couleur blanche ou grise, se réduisent en poussière par le toucher : on les trouve sur le chaume et sur les feuilles des graminées en été.

§. 2. *Filamens ou flocons agrégés, droits, simples, luisans.* (Alysidium, Kunze, *Myc.*)

2. Acrosporium fauve (*Acr. fulvum*, Pers., *loc. cit.*; *Alysidium fulvum*, Kunze, *Myc.*, 1, pag. 11, tab. 1, fig. 6). Il forme des touffes de couleur fauve dans le creux des troncs de saules : il a été observé dans la haute Lusace.

§. 3. *Filamens entrelacés, se divisant en articulations qui se répandent çà et là sur la plante.* (Oidium, Link, Nées, *loc. cit.*)

3. Acrosporium des fruits (*Acr. fructigenum*, Pers., *Myc.*; *Monilia fructigena*, Pers., *Syn.*; *Torula fructigena*, ejusd., *Obs. myc.*, tab. 1, fig. 7; *Oidium fructigenum*, Kunze, *Mycol.*, 1, p. 80, tab. 2, fig. 22). Il forme des taches ou petits gazons arrondis ou irréguliers, d'une couleur grise ou grisâtre, sur les fruits charnus en putréfaction, et notamment les prunes et les poires. Il se développe en été.

4. Acrosporium lâche (*Acr. laxum*, Pers., *loc. cit.*; *Oidium laxum*, Ehrenb., *Sylv. mycol.*, p. 22). Les filamens sont droits, divergens, d'une couleur cendrée claire, à articulations grandes, luisantes. On le trouve sur les abricots gâtés.

5. Acrosporium doré (*Acr. aureum*, Pers., *loc. cit.*; *Oidium aureum*, Link, *Berl. Mag.*, 3, pag. 18, pl. 1, fig. 28; Nées, *Syst.*, 2, tab. 3, fig 44). Il est d'un jaune d'or pâle et se

trouve sur le bois pourri. Link l'a confondu, mais à tort, avec le *trichoderma aureum* de Persoon : et il paroît que l'*oidium rubens* de Link est aussi une espèce de *trichoderma*, d'où il résulteroit que les deux espèces sur lesquelles Link a fondé le genre *Oidium*, n'en doivent point faire partie. Cet *oidium rubens* se trouve sur les vieux fromages; il y forme de larges taches minces, rougeâtres, qui se convertissent en milliers de sporidies sphériques d'une petitesse extrême. (Lem.)

OIE, *Anser.* (*Ornith.*) On est obligé de reconnoître, avec M. Temminck, qu'il seroit fort difficile de séparer en genres bien tranchés, les espèces d'oiseaux qui composent la grande famille des canards, *anas*, laquelle se trouve, sous ce rapport, dans le même cas que celles des *faucons* et des *fringilles*; mais comme le nombre des espèces, visiblement disparates, est très-considérable, on ne parviendroit pas à les désigner par deux mots seulement, le nom générique et l'épithète, si l'on se bornoit à une division par sections, et c'est un motif déterminant pour se contenter de caractères plus foibles, et n'être pas privé de l'avantage le plus propre à faire faire à la science les progrès qu'elle doit attendre d'une nomenclature courte, régulière et précise. Les caractères particuliers des oies ont déjà été exposés aux articles Canard et Cygne, tomes VI et XII de ce Dictionnaire. Mais on croit devoir rappeler ici que les plus saillans consistent dans un bec plus court que la tête, plus haut que large à sa base, renflé et quelquefois tuberculeux près du front, rétréci et onguiculé à la pointe, et dont les mandibules sont garnies de dents coniques, pointues et formées par les bords des lamelles; à quoi l'on peut ajouter que les jambes sont placées à l'équilibre du corps, tandis qu'elles sont retirées vers l'abdomen chez les canards proprement dits et les cygnes, qui ont, d'ailleurs, le bec plus large qu'épais. Leur cou est de moyenne longueur.

Ces oiseaux vivent en général dans les prairies et dans les marais, où ils mangent des plantes aquatiques et des graines. Ils sont polygames; ils nichent à terre, et leurs petits, qui marchent en sortant du nid, se nourrissent eux-mêmes. Les oies nagent peu et ne plongent point. La mue a lieu deux fois l'année, en Juin et en Novembre, chez la plupart des espèces, et peut-être n'y a-t-il qu'une seule mue chez les femelles. Le plumage ne change de couleur que chez les mâles, qui, au mois de Novembre, se revêtent de leur habit de noce et le conservent jusqu'à l'époque de la propagation. Les jeunes mâles de l'année ressemblent entièrement aux vieilles femelles jusqu'à leur première mue.

Les oies préludent aux actes de l'amour en allant d'abord s'égayer dans l'eau. Elles en sortent pour s'unir, et restent accouplées plus long-temps et plus intimement que la plupart des autres oiseaux, chez lesquels l'union du mâle et de la femelle n'est qu'une simple compression. Ici l'accouplement est bien réel et se fait par intromission. Le mâle est tellement pourvu de l'organe nécessaire à cet acte, que les anciens avoient consacré l'oie au dieu des jardins.

Le cri naturel de l'oie, dit Buffon, est une voix très-bruyante, un son de trompette ou de clairon, *clangor*, qu'elle fait entendre très-fréquemment et de fort loin ; mais elle a de plus d'autres accens brefs, qu'elle répète souvent, et lorsqu'elle est attaquée, elle tend le cou et rend un sifflement semblable à celui de la couleuvre, qui est exprimé en latin par *strepit, gratitat, stridet*.

Le mouvement du vol des oies sauvages ne s'annonce par aucun bruit, et l'ordre dans lequel il se fait, suppose des combinaisons et une grande intelligence. C'est l'arrangement le plus commode afin que chacun suive et garde son rang, et la disposition la plus favorable pour que la troupe entière puisse fendre l'air avec moins de fatigue. Elles se placent en effet sur deux lignes obliques formant un angle, ou sur une seule ligne quand la troupe est peu nombreuse. Celui qui est à la tête de l'angle et fend l'air le premier, va se reposer au dernier rang quand il est fatigué, et les autres prennent la première place tour à tour. On a remarqué des points de partage où les grandes troupes de ces oiseaux se divisent pour se répandre en diverses contrées, et tels sont le mont Taurus, relativement à l'Asie mineure, et le mont Stella, où elles se rendent dans l'arrière-saison et d'où elles semblent partir pour se disperser en Europe. Ces bandes secondaires se réunissent de nouveau et en forment d'autres qui, au nombre de quatre ou cinq cents, viennent quelquefois en hiver s'abattre dans nos champs où elles pâturent les blés en grattant jusque dessous la neige.

Les oies sauvages se rendent tous les soirs, après le coucher du soleil, sur les étangs et les rivières, où elles passent la nuit, pour s'y trouver en sûreté; et leurs habitudes sont bien différentes en cela de celles des canards, qui vont, la nuit, paître dans les champs et ne reviennent à l'eau que quand les oies la quittent; ce qui est une circonstance propre à motiver la séparation des genres *Anas* et *Anser*.

C'est seulement pendant les hivers peu rudes que les oies restent assez long-temps dans les pays tempérés; car, lorsque les rivières se glacent, elles s'avancent plus au Midi, d'où elles reviennent vers la fin de Mars pour retourner au Nord et se porter dans les latitudes plus élevées, au Spitzberg, au Groënland, sur les bords de la mer glaciale, à la baie d'Hudson, etc., où leur graisse et leur fiente sont une ressource pour les malheureux habitans.

Les oies ont la vue bonne, l'ouie très-fine, et leur vigilance est telle qu'elles ne sont jamais prises en défaut. Pendant qu'elles mangent ou qu'elles dorment, il y en a toujours dans la troupe une, qui, le cou tendu, et la tête en l'air, est prête à donner le signal du danger, et si on joint à ces signes d'intelligence et aux remarques ci-dessus faites relativement à leur vol, les preuves d'attachement que les oies privées ont données en plusieurs occasions, on sentira combien peu est exacte l'opinion populaire sur leur bêtise, qui ne paroit s'être formée que d'après l'air stupide que présentent en effet leur marche, leur cou tendu, leur bouche béante, et le son de leur voix, lorsqu'elles éprouvent de la frayeur.

Comme ces oiseaux volent très-haut et ne s'abaissent que lorsqu'ils sont au-dessus des eaux, on a beaucoup de peine à les tirer, et leur extrême défiance rend presque toujours inutiles les stratagèmes qu'emploient les chasseurs. Quand la terre est couverte de neige, ceux-ci se revêtent de chemises blanches par-dessus leurs habits; en d'autres temps ils s'enveloppent de branches et de feuilles, de manière à paroître un buisson ambulant; ils vont même jusqu'à s'affubler d'une peau de vache et marchent en quadrupèdes, courbés sur leurs fusils; mais, même pendant la nuit, toutes ces ruses ne suffisent pas, et les chasseurs n'ont souvent le temps de tirer les oies que parce qu'elles courent trois ou quatre pas sur la terre et battent les ailes pendant quelques momens avant de pouvoir s'élever dans l'air.

Comme le plumage des oies est très-serré et qu'on est toujours obligé de les tirer de loin, il faut que le plomb ait le double de grosseur de celui qui est en usage pour la chasse aux lièvres.

On se sert aussi de filets, qu'on tend le soir et entre lesquels on place des oies privées pour servir d'appelans. Le chasseur se cache dans une fosse à quelque distance ; les oies arrivent après de longs circuits, et l'on réussit quelquefois à en envelopper plusieurs sous la nappe.

On a encore imaginé de conduire aux endroits que les oies ont l'habitude de fréquenter, une nacelle, qui s'attache au milieu de l'eau et qu'on y laisse pendant trois ou quatre jours, afin de les accoutumer à la voir ; on se place ensuite dans cette nacelle avant la nuit, et l'on y reste à l'affût.

En Sibérie, dans les contrées voisines de l'Obi, à l'époque de la fonte des premières glaces, les Ostiaques amoncèlent la neige, construisent des espèces de retranchemens et y font des cabanes avec des branchages ; ils placent sur l'eau, près de ces cabanes, des oiseaux empaillés sur lesquels les oies viennent fondre à coups de bec. Ils emploient aussi divers filets à la même chasse.

M. Cuvier sépare les oies en deux sections ; savoir : les oies proprement dites, et les bernaches dont le bec, plus court, plus menu, ne laisse point paroître au dehors les extrémités des lamelles. M. Vieillot en fait aussi deux sections, mais différemment composées : l'une comprend les espèces dont les doigts sont entièrement palmés, et l'autre celles chez lesquelles il n'existe qu'une demi-palmure. La première de ces sections se sous-divise encore d'après l'existence ou l'absence d'éperons aux ailes. Au reste, il y a lieu de penser que le nombre des espèces d'oies doit être restreint et que celles qu'on n'a pas été à portée d'observer dans les diverses saisons, n'offroient souvent, dans le plumage et la taille, que des différences tenant à l'âge des individus. Sonnini et M. Vieillot pensent même, à cet égard, que l'oie magellanique. l'oie peinte, l'oie des îles malouines, l'oie antarctique, l'oie du plein, pourroient n'être qu'une seule espèce.

Oie ordinaire : *Anser cinereus*, Meyer; *Anas anser*, Linn. et Lath.; pl. enl. de Buffon, n.° 985, et 239 de Lewin. L'oie cendrée, qui est le type de nos oies domestiques, a deux pieds huit à dix pouces de longueur. Elle a pris toutes sortes de couleurs dans les basses-cours ; mais dans l'état sauvage, elle est sur la tête et le cou d'un cendré clair, qui se rembrunit sur le dos et les ailes, dont les pennes primaires sont terminées de noir et blanches sur leurs tiges. La poitrine et le ventre sont d'un cendré blanchâtre ; les parties inférieures et le croupion sont d'un blanc pur. Les ailes, pliées, n'atteignent point l'extrémité de la queue. Le bec, fort et gros, est d'un jaune orangé, ainsi que la membrane des yeux ; son onglet est blanchâtre. L'iris est d'un brun foncé et les pieds sont jaunâtres. La femelle, d'une taille un peu inférieure à celle du mâle, a le cou plus mince, le bec plus effilé et le plumage inférieur d'une teinte plus claire. On remarque sur le ventre et la poitrine des individus des deux sexes quelques plumes d'un brun noirâtre lorsqu'ils sont très-vieux.

Les oies habitent les mers, les plages et les marais des contrées orientales, et elles avancent rarement dans le Nord au-delà du cinquante-troisième degré. On en voit peu en France et en Hollande pendant les passages, mais elles sont plus nombreuses en Allemagne. Lewin dit que quelques-uns de ces oiseaux restent pendant toute l'année en Angleterre dans les marais, et qu'ils se rassemblent, durant l'automne, par bandes, qui, dans les hivers rigoureux, se grossissent de ceux qui viennent du Nord dès le commencement de cette saison. Ils pondent, sur des éminences formées de joncs coupés et d'herbes sèches, huit à douze œufs d'un vert sale, dont l'incubation dure vingt-huit jours, et qui sont figurés dans le même ouvrage, pl. 53. Les petits, enlevés avant qu'ils aient leurs grosses plumes, se privent aisément.

Quoiqu'on puisse tirer parti de plusieurs espèces d'oies, c'est l'oie commune ou domestique qui, jusqu'à présent, est seule susceptible d'être considérée sous le rapport de l'économie rurale. Sa domesticité est moins complète que celle de la poule, et ce n'est ordinairement qu'au mois de Mars qu'elle commence à pondre ; ce qu'elle ne fait guère que tous les deux jours. Chaque ponte est de huit à dix ou douze œufs. Aussitôt qu'on s'aperçoit que les oies veulent pondre, on les renferme sous leur toit. qu'on a soin de tenir propre, et qui ne doit pas en contenir plus de huit. Dès qu'on est parvenu à leur faire faire un œuf dans le nid préparé à cet effet avec de la paille, elles continuent de pondre dans le même endroit; et quand on remarque qu'après la ponte l'oie commence à garder le nid plus long-temps que de coutume, on peut en conclure qu'elle ne tardera pas à couver. On met douze à quatorze œufs dans le nid qu'on a préparé d'une forme circulaire et garni de foin. L'incubation dure un mois, pendant lequel on place à côté du nid un vase contenant de l'orge détrempée dans de l'eau.

On emploie quelquefois les poules d'Inde et même les poules ordinaires à la couvaison, et ce remplacement met l'oie à portée de fournir un plus grand nombre d'œufs. Lorsqu'il fait chaud, on peut laisser sortir les oisons peu de jours après leur naissance; mais on ne doit pas les exposer à la trop grande ardeur du soleil, qui leur seroit aussi préjudiciable que le brouillard, la pluie et le froid. Leur nourriture se prépare avec de l'orge grossièrement moulue et du son détrempés et cuits dans du lait, où l'on a ajouté du mélilot et des feuilles de laitue. Quand les oisons ont atteint deux mois, on les réunit avec le mâle et la femelle, qu'on avoit conservés pour la ponte, et l'on tâche de les faire aller en troupes à la prairie et sur le bord des étangs, en détruisant sur leur route la ciguë et la jusquiame, qui sont pour eux des poisons.

Dans les pays où l'on fait de grandes éducations d'oies, tout le soin qu'on leur donne pendant la belle saison peut se borner à les rappeler ou ramener le soir à la ferme, et à leur offrir des réduits commodes et tranquilles pour faire leur ponte et leur nichée; ce qui suffit même pour les y affectionner en hiver.

Le mâle de l'oie commune se nomme *jars.* Suivant Sonnini, on le distingue de la femelle en ce qu'il est plus haut monté et qu'il a le cou plus alongé et la voix plus forte. Quoique des auteurs prétendent qu'il en faut un pour six femelles, le nombre en peut être bien plus considérable sans qu'on l'expose à se trop fatiguer.

La chair de l'oie est pesante, de difficile digestion, et celle du dindon est préférable ; mais le duvet et les plumes de ces oiseaux forment une partie de leur produit. Lorsqu'on a soin, pour les plumer, de faire cette opération avant la mue et de n'ôter que quatre ou cinq plumes chaque fois, elle n'est suivie d'aucun inconvénient, mais il faut empêcher les oies d'aller à l'eau jusqu'à ce que la peau soit raffermie. Chez les vieilles, les pennes peuvent être enlevées trois fois chaque année, de sept en sept semaines, mais on ne doit point les arracher aux oisons avant l'âge d'environ quatre mois. Les plumes emportent toujours avec elles une graisse qui les feroit gàter, et leur communiqueroit une odeur désagréable, si l'on n'avoit soin de les mettre au four après leur extraction, et de les transporter dans un lieu sec et aéré ; on les passe ensuite dans les cendres chaudes et dans de l'eau bouillante.

A l'égard du duvet, l'époque convenable pour l'enlever est celle où il commence à tomber de lui-même. Les insectes s'y mettent quand l'extraction en est faite trop tôt. Le plus estimé est celui des oies maigres, qui en fournissent aussi davantage. On préfère, dans le commerce, les plumes tirées des oies vivantes à celles des individus morts, et lorsque ces individus ont été tués auparavant, l'opération doit être faite avant que l'oiseau ne soit refroidi.

Le foie des oies, gorgées à cet effet, pèse quelquefois jusqu'à une livre et demie ; et c'est un mets fort délicat.

La fiente même de ces oiseaux est utile comme engrais, lorsqu'après l'avoir fait sécher, on la réduit à l'état de poudrette.

Oie des moissons : *Anser segetum*, Meyer ; *Anas segetum*, Gmel. et Lath., pl. 94, fig. 2 de la Zoologie britannique. Cette espèce, dont la femelle est, comme chez la précédente, un peu plus petite que le mâle, a été confondue avec l'oie cendrée ou ordinaire, ce qui a déterminé M. Temminck à lui assigner pour caractère distinctif *les ailes pliées dépassant l'extrémité de la queue, le bec long et déprimé, coloré de noir et d'orangé.* Sa longueur est de deux pieds six pouces ; elle a le dessus du corps d'un cendré plus ou moins foncé ; le croupion d'un brun noirâtre, les grandes couvertures et les pennes moyennes des ailes terminées de blanc ; le cou et la poitrine d'un cendré clair ; le ventre et le dessous de la queue blancs ; le bec d'un jaune

orangé dans le milieu, et noir à sa base et à sa pointe; les
pieds rougeâtres et l'iris d'un brun foncé. Les jeunes ont de
petites taches blanches au front; la tête et le cou sont d'un
roux jaunâtre, et le plumage est, en général, d'un cendré
plus clair.

Cette oie habite les régions du cercle arctique, où elle
niche dans les marais et les bruyères; sa ponte est de dix ou
douze œufs blancs. On en voit en assez grand nombre, dans son
double passage, en Hollande, en Angleterre, en France, en
Allemagne, mais surtout aux îles Hébrides, et elle a été reconnue par Hearne à la baie d'Hudson. Son nom lui a été
donné à cause des dégats qu'elle fait dans les blés verts.

OIE RIEUSE OU A FRONT BLANC : *Anser albifrons*, D. ; *Anas albifrons*, Linn. et Lath. Cette espèce, qu'Edwards a figurée pl.
153 de ses Glanures, et à laquelle le premier nom aura été
donné parce qu'on aura trouvé dans son cri quelque ressemblance avec un éclat de rire, a environ vingt-six pouces de
longueur; sa grosseur est celle de l'oie ordinaire; son front
est blanc et entouré d'une bande de brun noirâtre; la tête et
le cou sont d'un brun cendré; le dessus du corps et les flancs
sont d'un brun terne et les plumes y sont bordées de roussâtre;
les pennes alaires sont noires. On voit quelques plumes noires
sur la poitrine et le ventre, dont le fond est blanchâtre. M. Temminck soupçonne que cette espèce mue deux fois dans l'année,
et qu'en été tout le ventre et la poitrine sont d'un noir profond,
et au milieu de l'hiver d'un blanc pur. Le bec et les pieds sont
orangés. L'espace blanc du front est moins considérable chez
la femelle, qui est aussi moins grande et dont le plumage a
une teinte plus claire. C'est elle qui paroît être décrite dans
la *Fauna suecica*, comme se trouvant en Helsingie. On en voit
en Sibérie, au Kamtschatka, à la baie d'Hudson, et dans
leurs passages elles se dispersent en Hollande, en Allemagne,
en Suède, en Pologne, en Russie.

OIE A COU ROUX : *Anser ruficollis*, Pallas ; *Anas ruficollis*, Linn.
et Lath. Cette espèce, décrite par Messerschmid dans le Catalogue du cabinet de Pétersbourg, pag. 419, n.° 62, est figurée
dans le sixième fascicule des *Spicilegia*, tab. 4 et pl. 156 des
Oiseaux de Frisch. C'est aussi la même que l'oie à poitrine
rouge de Lewin, pl. 242, qui, suivant cet auteur, est fort

rare en Angleterre. Elle a vingt-deux pouces de longueur et
ne pèse que trois livres. Son bec, qui, par sa brièveté, pourroit la faire ranger avec les bernaches, est d'un orangé sale et
a l'onglet noir. Cette dernière couleur est celle du sinciput
et du derrière du cou. Il y a un espace blanc entre le bec et
l'œil, ainsi que derrière les yeux et sur les côtés du cou; le
dessous de la gorge est noir; le devant du cou et la poitrine
sont d'un brun rouge et entourés d'un cercle noir et blanc;
le dos et les ailes sont d'un brun noirâtre; le ventre est noir
avec de larges bords blancs aux plumes supérieures près des
ailes, dont la longueur égale celle de la queue. Les plumes
anales sont blanches et les jambes noires.

Cet oiseau, qui vit dans les contrées arctiques de l'Asie et
sur les bords de la mer glaciale, est de passage périodique en
Russie; on ne le voit que très-accidentellement en Allemagne
et jamais en Hollande. Suivant Messerschmid, sa chair est fort
savoureuse, et elle n'a point l'odeur de poisson et de ma-
récage.

Oie kasarka : *Anser casarca*, Vieill.; *Anas casarca*, Linn.
et Lath. Cet oiseau, que M. Temminck place avec les canards,
et dont on a déjà parlé au tome VI, page 377, n'excède pas
en grosseur celle du canard sauvage; il est plus haut monté
que l'oie commune, et a un pied dix pouces de longueur.
La couleur dominante de son plumage est un rouge de brique
assez vif. La tête est d'un fauve pâle et le croupion brun, rayé
de fauve. Les couvertures et le dessous des ailes sont de couleur blanche; les rémiges et les rectrices sont noires, ainsi
que les pieds, le bec et l'iris. Le mâle a un collier noir.

Les kasarkas vivent dans les contrées les plus méridionales
de la Russie et de la Sibérie, et passent, dit-on, l'hiver en
Perse et dans l'Inde. Ils établissent dans les rochers et les cavernes un nid où la femelle pond huit à dix œufs blancs. On
ne les rencontre pas en bandes nombreuses, comme les autres
oies, mais par couples. Ils se laissent approcher aisément, mais
l'homme n'a pas d'intérêt à les tuer, leur chair étant assez
mauvaise.

Oie bernache : *Anser leucopsis*, Bechst.; *Anas erythropus*,
Linn. et Lath., pl. enl. de Buffon, 855, le vieux mâle. et pl.
243 de Lewin. Comme la bernache et le cravant ont assez de

rapports entre eux, on les a souvent confondus, mais la première est un peu plus grosse et longue de deux pieds et demi environ, tandis que le second en a à peine deux. D'ailleurs la bernache a le front, les côtés de la tête et la gorge d'un blanc pur, le haut et le derrière de la tête, le cou, la poitrine et les pennes alaires et caudales noires; le dos, les scapulaires et les couvertures des ailes ondés de gris et de noir avec des bordures blanches; le dessous du corps est d'un blanc pur, à l'exception d'une teinte cendrée sur les flancs; le bec et les pieds sont noirs et l'iris est d'un brun noirâtre. Les femelles sont plus petites que les mâles.

Les climats les plus froids, les contrées les plus sauvages, le nord du Groënland, de la Sibérie, de la Laponie, sont pour l'ancien continent, et les baies d'Hudson et de Baffin pour le nouveau, les lieux où elles nichent et se multiplient, tandis que les cravants se tiennent dans des pays plus tempérés. Quand la végétation a tout-à-fait cessé et que les bernaches ne trouvent plus les plantes aquatiques, ni les vers dont elles se nourrissent; elles refluent dans plusieurs parties du Nord de l'Europe et même en France; mais, comme elles n'y font jamais leur nid, on leur a appliqué les fables imaginées pour expliquer la génération des MACREUSES, et au sujet desquelles on peut consulter ce mot, tome XXVII, pag. 525.

OIE CRAVANT : *Anser torquatus*, Frisch ; *Anas bernicla*, Linn. et Lath., pl. enl. de Buffon, n.° 342 ; de Wilson, *Amer. orn.*, n.° 92, fig. 1 ; de Lewin, n.° 244. On a déjà observé à l'article précédent que le cravant et la bernache avoient été long-temps confondus, mais celle-ci a le fond du plumage noir, tandis que celui du cravant est d'un brun noirâtre : sa tête est petite ; son cou est long et grêle, et ses narines ont une grande ouverture ; une bande étroite forme sous la gorge un demi-collier blanc ; le dos, les scapulaires et les couvertures des ailes sont d'un gris très-foncé, terminé par une bande d'un brun clair ; le milieu du ventre est d'un cendré brun, et le bas, ainsi que les plumes anales, sont d'un blanc pur ; les pennes alaires et caudales sont noires, ainsi que le bec et les pieds. La femelle ne se distingue que par sa petite taille, mais on reconnoît les jeunes de l'année à l'absence de l'espace blanc sur la partie latérale du cou.

Ces oiseaux, qui ont un cri sourd, qu'on peut exprimer par *ouan*, *ouan*, habitent les marais et les bruyères dans les régions arctiques, où ils nichent et pondent des œufs blancs. Ils sont très-communs, dans leur passage d'hiver, en Hollande et en Angleterre. On en voit moins en France, où, cependant, il en arrive sur les côtes de l'Océan par les vents du Nord. On en tue même quelquefois sur la Seine près de Paris. Ils peuvent vivre en domesticité, et on les nourrit de graines, de son et de pain détrempé; mais ils sont d'un naturel fort timide et ils fuient devant des oiseaux plus petits qu'eux.

OIE D'ÉGYPTE: *Anser varius*, Mey.; *Anas ægyptiaca*, Lath., pl. enl. de Buffon, 379, 982, 983. Cette espèce, qui se nomme aussi *bernache armée*, *oie du cap de Bonne-Espérance*, *oie du Nil*, et qui, suivant M. Geoffroy Saint-Hilaire, est le *chenalopex* ou *oie renard*, révéré des anciens Égyptiens à cause de son attachement pour ses petits, a été placée par M. Cuvier à la suite des bernaches. On la trouve dans le Midi de l'Afrique, en Abyssinie, dans les lieux inondés de l'Égypte. Il en a été tué une, en 1820, sur les bords de la Seine, dans les environs de Saint-Germain-en-Laye. (Journal des débats du 27 Avril 1820.) Elle est plus petite que l'oie sauvage commune. Son bec, presque cylindrique, a la base d'un marron clair, le milieu rouge et la pointe noire; elle porte aux ailes un petit éperon. Le haut de la tête est blanc; le tour des yeux et le dessous du cou sont d'un marron clair; la poitrine et le manteau d'un cendré teint de roussâtre et varié de zigzags bruns; la gorge et le ventre sont blanchâtres; les grandes couvertures des ailes sont d'un vert à reflets bronzés et violets, et les grandes pennes noires. Elle fait dans les prairies, près des eaux, un nid contenant six à huit œufs verdâtres, et Bruce se trompe probablement, lorsqu'il prétend qu'elle niche sur les arbres, où elle se tient presque toujours perchée quand elle n'est point dans l'eau. On peut l'élever en domesticité, mais elle conserve toujours du penchant à s'enfuir.

OIE DE GAMBIE: *Anser gambensis*, Vieill.; *Anas gambensis*, Linn. Cette oie à laquelle on donne aussi le nom d'*oie armée*, qui ne convient à aucune espèce du genre, puisque plusieurs le sont également, est figurée dans le tome III, part. 2 du *Synopsis* de Latham, sous le n.° 102; mais la planche est défectueuse, surtout en ce qu'on ne voit qu'un éperon au fouet de l'aile, où il en existe deux. Buffon a aussi confondu cette oie avec une variété de l'oie d'Égypte, pl. enl., n.° 982. Son plumage est d'un noir pourpré aux parties supérieures du corps; les petites couvertures des ailes sont marquées de noir sur un fond blanc; le devant et le dessous du corps sont de cette dernière couleur avec de petits zigzags gris; les jambes, fort hautes, sont rouges ainsi que le bec et la caroncule du dessus du front, qui n'est pas assez saillante dans la figure de Latham. Cet oiseau d'Afrique se trouve plus particulièrement au Sénégal, où on l'appelle *hitt*.

OIE BRONZÉE : *Anser melanotos*, Vieill.; *Anas melanotos*, Gmel. et Lath. Cet oiseau, que M. Cuvier range avec les cygnes et qui est figuré dans les planches enluminées de Buffon, n.° 937, sous le nom d'*oie de la côte de Coromandel*, est remarquable par l'excroissance charnue, en forme de crête, qu'il porte au-dessus du bec et par les reflets d'acier bruni, qui brillent sur le fond noir de son manteau. Cette espèce, de la plus grande taille, a la tête et la moitié supérieure du cou mouchetés de noir sur le fond blanc de plumes rebroussées et comme bouclées derrière le cou; tout le devant du corps est blanc, avec une nuance grise sur les flancs. On voit au pli de l'aile, chez les deux sexes, un long et fort éperon, et il y a lieu de penser que le *rassangue* de Rennefort et de Flacourt est le même oiseau, qui paroit aussi ne pas différer de l'*ipecati-apoa*, décrit et figuré par Marcgrave, page 218 de son Histoire naturelle du Brésil. Assez rare sur la côte de Coromandel et au nord du Gange, mais fort commun à Ceilan et à Madagascar, il existeroit ainsi dans les deux continens.

On trouve aussi à la côte de Coromandel et dans les montagnes du cap de Bonne-Espérance une oie, nommée par les Hollandois *bergenten*, et qui est décrite par Sonnerat, tom. II, pag. 220 de son Voyage aux Indes, sous la dénomination d'OIE A TÊTE GRISE DE COROMANDEL. C'est l'*anas cana* de Linné et de Latham, et l'*anser canus* de M. Vieillot, dont les deux sexes sont représentés pl. 41 et 42 des Illustrations de Zoologie de Brown. Le mâle de cette espèce, qui est un peu moins forte que le cravant, a la tête et le cou d'un gris foncé, les joues blanches; le ventre et le dos d'une couleur de rouille claire avec des marques demi-circulaires plus obscures ; les couvertures des ailes blanches, les pennes secondaires vertes et les primaires noires, ainsi que celles de la queue ; on voit chez les deux sexes une bande de la même couleur aux plumes anales. Il y a peu de différence dans le plumage de la femelle, qui est moins vif ; la taille est la même. Les deux sexes ont, au pli de l'aile, un éperon obtus.

OIE DE GUINÉE ; *Anas cygnoides*, Linn. Cette espèce, figurée dans les planches enluminées de Buffon, n.º 347, a été décrite par Brisson, en double emploi, sous le nom d'*oie de Moscovie*. Son plumage, gris sur la tête et le cou, est d'un gris brun sur le dos, et fauve sur le devant du cou, la poitrine et les flancs ; les ailes et la queue sont brunes ; les pieds sont d'un jaune orangé et les ongles noirâtres. Le mâle porte sous la gorge un petit fanon qui a fait donner à ces oies le nom de *jabotières*, et la base de son bec est surmontée d'un gros tubercule, qui, comme l'iris, est rougeâtre. Cet oiseau, de grande taille, tient la tête haute en marchant, et son air est assez noble. Il fait souvent entendre une voix forte et retentissante, et remplit l'office de gardien des basses-cours, aussi bien que l'oie commune, avec laquelle il s'accouple. Comme il s'est acclimaté en Russie et en Sibérie, quoique originaire de pays chauds, on auroit encore plus de facilité à l'acclimater en France, où ce seroit une bonne acquisition.

OIE A COIFFE NOIRE : *Anser melanocephalus*, Vieill. ; *Anas indica*, Lath. On voit arriver dans l'Inde, pendant l'hiver, des troupes nombreuses de ces oies, qui causent de grands dégâts dans les champs de blés. Elles en repartent au printemps, et l'on suppose qu'elles viennent du Thibet. Ces oiseaux, dont la chair est excellente, doivent leur nom à deux bandes noires, parallèles, dessinées en croissant, dont les pointes, remontant sur les yeux, forment derrière la tête une sorte de coiffe. Le devant de la tête, la gorge, le cou, le croupion et les plumes anales sont blancs ; le dos est gris ; le dessous du corps est cendré ; la queue est grise et a l'extrémité blanche ; le bec est d'un brun jaunâtre et les pieds sont fauves.

Des espèces d'oies moins connues de l'ancien continent sont celles dont on trouve la description, dans les ouvrages d'ornithologie, sous les noms d'OIE GULAUND, *Anser borealis*, Vieill.,

et *Anas borealis*, Lath., d'Oie de Béring, *Anser Beringii*, Vieill.
et *Anas Beringii*, Lath. La première est d'une grandeur moyenne
entre l'oie commune et le canard sauvage. Elle est blanche
dessous le corps et a la tête d'un vert éclatant. Elle vit dans
les lieux humides et couverts de l'Islande, où la femelle pond
sept à neuf œufs. On observe avec raison qu'il est plus convenable de lui maintenir, avec les naturels du pays, le nom
de *gulaund* que de lui donner celui de boréale, qui ne la
distingue pas de beaucoup d'autres espèces vivant aussi dans
les régions du nord. La seconde, de la grosseur de l'oie ordinaire, a la base du bec surmontée d'une caroncule jaune,
qu'une rangée de petites plumes d'un noir bleuâtre sépare en
deux parties; le plumage est blanc, à l'exception du haut du
cou qui est bleuâtre. Au temps de la mue ces oiseaux sont
poursuivis dans des canots par les naturels sur les lacs et les
étangs de l'île de Béring. En d'autres saisons on les chasse
dans les campagnes avec des chiens et on les fait tomber dans
des fosses recouvertes d'herbes.

L'Oie de montagne : *Anser montanus*, Vieill., et *Anas montana*, Gmel., dont parle Kolbe, et qui, depuis, a aussi été
vue par Barrow au cap de Bonne-Espérance, n'est pas plus
connue ; elle excède en grosseur l'oie commune et se distingue
par le vert éclatant de la tête, du cou et des pennes alaires.

Beaucoup d'espèces d'oies se voient plus particulièrement
en Amérique, quoique plusieurs se trouvent aussi sur les deux
continens, et l'on y remarque surtout les suivantes :

Oie hyperborée : *Anser hyperboreus*, Vieill.; *Anas hyperborea*,
Gmel. et Lath. Cette espèce, qui est figurée dans l'*American orni-
thology* de Wilson, pl. 68. n.° 5, a dans la forme du bec des
signes propres, selon M. Vieillot. à la faire distinguer des autres.
Ce bec, qui s'élève sur le front, est très-épais à sa base, et s'a-
mincit ensuite jusqu'à son extrémité, qui est comprimée sur les
côtés. chaque mandibule présente à sa pointe un onglet arrondi
et saillant ; les bords en sont gibbeux et la gibbosité est garnie
de vingt-trois dentelures robustes ; la mandibule supérieure
a. de plus. sept rangs latéraux en forme de dents dans sa
cavité intérieure. et la langue, dont le bord est corné, a sur
chaque côté treize dentelures osseuses, arrangées comme
celles d'une scie et dirigées en arrière.

Au commencement de Novembre on voit arriver dans la Pensilvanie, en bandes bruyantes et nombreuses, ces oies qui jettent des cris aigus et perçans. Cette espèce, qui reste peu au centre des États-Unis, passe la plus grande partie de l'hiver dans les parties méridionales, et elle étend ses courses jusqu'à la rivière Columbia. Elle pâture sur les bords des rivières et des marais, et elle broie, comme les cochons, les racines de plantes et de roseaux qu'elle arrache. Revenue en Pensilvanie au mois de Février, elle ne la quitte que pour se porter au nord. On en voit à la baie d'Hudson, au printemps et a l'automne, des troupes très-nombreuses, qui s'étendent jusqu'au cent trentième degré de longitude orientale, et c'est sur les âpres rivages de la mer glaciale qu'elle se livre à la propagation. Les naturels de la baie d'Hudson, du Kamtschatka, etc., les tuent par milliers, les plument, les vident et les entassent dans des trous profonds, où elles ne se corrompent point et leur servent de provisions d'hiver.

Cette oie, qui se nomme aussi *oie de neige*, a deux pieds six pouces de longueur totale, et quatre pieds d'envergure ; le bec, long de trois pouces, est d'un rouge pourpré et tout le plumage est d'un blanc de neige, à l'exception de la partie antérieure de la tête dont le fond est d'une couleur de rouille jaunâtre, de plusieurs des pennes extérieures des ailes qui sont noires, et de leurs couvertures qui sont d'un cendré pâle : la queue, arrondie, est composée de seize pennes.

On a mal à propos formé une espèce particulière des jeunes sous le nom d'Oie des Esquimaux, *Anas cœrulescens*, dont le plumage est extrêmement varié.

C'est entre la fin d'Avril et le mois de Juin qu'on chasse ces oiseaux, fort maigres en toute autre saison, et pour cet effet on tend un grand filet sur la rive du fleuve, ou l'on y bâtit une cabane avec des peaux cousues ensemble. Un chasseur, couvert de peaux blanches de rennes, se dirige vers les oies et marche à leur tête, tandis que deux ou trois autres les excitent, en sifflant, à suivre leur conducteur jusqu'au filet, qui les enveloppe en tombant. Quand c'est une cabane qui a été dressée au lieu de filet, la porte se ferme sur elles et on les assomme.

Oie à cravate: *Anser canadensis*, Vieill. et Briss.; *Anas ca-*

nadensis, Linn. Cette espèce, dont la figure se trouve dans Edwards, *Hist. of birds*, tom. III. pl. 151, et dans Catesby, tom. I, p. 92, a été décrite sous le nom d'oie à cravate par Buffon, qui l'a aussi fait figurer dans ses planches enluminées, n.° 346, sous celui d'*oie sauvage du Canada*. Elle est plus grosse que l'oie commune. Le nord de l'Amérique est son pays natal. La teinte dominante de son plumage est un brun obscur; la tête et le cou sont noirs ou noirâtres; une cravate blanche couvre la gorge; les plumes uropygiales et les pennes caudales sont noires; le bec et les pieds sont de couleur plombée. Cette belle oie a le cou et le corps plus déliés et plus longs que l'oie domestique. On en a vu plusieurs centaines sur le grand canal de Versailles, où elles vivoient familièrement avec les cygnes, et sur les belles pièces d'eau de Chantilly; elles ont été multipliées en Allemagne, en Angleterre, et il en existe encore dans plusieurs contrées de la France, où l'on pourroit aisément les rendre plus nombreuses.

Les oies des îles Malouines, des terres Magellaniques, l'oie antarctique, l'oie peinte, l'oie du plein, ont. malgré plusieurs différences, assez de rapports ensemble pour ne pas faire craindre d'erreurs, si on les présentoit ici comme des espèces tout-à-fait distinctes, indépendamment des variations qui peuvent résulter de l'âge et du sexe.

L'OIE DES MALOUINES; *Anas leucoptera*, Gmel., à laquelle on a donné improprement le nom d'*outarde*, et qui est figurée dans les Illustrations de zoologie de Brown, pl. 11, est regardée par Mauduyt comme la femelle de l'oie des terres Magellaniques. Elle a environ trois pieds de longueur : le mâle est blanc sur la tête, le cou et le dessous du corps; le haut du dos et les flancs sont rayés de blanc et de noir. Cette dernière couleur est celle des pennes des ailes qui sont traversées par une bande blanche et une large tache verte; le pli de l'aile est armé d'un éperon obtus; les deux pennes caudales du milieu sont noires et les autres blanches. La femelle est fauve et ses ailes sont parées de couleurs changeantes. Ses jambes élevées lui facilitent les moyens de se tirer des grandes herbes.

Les descriptions de Bougainville, de Pernetty et de Cook

diffèrent en plusieurs points de celle de Sonnini. Cette oie pond ordinairement six œufs et sa chair est nourissante et de bon goût.

L'OIE MAGELLANIQUE: *Anser magellanicus*, Vieill.; *Anas magellanica*, Gmel., pl. enl. 1006, a le haut du dos, la moitié inférieure du cou et la poitrine émaillés de festons noirs sur un fond roux; les mêmes festons existent sous le ventre, dont le fond est blanchâtre; on voit sur la tête et le haut du cou un rouge pourpré, et un reflet de la même couleur relève le noir du manteau; l'aile porte une grande tache blanche.

OIE PEINTE: *Anser pictus*, Vieill.; *Anas picta*, Gmel. Chez cette oie, qu'on a trouvée au détroit de Magellan et à la Terre-de-feu, la plus grande partie du plumage est d'un cendré noirâtre avec des raies transversales noires; la tête, le cou, le milieu du ventre et les couvertures des ailes sont blancs; il y a une bande de la même couleur sur les rémiges, qui, d'ailleurs sont noires, ainsi que les rectrices, les pieds et le bec; le pli de l'aile est armé d'un éperon obtus.

OIE ANTARCTIQUE: *Anser antarcticus*, Vieill.; *Anas antarctica*, Gmel. Cette oie, comme celle des Malouines, a reçu le nom d'*outarde* de la part des navigateurs; la femelle, figurée dans le *Museum carlscronianum* de Sparrman, planche 37, est plus petite que l'oie domestique. Le mâle est entièrement blanc; son bec est noir et ses pieds sont jaunes. Le plumage de la femelle est cendré à la tête, gris-brun au cou, tout-à-fait brun sur le dos, rayé de brun sur un fond noir à la poitrine et au ventre; les grandes pennes des ailes sont noires; les pennes secondaires sont blanches ainsi que les couvertures supérieures, et l'on voit au milieu de l'aile une bande verte et semblable au miroir des canards.

OIE DU PLEIN: *Anser brachypterus*, Vieill.; *Anas cinerea*, Gmel., et *brachyptera*, Lath. Pernetty dit, dans son Voyage aux îles Malouines, tom. II, pag. 22, qu'on appeloit ces oiseaux *oies du plein* (et non *de plein*, comme on le lit dans plusieurs ouvrages) pour les distinguer des oies à manchon. D'un autre côté, les matelots des équipages de Wallis et de Cook les désignoient sous le nom de *chevaux de course* à raison de la vitesse avec laquelle ils couroient sur l'eau en frappant les flots des pieds et des ailes. Cette circonstance leur donnoit des rapports avec les manchots; mais, d'après Forster, les méthodistes se sont accordés à les considérer comme appartetenant au genre *Anas*. Les oies du plein n'ont, au surplus, que quelques plumes blanches sur le corps, qui est presque entièrement gris, et elles portent des éperons obtus au pli des ailes, qui sont courtes. Leur chair a une odeur désagréable.

D'autres oies appartiennent à l'Amérique méridionale; mais elles sont peu connues.

Oie coscoroba : *Anser coscoroba*, Vieill., *Anas coscoroba*, Mol. et Gmel. L'auteur de l'Histoire naturelle du Chili dit que cette grande espèce est toute blanche, à l'exception du bec et des pieds, qui sont rouges, et des yeux, qui sont d'un beau noir; Molina ajoute qu'elle n'est point sauvage et qu'elle suit partout la personne dont elle reçoit à manger. La femelle ne diffère pas du mâle.

Les mêmes caractères se remarquent chez l'oie blanche, *ganso blanco*, décrite par d'Azara sous le n.° 426, et dont M. Vieillot a fait son Oie blanche du Paraguay, *Anser candidus*, que Sonnini ne sépare point de l'oie hyperborée; mais celle-ci est plus longue d'environ six pouces, et l'on remarque à l'extrémité de ses pennes alaires une tache noire de trois ou quatre pouces; elle est, d'ailleurs, très-farouche, et ces considérations ont porté M. Vieillot à la présenter comme une espèce distincte.

Oie cage : *Anser hybridus*, Vieill.; *Anas hybrida*, Molina. L'auteur italien, qui a décrit cet oiseau de l'Archipel de Chiloë, lui a conservé le nom de cage, donné par les naturels de ces îles, et il l'a appelé hybride à cause de la différence qui existe dans la couleur du plumage des deux sexes, celui du mâle étant entièrement blanc, tandis qu'il est noir chez la femelle, sur laquelle on remarque seulement quelques filets blancs aux extrémités des plumes. D'ailleurs le bec et les pieds du premier sont jaunes et ceux de la seconde sont rouges. Molina ajoute que le cage est de la taille de nos oies domestiques, qu'il a le cou plus court, les ailes et la queue plus longues; que les deux sexes vivent en monogamie parfaite, et ne se trouvent jamais en bandes nombreuses, comme les autres oiseaux aquatiques. La femelle dépose ordinairement huit œufs blancs dans une cavité creusée dans le sable.

Plusieurs espèces d'oies sont particulières à l'Australasie : ce sont les suivantes :

OIE VARIÉE : *Anser variegatus*, Vieill. ; *Anas variegata*, Lath. Cette espèce, trouvée par les navigateurs anglais à la Nouvelle-Zélande, n'excède pas la grosseur d'un fort canard. Elle a un éperon obtus au pli de l'aile. La tête et le haut du cou sont blancs ; le bas du cou et le dessous du corps sont d'un rouge - bai tacheté de blanc ; le dos est noirâtre et ondé de blanc ; les pennes moyennes des ailes sont vertes ; les grandes et celles de la queue noires ; les plumes uropygiales et anales noirâtres.

OIE PIE : *Anser melanoleucus*, Vieill. ; *Anas melanoleuca*, Lath. Cette oie, de la Nouvelle-Galles du sud, a le cou, le haut du dos, la plus grande partie des ailes et les pennes alaires et caudales noires ; le reste du corps est blanc ; la base du bec est jaunâtre, son milieu rouge et sa pointe est plus pâle ; ses pieds sont jaunes et les membranes ne s'étendent pas au-delà de la moitié des doigts.

M. de Labillardière, dans son Voyage à la recherche de La Pérouse, a trouvé sur la terre de Diémen une autre oie par lui déposée au Muséum d'histoire naturelle de Paris. M. Vieillot, qui l'a décrite sous le nom d'OIE GRISE, *Anser griseus*, présente comme un caractère particulier ses ongles très-robustes et très-arqués, surtout ceux du doigt interne et du pouce ; ses pieds ne sont qu'à demi palmés, et une membrane jaunâtre couvre la plus grande partie de son bec, qui est très-bombé à la base de sa pointe supérieure et noirâtre vers son extrémité. Le plumage est, en général, d'un gris sale, mais les pennes primaires des ailes sont noires, ainsi que la queue.

OIE DE NEWALGANG : *Anser semipalmatus*, Vieill. ; *Anas semipalmata*, Lath. Le nom donné à cette espèce par l'auteur anglois, qui l'a figurée dans le second Supplément de son *General synopsis*, pl. 159, pouvoit être convenable lorsqu'on n'avoit observé que chez elle la *demi-palmure*, mais il a cessé de l'être depuis que la même observation a été faite sur l'oie grise et sur l'oie pie, qui, comme elle, ont, sans doute, à raison de cette particularité, la facilité de se tenir souvent perchées sur les branches des arbres. M. Vieillot soupçonne que l'oie grise n'est qu'un jeune de celle-ci. Cette espèce offre une singularité plus caractéristique dans la conformation de sa trachée-artère, qui, dans ses nombreuses circonvolutions, sort de la poitrine, et n'est recouverte que par la peau.

Vu le nombre des espèces d'oies, on leur a appliqué des noms divers, dont il ne sera pas inutile d'exposer ici la synonymie.

L'oie aux ailes bleues d'Edwards se rapporte à celle des Esquimaux ; *l'oie de Brenta* au *cravant; l'oie armée* et celle du *cap de Bonne-Espérance,* à l'oie de Gambie ; les *oies jabotière, de Moscovie, de Sibérie* et *l'oie cygne,* à l'oie de Guinée ; *l'oie à front blanc* et *l'oie sauvage du nord* à l'oie rieuse; *l'oie de Coromandel* à l'oie bronzée; *l'oie indienne* à l'oie à coiffe noire; *l'oie du Canada* à l'oie à cravate; *l'oie de neige* à l'oie hyperborée; *l'oie du Nil* à l'oie d'Égypte; *l'oie nonette* à l'oie bernache.

Il est question, dans la Zoologie arctique de Pennant et dans les Voyages de Pallas, d'une espèce d'oie fort grande, qui est nommée par Gmelin et Latham *anas grandis,* et dont Sonnini donne une courte description sous le nom d'Oie sauvage de la grosse espèce, *Anser grandis,* Vieill., laquelle est dite de la taille du cygne et du poids de plus de vingt-quatre livres, d'un plumage noirâtre en dessus, blanc en dessous, et dont les pieds sont d'un rouge écarlate. Ces oiseaux, qui restent presque toujours dans la Sibérie orientale jusqu'au Kamtschatka, passent le jour dans les blés et les prairies, et la nuit sur les lacs et les étangs.

On a donné le nom d'oie à des oiseaux qui ne font point partie du genre, et telles sont *l'oie de mer,* d'Albin. laquelle est un harle ; *l'oie de la mère carey,* des navigateurs, qui est un albatros; *l'oie de Solan,* d'Albin, qui est le fou de Bassan ; *l'oie renard,* qui est le canard tadorne. (Ch. D.)

OIGNARD. (*Ornith.*) Ce nom et celui d'*oigne* sont donnés, dans divers départemens de la France, au canard siffleur, *anas penelope.* Linn. (Ch. D.)

OIGNON. (*Bot.*) Nom vulgaire d'une espèce d'ail. (L. D.)

OIGNON BLANC. (*Conchyl.*) Nom sous lequel les mar-

chands d'objets d'histoire naturelle désignent encore quelquefois une grande espéce d'hélice, l'*H. gigantea*. (De B.)

OIGNON DE LOUP. (*Bot.*) Voyez Potiron gris et vineux.
(Lem.)

OIGNON-DE-LOUP. (*Bot.*) Nom vulgaire d'une variété
de courge. (L. D.)

OIGNON MARIN. (*Bot.*) On donne vulgairement ce nom
à la bulbe de la scille maritime (L. D.)

OIGNON MUSQUÉ. (*Bot.*) Nom vulgaire du muscari odorant. (L. D.)

OIGNON SAUVAGE. (*Bot.*) Nom vulgaire du muscari à
toupet. (L. D.)

OIGNONET. (*Bot.*) Nom d'une variété de pois. (L. D.)

OISANITE. (*Miner.*) Voyez Titane-anatase. (B.)

OISEAU. (*Conchyl.*) On trouve quelquefois ce nom pour
désigner l'avicule commun. (De B.)

OISEAU ABEILLE. (*Ornith.*) On désigne par ce nom et par
celui de *suce-fleur*, les oiseaux-mouches et les colibris.
(Ch. D.)

OISEAU D'AFRIQUE. (*Ornith.*) La peintade ou poule de
Barbarie, *avis afra* et *numida meleagris*, Linn., est vulgairement désignée par cette dénomination. Mais on dit dans le
nouveau Dictionnaire d'histoire naturelle que le casse-noix,
corvus caryocatactes, Linn., est aussi appelé par le peuple
d'Allemagne *oiseau d'Afrique*, *d'Italie* et *de Turquie*. (Ch D.)

OISEAU ANONYME. (*Ornith.*) L'oiseau du Mexique, figuré
dans Hernandez, pag. 710, sous la dénomination d'*avis ano-
nyma*, et qu'à la page 712 il semble rapporter au genre *Perroquet*, a été regardé par Brisson comme un *tangara*, et par
Buffon comme une *pie-grièche*. (Ch. D.)

OISEAU AQUATIQUE. (*Ornith.*) Cet oiseau, qui a été décrit par Forster comme formant un genre nouveau, paroît
être le bec à fourreau, *vaginalis*, Gmel., et *chionis*, Lath.,
(Ch. D.)

OISEAU AQUATIQUE DES TERRES MAGELLANIQUES.
(*Ornith.*) Le toucan étant fort peu connu au temps de Belon,
cet auteur, qui n'avoit vu que le bec, par lui figuré, page 184,
de l'espéce nommée *grigri* à la Guiane, *tucanus aracari*, Linn.,
a soupçonné que ce bec, apporté par des navigateurs, étoit

celui d'un *pied plat* (palmipède), et il a appliqué à l'individu la fausse dénomination ci-dessus indiquée. (Ch. **D.**)

OISEAU ARCTIQUE. (*Ornith.*) Edwards, tom. 3, pag. 149, désigne ainsi le labbe ou stercoraire à longue queue, *larus parasiticus*, Linn. et Lath., et *stercorarius striatus*. (Ch. **D.**)

OISEAU BALTIMORE. (*Ornith.*) Voyez Troupiale balti-more. (Desm.)

OISEAU DE BANANA. (*Ornith.*) L'oiseau qu'Albin appelle ainsi, est le carouge à long bec, *oriolus icterus*, Lath., et *pendulinus longirostris*, Vieill. (Ch. **D.**)

OISEAU DES BARRIÈRES. (*Ornith.*) Ce nom a été donné par les habitans de Cayenne à une espèce de coucou, qui a l'habitude de se tenir sur les palissades, et qui est le coulicou des barrières, *coccyzus septorum* de M. Vieillot. (Ch. **D.**)

OISEAU A BEC BLANC. (*Ornith.*) Cet oiseau, de la taille de l'étourneau, *tanagra albirostris*, Lath., est une espèce douteuse, qu'on dit se trouver en Amérique, et qui, suivant M. Vieillot, pourroit être un troupiale. (Ch. **D.**)

OISEAU A BEC TRANCHANT. (*Ornith.*) Les pingouins ont été désignés par Albin sous cette dénomination. (Ch. **D.**)

OISEAU BÉNI. (*Ornith.*) Un des noms que cite Salerne, page 245, comme ayant été donnés au troglodyte, *motacilla troglodytes*, Linn. (Ch. **D.**)

OISEAU BÊTE. (*Ornith.*) C'est le bruant fou ou de passage, *emberiza cia*, Linn. (Ch. **D.**)

OISEAU BLEU. (*Ornith.*) Aristote, traduction de Camus, tom. 2, pag. 573, décrit sous le nom de *cyanos* (*cæruleus* de Gaza), un oiseau plus petit que le merle, plus gros que le pinson, ayant les pieds grands, les tarses courts, le bec mince et long, et tout le plumage bleu ou vert de mer. Belon, *De la nature des oiseaux*, liv. 6, chap. 24, rapporte celui-ci, qui est dit habitant des rochers, au merle bleu, *turdus cyanus*, Linn.; mais Montbeillard doute de l'exactitude de ce rapprochement, et Salerne, page 123, cite, parmi les noms vulgaires de l'alcyon ou martin-pêcheur, *alcedo ispida*, Linn., ceux d'enfant bleu ou oiseau bleu. Si, en effet, la grandeur des pieds n'est pas un des attributs de l'alcyon, il n'en est pas de même de la brièveté des tarses, ni de la couleur du plumage, qui ne sauroit, au moins pour les parties supérieures du corps, être exprimée dans des termes plus appropriés et plus caractéristiques.

Dans le deuxième volume des *Découvertes de plusieurs voyageurs en Russie, etc.*, page 239, on désigne sous le nom d'*oiseau bleu* la poule sultane, *fulica porphyrio*, Linn. (Ch. D.)

OISEAU DE BŒUF. (*Ornith.*) Cet oiseau, de la grosseur du pigeon, est de couleur blanche, à l'exception d'une tache d'un roux clair sur la tête. Shaw l'appelle *ox-bird*, dans son Voyage en Barbarie; et c'est aussi le petit héron blanc d'Égypte d'Hasselquist, lequel est appelé *garde-bœuf* par les Européens établis en Égypte, d'après l'habitude qu'il a de se tenir à la suite des troupeaux dans les champs cultivés et dans les prairies. Selon M. Savigny, dans son Histoire de l'Ibis, on l'a aussi nommé *père aux tiques*, à raison de ce qu'il prend les insectes parasites sur les bestiaux. (Ch. D.)

OISEAU DE BŒUF. (*Ornith.*) M. Vieillot dit qu'on appelle ainsi le héron de Madagascar, lequel est blanc avec une tache d'un roux clair sur la tête, et qui n'est pas plus gros qu'un pigeon. (Desm.)

OISEAU DE BOHEME. (*Ornith.*) Comme on croyoit le jaseur d'Europe, *ampelis garrulus*, Linn., originaire de la Bohème, on le désignoit ainsi. (Ch. D.)

OISEAU A BONNET NOIR. (*Ornith.*) L'oiseau ainsi nommé dans Albin, est la mésange nonnette, *parus palustris*, Linn. (Ch. D.)

OISEAU BOUCHER. (*Ornith.*) C'est par cette dénomination que le nom générique des pie-grièches, *lanius*, est rendu dans la traduction des voyages de Bartram, tom. 1.ᵉʳ, pag. 298 et tom. 2, pag. 44. (Ch. D.)

OISEAU BOURDON ou BOURDONNANT. (*Ornith.*) Noms sous lesquels on désigne les oiseaux-mouches et les colibris. (Ch. D.)

OISEAU BRAME. (*Ornith.*) L'oiseau, ainsi appelé dans la presqu'île de l'Inde, est, suivant d'Obsonville, page 55, une espèce de milan, dont la grosseur n'excède pas celle du pigeon et qu'on nomme en tamoul *knerouden*, et *tchil* en indous; mais les naturalistes le désignent sous le nom d'aigle de Pondichéry ou du Malabar. Sa tête, son cou et sa poitrine sont blancs, et le reste du corps est de couleur de chocolat. Voyez le tome I.ᵉʳ de ce Dictionnaire, page 368. (Cʜ. D.)

OISEAU BRUN. (*Ornith.*) Cet oiseau, représenté sous le nom de grimpereau du Brésil, pl. enl. de Buffon, 578, n.° 3, est le *certhia gutturalis*, Linn. (Cʜ. D.)

OISEAU DE CADAVRE. (*Ornith.*) Ce nom et celui d'*oiseau de mort* ont été vulgairement et superstitieusement donnés aux oiseaux nocturnes et plus spécialement à la chevêche et à l'effraie, parce qu'ayant vu par hazard ces oiseaux perchés la nuit sur des maisons habitées par des malades, on a supposé qu'ils présageoient leur mort. (Cʜ. D.)

OISEAU DE CALICUT. (*Ornith.*) Nom donné par erreur au dindon, en lui supposant une origine asiatique. (Cʜ. D.)

OISEAU DES CANARIES. (*Ornith*) Suivant Salerne, le serin des canaries, *fringilla canaria*, Linn., est quelquefois appelé ainsi. (Cʜ. D.)

OISEAU-CANNE. (*Ornith.*) L'oiseau auquel on a donné ce nom à Saint-Domingue, parce qu'on le trouve souvent sur les cannes à sucre, est l'*olive* de Buffon, *emberiza olivacea*, Linn., que M. Vieillot a rangé parmi ses passerines, vu qu'il n'a pas au palais le tubercule osseux, principal caractère des bruans. (Cʜ. D.)

OISEAU DU CÈDRE. (*Ornith.*) Les Américains ont ainsi appelé le jaseur de l'Amérique septentrionale, *ampelis garrulus*, var., Lath., et *bombicilla cedrorum*, Vieill., parce qu'il mange les fruits de cet arbre. Le traducteur du Voyage de Bartram le nomme aussi, tom. II, page 46, *oiseau de la couronne*. (Cʜ. D.)

OISEAU CÉLESTE. (*Ornith.*) Les anciens appeloient ainsi le grand aigle, sans doute à cause de la hauteur de son vol. (Cʜ. D.)

OISEAU CENDRÉ DE LA GUIANE. (*Ornith.*) C'est l'oiseau que Buffon a simplement désigné par le nom d'*oiseau cendré*, pl. enl. n.° 687, fig. 1, en observant qu'il diffère des autres manakins, *pipra*, par sa queue étagée et beaucoup plus longue. Manduyt le regardoit comme appartenant plutôt au genre Gobe-mouche. (Cʜ. D.)

OISEAU DE CERISES. (*Ornith.*) Un des noms vulgaires du loriot, *oriolus galbula*, Linn. (Cʜ. D.)

OISEAU-CHAMEAU. (*Ornith.*) C'est l'autruche, *struthio camelus*, Linn. (Ch. D.)

OISEAU-CHAT. (*Ornith.*) Nom donné à un oiseau de l'Amérique septentrionale, qui a le miaulement du chat. C'est le moucherolle de Virginie de Buffon, le *cat-bird* de Catesby, *muscicapa carolinensis*, Linn. (Ch. D.)

OISEAU DE CHYPRE. (*Ornith.*) Quand les Vénitiens possédoient l'île de Chypre, on y faisoit un assez grand commerce des oiseaux vulgairement appelés *bec-figues*, quoique cette espèce imaginaire ne fût composée que de fauvettes ou farlouses conservées par le moyen du vinaigre et d'herbes odoriférantes ; et c'est là ce qui a donné lieu à la dénomination d'oiseau de Chypre. (Ch. D.)

OISEAU DE CIMETIÈRE. (*Ornith.*) Suivant M. Guillemeau, le grimpereau de muraille, *certhia muraria*, Linn., est ainsi nommé dans plusieurs endroits du département des Deux-Sèvres. (Ch. D.)

OISEAU-COCHON. (*Ornith.*) Les naturels du Paraguay donnent à une espèce de bihoreau le nom de *tajazu guira*, qui signifie *oiseau-cochon*, sans doute par le même motif qui a fait nommer pouacre de Cayenne l'*ardea gardeni*. (Ch. D.)

OISEAU-COIGNÉE. (*Ornith.*) Ce nom paroît être donné, dans l'île de Madagascar, à un canard qui porte sur le bec une excroissance noire et charnue. (Ch. D.)

OISEAU A COLLIER. (*Ornith.*) Nom donné par Nieremberg au martin-pêcheur alatli, *alcedo torquata*, Lath., à cause du collier blanc de cet oiseau, figuré dans les planches enluminées de Buffon, n.° 284. (Ch. D.)

OISEAU DE COMBAT. (*Ornith.*) C'est l'espèce du genre Tringa nommée vulgairement combattant, *tringa pugnax*, Linn. (Ch. D.)

OISEAU A COU DE SERPENT. (*Ornith.*) Les Hollandois du cap de Bonne-Espérance appellent ainsi l'anhinga, *plotus*, dont le cou a, en effet, de la ressemblance avec le corps de ce reptile. (Ch. D.)

OISEAU DES COURANS. (*Ornith.*) L'oiseau que les Groënlandois nomment ainsi, parce qu'il cherche sa proie dans les endroits où le courant est le plus fort, a du rapport avec le petit pingouin, *alca pica*, Linn. (Ch. D.)

OISEAU A COURONNE. (*Ornith.*) On trouve dans l'Histoire générale des voyages, tom. IV, in-4.°, page 247 et suivantes, des descriptions d'oiseaux connus sous ce nom à la Côte-d'Or, dans la Nouvelle-Guinée, et tirées de Bosmann, Smith, Atkins. L'un de ces oiseaux est la grue couronnée ou l'oiseau royal, *ardea pavonia*, Linn., et l'autre paroit être une espèce de grand perroquet, dont, suivant Smith, la tête et le cou sont verts, le corps pourpre, les ailes et la queue rouges, et le toupet noir. (Ch. D.)

OISEAU DE LA COURONNE. (*Ornith.*) Voyez Oiseau du cèdre. (Ch. D.)

OISEAU COURONNÉ DU MEXIQUE. (*Ornith.*) L'oiseau décrit dans Albin sous le nom d'oiseau huppé ou couronné du Mexique, est le touraco, *corythaix*, Illig., dont Brisson a aussi donné la description, tom. IV, pag. 152, sous celui de coucou vert huppé de Guinée ; mais c'est par erreur que l'auteur anglais a supposé qu'il étoit d'Amérique. (Ch. D.)

OISEAU COURONNÉ DE NOIR. (*Ornith.*) C'est le tangara noir et jaune, *tanagra melanictera*, Lath. (Ch. D.)

OISEAU DE LA CROIX. (*Ornith.*) Une faute commise dans l'indication d'un renvoi, qui se trouve à la page 487 du tom. 3.°, in-4.° de l'Histoire naturelle de Buffon, en a fait commettre une au tome XII de ce Dictionnaire, pag. 527, où l'on a cité le *mascalouf* d'Abyssinie, le même oiseau que celui de cet article, comme se rapportant au *dattier*, tandis que le chevalier Bruce en a reconnu l'identité avec le père noir à longue queue, représenté dans les planches enluminées, n.° 183, fig. 1, sous la dénomination de moineau du royaume de Juda. (Ch. D.)

OISEAU DE CURAÇAO. (*Ornith.*) Edwards nomme ainsi le hocco de la Guiane, figuré dans la planche enluminée de Buffon, n.° 86, autrement hocco du Curaçao, *crax globicera*, Linn. (Ch. D.)

OISEAU DE CYTHÈRE. (*Ornith.*) Ce nom désigne la colombe, de tout temps célèbre chez les poëtes, comme l'attribut de la déesse des graces et de la beauté. (Ch. D.)

OISEAU DE DAMPIER. (*Ornith.*) On désigne sous ce nom, dans le Nouveau Dictionnaire d'histoire naturelle, un oiseau que Dampier a vu a Céram, lequel a été reconnu par Buffon pour un calao, et dont l'identité résulte en effet de la figure que Dampier en a donnée lui-même sur la planche qui se trouve vis-à-vis la page 81, au tome 5.ᵉ de ses Voyages. (Ch. **D.**)

OISEAU DE DÉGOUT. (*Ornith.*) Nom donné au dronte par les voyageurs hollandois, qui ont vu cet oiseau à l'île Maurice, nommée depuis Isle-de-France, et ont trouvé à sa chair un très-mauvais goût. (Ch. **D.**)

OISEAU DEMI-AQUATIQUE. (*Ornith.*) Forster a vu sur la terre des États cet oiseau blanc, de la grosseur d'un pigeon, dont les pieds étoient à demi palmés, dont les yeux étoient entourés de verrues, et qui, d'après ce signalement, est, sans doute, le bec à fourreau, *vaginalis*, Gmel., et *chionis*, Lath. (Ch. **D.**)

OISEAU DU DESTIN. (*Ornith.*) Le calao, *buceros*, Linn., se nomme ainsi sur les frontières de Sennaar en Abyssinie. (Ch. **D.**)

OISEAU A DEUX BECS. (*Ornith.*) La forme du bec a donné lieu aux Indiens d'appeler ainsi le calao de gingi, *buceros gingianus*, Lath. (Ch. **D.**)

OISEAU DU DIABLE. (*Ornith.*) Nom donné à l'oiseau de tempête, espèce de pétrel, désignée par la dénomination latine de *procellaria pelagica*, Linn. Voyez aussi Diable. (Ch. **D.**)

OISEAU DIABLOTIN. (*Ornith.*) Surnom du goéland ou stercoraire brun, *larus catharractes*, Linn. (Ch. **D.**)

OISEAU DE DIEU. (*Ornith.*) Dénomination des oiseaux de paradis ou paradisiers. (Ch. **D.**)

OISEAU DE DIOMÈDE. (*Ornith.*) Cet oiseau, que Gesner, Aldrovande, etc., nommoient *avis diomedea*, est le pétrel puffin, *procellaria puffinus*, Linn., et simplement puffin dans Buffon, pl. enl., n.° 960. (Ch. **D.**)

OISEAU A DOS ROUGE. (*Ornith.*) Voyez Oiseau épinard. (Ch. **D.**)

OISEAU DUNETTE. (*Ornith.*) Salerne cite, p. 170, et d'après Coigrave, ce nom comme étant un de ceux qu'on donne vulgairement à la grive proprement dite, *turdus musicus*. (Ch. **D.**)

OISEAU ÉPINARD. (*Ornith.*) Suivant Sonnini, ce nom et celui d'*oiseau à dos rouge*, sont donnés par les Créoles de

Cayenne au tangara septicolor, *tanagra tatao*, Linn. (Ch. D.)

OISEAU ERITHACUS. (*Ornith.*) L'oiseau que le P. Feuillée nomme ainsi, est la fauvette à tête rousse, *sylvia ruficapilla*, Lath. (Ch. D.)

OISEAU DE L'ESPRIT. (*Ornith.*) Carver dit, p. 361 de son Voyage dans les parties intérieures de l'Amérique septentrionale, qu'il a vu chez les Nadéossis un oiseau ainsi appelé par ces Indiens à cause de la grande vénération qu'ils ont pour lui. Cet oiseau (*ouaikon bird*), ajoute le voyageur, n'est pas plus gros qu'une hirondelle ; sa couleur est brune et son cou d'un vert éclatant ; il porte à la queue quatre ou cinq plumes aussi longues que le corps, dont les reflets sont verts et pourprés. Carver le regarde comme une espèce d'oiseau de paradis ; mais M. Vieillot observe que Wilson n'en fait aucune mention dans son Ornithologie américaine. (Ch. D.)

OISEAU D'ÉTÉ. (*Ornith.*) C'est le *kaarsaak*, espèce de Grèbe du Groënland. Voyez ce mot. (Ch. D.)

OISEAU FÉTICHE. (*Ornith.*) Suivant Artus, cité dans l'Histoire générale des voyages, tom. 4, p. 160, cet oiseau est le butor, *ardea stellaris*, Linn. ; mais, d'après Isert, Voyages en Guinée, p. 21, l'Oiseau des fétis, en vénération chez les Africains, est l'*ardea pavonina*, Linn., c'est-à-dire la grue couronnée ou l'oiseau royal, dont la démarche est si majestueuse, et sur lequel personne n'ose tirer. (Ch. D.)

OISEAU DE FEU. (*Ornith.*) Ce nom, *fire bird*, est donné par des Américains au baltimore, *oriolus baltimore*, Linn., à cause de ses couleurs brillantes ; d'autres appliquent la même dénomination au tangara du Canada, *tanagra rubra*, Linn., et *piranga erythromelas*, Vieill. Ce nom est également donné au cardinal de Madagascar, Brisson. Voyez aussi Foulimène. (Ch. D.)

OISEAU FOU. (*Ornith.*) On nomme ainsi la sittelle de la Jamaïque, *sitta jamaicensis*, var., Lath., et *sitta stulta*, Vieill.

On parle dans le Nouveau Dictionnaire d'histoire naturelle, sous le nom de *Grand oiseau fou du Port-désiré*, aux Terres magellaniques, d'un oiseau de grande taille, décrit par le commodore Byron, au tom. 1.ᵉʳ, in 4.° des Voyages de Cook.

p. 19, sans le désigner par l'épithète *fou*, et qui paroît à Buffon être une espèce de vautour. (Ch. **D.**)

OISEAU FRÉGATE. (*Ornith.*) C'est dans Albin la frégate, *pelecanus aquilus*, Linn. (Ch. **D.**)

OISEAU FROU FROU. (*Ornith.*) Cette dénomination et celle d'*oiseau murmure*, ont été données aux oiseaux-mouches à cause du bruit sourd que le mouvement rapide de leurs ailes produit dans l'air. (Ch. **D.**)

OISEAU GALLINACHE. (*Ornith.*) L'*urubu* et l'*aura* sont ainsi appelés dans plusieurs contrées de l'Amérique septentrionale. (Ch. **D.**)

OISEAU DE GAZA. (*Ornith.*) On parle sous cette dénomination, dans le Nouveau Dictionnaire d'histoire naturelle, d'un oiseau trouvé vers Gaza par Belon, qui le regarde dans ses *Observations*, p. 159, comme le *venatica avis* des anciens; mais ce naturaliste attribuant un joli ramage à l'oiseau dont il s'agit, qu'il dit un peu plus gros que l'étourneau, et qui sembleroit, d'ailleurs, avoir des rapports avec une pie-grièche, il seroit fort difficile d'en déterminer l'espèce. (Ch. **D.**)

OISEAU DES GLACES. (*Ornith.*) L'oiseau qu'on appelle ainsi à Terre-Neuve parce qu'il habite toujours sur les glaces, et qu'on désigne sous la dénomination de *moineau de mer* au tom. 19.°, pag. 46, de l'Histoire générale des voyages, attendu la ressemblance de son bec avec celui du moineau, n'est pas plus gros qu'une grive, et a le plumage de l'*akpa*. On pense avec Buffon, qu'il s'agit ici de l'ortolan de neige ou d'une espèce voisine. (Ch. **D.**)

OISEAU GOITREUX. (*Ornith.*) On appelle ainsi le pélican à cause de la poche membraneuse qu'il a sous la gorge. (Ch. **D.**)

OISEAU A GORGE BLANCHE. (*Ornith.*) L'oiseau ainsi nommé dans Albin, est la fauvette grisette ou cendrée, *sylvia cinerea*, Lath. (Ch. **D.**)

OISEAU GRIS. (*Ornith.*) Les oiseaux de l'île de Juan Fernandès, que Wafer désigne par cette seule dénomination, dans son Voyage a la suite de ceux de Dampier, tome 4, page 503, et dont il compare la grosseur à celle d'un petit poulet, font, dit-il, comme les lapins, des trous en terre, où ils passent la nuit, et d'où ils sortent le jour pour aller à la pêche. Il s'agit probablement ici d'une espèce de pétrel, et plus particulièrement de celle qui a été appelée par les matelots du capitaine Carteret, *poulet de la mère Carey*, mais non du *quebrantahuessos*, grande espèce du même genre à laquelle des matelots ont aussi appliqué cette singulière dénomination. (Ch **D.**)

OISEAU DE GUERRE ou GUERRIER. (*Ornith.*) Dans le Nouveau Dictionnaire d'histoire naturelle on renvoie sous ce mot au *stercoraire labbe*; mais, outre qu'à cet article il n'est pas question de la dénomination dont il s'agit ici, l'oiseau, auquel elle a été donnée par le voyageur Dampier, est la frégate, *pelecanus aquilus*, Linn., qui est aussi appelée homme de guerre. Voyez Guerrier et Homme de guerre. (Ch. **D.**)

OISEAU HUPPÉ ou COURONNÉ DU MEXIQUE. (*Ornith.*) Albin désigne ainsi le touraco, *cuculus persa*, Linn., et *corythaix*, Illig., qui ne se trouve qu'en Afrique, mais qui étoit alors peu connu. (Ch. **D.**)

OISEAU [Petit] HUPPÉ. (*Ornith.*) Voyez Coquantototl. (Ch. **D.**)

OISEAU DES INDES. (*Ornith.*) Aristote, Ctesias, Pausanias, Ælien, etc., ont donné ce nom par excellence au perroquet, *psittacus*, Linn. (Ch. **D.**)

OISEAU JAUNE. (*Ornith.*) Ce nom, donné en France au bruant commun, *emberiza citrinella*, Linn., paroît être appliqué, dans le Canada, à la fauvette tachetée de rougeâtre, *sylvia æstiva*, Lath.; et le nom d'*oiseau jaune du Bengale* est donné par Albin à un loriot. (Ch. **D.**)

OISEAU [Petit] JAUNE. (*Ornith.*) M. Vieillot se borne à dire, relativement à l'oiseau qu'on nomme ainsi au cap de Bonne-Espérance, qu'il a été retrouvé par Cook à la Nouvelle-Géorgie méridionale. (Ch. **D.**)

OISEAU DE JONCS. (*Ornith.*) Cette dénomination paroît être celle de l'ortolan de roseaux, *emberiza schœniclus*, Linn. (Ch. **D.**)

OISEAU DE JUNON. (*Ornith.*) C'est le paon, *pavo*. Linn. (Ch. **D.**)

OISEAU DE JUPITER. (*Ornith.*) C'est l'aigle, *aquila*. (Ch. **D.**)

OISEAU DU LAC DU MEXIQUE A VOIX RAUQUE.

(*Ornith.*) Cet oiseau, qui est l'*avis aquatica raucum sonans* de Nieremberg, est nommé par Fernandez Acacahoactli. Voyez ce mot. (Ch. D.)

OISEAU [Petit] DU LAC DE MEXICO. (*Ornith.*) L'oiseau indiqué sous ce nom dans le Nouveau Dictionnaire d'histoire naturelle, est l'*atotoll* que Fernandez décrit au chapitre 8, p. 15, comme étant de la taille du moineau commun, et ayant un plumage blanc en dessous et varié sur le corps de blanc, de fauve et de noir. Cet oiseau, qui niche dans les joncs, a beaucoup de rapports avec l'ortolan de roseaux ; mais il n'en a aucun avec un autre du même nom, indiqué par Fernandez, chap. 128, p. 41, lequel est l'*alcatraz* ou pélican du Mexique. (Ch. D.)

OISEAU AU LONG BEC. (*Ornith.*) Suivant M. Guillemeau, dans son *Essai sur l'histoire naturelle des oiseaux du département des Deux-Sèvres*, on donne vulgairement ce nom, dans quelques parties des marais, à la cigogne, *ardea ciconia*, Linn. (Ch. D.)

OISEAU DE LYBIE. (*Ornith.*) Les grues étoient ainsi désignées par les anciens. (Ch. D.)

OISEAU DE MAI. (*Ornith.*) L'oiseau auquel le traducteur du Voyage de Bartram donne ce nom, t. 2, p. 47, est désigné dans l'original sous celui de *calandra pratensis*, et l'on a lieu de penser que c'est l'alouette calandre, *alauda calandra*, Linn. (Ch. D.)

OISEAU MANGEUR DE VERS. (*Ornith.*) L'oiseau de la Jamaïque, ainsi désigné par Hans Sloane, est, selon Sonnini, le figuier brun, *sylvia fuscescens*, que M. Vieillot regarde comme une femelle de la fauvette pipi. (Ch. D.)

OISEAU MARBRÉ. (*Ornith.*) On appelle ainsi, dans l'Inde, le *napaul* ou *faisan cornu*, dont la description se trouve au tom. XVI de ce Dictionnaire, p. 158. (Ch. D.)

OISEAU MARCHAND. (*Ornith.*) Ce nom a été appliqué à l'*aura* et à l'*urubu*, deux espèces de vautours, dans les colonies françaises d'Amérique. (Ch. D.)

OISEAU DE MAUVAISE FIGURE. (*Ornith.*) Il paroît que ce nom a été donné à l'effraie, *strix flammea*, Linn. (Ch. D.)

OISEAU DE MÉDIE. (*Ornith.*) Ce nom et celui d'*oiseau*

de Perse désignent le paon, *pavo cristatus*, Linn. (Ch. D.)

OISEAU DE MEURTE. (*Ornith.*) Cet oiseau, qu'on appelle aussi oiseau de *myrte* ou de *nerte*, est la grive litorne, *turdus pilaris*, Linn. (Ch. D.)

OISEAU DU MEXIQUE. (*Ornith.*) Cet oiseau, indiqué par Séba comme étant de la grandeur du moineau commun, est le tangara du Mexique, de Brisson. (Ch. D.)

OISEAU A MIROIR. (*Ornith.*) Ce nom est donné par les oiseleurs du Brandebourg au *motacilla suecica*, Linn., ou gorge bleue, à cause de la tache blanche et imitant l'acier poli, que les mâles de cette espèce portent sous le cou. (Ch. D.)

OISEAU-MON-PÈRE. (*Ornith.*) Ce nom a été donné par les Nègres de Cayenne au choucas chauve de Buffon, *corvus calvus*, Gmel., gymnocéphale de M. Geoffroy et coracine chauve de M. Vieillot. (Ch. D.)

OISEAU DE MONTAGNE. (*Ornith.*) C'est la traduction du nom mexicain *tepetototl*, donné aux hoccos, qui se trouvent presque toujours dans les forêts élevées. (Ch. D.)

OISEAU DE MORT ou DE LA MORT (*Ornith.*) Un des noms populaires de la chouette effraie ou fresaie, *strix flammea*, Linn., qui se donne aussi au sphinx tête-de-mort, *sphinx atropos*, Linn. (Ch. D.)

OISEAU-MOUCHE. (*Ornith.*) L'extrême petitesse, la beauté des couleurs et l'élégance des formes, ont fait connoître et admirer depuis long-temps les oiseaux que l'on désigne sous le nom d'oiseau-mouche. Leur bec droit les distingue des Colibris, aussi riches qu'eux en couleur; c'est à ce caractère que M. de Lacépède a voulu faire rendre plus attentif en proposant de les réunir dans un genre distinct de celui des Colibris, sous le nom d'*orthorhynchus*; mais la limite entre ces deux genres est si difficile à poser, que les méthodistes pensent maintenant que l'on doit suivre l'exemple de Linnæus, et qu'il faut les laisser tous dans le même genre Trochilus, en y faisant deux sections.

A l'article Colibri de cet ouvrage, M. Dumont a parlé des espèces qui ont le bec courbe; nous traiterons dans celui-ci des Oiseaux-mouches proprement dits, ou des *Trochilus* à bec droit. Ils sont tous originaires de l'Amérique; on n'en connoît aucune espèce de l'ancien monde. Quoique vivant plus spécialement entre les tropiques, ils s'en éloignent beaucoup, et l'on trouve des oiseaux-mouches depuis l'état de Massachussets jusqu'auprès des terres Magellaniques. Leur langue protractile, comme celle des pics, est composée de deux filets ; ils la plongent dans les corolles des fleurs, où ils sucent le nectar qu'elles produisent, et où ils prennent les petits insectes qui s'y retirent.

Ils ont en général dix plumes à la queue ; M. Vieillot en indique une espèce qui n'en a que six. C'est le *trochilus minutus*, qui fait partie de la belle collection de M. le baron Laugier.

Leur vol est extrêmement rapide, et on peut en juger par la brièveté de leur humérus, l'excessif alongement de leurs ailes, et le défaut d'échancrure à leur sternum. Ils construisent leurs nids avec un coton fin et soyeux, et l'entourent avec des petits morceaux d'écorces de gommier, afin de les rendre plus solides.

Ce nid est de forme hémisphérique et à peine de la grosseur de la moitié d'un abricot : la femelle y dépose deux œufs blancs, sans taches, gros comme de forts pois : elle couve treize jours, pendant lesquels le mâle l'aide en partageant les fatigues de l'incubation. Ces petits oiseaux défendent avec courage leur nid et leur progéniture, qui, au moment de naître, est à peu près de la taille d'une grosse guêpe. Les oiseaux-mouches sont colères et ils se battent entre eux avec acharnement. Jaloux de leur liberté, on les voit, dès qu'ils sont captifs, ouvrir constamment leur bec et frapper l'homme qui les a pris ; et si on veut les tenir en cage, ils finissent bientôt par se tuer par les efforts qu'ils font pour s'échapper.

Buffon a connu et décrit vingt-quatre espèces d'oiseaux-mouches ; depuis lui ce nombre s'est élevé à cinquante.

Parmi les dernières découvertes zoologiques que MM. Fraiereiss, Spix et Martius ont faites dans l'intérieur du Brésil, ils ont trouvé une espèce qui est à peu près de la taille de notre rossignol ; et dont M. Temminck donnera bientôt la figure dans son beau Recueil des planches coloriées.

Les principales espèces dont nous parlerons sont :

Le plus petit Oiseau-mouche (*Trochilus minimus*, Lath.; Audeb., Ois. dor., pl. 64), qui est à peine long de quinze lignes; le bec en a trois et la queue quatre.

Le corps est en dessus vert doré brun, changeant en reflets rougeâtres. Le ventre est blanchâtre. Le bec et les pieds sont noirs. Cette espèce vit au Brésil, à Cayenne et dans les Antilles.

L'Oiseau-mouche a ventre gris (*Trochilus niger*, Gmel.; Audeb., 53) est un peu plus grand que le précédent. On le trouve à Saint-Domingue. Son dos est vert doré, son ventre est blanc. La femelle l'a gris; c'est la seule différence qu'elle présente avec le mâle. Elle couve douze jours; les petits restent dix-sept dans le nid, alors ils suivent leurs parens sur les arbres chargés de fleurs. Dès qu'ils sont assez forts pour se nourrir seuls, ils vont vivre solitaires.

L'Oiseau-mouche a bec blanc (*Trochilus albirostris*, Audeb., 45) est originaire de Cayenne, et se fait reconnoître à la blancheur de son bec; la gorge est verte, à reflets très-brillans; le reste du corps est brun, à teintes un peu pourprées. Les pieds sont jaunâtres.

L'Oiseau-mouche rubis (*Trochilus colubris*, Lath.; Audeb.. Ois. dor., pl. 31), dont la gorge brille de tout le vif éclat du rubis; la poitrine et le devant du corps sont gris-blanchâtre; le dos est vert doré, changeant en couleur de cuivre rouge. Cette espèce, un peu plus grande que la précédente, s'avance le plus loin vers le Nord.

La femelle n'a pas la gorge brillante du mâle, à cela près elle lui ressemble. Elle fait son nid avec le duvet d'un sumac; le mâle lui apporte les matériaux, et c'est elle qui les arrange. Elle y dépose deux œufs, que le mâle couve avec elle.

Le jeune mâle a la gorge grise, et à la seconde mue elle commence à être tachetée par de petites plumes rouges, dont le nombre augmente à mesure qu'il approche de l'époque où il aura toutes les belles couleurs qu'il doit conserver tout le reste de sa vie.

L'Oiseau-mouche rubis-topaze : *Trochilus moschitus*, Linn.; Audeb., 29, 55 et 56. Cet oiseau-mouche est l'un des plus beaux et l'un des plus communs que l'on connoisse. Il se trouve en abondance à Cayenne et aussi au Brésil. Le dessus de la tête est éclatant comme un rubis, et la gorge brille du plus beau jaune de topaze. Le corps de ce joli petit oiseau est brun; il a une queue rousse, bordée de noir.

Quand il est jeune, le bec est plus court; le dessus de la tête est gris, et la gorge est blanche. Le reste du corps est brun noirâtre.

La femelle est grise en dessous; sa tête est verte, et elle n'a aucune des teintes éclatantes de son mâle. Le jeune a le dessus de la tête gris et la gorge blanchâtre.

L'OISEAU-MOUCHE SASIN (*Trochilus rufus*, Gmel. ; Audeb., 61) se rapproche encore du rubis - topaze par la disposition de ses couleurs. Sa tête est olive, à reflets verts dorés très-éclatans; la gorge, couleur de rubis, a des reflets verts dorés; la poitrine est blanche; le dos et l'abdomen sont roux; les ailes sont brunes et la queue est rousse. Cette espèce vient de la baie de Nootka.

L'OISEAU-MOUCHE AMÉTHYSTE (*Trochilus amethystinus*, Lath.) diffère si peu du rubis, que l'on est porté à le regarder comme une variété. Sa taille est la même, ses formes sont semblables, et sa gorge, plus violette, a la couleur d'une améthyste. Il vient du Brésil.

L'OISEAU-MOUCHE MÉDIASTIN ; *Trochilus mesoleucus*, Temm., pl. col., 317. La bande blanche qui est tracée sur le milieu de l'abdomen fait reconnoître cette espèce dans tous ses âges; le dessus de la tête est vert doré; le dos et les côtés de l'abdomen sont verts, à reflets bleuâtres; la gorge est couverte d'un bel écusson brillant du rouge du rubis; cet écusson s'étend en deux pointes sur les côtés du cou.

Le jeune mâle a la gorge grise, un peu grivelée de rouge, et la femelle l'a toute grise. Cette espèce vient du Brésil.

L'OISEAU - MOUCHE SAPHIR (*Trochilus saphirinus*, Gmel.; Audeb., 35, 57 et 58) a le devant du cou et la poitrine bleu de saphir éclatant, à reflets violets sous certain jour, et devenant presque noir sous un autre : le dos est vert, à reflets dorés; le ventre est noir, avec quelques reflets dorés.

Quand il est jeune, le menton est roux, et la gorge est grivelée de gris et de bleu. La femelle a le menton roux et la gorge bleu de saphir.

On trouve cette espèce à la Guiane et au Brésil.

L'Oiseau-mouche saphir-émeraude (*Trochilus bicolor*, Gmel. ; Audeb., 56) a le front et la gorge du plus beau bleu de saphir, tandis que le reste de la poitrine brille de l'éclat de l'émeraude. Le dos est vert, à reflets métalliques dorés ; les ailes sont noirâtres, et la queue, très-foncée, a des reflets un peu violets.

On le trouve aux Antilles.

L'Oiseau - mouche Maugé : *Trochilus Maugæus*, Vieill. ; Audeb., pl. 37. Cette espèce a été découverte à Porto-Ricco. Le dessus du corps est vert doré, le dessous est plus brillant que le dos, et se change en bleu et en violet ; l'abdomen est blanc.

La femelle a la gorge et la poitrine blanchâtres. La queue, dans les deux sexes, est un peu fourchue.

L'Oiseau - mouche a gorge verte : *Trochilus mellisugus*, Gmel.; *Aud.*, 39. Tout le corps de cet oiseau est vert, à reflets dorés ; la gorge est verte, à reflets bleus, ce qui la fait toujours remarquer sur la teinte brillante du plumage de cet oiseau. Les ailes sont brunes et la queue a quelques reflets bleus. Les jeunes sont mélangés de brun et de noir ; le ventre est brun, et blanc vers le croupion.

Cette espèce vit à Porto-Ricco.

L'Oiseau - mouche a gorge bleue (*Trochilus cæruleus*, Audeb., pl. 40) vu de face, montre toute la partie antérieure du cou brillante de la couleur du saphir ; le reste du corps est d'un vert glacé très-brillant. Cette espèce vient de Cayenne.

L'Oiseau-mouche tout vert : *Trochilus viridissimus*, Gmel.; Audeb., 42. Tout le corps est vert, plus brillant sur le dos que sur le ventre ; la queue est verte, les ailes sont brunes, à reflets pourpres. Il se trouve à Cayenne.

Quand il est jeune, le ventre est blanc ; et c'est sur ce jeune âge que l'on a établi le *trochilus leucogaster*.

L'Oiseau-mouche azuré (*Trochilus cyaneus*, Vieill., Dict. d'hist. nat.) vient du Brésil. Sa tête, sa gorge et le devant de la poitrine brillent d'un beau bleu d'azur, devenant sombre, presque noir, sous certains reflets de lumière ; le reste du plumage est vert doré ; auprès du croupion il y a deux taches blanches ; les ailes sont violettes foncées ; la queue est d'un bleu noirâtre.

L'Oiseau-mouche a oreilles: *Trochilus auritus*, Linn.; Audeb., pl. 25. On reconnoît cet oiseau à un petit groupe de six à sept plumes vertes, à reflets dorés, qui est suivi d'un même nombre de plumes bleues ; un trait noir passe sous l'œil ; le dessus du corps est vert doré, et le dessous est blanc ; les ailes sont noires ; les trois premières plumes de la queue sont blanches, les autres sont noires, teintées de vert.

La femelle n'a pas les petites plumes brillantes qui sont auprès des oreilles du mâle. Elle lui ressemble, d'ailleurs, par l'ensemble et la disposition des autres couleurs. Cet oiseau vient de Cayenne.

L'Oiseau-mouche pétasophore; *Trochilus petasophorus*, Tem., pl. col., 203, 3. Ce nom a été donné à cet oiseau par le prince Maximilien de Neuwied, lors de son retour du Brésil. Une large touffe de plumes violettes, couvertes d'un lustre pourpré à reflets métalliques, orne les côtés du cou de ce joli oiseau ; la gorge est couverte de plumes vertes, brillantes et veloutées ; du vert clair moins brillant colore l'abdomen ; la queue est d'un beau vert bronzé.

L'Oiseau-mouche a oreilles blanches (*Trochilus leucotis*, Vieill., Dict.) nous a été rapporté du Brésil. Il a le dessus de la tête d'un vert doré un peu sombre ; les joues noires ; le milieu de l'abdomen blanc, ainsi qu'une touffe de plumes effilées auprès de chaque oreille ; le reste du plumage est vert ; les ailes sont violettes très-foncées.

L'Oiseau-mouche a huppe bleue (*Trochilus puniceus*, Gmel.; Audeb., 63) est une petite espèce, qui n'a rien du brillant de ses congénères. Son corps est tout brun ; les plumes de sa tête se relèvent en une belle huppe bleue. Peut-être n'est-il qu'une variété du suivant.

L'Oiseau-mouche huppé; *Trochilus cristatus*, Audeb., 47. Une longue huppe d'un vert d'émeraude très-brillant, et changeant en bleu, fait reconnoître ce petit oiseau, qui se trouve à Cayenne et à la Martinique. La gorge est grise ; le ventre bleu foncé ; le dos vert ; les ailes sont un peu pourprées, et la queue est verte. Il vit autour des habitations, et devient si hardi, quand il a des petits, qu'il ne craint pas d'entrer dans

les maisons pour les y retrouver si on les lui a enlevés. C'est
de cette espèce que Labat a parlé sous le nom de colibri.

La femelle n'a pas de huppe, et tout le dessous du corps
est gris.

L'Oiseau-mouche hupecol (*Trochilus ornatus*, Gmel.; Audeb.,
49) est un des plus petits de ce genre. Sa tête porte une
longue huppe d'une belle couleur rousse; la gorge est verte,
à reflets dorés; de chaque côté du cou il y a quatorze plumes
longues, que l'oiseau étale comme des panaches. Elles sont
rousses, et leur extrémité est verte. Cet oiseau a le dos brun
et le ventre présente quelques reflets verts dorés. Sur le croupion il y a une bande transversale d'un blanc jaunâtre. Le
bec est jaune.

La femelle n'a pas de huppe sur la tête, ni sur le cou.

Les jeunes n'ont pas les bandes blanches du croupion. Cette
petite espèce se trouve à Cayenne.

L'Oiseau-mouche magnifique (*Trochilus magnificus*, Vieill.,
Dict.; Tem., pl. col., 299, 2) ressemble beaucoup au précédent; mais les couleurs sont cependant assez différentes pour
que l'on puisse l'en distinguer.

La tête porte une huppe d'un bel orangé foncé; les plumes
longues qui sont sur le côté du cou, sont plus larges que celles
du huppe-col. Elles sont d'un beau blanc de neige, bordées
de vert à l'extrémité; la tête, le dos et la poitrine sont d'un
beau vert à reflets dorés. Il y a une petite tache blanche sur
le haut de la poitrine. Le ventre est blanc.

On trouve cette jolie espèce au Brésil.

L'Oiseau-mouche a raquette (*Trochilus longicaudus*, Gmel.,
Audeb., 52) a les deux plumes externes de la queue plus longues
que les autres, et sans barbes sur une partie de leur longueur;
après quoi elles s'en garnissent de nouveau et s'élargissent
ainsi en une sorte de raquette. La gorge est verte, très-brillante; la couleur du dos est verte, avec des reflets moins brillans que la gorge; le ventre est presque noirâtre.

On le trouve a Cayenne.

L'Oiseau-mouche a long bec; *Trochilus longirostris*, Audeb.,
59. La Trinité est la patrie de ce joli oiseau, qui se rapproche
du rubis par la belle couleur rouge et éclatante dont brille
sa gorge; sa tête est bleue en dessus; un trait noir passe l'œil,

et dessous celui-ci en est un blanc qui encadre le rubis de la gorge ; le reste de l'oiseau est vert ; une tache blanche est à l'extrémité des pennes de la queue ; la longueur du bec de cet oiseau le fait distinguer de tous ses congénères.

L'Oiseau - mouche de Lalande (*Trochilus Lalandi*, Tem., pl. col., 18, 1, 2) a été trouvé au Brésil par feu M. de Lalande. Sa tête verte est surmontée d'une huppe formée de plumes grêles, à reflets bleus ; le dos est vert ; la poitrine et le ventre sont bleus ; les côtés du cou sont gris ; une tache blanche est derrière l'œil ; la queue est verte, tachetée de blanc en dessus et à l'extrémité des trois plumes externes.

La femelle diffère du mâle par l'absence de huppe et par un peu moins de bleu au ventre.

L'Oiseau - mouche double huppe : *Trochilus bilophos*, Tem., pl. col., 18, 3, a le dessus de la tête bleu, le dessous de la gorge violet foncé ; la poitrine blanche ; le reste du corps vert. Derrière l'œil il y a un paquet de plumes longues et effilées, brillantes de l'éclat le plus vif de rouge de rubis, à reflets d'or ; les ailes sont brunes ; la queue est étagée, blanche, et les deux plumes du milieu sont vertes. Cette espèce vient du Brésil.

L'Oiseau-mouche chalybée (*Trochilus chalybæus*, Tem., pl. col., 66, fig. 2) a le dessus du corps vert, à reflets dorés ; la gorge est blanche, flambée de gris, et le ventre est gris ; un trait noir va du bec à l'oreille ; et au-dessus de lui il y a un faisceau de plumes longues et effilées, qui font une parure analogue à celle du huppe-col. Les plumes sont vertes, ponctuées de blanc et bordées d'or ; les ailes sont d'une belle couleur violette, et la queue est rousse.

On le trouve au Brésil.

L'Oiseau-mouche a larges tuyaux : *Trochilus campylopterus*, Linn. ; Audeb., pl. 21. Les trois ou quatre premières pennes de l'aile, dont le tuyau est élargi et courbé en forme de lame d'épée, font reconnoître cette espèce, dont le dos est vert doré, le ventre gris ; dont les ailes sont noires et dont la queue est arrondie. Les plumes externes sont noires, et ont leur extrémité blanche ; les deux moyennes sont vertes, à reflets dorés. Cette espèce se trouve à Cayenne et au Brésil.

L'Oiseau-mouche jacobine : *Trochilus mellivorus*, Lath. ;

Audeb., pl. 23. Le front, le dessous de la gorge et la poitrine de cette jolie espèce sont bleus, changeant en cuivre doré; la nuque et le dos sont d'un beau vert, à reflets dorés; un collier blanc entoure le cou auprès du dos; les ailes sont noires, à reflets pourprés; la queue est blanche, **bordée de noir**.

On trouve cette espèce au Brésil et à Cayenne.

Avant la première mue la gorge est grise; à la seconde elle commence à prendre des plumes bleues; et ce n'est qu'à la troisième qu'elle a sa teinte uniforme brillante.

L'OISEAU-MOUCHE ÉCUSSONNÉ; *Trochilus scutatus*, Tem., pl. col., 299, fig. 3. La gorge, le dessus de la tête, le dos et la queue de cette jolie espèce sont vert d'émeraude; les joues et les côtés du cou sont couverts de plumes touffues, un peu plus longues que les autres, d'un beau bleu de roi; le ventre est de cette couleur; une bande jaune sépare la fraise du cou des plumes de la poitrine; le croupion est gris. Cette espèce a été trouvée au Brésil par M. Auguste Saint-Hilaire et par M. Natterer.

L'OISEAU-MOUCHE A QUEUE FOURCHUE : *Trochilus furcatus*, Gmel.; Audeb., 34. La gorge de cette espèce est verte, à reflets dorés, très-éclatans; le dos et le ventre sont bleus, changeant en vert; le dessus de la tête est brun, avec de légers reflets dorés; les ailes et la queue sont noires; celle-ci est fourchue. Cette espèce vit à Cayenne.

L'OISEAU-MOUCHE LANGSDORFF; *Trochilus Langsdorffi*, Tem., pl. col., 66, 1. Cette belle espèce a été dédiée à M. Langsdorff, consul général de l'empereur de Russie au Brésil. Ce zélé naturaliste a fait dans cette riche contrée des collections en tous genres, qui ont beaucoup contribué à nous faire mieux connoître l'histoire naturelle de ce pays. On ignoroit avant ses recherches l'existence de ce bel oiseau-mouche. Il a le dos vert-noirâtre; la gorge brille du plus beau vert; la poitrine est bleue, et le ventre blanc; une ceinture rouge dorée sépare le bleu de la poitrine du vert de la gorge; la queue est longue et fourchue; les plumes externes sont blanches; celles du milieu sont vertes.

L'OISEAU-MOUCHE A QUEUE SINGULIÈRE (*Trochilus enicurus*, Vieill.; Temm., pl. col., 66, 3) a aussi la queue longue et fourchue comme le précédent ; mais M. Vieillot dit qu'elle n'est composée que de six plumes. Le dessus du corps est vert, à reflets dorés ; la gorge est violette ; la poitrine blanche, bordée de jaunâtre ; le ventre et le croupion sont verts ; les ailes et la queue sont noirâtres. Cette espèce vient aussi du Brésil. (Valenc.)

OISEAU DE MUE. (*Ornith.*) Suivant le Nouveau Dictionnaire d'histoire naturelle, on donne, dans la ville de Salin, ce nom à de petits oiseaux de genres et d'espèces différens, qui sont élevés pour la pipée et d'autres chasses aux gluaux et aux filets, où ils servent d'appelans. On crève, dit-on, les yeux à ces oiseaux pour les rendre plus propres au service qu'on en veut tirer. (Ch. D.)

OISEAU MURMURE. (*Ornith.*) **Nom donné aux oiseaux-mouches,** *trochilus* **, comme celui de** *frou frou* **, à cause du bruit sourd qu'ils font en volant et dont se sert particulièrement Stedman, Voyages, tom. 3 , p. 6 , pour les désigner.** (Ch. D.)

OISEAU DE NAUSÉE. (*Ornith.*) C'est le même que l'Oiseau de dégout, c'est-à-dire le Dronte. Voyez ce dernier mot. (Ch. D.)

OISEAU DE NAZARE. (*Ornith.*) L'existence de cet oiseau, qu'on nomme aussi *oiseau de Nazareth* , seroit encore problématique quand on regarderoit celle du Dronte (voyez ce mot) comme suffisamment prouvée, car il resteroit à examiner si l'oiseau de Nazare formeroit une espèce particulière. En effet, cet oiseau, de l'ordre des autruches, a, suivant François Cauche, Relation de l'île de Madagascar, etc., page 131 , été trouvé dans l'île de Nazare, qui paroît n'être qu'à une latitude un peu plus haute que celle de l'île Maurice où Isle-de-France, et ce voyageur indique, pour figure, les navigations des Hollandois dans les Indes orientales, où il n'est question que du dronte. On ne trouve, d'ailleurs, dans la description qu'une différence essentielle, qui consisteroit dans le nombre des doigts, que Cauche dit être de trois, tandis que le dronte en a quatre. Dans ces circonstances on croit devoir se borner à renvoyer aux observations sur ces deux oiseaux et sur le solitaire, qui terminent le premier volume in-4.° de l'Histoire des oiseaux de Buffon. (Ch. D.)

OISEAU DE NEIGE. (*Ornith.*) Cette dénomination a été appliquée à l'ortolan de neige, à la gelinotte, au pinson d'Ardennes. (Cʜ. **D.**)

OISEAU DE NERTE. (*Ornith.*) Voyez Oɪsᴇᴀᴜ ᴅᴇ ᴍᴇᴜʀᴛᴇ. (Cʜ. **D.**)

OISEAU NIAIS. (*Ornith.*) Ce nom est donné, dans la traduction du Voyage au Levant d'Hasselquist, part. 2, p. 34, à l'*anas penelope*, Linn., qui est le canard siffleur. (Cʜ. **D.**)

OISEAU NOIR. (*Ornith.*) Cet oiseau, des Indes orientales, est de la grandeur de l'étourneau. Son plumage, d'un noir brillant, a quelques reflets bleus sur le dos. C'est le *tanagra atrata*, Lath. (Cʜ. **D.**)

OISEAU DU NORD. (*Ornith.*) Il est fait mention au 1.ᵉʳ volume des Découvertes de plusieurs savans en Russie, etc., p. 105, d'une mouette que Pallas regarde comme une simple variété de l'*oiseau du Nord* des Allemands, et qui, au lieu d'aller elle-même à la recherche du poisson, force d'autres espèces à rendre ceux qu'elles ont avalés et qu'elle dévore avec avidité. Voyez aussi Oɪsᴇᴀᴜ ᴀʀᴄᴛɪǫᴜᴇ. (Cʜ. **D.**)

OISEAU DE NOTRE-DAME. (*Ornith.*) Salerne dit, p. 123, que les Italiens ont ainsi appelé le martin-pêcheur, *alcedo hispida*, Linn., à cause de sa beauté. (Cʜ. **D.**)

OISEAU DE LA NOUVELLE CALÉDONIE. (*Ornith.*) Une espèce de corbeau, dont les plumes sont nuancées de bleu, est indiquée sous ce nom dans le second voyage du capitaine Cook. (Cʜ. **D.**)

OISEAU DE NUMIDIE. (*Ornith.*) Nom donné par erreur au dindon, en lui supposant une origine africaine, tandis que c'est un oiseau d'Amérique. (Cʜ. **D.**)

OISEAU D'ŒUF. (*Ornith.*) Ce nom, suivant Dampier, a été donné par des aventuriers anglais à un petit oiseau grisâtre, dont les œufs sont fort gros relativement au volume de son corps. C'est l'hirondelle de mer ou le sterne à bandeau, *sterna vittata*, Gmel. et Lath., qui ne pond qu'un seul œuf, plus gros que ceux de pigeon. (Cʜ. **D.**)

OISEAU D'OR. (*Ornith.*) Le mâle du monaul resplendissant, *monaulus refulgens*, Dum., et *lophophorus refulgens*, Temm., est ainsi appelé dans l'Inde. Voyez le tom. XXXII de ce Dictionnaire, p. 438. (Cʜ. **D.**)

OISEAU DE PALAMÈDE. (*Ornith.*) L'oiseau ainsi appelé par les poëtes est la grue commune, *ardea grus*, Linn. (Cʜ. D.)

OISEAU DE PARADIS. (*Ornith.*) Voyez Pᴀʀᴀᴅɪsɪᴇʀ. (Cʜ. D.)

OISEAU PÊCHEUR. (*Ornith.*) Ce nom est donné au balbuzard. Voyez aussi Lowᴀ. (Cʜ. D.)

OISEAU PEIGNÉ. (*Ornith.*) Voyez Coᴍ-ʙɪʀᴅ. (Cʜ. D.)

OISEAU PEINT. (*Ornith.*) On appelle ainsi la peintade, *numida meleagris*, Linn. On donne aussi ce nom au verdier de la Louisiane, dit vulgairement le pape. (Cʜ. D.)

OISEAU DE PÉNÉLOPE. (*Ornith.*) Valmont de Bomare renvoie sous ce mot au canard millouin, *anas ferina*, Linn., et non à l'*anas penelope*. (Cʜ. D.)

OISEAU DE PENTECOTE. (*Ornith.*) Salerne, p. 185, cite ce nom, d'après Klein, comme étant donné au loriot d'Europe, *oriolus galbula*, Linn. (Cʜ. D.)

OISEAU A PIERRE. (*Ornith.*) Cette espèce de hocco est le *crax pauxi*, Linn. (Cʜ. D.)

OISEAU DE PLUIE. (*Ornith.*) C'étoit chez les anciens le pic-vert, *picus viridis*, Linn., qui est censé, dit Salerne, annoncer la pluie lorsqu'il crie plus fort et plus fréquemment que de coutume; mais ce nom est aussi donné à l'engoulevent, *caprimulgus europæus*, Linn., et à un coucou, *cuculus pluvialis*. Voyez le tom. XI de ce Dictionnaire, p. 125. (Cʜ. D.)

OISEAU DE PLUMES. (*Ornith.*) Sonnini dit que cette dénomination est employée par quelques-uns pour désigner l'oiseau royal ou grue couronnée, *ardea pavonina*, Linn. (Cʜ. D.)

OISEAU POURPRE (*Ornith.*) Ce nom est donné à la poule sultane ou porphyrion, *fulica porphyrio*, Linn. (Cʜ. D.)

OISEAU POURPRÉ A BEC DE GRIMPEREAU. (*Ornith.*) Séba a parlé le premier de cet oiseau, dont Brisson a fait son grimpereau pourpré de Virginie. Le nom mexicain *atototl*, que Séba lui donne, sembleroit établir des rapports avec le petit oiseau du lac de Mexico, qui porte le même nom dans Fernandez, si leur couleur n'étoit différente. (Cʜ. D.)

OISEAU PRÉDICATEUR. (*Ornith.*) Ce nom a été donné aux toucans, *ramphastos*, Linn., parce que lorsqu'ils sont perchés, ils portent leur énorme bec à droite et à gauche, et le relèvent et l'abaissent comme s'ils gesticuloient en s'adressant à un nombreux auditoire. (Ch. D.)

OISEAU DE PROIE DE TARNASAR. (*Ornith.*) Sonnini pense que les oiseaux de proie dont parle Gesner, en les désignant ainsi d'après le nom de la ville de l'Inde aux environs de laquelle on les a trouvés, sont des gypaètes. (Ch. D.)

OISEAU QUAKER. (*Ornith.*) Les matelots anglois ont ainsi nommé l'albatros gris-brun, *diomedea fuliginosa*, Lath. (Ch. D.)

OISEAU A QUATRE AILES. (*Ornith.*) Cet oiseau, figuré par le P. Labat, au tom. 3, pag. 360, de sa Relation de l'Afrique, ne vole, dit-on, que la nuit. Il a été tué par Bruë sur les bords du haut Sénégal, et, suivant cet auteur, d'une véracité reconnue pour d'autres objets, il est de la grosseur d'un dindon; il a le bec et les ongles crochus et les pattes longues, ce qui lui donne des rapports avec le secrétaire, *vultur serpentarius*, Lath., et *falco serpentarius*, Gmel. Le bouquet de plumes qu'il est dit avoir sur la tête, s'accorderoit encore assez avec la huppe du secrétaire ou messager; mais il s'en écarteroit spécifiquement par les cinq premières pennes alaires dépourvues de barbes dans les deux tiers de leur longueur, de manière à faire croire que chacune de ses ailes est double. Au reste, avant de considérer l'oiseau dont il s'agit comme une espèce particulière, il faudroit pouvoir s'assurer si la structure des pennes de l'aile ne tenoit pas à un jeu de la nature; et l'inexactitude de la dénomination d'oiseau à *quatre* ailes, suffit pour qu'on se tienne en garde sur cette singularité. (Ch. D.)

OISEAU RHINOCÉROS. (*Ornith.*) Voyez Calao. (Ch. D.)

OISEAU RIEUR. (*Ornith.*) Le *quapactototl* des Mexicains, dont le nom a été abrégé par Buffon, qui écrit *quapactol*, est une espèce de coucou, *cuculus ridibundus*, Lath., qu'on a ainsi appelé d'après son cri ressemblant à un éclat de rire. M. Vieillot attribue au même oiseau les épithètes de *vieillard* et d'*oiseau de pluie*, et il fait de cet oiseau, sous le nom de *tacco*, en latin tiré du grec *saurothera*, un genre particulier, qui embrasse les *cuculus vetula* et *cuculus pluvialis* de Latham. (Ch. D.)

OISEAU DE RIVIÈRE. (*Ornith.*) Ce nom, par lequel on

35.   52

désigne, en général, les palmipèdes qui vivent sur les rivières, est particulièrement appliqué au canard sauvage, *anas
boschas*. Linn. (Ch. **D.**)

OISEAU A RIZ. (*Ornith.*) Voyez Oiseau de riz. (Ch. **D.**)

OISEAU DE RIZ. (*Ornith.*) C'est ainsi que l'ortolan de riz ou
agripenne, *emberiza oryzivora*, Linn., et *passerina oryzivora*,
Vieill., est désigné dans Catesby. Le nom d'*oiseau de riz* est
aussi donné au *maïa* et au *gros-bec padda*, qui fondent en bandes
sur les champs de riz. (Ch. **D.**)

OISEAU ROCHE. (*Ornith.*) C'est ainsi que Camus, dans
sa traduction de l'Histoire des animaux d'Aristote, tom. 2,
p. 574, rend le mot *charadrios*, que ce dernier auteur, liv. 9,
chap. 11, applique à un oiseau qui habite les ravines, les cavernes et les rochers, et qui paroît être une espèce de pluvier. (Ch. **D.**)

OISEAU ROI. (*Ornith.*) Le traducteur de Bartram appelle
ainsi le tyran de Buffon, *lanius tyrannus*, Linn. (Ch. **D.**)

OISEAU ROUGE A BEC DE GRIMPEREAU. (*Ornith.*) Cet
oiseau du Mexique est le *certhia mexicana*, Gmel., et le *certhia coccinea*, Lath. (Ch. **D.**)

OISEAU ROUGE D'ÉTÉ. (*Ornith.*) L'espèce de tangara
qu'Edwards désignoit par ce nom, se rapporte au tangara du
Mississipi, de Buffon, pl. enl., 741, *tanagra mississipensis*, Linn.,
et probablement aussi au *tanagra œstiva*, Gmel., auxquels
correspond le pyranga rouge de M. Vieillot. (Ch. **D.**)

OISEAU ROUGE DE SURINAM. (*Ornith.*) L'oiseau ainsi
nommé par Edwards paroit être le cotinga ouette, *ampelis
carnifex*, Linn. (Ch. **D.**)

OISEAU ROUGE A TÊTE NOIRE. (*Ornith.*) Cet oiseau du
Mexique, qui a été décrit par Séba, est considéré comme une
variété du *certhia coccinea*, Lath. (Ch. **D.**)

OISEAU ROYAL. (*Ornith.*) Cette dénomination, qui se
donne spécialement à la grue couronnée, *ardea pavonina*,
Linn., est aussi appliquée au manucode, *paradisea regia*,
Linn.; et l'on appelle encore oiseau royal le *fum-hoam* des
Chinois, au sujet duquel ceux-ci débitent des choses merveil-
leuses. (Ch. **D.**)

OISEAU SAINT-MARTIN. (*Ornith.*) Ce nom est donné par
Belon au jean-le-blanc, *falco gallicus*, Linn., et *circaetus galli-*

cus, Vieill.; mais M. Cuvier regarde l'oiseau saint-martin comme n'étant qu'une vieille soubuse, désignée sous les noms de *falco cyaneus* et *falco albicans*, Linn. (Ch. D.)

OISEAU DE S. PIERRE. (*Ornith.*) Ce nom paroît avoir été donné aux pétrels par allusion à Saint-Pierre, qui, dit-on, marchoit sur les eaux. (Ch. D.)

OISEAU SANS AILES. (*Ornith.*) On a appliqué cette dénomination aux manchots et aux pingouins, qui n'ont que des rudimens d'ailes impropres au vol. (Ch. D.)

OISEAU DE SAUGE. (*Ornith.*) Albin nomme ainsi, en anglois, la fauvette des roseaux, *motacilla salicaria*, Linn. (Ch. D.)

OISEAU DE SCYTHIE. (*Ornith.*) Les grues ont été ainsi appelées par les anciens. (Ch. D.)

OISEAU SERPENT. (*Ornith.*) Ce nom est donné par Bartram à un anhinga des Florides, à cause de la forme et de la couleur de son cou. (Ch. D.)

OISEAU SILENCIEUX. (*Ornith.*) Voyez, au Supplément du tom. III de ce Dictionnaire, le mot Arremon, pour cet oiseau, qui est le *tanagra silens*, Lath. (Ch. D.)

OISEAU SINISTRE. (*Ornith.*) Un des noms vulgaires de la chouettte effraie ou fresaie, *strix flammea*, Linn. (Ch. D.)

OISEAU DU SOLEIL. (*Ornith.*) Ce nom est donné au grèbe-foulque ou héliorne de Surinam, *plotus surinamensis*, Gmel., et *heliornis surinamensis*, Vieill., ainsi qu'au caurale ou paon des roses, *ardea helias*, Linn. Les oiseaux de paradis ont aussi été nommés oiseaux du soleil. (Ch. D.)

OISEAU SORCIER. (*Ornith.*) Ce nom vulgaire de la fresaie, *strix flammea*, Linn., est aussi donné au coucou cornu, nommé par les Guaranis, *guira-payé*, mots qui, suivant d'Azara, n.º 265, ont la même signification. Voyez ce Dictionnaire, tom. XI, pag. 153. (Ch. D.)

OISEAU TACHETÉ. (*Ornith.*) Aristote ne désigne que par cette épithète, au livre 9, chap. 1, l'oiseau que Belon, Aldrovande, Jonston, Brisson, etc., supposent être notre chardonneret; mais l'auteur grec ajoutant que l'oiseau dont il s'agit vit en guerre avec l'alouette, parce qu'ils mangent réciproquement leurs œufs, il faudroit supposer de l'identité dans la manière de vivre et dans les habitudes. Or, comment l'alouette des champs, qui ne se perche pas, iroit-elle, dans les buissons ou sur les arbres, détruire les œufs du chardonneret ? et comment attribuer cette sorte d'antipathie au chardonneret, beaucoup plus petit qu'elle, qui ne fréquente pas les mêmes lieux, ne se nourrit pas des mêmes alimens, et entre lesquels il ne paroît devoir exister aucun rapport ? Si la cause de l'inimitié des deux oiseaux n'étoit pas déterminée par Aristote, dont les idées sur ce point ne paroissent souvent être que des conjectures, on seroit plutôt tenté de chercher ici à l'expliquer, en jetant les yeux sur une cresserelle ou autre petit accipitre, dont le plumage présente des taches ou des mouchetures, et qui attaque les alouettes, non pour manger leurs œufs, mais pour les dévorer elles-mêmes. (Ch. D.)

OISEAU DE TEMPÊTE. (*Ornith.*) Cette petite espèce de pétrel est le *procellaria pelagica*, Linn. (Ch. D.)

OISEAU DES TERRES-NEUVES. (*Ornith.*) C'est chez Belon l'aracari vert, *rhamphastos viridis*, Linn. (Ch. D.)

OISEAU A TÊTE ROUGE. (*Ornith.*) C'est dans Albin le nom du sizerin ou petite linotte de vignes, *fringilla linaria*, Linn. (Ch. D.)

OISEAU [Petit] A TÊTE ROUGE. (*Ornith.*) L'oiseau que désigne ainsi Fernandez au chap. 17, p. 18, ayant un nom particulier, on ne l'auroit pas compris dans la série de ceux qui ne sont, en général, connus que par des périphrases, si, comme pour deux des précédens, on n'avoit trouvé dans le Nouveau Dictionnaire d'histoire naturelle cette dénomination, qui auroit, peut-être, été considérée comme une lacune dans celui-ci. Voyez Quauchichil. (Ch. D.)

OISEAU TOCAN. (*Ornith.*) Feuillée a ainsi nommé le toucan à gorge blanche. (Ch. D.)

OISEAU TOUT-BEC. (*Ornith.*) Ce surnom a été donné aux toucans, *rhamphastos*, Linn., à cause de l'énormité de leur bec. (Ch. D.)

OISEAU TROMPETTE. (*Ornith.*) Le son sourd que fait entendre l'agami, *psophia crepitans*, Linn., et qui ne sort point par l'anus, comme on l'a cru assez long-temps, a donné lieu à cette dénomination, qui a été étendue au calao brac, *buceros africanus*, Gmel., et à la grue couronnée, *ardea pavonina*, Linn. (Ch, D.)

OISEAU DU TROPIQUE. (*Ornith.*) Ce nom a été donné aux paille-en-queue, *phaëton*, Linn. (Ch. D.)

OISEAU DE TURQUIE. (*Ornith.*) C'est le Casse-noix. (Desm.)

OISEAU DE WIDHA ou DEJUIDA. (*Ornith.*) L'oiseau ainsi désigné est la veuve au collier d'or, *emberiza paradisea*, Linn. (Ch. D.)

OISEAUX. (*Ornith.*) L'oiseau est un vertébré ovipare, entièrement organisé pour le vol. C'est ce que nous prouve la légèreté de son corps ; la nature des tégumens qui le recouvrent ; la force des muscles qui meuvent le bras, et la conformation de ce bras garni de longues pennes, pour augmenter la surface destinée à choquer l'air et à soutenir l'animal dans un fluide si peu dense. Dans tous les animaux que la nature a appelés à voler, le bras est grand, et mu par des puissans muscles. Ainsi, la Chauve-souris parmi les mammifères, les Dactyloptères et les Exocets, parmi les poissons, ont le bras très-développé ; mais il l'est encore plus dans les oiseaux. L'amplitude de leurs poumons contribue beaucoup à rendre leur corps plus léger ; et leur squelette l'est plus aussi à proportion que celui des mammifères.

Ce squelette n'a pas un nombre déterminé et invariable de vertèbres. Le cou en a généralement plus que le tronc. Dans le moineau (*fringilla domestica*) on en compte neuf au cou et autant au dos. Tous les autres oiseaux en ont un plus grand nombre. Il y en a jusqu'à vingt-trois dans le cou du cygne. Excepté dans les palmipèdes, la longueur du cou est proportionnelle à la hauteur des jambes.

Par la nature des facettes articulaires des vertèbres, le cou ne peut se plier qu'en *S* ; et en en rapprochant plus ou moins les courbures, il s'alonge ou il se raccourcit. L'atlas a la forme d'un anneau, il s'articule avec la tête par une seule facette. Le cou exécute avec facilité ses mouvemens, au moyen de muscles intertransversaires, à peu près disposés comme ceux des mammifères. Les vertèbres du dos sont réunies ensemble par de forts ligamens, souvent même elles sont soudées, de sorte qu'elles ne peuvent jamais faire aucun mouvement. Cette fixité étoit nécessaire pour résister à la violence de la force musculaire que l'oiseau emploie pour voler.

Aussi dans les oiseaux qui ne volent pas, comme l'autruche et le casoar, nous voyons que les vertèbres ont conservé leur mobilité.

Le sternum est une grande plaque carrée, convexe en avant, concave en arrière, qui recouvre le thorax et une grande partie de l'abdomen. Il porte sur le milieu de sa face antérieure ou convexe une crête saillante que l'on nomme le *brechet*. La grandeur de cette pièce est proportionnée à la puissance du vol de l'oiseau. L'autruche, qui ne vole pas, en est privée. Dans les oiseaux de proie et dans tous les autres bons voiliers, cette partie est très-haute. Le sternum porte de chaque côté des pièces osseuses, nommées côtes sternales, qui le réunissent aux côtes vertébrales, et qui ferment ainsi la cage où sont logés les viscères de la poitrine. Les hanches sont soudées aux vertèbres lombaires : celles-ci sont toutes réunies entre elles.

Le nombre des vertèbres de la queue est d'autant plus grand que l'oiseau doit la remuer avec plus de facilité.

L'omoplate est assez petit, alongé en arc parabolique et placé parallèlement à l'épine sur les côtes. Son apophyse coracoïde forme un os long, aplati d'avant en arrière, très-fort, et qui s'appuie de l'omoplate au sternum. Les clavicules sont réunies entre elles auprès du sternum, en avant des apophyses coracoïdes, et elles forment une pièce unique, qui représente un *V*. Cette structure donne à cette pièce une grande force d'élasticité, qui tend à écarter les deux omoplates l'un de l'autre, lorsque l'oiseau fait agir ses énormes pectoraux pour abaisser l'aile pendant le vol. Les insertions de l'apophyse coracoïde empêchent l'omoplate de s'abaisser, de façon que le choc donné sur l'air ne perd rien de sa force de réaction par la fixité de l'épaule. L'humérus est généralement fort et plus petit que l'avant-bras. Leur rapport de longueur est en raison inverse de la puissance du vol de l'oiseau. C'est le martinet qui nous montre l'humérus le plus court et l'avant-bras le plus long. Dans les oiseaux de proie diurnes, dans les hirondelles de mer, dans les frégates, tous oiseaux bons voiliers, l'avant-bras est encore beaucoup plus long que l'humérus. Dans les gallinacés les deux parties du bras sont presque égales, et dans l'autruche l'humérus est plus long que le radius et que le cubitus.

Tous les oiseaux ont trois muscles pectoraux, dont le plus grand pèse à lui seul plus que tous les autres muscles de l'oiseau pris ensemble. La direction du tendon du moyen pectoral et son attache à l'humérus en font un muscle releveur de l'aile, qui empêche l'oiseau de culbuter quand il vole.

La main de l'oiseau est composée d'une seule rangée d'os du carpe, d'un seul métacarpe, d'un os styloïde qui représente le pouce, d'un doigt à deux phalanges, et d'un autre os styloïde, plus petit que le premier.

C'est au pouce que sont attachées les petites plumes qui forment ce que l'on appelle l'aile bâtarde. Les grandes pennes de l'aile adhèrent à la main, et les plumes qui sont placées le long de l'avant-bras, sont nommées pennes secondaires de l'aile. Les grandes pennes ou rectrices sont d'autant plus longues que l'oiseau vole mieux. Dans les gallinacés, dont le vol est très-lourd, les pennes secondaires sont les plus longues.

Le fémur est toujours plus court que le tibia : le péroné est très-grêle, et réduit à simple stylet, qui ne descend jamais aussi bas que le tibia.

Un os unique représente le tarse et le métatarse ; sa longueur varie beaucoup, et c'est toujours elle qui détermine la hauteur de l'oiseau sur ses jambes. Elle est très-petite dans le martin-pêcheur, et très-considérable dans tout l'ordre des échassiers.

Le nombre des doigts varie de deux à quatre, et le nombre des phalanges va en augmentant de deux à cinq, en allant du pouce au quatrième doigt.

Les doigts sont libres ou réunis entre eux en tout ou en partie, et c'est d'après cette disposition que l'on a établi une méthode ornithologique, en combinant ces caractères avec ceux que nous offre le bec.

Le bec varie beaucoup de forme et de longueur ; souvent il paroît surmonté par des éminences osseuses, qui sont produites par le développement du frontal. Elles sont très-grandes dans les calao, et remplies d'un diploé très-lâche.

La tête des oiseaux est généralement petite ; elle s'articule avec l'atlas par un condyle unique, rond. La nature de cette articulation donne à l'oiseau la facilité de tourner sa face antérieure tout-à-fait en arrière ; ce que ne peut faire aucun autre vertébré. Les os du crâne se soudent entre eux de très-bonne heure. La boite cérébrale est divisée en deux fosses principales, dont l'antérieure est située au-dessus de la postérieure. La première contient le cerveau proprement dit ; la seconde contient les couches optiques, le cervelet et la moelle alongée.

Le cerveau des oiseaux présente six masses visibles à l'extérieur : c'est ce qui le distingue surtout du cerveau des mammifères. Ces masses ou tubercules sont les deux hémisphères, les deux couches optiques, le cervelet et la moelle alongée. Les hémisphères et les couches optiques n'ont pas de circonvolutions. Il n'y a point de corps calleux, de voûte, ni de septum lucidum. La moelle alongée manque des éminences pyramidales, des éminences olivaires, et il n'y a pas de pont de varole. C'est une large surface lisse entre les deux couches optiques. Celles-ci n'ont point d'éminences mamillaires. Chaque ventricule antérieur est fermé par une cloison mince et rayonnante. Cette cloison ne se retrouve dans le cerveau d'aucune autre classe des vertébrés ; elle est le caractère essentiel d'un cerveau d'oiseau.

Le sens de la vue est celui qui est le plus développé dans les oiseaux. Ils ont la faculté admirable de voir également bien le même objet quand ils en sont, ou très-éloignés, ou très-rapprochés. On essaie d'expliquer ce phénomène, quoique d'une manière peu satisfaisante, par les changemens qu'ils peuvent apporter à la convexité de leur œil. Cette vue si exquise de l'oiseau, est sans doute ce qui étoit le plus nécessaire à sa manière de vivre. Comment, sans la grande perfection de ce sens, auroit-il pu calculer et mesurer les distances qu'il doit parcourir, et se diriger d'un vol rapide sur l'objet qu'il veut atteindre.

Tous les oiseaux, excepté les chouettes, ne voient les objets que par un seul œil à la fois.

Le globe en est moins sphérique que celui des mammifères. La cornée transparente est très-bombée, quelquefois même hémisphérique. Le rayon de sa sphère est toujours plus court que celui de la sphère à laquelle appartient la courbure de la sclérotique.

La lentille que forme le cristallin, est plus aplatie que celle des mammifères.

Voici le rapport de son axe à son diamètre transversal :

	Axe.	Diam.
Dans la chouette ::	3 :	4 ,
le perroquet ::	7 :	20 ,
le vautour ::	8 :	11 .

Le cristallin est d'une consistance assez molle ; il se laisse facilement écraser.

Quant au volume relatif des différentes humeurs de l'œil, on a calculé que son volume étant 1, celui de l'humeur aqueuse en est les $\frac{7}{7}$, celui du cristallin les $\frac{1}{27}$, et celui de l'humeur vitrée les $\frac{8}{17}$.

La sclérotique est mince, flexible, et assez élastique dans sa partie postérieure. Sa couleur est bleuâtre et brillante. La partie antérieure reçoit entre les deux lames qui la composent, une vingtaine de pièces osseuses, imbriquées les unes sur les autres et disposées en un cercle dur, qui donne à cette portion de l'œil une forme invariable.

Cependant les muscles moteurs de l'œil ne s'attachent pas à cette partie solide de la sclérotique ; c'est toujours dans la partie molle que l'on voit se perdre leurs tendons. Les lames ciliaires sont très-peu saillantes, surtout dans les hiboux, qui les ont très-fines. L'autruche les a plus lâches et plus grosses. Le fond de l'œil des oiseaux manque de cette partie colorée qui a reçu dans les mammifères le nom de *tapis*. La couleur de l'iris varie à l'infini ; elle est mate et souvent très-brillante, d'un beau jaune, d'un beau rouge, d'un beau bleu, etc.

Le nerf optique perce la sclérotique obliquement et en bas, en glissant dans une gaine, dirigée dans le même sens à travers l'épaisseur de cette membrane. Il s'épanouit comme dans les mammifères pour former la rétine, en s'entourant à sa pointe d'une ligne ronde et blanche. Mais ce qui n'existe pas dans les mammifères, c'est la membrane plissée et suspendue à toute la longueur de cette ligne blanche, et que les anatomistes ont nommée la bourse conique ou le peigne de l'œil. Ces plis sont très-hauts, perpendiculaires dans l'autruche et le casoar, où ils ont été découverts. C'est ce qui a fait donner à cette membrane le nom de bourse. Dans la plupart des autres espèces ils sont arrondis : leur nombre est très-variable. On en compte seize dans la cigogne ; dix ou douze dans le canard et dans le vautour ; quinze dans l'autruche ; sept dans le grand-duc. Il est difficile d'assigner le véritable usage de cette membrane. Petit a pensé qu'elle servoit à absorber une partie des rayons lumineux. D'autres anatomistes, et de ce nombre est M. Home, ont cru que par ses contractions elle raccourcissoit l'axe de vision de l'oiseau et l'aidoit ainsi à voir les mêmes objets à des distances souvent très-différentes. Mais M. Cuvier fait observer que ses attaches au cristallin sont latérales, et qu'elle ne pourroit faire autre chose que de le tirer de côté. Ainsi nous voyons que toutes ces explications sont peu satisfaisantes.

Les oiseaux ont trois paupières ; les deux ordinaires, dont la commissure est horizontale ; et une troisième, nommée *membrane clignotante*, qui est verticale, située dans l'angle nasal de l'œil, et qui peut s'étendre au devant de lui comme un rideau. Cette troisième paupière est un peu transparente et sert à diminuer l'action d'une lumière trop vive sur la rétine. C'est elle qui permet à l'aigle de fixer le soleil.

La paupière inférieure est la seule qui se meuve dans la plupart des oiseaux, excepté dans les chouettes et les engoulevens, dont la paupière supérieure s'abaisse autant que l'inférieure s'élève. Elle est épaisse et munie dans son intérieur, vers son bord, d'une petite plaque cartilagineuse, parfaitement lisse, sous laquelle passe le muscle orbiculaire de la paupière. Très-peu d'oiseaux ont des cils ; et encore ce sont plutôt de véritables plumes, à barbules très-lâches et très-écartées, ainsi qu'on peut le voir facilement dans le calao.

La transparence de la troisième paupière ne permettoit pas qu'elle eût dans son épaisseur des fibres charnues. La nature y a suppléé par un mécanisme très-singulier. Elle est mise en mouvement par l'action de deux muscles attachés à la partie postérieure du globe de l'œil, dont l'un, nommé le *quarré*, de la troisième paupière, est composé de fibres qui descendent obliquement vers le nerf optique. Elles se terminent en un tendon d'une espèce toute particulière, parce qu'il ne s'insère nulle part. Il forme un canal cylindrique, qui se courbe autour du nerf optique en traversant la direction des fibres du muscle. L'autre, nommé le *pyramidal*, est attaché sur l'œil auprès du nez: il se compose de fibres ramassées en un tendon mince et arrondi, semblable à une petite corde, qui traverse le canal du muscle précédent, comme sur la gorge d'une poulie, et qui se porte par-dessous l'œil dans une gaine cellulaire de la sclérotique, jusqu'à la partie inférieure du bord libre de la troisième paupière. L'action de ces deux muscles tire la membrane clignotante, qui se retire dans l'angle de l'œil par sa propre élasticité. La glande de Harderus est beaucoup plus grande que la glande lacrymale.

Après la vue, l'ouïe est le sens le plus fin et le plus délicat des oiseaux; on ne peut même dire lequel l'est davantage.

L'oreille n'a pas de conque proprement dite, car on peut à peine donner ce nom au grand orifice externe du méat auditif des chouettes et des hibous.

L'entrée du conduit est recouverte de plumes d'une nature différente de celles du corps. Elles sont fines et garnies de barbules lâches, élastiques, écartées les unes des autres et laissant facilement passer l'air entre elles. Pour augmenter l'étendue des surfaces vibrantes, la caisse communique avec trois grandes cavités, qui se prolongent plus ou moins dans l'épaisseur des os du crâne, et qui caractérisent éminemment l'organe de l'ouïe des oiseaux. Ces cavités sont formées de lames minces, élastiques, et par conséquent très-sonores. Elles contribuent à renforcer l'action du son sur le labyrinthe, qu'elles enveloppent de toutes parts. C'est dans l'effraie qu'elles sont le plus étendues. La première s'ouvre à la partie supérieure de la caisse et se réunit à celles du côté opposé par dessous le trou occipital. La seconde ne s'étend qu'entre les canaux semi-circulaires, et la troisième va sous la base du crâne, le long de la trompe d'Eustache, se réunir à sa correspondante de l'autre côté sous la glande pituitaire.

Les oiseaux nocturnes ont ces cavités plus grandes que les oiseaux diurnes; elles paroissent manquer tout-à-fait dans les perroquets, qui ont une concavité de la caisse beaucoup plus grande. La fenêtre ronde et la fenêtre ovale sont toutes deux de forme ovale; elles sont rapprochées, et c'est le plus souvent la fenêtre ronde qui est la plus grande. Les osselets de l'ouie sont réduits à un seul os plié en coude. Une des branches est attachée au tympan même, et tient lieu en quelque sorte du marteau ; l'autre s'enfonce dans la caisse, et a la forme d'une tige grêle, quelquefois divisée en petits filets osseux. Elle se termine en une platine ovale qui ferme le vestibule, comme le fait l'étrier dans les mammifères. Cet osselet est mu par un seul muscle, qui le tire un peu en avant pour tendre plus ou moins la membrane du tympan. De petits cordons tendineux agissent en sens contraire par leur seule force élastique, afin d'éviter la rupture de cette membrane délicate par des contractions trop violentes du muscle.

L'odorat est en général peu délicat chez les oiseaux, si on excepte les vautours et les corbeaux, qui ont ce sens très-exquis. Je ne crois pas que les autres oiseaux aient donné preuve d'un odorat très-fin. L'ouverture des narines varie beaucoup de forme dans les différens genres ; elles ont été observées avec beaucoup de soin par les naturalistes, et leurs nombreuses différences ont servi aussi à la confection d'une méthode ornithologique. Des trois cornets du nez c'est le moyen qui est le plus grand, surtout dans les oiseaux de rivage, où il occupe plus des deux tiers de la cavité nasale. Il adhère par son fond à la partie osseuse du septum, et il se replie deux fois et demie sur lui-même. Le cornet inférieur ne fait qu'un simple tour attaché au septum et à l'aile du nez ; le supérieur, en forme de cloche, adhère à l'os du front et à l'os unguis. Ces cornets sont en général cartilagineux ; ils ont paru osseux à M. Cuvier dans le toucan et dans le calao. La membrane pituitaire qui rampe sur eux, est très-mince sur le cornet supérieur, veloutée et plus épaisse sur le moyen. Les vaisseaux sanguins forment à sa surface un très-beau réseau. Le nerf olfactif se divise en une multitude de fibrilles, qui, suivant Scarpa, ne vont pas au-delà de la cloison et des cornets supérieurs. Ce sont les branches de la cinquième paire qui se rendent à la membrane pituitaire qui recouvre les cornets moyen et inférieur. Cette observation anatomique de Scarpa conduiroit à peu près au même résultat que les expériences nouvelles et curieuses de M. Magendie, qui tendent à prouver que les animaux ne perçoivent la sensation de l'odorat qu'au moyen des branches de la cinquième paire.

Le goût est encore moins développé chez les oiseaux. Leur langue, généralement peu charnue, est couverte de papilles cornées, qui servent plus à retenir les alimens arrivés à l'arrière-bouche, qu'elles ne peuvent servir le goût. La forme de la langue varie dans chaque genre, et on en tire souvent de bons caractères génériques.

Le toucher des oiseaux doit être le plus imparfait de tous leurs sens. Leur peau est partout recouverte de plumes insensibles; et ceux qui ont quelques parties nues, comme l'autruche, quelques cigognes, les vautours, ne se servent pas de ces parties pour toucher. La peau du corps est recouverte d'un épiderme mince, formant des plis qui correspondent aux quinconces sur lesquels les plumes sont disposées.

Le tissu muqueux est peu coloré, il ne prend de couleurs un peu vives que dans certaines parties du corps d'un très-petit nombre d'espèces, et sur les pattes et la cire du bec.

Le peaussier est assez développé dans les espèces qui meuvent à volonté les plumes de leur huppe ou de leur cou. En général, le peaussier du ventre s'attache sur les septième et huitième côtes par des digitations charnues à la manière du grand dentelé : large et aplati, ce muscle se porte obliquement vers l'articulation de l'épaule, qu'il dépasse avant de se fixer à la peau le long du cou : il y a aussi des petits plans de fibres charnues qui font mouvoir les plumes qui le recouvrent.

Le bec, par la dureté de la corne qui se moule sur les deux mandibules osseuses, remplace les dents chez les oiseaux. Il sert à saisir et à déchirer la proie, mais il ne peut y avoir de véritable mastication. La forme du bec varie non-seulement dans chaque genre, mais encore dans chacune des espèces qui composent le genre, d'où il résulte, que l'on doit étudier cette forme avec le plus grand soin pour arriver à la connoissance des espèces.

La mandibule supérieure s'articule avec le crâne par quatre lames osseuses, minces et très-variables dans chaque genre.

Ces lames répondent aux maxillaires et aux intermaxillaires des mammifères, et les apophyses ptérigoïdes sont représentées par un os qu'Hérissant avoit nommé *omoïde*, à cause de sa ressemblance avec un omoplate. Il varie aussi beaucoup dans les différentes espèces.

La mandibule inférieure est unie à la supérieure par un os que les premiers anatomistes ont nommé l'*os carré*. Cet os, que M. Cuvier a déterminé comme l'analogue de la caisse des mammifères, s'appuie sur l'os omoïde. Il en résulte que l'oiseau ne peut abaisser la mandibule inférieure sans que par un mouvement de bascule, en sens contraire, la mandibule supérieure ne s'élève. Ce mouvement est le plus marqué dans les canards et dans les perroquets.

Les glandes salivaires sont situées sous la langue ; elles paroîtroient répondre aux sublinguales des mammifères, mais leur structure est différente. Ce sont des amas de petits grains ronds, creux, qui déchargent dans la bouche par plusieurs orifices, l'humeur qu'ils sécrètent.

Le pharynx des oiseaux n'a pas de muscles propres qui le soulèvent, le dilatent, ou le resserrent. On y remarque à peine quelques fibres longitudinales qui se continuent avec celles de l'œsophage.

L'œsophage des oiseaux se dilate en trois poches où séjourne plus ou moins long-temps leur nourriture. On aperçoit très-bien en dehors la première de ces poches, quand elle est pleine d'aliment ; c'est le jabot. L'œsophage se rétrécit de nouveau, et forme ensuite, en se dilatant à quelque distance du gésier, une poche remarquable par les glandes contenues dans l'épaisseur de ses parois. On la nomme le *ventricule succenturié* ou le *jabot glanduleux*. Enfin, il y a un étranglement très-court entre le ventricule et le gésier, qui sont tous deux situés dans la cavité abdominale.

Le gésier ou le véritable estomac est irrégulièrement arrondi et comprimé latéralement. Deux muscles, plus ou moins épais et composés de fibres rayonnantes, forment la seconde tunique de cet estomac. Le pylore, qui n'a pas de valvules, s'ouvre assez près du cordia. Le canal intestinal est généralement court dans les oiseaux. Sa longueur varie de deux à cinq fois la longueur du corps. Ils ont généralement deux cœcums.

L'extrémité du rectum des oiseaux aboutit dans une poche

où donnent également les uretères et les organes de la génération. Cette poche se nomme le cloaque, dont les différens
muscles varient dans plusieurs espèces.

Le foie est généralement plus volumineux que celui des
mammifères. Il est divisé en deux lobes le plus souvent
égaux entre eux, remplissant les deux hypocondres et une
partie de la cavité thoracique proprement dite. Il est ordinairement d'un rouge-brun assez foncé.

La rate est petite, ovale ou cylindrique; sa figure varie
beaucoup.

L'existence des vaisseaux lymphatiques a été récemment
démontrée par M. Lauth. Il les a injectés dans le dindon, la
poule, le héron, la cigogne, le goéland gris, l'oie sauvage
et domestique, le canard. Ils diffèrent des lymphatiques de
l'homme par plusieurs points, entre autres, parce qu'ils se
terminent par deux canaux thoraciques, un de chaque côté,
qui se versent dans les veines jugulaires, le plus souvent par
plusieurs orifices. La lymphe des oiseaux a paru à M. Lauth
semblable à celle des mammifères, mais leur chyle est différent. Il est transparent et incolore. (On peut voir le mémoire de M. Lauth, Ann. scien. nat., tom. 3, cah. Décembre
1824, page 581.)

La circulation des oiseaux se fait au moyen d'un cœur
à quatre cavités, comme dans les mammifères. Le cœur
est toujours conique; mais la proportion de sa longueur à
sa largeur est très-variable. La distribution des artères et
des veines ressemble aussi en général à celle des mammifères.

La respiration est beaucoup plus active dans les oiseaux
que dans les mammifères. Cela vient de ce que les cellules
de leurs poumons sont plus grandes à proportion, et que les
bronches ne se terminent pas en cul-de-sac, mais dans de
vastes cellules à air qui s'étendent par tout le corps, même
dans l'épaisseur des os. D'où il résulte que l'oiseau fait entrer
dans son corps une bien plus grande masse d'air que ne peut
le faire un mammifère.

On conçoit qu'avec des poumons ainsi amplifiés la respiration doit être très-active chez les oiseaux.

Cela devoit avoir lieu afin de donner une force muscu

laire plus grande à ces animaux, dont la vie aérienne rend cette action beaucoup plus nécessaire que dans les autres vertébrés, qui ont à proportion une plus grande masse de muscles que les oiseaux. Il est difficile de concevoir comment l'engourdissement léthargique des oiseaux peut se concilier avec cette respiration si active. Des ornithologistes très-célèbres, et M. Temminck est de ce nombre, nient positivement l'engourdissement de l'hirondelle de rivage, et traitent ce fait de fable; mais ils ne donnent pas de raison pour le nier. On a attribué à plusieurs oiseaux la faculté d'hiverner. Ce sont les coucous, les hirondelles, les martinets, le chat-huant, l'étourneau, la grive, l'alouette, le merle, les cigognes; excepté le coucou, tous les autres sont cités par Aristote; et on a pour l'hirondelle le témoignage de Pallas, du père Dutertre; et surtout d'Achard qui raconte positivement qu'en descendant le Rhin, il vit des enfans occupés à tirer, avec des baguettes assez longues, des hirondelles de rivage qui étoient au fond de trous percés dans le sable; que ces hirondelles étoient tellement engordies, qu'elles ne pouvoient voler; qu'en ayant réchauffé une, elle reprit assez de force pour s'envoler. Ce fait me paroît raconté d'une manière si détaillée et si précise, que je pense qu'il faut pour le contredire s'appuyer d'observations faites dans le but d'éclairer cette partie de l'histoire physiologique des oiseaux.

La trachée-artère varie beaucoup dans les oiseaux, elle pénètre quelquefois dans l'épaisseur du bréchet et augmente ainsi la voix éclatante de quelques grues.

La voix des oiseaux est en général très-forte. Quelle sphère immense remplit une alouette qui se fait entendre du haut des airs. Le rossignol a la voix la plus forte si on la compare à la petitesse de son corps.

La voix chez l'oiseau n'est pas toujours également développée pendant toute l'année; reprenant pour ainsi dire à chaque ponte un nouvel état de puberté, sa voix change à chaque printemps. Le mécanisme de la voix ne consiste pas seulement dans le larynx, comme cela a lieu dans les mammifères; les oiseaux ont en outre un renflement de la trachée-artère auprès de son entrée dans la poitrine. Cette poche est

fermée par des membranes qui forment une sorte de caisse
sonore dont la figure varie beaucoup dans chaque espèce.
La délicatesse de leur oreille les met à même d'apprécier les
nombreuses variations du son, qu'ils savent moduler de manière à rendre leur voix si agréable et si mélodieuse.

Tous les oiseaux sont, comme on le sait, ovipares. Le plus
souvent la différence dans l'éclat et la beauté des couleurs
indique la différence des sexes. Le mâle est presque toujours
paré de couleurs plus belles que la femelle. Dans quelques
genres il a aussi des plumes plus longues, qu'il étale aux yeux
de la femelle pendant la saison des amours : il n'a point
d'organes extérieurs. Les testicules sont placés auprès des
reins; ils versent leur liqueur spermatique dans le cloaque.
Ces testicules, qui deviennent très-gros pendant le temps
de la ponte, se réduisent à un point souvent à peine visible
pendant le reste de l'année.

La femelle a des ovaires assez gros, placés auprès des reins;
un oviductus reçoit le vitellus, qui s'enveloppe d'une matière albumineuse qu'on nomme le blanc de l'œuf; arrivé
dans la partie inférieure de l'oviductus, l'œuf commence à
se revêtir d'une matière crétacée dont l'épaisseur augmente
dans le cloaque, et d'où il est chassé par l'action des muscles propres du cloaque. La couleur et la forme de la
coque varient dans chaque espèce. Si l'ovule a été fécondé
dans l'attouchement des deux cloaques, pendant l'acte de la
copulation, alors la chaleur que lui communique l'incubation, développe la vie, dont il a reçu la puissance par
le stimulus de l'accouplement. Dans la poule, où le développement a été suivi avec le plus grand soin, on sait qu'au
bout de six heures on voit paroître un petit point rouge sur
le vitellus. Il devient le *punctum saliens*, qui sera le cœur
du poulet; de ce *punctum saliens* partent de nombreuses ra-
diations de vaisseaux qui forment la figure veineuse; une
petite ligne grise qui entoure en croissant le petit point
rouge, devient la moelle épinière; elle se renfle en avant
pour former le cerveau. Les jambes, puis les bras, et enfin
les viscères se développent.

L'oiseau dépose ses œufs dans un nid qu'il construit avec
un art et une adresse qui excitent en général l'étonnement

de l'homme. Qui n'a pas vu et admiré le nid de la mésange,
composé avec la bourre soyeuse des chatons du saule ! La
penduline, *parus pendulinus*, le suspend à l'extrémité d'une
branche très-flexible, afin d'en rendre l'approche très-difficile aux oiseaux et aux reptiles qui voudroient s'emparer de
ses petits. La mésange du Cap construit, sur les mimoses à
feuilles pennées, un nid à peu près semblable à celui de
notre mésange ; mais elle y ajoute en dehors une petite cupule destinée à recevoir tour à tour le mâle et la femelle
pendant qu'ils se partagent les fatigues de l'incubation. Le
loriot construit son nid avec des herbes sèches, et, comme la
penduline, il le suspend à l'extrémité des plus longues branches.

Ce même instinct se reproduit dans tous les oiseaux du
genre *Oriolus* de Linné, qui sont les Cassiques, les Carouges
et les Troupiales de Buffon ; mais on y voit encore plus d'art.
Leurs nids, composés de même avec des brins d'herbes, ont
une forme ovale, et sont réunis par un tube dans lequel ils ont
leur ouverture. Ce tube, fortement attaché par une extrémité à une branche, flotte librement dans le reste de sa longueur qui a quelquefois, quatre ou six pieds. Il n'est ouvert
que par son extrémité inférieure : c'est par cette ouverture
que chaque couple monte dans la galerie pour entrer dans
le nid où la femelle a déposé ses œufs. On trouve fréquemment plus de cinquante de ces nids sur un même arbre. Cette
habitude a fait donner à ces oiseaux le nom de Républi-
cains, qu'ils portent dans nos colonies. Le fournier, *Merops
rufus*, est ainsi nommé par les François établis à Cayenne, à
cause de la forme singulière qu'il donne à son nid. Il le
construit avec de la terre mouillée, et il lui donne la forme
d'un four. Sur les rives de la Plata cet oiseau est nommé Or-
néro, et Commerson raconte qu'il est si peu farouche, qu'un
individu vint construire son nid sur un des chariots qui por-
toient ses bagages.

La fauvette de roseaux, *motacilla salicaria*, construit, autour de trois tiges de roseaux, son nid avec des plantes qui
croissent dans les marais. Ces tiges servent à retenir ce
nid, qui monte ou descend le long de ces roseaux, suivant
que la surface de l'eau sur laquelle il repose, s'élève ou
s'abaisse. Une espèce de fauvette africaine, *sylvia textrix*,

place son nid dans une feuille large, pliée en cornet, parce
que l'oiseau prend soin d'en rapprocher les deux bords, en
les cousant ensemble au moyen d'un brin d'herbe qui lui sert
de fil et qu'il passe dans les trous qu'il a faits d'avance avec son
bec. Un des nids les plus célèbres est celui de la salangane,
Hirundo esculenta, à cause de la recherche que les Chinois et
les Japonois en font pour leur table. Ces hirondelles construisent leurs nids dans les creux des falaises, ou dans les cavernes des Moluques et de plusieurs autres îles de la mer
des Indes. A Java on en fait des provisions considérables,
qui se vendent extrêmement cher, lorsqu'ils sont encore tout
frais et qu'ils n'ont pas été salis pendant l'incubation.

Ces nids sont faits avec des branches d'un fucus, décolorées,
et agglutinées ensemble par cette hirondelle. On avoit cru
pendant long-temps qu'elle les construisoit avec du frai de
poissons ou d'autres matières animales qu'elle ramassait à
la surface de la mer ; mais nous avons acquis la certitude
que c'est avec les brins d'un fucus, par le fait suivant : M.
Potros, pharmacien en chef de l'hospice de la Charité, ayant
reçu, parmi d'autres productions des Moluques, des branches
tout-à-fait incolores d'une plante qu'il ne connoissoit pas, vint
les montrer à M. Desfontaines pour en savoir le nom. J'étois
alors avec cet illustre botaniste, et je crus reconnoître la ressemblance de ces brins avec ceux dont se composent les nids
de salangane, déposés dans le cabinet du Roi. Il voulut bien
faire avec moi cette comparaison, qui prouva la vérité de ma
supposition. Ainsi c'est avec des branches décolorées d'un fucus
que M. Lamouroux a déterminé, que la salangane fait son
nid. On doit d'autant moins s'en étonner, que l'on sait que
plusieurs espèces de varecs de la mer des Indes sont bonnes à
manger ; qu'une d'elles, le *fucus sacchariferus*, contient une
assez grande quantité de sucre.

Le célèbre professeur, M. Reinwardt, qui a fait un si
long séjour à Java, et que j'ai eu le bonheur de voir souvent
pendant que j'étois à Leyde, m'a dit qu'il croyoit que la
salangane consolide son nid avec une humeur visqueuse et
gluante, qu'elle sécrète par ses énormes parotides. Le produit de la vente de ces nids s'élève à des sommes considérables. Auprès du Goenong-Goetoe, un des plus grands vol-

cans de Java, il y a une caverne d'où le propriétaire tire, selon M. Reinwardt, pour plus de cinquante mille florins de Hollande par an.

Je n'ai parlé ici que des formes les plus remarquables des nids ; mais il s'en faut de beaucoup que tous les oiseaux mettent le même art à les construire. En général, on peut dire que les oiseaux qui vivent de proie, sont ceux qui les construisent le plus mal. Enfin, il est quelques espèces qui n'en font pas du tout. La petite hirondelle de mer dépose trois œufs blancs entre les galets, sans prendre les plus légères précautions pour les garantir. L'engoulevent fait absolument la même chose ; on trouve ses œufs déposés à nu sur des pierres.

La ponte n'a lieu le plus souvent qu'une fois par an ; quelques espèces en font deux : la domesticité et les soins de l'homme l'ont rendue encore plus fréquente dans les gallinacés qui peuplent nos basse-cours. Le nombre des œufs varie beaucoup suivant les espèces ; en général, il n'est pas proportionné à la grosseur de l'oiseau. On sait que la mésange et le roitelet en font de quinze à vingt. On trouve des nids de perdrix où il y a un plus grand nombre encore. Ce sont les gallinacés qui en pondent le plus.

La femelle couve ses œufs avec ardeur et patience plus ou moins long-temps ; et dans les espèces où le mâle partage avec elle l'incubation, elle couve toujours plus long-temps que le mâle. On ne peut citer d'autres exceptions que l'exemple bien curieux de l'autruche à trois doigts des pampas de Buenos-Ayres. Suivant Azara, les femelles, qui ne pondent chacune qu'un œuf, se réunissent afin d'en déposer quinze à vingt dans un même trou creusé dans le sable, et c'est un mâle qui les couve tout le temps nécessaire au développement du petit. Le nombre de jours de l'incubation varie beaucoup dans les espèces. L'oiseau-mouche couve douze jours ; nos serins domestiques, quinze à dix-huit jours ; les poules, vingt-un ; les canards, vingt-cinq ; le cygne, quarante à quarante-cinq jours.

Lorsque l'oiseau vient d'éclore, il est recouvert, excepté sous le ventre, de poils fins et serrés ; ils sont implantés par petits paquets de quinze à vingt dans des bulbes qui contiennent le germe de la plume. Lorsqu'elle se développe, elle chasse les poils devant elle, et dans quelques espèces d'oiseaux de proie ces poils adhèrent assez long-temps aux plumes, en sorte que ces oiseaux sont tout couverts d'un duvet flottant.

Les plumes qui paroissent les premières, sont celles des ailes et de la queue ; puis viennent celles du corps, disposées par groupes, de façon que les plumes couvrent tout l'oiseau sans être éparses sur tout le corps.

Ainsi il n'y a jamais de plumes attachées sur la ligne moyenne de la poitrine et de l'abdomen ; elles sont placées de chaque côté de la poitrine. Les parties latérales et inférieures du cou sont aussi nues, et sur le dos il n'y a de plumes implantées que sur le milieu. Les côtés auprès des bras sont nus, de sorte qu'en relevant les plumes, on peut voir la peau ou quelquefois un duvet fin qui la recouvre.

Quelques jours après la naissance de l'oiseau on voit paroître la gaine de la plume, qui sort comme un petit tube noir. Ce tube est fermé extérieurement, et par l'autre extrémité il reçoit les vaisseaux nourriciers de manière qu'en arrachant la gaine, on produit une petite hémorrhagie.

Quand la gaine a percé la peau, elle se dessèche et se fend par une déchirure longitudinale ; d'où sort l'extrémité de la plume. A cette époque, si on coupe le tuyau de la plume dans sa longueur, on voit qu'il est formé de couches nombreuses de matière cornée, qui renferment un cylindre de matière gélatineuse sur lequel rampent de nombreux vaisseaux sanguins. Le rudiment des barbes de la plume est dans ce cylindre gélatineux. Son sommet, plus dur que le reste, sort avec lui de la gaine ; il entraîne une couche d'une matière noire, qui l'enveloppe et qui se fend pour former les barbes. La tige de la plume s'alonge et se durcit en même temps. Lorsque le premier cône est sorti de la gaine, il s'en forme un second, qui sort de même que le premier, et ainsi de suite, jusqu'à l'entier accroissement de la plume, qui se fait toujours par sa base. Enfin, lorsque la plume a pris tout son développement, l'intérieur de la gaine se dessèche et on n'y voit plus que ces cônes emboîtés les uns dans les autres, et que l'on nomme l'*ame* de la plume.

Les barbes sont elles-mêmes en quelque sorte de petites plumes, c'est-à-dire qu'elles ont une tige de chaque côté de laquelle il y a de petits crochets ou barbules qui se subdivisent encore. Ces barbules s'accrochent entre elles dans certains cas, de manière à former de la plume entière un tout si intimement lié, que l'air ne peut passer au travers.

On nomme pennes, les grandes plumes qui sont attachées à l'aile et à la queue. Les rectrices sont celles de la queue, et les rémiges celles de l'aile, que l'on divise en **primaires**, qui sont implantées sur l'os de la main et du carpe, et en secondaires, qui sont attachées à l'avant-bras. Celles qui sont sur le bras, sont courtes, à peu près semblables à celles du reste du corps : on les nomme grandes couvertures de l'aile.

De la gaine de chaque plume il sort encore une petite plume à tige flexible et à barbules lâches et peu serrées, et qui en quelque sorte sont à la plume chez l'oiseau, ce que le feutre est au jar du poil des mammifères. Dans le casoar, ces deux plumes sont égales en force et en longueur ; mais c'est le seul exemple que l'on puisse en donner. Dans tous les autres oiseaux l'inférieure est toujours plus petite que la supérieure.

On peut encore diviser les plumes en plusieurs variétés, selon que leurs barbes sont moins serrées et réunies entre elles. On peut nommer *plumes sans barbules*, les quatre ou cinq pennes de l'aile du casoar ; elles ressemblent à des piquans de porc-épic. Les *plumes lâches* sont celles qui ont des barbules très-visibles, sans cependant qu'elles s'accrochent entre elles ; telles sont les belles plumes des hypocondres de l'oiseau de paradis, avec lesquelles on fait de si beaux panaches. Les couvertures inférieures de la queue des deux grandes cigognes à sac de l'Inde et de l'Afrique, et qui sont vendues dans le commerce sous le nom de plumes de *marabou*, appartiennent à la même division : cette disposition des barbules leur donne la grande légèreté qui les fait rechercher pour la parure.

Les *plumes flottantes* sont celles qui ont des barbes et des barbules très-grandes, mais si flexibles qu'elles ne s'accrochent point. Les plumes des ailes ou de la queue de l'autruche nous offrent un exemple de ces sortes de plumes.

Les *plumes duvetées* sont celles des oiseaux de proie nocturnes, des engoulevens, etc., qui ne font aucun bruit quand ils volent. Les barbes et les barbules sont recouvertes d'un duvet fin et très-soyeux.

Un grand nombre d'oiseaux, comme la mésange, le bouvreuil, le pélican blanc, ont les plumes si fines et si luisantes qu'on les a nommées *plumes soyeuses*.

Dans d'autres oiseaux ces plumes soyeuses ont les barbules longues, serrées et couchées de manière à imiter le satin. Le miroir de l'aile des canards, les plumes des ailes et de la queue de la pie sont dans ce cas : on les a nommées *plumes satinées*.

Les *plumes métalliques* sont celles qui nous offrent des couleurs aussi brillantes que celles des métaux les mieux polis : les couroucous, les jacamars, les colibris, le paon, portent de ces sortes de plumes.

Enfin, on appelle *plumes gemmacées*, celles dont les petites barbes sont coupées en demi-cercle à leur extrémité. Ces plumes, imbriquées les unes sur les autres comme des écailles de poissons, réflètent les couleurs les plus brillantes : plusieurs colibris et oiseaux-mouches, les oiseaux de paradis, nous en offrent des exemples.

Les couleurs que nous étalent les oiseaux, sont si riches et si variées, qu'on ne peut trouver assez d'expressions pour les peindre fidèlement. Toutes les nuances se trouvent sur leur plumage; mais, quelques variées qu'elles soient, on peut cependant remarquer dans plusieurs familles des dispositions constantes très-notables, et dans certains genres, dont les espèces sont très-rapprochées les unes des autres, la même couleur se reproduit constamment dans toutes les espèces.

On peut d'abord remarquer que rarement le jeune oiseau a les couleurs qu'il conservera toute sa vie; souvent les couleurs changent deux à trois ans de suite : ce changement, mal observé, a été une des principales causes d'erreurs dans la distinction des espèces. On peut dire en général (il n'y a qu'un bien petit nombre d'exceptions) que les couleurs des grandes pennes de l'aile et de la queue sont constantes pendant toute de la vie de l'oiseau. Cette observation est d'une grande importance, surtout pour l'étude des espèces d'oiseaux de proie. Dans les canards, c'est la forme et la couleur du miroir de l'aile qui donne un caractère constant pour reconnoître chaque espèce.

Quand l'oiseau est devenu adulte, la mue influe souvent aussi sur les couleurs dont il doit se parer. Ce changement, qui a lieu à des époques fixes et déterminées, est plus aisé à connoître que les variations de plumage que l'âge nous montre; mais encore dans ce cas il arrive rarement que les ailes et la queue changent de couleurs. On peut, malgré ces changemens, faire les observations suivantes sur les couleurs de chaque famille.

Le blanc et le brun dominent sur le plumage des oiseaux de proie diurnes. Le noir se rencontre le plus souvent après celui-ci, enfin, le gris est peu commun. Les jeunes oiseaux sont généralement flambés. Dans les aigles, les flammes s'effacent avec l'âge, et l'oiseau adulte est d'une couleur uniforme. Les flammes se changent en taches dans les faucons, et en bandes transversales dans les éperviers. On peut remarquer d'ailleurs que tous les faucons ont une grande tache noire ou grise qui descend de l'angle de la commissure sur le cou, et qu'on nomme une moustache.

Dans les oiseaux de proie nocturnes, le roux fauve est la couleur dominante et fait presque toujours le fond de la couleur du plumage, qui est plus souvent flambé que rayé en travers. Le blanc pur s'observe cependant dans quelques espèces.

Les pies-grièches sont assez variées en couleur ; mais le gris est la couleur la plus commune. Les mâles d'un grand nombre d'espèces ont des taches noires sur la tête ou sur les ailes, qui se changent en taches de même forme, mais de couleur rousse dans la femelle.

Les tangaras sont divisés en plusieurs petits genres, qui tous ont une couleur dominante. Le jaune est celle des euphones ; le vert et le bleu domine sur le plumage des tangaras propres, et le rouge sur celui des ramphocèles.

Les grands gobe-mouches de l'Amérique sont généralement d'un jaune de soufre très-brillant près de l'équateur, et gris ou roussâtre dans l'Amérique septentrionale ou australe.

Les autres gobe-mouches sont très-variés en couleurs, et

on ne peut dire quelle est celle qui est la plus commune.

Les merles et les grives ne peuvent se diviser en deux genres par les caractères ornithologiques; mais on peut facilement observer que les espèces étrangères qui se groupent autour de notre merle sont unicolores, tandis que la plupart de celles qui se rapprochent des grives, sont grivelées.

Dans la grande famille des becs-fins (*motacilla*, Linn.), on remarque que les traquets sont généralement roussâtres; Les fauvettes d'Europe et des Indes, grises, un peu teintées de roux; tandis que celles d'Amérique, réunies sous le nom de figuiers, sont jaunes.

Le noir foncé, terne ou à reflets brillans, le blanc et le roux, sont les trois couleurs du plumage des hirondelles.

La couleur des alouettes est terreuse.

Tous les petits oiseaux des genres *Fringilla, Imberiza, Loxia*, sont variés en couleurs, sans en avoir de très-vives; mais ces couleurs ne sont jamais disposées par masse.

Le contraire a lieu dans les cassiques, les carouges et les troupiales, qui n'ont d'ailleurs d'autres couleurs que le noir, le rouge et le jaune.

Le noir est la couleur la plus commune des différentes espèces de corbeaux. La plupart des pies ont le ventre blanc, et le noir, le bleu et l'aigue-marine colorent ordinairement les autres parties du corps.

Les oiseaux-mouches, les colibris, les grimpereaux de l'Inde et d'Afrique, appelés souimangas, et, en général, la plupart des oiseaux à bec très-long et grêle, comme les huppes de la Nouvelle-Guinée, les épimaques, brillent des couleurs les plus vives, offrent des reflets métalliques ou de pierres précieuses presque éblouissans. Les grimpereaux, les picucules et autres espèces qui vivent en montant le long des arbres, sont d'un roux terne, qu'on nomme ordinairement couleur de bois.

Le bleu d'outre-mer le plus pur se trouve sur la plupart des martin-pêcheurs; il est allié le plus souvent au pourpre et au vert d'aigue-marine.

Si nous examinons l'ordre des grimpeurs, nous trouvons que le mâle des différentes espèces de pics a le plus souvent deux moustaches rouges, qui descendent de chaque côté du bec; quelquefois il y en a aussi sur le sommet de la tête : le reste de leur plumage est très-varié.

Les coucous prennent généralement une teinte uniforme avec l'âge; le plumage des jeunes est très varié.

Les toucans n'offrent que du rouge, du jaune, du noir et du vert; mais ces couleurs sont toujours disposées par grandes masses. Les mêmes couleurs se reproduisent avec la même disposition dans le genre des Couroucous; mais elles sont plus brillantes, parce qu'elles offrent des reflets métalliques.

Les perroquets présentent quelques différences de couleurs suivant les localités. On peut dire que le vert est la dominante, mais principalement sur le plumage des espèces qui habitent les continens; tandis que le rouge vermillon ou cramoisi se montre avec profusion sur les loris, qui sont originaires des Moluques.

La plupart des oiseaux de rivage sont grivelés, et l'on ne peut assigner une couleur constante à chaque groupe. Il en est à peu près de même des oiseaux d'eau; cependant on doit remarquer que tous les canards ont sur l'aile une assez grande plaque, le plus souvent verte, et que l'on nomme le miroir de l'aile.

La couleur de chaque individu varie en outre au printemps, lorsque le temps de la ponte arrive; les mâles, surtout, se parent de couleurs plus vives, et prennent même des plumes de parure, qu'ils perdent bientôt après.

Les changemens les plus notables ont lieu dans les veuves parmi les passereaux, et dans la plupart des échassiers et des palmipèdes; c'est à cela qu'on doit attribuer sans doute cette sorte d'incertitude dans les couleurs que nous avons observée dans le plumage des espèces qui appartiennent à ces familles.

Après que l'oiseau a passé la saison de la ponte, il perd ordinairement ses plumes : ce phénomène s'appelle la mue. Elle est le plus souvent double dans les oiseaux de rivage, et dans les oiseaux d'eau ou les palmipèdes; aussi on doit toujours observer si l'oiseau est en plumage d'été ou en plumage d'hiver, quand on décrit une espèce qui appartient à l'un de ces ordres. L'oiseau perd aussi la voix éclatante et brillante qu'il avoit prise, avec sa puberté, qu'il semble perdre et renouveler chaque année.

Il y a plusieurs espèces qui changent de plumes dans le lieu même où elles ont élevé leurs petits ; d'autres, au contraire, cherchent un pays plus convenable, où elles trouveront une température plus chaude et une nourriture plus abondante pour supporter l'état de maladie que leur cause la mue. Ainsi tous les oiseaux insectivores quittent de bonne heure les climats tempérés pour se porter vers le midi ; tandis que nous voyons arriver des provinces septentrionales les bandes nombreuses de palmipèdes qui ont été faire leur ponte pendant l'été dans la zône glaciale. On connoît depuis long-temps les longues émigrations que font les hirondelles, les grues, les cailles ; ces oiseaux traversent d'assez grandes étendues de mer. Les cigognes présentent même ce fait remarquable, qu'elles sont du nombre des espèces qui pondent deux fois, et qu'une de ces pontes a lieu en Europe, tandis que l'autre a lieu en Égypte.

L'époque des inondations, du débordement périodique des fleuves, influent sur l'époque du voyage des canards : c'est ce que l'on croit avoir observé en Amérique. D'autres espèces n'entreprennent pas des voyages aussi longs que celles que nous venons de citer, et alors on les désigne sous le nom d'espèces erratiques. Les alouettes, les merles, les loriots, nous en offrent des exemples. Il est plus difficile d'assigner une cause physique qui puisse déterminer les migrations si courtes de ces oiseaux. Pourquoi, par exemple, le pinson, *fringilla cœlebs*, qui demeure en France et en Allemagne toute l'année, passe-t-il, aux mois d'Octobre et de Novembre, en troupes innombrables en Hollande, et pourquoi ne niche-t-il jamais dans ce pays ? N'y trouveroit-il pas, pendant la belle saison, tout ce qui peut lui être utile, comme il le trouve dans la province de la Belgique ? Ces migrations sont, ce que les chasseurs appellent, le passage des oiseaux. Il dure plus ou moins pour chaque espèce, dont quelques-unes paroissent se disperser en plusieurs tribus, qui partent chacune à des époques différentes. Ainsi les alouettes, en Hollande, passent toujours en trois époques, éloignées de chacune de quinze à dix huit jours. C'est dans les Traités d'ornithologie de M. Temminck que l'on peut acquérir encore des notions sur les voyages de chaque espèce. Ce célèbre ornithologiste a publié tout ce que l'expérience d'un chasseur habile, pouvoit ajouter aux études les plus soignées et les plus approfondies.

Dans un Mémoire fort curieux sur les oiseaux de passage de Manchester, M. Blackwall a donné des tableaux comparatifs de la température au moment de l'arrivée et au moment du départ de chaque espèce. Comme il résulte de cette comparaison que les oiseaux arrivent à une époque où la température est plus froide qu'elle ne l'est au moment de leur départ, il croit devoir attribuer au besoin de se garantir des maladies de la mue, l'instinct qui les détermine à changer de lieu pour se rendre dans des climats plus favorables au développement de leurs nouvelles plumes. Mais je crois que c'est plutôt reculer la question que de la résoudre; car dans leurs migrations les oiseaux erratiques ne changent pas assez de latitude pour éprouver un changement notable dans le climat du nouveau pays où ils se rendent.

La longueur des voyages que certaines espèces entreprennent, n'est pas en rapport avec la puissance du vol; car si l'on voit les hirondelles et les martinets se transporter à des distances considérables, on peut s'étonner encore plus de voir les cailles, qui ne sont pas, ainsi que tous les gallinacés, douées de la faculté de bien voler, traverser la Méditerranée pour passer d'Italie en Afrique. Les grèbes, dont les ailes paroissent avortées, font dans l'intérieur des terres d'un lac à un autre des voyages considérables. La longueur du voyage que ces espèces exécutent, n'est pas encore assez connue des naturalistes : c'est une des observations d'ornithologie les plus utiles que puissent faire les voyageurs qui voudront rendre service à la géographie physique.

La connoissance de la distribution géographique des oiseaux sur le globe se lie à celle qu'on a de leurs migrations. Quoique les oiseaux soient plus répandus que les quadrupèdes, à la surface de la terre, soit à cause de la facilité avec laquelle ils se transportent d'un lieu dans un autre, soit à cause de la différence de température qu'ils peuvent éprouver subitement en s'élevant dans les régions supérieures de l'atmosphère, ce qui leur permet de s'exposer également à la température peu élevée des latitudes polaires, on peut cependant assigner pour quelques espèces certaines limites qu'elles ne sauroient dépasser, et, d'après cela, découvrir les lois qui existent dans la distribution géographique des oiseaux. Il faut dans cette recherche étendre assez loin les zones géographiques, afin de ne pas confondre la différence des nombres apportés par la migration avec le nombre même des espèces qui peuplent une zone. Il reste encore beaucoup d'observations à faire avant de compléter la somme des connoissances nécessaires pour arriver à la solution de cette question. Mais je vais essayer de présenter au moins les notions générales que j'ai pu recueillir en étudiant la belle collection du cabinet du Roi.

Il faut d'abord essayer d'avoir un aperçu du nombre total des espèces, qui sont sur le globe. Nous trouvons dans Latham la description de près de quatre mille espèces; et bien qu'il y ait beaucoup de doubles emplois dans la liste nominative des espèces, ce nombre est si petit, comparativement à la somme totale, qu'on peut le considérer comme nul; en y ajoutant le nombre présumé des nouvelles espèces que renferment les belles collections de Paris, de Leyde, de Berlin, de Vienne et de Munich, il paroît qu'il faut porter à cinq mille le nombre total des espèces.

La zone tempérée boréale contient un peu moins que le cinquième de cette masse. En effet, M. Temminck compte près de cinq cents oiseaux en Europe. L'ouvrage de Wilson, sur l'ornithologie américaine, nous fait connoître près de quatre cents espèces des États-Unis. Plusieurs d'entre elles sont les mêmes que celles d'Europe. Mais ce nombre n'est pas très-considérable, et les espèces communes aux deux continens appartiennent surtout aux ordres des échassiers et des palmipèdes qui sont répandus sur tout le globe, et dont on peut tenir très-peu compte dans la ressemblance zoologique que l'on voudroit établir entre deux contrées. Quant à l'Afrique boréale, je n'en connois qu'un très-petit nombre qui lui soit propre; les autres émigrent, soit en Europe, soit vers l'équateur, en sorte qu'elles sont comptées parmi les oiseaux de ces zones.

L'Afrique australe nourrit à peu près cinq cents espèces. Vaillant en avoit connu à peu près quatre cent cinquante; et M. Delalande n'a pas augmenté d'une manière sensible le nombre des espèces découvertes par Levaillant.

Le nombre des oiseaux des régions équatoriales de ce continent ne nous est pas assez connu pour que nous puissions en parler. Mais on peut croire qu'on n'en découvrira pas un aussi grand nombre que l'étendue du pays pourroit le faire penser ; car la plupart des oiseaux du Sénégal se trouvent aussi au cap de Bonne-Espérance. Cette partie de l'Afrique n'est peut-être pas la plus abondante en espèces d'oiseaux. Je n'ai jamais vu une collection de ce pays qui renfermât trois cents espèces. On en découvrira probablement un plus grand nombre sur les côtes orientales de l'Afrique.

Les régions équinoxiales de l'Amérique nous fournissent une bien plus grande masse d'espèces ; car le royaume du Brésil seul, qui est à la vérité le mieux connu, et dont une grande partie est encore sous les tropiques, a, d'après les recherches de MM. Spix, Natterer et Auguste de Saint-Hilaire, environ mille espèces d'oiseaux, c'est-à-dire à lui seul autant que la zone tempérée boréale. Si l'on ajoute ce que Cayenne et la Guiane hollandoise contiennent d'espèces différentes de celles du Brésil, on doit croire que nous connoissons plus de douze cents espèces de l'Amérique entre les tropiques.

L'Asie se trouve en grande partie hors des tropiques ; et nous ne connoissons que très-peu la zoologie de ces vastes contrées. Les belles collections faites dans l'Indostan par l'infortuné Alfred Duvaucel, et celles faites à Pondichéry par M. Leschenault, nous ont fait connoître quatre cents espèces de la péninsule de l'Inde.

Si nous revenons sous l'équateur, nous connoissons les productions des Molluques et surtout celles de Java, par les soins de MM. Diard et Duvaucel, Kuhl et Van Hasselt, et celle de Sumatra par les travaux de Duvaucel lui seul.

Java renferme environ huit cents espèces d'oiseaux. Sumatra en contient quelques-unes qui lui sont propres ; mais comme c'est la même chose pour l'île de Java, il en résulte que le nombre des oiseaux de Sumatra est à peu près le même que celui de Java. Les autres îles qui composent cet immense archipel sous l'équateur, ont chacune, mais en petit nombre, des espèces qui leur sont propres, en sorte que de cette zone seule nous connoissons encore à peu près mille espèces.

L'intérieur de la Nouvelle-Hollande nous est encore peu connu. Ses côtes nous ont procuré environ trois cents espèces. Les nombres que je viens de donner ne sont que des limites ; on sait bien que dans un tel travail on ne peut apporter une exactitude rigoureuse ; mais si les données sont examinées par les naturalistes, et qu'ils les rectifient, je m'estimerai heureux d'avoir contribué à faire faire quelques progrès à cette partie de la science.

Examinons maintenant quelles sont les espèces communes à telle ou telle partie du globe, et commençons par celles qui se trouvent sous toutes les latitudes.

Parmi les oiseaux de proie diurnes nous avons la cresserelle, *falco tinnunculus*, qui existe dans tout l'ancien monde sous les tropiques comme hors des tropiques ; ainsi on l'a reçue au cabinet du Roi, du Sénégal, de Pondichéry, de Timor et de la Nouvelle-Hollande ; elle existe aussi dans l'Amérique septentrionale ; mais je ne sache pas qu'on l'ait trouvée encore dans les régions équinoxiales de l'Amérique. Parmi les oiseaux de proie nocturnes l'effraie, *strix flammea*, a été trouvée dans les deux mondes sous toutes les latitudes. Nous avons des effraies du Sénégal, de Rio-Janeiro, de Java, de Timor et de la Nouvelle-Hollande ; et dans l'Asie on la rencontre assez près du tropique, comme à Pondichéry et dans l'Indostan. Quelques autres oiseaux de proie se trouvent aussi dans des points très-éloignés l'un de l'autre ; ainsi il est presque impossible de distinguer comme constituant deux espèces, le balbuzard d'Europe, *falco haliœtus*, et celui de la Nouvelle-Hollande. Celui de l'Amérique du Nord en diffère à peine, mais on croit pouvoir cependant le séparer.

La chouette commune, *strix stridula*, a été rapportée des îles Sandwich et des Marianes par MM. Quoy et Gaimard.

Notre hirondelle de cheminée, *hirundo rustica*, a été trouvée sur tous les points du globe ; elle va d'Égypte au cap de Bonne-Espérance, des États-Unis d'Amérique aux îles Malouines, et toutes les Moluques paroissent aussi la recevoir ; nous l'avons au cabinet du Roi de tous ces pays.

Un autre passereau, que nous trouvons à des points très-éloignés, est notre merle rose, *turdus roseus*. Nous l'avons du nord et du sud de l'Afrique, et M. Alfred Duvaucel en a envoyé au cabinet du Roi plusieurs individus tués dans l'Indostan.

Parmi les oiseaux de rivage nous pouvons citer comme les plus répandus le pluvier doré, *charadrius pluvialis*, que nous avons reçu du Sénégal, de Buénos-Ayres, des Marianes, de Timor, de Sandwich, de la Nouvelle-Hollande, et qui habite Java, Pondichéry ; dans la famille des palmipèdes, la sarcelle, *anas querquedula*, du Sénégal, du cap de Bonne-Espérance et de Buénos-Ayres.

On trouve à Java, à Pondichéry, notre héron commun, *ardea cinerea*, Linn. ; le héron pourpre, *ardea purpurata*, Lath. ; mais cette circonstance est peut-être due à la vie voyageuse de ces oiseaux. Cependant on doit toujours noter cette circonstance ; car d'autres espèces qui font également de grands voyages, comme la cigogne, ne suivent pas ces hérons avec lesquels nous les avons vues vivre dans nos marais.

La plupart de nos barges, de nos chevaliers, comme la barge à queue noire, *limosa melanura*, Bechst. ; la barge rousse, *limosa rufa* ; le chevalier aux pieds verts, *scolopax glottis*, Linn. ; le chevalier aux pieds rouges, *scolopax calidris* ; le chevalier arlequin, *scolopax stagnatilis*, Bechst. ; la guignette, *tringa hypoleucos*, Linn., et d'autres encore, se trouvent à l'Inde, à Java, sur toute la côte de Coromandel, sur les bords du Gange, où ils remontent assez haut sur ce fleuve ; mais un fait très-digne de remarque, c'est que ces oiseaux n'y arrivent jamais en plumage d'été : c'est toujours sous le triste plumage d'hiver que nous les recevons de ces contrées ; il nous paroit donc certain, qu'aucune de ces espèces ne couve dans l'Inde. Nous ne savons pas au juste où ces oiseaux vont passer la saison de leurs amours ; il faudroit que des observateurs exacts pussent suivre la direction que prennent la plupart de ces espèces, pour avoir quelques indices sur cette question importante : nous demanderions, si ce n'est pas sur les bords de la mer Caspienne que se rendent ces oiseaux ?

La famille des palmipèdes nous offre aussi les mêmes phénomènes : ainsi nous recevons de l'Inde, de Java et du golfe de Bengale, la plupart des canards que nous avons en Europe. Le nombre des espèces de canards communs à l'Europe et à l'Amérique, est beaucoup plus petit que les naturalistes ne l'avoient pensé pendant long-temps. Dans les États-Unis on a cru retrouver nos macreuses, *anas nigra* et *anas fusca;* mais un examen attentif prouve que ces deux oiseaux sont différens en Amérique ; la détermination spécifique n'est pas assez arrêtée pour que l'on puisse établir quelques régles sur ce sujet.

Les familles des passereaux, des grimpeurs et des gallinacés se composant d'oiseaux beaucoup plus petits et beaucoup plus sédentaires, nous ne trouvons pas un aussi grand nombre d'espèces identiques placées à des distances considérables l'une de l'autre. Ce que nous devons citer comme plus saillant, est le petit moineau appelé vulgairement le friquet, *fringilla montana*, que M. de Labillardiére nous a rapporté de la Nouvelle-Hollande : à la vérité nous n'en avons vu qu'un seul individu ; comment et dans quelles circonstances a-t-il été trouvé ? Cet individu n'y avoit-il pas été apporté d'Europe, comme nous voyons maintenant qu'au Brésil plusieurs espèces de gros-becs d'Afrique se sont naturalisées dans les forêts de l'Amérique, après y avoir été apportées primitivement par les relations qui existent entre la côte Afrique et celle d'Amérique?

Nous avons aussi au cabinet le torcol, *yunx torquilla*, qui nous est venu de l'Indostan.

Parmi les oiseaux plus sédentaires, nous trouvons certains groupes qui sont plus exclusivement circonscrits sur la terre.

Ainsi, dans la famille des pie-griéches, les vangas, *tamnophilus*, Temm., sont propres à l'Amérique ; les langrayens, *ocypterus*, n'ont encore été observés que dans les Moluques ou dans l'Indostan ; les bécardes, *psaris*, Cuv., et tous les tangaras, *tanagra*, Linn., jusqu'à présent connus, vivent en masse dans les contrées chaudes de l'Amérique.

Si nous passons à la famille des gobe-mouches, *muscicapa*, Linn., nous ne trouvons que dans l'Amérique les cotingas, *ampelis*, Linn.; les tyrans, *tyrannus*, Cuv.; les gymnocéphales et les gymnodéres; tandis que les drongos sont originaires de l'Afrique australe ou des parties chaudes de l'Inde et des Moluques. Les gobe-mouches proprement dits et les moucherolles, sous les tropiques, sont plus communs en Amérique

34.

et dans les Moluques qu'en Afrique. Il en est de même pour les fauvettes, *motacilla*, Linn. : les merles sont plus également répartis que les genres précédens, à l'exception des espèces du genre Philédon, qui viennent pour la plupart de la Nouvelle-Hollande et des îles qui l'avoisinent. Ce genre, avec le *Mœnura*, est caractéristique pour ce continent. Tous les marakins sont originaires d'Amérique. Les Coqs de roche (*Pipra rupicola*, Linn.), qui font un genre voisin de ces oiseaux, n'ont été pendant long-temps trouvés qu'en Amérique; mais, dans ces derniers temps, l'infortuné Alfred **Duvaucel** a découvert à Sumatra une espèce de ce genre. Nous verrons plus bas qu'il a encore augmenté la connoissance du nombre de ces genres, dont les espèces sont répandues sur l'ancien et sur le nouveau monde.

Les colious, *colius*, sont propres à l'Afrique, et les glaucopes aux îles Moluques. Cependant une espèce de ce dernier genre est commune à l'Afrique et à Java, c'est le *Temia*, découvert par Levaillant.

Tous les cassiques, *oriolus*, Linn., sont propres à l'Amérique; car le cassique d'Antigue de Sonnerat, est un oiseau qui vit dans les pampas de Buénos-Ayres, où on le mange comme chez nous les alouettes.

Les colibris, *trochilus*, sont aussi exclusivement connus en Amérique, tandis qu'on n'a encore trouvé dans ses forêts aucun des souimangas, *cyminiris*, Cuv., qui sont répandus dans l'ancien monde.

Dans l'ordre des grimpeurs nous ne trouvons les jacamars qu'en Amérique. Les pics sont répandus sur tout le globe; mais les coucous et les coucals nous paroissent plus propres à l'ancien monde; on n'a pas même trouvé encore une espèce de ce dernier genre en Amérique, tandis que les couas, *coccyzus*, sont presque tous originaires de cette contrée. Ce n'est que depuis les recherches de M. Alfred Duvaucel que nous avons acquis la connoissance d'espèces de *coccyzus* à Sumatra. Les toucans sont aussi tous américains. Quant aux perroquets, on peut dire que la plus grande quantité vit en Amérique; mais comme la Nouvelle-Hollande et les îles de la mer du Sud en nourrissent ensemble presque autant, il en résulte que le nombre des espèces de ce genre, est à peu près le même dans les diverses contrées de l'autre hémisphère, tandis qu'on n'en trouve qu'un très-petit nombre dans l'hémisphère boréal. L'Afrique a très-peu de perroquets, et l'Europe n'en nourrit aucun. Les touracos, *corythaix*, Illig., sont des petits oiseaux propres à l'Afrique.

Quant aux gallinacés, nous pouvons dire que la plus grande masse se trouve dans l'Inde, et que l'Amérique en a beaucoup moins que les autres grands continens. Deux espèces de cailles sont les seuls gallinacés propres à la Nouvelle-Hollande.

Les pigeons sont à peu près également distribués entre les tropiques, et nous ne connoissons qu'une seule espèce de ce genre qui se trouve dans des lieux très-éloignés l'un de l'autre; c'est le petit pigeon commun, *columba œnas*, qui vit en Europe, au Sénégal et au cap de Bonne-Espérance : mais nous croyons que cette espèce est originaire d'Afrique, et que peut-être elle a été naturalisée en Europe. On peut voir par cet aperçu que, sous les tropiques, les genres sont à peu près répartis également sur le globe, et que de tous les pays celui qui en a le plus qui lui soient propres, c'est l'Amérique. Si l'on s'étonne de ne pas trouver une plus grande quantité d'espèces sous les tropiques, on doit attribuer cette circonstance au grand nombre d'individus de la même espèce qui vivent dans les contrées chaudes et boisées des régions équinoxiales. (Valenc.)

OISEAUX. (*Foss.*) On trouve des ossemens d'oiseaux dans les couches postérieures à la craie; mais les becs et les ongles, qui servent principalement à caractériser les genres et les espèces, ne s'étant pas conservés, il est très-difficile de savoir au juste auxquels ils se rapportent. M. Cuvier a cru reconnoître dans ceux qu'il a trouvés dans le gypse de Montmartre, des débris d'étourneaux, de pélicans, d'alouettes-demer et de cailles.

Jæger a cru reconnoître des ossemens de bécasses dans les schistes d'Œningen (Journal de physique, tome 5o, page 556).

Blumenbach annonce qu'on a trouvé des squelettes d'oiseaux de rivage dans les mêmes schistes, ainsi que dans ceux de Pappenheim. (Blum., Manuel d'hist. nat., tom. ., p. 4o5 de la traduction françoise.)

On a trouvé des empreintes de plumes dans les carrières de Vestena-Nuova, dans les mêmes pierres qui renferment les poissons fossiles. (Ann. du Mus. d'hist. nat., tom. 3, pag. 20, pl. 1, fig. 1, 2, 3.)

On a dit qu'on avoit trouvé en Espagne des œufs d'oiseaux fossiles; mais nous croyons qu'il a été bien difficile que des corps aussi fragiles aient pu être saisis par une cristallisation, qui les auroit remplis et qui les auroit pétrifiés. Voyez Œufs fossiles.

Des auteurs anciens ont cru voir des becs d'oiseaux dans les moules intérieurs de certaines térébratules qui ont cette forme.

Il en a été de même de quelques dents de poissons, qui ont été prises pour des langues d'oiseaux fossiles.

A l'égard de nids posés sur des branches, d'un coucou et d'une poule couvant ses œufs, que des auteurs anciens annoncent avoir été trouvés pétrifiés, tout cela paroît fabuleux; à moins qu'on ait pris pour des corps pétrifiés ceux qui avoient séjourné dans des eaux incrustantes. Voyez Incrustations et Ornitholithes. (D. F.)

OISEAUX AQUATIQUES. (*Ornith.*) Cette division de la classe des oiseaux renferme proprement les palmipèdes, c'est-à-dire ceux qui ont les doigts unis par des membranes, et qui nagent et vivent habituellement sur les eaux, en opposition aux oiseaux terrestres ou fissipèdes, qui habitent ordinairement les terrains secs. (Ch. D.)

OISEAUX CARNASSIERS. (*Ornith.*) Une des dénominations des oiseaux de proie, autrement appelés oiseaux rapaces ou accipitres. (Ch. D.)

OISEAUX ÉCHASSIERS. (*Ornith.*) Ces oiseaux, qu'on appelle aussi *oiseaux de rivage*, sont ceux dont les doigts sont ordinairement garnis de quelques palmures, et qui, ayant les tarses élevés et les jambes dénuées de plumes vers le bas, peuvent marcher à gué le long des eaux pour y chercher leur nourriture. (Ch. D.)

OISEAUX ERRATIQUES. (*Ornith.*) Mauduyt a, le premier, donné ce nom à des oiseaux qui, comme certains échassiers, n'adoptent point de patrie, ne se fixent nulle part et continuent d'aller en avant ou retournent sur leurs pas, selon l'abondance des vivres qu'ils rencontrent, ne s'arrêtant dans certains endroits que pour y multiplier, et n'y restant que le temps nécessaire pour élever leur famille. Les hérons sont, parmi les échassiers, des oiseaux erratiques, et les pétrels le sont parmi les oiseaux de mer. Voyez OISEAUX SÉDENTAIRES. (CH. D.)

OISEAUX IGNOBLES. (*Fauconnerie.*) On appelle ainsi les oiseaux de bas vol, comme l'épervier, l'autour, qui ne poursuivent le gibier que près de la terre et à la surface des eaux. (CH. D.)

OISEAUX DE LEURRE. Voyez FAUCONNERIE. (CH. D.)

OISEAUX NOBLES. (*Fauc.*) Ce sont les oiseaux de haut vol, tels que le faucon, le gerfaut, qui poursuivent les autres oiseaux à quelque hauteur que ce soit. (CH. D.)

OISEAUX DE PASSAGE. (*Ornith.*) Les changemens de saisons et la nature des besoins étant les causes qui déterminent le départ et l'arrivée de ces oiseaux, on les voit et ils disparoissent à des époques marquées. (CH. D.)

OISEAUX DE POING. (*Ornith.*) Voyez FAUCONNERIE. (CH. D.)

OISEAUX DE PROIE. (*Ornith.*) Ceux qu'on appelle ainsi poursuivent les autres oiseaux et vivent de lambeaux de chair, de rapine et de cadavres. Ils se divisent en *diurnes* et *nocturnes.* (CH. D.)

OISEAUX RAMEURS. (*Fauc.*) Voyez OISEAUX DE VOL. (CH. D.)

OISEAUX DE RAPINE. (*Ornith.*) Voyez OISEAUX DE PROIE. (DESM.)

OISEAUX DE RIVAGE. (*Ornith.*) Ce nom désigne les mêmes oiseaux que celui d'ÉCHASSIERS. Voyez ce mot. (DESM.)

OISEAUX SÉDENTAIRES. (*Ornith.*) Ce sont ceux qui ne quittent pas le climat où ils sont nés, ou ne font que de courtes excursions. (CH. D.)

OISEAUX DE TANNA. (*Ornith.*) Il est fait mention, dans le deuxième Voyage de Cook autour du monde, de petits oiseaux à joli plumage, observés sur cette île, mais dont l'espèce n'a pas encore été reconnue. (CH. D.)

OISEAUX TERRESTRES. (*Ornith.*) Ceux qui vivent sur la terre ferme, par opposition aux oiseaux aquatiques. (CH. D.)

OISEAUX DE VOL. (*Fauc.*) M. Huber, de Genève, a publié, en 1784, des *Observations sur le vol des oiseaux de proie*, broch. in-4.°, de 51 pages, accompagnée de 6 pl., où, d'après la structure et le mécanisme des ailes, il distingue les oiseaux de proie en *rameurs* et *voiliers*. Les premiers sont les oiseaux de haute volerie, et les autres les simples voiliers, qu'il sous-divise en oiseaux de basse volerie et en prétendus ignobles. M. Cuvier donne le nom de *grands voiliers* aux oiseaux de haute mer, dont le vol est très-étendu, et qu'il appelle aussi *longipennes* par opposition aux *brévipennes*, qui, comme les autruches, et vu la brièveté de leurs ailes, ne jouissent pas de la faculté de voler. (Cʜ. **D.**)

OISELER. (*Chasse.*) C'est tendre des filets ou préparer, en général, ce qui est nécessaire pour la chasse des petits oiseaux. On appelle Oɪꜱᴇʟᴇᴜʀ, celui qui se livre à ces opérations ou qui fait les cages, les filets, etc., et Oɪꜱᴇʟɪᴇʀ, celui qui fait le commerce d'oiseaux vivans. (Cʜ. **D.**)

OISILLONS. (*Chasse.*) **Nom vulgaire des petites espèces** d'oiseaux. (Cʜ. **D.**)

OISON. (*Ornith.*) C'est le petit de l'oie. (Cʜ. **D.**)

OITHROS. (*Ornith.*) Nom grec du pouillot ou chantre, *motacilla trochilus*, Linn. (Cʜ. **D.**)

OIYO. (*Ornith.*) Le noddi, *sterna stolida*, Linn., porte ce nom à l'île de Taïti. (Cʜ. **D.**)

OJA DE QUESO. (*Bot.*) Nom américain du *budleia dentata* de la Flore équinoxiale, aux environs de Cumana. (**J.**)

OJO, TSUGE. (*Bot.*) Noms japonois du buis, suivant Kæmpfer. (**J.**)

FIN DU TRENTE-CINQUIÈME VOLUME.

STRASBOURG, de l'imprimerie de F. G. Lᴇᴠʀᴀᴜʟᴛ, impr. du Roi.

* 9 7 8 2 3 2 9 3 5 5 3 1 3 *